〈2판〉

쉽게 배우는 핵심

정역학

●●● 유주식

교육과학사

머리말

정역학은 정지하고 있는 물체의 힘의 평형을 다루는 학문으로 힘이 관계되는 역학 분야에서 가장 기본이 되는 학문이다. 공학자들이 관심을 갖는 각종 구조물과 기계들에 작용하는 힘들은 정역학의 기본원리를 바탕으로 해석된다.

이 책은 정역학에 대한 기초적이고 핵심적인 내용을 담고 있다. 이 책을 쓴 주된 목적은, 역학을 공부하려는 공학도들이 정역학의 기본 원리를 이해하고 기초적인 힘과 모멘트의 개념을 파악할 수 있게 하는 데 있다. 정역학의 기본법칙은 힘과 모멘트의 합이 각각 0이라는 것뿐이므로 주요 개념을 이해하면 정역학은 매우 쉬운 과목이라고 할 수 있다.

이 책에서는 정역학의 기본적인 핵심 내용을 간결하게 정리하여 설명하였다. 충분한 양의 예제와 연습 문제를 수록하였고, 문제 풀이 과정을 상세히 기술함으로써 수학과 물리에 대한 기초가 부족한 학생들도 쉽게 이해하고 스스로 공부할 수 있게 하였다. 연습문제는 주요 핵심 개념을 파악할 수 있는 문제들로 구성되어 있으며, 중등교사와 공무원 임용시험 문제들을 함께 수록하여 각종 시험에도 도움이 되게 하였다. 특히 학생들이 편리하게 관련 내용을 알고 이해하는 것을 목적으로 모든 문제의 정답을 수록하고 풀이 과정을 기술하였다.

아무쪼록 정역학의 기본원리를 이해하고 역학에 대한 자신감을 갖게 되기를 바라는 바이다. 끝으로 책의 출판에 도움을 주신 교육과학사 관계자들께 감사드린다.

2021년 1월

유 주 식

CONTENTS

Contents

Chapter 01

서 론

1.1 역학

1.2 기본 개념

1.3 힘

1.4 뉴턴의 운동법칙

1.5 차원과 단위

1.1 역학

역학(mechanics)은 힘을 받고 있는 물체의 정지 또는 운동 상태를 다루는 물리학의 한 분야로서, 공학 문제 해석에 있어서 중요한 역할을 한다. 일반적으로 역학은 크게 강체 역학(rigid-body mechanics), 변형체 역학, 유체역학(fluid mechanics)의 세 분야로 나눌 수 있다. 이 중에서 강체 역학은 변형체 역학과 유체역학 연구에 필요한 기초 지식을 부분적으로 제공한다. 강체 역학에는 정역학(statics), 운동학(kinematics), 운동역학(kinetics) 등의 분야가 있다.

1. 정역학

여러 종류의 힘들이 물체에 작용했을 때 물체의 운동 상태에 아무런 변화를 일으키지 않았다면 그 힘들은 평형(equilibrium) 상태에 있다고 말한다. 정역학(statics)은 이와 같이 평형 상태에 있는 물체를 대상으로 한다. 즉 정역학에서는 정지하고 있는 시스템이나 등속 직선 운동을 하고 있는 시스템과 이러한 운동 상태를 만들어 주는 힘 사이의 관계를 주로 다룬다. 예를 들어 책상 위에 가만히 정지해 있는 책이나 직선 고속도로를 일정 속도로 운행하는 자동차에 대해서는 정역학 법칙을 사용하여 힘을 해석한다.

2. 동역학

운동학(kinematics)은 운동하는 시스템에서 힘을 고려하지 않고 그 시스템의 기하학적인 물리량의 시간 변화율을 취급한다. 이에 반해 운동역학(kinetics)은 시스템에 가해진 힘으로 인하여 나타나는 운동의 원인과 결과를 다룬다. 이와 같은 운동학과 운동역학은 동역학(dynamics)을 구성한다. 즉, 공중으로 던진 공과 같이 운동하는 물체의 위치, 속도, 가속도의 관계는 운동학으로 해석하고, 물체에 가해진 힘으로 인해 일어나는 물체의 운동은 운동역학에서 다룬다.

정역학과 동역학에서 적용되는 역학의 기본 법칙은 몇 가지뿐이지만 공학적인 문제 해석에 폭넓게 적용되고 있다. 구조물과 기계의 안정성 및 강도, 로켓 및 우주선의 설계, 유체 흐름, 측정 장치 등 여러 분야에 대한 연구/개발에 있어서 역학의 전반적인 이해가 필수적으로 요구된다.

1.2 기본 개념

1. 공간

좌표계 상의 어떤 위치에서 물체가 차지하는 기하학적 영역이다. 물체의 위치를 나타내기 위해서는 2차원 문제에서는 2개의 좌표가 필요하며, 3차원 문제에서는 3개의 좌표가 필요하다.

2. 길이

길이(length)는 공간에서 한 점의 위치를 기술하는 데 필요하며 고려하는 물리계의 크기를 나타낸다.

3. 시간

시간(time)은 어떤 사건의 연속에 대한 단위이다. 정역학의 기본 법칙들은 시간과 무관하지만 동역학에서는 시간이 중요한 역할을 한다.

4. 질량

질량(mass)은 물질의 양을 나타내며 물체의 관성력에 대한 단위이다. 물체의 질량은 서로 다른 물체끼리의 인력에 영향을 미친다.

5. 질점

질점(particle)은 크기가 없고 질량만 있는 물체로 정의된다. 즉 정역학과 동역학에서 어떤 물체에 힘이 작용했을 때 물체의 크기가 힘의 응답에 영향을 주지 않는 물체를 질점이라 한다. 따라서 점 질량으로 간주할 수 있으며, 가끔 질점은 물체의 미소요소로써 선택된다.

6. 강체

강체(rigid body)는 물체에 힘이 작용하여도 그 물체에 변형이 일어나지 않는 물체로 정의된다. 실제 재료는 힘을 받으면 변형이 되지만 일반적으로 물체 내의 상대적 변형이 무시할 수 있을 정도로 작을 때 그 물체를 강체로 간주한다. 정역학과 동역학에서 힘을 해석할 때 강체로 가정한 물체의 재료 성질을 고려할 필요가 없다.

7. 집중하중(집중력)

물체의 어떤 한 점에 집중하여 작용하는 하중을 집중하중(concentrated load) 또는 집중력(concentrated force)이라 한다. 엄밀하게 말하면 집중력은 존재하지 않는다. 왜냐하면 어떤 물체에 기계적으로 가한 힘은 아무리 작더라도 미소한 접촉 면적을 통하여 물체에 전달되기 때문에 분포하중이라 할 수 있다. 그러나 접촉 면적이 작을 때는 집중하중으로 간주하고 해석하여도 큰 문제가 없다.

8. 분포하중

단위질량당 무게를 갖는 구조물의 하중, 물의 압력, 땅의 무게에 의한 압력 등과 같이 어느 범위 내에 분포하여 작용하는 하중을 분포하중(distributed load)이라 한다. 분포하중에서 균일한 크기로 작용하는 하중을 등분포하중이라 한다.

1.3 힘

1. 스칼라와 벡터

(1) 스칼라 : 거리, 면적, 부피, 시간, 밀도, 질량, 온도, 에너지, 속력 등과 같이 크기만으로 나타낼 수 있는 물리량을 스칼라(scalar)라 한다.

(2) 벡터 : 힘, 모멘트, 변위, 속도, 가속도, 자기장 등과 같이 크기와 방향을 갖는 물리량을 벡터(vector)라 한다.

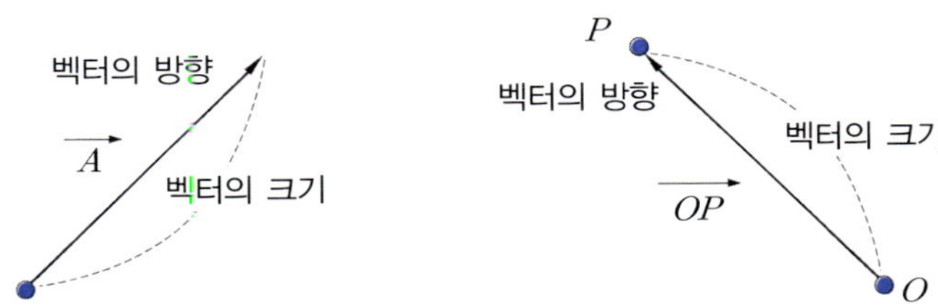

[그림 1.1]

설명 벡터를 그림으로 표시할 때는 [그림 1.1]과 같이 화살표를 사용하여 나타내며, 기호로 표시할 때는 일반적으로 $\overrightarrow{A}$, $\overrightarrow{OP}$ 등과 같이 문자 위에 방향을 의미하는 화살표를 붙여서 나타낸다. 그림에서 $\overrightarrow{OP}$는 힘이 점 O에서 P로 향하고 있음을 나타낸다. 벡터 $\overrightarrow{A}$의 크기를 나타낼 때 수학에서는 $|\overrightarrow{A}|$와 같이 절댓값으로 나타내지만 간편하게 A로 나타내기도 한다. 일반적으로 힘 $\overrightarrow{F}$의 크기를 F로 나타낸다.

2. 힘(force)

물체의 모양이나 운동 상태를 변하게 하는 원인이 되는 물리량을 힘이라 한다.

설명 공을 누르면 찌그러지고 고무줄을 당기면 늘어난다. 정지해 있는 물체를 끌면 움직이게 되고, 달리고 있는 자동차의 브레이크를 밟으면 차가 정지하게 된다. 이와 같이 물체의 형상을 변화시키거나 운동 상태를 변화시키는 것을 힘이라 한다. 일상생활에 존재하는 힘에는 탄성력, 중력, 마찰력, 자기력, 전기력, 압력에 의한 힘 등이 있다.

3. 힘의 3요소

힘의 효과는 물체에 작용하는 힘의 크기(magnitude), 방향(direction), 작용점(point of application)에 의해 결정되는데 이들을 힘의 3요소라 한다.

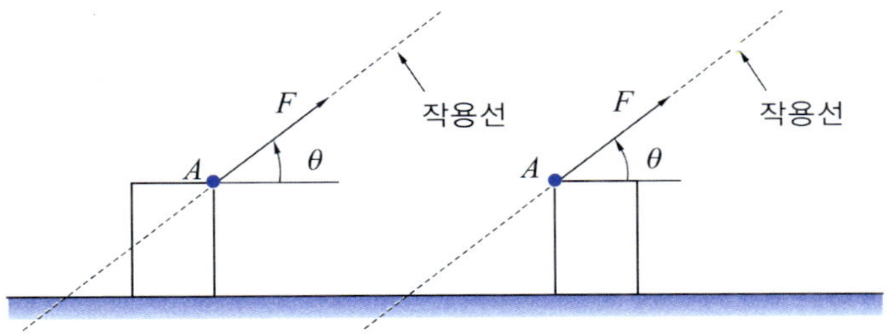

[그림 1.2]

설명 힘은 [그림 1.2]와 같이 화살표를 이용하여 나타내면 편리하다. 여기에서 물체에 작용하는 힘의 효과는 힘의 크기(F)와 방향(θ)뿐만 아니라 힘이 작용하는 점(A)의 위치에 따라서도 달라진다. 그리고 힘의 방향을 나타내는 화살표의 연장선을 작용선이라 한다.

【참고】 벡터 형식

(1) 고정벡터 : 벡터의 작용점을 이동시키면 그 벡터가 관계되는 시스템의 물리적 특성이나 효과가 변하는 벡터를 고정 벡터(fixed vector)라 한다. 물체에 작용하는 힘을 고정벡터로 나타내는 것은 그 힘이 작용하는 위치에 따라 물체의 변형이나 응력이 변할 때이다. 예를 들어 [그림 1.3(a)]에서 물체의 무게(W)는 판에 대해 고정벡터라 할 수 있다. 왜냐하면 물체의 위치에 따라 판의 변형(처짐)이 달라지기 때문이다. 정역학에서 고려하는 힘은 대부분 고정 벡터이다.

(2) 자유벡터 : 만약 어떤 벡터에 있어서 작용점이 없거나 임의의 점에 작용해도 시스템의 특성에 영향을 미치지 않을 때 그 벡터를 자유벡터(free vector)라 한다. 예를 들어 [그림 1.3(b)]에서 자동차의 속도벡터($\overrightarrow{V}$)는 자유 벡터이다.

(3) 미끄럼 벡터 : 벡터가 놓여있는 직선 위에서 작용점을 임의로 이동시킬 수 있는 벡터를 미끄럼 벡터(slide vector)라 한다. 직선 위를 벗어나면 물리적 효과와 의

미도 바꾸지만 작용선상을 따라 작용점을 이동시켜도 시스템에 미치는 물리적 영향이 없는 경우이다. 예를 들어 [그림 1.3(c)]와 같이 힘($\vec{F}$)이 작용하고 있는 경우 작용선을 따라 A와 B 사이의 어느 위치에 힘을 작용시켜도 바닥과 블록 간의 상호 작용에는 변함이 없다.

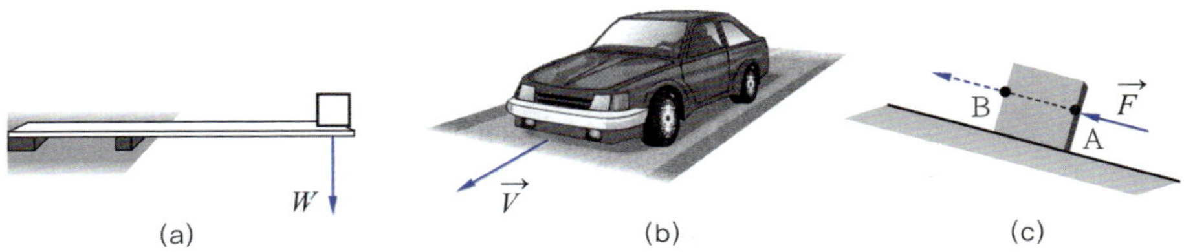

[그림 1.3] 벡터 형식 : (a) 고정벡터, (b) 자유벡터, (c) 미끄럼 벡터

1.4 뉴턴의 운동법칙

정역학과 동역학의 전체 내용은 뉴턴의 세 가지 운동법칙에 기초하고 있다. 뉴턴의 운동법칙은 실험적인 관찰에 의해 확립된 것이며, 물체 혹은 물질의 운동이 관련되는 여러 분야에 두루 적용되고 있다.

1. 운동 제1법칙(뉴턴의 제1법칙)

모든 물체는 운동 상태를 변화시키려는 외부로부터의 힘이 작용하지 않으면, 등속도 운동을 하는 물체는 등속도 운동을 계속하고 정지해 있는 물체는 계속 정지해 있다. 즉, 외부로부터 물체에 작용하는 순 힘이 0이면 물체는 현재의 운동 상태를 유지한다. 이와 같이 물체가 현재의 운동 상태를 유지하려는 성질을 관성이라 하며, 운동 제1법칙을 관성의 법칙이라고 한다.

2. 운동 제2법칙(뉴턴의 제2법칙)

(1) 일반식 : 물체에 작용하는 외력의 합$(\vec{F})$은 물체의 운동량$(m\vec{v})$의 시간 변화율과 같다.

$$\vec{F}=\frac{d}{dt}(m\vec{v})$$

(2) 질량이 일정할 때 : 외부로부터 물체에 힘이 작용하면 힘의 방향으로 가속도$(\vec{a})$가 생기며 질량이 일정할 때 가속도의 크기는 힘의 크기에 비례하고 물체의 질량에 반비례한다.

$$\vec{F}=m\vec{a}$$

여기에서 $\vec{F}$는 물체에 작용하는 합력이고 $\vec{a}$는 가속도이다.

설명 물체에 힘이 작용하면 운동 상태가 변할 수 있는데 운동 제2법칙은 이와 같은 힘과 운동의 변화 사이의 관계를 정량화한 것이다. 운동량$(\vec{p})$은 운동 중인 물체의 운동의 정도 또는 운동의 양을 나타내는 물리량으로 물체의 질량(m)과 속도$(\vec{v})$의 곱으로 정의되는 벡터이다.

$$\vec{p}=m\vec{v}$$

운동 제2법칙은 물체의 운동량의 시간 변화율과 순 힘(net force)의 관계이다. 운동의 변화를 결정하는 것은 물체에 작용하는 여러 힘들의 합(순 힘)이라는 것을 유념해야 한다. 일반적인 운동 제2법칙은

$$\vec{F}=\frac{d\vec{p}}{dt}=\frac{d(m\vec{v})}{dt}$$

인데, 질량이 일정한 경우

$$\vec{F}=\frac{d(m\vec{v})}{dt}=m\frac{d\vec{v}}{dt}=m\vec{a}$$

가 된다. 즉, 물체에 힘이 작용하면 힘의 방향으로 가속도$(\vec{a})$가 생기며 가속도의 크기는 힘의 크기에 비례한다. 특히 일차원인 경우 스칼라 형태로 나타낼 때 물체에 작용하는 외력의 합을 F라 하면 운동 제2법칙은

$$F=ma$$

가 된다. 여기에서 $a\propto F$, $a\propto 1/m$임을 알 수 있으며 이 식을 가속도의 법칙이라고도 한다. 따라서 중력가속도가 g인 지표면에서 질량 m인 물체에 작용하는 중력(물체의 무게 W)은 다음과 같다.

$$W=mg\ (\downarrow)$$

3. 운동 제3법칙(뉴턴의 제3법칙)

물체 A가 B에게 힘을 가하면 B는 작용선과 크기가 같고 방향이 반대인 힘을 A에게 가한다.

설명 운동 제3법칙은 물체들 사이의 힘들에 관한 것이다. 배를 타고 벽을 밀면 배는 벽으로부터 반대 방향의 힘을 받아서 뒤로 밀리게 된다. 실험에 의하면 물체 A가 물체 B에 힘을 가하면 B도 A에 힘을 가한다. 이 두 힘은 크기가 같고 방향이 반대이다. 이때 한쪽 힘을 작용, 다른 쪽을 반작용이라고 하며 제3법칙을 작용·반작용의 법칙이라고도 한다. 작용과 반작용은 두 물체 사이에 작용하는 상호 작용력이다. 따라서 운동 제3법칙에 나타나는 한 쌍의 힘들은 다른 물체에 작용한다는 것을 유념해야 한다. 이와 같은 개념은 특히 큰 물체를 여러 물체로 분리하여 분리된 물체에 대한 자유 물체도를 그릴 때 중요하다. 예를 들어 한 물체를 두 물체 A, B로 분리할 때 A가 B에게 가하는 힘이 $\vec{F}$이면 크기가 같고 방향이 반대인 힘 $-\vec{F}$를 같은 작용선상에서 B가 A에게 가하게 된다.

1.5 차원과 단위

물리량의 성질을 표현하기 위해 사용되는 변수를 차원(dimension)이라 한다. 예를 들어, 거리를 L, 시간을 T로 나타내면 속도는 단위 시간에 이동한 거리이므로 차원은 $L/T = LT^{-1}$이 된다. 이에 반해 단위(unit)는 인위적으로 정한 크기를 기준으로 차원을 표현하기 위해 사용되는 것을 말하며, 여러 가지로 표현될 수 있다. 예를 들어 속도의 차원은 단위계와 무관하게 LT^{-1}이지만, 속도의 단위에는 m/s, cm/s, km/min, km/hr 등의 여러 가지가 있다. 따라서 인위적으로 정한 크기는 기준에 따라 다를 수가 있으므로 각 나라마다 사용하는 단위가 다양하게 나타나는데 최근에는 국제적으로 공인된 SI 단위계를 많이 사용하는 추세에 있다.

공학과 자연과학에서 나타나는 기본차원에는 〈표 1.1〉의 7개가 있고, 다른 차원들은 이들의 조합으로 표현된다.

1. 기본차원

역학은 기본적인 4개의 물리량(질량, 길이, 힘, 시간)을 다룬다.

〈표 1.1〉 기본차원

차원	단위	차원	단위
질량	kg	물질량	mol(몰)
길이	m	전류	A(암페어)
시간	s 또는 sec(초)	광도	cd(칸델라)
온도	K(Kelvin)		

2. 단위계

(1) SI 단위계(M · K · S 단위계, 국제단위계) : 길이 (m), 질량 (kg), 시간 (s) 을 기본단위로 하는 단위계이다. SI 단위계에서 힘의 단위는 N(Newton), 압력은 Pa(Pascal), 일과 에너지는 J(Joule), 일률(동력)은 W(Watt)이다.

① 1N : 1kg 의 물체에 $1m/s^2$의 가속도를 내게 하는 힘

$$1N = 1kg \cdot m/s^2$$

② 1J : 1N 의 힘을 물체에 작용하여 물체가 1m 이동했을 때 한 일

$$1J = 1N \cdot m$$

③ 1Pa : 1N 의 힘이 $1m^2$에 수직으로 작용할 때의 압력

$$1Pa = 1N/m^2 \quad (1\,bar = 10^5 Pa)$$

④ 1W : 1 초에 1J 의 일을 할 때의 일률

$$1W = 1J/s = 1N \cdot m/s$$

(2) c · g · s 단위계 : 길이 (cm), 질량 (g), 시간 (s) 을 기본단위로 하는 단위계로 힘과 일의 단위는 다음과 같이 정의된다.

① 1 dyne : 1g 의 물체에 $1cm/s^2$의 가속도를 일으키는 힘

$$1dyne = 1g \cdot cm/s^2 \quad (1N = 10^5 dyne)$$

② 1 erg : 1dyne 의 힘을 작용하여 1cm 이동했을 때 한 일

$$1 erg = 1 dyne \cdot cm$$

(3) 중력 단위계 : 길이 (m), 시간 (s)과 힘의 단위 kgf를 사용한다.

- 1 kgf : 질량 1 kg의 물체에 작용하는 중력(1 kg 의 무게).

$$1kgf = 9.80665 N$$

- 질량 1kg의 무게는

  $W = mg = 1kg \times 9.80665m/s^2 = 9.80665 kg \cdot m/s^2 = 9.80665 N$

  이다. 일반적으로 정역학에서 중력 가속도 $g = 9.8m/s^2$의 값을 많이 사용한다.
- SI 단위계(Standard International unit)는 각국에서 사용하던 단위계를 표준화시키기 위하여 만든 것이다. 정역학에서 특히 많이 취급하는 단위는 kg(질량), m(길이), N(힘)이다. SI 단위를 사용할 때, 매우 크거나 작은 값을 쉽게 다룰 수 있도록 〈표 1.2〉와 같은 SI 단위의 접두사를 정의하여 사용한다.

〈표 1.2〉 SI 단위의 접두사

곱해지는 수	명칭	기호	곱해지는 수	명칭	기호
10^{12}	tera	T	10^{-3}	milli	m
10^9	giga	G	10^{-6}	micro	μ
10^6	mega	M	10^{-9}	nano	n
10^3	kilo	k	10^{-12}	pico	p
10^{-2}	centi	c			

㉮ $4.5 kN = 4.5 \times 10^3 N = 4500 N$; $0.008m = 8 \times 10^{-3} m = 8 mm$.

【참고】 SI 단위계에서 질량, 길이, 시간의 기초단위는 각각 kg, m, s이며 이들 기초단위는 다음과 같이 정의된다.

(1) 표준 킬로그램(kg) : 1kg 질량의 표준 원기는 파리 근교의 국제도량형국에 보관되어 있는 높이와 지름이 3.9cm인 백금-이리듐 원통이다.

(2) 표준 1미터(m)는 $\dfrac{1}{299{,}792{,}458}$ 초 동안에 진공 속에서 빛이 진행한 길이이다. 이 숫자는 빛의 속도(c)가 정확하게 $c = 299{,}792{,}458$ m/s가 되도록 택한 숫자이다.

(3) 표준 1초(s)는 세슘-133 원자로부터 방출된 특정 파장의 빛이 9,192,631,770번 진동할 때 걸리는 시간으로 정의한다.

예제 1.1 힘 F의 차원을 질량 M, 길이 L, 시간 T로 나타내어라.

풀이 뉴턴의 운동법칙 $F = ma$에서 힘의 차원($[F]$)은 다음과 같다.

$$[F] = [ma] = [m][a] = M \times \frac{L}{T^2} = MLT^{-2}$$

여기에서 가속도(a)는 속도(v)의 시간변화율($a = dv/dt$)이므로

$$[a] = \frac{[v]}{[t]} = \frac{L/T}{T} = \frac{L}{T^2}$$

이다.

예제 1.2 지표면에서 질량이 400kg인 물체의 무게는 몇 kN인가? 단, 중력가속도 $g = 9.8\text{m/s}^2$이다.

풀이 질량 $m = 400\text{kg}$, 중력가속도 $g = 9.8\text{m/s}^2$이므로 물체의 무게

$$\begin{aligned} W = mg &= 400\text{kg} \times 9.8\text{m/s}^2 \\ &= 3920\,\text{kg} \cdot \text{m/s}^2 \\ &= 3920\text{N} & (\leftarrow\ 1\text{kg} \cdot \text{m/s}^2 = 1\text{N}) \\ &= 3.92\,\text{kN} & (\leftarrow\ 1000\text{N} = 1\text{kN}) \end{aligned}$$

이다.

예제 1.3 $4\text{MN} \times 3\text{mm}$를 SI 단위로 나타내어라.

풀이 $1\text{MN} = 10^6\text{N}$, $1\text{mm} = 10^{-3}\text{m}$ 이므로

$$
\begin{aligned}
4\text{MN} \times 3\text{mm} &= (4 \times 10^6\text{N}) \times (3 \times 10^{-3}\text{m}) \\
&= 12 \times 10^3\text{N} \cdot \text{m} \\
&= 12000\text{N} \cdot \text{m} \\
&= 12000\text{J}
\end{aligned}
$$

예제 1.4 $\dfrac{23}{10,000}$ m를 SI 접두사를 이용하여 간단하게 나타내어라.

풀이 $\dfrac{23}{10,000}\text{m} = 2.3 \times 10^{-3}\text{m} = 2.3\text{mm}$ $(\leftarrow 1\text{mm} = 10^{-3}\text{m})$

연 습 문 제

1.1 압력(P)은 단위면적에 작용하는 힘(F/A)으로 정의된다. 압력의 차원을 질량 M, 길이 L, 시간 T로 나타내어라.

1.2 힘 F, 거리 s일 때 $W = Fs$의 차원을 질량 M, 길이 L, 시간 T로 나타내어라.

1.3 질량 1200 kg인 차의 무게는 몇 kN인가?

1.4 질량 0.04 kg인 물체의 무게는 몇 dyne인가?

1.5 $5\text{kN} \times 0.4\text{mm}$를 SI 단위로 나타내어라.

1.6 $m = 40\text{kg}$, $a = 20\text{cm/s}^2$일 때, 힘 $F = ma$를 SI 단위로 나타내어라.

1.7 $F = 4\text{kN}$, $A = 2\text{mm}^2$일 때, 압력 $P = \dfrac{F}{A}$를 SI 단위로 나타내어라.

1.8 $F = 5\text{mN}$, $s = 1\text{m}$, $t = 4\mu\text{s}$일 때, 동력 $\dot{W} = \dfrac{Fs}{t}$를 SI 단위로 나타내어라.

1.9 수소 원자의 지름은 약 0.1nm이다. 몇 개의 수소 원자가 나란히 줄서면 길이 10cm의 직선이 되는가?

1.10 물의 단위 부피당 질량은 1000kg/m^3이다. 이것은 몇 g/cm^3인가?

1.11 700m/s인 비행기의 속력은 몇 km/hr인가?

1.12 4조 달러($)를 SI 접두사를 이용하여 나타내어라.

1.13 $\dfrac{45}{10{,}000{,}000}$ m를 SI 접두사를 이용하여 간단하게 나타내어라.

1.14 1J 의 일은 몇 erg인가?

1.15 다음 단위 중 옳은 것은? [중등교사임용시험-기계]

① 1Pa = 1N/m ② 1J = 1N • m/s

③ 1kW = 75kgf • m/s ④ $1\text{N} = 10^5$ dyne

1.16 국제적으로 통용되는 SI단위계(international unit system)에서 정하는 기본단위가 아닌 것은? [공무원 임용시험]

① 미터(meter) ② 킬로그램(kilogram)

③ 켈빈(Kelvin) ④ 뉴턴(Newton)

1.17 SI 기본단위가 아닌 것은? [공무원 임용시험]

① rad ② s ③ m ④ kg

Chapter 02

힘의 합성과 분해

2.1 힘의 합성

1. 힘의 합력

두 개 이상의 힘과 같은 효과를 갖는 하나의 힘을 구하는 것을 힘의 합성이라고 하고 이때 구한 힘을 합력(resultant)이라 한다.

여러 힘들은 하나의 힘, 즉 합력으로 나타낼 수 있으며 이 힘이 물체에 작용할 때 물체의 운동에 대해 여러 힘들과 같은 효과를 유발한다. 이때 여러 힘과 등가(equivalent)인 이 하나의 힘이 여러 힘의 합력이다.

합력은 다만 물체의 외적 운동과 관련될 때에만 등가이고 모든 면에서 등가라는 것을 의미하지 않는다. 예를 들어 하나의 큰 힘이 물체를 변형시킬 수 있다고 해도 여러 개의 작은 힘들이 똑같은 변형을 일으킬 수 있다는 것이 아니다. 따라서 합력은 종종 정역학적 등가(statically equivalent)라고 부르기도 한다.

2. 나란한 두 힘의 합력

(1) 같은 방향의 두 힘이 작용할 때 : 합력의 크기는 두 힘의 크기를 더한 값이고, 방향은 두 힘의 방향과 같다.

(2) 반대 방향의 두 힘이 작용할 때 : 합력의 크기는 큰 힘에서 작은 힘을 뺀 값이고, 방향은 큰 힘의 방향과 같다.

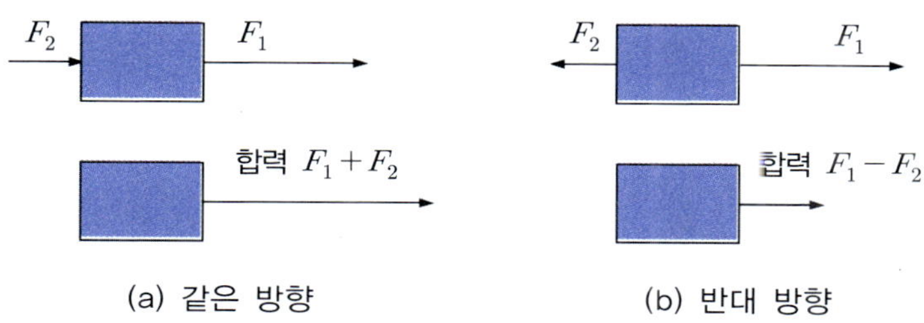

[그림 2.1]

설명 [그림 2.1]과 같이 나란한 두 힘의 합력의 크기는 두 힘의 크기를 대수적으로 더하거나 뺀 값이 된다. 즉, 두 힘의 방향이 같을 때 합력의 크기는 F_1+F_2이고, 반대 방향일 때 합력의 크기는 $F_1-F_2(F_1>F_2)$이다. 합력의 방향은 큰 힘의 방향과 같다.

3. 나란하지 않은 두 힘의 합력

[그림 2.2]와 같이 두 힘($\vec{P}$, $\vec{Q}$)이 나란하지 않을 때는 평행사변형법이나 삼각형법으로 합력을 구한다.

(1) 평행사변형법 : 두 힘 $\vec{P}$, $\vec{Q}$의 시작점을 일치시키고 두 힘을 두 변으로 하는 평행사변형을 그렸을 때 평행사변형의 대각선은 두 힘의 합력 $\vec{R}=\vec{P}+\vec{Q}$이 된다.

(2) 삼각형법 : 힘 $\vec{Q}$의 시작점을 $\vec{P}$의 끝점으로 평행 이동시킨 후 $\vec{P}$의 시작점과 $\vec{Q}$의 끝점을 연결한 것은 합력 $\vec{R}=\vec{P}+\vec{Q}$가 된다.

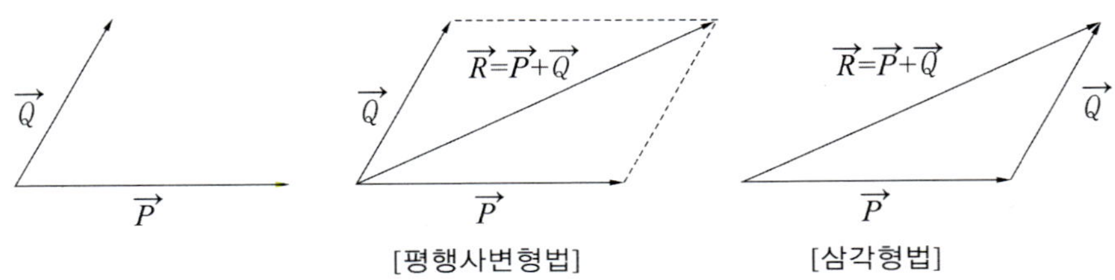

[그림 2.2]

설명 먼저 평행사변형법 또는 삼각형법에 의한 두 힘의 합력 $\vec{R}=\vec{P}+\vec{Q}$의 크기는 다음과 같이 코사인 제2법칙을 이용하여 구할 수 있다. [그림 2.3]과 같이 $\vec{P}$, $\vec{Q}$가 이루는 각을 α라 하면 삼각형 ABC에서

$$R^2=P^2+Q^2-2PQ\cos(\pi-\alpha)$$
$$=P^2+Q^2+2PQ\cos\alpha$$
$$\therefore\ R=\sqrt{P^2+Q^2+2PQ\cos\alpha} \qquad (2.1)$$

이다. 점 C에서 내린 수직선과 AB의 연장선의 교점을 D라 하면

$$\overline{\mathrm{BD}}=Q\cos\alpha,\ \overline{\mathrm{CD}}=Q\sin\alpha$$

이므로 삼각형 ACD에서 합력의 방향각 β는 다음과 같이 구해진다.

$$\tan\beta = \frac{\overline{\mathrm{CD}}}{\overline{\mathrm{AD}}} = \frac{\overline{\mathrm{CD}}}{\overline{\mathrm{AB}}+\overline{\mathrm{BD}}} = \frac{Q\sin\alpha}{P+Q\cos\alpha}$$

$$\therefore\ \beta = \tan^{-1}\left(\frac{Q\sin\alpha}{P+Q\cos\alpha}\right) \tag{2.2}$$

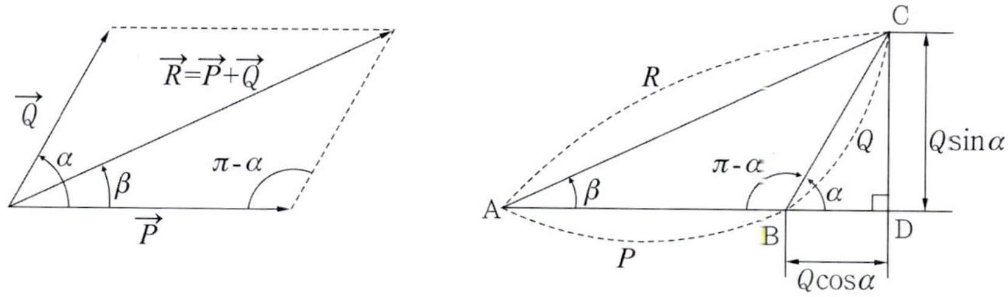

[그림 2.3]

평행사변형법과 삼각형법으로 구한 합력은 같다.

예제 2.1 [그림 2.4]의 (a), (b)에서 각각에 대한 합력을 구하여라.

(a) 같은 방향 (b) 반대 방향

[그림 2.4]

풀이 (a) 두 힘이 같은 작용선 위에서 같은 방향으로 작용하므로 합력의 크기는 $30+50=80(\mathrm{N})$이고 오른쪽(→)으로 작용한다.

(b) 두 힘이 같은 작용선 위에서 서로 반대 방향으로 작용하므로 합력의 크기는 $50-30=20(\mathrm{N})$이고, 큰 힘(50N)의 방향인 오른쪽(→)으로 작용한다.

예제 2.2 [그림 2.5(a)]와 같이 두 힘 $F_1=7\text{N}$, $F_2=4\text{N}$이 서로 직각으로 작용할 때 합력의 크기와 방향을 구하여라.

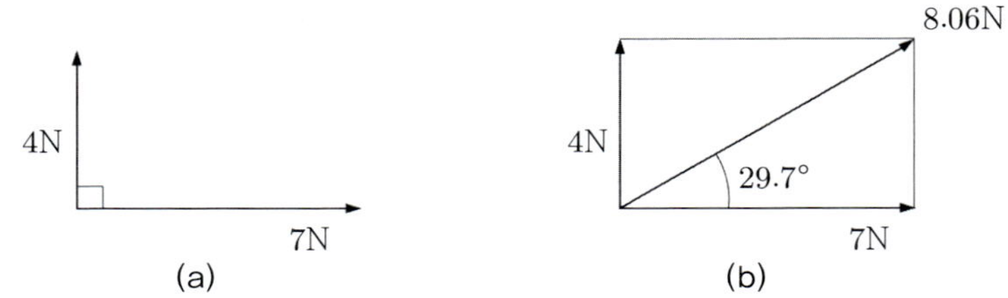

[그림 2.5]

풀이 두 힘이 서로 직각으로 작용하므로

- 합력의 크기 $R=\sqrt{F_1^2+F_2^2}=\sqrt{7^2+4^2}=8.06\,(\text{N})$
- 합력의 방향 $\beta=\tan^{-1}\left(\dfrac{F_2}{F_1}\right)=\tan^{-1}\left(\dfrac{4}{7}\right)=29.74°$

예제 2.3 다음 [그림 2.6]에서 두 힘 $\vec{P}$, $\vec{Q}$가 이루는 각 $\alpha=60°$이고, 힘의 크기 $P=30\text{N}$, $Q=20\text{N}$일 때 합력 $\vec{R}$의 크기와 방향을 구하여라.

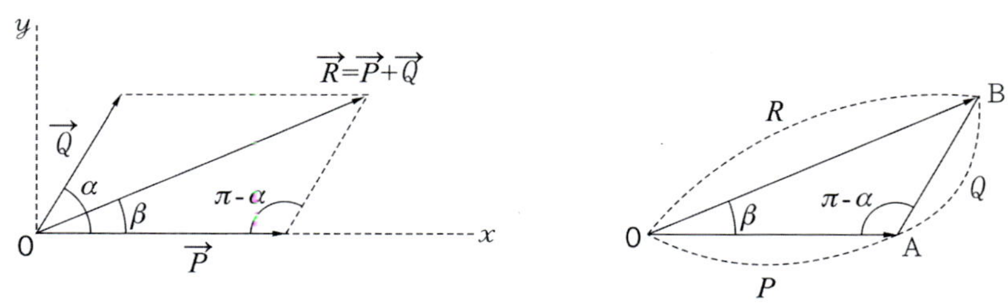

[그림 2.6]

풀이 식 (2.1)로부터 합력 $\vec{R}$의 크기는

$$\begin{aligned}R&=\sqrt{P^2+Q^2+2PQ\cos\alpha}\\&=\sqrt{30^2+20^2+2\times30\times20\cos60°}\\&=43.6\,(\text{N})\end{aligned}$$

이고, 식 (2.2)를 사용하면 합력의 방향각(β)은 다음과 같다.

$$\beta=\tan^{-1}\left(\frac{Q\sin\alpha}{P+Q\cos\alpha}\right)=\tan^{-1}\left(\frac{20\sin60°}{30+20\cos60°}\right)=23.4°$$

연 습 문 제

2.1 (a)와 (b)의 각 경우에 대하여 두 힘의 합력을 각각 구하여라.

[문제 2.1]

2.2 서로 직각 방향으로 작용하고 있는 두 힘의 합력의 크기와 합력의 작용선과 x축 사이의 각을 구하여라.

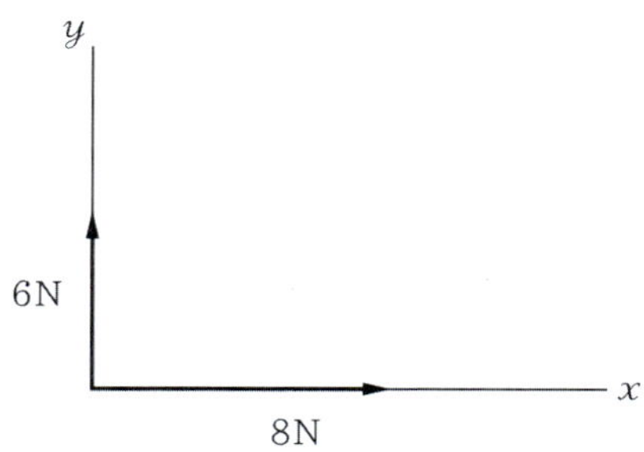

[문제 2.2]

2.3 두 힘의 작용선이 이루는 각이 60°일 때 두 힘의 합력의 크기와 합력의 작용선과 x축 사이의 각을 구하여라.

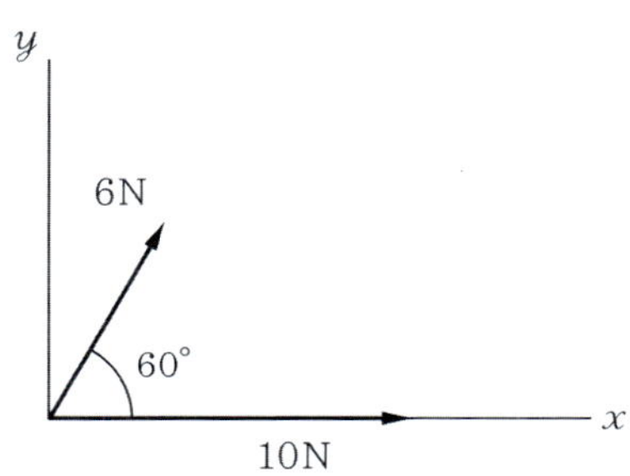

[문제 2.3]

2.4 그림과 같은 방향으로 작용하고 있는 두 힘의 합력의 크기와 합력의 작용선과 x축 사이의 각을 구하여라.

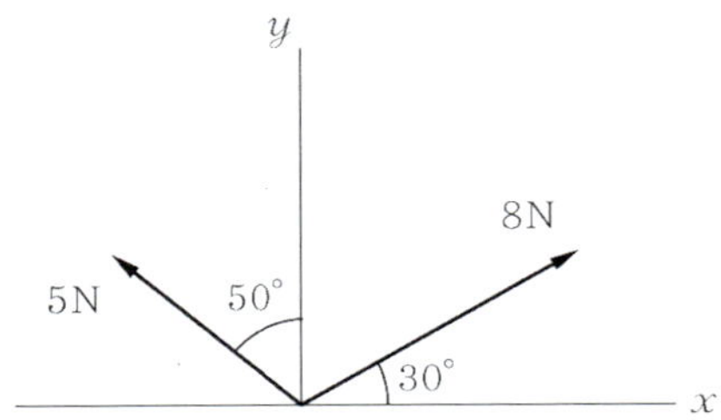

[문제 2.4]

2.5 그림과 같은 방향으로 작용하고 있는 두 힘의 합력의 크기와 합력의 작용선과 x축 사이의 각을 구하여라.

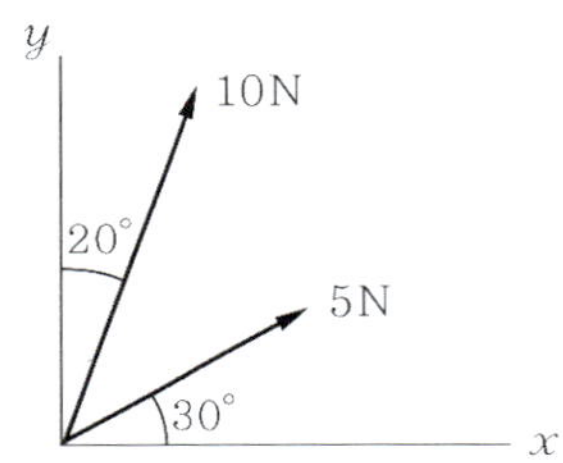

[문제 2.5]

2.6 그림과 같은 두 힘의 합력의 크기를 구하여라.

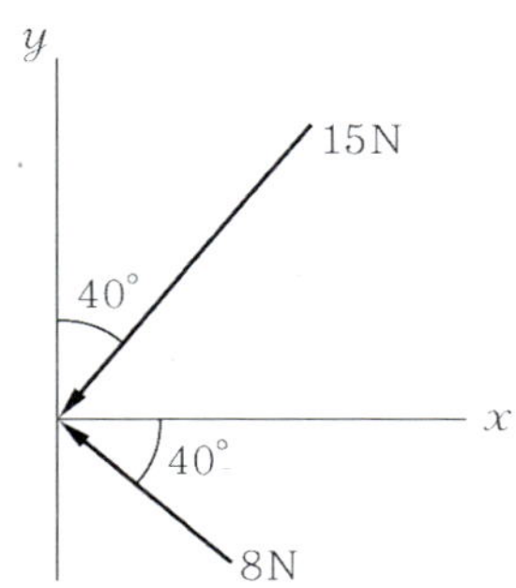

[문제 2.6]

2.2 힘의 분해

1. 힘의 분해, 분력(성분)

하나의 힘을 같은 효과를 내는 두 개 이상의 힘으로 나누는 것을 힘의 분해라 하고, 분해된 각 힘을 분력(또는 힘의 성분)이라 한다.

힘의 분해는 힘의 합성의 역과정이다. 힘을 분해할 때 분력의 방향은 임의로 정할 수 있지만 일반적으로 직각좌표계를 이용하여 서로 수직인 성분(직각 성분)으로 분해하는 것이 편리하다.

2. 직각좌표계를 이용한 힘의 분해

하나의 힘 $\vec{F}$를 직각좌표계를 이용하여 분해한 두 힘 $\vec{F_x}$, $\vec{F_y}$를 힘 $\vec{F}$의 x와 y벡터성분이라 하고, x, y축 방향의 단위벡터를 각각 $\vec{i}$, $\vec{j}$라 하면 $\vec{F_x}=F_x\vec{i}$, $\vec{F_y}=F_y\vec{j}$로 쓸 수 있으므로 F_x, F_y를 힘 $\vec{F}$의 x, y 스칼라성분이라 한다[그림 2.7]. 힘 $\vec{F}$가 x축과 이루는 각이 θ이면 $\vec{F}$는 다음과 같이 분해된다.

$$F_x = F\cos\theta,\ F_y = F\sin\theta$$
$$\vec{F} = F(\cos\theta\,\vec{i} + \sin\theta\,\vec{j}) \tag{2.3}$$

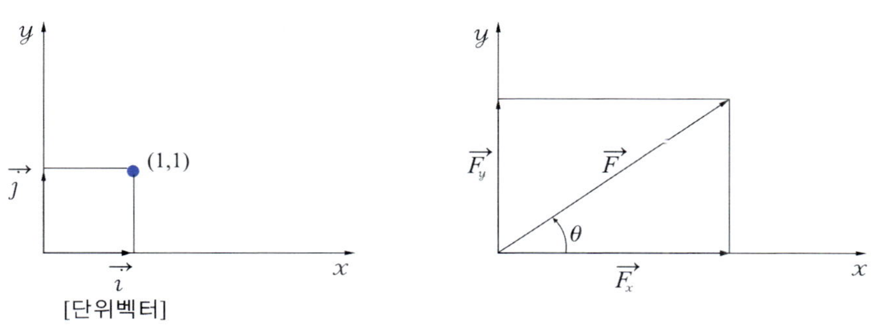

[그림 2.7]

설명 삼각함수의 정의에 의하여 $\vec{F}$의 스칼라성분 $F_x = F\cos\theta$, $F_y = F\sin\theta$이다. 단위벡터 $\vec{i}$, $\vec{j}$는 각각 방향이 x축, y축이고 크기가 1인 벡터이므로 $\vec{F_x} = F_x\vec{i}$, $\vec{F_y} = F_y\vec{j}$로 쓸 수 있다. 따라서 $\vec{F} = \vec{F_x} + \vec{F_y} = F(\cos\theta\,\vec{i} + \sin\theta\,\vec{j})$이다. 스칼라성분 F_x, F_y는 $\vec{F}$의 방향에 따라 양(+), 음(−) 또는 0의 값을 갖는다. [그림 2.7]의 힘 벡터는 x, y 스칼라성분이 모두 양이며, F_x, F_y를 알 때 $\vec{F}$의 크기와 $\vec{F}$가 x축과 이루는 각 θ는 다음과 같이 구할 수 있다.

$$F = \sqrt{F_x^2 + F_y^2}\,,\quad \theta = \tan^{-1}\left(\frac{F_y}{F_x}\right) \tag{2.4}$$

예제 2.4 [그림 2.8]과 같은 방향을 갖는 두 힘 $\vec{P}$, $\vec{Q}$의 힘의 크기가 $P = 6\text{N}$, $Q = 4\text{N}$일 때 $\vec{P}$, $\vec{Q}$를 x, y성분으로 분해하여 표현하고, 각 힘의 x, y 스칼라성분을 구하여라.

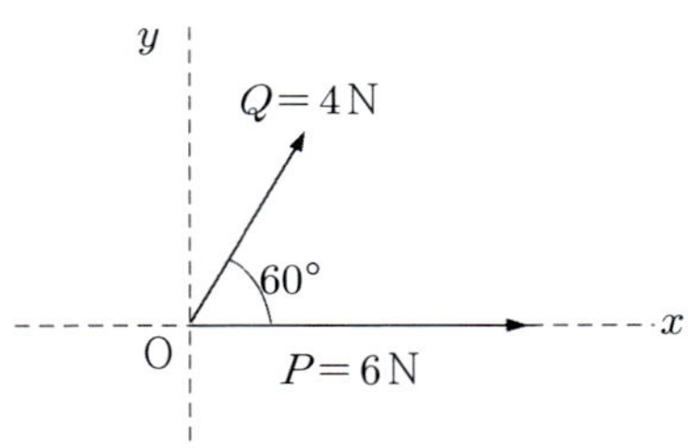

[그림 2.8]

풀이 [그림 2.8]과 같이 좌표계를 잡으면 $\vec{P}$는 $+x$축 방향이고, $\vec{Q}$는 x축의 양의 방향과 이루는 각이 60°이다. 따라서

$$\vec{P} = 6\vec{i}\ (\text{N})$$

$$\vec{Q} = 4(\cos 60^\circ\,\vec{i} + \sin 60^\circ\,\vec{j}) = 2\vec{i} + 2\sqrt{3}\,\vec{j}\ (\text{N})$$

로 표현된다. 여기에서 $\vec{P}$의 x 스칼라성분은 6(N), y 스칼라성분은 0이고, $\vec{Q}$의 x 스칼라성분은 2(N), y 스칼라성분은 $2\sqrt{3}$(N)이다.

예제 2.5 [그림 2.9(a)]와 같이 점 A에 작용하는 힘 $\vec{F}$가 있다. $\vec{F}$의 크기가 60N일 때 $\vec{F}$의 x, y 스칼라성분을 구하고 단위벡터 $\vec{i}$, $\vec{j}$를 이용하여 $\vec{F}$를 벡터로 표현하여라. 한 눈금의 크기는 1cm이다.

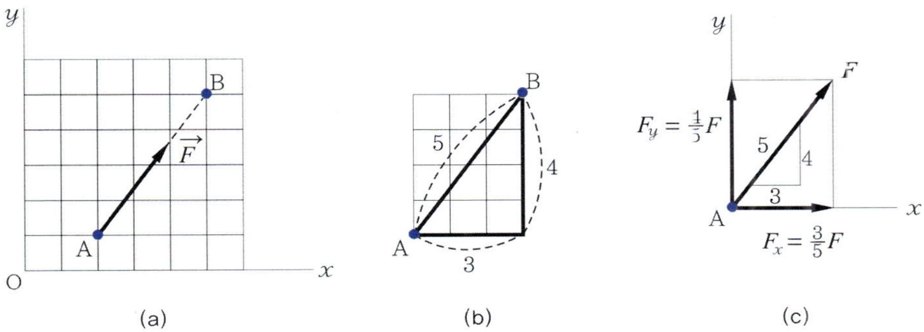

[그림 2.9]

풀이 [그림 2.9(a)]에서 $\vec{F}$의 작용선이 점 B와 만나고 있으므로 이 선과 x축 및 y축과 평행한 선으로 구성되는 직각삼각형은 [그림 2.9(b)]와 같다. 따라서 삼각형의 닮음에 의해 $\vec{F}$는 [그림 2.9(c)]와 같이 분해된다. 즉, $\vec{F}$의 x 스칼라성분(F_x)과, y 스칼라성분(F_y)은

$$F_x = \frac{3}{5}F = \frac{3}{5} \times (60\,\mathrm{N}) = 36\,\mathrm{N}$$

$$F_y = \frac{4}{5}F = \frac{4}{5} \times (60\,\mathrm{N}) = 48\,\mathrm{N}$$

이고, 주어진 힘 $\vec{F}$는 다음과 같이 표현된다.

$$\vec{F} = F_x\vec{i} + F_y\vec{j} = 36\vec{i} + 48\vec{j} \ \ (\mathrm{N})$$

예제 2.6 [그림 2.10(a)]와 같이 점 A에 작용하는 힘 $\vec{F}$가 있다. $\vec{F}$의 크기가 60N일 때 $\vec{F}$의 x, y 스칼라성분을 구하고 단위 벡터 $\vec{i}$, $\vec{j}$를 이용하여 $\vec{F}$를 벡터로 표현하여라. 한 눈금의 크기는 1cm이다.

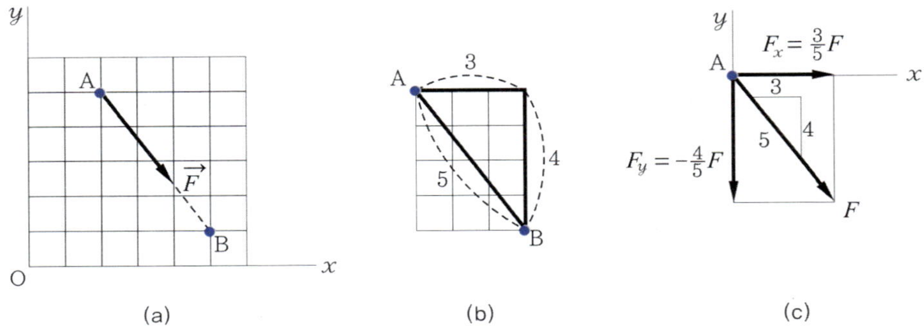

[그림 2.10]

풀이 [그림 2.10(a)]에서 $\vec{F}$의 작용선이 점 B와 만나고 있으므로 이 선이 x축 및 y축과 평행한 선으로 구성되는 직각삼각형은 [그림 2.10(b)]와 같다. 따라서 삼각형의 닮음에 의해 $\vec{F}$는 [그림 2.10(c)]와 같이 분해된다. 즉, $\vec{F}$의 x 스칼라성분(F_x)과, y 스칼라성분(F_y)은

$$F_x = \frac{3}{5}F = \frac{3}{5} \times (60\,\text{N}) = 36\,\text{N}$$

$$F_y = -\frac{4}{5}F = -\frac{4}{5} \times (60\,\text{N}) = -48\,\text{N}$$

이다. 여기에서 $\vec{F}$의 y성분은 $-y$ 방향으로 향하고 있으므로 음(−)의 값이라는 것에 주의한다. 따라서 힘 $\vec{F}$는 다음과 같이 표현된다.

$$\vec{F} = F_x\vec{i} + F_y\vec{j} = 36\vec{i} - 48\vec{j}\ (\text{N})$$

힘은 벡터이고 방향을 갖는 물리량이라는 것에 주의한다. 힘의 방향에 대한 개념이 정립되어 있으면 정역학은 무척 쉬운 과목이다. 정역학에서 적용하는 법칙은 힘과 모멘트의 합이 각각 0($\sum\vec{F}=0$, $\sum\vec{M}=0$)이라는 것밖에 없다.

연 습 문 제

2.7 힘 $\vec{F}$의 크기가 10N이다. (a)와 (b)의 각 경우에 대해 단위벡터 $\vec{i}$, $\vec{j}$로써 $\vec{F}$를 벡터로 표현하여라. $\vec{F}$의 x, y 스칼라성분은 얼마인가?

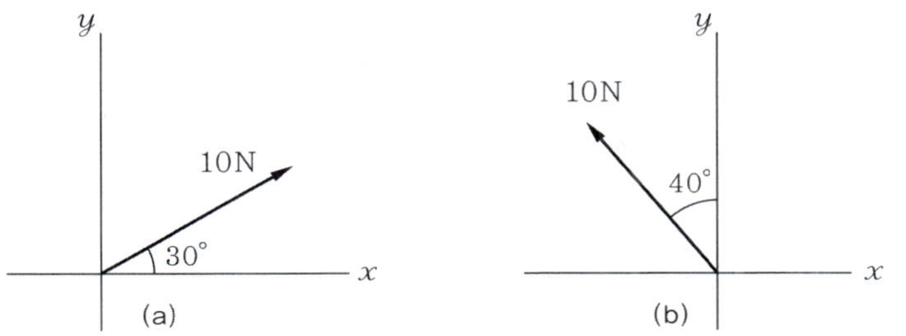

[문제 2.7]

2.8 크기가 20N인 힘 $\vec{F}$의 기울기가 그림과 같다. (a)와 (b)의 각 경우에 대해 단위벡터 $\vec{i}$, $\vec{j}$로써 $\vec{F}$를 벡터로 표현하여라

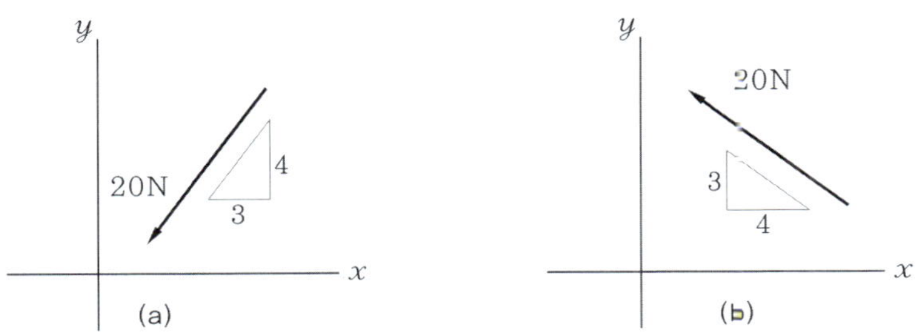

[문제 2.8]

2.9 다음과 같이 주어진 힘 $\vec{F}$의 방향과 x 축의 양의 방향이 이루는 각을 구하여라.

(1) $\vec{F} = 2\vec{i} + 3\vec{j}$(N)

(2) $\vec{F} = -12\vec{i} + 8\vec{j}$ (N)
(3) $\vec{F} = -10\vec{i} - 14\vec{j}$ (N)
(4) $\vec{F} = 4\vec{i} - 3\vec{j}$ (N)

2.10 그림과 같이 힘 $\vec{F}$의 작용선이 점 A와 B를 통과한다. 힘의 크기 $F = 51$ (N)일 때 단위벡터 $\vec{i}$, $\vec{j}$로써 $\vec{F}$를 벡터로 표현하여라.

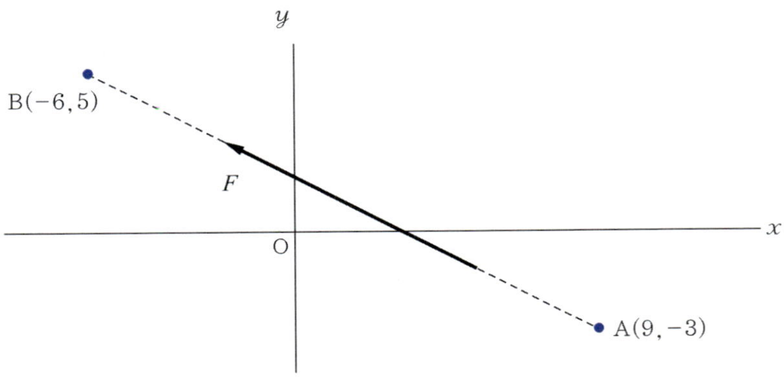

[문제 2.10]

2.11 힘 $\vec{F}$의 작용선이 점 A와 B를 통과한다. 힘의 크기 $F = 40$ (N)일 때 단위벡터 $\vec{i}$, $\vec{j}$로써 $\vec{F}$를 벡터로 표현하여라.

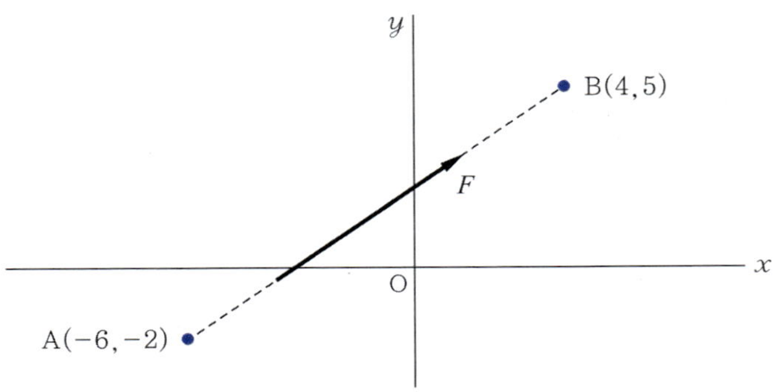

[문제 2.11]

(1) 두 점 A, B의 좌표가 각각 $A(x_1, y_1)$, $B(x_2, y_2)$일 때 점 A에서 점 B로 향하는 벡터 $\overrightarrow{AB}=(x_2-x_1)\vec{i}+(y_2-y_1)\vec{j}$이다.

(2) 벡터 $\vec{V}=a\vec{i}+b\vec{j}$와 같은 방향을 갖는 단위벡터 $\vec{n}=\dfrac{a\vec{i}+b\vec{j}}{\sqrt{a^2+b^2}}$이고 크기가 F인 힘 $\vec{F}$의 방향이 $\vec{V}$의 방향과 같을 때 $\vec{F}=F\vec{n}$이다.

2.3 직각 성분 분해에 의한 힘의 합력

성분으로 분해된 힘 $\overrightarrow{F_1}$, $\overrightarrow{F_2}$,⋯, $\overrightarrow{F_n}$의 합력 $\overrightarrow{R}$의 스칼라성분은 각 스칼라성분들의 대수적인 합으로 구할 수 있다.

$$\overrightarrow{F_1}=F_{1x}\vec{i}+F_{1y}\vec{j},\ \overrightarrow{F_2}=F_{2x}\vec{i}+F_{2y}\vec{j},\ \cdots\cdots,\quad \overrightarrow{F_n}=F_{nx}\vec{i}+F_{ny}\vec{j}$$

의 합력 $\overrightarrow{R}$을 다음과 같이 나타내면

$$\overrightarrow{R}=R_x\vec{i}+R_y\vec{j}$$

$\overrightarrow{R}$의 x, y 스칼라성분(R_x, R_y)과 방향각(θ)은 다음과 같다.

$$\overrightarrow{R}=\overrightarrow{F_1}+\overrightarrow{F_2}+\cdots+\overrightarrow{F_n}=\sum_{k=1}^{n}\overrightarrow{F_k} \tag{2.5a}$$

$$R_x=F_{1x}+F_{2x}+\cdots+F_{nx}=\sum_{k=1}^{n}F_{kx} \tag{2.5b}$$

$$R_y=F_{1y}+F_{2y}+\cdots+F_{ny}=\sum_{k=1}^{n}F_{ky} \tag{2.5c}$$

$$R=\sqrt{R_x^2+R_y^2},\ \theta=\tan^{-1}\left(\frac{R_y}{R_x}\right) \tag{2.5d}$$

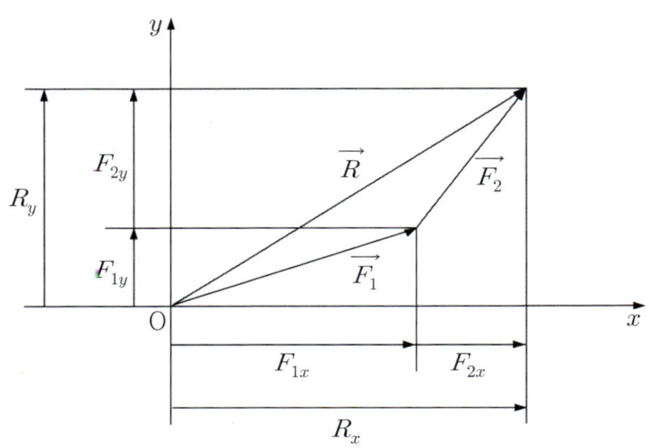

[그림 2.11]

설명 [그림 2.11]에서 $\vec{F_1} = F_{1x}\vec{i} + F_{1y}\vec{j}$, $\vec{F_2} = F_{2x}\vec{i} + F_{2y}\vec{j}$ 의 합력을

$$\vec{R} = R_x\vec{i} + R_y\vec{j}$$

라 하면

$$\vec{R} = \vec{F_1} + \vec{F_2} = (F_{1x}\vec{i} + F_{1y}\vec{j}) + (F_{2x}\vec{i} + F_{2y}\vec{j})$$

$$\therefore\ R_x\vec{i} + R_y\vec{j} = (F_{1x} + F_{2x})\vec{i} + (F_{1y} + F_{2y})\vec{j}$$

이므로 다음과 같이 결론지을 수 있다.

$$R_x = F_{1x} + F_{2x} = \sum F_x,\ R_y = F_{1y} + F_{2y} = \sum F_y$$

여기에서 $\sum F_x$는 'x 스칼라성분의 대수학적 합'을 나타내고, $\sum F_y$는 'y 스칼라성분의 대수학적 합'을 나타낸다. 즉, 합력의 x스칼라성분은 각 힘들의 x스칼라성분을 (단순하게) 대수적으로 모두 합한 것이고, y스칼라성분은 각 힘들의 y스칼라성분을 대수적으로 모두 합한 것이다.

예제 2.7 [예제 2.3]에서 두 힘 $\vec{P}$, $\vec{Q}$를 x, y 성분으로 분해하여 표현하고, 이것을 이용하여 두 힘의 합력의 크기와 방향을 구하여라.

풀이 [예제 2.3]의 [그림 2.6]과 같이 좌표계를 잡으면

$$\vec{P} = 30\vec{i}\ (\text{N})$$

$$\vec{Q} = 20(\cos\alpha\,\vec{i} + \sin\alpha\,\vec{j}) = 20(\cos 60°\,\vec{i} + \sin 60°\,\vec{j})$$
$$= 10\vec{i} + 10\sqrt{3}\,\vec{j}\ (\text{N})$$

로 쓸 수 있다. 따라서 합력

$$\vec{R} = \vec{P} + \vec{Q} = 30\vec{i} + (10\vec{i} + 10\sqrt{3}\,\vec{j})$$
$$= (30+10)\vec{i} + 10\sqrt{3}\,\vec{j}$$
$$= 40\vec{i} + 10\sqrt{3}\,\vec{j}\ (\text{N})$$

이므로, 합력의 크기와 방향각은 다음과 같다.

$$R = \sqrt{R_x^2 + R_y^2} = \sqrt{40^2 + (10\sqrt{3})^2} = 43.6\ (\text{N})$$

$$\beta = \tan^{-1}\left(\frac{R_y}{R_x}\right) = \tan^{-1}\left(\frac{10\sqrt{3}}{40}\right) = 23.4°$$

※ 힘을 성분으로 분해하면 관련된 계산을 대수적으로 할 수 있다. 특히 세 개 이상의 힘의 합력을 구할 때 평행사변형법을 여러 번 적용하는 것은 복잡하지만 각 힘을 성분으로 분해하면 쉽게 합력을 구할 수 있다.

예제 2.8 [그림 2.12(a)]와 같이 원점 O에 작용하는 세 힘 $\overrightarrow{F_1}$, $\overrightarrow{F_2}$, $\overrightarrow{F_3}$을 x, y성분으로 분해하고, 합력 $\overrightarrow{R}=\overrightarrow{F_1}+\overrightarrow{F_2}+\overrightarrow{F_3}$의 크기와 방향을 구하여라.

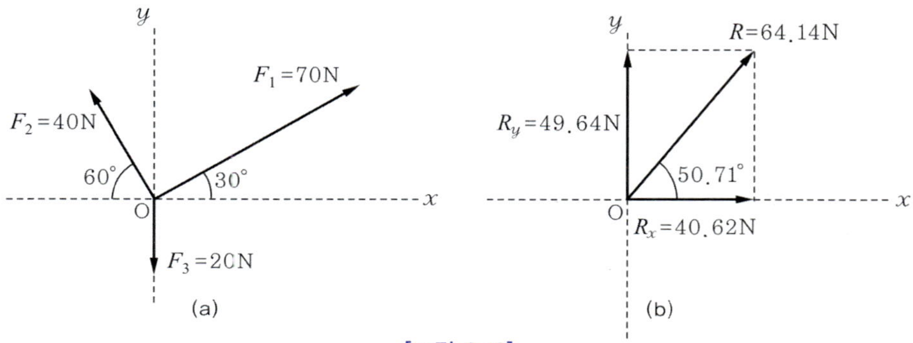

[그림 2.12]

풀이 세 힘 $\overrightarrow{F_1}$, $\overrightarrow{F_2}$, $\overrightarrow{F_3}$을 x, y성분으로 분해하면

$$\overrightarrow{F_1}=70(\cos 30°\,\vec{i}+\sin 30°\,\vec{j})=35\sqrt{3}\,\vec{i}+35\,\vec{j}\ \text{(N)}$$
$$\overrightarrow{F_2}=40(-\cos 60°\,\vec{i}+\sin 60°\,\vec{j})=-20\vec{i}+20\sqrt{3}\,\vec{j}\ \text{(N)}$$
$$\overrightarrow{F_3}=-20\,\vec{j}\ \text{(N)}$$

이다. 합력 $\overrightarrow{R}=\overrightarrow{F_1}+\overrightarrow{F_2}+\overrightarrow{F_3}$을 $\overrightarrow{R}=R_x\vec{i}+R_y\vec{j}$로 하면

$$R_x=F_{1x}+F_{2x}+F_{3x}=35\sqrt{3}+(-20)+0$$
$$=40.62\ \text{(N)}$$
$$R_y=F_{1y}+F_{2y}+F_{3y}=35+20\sqrt{3}+(-20)$$
$$=49.64\ \text{(N)}$$

이므로 합력의 크기와 방향각은

$$R=\sqrt{R_x^2+R_y^2}=\sqrt{(40.62)^2+(49.64)^2}=64.14\ \text{(N)}$$
$$\beta=\tan^{-1}\left(\frac{R_y}{R_x}\right)=\tan^{-1}\left(\frac{49.64}{40.62}\right)=50.71°$$

이고, 이것을 그림으로 나타내면 [그림 2.12(b)]와 같다. 이상의 결과들을 표로 나타내면 다음과 같다.

힘	x축과 이루는 각도 : θ	x성분 : $F\cos\theta$	y성분 : $F\sin\theta$
$F_1=70\,\text{N}$	30°	$35\sqrt{3}$ N	35 N
$F_2=40\,\text{N}$	120°	−20 N	$20\sqrt{3}$ N
$F_3=20\,\text{N}$	270°	0 N	−20 N
합력 R	50.71°	40.62 N	49.64 N

예제 2.9 [그림 2.13(a)]와 같이 원점 O에 작용하는 네 힘의 합력의 크기와 방향을 구하여라. F_1, F_2, F_3, F_4는 힘의 크기를 나타낸다.

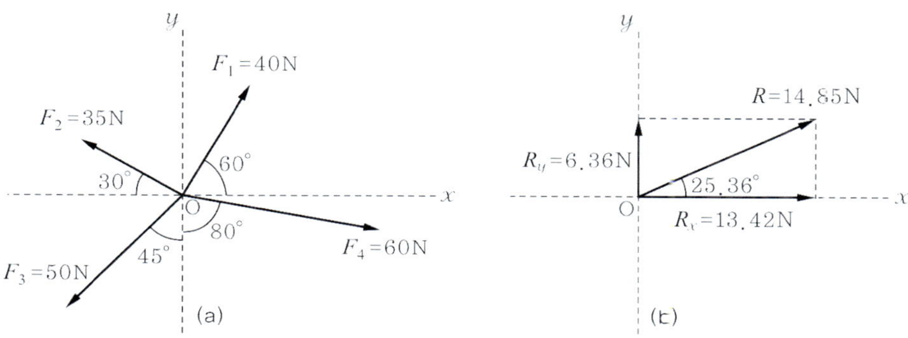

[그림 2.13]

풀이 여러 힘의 합력을 구할 때는 다음과 같이 표를 만들어 계산하는 것이 편리하다.

힘	x축과 이루는 각도 : θ	x성분 : $F\cos\theta$	y성분 : $F\sin\theta$
$F_1=40\,\text{N}$	60°	20 N	34.64 N
$F_2=35\,\text{N}$	150°	−30.31 N	17.5 N
$F_3=50\,\text{N}$	225°	−35.36 N	−35.36 N
$F_4=60\,\text{N}$	350°	59.09 N	−10.42 N
합력 R		13.42 N	6.36 N

합력 $\vec{R}$의 성분은

$$R_x = F_{1x}+F_{2x}+F_{3x}+F_{4x} = 20-30.31-35.36+59.09$$
$$= 13.42\ \text{(N)}$$
$$R_y = F_{1y}+F_{2y}+F_{3y}+F_{4y} = 34.64+17.5-35.36-10.42$$
$$= 6.36\ \text{(N)}$$

이므로 합력의 크기와 방향각은

$$R=\sqrt{R_x^2+R_y^2}=\sqrt{(13.42)^2+(6.36)^2}=14.85\ (\text{N})$$

$$\beta=\tan^{-1}\left(\frac{R_y}{R_x}\right)=\tan^{-1}\left(\frac{6.36}{13.42}\right)=25.36°$$

이다[그림 2.13(b)].

※ 힘 $\vec{F}$가 x축의 양의 방향과 이루는 각이 θ일 때 $\vec{F}=F(\cos\theta\,\vec{i}+\sin\theta\,\vec{j})$, $F_x=F\cos\theta$, $F_y=F\sin\theta$로 분해된다.

예제 2.10 [그림 2.14(a)]와 같이 한 점에 작용하는 5개의 힘의 합력의 크기와 방향을 구하여라. F_1, F_2, F_3, F_4, F_5는 힘의 크기를 나타낸다.

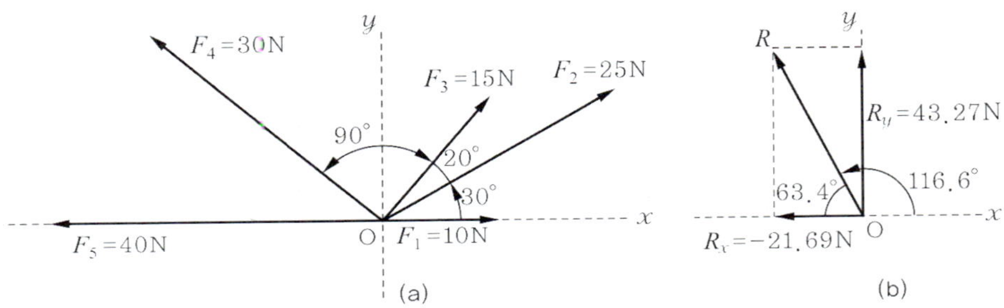

[그림 2.14]

풀이 5개의 힘의 성분은 다음과 같다.

힘	x축과 이루는 각도 : θ	x성분 : $F\cos\theta$	y성분 : $F\sin\theta$
$F_1=10\,\text{N}$	0°	10 N	0
$F_2=25\,\text{N}$	30°	21.65 N	12.5 N
$F_3=15\,\text{N}$	50°	9.64 N	11.49 N
$F_4=30\,\text{N}$	140°	−22.98 N	19.28 N
$F_5=40\,\text{N}$	180°	−40 N	0
합력 R		−21.69 N	43.27 N

합력 $\vec{R}$의 성분은

$$R_x=F_{1x}+F_{2x}+F_{3x}+F_{4x}+F_{5x}=10+21.65+9.64-22.98-40$$
$$=-21.69\ (\text{N})$$

$$R_y=F_{1y}+F_{2y}+F_{3y}+F_{4y}+F_{5y}=0+12.5+11.49+19.28+0$$
$$=43.27\ (\text{N})$$

이므로 합력의 크기와 방향각은 다음과 같다[그림 2.14(b)].

$$R = \sqrt{R_x^2 + R_y^2} = \sqrt{(-21.69)^2 + (43.27)^2} = 48.40\,(\mathrm{N})$$

$$\beta' = \tan^{-1}\left(\frac{R_y}{|R_x|}\right) = \tan^{-1}\left(\frac{43.27}{21.69}\right) = 63.38°$$

$$\therefore\ \beta = 180° - \beta' = 116.62°$$

예제 2.11 [그림 2.15]와 같이 브래킷의 한 점 A에 작용하는 세 힘($\overrightarrow{F_1}$, $\overrightarrow{F_2}$, $\overrightarrow{F_3}$)의 x, y 스칼라성분을 각각 구하여라.

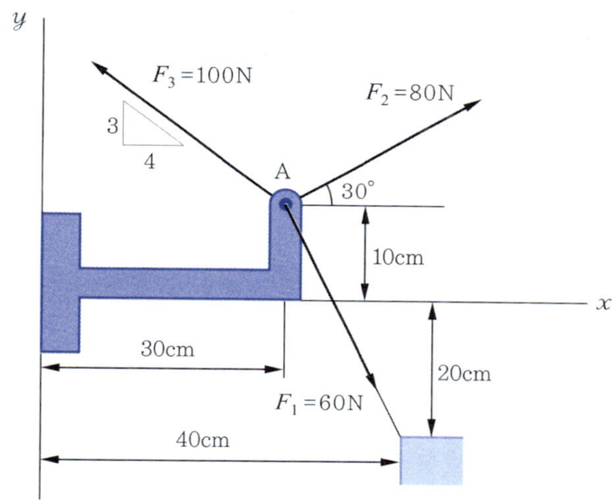

[그림 2.15]

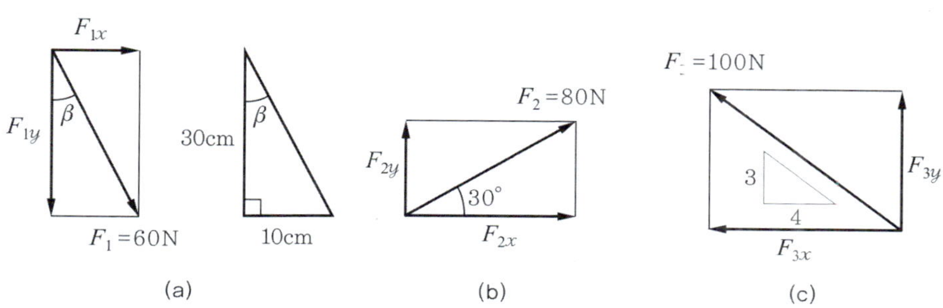

[그림 2.16]

풀이 기하학적 구조로부터 $\overrightarrow{F_1}$의 방향은 [그림 2.16(a)]와 같다. 여기에서 각 β를 구하면 $\beta = \tan^{-1}\left(\frac{10}{30}\right) = 18.43°$이므로 $\overrightarrow{F_1}$의 스칼라성분은

$$F_{1x} = 60\sin\beta = 60\sin 18.43° = 18.97\,(\mathrm{N})$$

$$F_{1y} = -60\cos\beta = -60\cos 18.43° = -56.92\,(\mathrm{N})$$

이다. [그림 2.16(b)]에서 $\overrightarrow{F_2}$의 스칼라성분은

$$F_{2x} = 80\cos 30° = 69.28\,(\mathrm{N})$$

$$F_{2y} = 80\sin 30° = 40\,(\mathrm{N})$$

이고, [그림 2.16(c)]에서 변의 길이가 3, 4, 5인 직각삼각형으로부터 $\overrightarrow{F_3}$의 스칼라성분은

$$F_{3x} = -100 \times \frac{4}{5} = -80\,(\mathrm{N})$$

$$F_{3y} = 100 \times \frac{3}{5} = 60\,(\mathrm{N})$$

이다.

※ 힘 $\overrightarrow{F}$는 힘의 크기 F와 힘 방향의 단위벡터 $\overrightarrow{n}$의 곱($\overrightarrow{F} = F\overrightarrow{n}$)으로 표현되므로 이것을 이용하여 $\overrightarrow{F_1}$의 스칼라성분을 구할 수 있다.

$$\overrightarrow{F_1} = F_1\overrightarrow{n} = 60\left[\frac{10\vec{i} - 30\vec{j}}{\sqrt{10^2 + (-30)^2}}\right] = 60(0.3162\vec{i} - 0.9487\vec{j})$$

$$= 18.97\vec{i} - 56.92\vec{j}\ \ (\mathrm{N})$$

연습문제

2.12 힘의 성분 분해를 이용하여 원점에 작용하는 두 힘의 합력의 크기를 구하여라. 한 눈금의 크기는 1N이다.

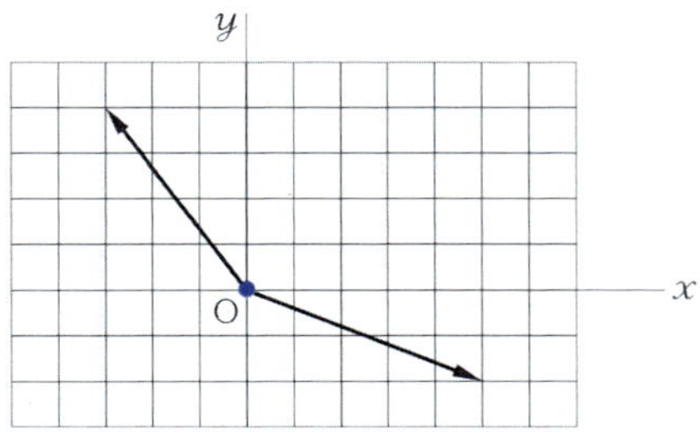

[문제 2.12]

2.13 힘의 성분 분해를 이용하여 원점에 작용하는 두 힘의 합력의 크기를 구하여라. 한 눈금의 크기는 1N이다.

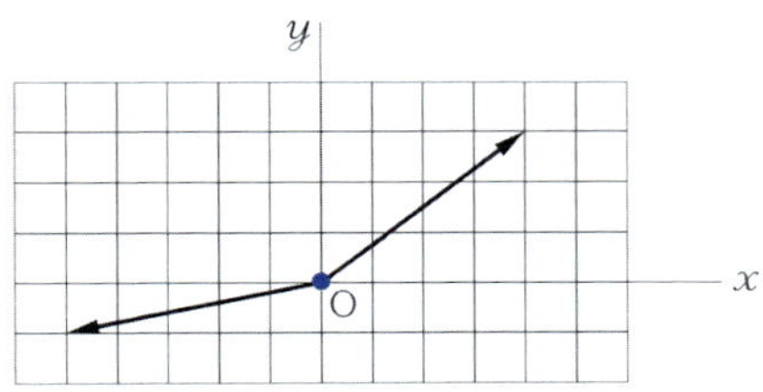

[문제 2.13]

2.14 힘의 직각 성분 분해를 이용하여 두 힘(40N, 60N)의 합력 $\vec{R}$을 구하여 벡터로 표현하고, 합력의 크기를 구하여라.

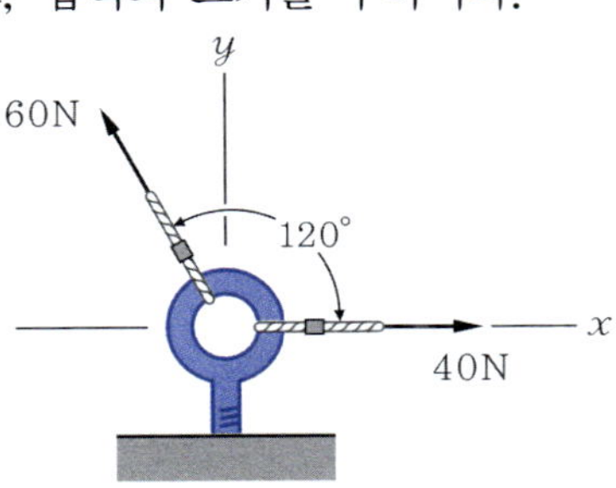

[문제 2.14]

2.15 그림과 같이 풀리에 감겨있는 케이블에 같은 크기의 장력 T가 걸리고 있다. $T = 20\,\mathrm{N}$일 때 두 힘의 합력 $\overrightarrow{R}$을 구하여 벡터로 표현하여라.

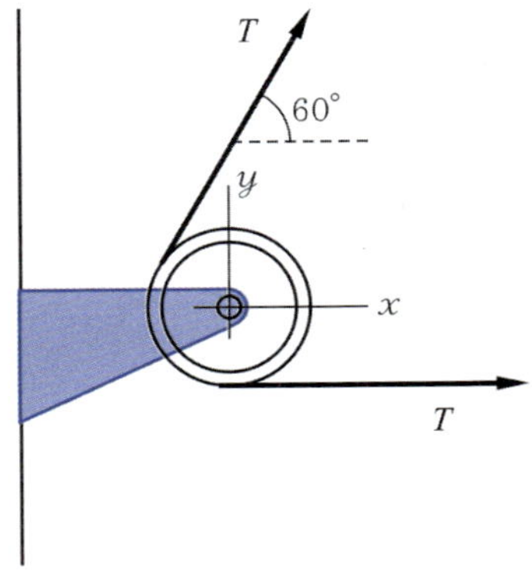

[문제 2.15]

2.16 주어진 힘을 x, y 성분으로 분해한 후 세 힘의 합력 $\overrightarrow{R}$을 구하여 벡터로 표현하고, 합력의 크기를 구하여라.

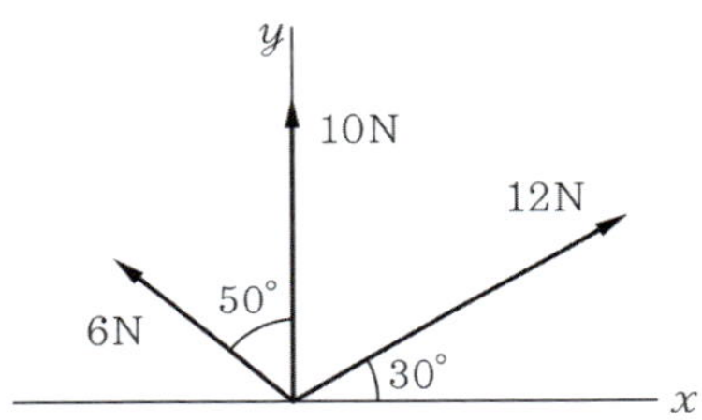

[문제 2.16]

2.17 세 힘의 합력 $\overrightarrow{R}$을 구하여 벡터로 표현하고, 합력의 크기를 구하여라.

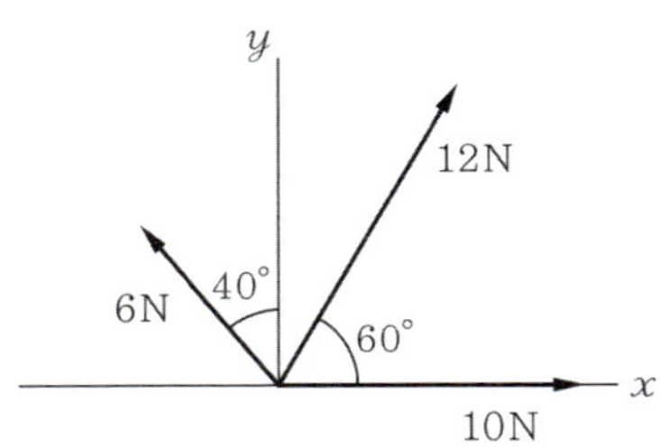

[문제 2.17]

2.18 주어진 힘의 x, y 성분을 구한 후 세 힘의 합력 $\vec{R}$을 구하여 벡터로 표현하고, 합력의 크기를 구하여라.

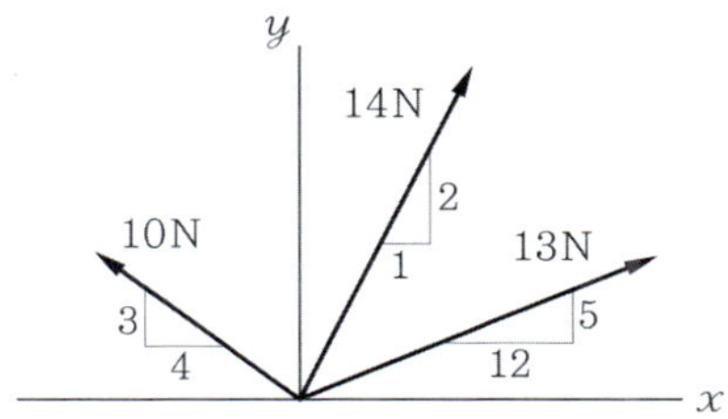

[문제 2.18]

2.19 세 힘의 합력 $\vec{R}$을 구하여 벡터로 표현하고, 합력의 크기를 구하여라.

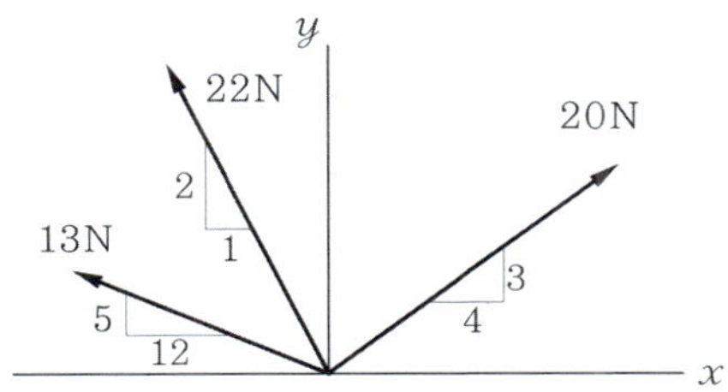

[문제 2.19]

2.20 고리에 작용하는 두 힘의 합력의 크기를 구하여라.

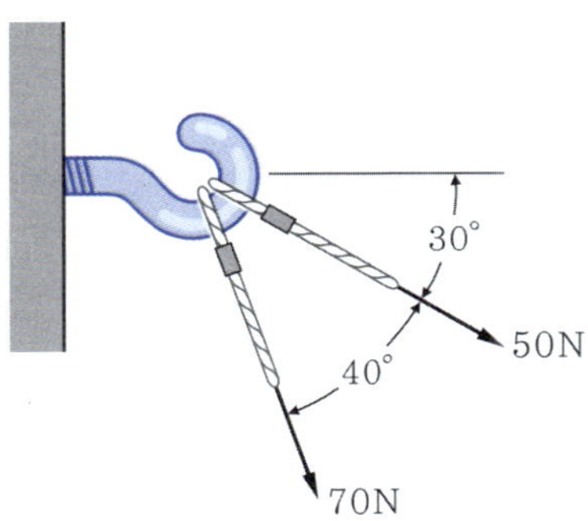

[문제 2.20]

2.21 브래킷에 작용하는 두 힘의 합력의 크기를 구하여라. († 좌표계는 고정된 것이 아니다. 문제를 해석하기 편리하게 임의로 좌표축을 설정할 수 있다.)

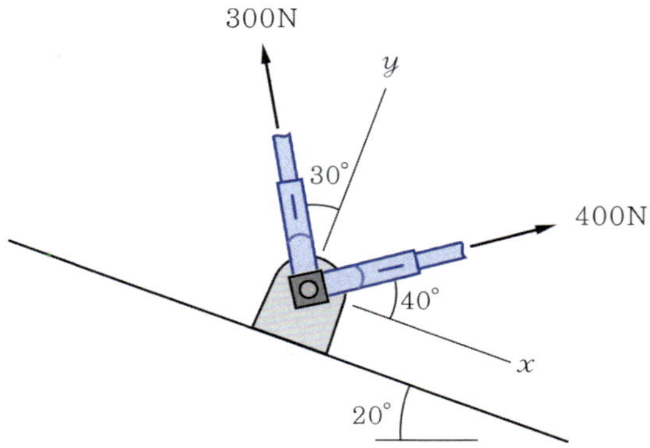

[문제 2.21]

2.22 두 힘(40N과 50N)의 합력의 크기가 70N일 때 각 θ를 구하고, 이때 합력의 방향이 수직선(50N의 힘의 작용선)과 이루는 각을 구하여라.

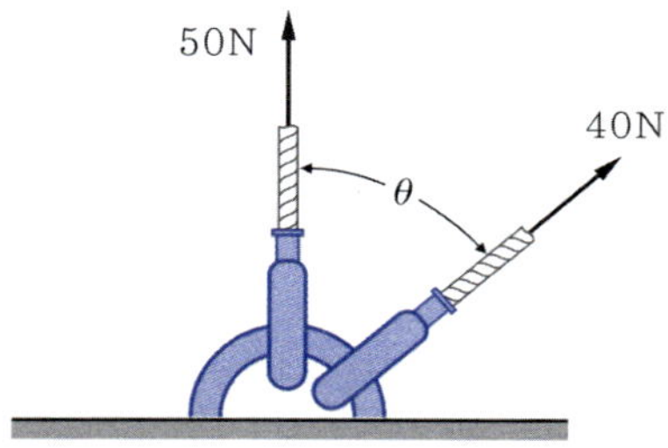

[문제 2.22]

2.23 2kN의 힘과 $\overrightarrow{F}$의 힘을 가하여 수평으로 박혀 있는 못을 빼내려 한다. 두 힘의 합력의 방향이 수평방향이 될 때 $\overrightarrow{F}$의 크기를 구하고, 그때의 합력을 구하여라.

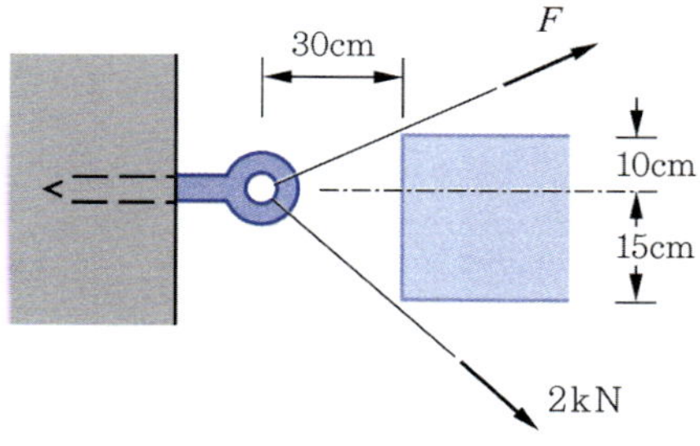

[문제 2.23]

2.24 그림과 같이 막대의 끝부분(O)에 세 힘($\overrightarrow{F_1}$, $\overrightarrow{F_2}$, $\overrightarrow{F_3}$)이 작용하고 있다. 세 힘의 합력의 크기와 방향각을 구하여라.

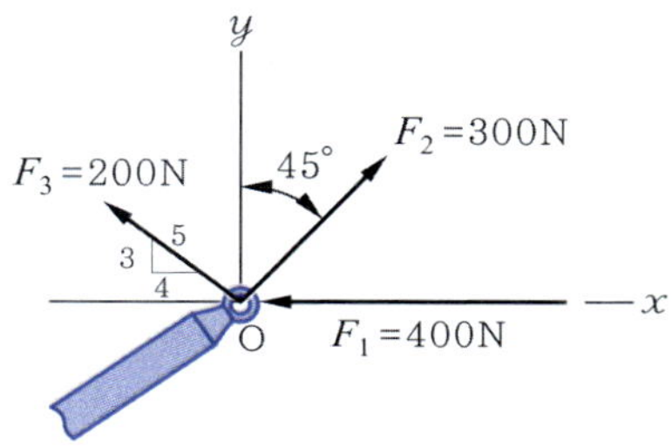

[문제 2.24]

2.25 그림과 같이 한 척의 예인선이 두 척의 작은 배를 끌고 있다. 줄 AB에 걸리는 인장력이 250N이고 AC에 걸리는 인장력이 370N일 때 예인선에 작용하는 합력과 예인선의 중심선에 대한 합력의 방향각을 구하여라.

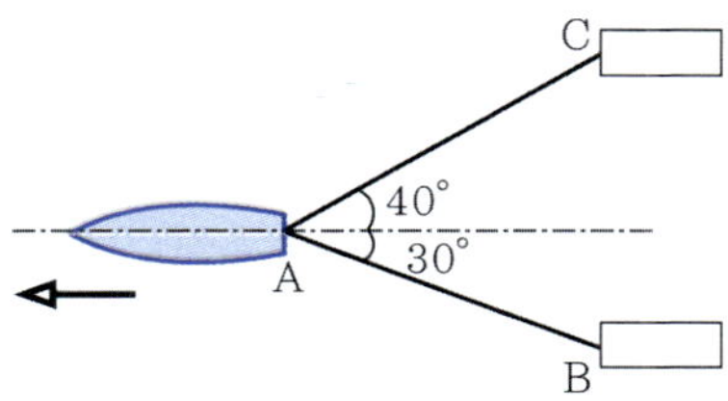

[문제 2.25]

2.26 원점(O)에 작용하는 두 힘의 합력이 x축 방향을 따라 작용하도록 각 θ를 결정하고, 이때의 합력의 크기를 구하여라.

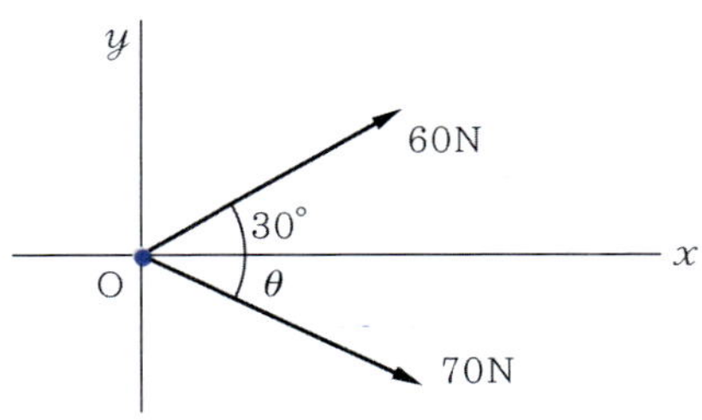

[문제 2.26]

2.27 두 개의 로프를 이용하여 기둥을 땅바닥으로부터 뽑아내고자 한다. F와 400N의 힘에 의해 기둥에 작용하는 합력이 연직 위 방향으로 800N일 때 힘 F와 각 θ를 구하여라.

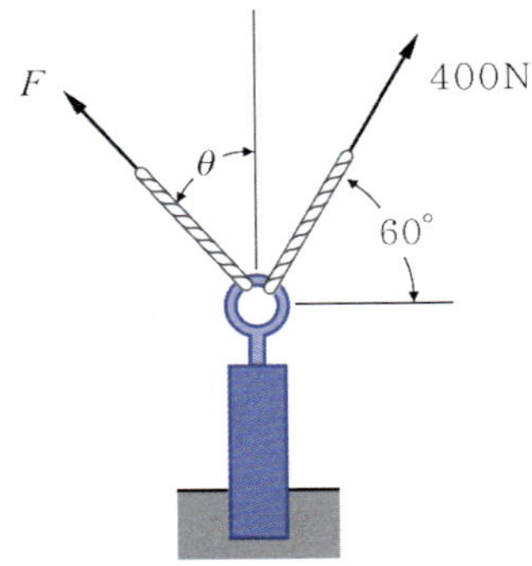

[문제 2.27]

2.28 그림과 같이 브래킷의 한 점에 세 힘(F_1, F_2, F_3)이 작용하고 있다. $F_1 = 26\,\mathrm{N}$, $F_2 = 40\,\mathrm{N}$일 때 세 힘의 합력이 $+u$축 방향으로 작용하고 그 크기가 80N이다. F_3와 각 θ를 구하여라.

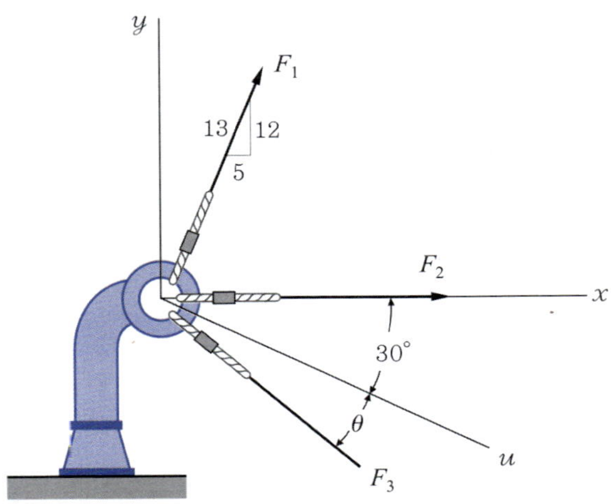

[문제 2.28]

2.29 벡터 $\vec{A}$와 $\vec{B}$가 아래 그림과 같을 때, $\vec{C}=\vec{A}-\vec{B}$로 정의되는 벡터의 크기는? **[공무원 임용시험]**

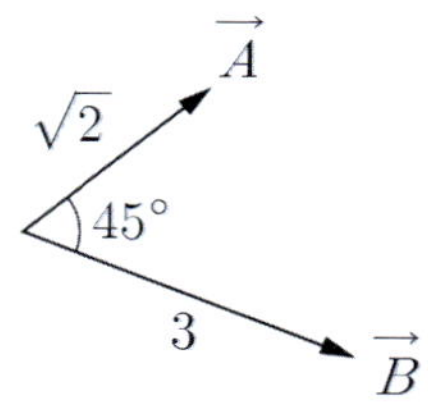

[문제 2.29]

① $\sqrt{3}$　　② $\sqrt{5}$
③ $\sqrt{7}$　　④ 4

2.30 그림과 같은 xy 평면상의 두 힘 P_1, P_2의 합력의 크기[kN]는? **[공무원 임용시험]**

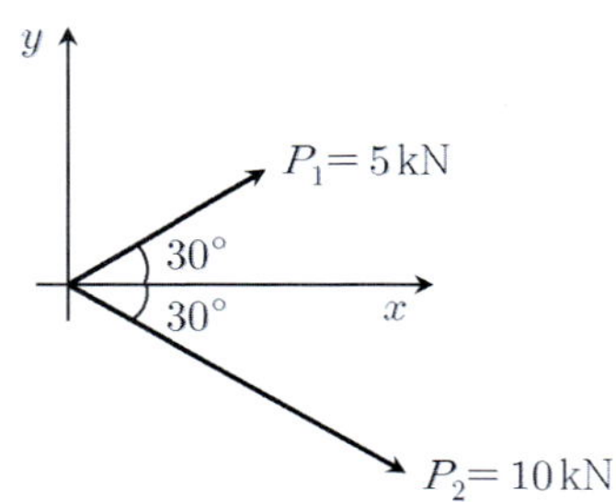

[문제 2.30]

① 5　　② $5\sqrt{7}$
③ 10　　④ $10\sqrt{7}$

2.31 그림과 같이 2개의 힘이 동일점 O에 작용할 때, 두 힘 U, V의 합력의 크기[kN]는? **[공무원 임용시험]**

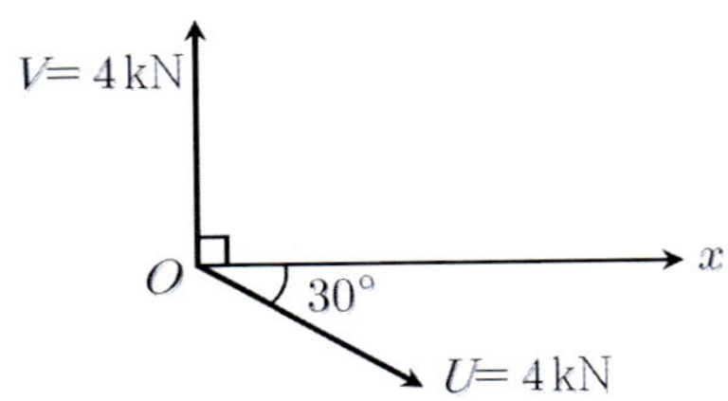

[문제 2.31]

① 1　　② 2
③ 3　　④ 4

2.32 그림과 같이 2개의 힘이 동일점 O에 작용할 때 합력(R)의 크기[kN]와 방향(β)은? **[공무원 임용시험]**

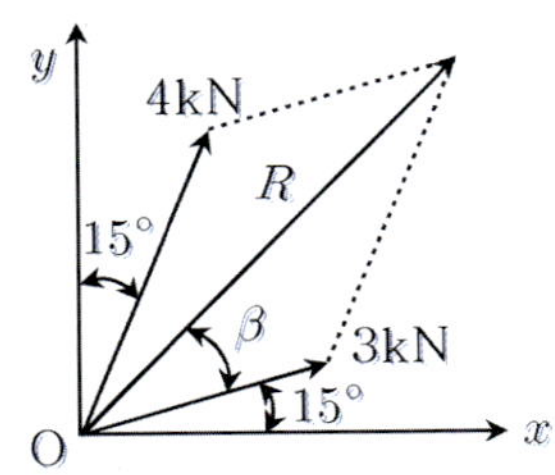

[문제 2.32]

① $R=\sqrt{37}$, $\beta=\cos^{-1}\left(\dfrac{5}{R}\right)$

② $R=\sqrt{37}$, $\beta=\cos^{-1}\left(\dfrac{2\sqrt{3}}{R}\right)$

③ $R=\sqrt{61}$, $\beta=\cos^{-1}\left(\dfrac{5}{R}\right)$

④ $R=\sqrt{61}$, $\beta=\cos^{-1}\left(\dfrac{2\sqrt{3}}{R}\right)$

2.33 다음 그림과 같이 원점 O에 세 힘이 작용할 때, 합력이 작용하는 상한의 위치는? **[공무원 임용시험]**

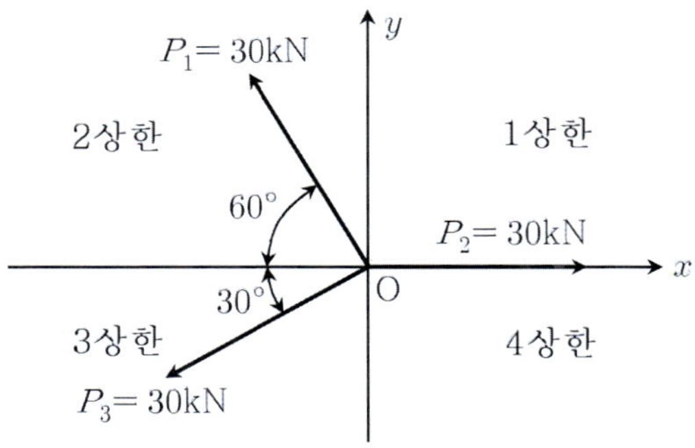

[문제 2.33]

① 1상한 ② 2상한
③ 3상한 ④ 4상한

2.34 다음 그림과 같이 수평 스프링 A에 무게가 10N인 두 개의 강체블록 B와 C가 연결되어 있다. 수평 스프링 A가 받는 힘의 크기[N]는? (단, 바닥과 강체블록 B와의 마찰력, 도르래의 마찰력은 무시한다) **[공무원 임용시험]**

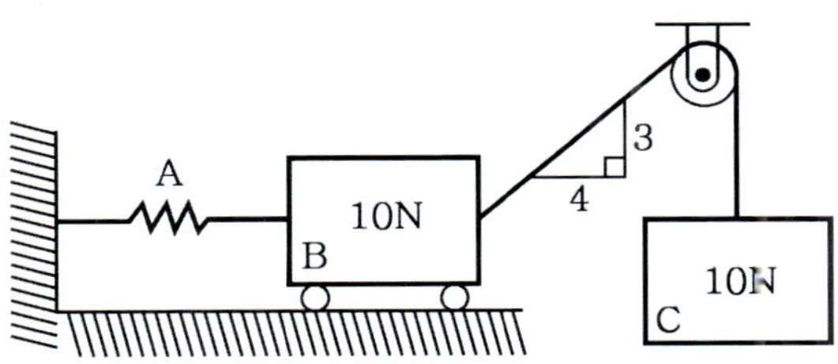

[문제 2.34]

① 8 ② 9
③ 10 ④ 12

Chapter 03

질점의 평형

3.1 질점의 평형 개념

한 질점에 작용하는 모든 힘의 합력이 0일 때 그 질점은 평형(equilibrium) 상태에 있다고 한다. 이와 같은 질점의 평형 개념은 뉴턴의 운동 제 1법칙을 따른다. 즉 "질점에 작용하는 합력이 0인 경우, 질점은 정지 상태로 남아 있거나(처음에 정지해 있을 때), 직선상을 일정한 속도로 운동하게 된다(처음에 일정 속도로 운동하고 있는 경우)."

따라서 뉴턴의 운동 제 1법칙은 정지 상태에 있는 질점과 등속 직선운동하고 있는 질점들 간에 합력에 있어서는 차이가 없다는 것을 보여주고 있다. 물체에 작용하는 힘이 평형 상태에 있을 때 그 물체의 운동 상태가 변하지 않으며, 운동하는 물체에 여러 힘이 작용하여도 그 물체의 운동 상태에 변화가 없을 때도 그 힘들은 평형 상태에 있다고 한다.

뉴턴의 운동 제 1법칙은 질점에 작용하는 힘이 없거나, 다음과 같이 작용하는 힘의 합이 0이라는 것을 의미한다.

$$\sum \vec{F} = 0$$

여기에서 $\sum \vec{F}$는 질점에 작용하는 모든 힘의 벡터 합을 나타낸다. 한정된 의미에서 질점을 집중 질량 점, 즉 무한히 작은 크기의 물체로 생각할 수 있지만 많은 경우에 있어서 크기가 유한한 물체를 질점으로 취급하기도 한다. 예를 들어 직선 도로 위를 등속 운동하는 자동차는 하나의 질점으로 간주할 수 있다.

이상에서 설명한 질점의 평형 개념을 다음과 같이 두 가지 방법으로 해석할 수 있다.

(1) "질점에 작용하는 힘들의 합력이 0이다." 만약 질점에 작용하는 여러 힘들의 합력이 0이면 이러한 힘들이 구성하는 힘의 다각형은 폐곡선이 된다[그림 3.1]. 결과적으로 이 힘들은 질점의 운동 상태에 아무런 변화도 주지 못하며, 따라서 이 질점은 평형 상태에 있다고 한다.

(2) "한 질점에 작용하는 힘들이 그 질점의 운동 상태에 변화를 주지 못한다." 질점의 무게를 포함하는 여러 힘이 한 질점에 작용하였으나 그 질점의 운

동 상태에 아무런 변화를 일으키지 못하면 그 힘들의 합력은 0이다. 즉 그 질점은 이와 같은 힘의 작용 하에 평형 상태에 있다고 할 수 있다.

※ 질점(particle, point) : 운동할 때 그 크기와 형상을 무시할 수 있으며 질점의 질량 중심의 위치만을 고려한다. 역학 문제에서 물체를 질점으로 가정하면 질량이 한 점에 집중되어 있고, 물체의 회전을 고려할 필요가 없으므로 해석이 간단해진다.

일반적으로 질점에 작용하는 힘[그림 3.1(a)]의 합력이 0이 되기 위해서는 [그림 3.1(b)]와 같이 힘의 다각형을 그렸을 때 힘의 시작점과 끝점이 일치해야 한다. 즉, $\overrightarrow{F_1}$을 점 O에서 시작하게 하고, $\overrightarrow{F_2}$, $\overrightarrow{F_3}$, $\cdots$, $\overrightarrow{F_n}$을 차례로 종점과 시점이 연결되도록 배열하면 $\overrightarrow{F_n}$의 종점이 시작점 O에 일치하는 것을 알 수 있다. 질점에서 힘이 평형을 이룰 때 이와 같이 하나의 닫힌 다각형을 형성한다.

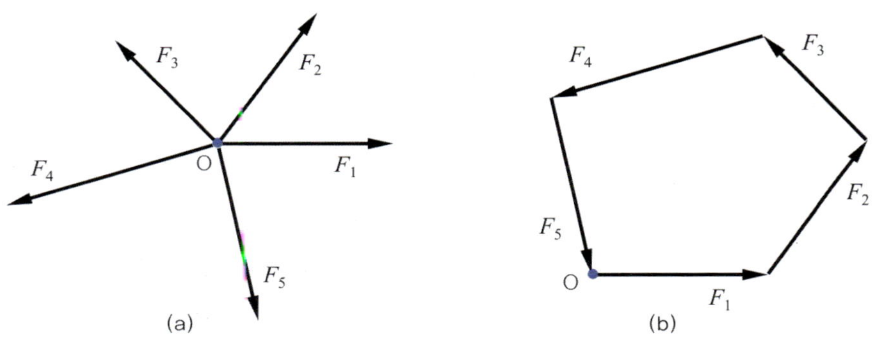

[그림 3.1]

예제 3.1 점 C에 작용하는 세 힘 $\overrightarrow{F_1} = 4\vec{i}+3\vec{j}$(N), $\overrightarrow{F_2} = -12\vec{i}+9\vec{j}$(N), $\overrightarrow{F_3}$이 평형 상태에 있을 때 $\overrightarrow{F_3}$을 구하여라.

풀이 질점에 작용하는 세 힘의 합이 0($\sum\vec{F}=0$)일 때 평형을 이른다.

$$\overrightarrow{F_1}+\overrightarrow{F_2}+\overrightarrow{F_3}=0$$

$$\therefore\ \overrightarrow{F_3}=-\overrightarrow{F_1}-\overrightarrow{F_2}$$

$$=-(4\vec{i}+3\vec{j})-(-12\vec{i}+9\vec{j})$$

$$=(-4+12)\vec{i}+(-3-9)\vec{j}$$

$$=8\vec{i}-12\vec{j}\,(\mathrm{N})$$

연 습 문 제

3.1 한 점에 작용하는 다음 세 힘이 평형 상태에 있을 때 $\overrightarrow{F_3}$을 구하여라.
$\overrightarrow{F_1} = -2\vec{i}+5\vec{j}\,(\mathrm{N})$, $\overrightarrow{F_2} = 7\vec{i}-3\vec{j}\,(\mathrm{N})$, $\overrightarrow{F_3}$

3.2 한 점에 작용하는 다음 네 힘이 평형 상태에 있을 때 $\overrightarrow{F_4}$를 구하여라.
$\overrightarrow{F_1} = 5\vec{i}-2\vec{j}\,(\mathrm{N})$, $\overrightarrow{F_2} = \vec{i}+4\vec{j}\,(\mathrm{N})$, $\overrightarrow{F_3} = -3\vec{i}+8\vec{j}\,(\mathrm{N})$, $\overrightarrow{F_4}$

3.3 그림과 같이 점 C에 세 힘이 작용하고 있다. (a), (b)의 각 경우에 대하여 점 C에 대한 힘의 평형 상태를 조사하여라. 한 눈금의 크기는 1N이다.

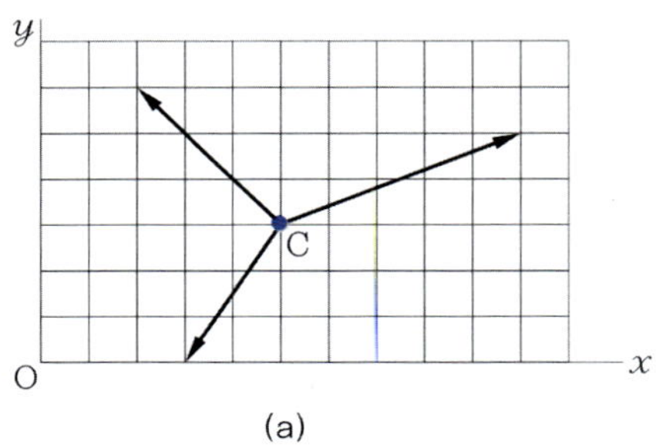

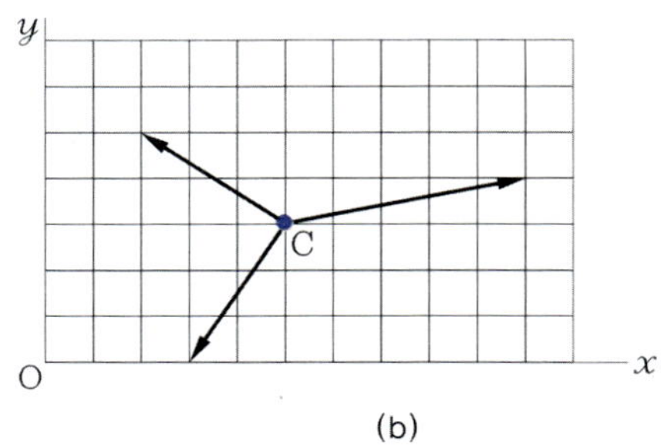

[문제 3.3]

3.4 한 점에 작용하는 다음 세 힘이 평형을 이루고 있을 때 a, b의 값을 구하여라.
$\overrightarrow{F_1} = a\vec{i}-2\vec{j}\ (\mathrm{N})$, $\overrightarrow{F_2} = 4\vec{i}+b\vec{j}\ (\mathrm{N})$, $\overrightarrow{F_3} = 3\vec{i}-7\vec{j}\ (\mathrm{N})$

3.5 한 점에 작용하는 세 힘 $\overrightarrow{F_1} = 4(\cos30°\vec{i}+\sin30°\vec{j})(\mathrm{N})$, $\overrightarrow{F_2} = -2\vec{j}$ (N), $\overrightarrow{F_3}$이 평형 상태에 있을 때 $\overrightarrow{F_3}$을 구하여라.

3.2 자유물체도

1. 자유물체도

고려하는 물체(또는 질점)를 원래의 상태로부터 분리하여 그 물체(또는 질점)에 작용하는 모든 외력을 그림으로 나타낸 것을 자유물체도(free body diagram, FBD)라 한다. 질점을 고려할 때, 자유물체도는 고찰 대상 부분인 질점에 작용하는 모든 힘을 나타내기 위한 스케치이다.

설명 공업역학에서 다루는 문제는 대상 물체에 작용하는 모든 외력을 알아야 하는데 이 외력을 구하기 위해 가장 먼저 해야 할 일은 자유물체도를 그리는 일이다. 자유물체도를 그리는 기본적인 과정은 다음과 같다.

(1) 분리하여 해석하고자 하는 물체를 선정한 후 정해진 물체를 그린다.

(2) 물체의 경계에 작용하는 모든 힘을 표시한다.

(3) 문제 해결에 필요한 주어진 치수를 기입한다. 필요한 경우 좌표축을 선정하고 자유물체도에 표시한다.

여기에서 힘이란 물체에 직접 작용하는 힘은 물론이고, 물체의 무게(체적력), 물체 상호 간의 마찰력, 접촉력, 받침점의 반력 등, 그 물체에 작용하는 모든 힘을 말한다. 물체를 분리하는 과정에서 제거된 물체와의 상호 작용에 의해 발생하는 힘을 표시할 때는 작용과 반작용의 원칙을 따른다.

2. 접촉력, 반력, 체적력

(1) 접촉력(contact force), 반력(reactive force) : 두 물체 사이의 직접적인 물리적 접촉을 통하여 발생하는 힘을 접촉력이라 하고, 일반적으로 지지점으로부터 물체에 전달되는 힘을 반력이라 한다.

(2) 체적력(body force) : 중력(gravity force), 전기력(electric force), 자기력(magnetic force) 등과 같이 힘이 작용하는 어떤 장(field) 안에서 물체가 받는 힘을 체적력 또는 체력이라 한다.

(3) 작용과 반작용 : 뉴턴의 제 3법칙에 의하면 힘의 작용은 항상 크기가 같고 방향이 반대인 반작용력을 동반하게 된다. 자유물체도를 그릴 때 해석하고자 하는 물체를 고립시킨 후에 그 물체에 작용하는 힘(대상 물체가 다른 물체에 작용하는 힘이 아니라)을 나타내어야 한다.

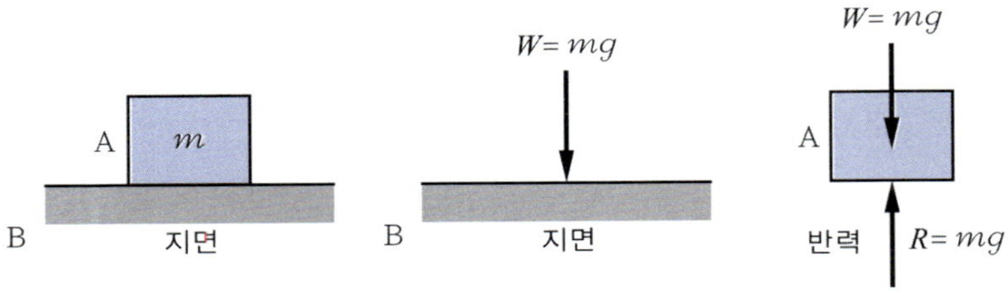

(a) 공간도 (b) (c)

[그림 3.2]

설명 두 물체 A와 B가 접촉하여 A가 B를 누르면 작용과 반작용의 법칙에 따라 B는 A를 같은 힘으로 밀어내게 된다. 이와 같은 힘을 접촉점에서의 반력이라 한다. [그림 3.2(a)]와 같이 지면에 물체가 놓여있는 경우 지면 B에는 물체의 무게 $W = mg$에 의한 힘이 아래 방향으로 작용한다[그림 3.2(b)]. 이때 [그림 3.2(c)]와 같이 물체 A의 바닥에는 작용과 반작용의 법칙에 따라 지면 B에 의해 $R = mg$의 힘이 위 방향으로 작용하게 된다. 여기에서 A가 지면으로부터 받는 힘 R을 반력이라 한다. 〈표 3.1〉에 2차원 해석에 관한 역학에서의 힘의 작용(반력의 형태)에 대한 일반적인 모양을 나타내었다.

〈표 3.1〉 지지점과 연결점에서의 반력

지지점 또는 연결점	반력의 형태
1. 유연한 케이블, 줄 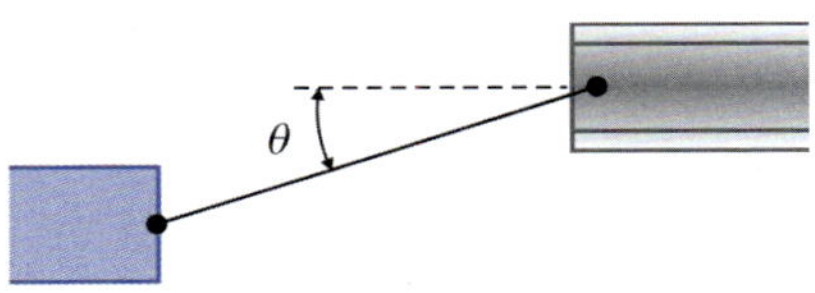	[방향을 아는 힘]－줄에 의해 작용하는 힘은 줄 방향으로 물체 밖으로 작용하는 인장력이다. 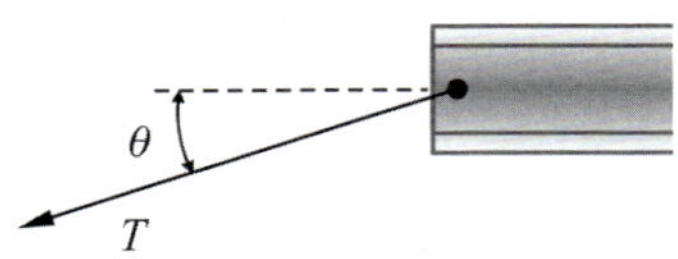
2. 롤러, 로커, 마찰 없는 면 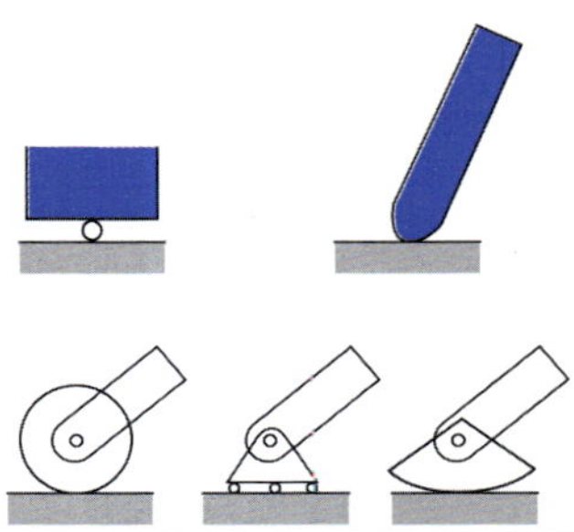	[방향을 아는 힘]－압축력을 전달하며 압축력은 면에 수직이다. 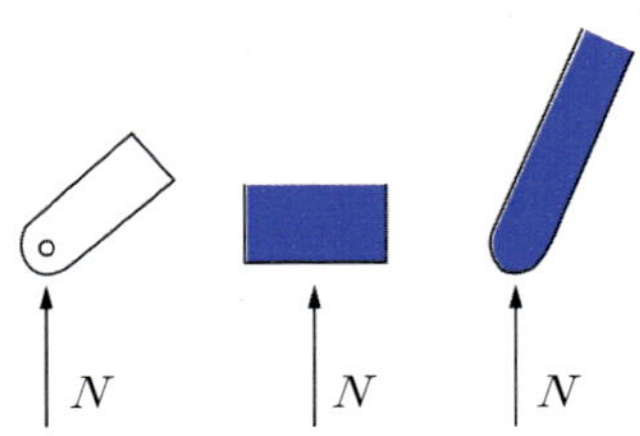

<table>
<tr><th>지지점 또는 연결점</th><th>반력의 형태</th></tr>
<tr><td>3. 마찰 없는 핀 또는 힌지, 마찰 면
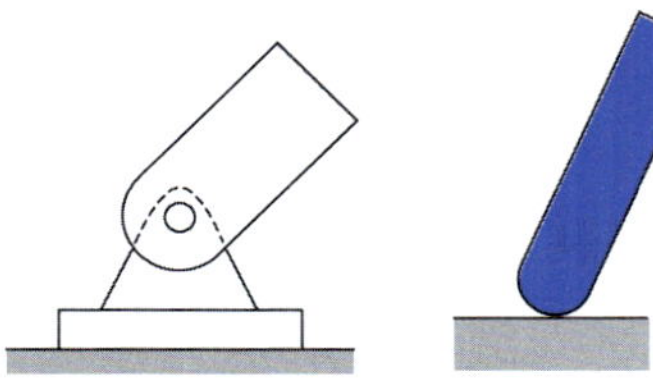</td><td>[방향을 모르는 힘]-수직분력(R_y)과 수평분력(R_x)을 모두 가질 수 있다.
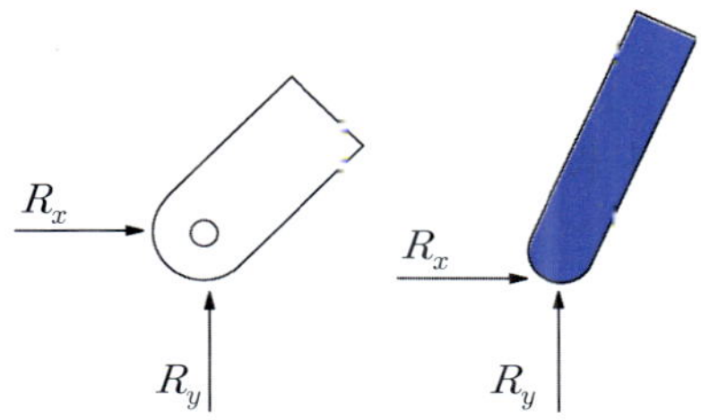
</td></tr>
<tr><td>4. 마찰 없이 미끄러지는 가이드
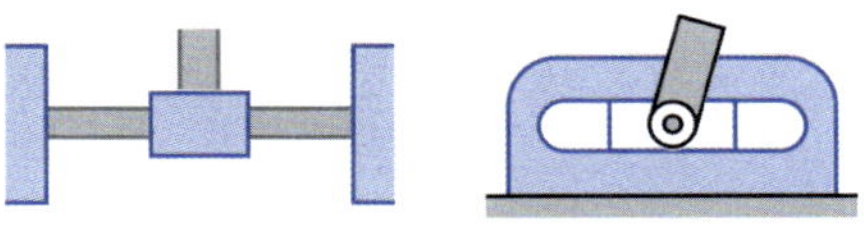</td><td>[방향을 아는 힘]-압축력을 전달하며 압축력은 면에 수직이다.
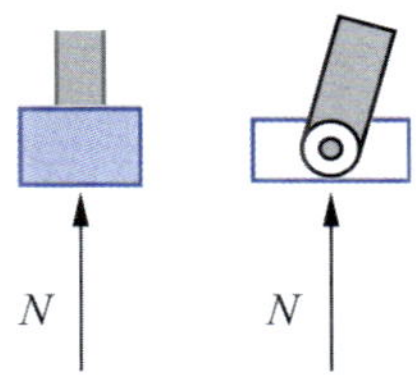
</td></tr>
<tr><td>5. 박혀있거나 고정된 지지
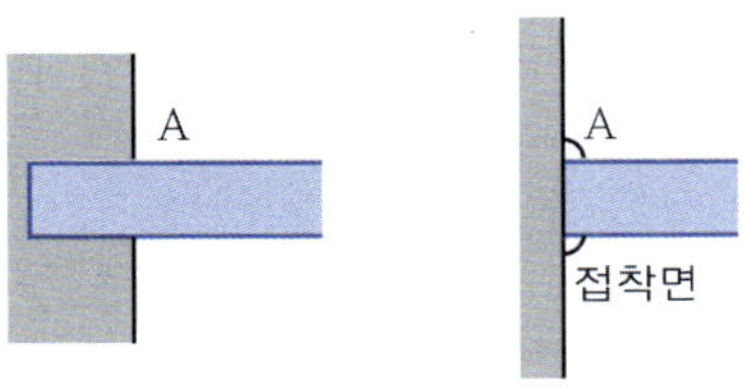
</td><td>[힘과 굽힘 모멘트]-축 방향 하중(F), 전단 방향 하중(V), 굽힘 모멘트(M)를 모두 지지한다.
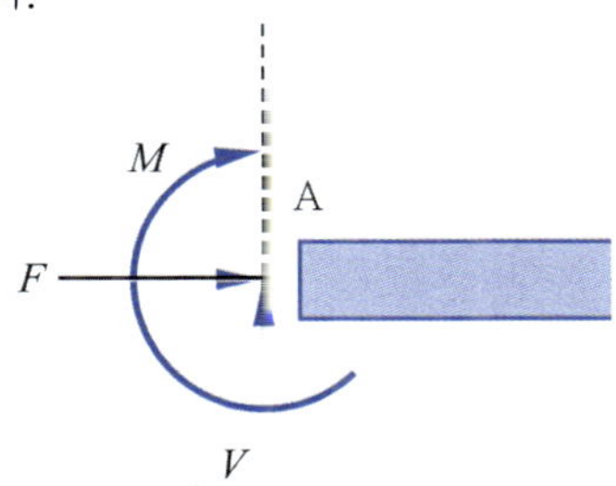
</td></tr>
<tr><td>6. 중력
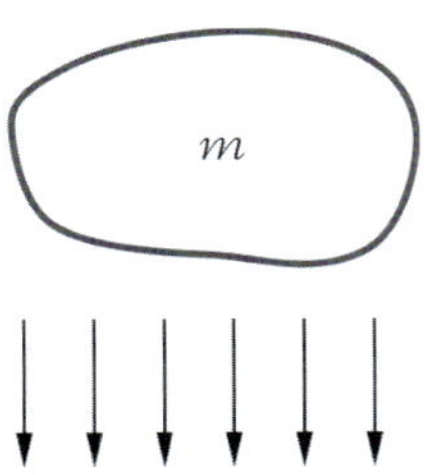
</td><td>[중력에 의한 물체의 무게]-질량 m의 물체에 작용하는 무게 $W=mg$이며 물체의 질량 중심을 통과하여 지구 중심을 향한다(연직 하방).
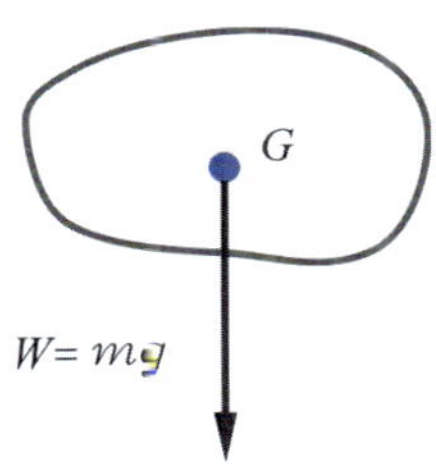
</td></tr>
</table>

자유물체도 예 ❶ [그림 3.3(a)]와 같이 두 개의 끈으로 물체를 매달 때 끈 OA, OB에는 물체의 무게 W에 의해 인장력이 걸린다. OA, OB에 걸리는 인장력을 각각 F_1, F_2라 하고, 점 O를 질점으로 잡아 점 O에 대한 자유물체도를 그리면 [그림 3.3(b)]와 같다.

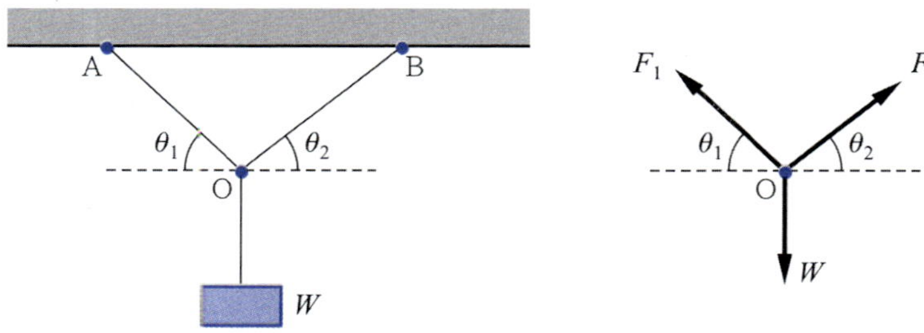

(a) 공간도 (b) 자유물체도

[그림 3.3]

[그림 3.3(b)]와 같이 자유물체도가 구성되면 여기에서 힘의 평형 조건을 적용하여 줄에 걸리는 인장력(F_1, F_2)을 구할 수 있다.

자유물체도 예 ❷ [그림 3.4(a)]와 같이 무게 W의 보가 아래 방향으로 하중 P를 받고 있다. 이때 보가 역학적으로 평형을 이루기 위해서는 보의 양 끝단에서 보의 무게와 하중을 지지해 주는 반력이 있어야 한다. 이 반력을 각각 R_A, R_B라 하면, 보의 무게 중심은 보의 중앙에 있으므로 [그림 3.4(b)]와 같은 보에 대한 자유물체도를 그릴 수 있다.

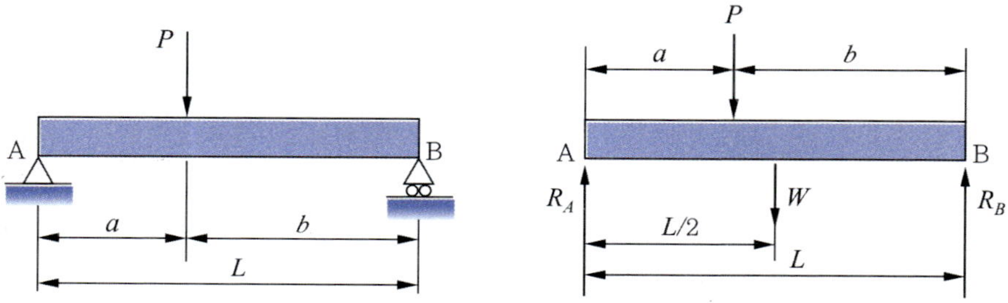

(a) 공간도 (b) 자유물체도

[그림 3.4]

[그림 3.4(b)]와 같이 자유물체도가 구성되면 여기에서 힘의 평형 조건을 적용하여 보의 양 끝단에서의 반력(R_A, R_B)을 구할 수 있다

예제 3.2 [그림 3.5(a)]와 같이 두 케이블 AC와 BC의 연결점(C)에 연직 방향 하중 W와 수평방향 하중 P가 작용하고 있다. 점 C를 기준으로 하여 케이블에 걸리는 장력을 구할 수 있는 자유물체도를 그려라.

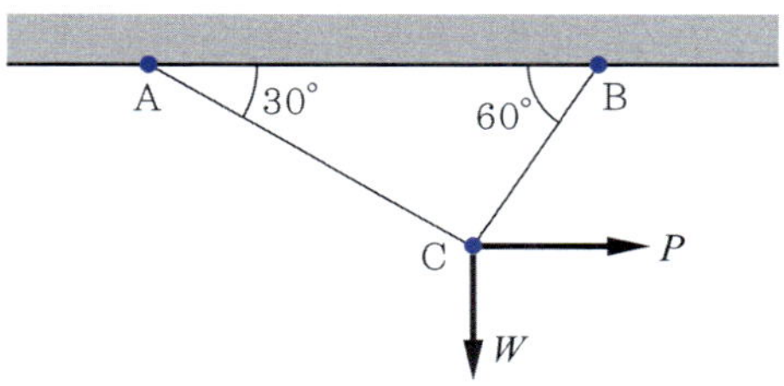

(a)

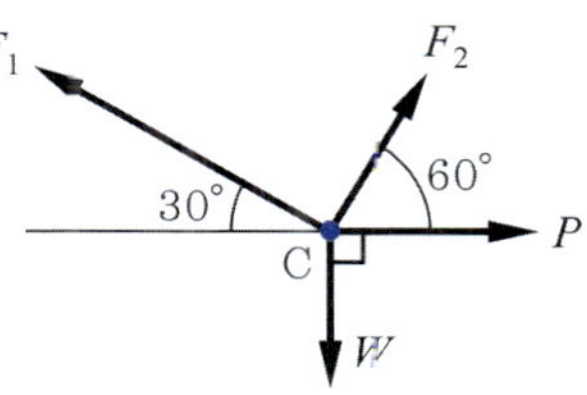

(b)

[그림 3.5]

풀이 〈표 3.1-1〉에서 케이블에는 인장력이 작용하며 힘의 작용선은 케이블과 같은 선상에 있다. 따라서 AC와 BC에 걸리는 장력을 각각 F_1, F_2라 하면 [그림 3.5(b)]와 같은 자유물체도가 구성된다.

예제 3.3 [그림 3.6(a)]와 같이 하중 P를 받고 있는 트러스의 지지점 A, B에 걸리는 반력을 구하기 위한 자유물체도를 그려라. 단, 트러스는 강체이고 무게를 무시한다.

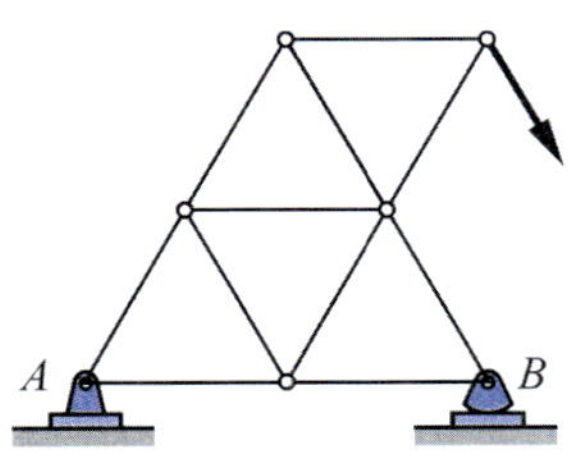

(a)

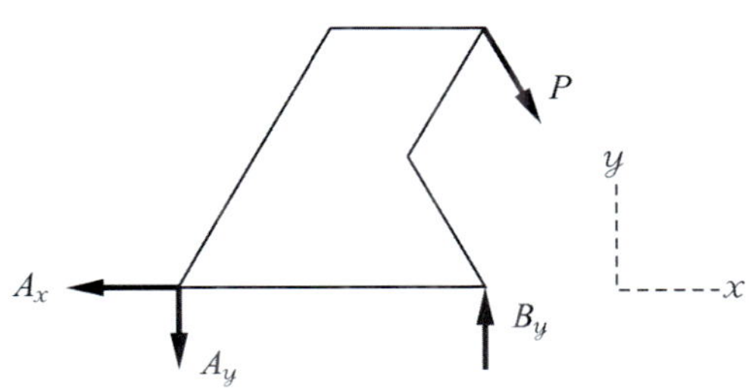

(b)

[그림 3.6]

풀이 자유물체도는 외력 P뿐만 아니라 지지점 A, B에서의 트러스에 대한 반작용력을 포함해야 한다. [그림 3.6(a)]의 A점에서의 핀 연결은 트러스의 수평 방향 힘(A_x)과 수직 방향 힘(A_y)을 지지할 수 있다(〈표 3.1-3〉). 이에 반해 B점에서 로커(rocker)는 수직 방향 힘(B_y)만을 지지할 수 있다(〈표 3.1-2〉). 따라서 트러스의 무게를 무시하면 [그림 3.6(b)]와 같은 분리된 물체의 자유물체도를 그릴 수 있다.

여기에서 자유물체도를 그릴 때 힘의 방향은 크게 신경 쓰지 않아도 된다. 예를 들어 계산 결과 A_x가 음(−)의 값을 가지면 실제 힘은 처음에 가정했던 것과 반대 방향으로 작용하는 것이라는 것을 알면 된다.

※ [그림 3.6(a)]와 같이 비교적 간단한 예에서는 물리적인 고찰로 반력의 방향을 알 수 있다. 먼저 수직 성분 A_y는 B 점에서 트러스가 P에 의해 시계방향으로 회전하는 것을 막기 위해 아래 방향으로 작용해야 한다. 또한 수평 성분 A_x는 P의 수평 방향 성분의 영향으로 인해 트러스가 오른쪽으로 움직이지 못하도록 왼쪽 방향으로 작용해야 한다. 끝으로 A_y와 P의 수직 성분이 모두 아래 방향이므로 B 점의 수직 성분 B_y는 위 방향으로 작용해야 한다.

※ 이 장에서는 지지점과 연결점에서의 반력의 형태를 표로써 간단하게 정리하였다. 그런데 정역학에서 실제 문제를 해석할 때 가장 중요한 첫 단계는 자유물체도를 올바르게 그리는 것이므로 반력의 형태와 강체에 대해 자유물체도를 구성하는 방법을 5장에서 다시 한 번 자세히 설명한다. 자유물체도를 모르고 질점의 평형과 강체의 평형을 조사한다는 것은 구구단을 모르고 곱셈을 하는 것과 같다고 할 수 있다. 그만큼 자유물체도는 정역학에서 가장 기본적인 것이다.

연 습 문 제

3.6 케이블 AC와 막대 BC의 연결점 C에 질량 m의 물체가 매달려 있다. 케이블과 막대가 받는 힘을 구하기 위해 점 C를 기준으로 하여 자유물체도를 그려라. 단, 막대의 무게는 무시한다.

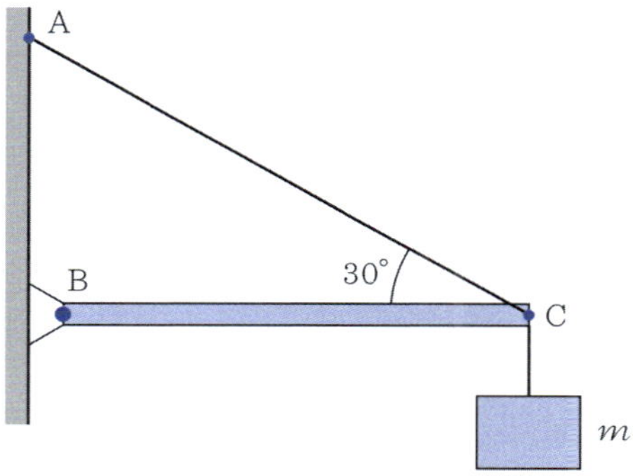

[문제 3.6]

3.7 그림과 같이 표면이 매끄러운 구가 마찰력이 없는 벽면 사이에 놓여 있다. 구의 재질은 균일하며 무게가 W이다. 구의 중심(C)을 기준으로 하여 접촉점 반력을 구할 수 있는 자유물체도를 그려라.

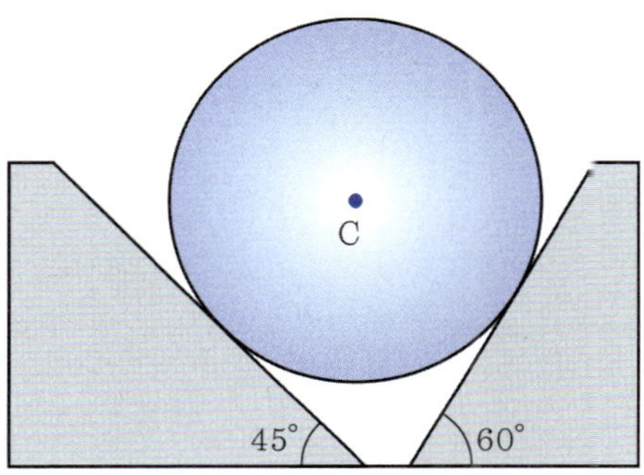

[문제 3.7]

3.3 질점의 평형 조건

질점(한 점)에 작용하는 여러 힘들 $\overrightarrow{F_1}$, $\overrightarrow{F_2}$, $\cdots$, $\overrightarrow{F_n}$이 평형이 되기 위해서는 모든 힘들의 합이 0이 되어야 한다.

$$\sum \overrightarrow{F} = 0 \tag{3.1}$$

따라서 힘은 벡터이므로 $\overrightarrow{F} = F_x \vec{i} + F_y \vec{j} + F_z \vec{k}$로 나타나면 일반적으로 다음과 같이 각 힘들의 x, y, z 스칼라성분의 합이 각각 0이 되고,

$$\sum F_x = 0, \quad \sum F_y = 0, \quad \sum F_z = 0 \tag{3.2}$$

2차원인 경우 질점에 대한 평형 조건은

$$\sum F_x = 0, \quad \sum F_y = 0 \tag{3.3}$$

이다. 즉, 여러 힘들의 수평 분력의 합과 수직 분력의 합이 각각 0이다.

설명 힘이 평형을 이룰 때 $\sum \overrightarrow{F} = 0$이고, 뉴턴의 운동법칙 $\sum \overrightarrow{F} = m\vec{a}$에서 가속도 $\vec{a} = 0$이므로 물체의 운동 상태에 변화가 없다. 각각의 힘 $\overrightarrow{F}$를 직각성분으로 분해하면

$$\sum (F_x \vec{i} + F_y \vec{j} + F_z \vec{k}) = 0$$

$$(\sum F_x)\vec{i} + (\sum F_y)\vec{j} + (\sum F_z)\vec{k} = 0$$

띠라서 질점이 평형의 이루기 위한 필요충분조건은

$$\sum F_x = 0, \ \sum F_y = 0, \ \sum F_z = 0$$

이다. 이와 같이 한 질점에 작용하는 모든 힘의 합력이 0일 때 그 질점은 역학적으로 평형 상태에 있다고 한다.

[그림 3.7]

한 점에 작용하는 두 힘 $\overrightarrow{F_1}$, $\overrightarrow{F_2}$이 평형을 이루기 위해서는 $\overrightarrow{F_1} + \overrightarrow{F_2} = 0$이므로 $\overrightarrow{F_1} = -\overrightarrow{F_2}$이다. 즉, [그림 3.7]과 같이 두 힘은 크기가 같고 방향이 반대일 때 평형이 된다.

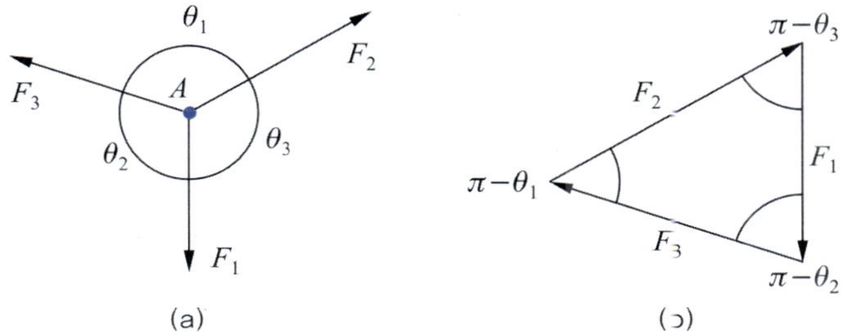

[그림 3.8]

한 점에 세 힘이 작용할 때[그림 3.8(a)] 합력이 0이 되기 위해서는 [그림 3.8(b)]와 같이 힘의 삼각형을 그릴 경우 힘의 종점이 시작점과 일치해야 한다. 따라서 사인법칙에 의해

$$\frac{F_1}{\sin(\pi-\theta_1)}=\frac{F_2}{\sin(\pi-\theta_2)}=\frac{F_3}{\sin(\pi-\theta_3)}$$

$$\therefore \quad \frac{F_1}{\sin\theta_1}=\frac{F_2}{\sin\theta_2}=\frac{F_3}{\sin\theta_3} \tag{3.4}$$

가 성립한다. 이것을 라미의 정리(Lami's theorem)라 한다.

예제 3.4 그림과 같은 세 힘(F_1, F_2, F_3)이 평형을 이루고 있다. $F_3=40\text{N}$일 때 $\overrightarrow{F_3}$의 x, y 스칼라성분을 구하고 F_1, F_2를 구하여라.

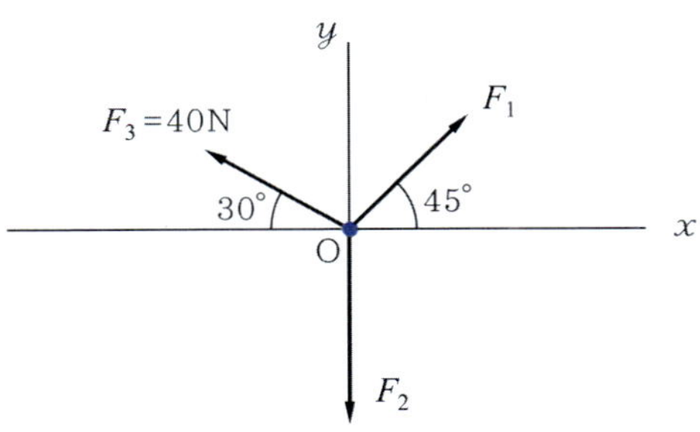

[그림 3.9]

풀이 힘 $\overrightarrow{F_3}$의 x성분과 y성분은 다음과 같다.

- x성분 : $F_{3x}=40\cos 30°=20\sqrt{3}$ (N) (←)
- y성분 : $F_{3y}=40\sin 30°=20$ (N) (↑)

여기에서 x 방향 힘의 평형 조건을 적용하면

$$F_1\cos45° = F_{3x} = 20\sqrt{3}$$

$$\therefore\ F_1 = 20\sqrt{6}\ (\text{N}) = 49.0\ (\text{N})$$

이고, y 방향 힘의 평형 조건을 적용하면 다음과 같이 F_2가 구해진다.

$$\begin{aligned} F_2 = F_1\sin45° + F_{3y} &= 20\sqrt{6}\sin45° + 20 \\ &= 20\sqrt{3} + 20\ (\text{N}) \\ &= 54.6\ (\text{N}) \end{aligned}$$

예제 3.5 그림과 같이 $F_1 = 10\text{kN}$, $F_2 = 4\text{kN}$과 세 번째 힘 F_3을 받고 있는 질점이 평형을 이루고 있을 때, F_3와 각 θ를 구하여라.

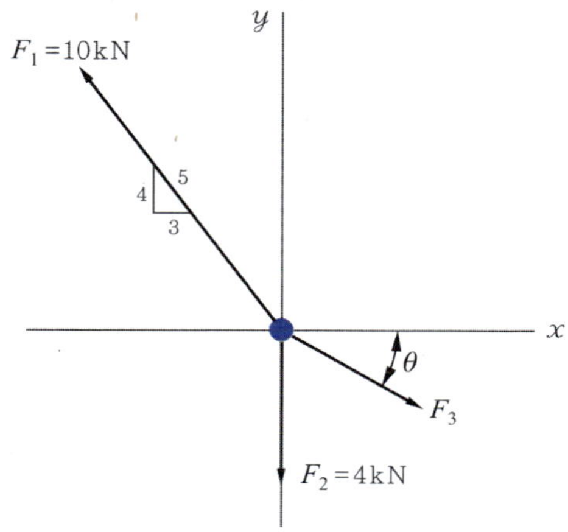

[그림 3.10]

풀이 세 힘 $\overrightarrow{F_1}$, $\overrightarrow{F_2}$, $\overrightarrow{F_3}$을 각각 x, y 성분으로 분해하여 나타내면

$$\overrightarrow{F_1} = F_1\left(-\frac{3}{5}\vec{i} + \frac{4}{5}\vec{j}\right) = 10\times\left(-\frac{3}{5}\vec{i} + \frac{4}{5}\vec{j}\right) = -6\vec{i} + 8\vec{j}\ (\text{kN})$$

$$\overrightarrow{F_2} = F_2(-\vec{j}) = -4\vec{j}\ (\text{kN})$$

$$\overrightarrow{F_3} = F_3(\cos\theta\,\vec{i} - \sin\theta\,\vec{j})$$

이다. 2차원에서 질점에 대한 힘의 평형 조건을 적용하면 세 힘의 수평성분($\vec{i}$ 성분)의 합은 0($\sum F_x = 0$)에서

$$-6 + F_3\cos\theta = 0$$

$$\therefore\ F_3\cos\theta = 6\ \cdots\cdots ①$$

이고, 수직성분($\vec{j}$ 성분)의 합은 0($\sum F_y = 0$)에서

$$8 - 4 - F_3\sin\theta = 0$$

$$\therefore\ F_3 \sin\theta = 4 \ \cdots\cdots ②$$

이다. 여기에서 ②÷①을 하면

$$\frac{\sin\theta}{\cos\theta} = \frac{4}{6}$$

$$\tan\theta = \frac{2}{3}$$

$$\therefore\ \theta = \tan^{-1}\left(\frac{2}{3}\right) = 33.69°$$

이다. 이 값을 ①에 대입하면

$$F_3 = \frac{6}{\cos\theta} = \frac{6}{\cos(33.69°)} = 7.21\ (\text{kN})$$

이 구해진다.

예제 3.6 [그림 3.11(a)]와 같이 두 개의 끈 AC, BC로 무게 100N의 물체를 매달 때 끈에 걸리는 힘을 구하여라.

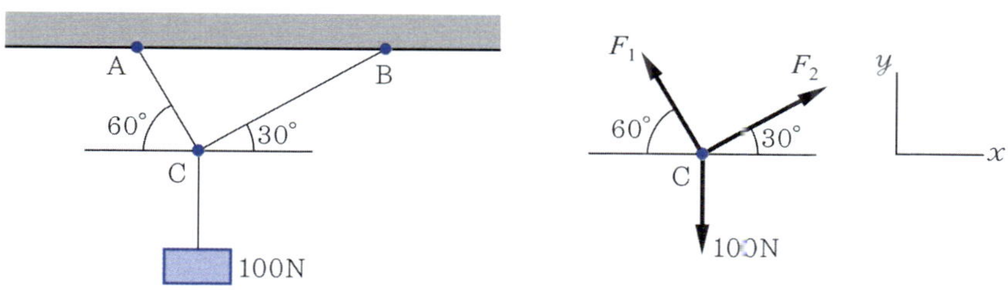

(a) 공간도 (b) 자유물체도

[그림 3.11]

풀이 [그림 3.11(a)]에서 점 C에 작용하는 힘의 평형을 고려한다. 끈 AC, BC에 걸리는 힘의 크기를 각각 F_1, F_2라 하면 [그림 3.11(b)]와 같이 세 힘이 평형을 이룬다.

(1) [힘의 성분 이용]

[그림 3.11(b)]에서 $\overrightarrow{F_1}$, $\overrightarrow{F_2}$를 각각 x, y 성분으로 분해하여 나타내면

$$\overrightarrow{F_1} = F_1(-\cos 60°\,\vec{i} + \sin 60°\,\vec{j}) = F_1\left(-\frac{1}{2}\vec{i} + \frac{\sqrt{3}}{2}\vec{j}\right)$$

$$\overrightarrow{F_2} = F_2(\cos 30°\,\vec{i} + \sin 30°\,\vec{j}) = F_2\left(\frac{\sqrt{3}}{2}\vec{i} + \frac{1}{2}\vec{j}\right)$$

이다. 따라서 2차원에서 질점에 대한 힘의 평형 조건을 적용하면

세 힘의 수평성분의 합은 $0(\sum F_x = 0)$에서

$$-\frac{1}{2}F_1 + \frac{\sqrt{3}}{2}F_2 = 0 \ \cdots\cdots ①$$

이고, 수직성분의 합은 $0(\sum F_y = 0)$에서

$$\frac{\sqrt{3}}{2}F_1 + \frac{1}{2}F_2 - 100 = 0 \quad \cdots\cdots ②$$

이다. ①, ②를 연립하여 풀면

$$F_1 = 50\sqrt{3}\ \mathrm{N},\ F_2 = 50\ \mathrm{N}$$

이 구해진다.

(①에서 $F_1 = \sqrt{3}\,F_2$이므로 이것을 ②에 대입하면 $F_2 = 50\,\mathrm{N}$이고,

$F_1 = \sqrt{3}\,F_2 = 50\sqrt{3}\,\mathrm{N}$이다.)

(2) [라미의 정리 이용]

[그림 3.11(b)]에서 100N의 힘을 F_3이라 하면 F_1, F_2, F_3에 마주보는 대각은 각각

$$\theta_1 = 30° + 90° = 120°,\ \theta_2 = 60° + 90° = 150°$$

$$\theta_3 = 180 - (30° + 60°) = 90°$$

이다. 라미의 정리

$$\frac{F_1}{\sin\theta_1} = \frac{F_2}{\sin\theta_2} = \frac{F_3}{\sin\theta_3}$$

에서 $F_3 = 100\,\mathrm{N}$을 대입하면

$$F_1 = \frac{\sin\theta_1}{\sin\theta_3}F_3 = \frac{\sin 120°}{\sin 90°} \times 100 = 50\sqrt{3}\ (\mathrm{N})$$

$$F_2 = \frac{\sin\theta_2}{\sin\theta_3}F_3 = \frac{\sin 150°}{\sin 90°} \times 100 = 50\ (\mathrm{N})$$

이다.

예제 3.7 [그림 3.12]에서 $F_1 = 200\,\text{N}$, $F_2 = 150\,\text{N}$, $F_3 = 100\,\text{N}$이다. 네 힘이 평형을 이루고 있을 때, $\overrightarrow{F_4}$의 x, y 스칼라성분 및 힘의 크기와 각 θ를 구하여라.

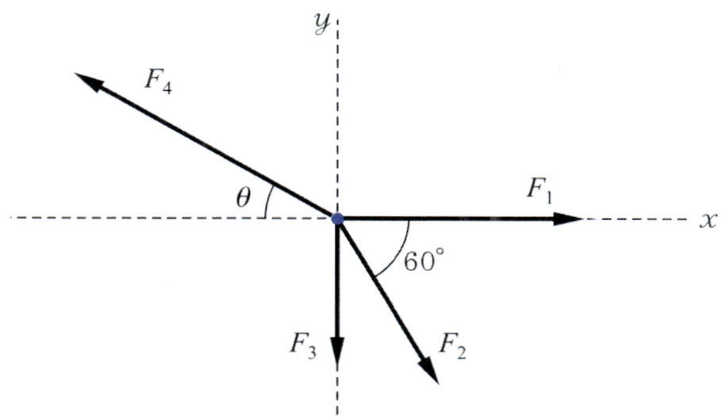

[그림 3.12]

풀이 $\overrightarrow{F_1}$, $\overrightarrow{F_2}$, $\overrightarrow{F_3}$을 각각 x, y 성분으로 나타내면

$$\overrightarrow{F_1} = 200\,\vec{i}\ (\text{N})$$

$$\overrightarrow{F_2} = 150(\cos 60°\,\vec{i} - \sin 60°\,\vec{j}) = 75\vec{i} - 75\sqrt{3}\,\vec{j}\ (\text{N})$$

$$\overrightarrow{F_3} = -100\,\vec{j}\ (\text{N})$$

이다. 질점에 대한 힘의 평형 조건($\sum \overrightarrow{F} = 0$)을 적용하면

$$\overrightarrow{F_1} + \overrightarrow{F_2} + \overrightarrow{F_3} + \overrightarrow{F_4} = 0$$

$$\begin{aligned} \therefore\ \overrightarrow{F_4} &= -\overrightarrow{F_1} - \overrightarrow{F_2} - \overrightarrow{F_3} \\ &= -200\vec{i} - (75\vec{i} - 75\sqrt{3}\,\vec{j}) - (-100\vec{j})\ (\text{N}) \\ &= -275\vec{i} + (75\sqrt{3} + 100)\vec{j}\ (\text{N}) \\ &= -275\vec{i} + 229.9\vec{j}\ (\text{N}) \end{aligned}$$

따라서 $\overrightarrow{F_4}$의 x, y 스칼라성분은

$$F_{4x} = -275\ (\text{N}),\quad F_{4y} = 229.9\ (\text{N})$$

이고, 힘의 크기와 각 θ는 다음과 같다.

$$F_4 = \sqrt{(F_{4x})^2 + (F_{4y})^2} = \sqrt{(-275)^2 + (229.9)^2} = 358.4\ (\text{N})$$

$$\theta = \tan^{-1}\left(\frac{229.9}{275}\right) = 39.9°$$

예제 3.8 [그림 3.13]의 (a), (b) 각 경우에 대하여 무게 W의 물체를 끌어올릴 때 필요한 최소 힘 F를 구하여라. 단, 도르래의 마찰과 무게는 모두 무시한다.

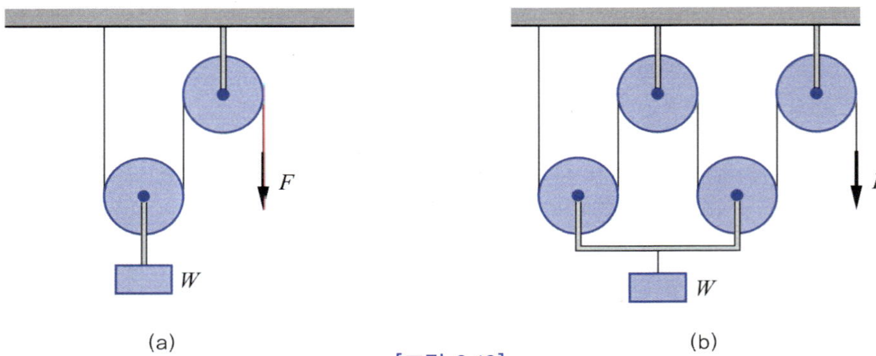

[그림 3.13]

풀이 마찰 없는 도르래를 줄이 감고 있을 때 하나의 줄(같은 줄)에 걸리는 인장력은 어느 위치에서나 동일하다. 따라서 물체를 중심으로 자유물체도를 그리면 [그림 3.14]와 같다.

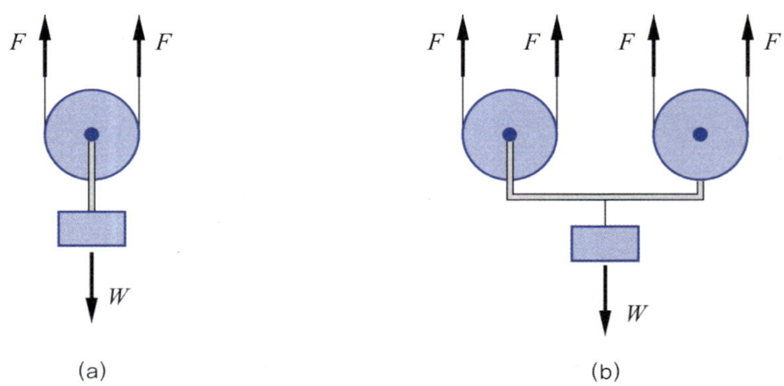

[그림 3.14]

여기에서 힘의 평형($\sum F_y = 0$)을 고려하면 다음과 같이 F가 구해진다.

(a) $2F - W = 0 \quad \therefore \; F = \dfrac{W}{2}$

(b) $4F - W = 0 \quad \therefore \; F = \dfrac{W}{4}$

연 습 문 제

3.8 그림과 같이 힘을 받는 질점이 평형을 이룰 때 F_1과 F_2를 구하여라.

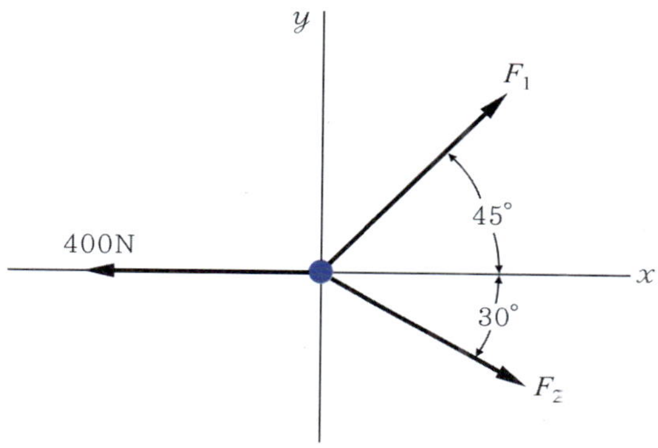

[문제 3.8]

3.9 두 개의 끈으로 무게 200N의 물체를 매달 때 끈에 걸리는 힘을 구하여라.

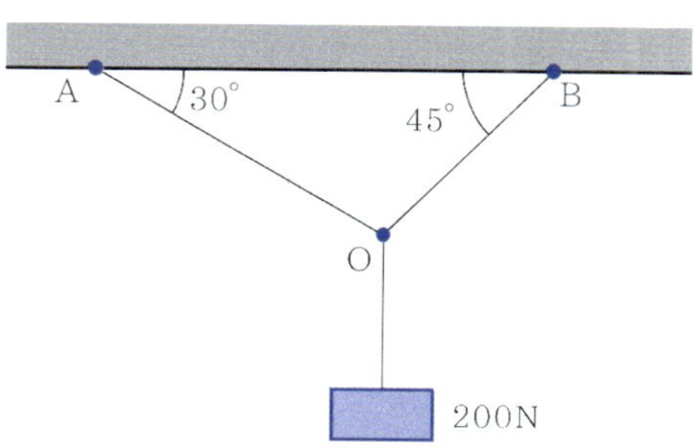

[문제 3.9]

3.10 한 점에 작용하는 세 힘 $\vec{F_1} = F_{1x}\vec{i} + 4\vec{j} + 5\vec{k}$ (N), $\vec{F_2} = 3\vec{i} + F_{2y}\vec{j} - 9\vec{k}$ (N), $\vec{F_3} = 6\vec{i} - 7\vec{j} + F_{3z}\vec{k}$ (N)이 평형을 이룰 때 F_{1x}, F_{2y}, F_{3z}를 구하여라.

3.11 그림과 같은 세 힘 $F_1 = 100$ N, F_2, F_3이 평형을 이룰 때 F_2와 F_3을 구하여라.

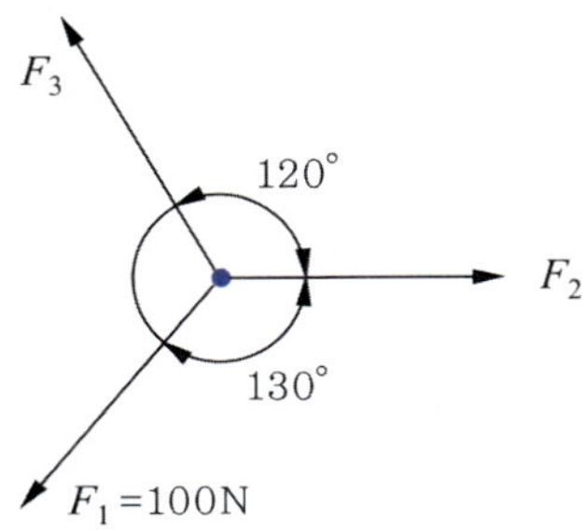

[문제 3.11]

3.12 세 힘 100N, 200N, F가 평형을 이룰 때 각 α, β, F를 구하여라.

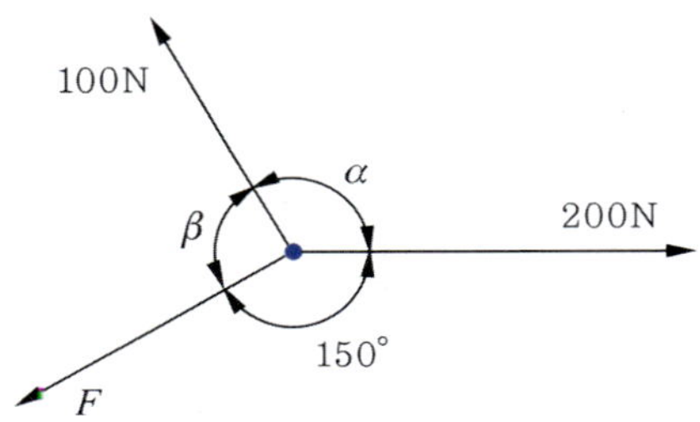

[문제 3.12]

3.13 $F_1 = 200$N, $F_2 = 100$N, $F_3 = 250$N이다. 네 힘이 평형을 이루고 있을 때 $\overrightarrow{F_4}$의 x, y 스칼라성분과 힘의 크기 및 방향각 θ를 구하여라.

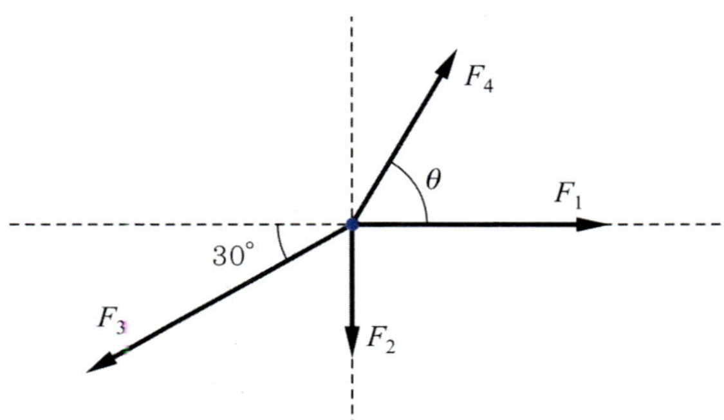

[문제 3.13]

3.14 그림과 같이 네 힘을 받는 질점이 평형을 이룰 때, 힘 F와 각 θ를 구하여라.

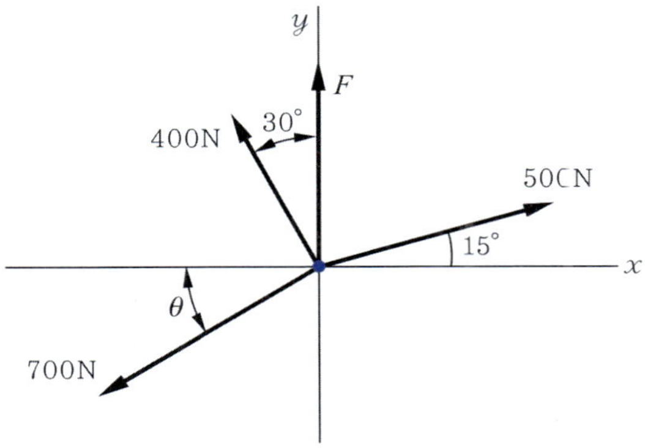

[문제 3.14]

3.15 그림과 같은 질점이 평형을 이룰 때, 힘 F와 각 θ를 구하여라.

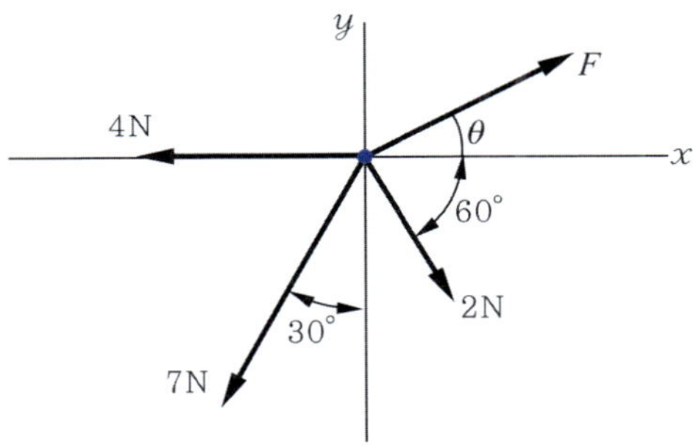

[문제 3.15]

3.16 5개의 힘이 평형을 이루고 있다. 힘의 크기 $F_1 = 100\text{ N}$, $F_2 = 120\text{ N}$, $F_3 = 130\text{ N}$, $F_4 = 140\text{ N}$일 때, F_5와 각 θ를 구하여라.

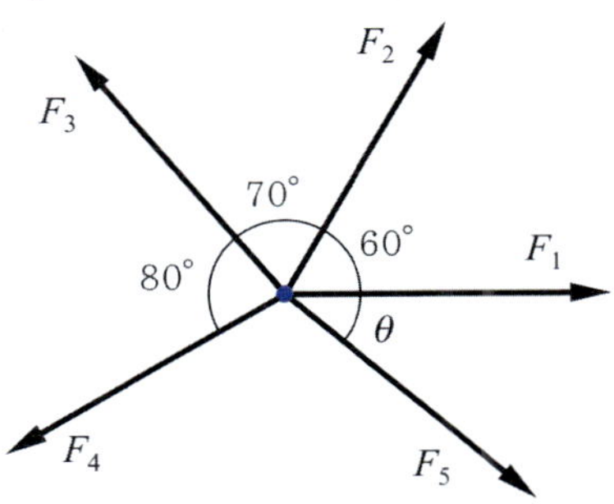

[문제 3.16]

3.17 그림과 같이 5개의 힘이 작용하고 있는 접합점이 평형을 이루고 있을 때 F_1과 F_2를 구하여라.

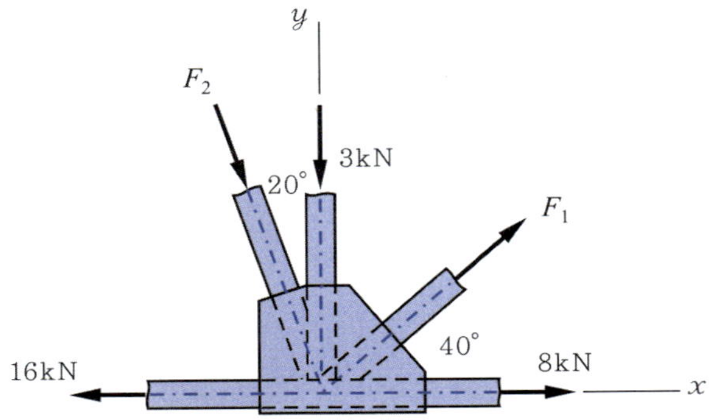

[문제 3.17]

3.18 케이블 AC에 걸리는 인장력과 부재 BC에 걸리는 압축력을 구하여라.

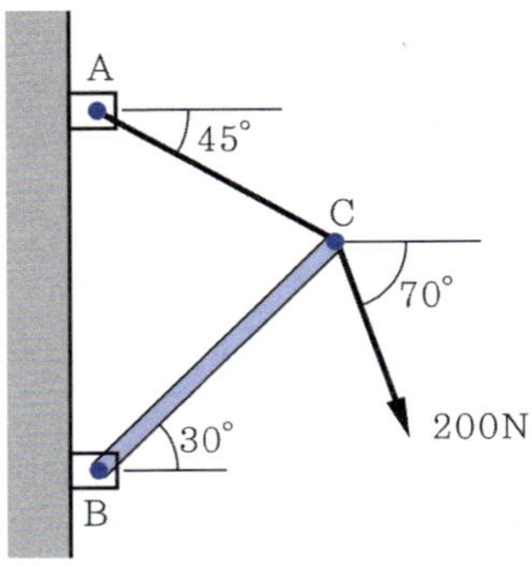

[문제 3.18]

3.19 그림과 같이 표면이 매끄러운 구가 마찰력이 없는 벽면 사이에 놓여 있다. 구의 재질은 균일하며 무게가 100N일 때 접촉점에서의 반력을 구하여라.

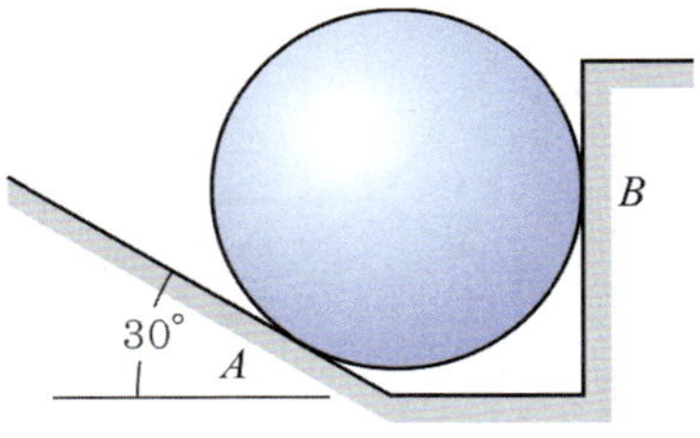

[문제 3.19]

3.20 그림과 같이 무게 W인 물체가 케이블에 의하 매달려 있다. 케이블 AB에 걸리는 장력 T_{AB}와 AC에 걸리는 장력 T_{AC}가 각각 다음과 같음을 보여라.

$$T_{AB} = \frac{W\sin\beta}{\sin(\alpha+\beta)},\quad T_{AC} = \frac{W\sin\alpha}{\sin(\alpha+\beta)}$$

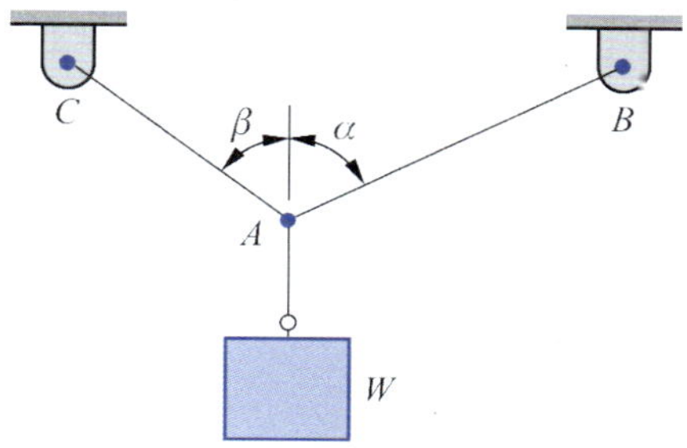

[문제 3.20]

3.21 그림과 같이 줄을 이용하여 무게 W의 물체를 들어 올리고 있다. $W=400\text{N}$이고 각 줄의 최대 인장력이 1600N일 때, 줄 AB가 수평을 유지하면서 상자를 들어 올릴 수 있는 최소 각도 θ를 구하여라.

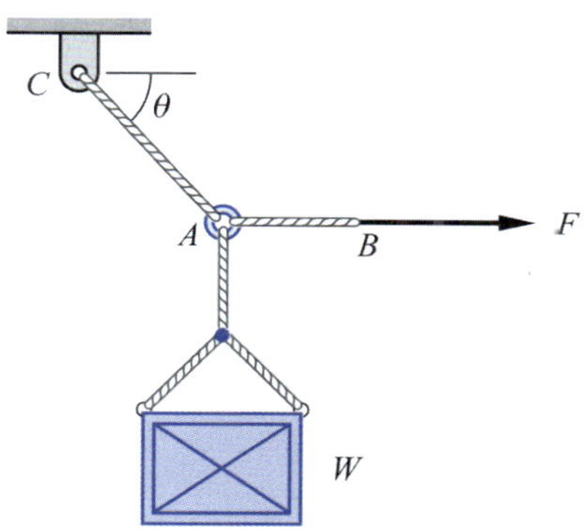

[문제 3.21]

3.22 그림과 같은 이음 판이 4개의 부재로부터 힘을 받고 있다. 모든 힘이 O점을 향하고 O점이 평형 상태에 있을 때, 부재 B에 작용하는 힘 F와 각 θ를 구하여라.

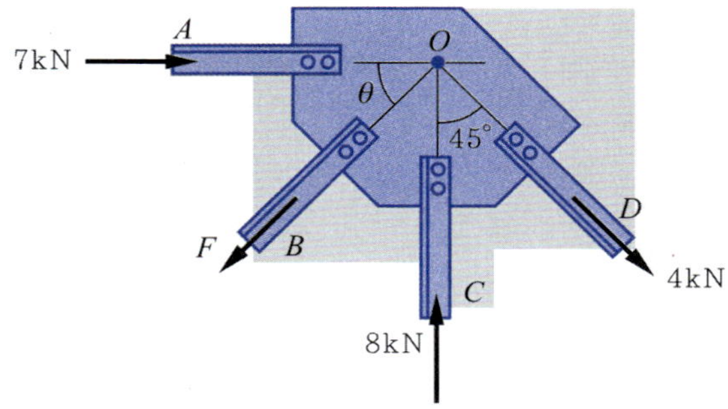

[문제 3.22]

3.23 그림과 같이 두 케이블이 점 C에서 묶여 있고 C 점에 하중이 작용하고 있다. 케이블 AC와 BC에 작용할 수 있는 최대 허용 인장력이 각각 4kN, 2kN일 때, 점 C에 작용하는 최대 힘 F와 이때의 각 θ를 구하여라.

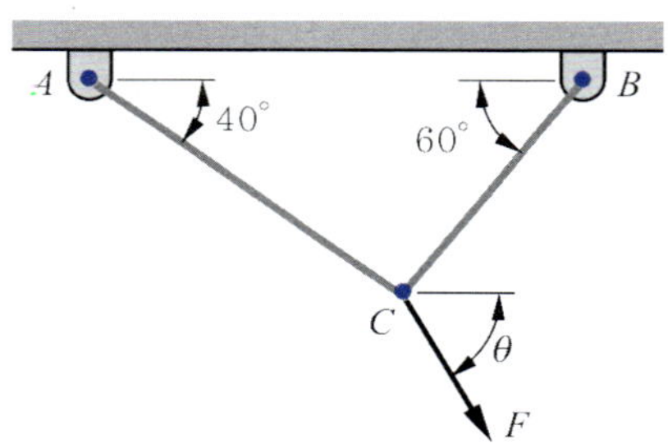

[문제 3.23]

3.24 그림과 같이 무게 30N의 전등이 줄에 매달려 있다 점 C에 연직 아래 방향으로 작용하고 있는 힘 F와 각 줄에 걸리는 힘을 구하여라.

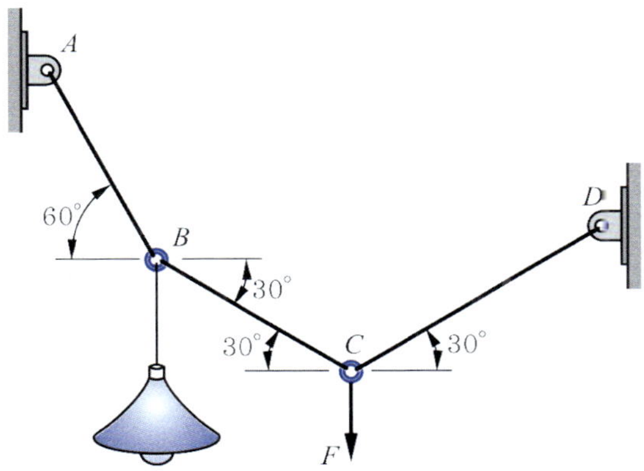

[문제 3.24]

3.25 그림에서 기둥이 연직 방향 힘 800N으로 뽑힌다고 할 때 기둥을 뽑기 위해 줄을 당길 때 걸리는 힘 F를 구하여라. 줄은 마찰 없는 도르래에 연결되어 있다.

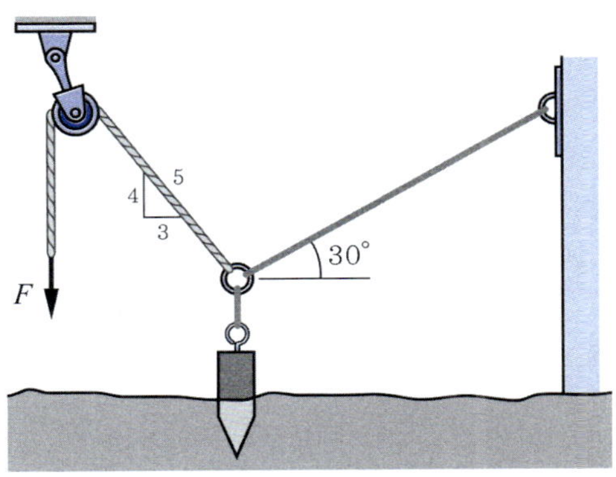

[문제 3.25]

3.26 케이블의 한 점 C에 연직 아래 방향으로 $F = 198\text{N}$의 하중이 작용할 때 케이블 AC와 BC에 걸리는 장력을 구하여라.

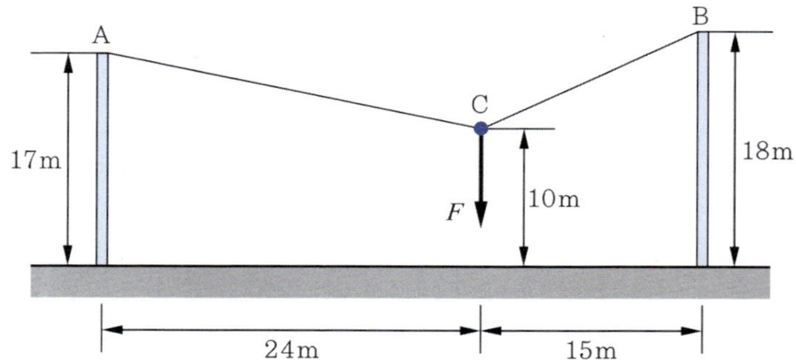

[문제 3.26]

3.27 케이블 AC와 BC의 연결점 C에 연직 아래 방향으로 힘 P와 경사진 방향으로 힘 Q가 작용하고 있다. $P = 240\text{N}$, $Q = 180\text{N}$일 AC와 BC에 걸리는 장력을 구하여라.

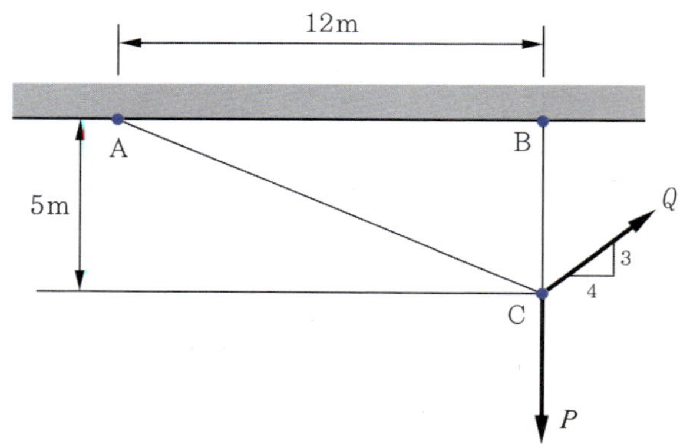

[문제 3.27]

3.28 마찰 없는 도르래에 연결된 두 개의 물체(A, B)가 평형 상태에서 정지하고 있을 때 두 물체의 질량비(m_A/m_B)를 구하여라. 단, 도르래의 무게는 무시한다.

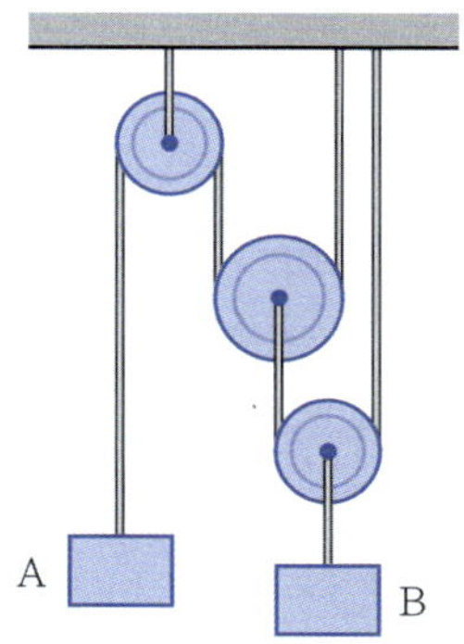

[문제 3.28]

3.29 마찰 없는 도르래에서 물체 A가 매달려 있다. 물체 A와 도르래 B의 질량이 각각 40kg, 10kg일 때 물체가 정지 상태에 있기 위해 연직 아래로 당겨야 할 힘 F를 구하여라.

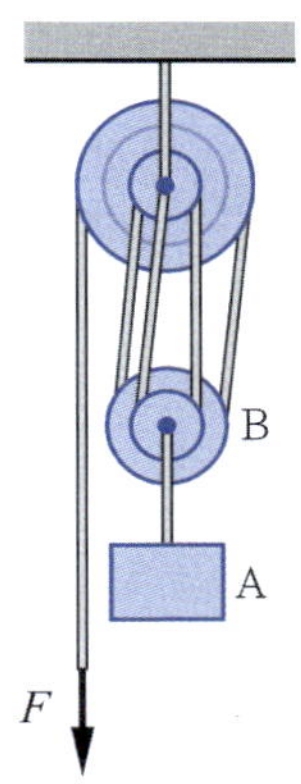

[문제 3.29]

3.30 그림과 같이 마찰 없는 도르래에 질량 $m = 40\,\mathrm{kg}$의 물체가 매달려 있다. 물체가 정지 상태에 있을 때 줄 AB에 걸리는 인장력을 구하여라. 단, 도르래의 무게는 무시한다.

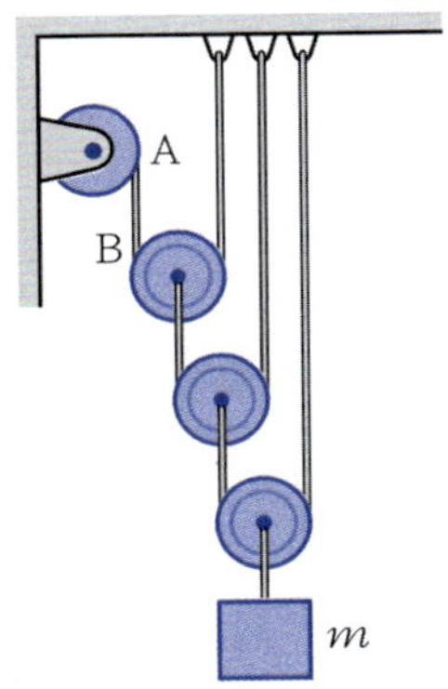

[문제 3.30]

3.31 경사진 면에서 도르래에 연결된 두 개의 물체(A, B)가 평형 상태에서 정지하고 있을 때 두 물체의 질량비(m_A/m_B)를 구하여라. 단, 경사면과 도르래의 마찰 및 도르래의 무게는 모두 무시한다.

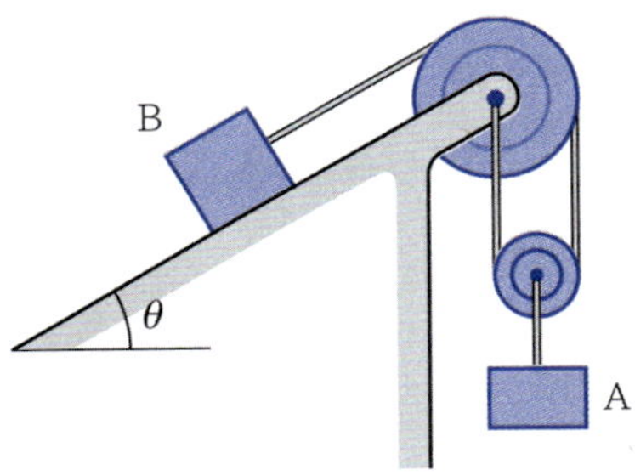

[문제 3.31]

3.32 그림과 같이 봉 AB의 끝에 하중 P를 매달고 수직 벽에 줄로 C점에 고정시켰을 때, (가) 봉 AB에 작용하는 힘(F_{AB}), (나) 줄 BC에 작용하는 힘(F_{BC})의 크기를 구하여라. 단, 봉은 강체이고 봉과 줄의 무게는 무시한다. **[중등교사 임용시험-기계 · 금속(2010)]**[1)]

1) 기계, 기계 · 금속, 기술, 건설, 농공 과목 등의 중등교사 임용시험에 출제된 문제를 나타낸다.

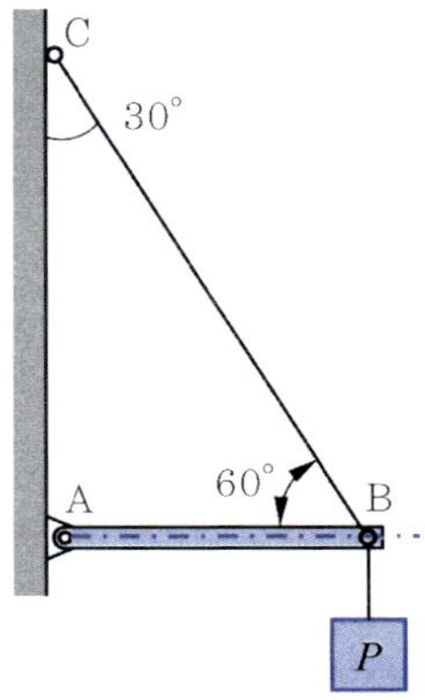

[문제 3.32]

2009 ~ 2013년도 중등교사 임용시험에서 1차 시험은 [문제 3.33]과 같이 5지선다형 객관식으로 출제되었다. 이 책에서는 지면을 줄이기 위해 예를 생략할 수 있는 경우에는 "~ 을 구하라"라는 형식으로 바꾸어 소개한다.

3.33 그림과 같이 도르래에 달린 블록 무게$\left(\frac{W}{4}, \frac{W}{2}, W\right)$의 균형을 유지하는 데 필요한 힘($F_1 \sim F_3$)의 크기 관계를 옳게 나타낸 것은? 단, 도르래, 바, 줄의 무게 및 마찰 손실은 무시한다. **[중등교사 임용시험-기술(2013)]**

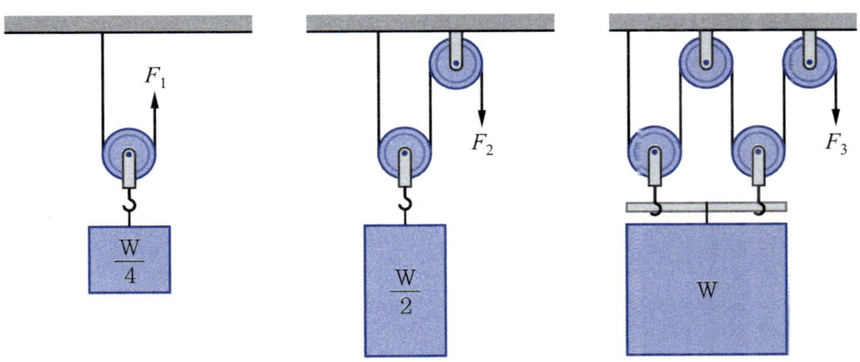

[문제 3.33]

① $F_1 = F_2 = F_3$ ② $F_1 = F_2 > F_3$ ③ $F_1 > F_2 = F_3$
④ $F_1 < F_2 < F_3$ ⑤ $F_1 < F_2 = F_3$

3.34 그림과 같은 형태의 구조물에서 A점에 수직 방향의 힘 2kN과 도르래에 연결된 케이블에 힘 2kN이 작용할 경우, AB, AC 부재에 작용하는 축 방향 힘 F_{AB}, F_{AC}를 구하여라. 단, 연결부 A, B, C, D는 힌지, 인장력은 (+), 압축력은 (−)로 하고, $\sqrt{3}=1.73$, 계산은 소수점 셋째 자리에서 반올림한다.

[중등교사 임용시험-건설(2009)]

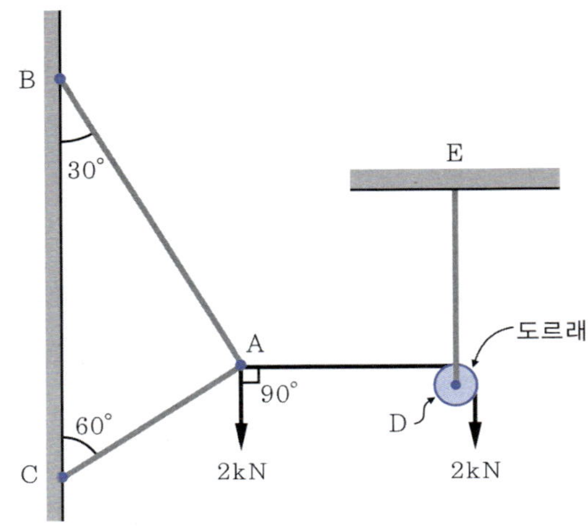

[문제 3.34]

3.35 그림과 같이 AC와 BC 부재의 끝에 100kN의 하중이 작용하고 있다. AC와 BC 부재의 부재력을 구하시오. 단, $\sqrt{2}=1.41$로 하여 답을 구하고, 인장과 압축으로 구분하여 기재하시오.

[중등교사 임용시험-농공(2005)]

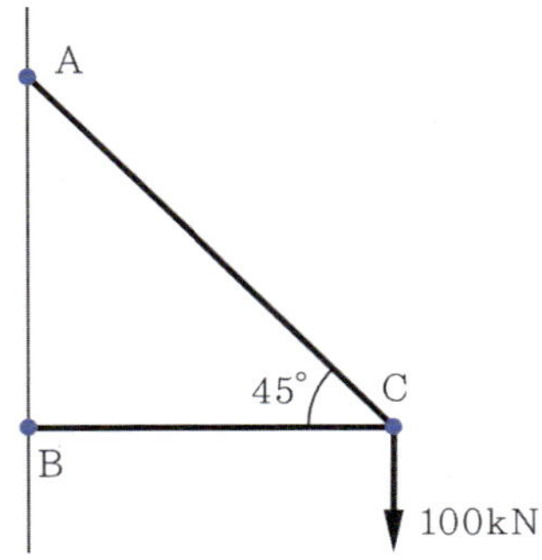

[문제 3.35]

3.36 그림과 같이 50kN의 수직하중이 작용하는 트러스 구조물에서 BC 부재력의 크기[kN]는? (단, 모든 자중은 무시한다) **[공무원 임용시험]**

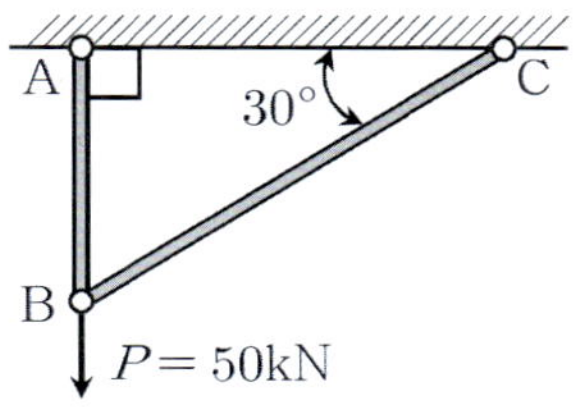

[문제 3.36]

① 0 ② 25
③ 50 ④ 100

3.37 그림과 같이 질량 3kg인 물체를 천장에 실로 매달고 수평방향으로 힘 F를 가해, 실이 연직방향과 30°의 각이 유지되도록 하였다. 이 때 줄에 걸리는 장력의 크기[N]는? (단, 중력가속도는 10m/s^2이다) **[공무원 임용시험]**

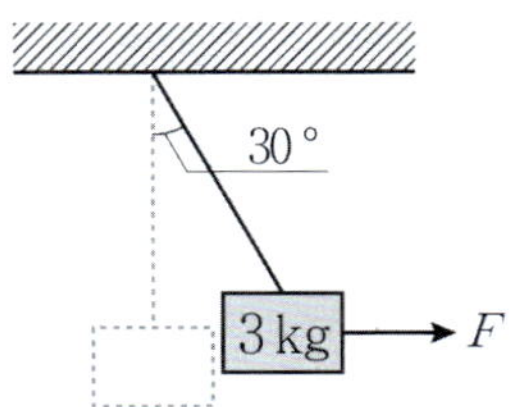

[문제 3.37]

① $15\sqrt{2}$ ② $15\sqrt{3}$
③ $20\sqrt{2}$ ④ $20\sqrt{3}$

3.38 그림과 같이 배열된 무게 1,200kN을 지지하는 도르래 연결구조에서 수평방향에 대해 60°로 작용하는 케이블의 장력 T[kN]는? (단, 도르래와 베어링 사이의 마찰은 무시하고, 도르래와 케이블의 자중은 무시한다) **[공무원 임용시험]**

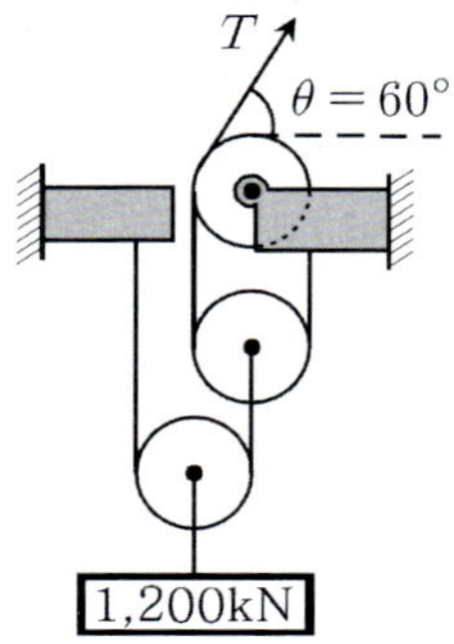

[문제 3.38]

① $150\sqrt{3}$ ② 300
③ $300\sqrt{3}$ ④ 600

3.39 그림과 같이 두 벽면 사이에 놓여있는 강체 구(질량 $m = 1$kg)의 중심(O)에 수평방향 외력($P = 20$N)이 작용할 때, 반력 R_A의 크기[N]는? (단, 벽과 강체 구 사이의 마찰은 없으며, 중력가속도는 10m/s^{2}로 가정한다) **[공무원 임용시험]**

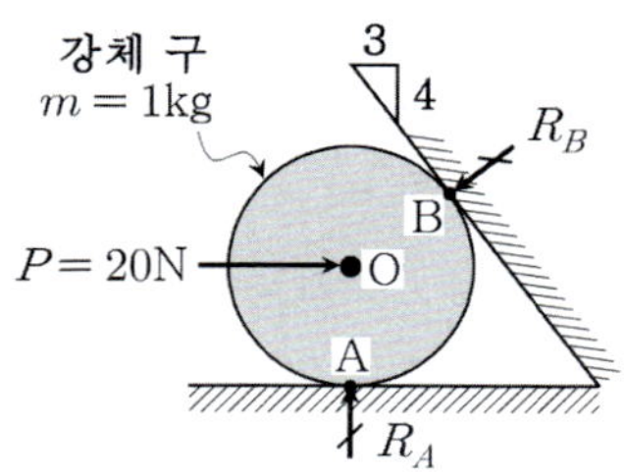

[문제 3.39]

① 15 ② 20
③ 25 ④ 30

3.40 다음 그림과 같은 케이블 ABC가 하중 P를 지지하고 있을 때 케이블 AB의 장력은?

[공무원 임용시험]

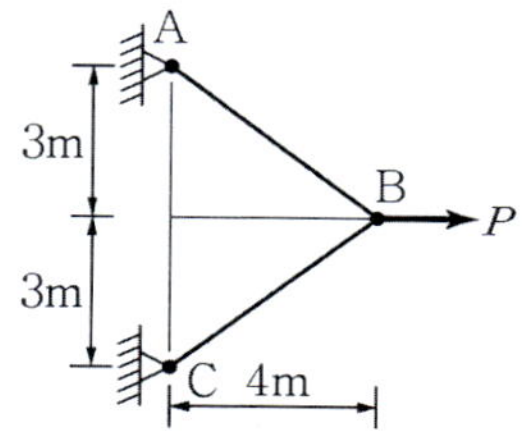

[문제 3.40]

① $\frac{1}{2}P$ ② $\frac{5}{8}P$

③ $\frac{3}{4}P$ ④ P

3.41 그림과 같은 무게 12kN의 구가 매끄러운 벽에 의해 지지되어 있을 때, A점에서의 반력 R_A[kN]와 B점에서의 반력 R_B[kN]는?

[공무원 임용시험]

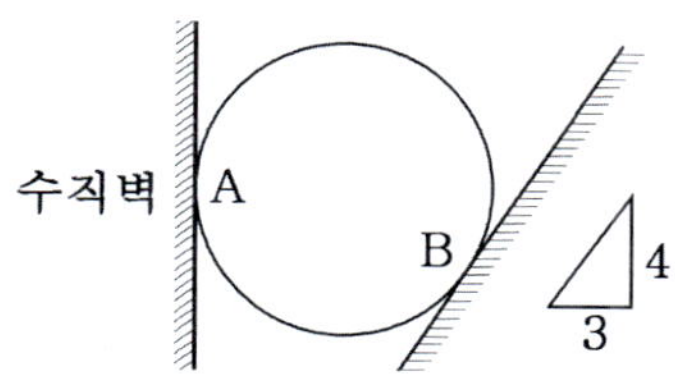

[문제 3.41]

① $R_A=9(\rightarrow)$, $R_B=15(\nwarrow)$ ② $R_A=9(\rightarrow)$, $R_B=20(\nwarrow)$

③ $R_A=16(\rightarrow)$, $R_B=15(\nwarrow)$ ④ $R_A=16(\rightarrow)$, $R_B=20(\nwarrow)$

3.42 그림과 같이 동일 평면상의 한 점에 작용하는 세 힘이 서로 평형을 이루고 있을 때, $\sin\theta_1$의 크기는? **[공무원 임용시험]**

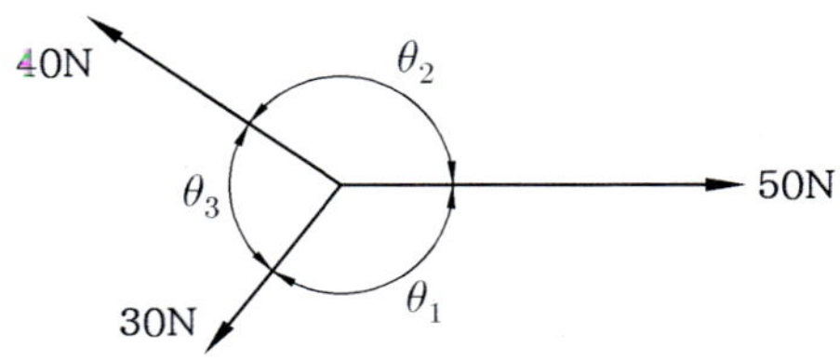

[문제 3.42]

① $\frac{6}{25}$ ② $\frac{9}{25}$ ③ $\frac{3}{5}$ ④ $\frac{4}{5}$

3.43 다음 그림과 같이 힘이 작용하는 구조물에서 부재 AB와 BC에 걸리는 부재력[kN] F_{AB}, F_{BC}는? (단, 부재의 자중과 도르래의 마찰은 무시한다) **[공무원 임용시험]**

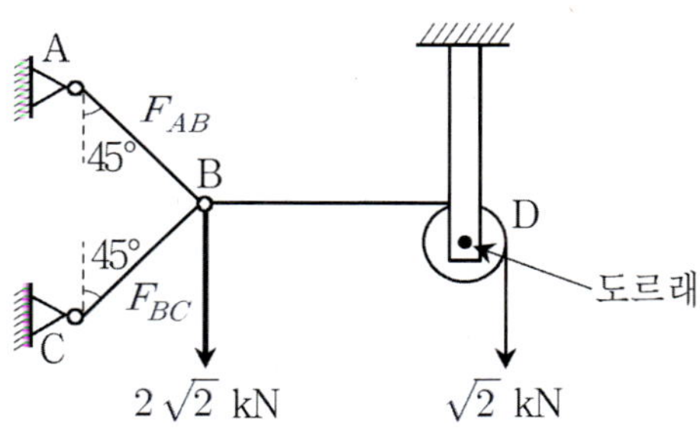

[문제 3.43]

① $F_{AB}=1$(인장), $F_{BC}=1$(압축)
② $F_{AB}=1$(압축), $F_{BC}=1$(인장)
③ $F_{AB}=3$(인장), $F_{BC}=1$(압축)
④ $F_{AB}=3$(압축), $F_{BC}=1$(인장)

Chapter 04

힘의 모멘트

4.1 힘의 모멘트 – 스칼라 식

어떤 축에 대해 물체를 회전시키려는 힘의 작용을 힘의 모멘트(moment) 또는 토크(torque)라 한다. 회전축(O)으로부터 힘의 작용선까지의 수직 거리가 d일 때[그림 4.1] 힘 F의 모멘트의 크기는

$$M = Fd \tag{4.1}$$

이다. SI 단위계에서 모멘트(M)의 기본 단위는 N • m이다.

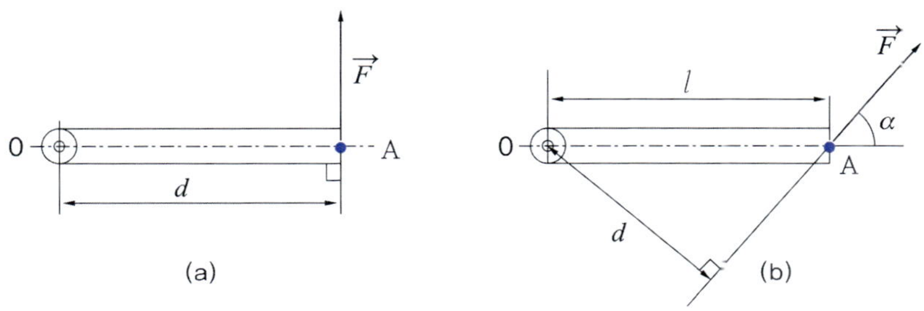

[그림 4.1]

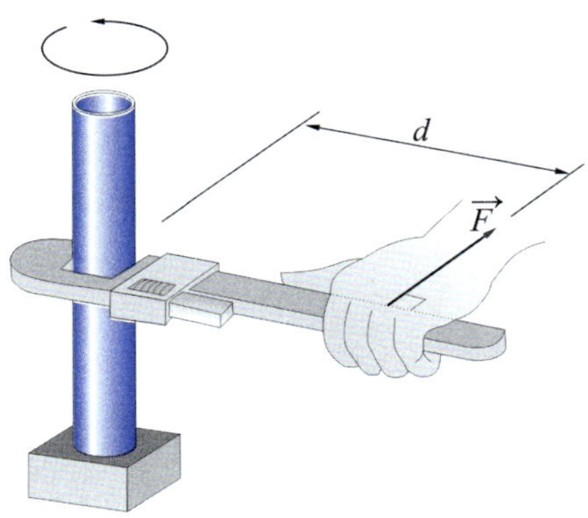

[그림 4.2]

설명 힘은 물체를 이동시키거나 변형시키기도 하고, 어떤 축(힘의 작용선과 교차하거나 평행하지 않는 선)에 대해 물체를 회전시키려고도 한다. [그림 4.2]와 같이 스패너(spanner)

로써 파이프에 힘을 가하는 경우를 살펴보자. 스패너에 수직으로 작용하는 힘($\vec{F}$)의 효과 중에 하나는 스패너의 수직축에 대해 파이프를 회전시키려는 효과이다. 이 효과의 크기는 힘의 크기 F와 힘의 작용점으로부터 파이프까지의 유효길이 d에 관계된다. 이와 같이 물체를 회전시키려는 힘의 작용을 힘의 모멘트라 한다. 평면에서

$$\text{모멘트} = \text{힘} \times \text{팔의 길이}$$

로 정의된다. 여기에서 팔의 길이는 모멘트 중심(회전축)으로부터 힘의 작용선까지의 수직거리이다. [그림 4.1(a)]와 같이 점 O로부터 힘 F의 작용점 A까지의 거리가 d이고 힘의 작용선이 OA와 수직일 때 힘의 모멘트는

$$M = Fd$$

이다. 한편 [그림 4.1(b)]와 같이 힘의 작용선과 OA의 연장선이 이루는 각이 α이면 작용선까지의 수직거리 $d = l\sin\alpha$이므로 모멘트는

$$M = Fd = Fl\sin\alpha \tag{4.2}$$

가 된다. 모멘트가 작용하는 방향에는 [그림 4.3]과 같이 반시계방향(a)과 시계방향(b)이 있다. 따라서 모멘트는 작용점, 크기, 회전 방향을 모두 갖는 벡터이다.

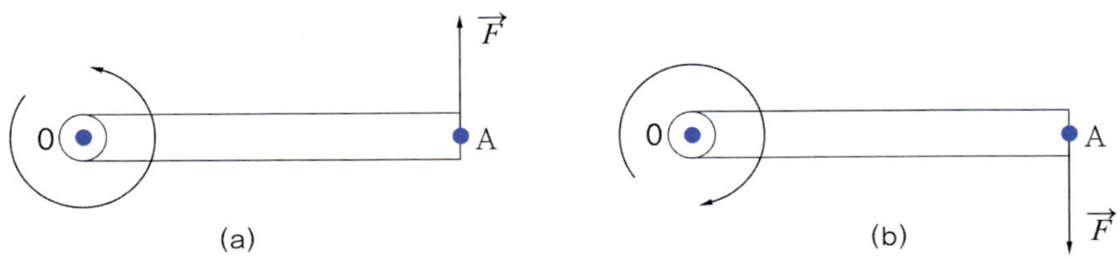

[그림 4.3]

※ 평면에서 모멘트는 물체의 힘이 작용하는 평면에 수직인 벡터이고, 모멘트의 방향은 힘 $\vec{F}$가 물체를 회전시키려는 방향에 따라 결정된다. 모멘트 방향에 대한 부호는 일반적으로 반시계방향(↶) 모멘트는 양(+), 시계방향(↷) 모멘트는 음(−)으로 정한다. 문제에 따라서 이와 반대로 부호를 정할 수도 있지만 정해진 부호에 대한 규칙은 일관성을 유지해야 한다.

정역학은 재료역학(고체역학)이나 유체역학 등의 기초가 된다. 이와 같은 분야에서 많이 취급하는 것은 2차원 문제이며, 2차원 평면에서 모멘트의 회전 방향은 시계방향과 반시계방향의 두 방향으로 구분된다. 따라서 모멘트의 크기에 대해서는 식 (4.1)과 같은 스칼라 식을 사용하는 것이 편리하다. 그리고 여러 힘이 관련되어 있을 때는 각각의 힘에 의한 모멘트의 회전 방향(↶, ↷)에 주의해서 양(+) 또는 음(−)의 부호를 부여하면 된다.

예제 4.1 [그림 4.4]에서 $d=4\text{m}$, $F=50\text{N}$일 때 점 O에 대한 힘 F의 모멘트를 구하여라.

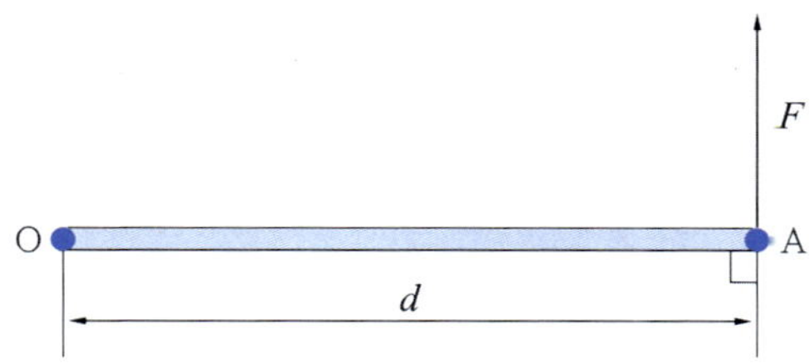

[그림 4.4]

풀이 힘의 크기가 50N이고 팔의 길이가 4m이므로 힘의 모멘트는 다음과 같다.

$$M_O = Fd = 50\text{N} \times 4\text{m} = 200\text{N} \cdot \text{m} \ (\curvearrowleft)$$

예제 4.2 [그림 4.5(a)]와 같이 4N의 힘이 점 A에 작용할 때 점 O에 대한 힘의 모멘트를 구하여라.

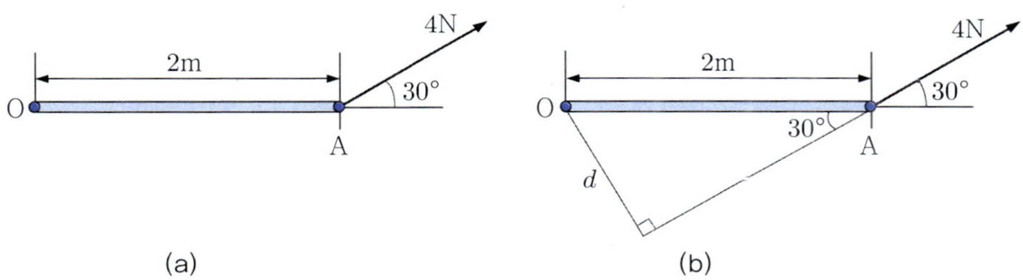

[그림 4.5]

풀이 [그림 4.5(b)]에서 점 O로부터 힘의 작용선까지의 수직거리

$$d = 2\sin 30° \ (\text{m})$$

이다. 따라서 점 O에 대한 힘의 모멘트는 다음과 같다.

$$M_O = Fd = 4\text{N} \times 2\sin 30° \text{m} = 4\text{N} \cdot \text{m} \ (\curvearrowleft)$$

예제 4.3 [그림 4.6]과 같은 두 힘이 작용할 때 점 O에 대한 두 힘의 모멘트 합을 구하여라.

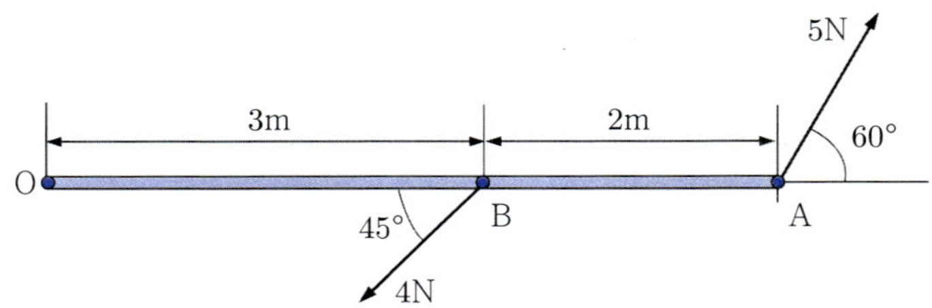

[그림 4.6]

풀이 반시계방향(↶)의 모멘트를 양(+)으로 하고, 5N과 4N의 힘에 의한 모멘트를 각각 M_1, M_2라 하면

$$M_1 = 5\text{N} \times [(2+3)\sin 60° \text{m}] = 21.65\text{N} \cdot \text{m}$$

$$M_2 = -4\text{N} \times (3\sin 45° \text{m}) = -8.49\text{N} \cdot \text{m}$$

$$\therefore\ M_O = M_1 + M_2 = 21.65 - 8.49 = 13.16\,(\text{N} \cdot \text{m})\,(↶)$$

이다. 여기에서 반시계방향(↶)의 모멘트를 양(+)으로 잡았으므로 M_2가 음(−)의 값을 갖는다는 것은 M_2가 시계방향(↷)으로 회전하는 모멘트라는 것을 나타낸다.

예제 4.4 [그림 4.7(a)]와 같이 반지름이 R인 호의 한 점(A)에 크기 F의 힘이 수평방향으로 작용하고 있다. F의 힘이 점 O에 대해 작용하는 모멘트를 구하여라.

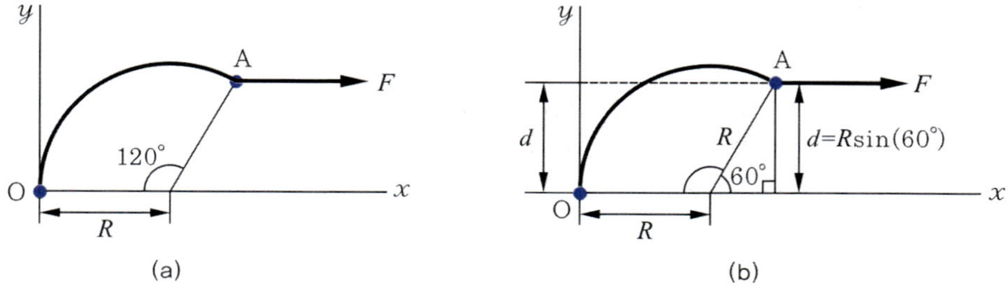

[그림 4.7]

풀이 [그림 4.7(b)]에서 힘 $\vec{F}$의 작용선으로부터 모멘트 기준점 O까지의 거리

$$d = R\sin(60°) = \frac{\sqrt{3}}{2}R$$

이다. 따라서 시계방향을 양(+)으로 잡으면 F의 힘이 점 O에 대해 작용하는 모멘트는

$$\begin{aligned} M_O &= F \cdot d \\ &= F \cdot \left(\frac{\sqrt{3}}{2}R\right) \\ &= \frac{\sqrt{3}}{2}FR(\curvearrowright) \end{aligned}$$

이다.

※ 모멘트를 구할 때는 모멘트 기준점으로부터 힘의 작용선까지의 거리와 회전 방향에 주의해야 한다. [예제 4.4]와 같이 기하학적 구조로부터 모멘트 팔의 길이(d)를 쉽게 구할 수 있는 경우에는 스칼라 식($M_O = Fd$)으로써 모멘트를 간단하게 구할 수 있다. 그러나 d를 쉽게 구할 수 없는 경우에는 다음 절(4.2, 4.3)과 같이 힘을 성분으로 분해하여 구하는 것이 편리하다.

연 습 문 제

4.1 200N의 힘의 점 O에 대한 모멘트를 구하여라.

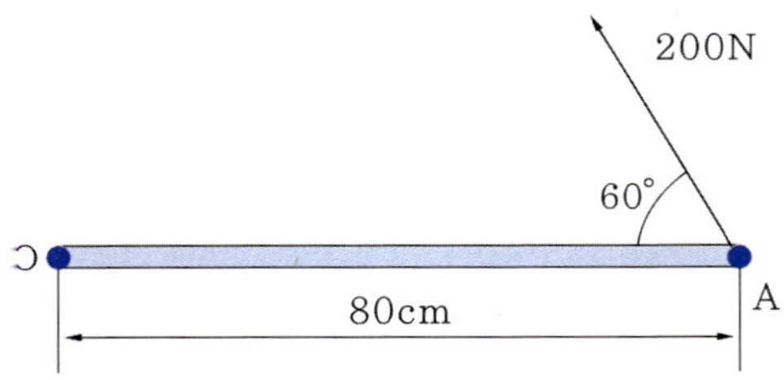

[문제 4.1]

4.2 세 힘에 의해 점 O에 작용하는 모멘트를 구하여라.

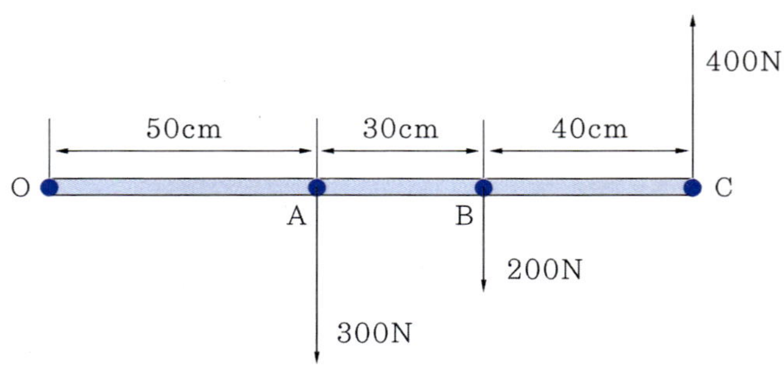

[문제 4.2]

4.3 두 힘에 의해 점 O에 작용하는 모멘트를 구하여라.

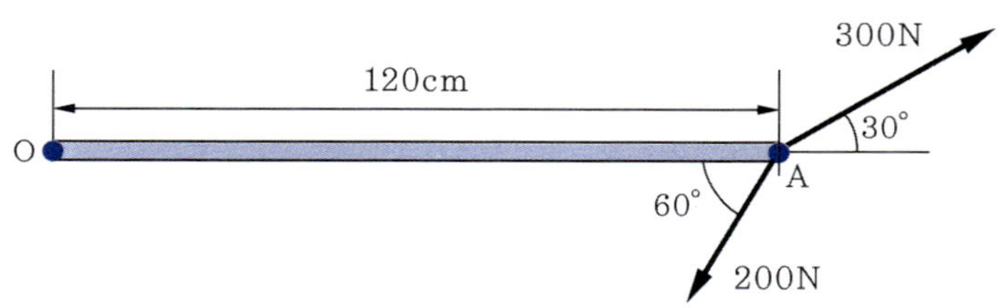

[문제 4.3]

4.4 두 힘에 의해 점 A에 작용하는 모멘트를 구하여라.

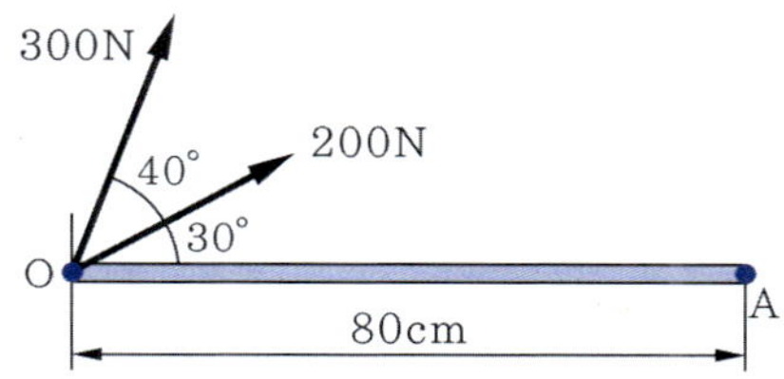

[문제 4.4]

4.5 세 힘에 의해 점 O에 작용하는 모멘트를 구하여라.

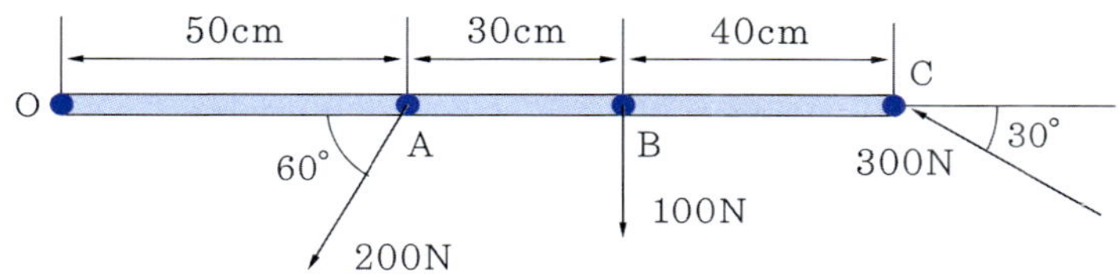

[문제 4.5]

4.6 연직 아래 방향으로 작용하는 힘 2kN의 고정점 A에 대한 모멘트를 구하여라.

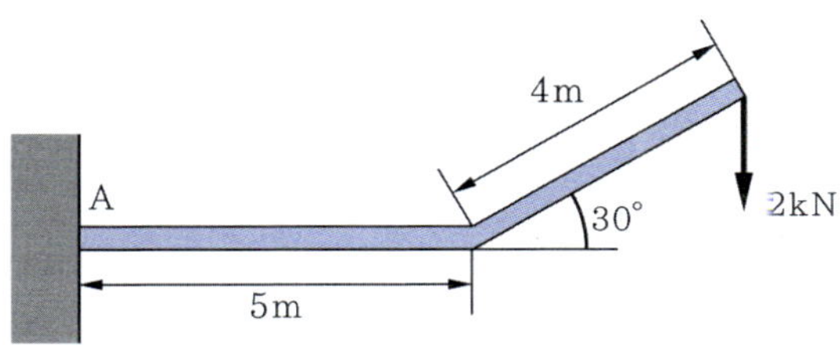

[문제 4.6]

4.7 반지름이 R인 호의 한 점(A)에 크기 F의 힘이 수평방향으로 작용하고 있다. F의 힘이 점 O에 대해 작용하는 모멘트를 구하여라.

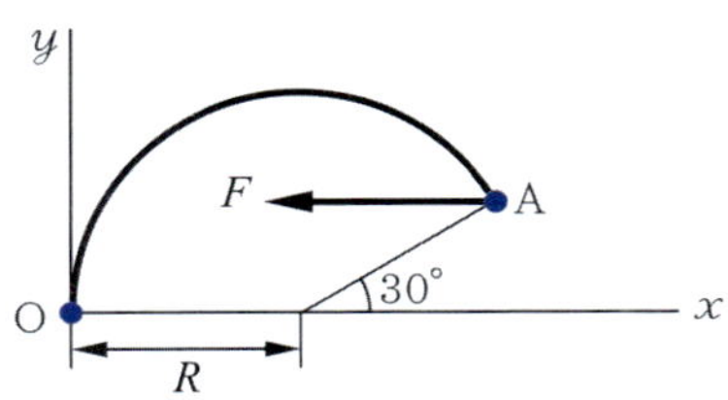

[문제 4.7]

4.2 모멘트의 벡터 표현

2차원, 3차원을 포함하여 일반적으로 모멘트는 다음과 같이 벡터 곱으로 정의되는 벡터이다.

$$\overrightarrow{M_O} = \vec{r} \times \vec{F} \tag{4.3}$$

여기에서 $\vec{r}$은 [그림 4.8]과 같이 모멘트 기준점 O로부터 힘 $\vec{F}$의 작용선상의 점 A까지의 위치벡터이다. 이와 같이 정의되는 $\overrightarrow{M_O}$를 점 O에 대한 힘 $\vec{F}$의 모멘트라 한다.

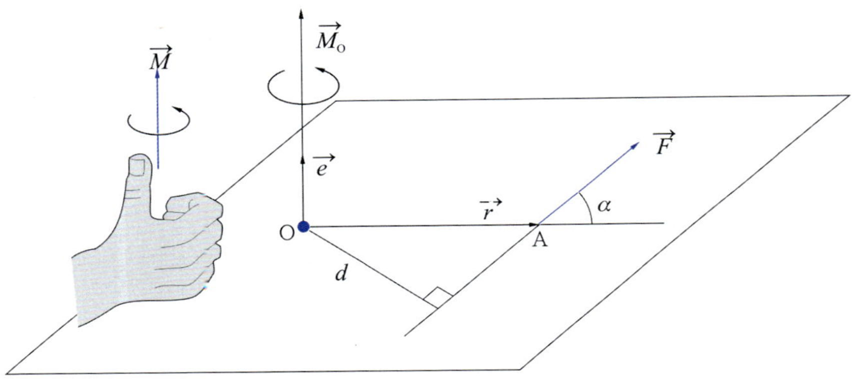

[그림 4.8]

설명 벡터 곱의 정의에 의해 모멘트는 $\overrightarrow{M_O} = \vec{r} \times \vec{F} = |\vec{r}||\vec{F}|\sin\alpha\,\vec{e} = Fr\sin\alpha\,\vec{e}$이다. 여기에서 α는 두 벡터 $\vec{r}$과 $\vec{F}$ 사이의 각이고, $\vec{e}$는 $\vec{r}$과 $\vec{F}$를 포함하는 평면의 수직방향 단위벡터이다. 그림으로부터 $r\sin\alpha = d$이므로 모멘트의 크기는 $M_O = Fr\sin\alpha = Fd$이다. 크기(M_O)와 방향($\vec{e}$)을 갖는 모멘트 $\overrightarrow{M_O}$는 다음과 같이 쓸 수 있다.

$$\overrightarrow{M_O} = Fd\,\vec{e} = M_O\,\vec{e}$$

단위벡터 $\vec{e}$의 방향은 오른손 법칙을 사용하여 구한다. 즉 그림과 같이 오른손의 손가락을 $\vec{r}$의 방향으로부터 $\vec{F}$의 방향으로 감을 때 엄지손가락이 가리키는 방향이 $\overrightarrow{M_O}$의 방향($\vec{e}$의 방향)이다. 벡터 곱의 교환법칙은 성립하지 않는다. $\vec{F} \times \vec{r} = -\vec{r} \times \vec{F}$이므로 $\vec{F} \times \vec{r}$의 방향은 $\vec{r} \times \vec{F}$의 반대 방향이다.

※ 위치벡터(position vector) : 공간상의 한 점(A)의 위치를 다른 점(O)에 대한 상대적 위치로 나타내는 고정벡터(fixed vector)이다. 예를 들어 직각 좌표계에서 벡터 $\vec{r}$이 원점 O로부터 점 A(x,y,z)까지 뻗는다면 점 A의 위치벡터 $\vec{r}$ 은 다음과 같이 표현된다.

$$\vec{r}=\overrightarrow{r_{A/O}}=x\vec{i}+y\vec{j}+z\vec{k}$$

모멘트는 물체의 힘이 작용하는 평면에 수직인 벡터이고, 모멘트의 방향은 힘 $\vec{F}$가 물체를 회전시키려는 방향에 따라 결정된다. 일반적으로 오른손 법칙에 따라서 회전축에 대한 $\vec{F}$의 모멘트는 회전하려는 방향으로 회전축을 거머쥐었을 대 엄지손가락이 가리키는 방향의 벡터로 표현한다([그림 4.8]). 모멘트 방향에 대한 부호는 일반적으로 반시계방향(CCW) 모멘트는 양(+), 시계방향(CW) 모멘트는 (−)로 정한다. 문제에 따라서 이와 반대로 부호를 정할 수도 있지만 정해진 부호에 대한 규칙은 일관성을 유지해야 한다.

4.3 2차원 평면에서의 모멘트

1. 바리논의 정리

역학에서 자주 이용되는 개념 중의 하나인 바리논(Varignon)의 정리는 다음과 같다. 이것은 모멘트의 원리라고도 한다.

"한 점에 여러 힘이 작용할 때, 어떤 기준점(O)에 대한 각 힘의 모멘트의 합은 동일한 기준점(O)에 대한 이들 힘의 합력의 모멘트와 같다."

설명 기준점(O)으로부터 각 힘까지의 위치벡터를 $\vec{r}$로 하고, 합력을

$$\vec{F_1}+\vec{F_2}+\cdots+\vec{F_n}=\vec{R}$$

로 하면 각 힘이 갖는 모멘트의 합은

$$\vec{r}\times\vec{F_1}+\vec{r}\times\vec{F_2}+\cdots+\vec{r}\times\vec{F_n}=\vec{r}\times(\vec{F_1}+\vec{F_2}+\cdots+\vec{F_n})=\vec{r}\times\vec{R}$$

이다. 즉, 점 O에 대한 각 힘들($\vec{F_1}$, $\vec{F_2}$, $\cdots$, $\vec{F_n}$)의 모멘트의 합은 점 O에 대한 합력($\vec{R}$)의 모멘트와 같다. 이 식으로부터 임의의 기준점에 대한 어떤 힘의 모멘트는 그 힘의 각 성분이 동일한 기준점에 대해 갖는 모멘트들의 합과 같다는 것을 알 수 있다.

※ 바리논의 정리를 이용하면 힘을 성분으로 분해하여 임의 방향을 갖는 힘의 모멘트를 쉽게 구할 수 있다.

2. 2차원 평면에서의 힘의 모멘트[1)]

2차원 직각 좌표계상에서 점 $A(x, y)$에 작용하는 힘 $\vec{F} = F_x \vec{i} + F_y \vec{j}$의 원점 (O)에 대한 모멘트는

$$\overrightarrow{M_O} = (x F_y - y F_x) \vec{k} \tag{4.4}$$

이다([그림 4.9]). 여기에서 $\vec{i}$, $\vec{j}$, $\vec{k}$는 각각 x, y, z 방향의 단위벡터이다.

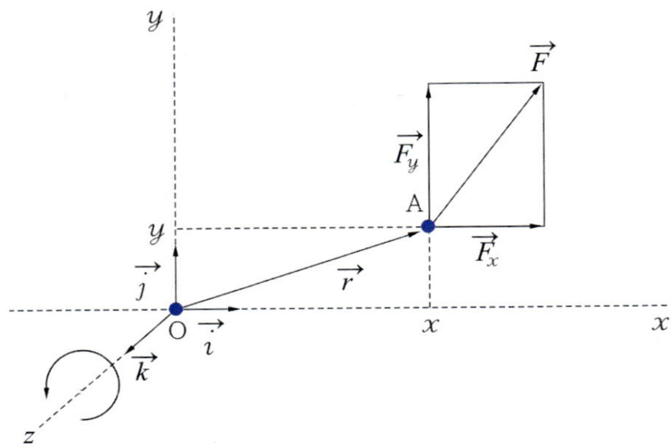

[그림 4.9]

설명 원점 O로부터 힘의 작용점 A까지의 위치벡터 $\vec{r} = x\vec{i} + y\vec{j}$이므로 모멘트의 정의에 의해

$$\begin{aligned} \overrightarrow{M_O} = \vec{r} \times \vec{F} &= (x\vec{i} + y\vec{j}) \times (F_x \vec{i} + F_y \vec{j}) \\ &= xF_x(\vec{i} \times \vec{i}) + xF_y(\vec{i} \times \vec{j}) + yF_x(\vec{j} \times \vec{i}) + yF_y(\vec{j} \times \vec{j}) \\ &= xF_x(0) + xF_y(\vec{k}) + yF_x(-\vec{k}) + yF_y(0) \\ &= (xF_y - yF_x)\vec{k} \end{aligned}$$

이다. 이상에서 벡터 곱의 정의에 의해

$$\vec{i} \times \vec{i} = 0, \ \vec{j} \times \vec{j} = 0$$
$$\vec{i} \times \vec{j} = \vec{k}, \ \vec{j} \times \vec{i} = -\vec{k}$$

이다. 따라서 2차원인 경우 xy 평면상의 힘에 의한 어떤 점(O)에 대한 모멘트는 평면에 수직(z축 방향)이다. 여기에서

---

1) 평면에서의 모멘트에 대한 개념을 확실하게 잡아두도록 한다. 기초적인 정역학과 재료역학, 동역학 등에서 힘과 관련된 문제를 해석할 때는 모멘트를 잘 이해해야 한다.

$$\overrightarrow{M_O} = M_O \vec{k}$$
$$M_O = xF_y - yF_x$$

로 나타내면 양(+)의 모멘트($M_O > 0$)는 양의 z축 방향으로 향하며 물체를 반시계방향으로 회전시키고, 음(−)의 모멘트($M_O < 0$)는 음의 z축 방향으로 향하며 물체를 시계방향으로 회전시킨다.

※ 바리논의 정리에 의해 힘 $\vec{F}$의 모멘트는 분력 $\overrightarrow{F_x}$와 $\overrightarrow{F_y}$의 모멘트의 합과 같다. 여기에서 반시계방향(↺) 모멘트를 양(+)으로 하면 [그림 4.9]에서 $\overrightarrow{F_x}$에 의한 모멘트는 시계방향(↻)이고 팔의 길이가 y이므로 $-yF_x$이다. 그리고 $\overrightarrow{F_y}$에 의한 모멘트는 반시계방향(↺)이고 팔의 길이가 x이므로 $+xF_y$이다. 따라서 $\vec{F}$에 의한 모멘트는 $\overrightarrow{M_O} = (xF_y - yF_x)$ (↺)이다. 이와 같이 2차원 평면에 작용하는 힘의 모멘트는 힘을 성분으로 분해하여 벡터 연산을 하지 않고 구할 수 있다. 이때 특히 "모멘트의 회전방향에 주의"하도록 한다. 힘과 모멘트는 모두 벡터이므로 항상 방향에 주의해야 한다.

예제 4.5 [그림 4.10]의 굽은 봉에 작용하는 네 힘의 점 O에 대한 모멘트 합을 구하여라.

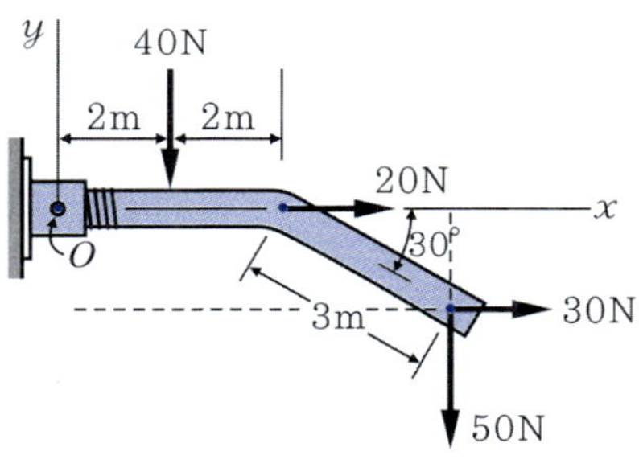

[그림 4.10]

풀이 반시계방향(↺)의 모멘트를 양(+)으로 가정하고 모멘트 합을 구한다. 그림에서 40N과 50N에 의한 모멘트는 시계방향(↻)이고, 30N에 의한 모멘트는 반시계방향(↺)이며, 20N의 힘에 대해서는 팔의 길이가 0이다. 따라서

$$M_O = -(40\text{N} \cdot 2\text{m}) + (20\text{N} \cdot 0\text{m}) + (30\text{N} \cdot 3\sin 30°\,\text{m})$$
$$-[50\text{N} \cdot (4 + 3\cos 30°)\,\text{m}]$$
$$\therefore\ M_O = -364.9\,(\text{N} \cdot \text{m}) = 364.9\,(\text{N} \cdot \text{m})(↻)$$

이다.

예제 4.6 [그림 4.11(a)]에서 점 O에 대한 힘 $F=50\text{N}$의 모멘트를 구하여라.

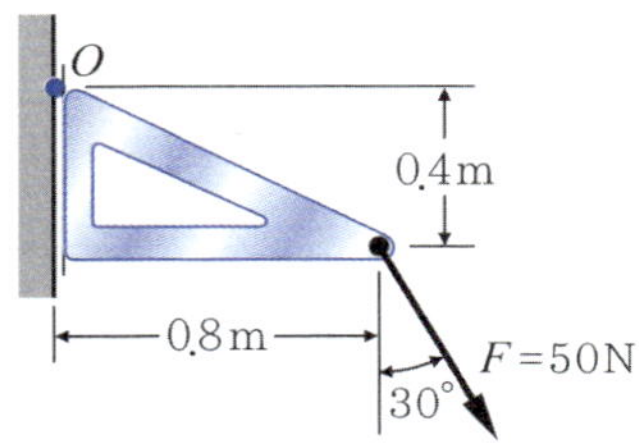

[그림 4.11(a)]

풀이 (1) [스칼라 식 이용] [그림 4.11(b)]와 같이 힘을 x, y 스칼라성분으로 분해하여 모멘트를 구한다. x성분 $50\sin 30°\text{N}$의 모멘트는 반시계방향(↶)이고 팔의 길이는 0.4m이다. y성분 $50\cos 30°\text{N}$의 모멘트는 시계방향(↷)이고 팔의 길이는 0.8m이다. 따라서 반시계방향(↶)을 양(+)으로 잡으면 모멘트는 다음과 같다.

$$M_C=(50\sin 30°\text{N}\cdot 0.4\text{m})-(50\cos 30°\text{N}\cdot 0.8\text{m})$$
$$=-24.6\text{N}\cdot\text{m}$$
$$=24.6\text{N}\cdot\text{m}\ (\curvearrowright)$$

위의 모멘트를 벡터로 표현하면 $\overrightarrow{M_O}=-24.6\vec{k}(\text{N}\cdot\text{m})$이다.

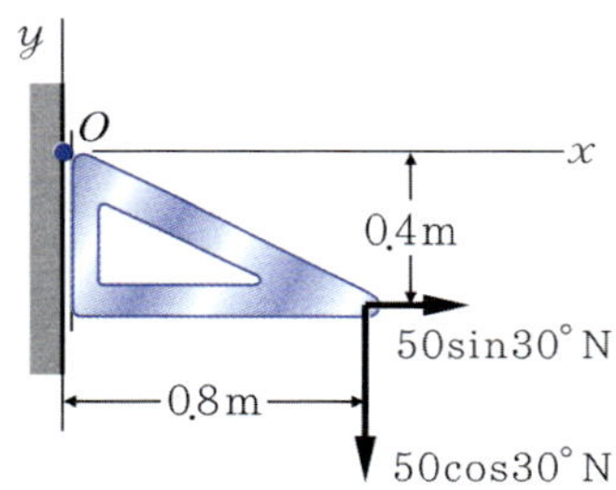

[그림 4.11(b)]

(2) [벡터 해석] [그림 4.11(c)]에서 점 O에서 힘의 작용점까지의 위치벡터와 힘을 단위벡터($\vec{i}$, $\vec{j}$)를 사용하여 나타내면 다음과 같다.

$$\vec{r}=0.8\vec{i}-0.4\vec{j}\ (\text{m})$$
$$\overrightarrow{F}=50(\sin 30°\vec{i}-\cos 30°\vec{j})\text{N}=(25\vec{i}-43.3\vec{j})\text{N}$$

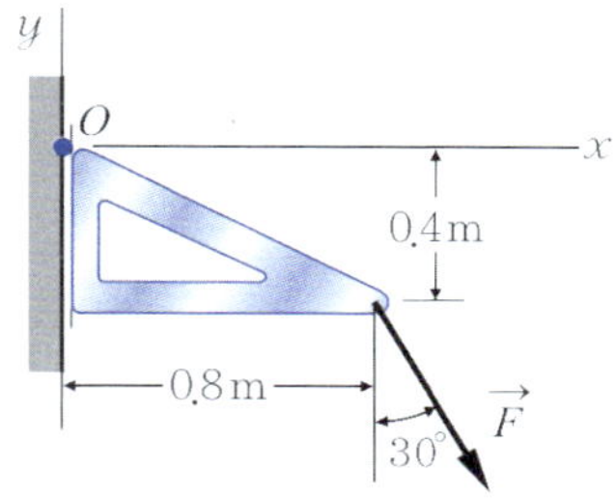

[그림 4.11(c)]

따라서 힘 $\vec{F}$의 점 O에 대한 모멘트는 다음과 같이 구해진다.

$$\overrightarrow{M_0} = (xF_y - yF_x)\vec{k}$$
$$= [0.8\text{m} \cdot (-43.3\text{N}) - (-0.4\text{m} \cdot 25\text{N})]\vec{k}$$
$$= -24.6\vec{k}\,(\text{N} \cdot \text{m})$$

※ [예제 4.6]에서 2차원 평면에 작용하는 힘의 모멘트를 구할 때 (2)와 같이 벡터 해석에 의한 결과 식을 사용하는 것보다는 (1)과 같이 "모멘트의 회전 방향을 이해하고 스칼라 식을 사용하는 것이 편리하다"는 것을 알 수 있다.

예제 4.7 [그림 4.12(a)]에서 점 O에 대한 힘 $F = 60\text{N}$의 모멘트를 구하여라.

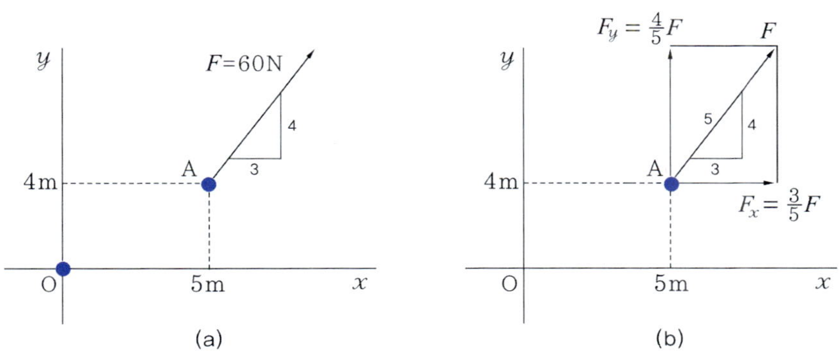

[그림 4.12]

풀이 (1) 그림 (b)와 같이 힘 F를 x, y 스칼라성분으로 분해하여 모멘트를 구한다. 점 O에서 점 A까지의 위치벡터 $\vec{r} = 5\vec{i} + 4\vec{j}\,(\text{m})$이다.

$$F_x = \frac{3}{5}F = \frac{3}{5} \times 60 = 36\,(\text{N})$$

$$F_y = \frac{4}{5}F = \frac{4}{5} \times 60 = 48\ (\mathrm{N})$$

$$\therefore\ M_O = xF_y - yF_x = 5 \times 48 - 4 \times 36 = 96\ (\mathrm{N \cdot m})\ (\curvearrowleft)$$

(2) 힘의 작용선까지의 수직거리 d를 구하여 모멘트를 구한다. 작용선은 기울기가 4/3이고 점 (5,4)를 지나는 직선이므로 작용선의 방정식은

$$y = \frac{4}{3}(x-5) + 4$$

$$\therefore\ 4x - 3y - 8 = 0$$

이다. 따라서 원점 O(0,0)에서 작용선까지의 거리

$$d = \frac{|ax+by+c|}{\sqrt{a^2+b^2}} = \frac{|4 \times 0 - 3 \times 0 - 8|}{\sqrt{4^2+(-3)^2}} = \frac{8}{5}\ (\mathrm{m})$$

이므로

$$M_O = Fd = 60 \times \frac{8}{5} = 96\ (\mathrm{N \cdot m})(\curvearrowleft)$$

이다.

※ 평면에서 점 $P(x_0, y_0)$와 직선 $ax+by+c=0$ 사이의 거리는 다음과 같다.

$$d = \frac{|ax_0 + by_0 + c|}{\sqrt{a^2+b^2}}$$

예제 4.8 [그림 4.13]에서 400N의 힘이 점 O에 대해 작용하는 모멘트를 구하여라.

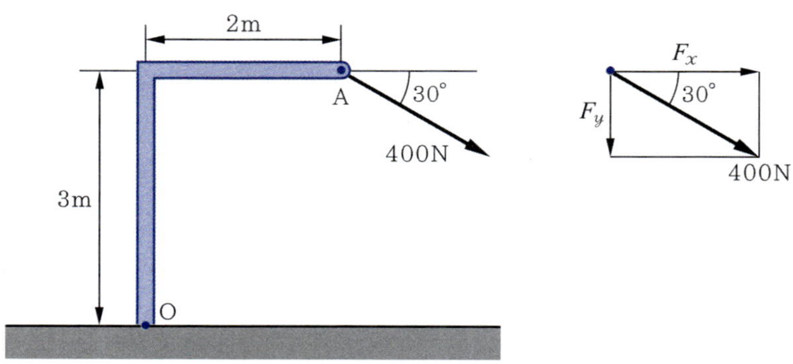

[그림 4.13]

풀이 점 A에 작용하는 400N의 힘을 직각성분으로 분해하면

$$F_x = 400\cos 30° = 346.41\ (\mathrm{N})\ (\rightarrow)$$

$$F_y = 400\sin 30° = 200\,(\text{N})\,(\downarrow)$$

이다. 점 O에 대한 F_x와 F_y의 모멘트는 모두 시계방향이고 팔의 길이는 각각 3m, 2m 이므로

$$M_O = 3 \times 346.41 + 2 \times 200$$
$$= 1439.23\,(\text{N}\cdot\text{m})\,(\curvearrowright)$$

이다.

※ 바리논의 정리에 의해 임의의 점에 작용하는 힘 모멘트는 그 힘의 각 성분들에 의한 모멘트의 합과 같다.

예제 4.9 [그림 4.14(a)]와 같이 반지름이 R인 호의 한 점(A)에 크기 F의 힘이 수평선에 대하여 경사지게 작용하고 있다. F의 힘이 점 O에 대해 작용하는 모멘트를 구하여라.

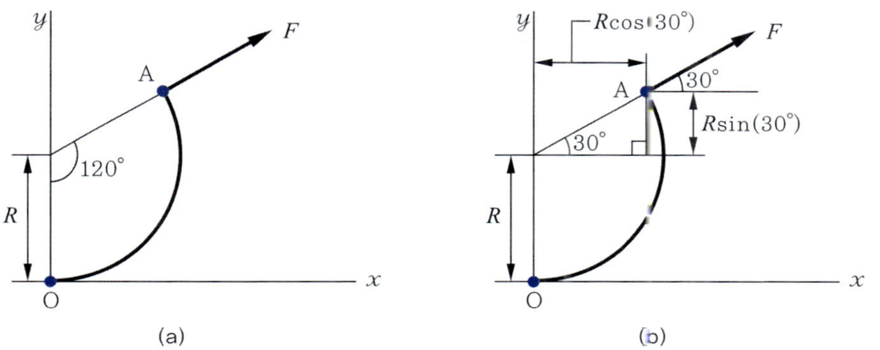

[그림 4.14]

풀이 [그림 4.14(b)]에서 점 A의 x, y 좌표는 다음과 같다.

$$x = R\cos(30°) = \frac{\sqrt{3}}{2}R$$

$$y = R + R\sin(30°) = R + \frac{1}{2}R = \frac{3}{2}R$$

그리고 주어진 힘 $\vec{F}$를 x, y 성분으로 분해하면

$$F_x = F\cos(30°) = \frac{\sqrt{3}}{2}F$$

$$F_y = F\sin(30°) = \frac{1}{2}F$$

이다. 여기에서 점 O에 대한 F_x의 모멘트는 시계방향이고 F_y의 모멘트는 반시계방향이다. 따라서 반시계방향 모멘트를 양(+)으로 잡으면 점 O에 대해 작용하는 F의 모멘트는 다음과 같다.

$$\begin{aligned} M_O &= x \cdot F_y - y \cdot F_x \\ &= \left(\frac{\sqrt{3}}{2}R\right) \cdot \left(\frac{1}{2}F\right) - \left(\frac{3}{2}R\right) \cdot \left(\frac{\sqrt{3}}{2}F\right) \\ &= -\frac{\sqrt{3}}{2}FR \\ &= \frac{\sqrt{3}}{2}FR(\curvearrowright) \end{aligned}$$

※ [예제 4.9]에서는 [그림 4.15]와 같이 힘의 작용선을 연장하여 점 O로부터 작용선까지의 거리를 구하면

$$d = R\sin(60°) = \frac{\sqrt{3}}{2}R$$

이므로 점 O에 대해 작용하는 F의 모멘트

$$M_O = Fd = \frac{\sqrt{3}}{2}FR(\curvearrowright)$$

을 어렵지 않게 구할 수 있다.

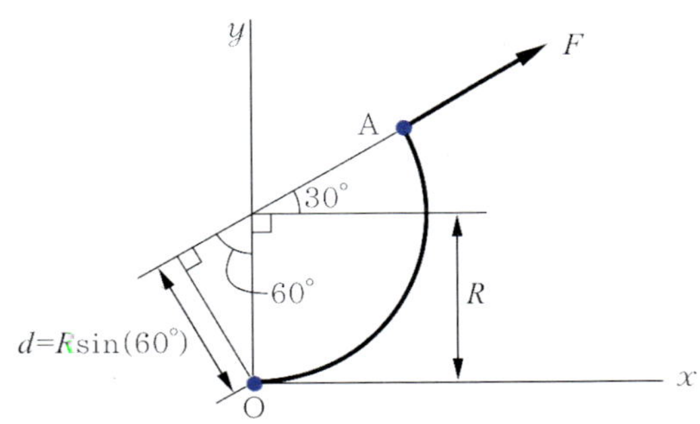

[그림 4.15]

그런데 힘을 성분으로 분해하면 풀이와 같이 정해진 방법으로 모멘트를 구할 수 있다. 따라서 모멘트 팔의 길이(d)가 직감적으로 구해지지 않으면 힘을 성분으로 분해하여 구하도록 한다. 이 방법은 무척 단순하고 기계적이다. 이때 "**각 성분의 모멘트 회전 방향에 주의**"해야 한다.

연 습 문 제

4.8 힘 F의 점 O에 대한 모멘트를 구하여라.

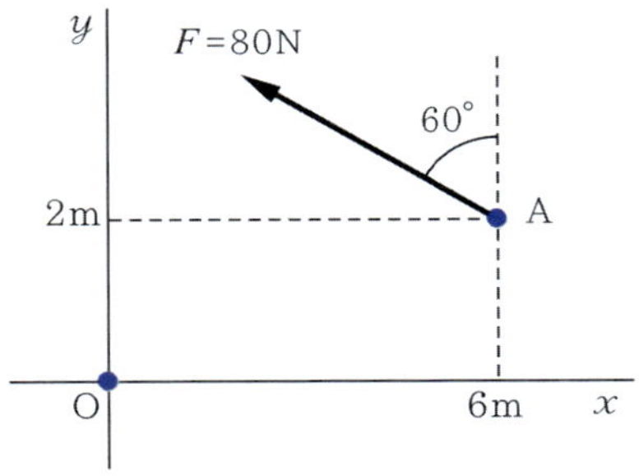

[문제 4.8]

4.9 힘 F의 점 O에 대한 모멘트를 구하여라.

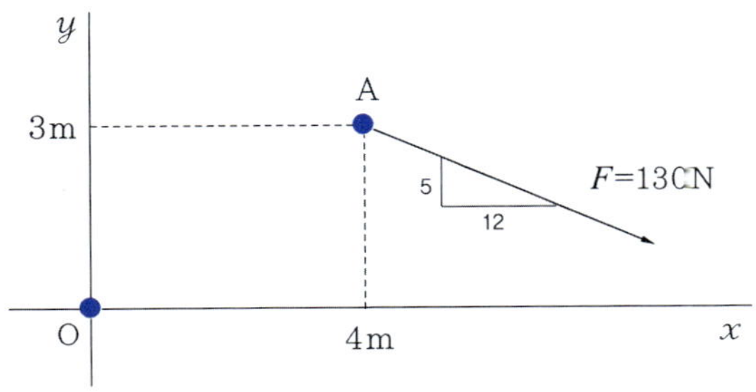

[문제 4.9]

4.10 힘 $F=60\text{N}$의 점 B와 C에 대한 모멘트를 각각 구하여라. 한 눈금의 크기는 1m이다.

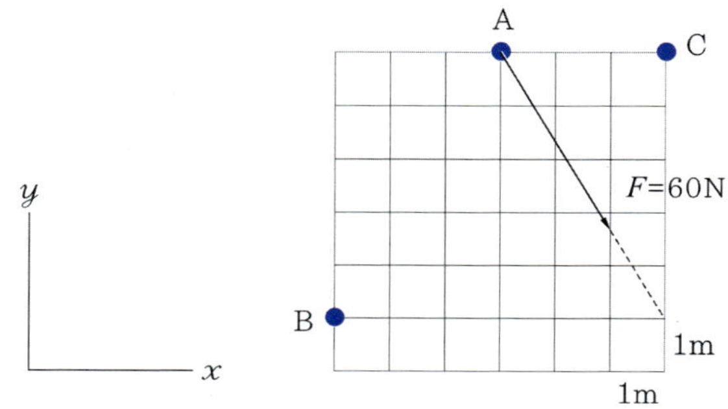

[문제 4.10]

4.11 그림과 같은 좌표계에서 $P=2\text{kN}$과 $Q=3\text{kN}$의 힘이 작용하고 있다. 두 힘의 원점(O)에 대한 모멘트 합을 구하여라.

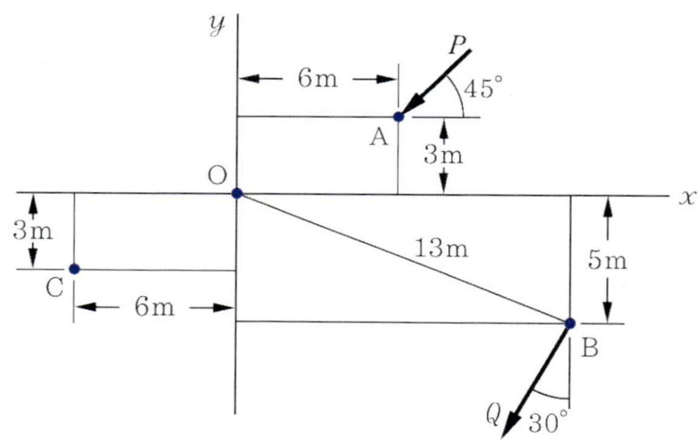

[문제 4.11, 4.12]

4.12 [문제 4.11]에서 두 힘의 점 C에 대한 모멘트 합을 구하여라.

4.13 그림과 같은 좌표계에서 $P=26\,\mathrm{kN}$과 $Q=14\,\mathrm{kN}$의 힘이 작용하고 있을 때, 두 힘의 원점(O)에 대한 모멘트 합을 구하여라.

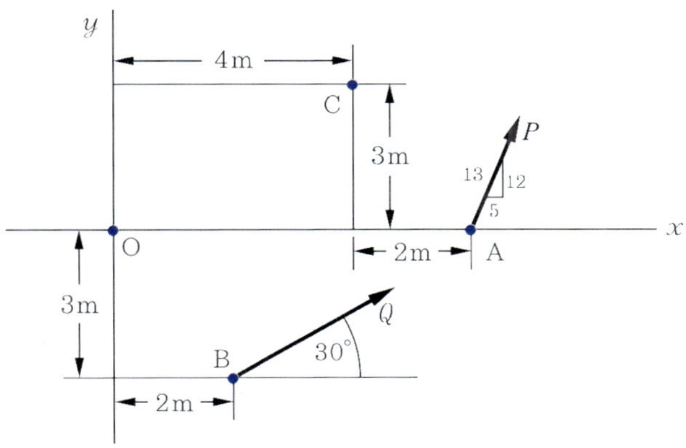

[문제 4.13, 4.14]

4.14 [문제 4.13]에서 두 힘의 점 C에 대한 모멘트 합을 구하여라.

4.15 그림과 같은 구조물에서 다음을 구하여라.

(1) $\theta=30°$일 때 힘 F의 점 O에 대한 모멘트

(2) 힘 F의 점 O에 대한 모멘트가 0일 때 θ 값과 반시계방향(↶) 모멘트가 최대가 되는 θ 값

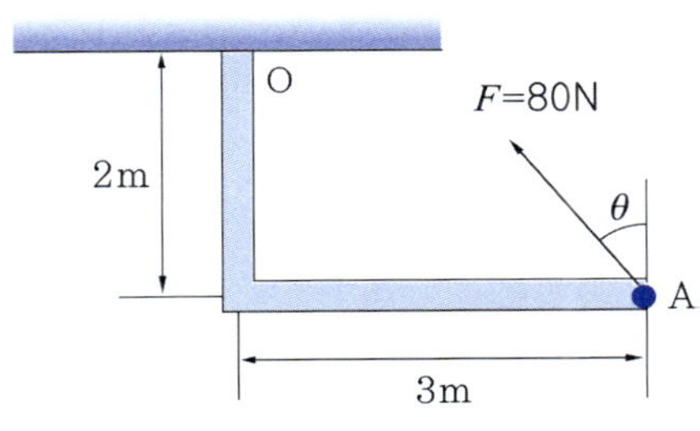

[문제 4.15]

4.16 힘 F의 점 A에 대한 시계방향 (↷) 모멘트가 최대가 되는 θ 값을 구하여라.

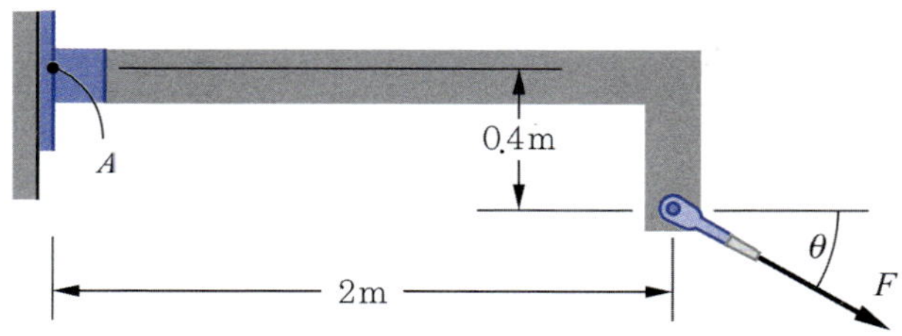

[문제 4.16, 4.17]

4.17 [문제 4.16]에서 힘 F의 점 A에 대한 모멘트가 0이 되는 θ 값을 구하여라.

4.18 힘 F의 점 A와 B에 대한 모멘트를 각각 구하여라.

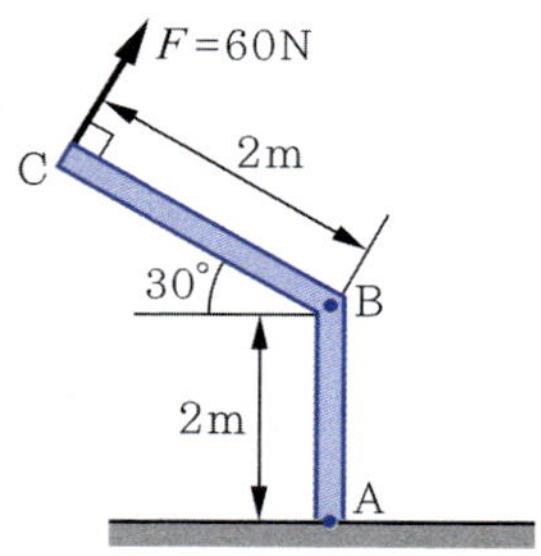

[문제 4.18]

4.19 반지름이 R인 호의 한 점(A)에 크기 F의 힘이 그림과 같이 작용하고 있다. F의 힘이 원점(O)에 대해 작용하는 모멘트를 구하여라.

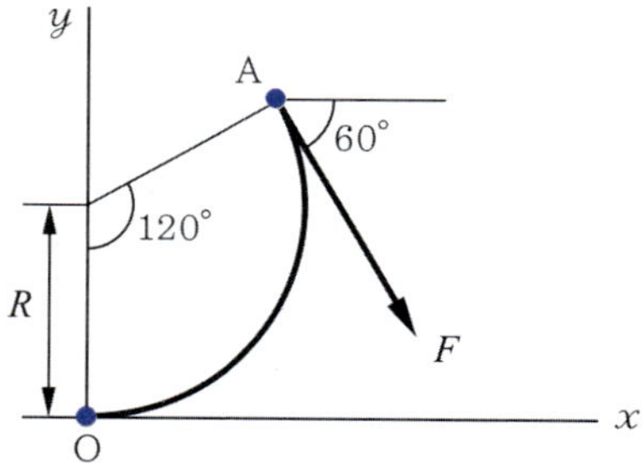

[문제 4.19]

4.20 각 $\theta = 30°$일 때 점 A에 작용하는 힘 $\vec{F}$의 점 O에 대한 모멘트가 시계방향으로 400N • m가 된다. 힘의 크기(F)를 구하여라.

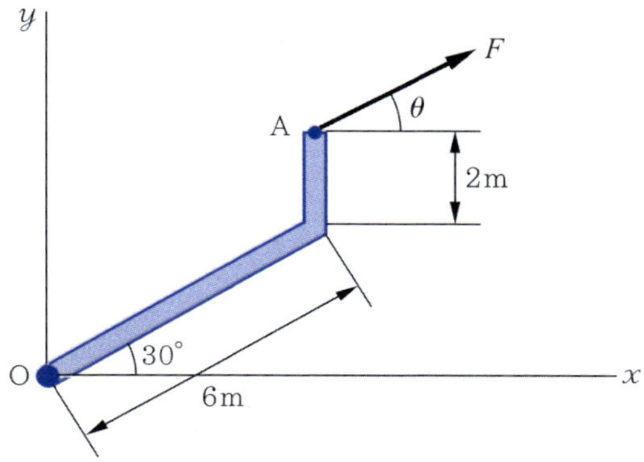

[문제 4.20], [문제 4.21]

4.21 그림에서 $F = 80$N의 힘이 점 O에 대하여 시계방향으로 200N • m의 모멘트를 발생시킬 때 각 θ를 구하여라. 단, $0 \le \theta \le 90°$이다.

※ $a\sin\theta + b\cos\theta = \sqrt{a^2 + b^2}\sin(\theta + \alpha)$, $\tan\alpha = \dfrac{b}{a}$

$a > 0$, $b > 0$일 때

$a\sin\theta - b\cos\theta = \sqrt{a^2 + b^2}\sin(\theta - \alpha)$, $\alpha = \tan^{-1}\left(\dfrac{b}{a}\right)$

4.4 짝힘 모멘트

크기가 같고 방향이 반대이며 동일 직선상에 있지 않은 두 힘을 짝힘(couple) 또는 우력이라 한다(R. C. Hibbler). 짝힘의 합력은 0이므로 단지 특정 방향으로의 회전 효과만을 갖는다. 이와 같은 짝힘에 의해 발생하는 모멘트를 짝힘 모멘트(couple moment) 또는 우력 모멘트라 한다. 짝힘의 모멘트는 힘이 작용하고 있는 평면 내의 모든 점에 대하여 같은 값을 가진다.

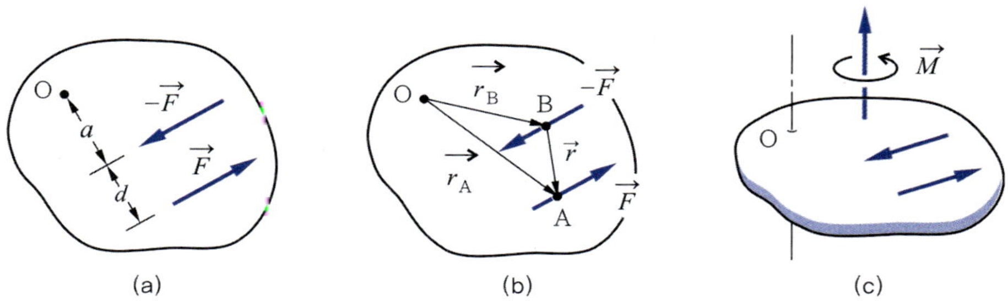

[그림 4.16]

1. 스칼라 식

[그림 4.16(a)]와 같이 크기가 같고 방향이 반대이며 두 힘 사이의 거리가 d인 두 힘 $\vec{F}$와 $-\vec{F}$를 고려한다. 이 두 힘의 합은 모든 방향에서 0이기 때문에 하나의 힘으로 합성할 수 없다. 두 힘의 효과는 오직 회전하려는 성질을 갖는다. 점 O와 같은 임의의 한 점을 통과하고 힘이 작용하고 있는 평면에 수직인 축에 대해 두 힘이 갖는 모멘트 합은 $\vec{M}$이며 이 짝힘 모멘트의 크기는

$$M = F \cdot (a+d) - F \cdot a = Fd$$

$$M = Fd \tag{4.5}$$

이다. [그림 4.16(a)]에서 모멘트의 회전 방향은 반시계방향이다. 여기에서 짝힘 모멘트의 크기는 모멘트 중심 O에 대해 힘의 위치를 나타내는 변수 a와 무관하다는 것을 알 수 있다.

※ 크기가 같고 방향이 반대이며 동일 직선상에 있지 않은 두 힘에 의해 생기는 모멘트를 우력 또는 짝힘으로 정의하기도 한다(J. L. Meriam and L. G. Kraige). 즉 우력 모멘트를 간단하게 우력이라고도 한다.

2. 벡터 식

짝힘 모멘트는 어떤 임의의 점에 대한 두 힘의 모멘트의 합과 같다. [그림 4.16(b)]에서 위치벡터 $\overrightarrow{r_A}$와 $\overrightarrow{r_B}$는 임의의 점 O로부터 $\vec{F}$와 $-\vec{F}$의 작용선 위의 점 A와 B로 향하고 있다. 따라서 [그림 4.16(b)]의 짝힘을 형성하는 힘들에 의한 점 O에 대한 짝힘 모멘트 합은

$$\overrightarrow{M} = \overrightarrow{r_A} \times \vec{F} + \overrightarrow{r_B} \times (-\vec{F}) = \left(\overrightarrow{r_A} - \overrightarrow{r_B}\right) \times \vec{F}$$

이다. 여기에서 $\left(\overrightarrow{r_A} - \overrightarrow{r_B}\right) = \vec{r}$ 이므로

$$\overrightarrow{M} = \vec{r} \times \vec{F} \tag{4.6}$$

가 된다. 식 (4.6)에서 $\vec{r} = \overrightarrow{BA}$이다([그림 4.16(b)]). 스칼라 식과 같이 벡터 표현식도 모멘트 중심 O의 위치를 포함하지 않는다. 즉, 짝힘 모멘트는 모멘트 중심의 위치에 관계없다. 따라서 짝힘에 의한 모멘트 $\overrightarrow{M}$을 [그림 4.16(c)]와 같이 하나의 자유벡터로 나타낼 수 있다. 여기에서 $\overrightarrow{M}$의 방향은 짝힘이 작용하는 평면에 수직이고 오른손법칙에 의해 결정된다.

짝힘 모멘트는 모멘트 중심과 무관하므로 짝힘 모멘트를 구하는 데 있어서 두 힘의 모멘트를 합하는 것보다 두 힘 중 어느 한 힘의 작용선 위의 한 점에 대한 모멘트를 구하는 것이 더 간단하다.

예제 4.10 [그림 4.17]과 같이 두 개의 5N 힘이 x축과 평행하게 작용하고 있다. (1) 점 O와 (2) 점 A에 대한 두 힘의 모멘트 합을 각각 구하여라.

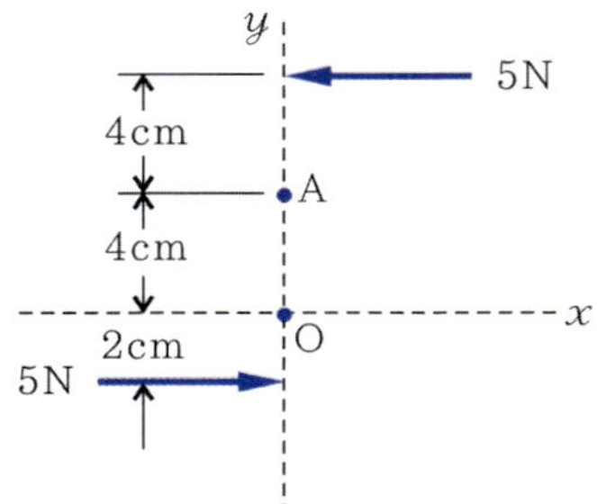

[그림 4.17]

풀이 반시계방향 모멘트를 양(+)의 값으로 한다.

(1) 모멘트 팔의 길이가 각각 (4+4)cm, 2cm이므로

$$M_O = 5\text{N} \cdot (4+4)\text{cm} + 5\text{N} \cdot 2\text{cm}$$
$$= 50\text{N} \cdot \text{cm}\ (\curvearrowleft)$$

(2) 모멘트 팔의 길이가 각각 4cm, (4+2)cm이므로

$$M_A = 5\text{N} \cdot 4\text{cm} + 5\text{N} \cdot (4+2)\text{cm}$$
$$= 50\text{N} \cdot \text{cm}\ (\curvearrowleft)$$

※ [예제 4.10]에서 주어진 두 힘은 짝힘이며 두 힘의 모멘트 합 $M_O = M_A$이다. 즉 짝힘의 모멘트는 모멘트 기준점의 위치(O, A)와 무관하다.

예제 4.11 [그림 4.18]과 같이 연직 방향으로 50N과 70N의 힘이 작용하고, 반시계방향으로 450N • m의 짝힘 모멘트가 작용하는 강체가 있다. 다음을 구하여라.

(1) 강체에 작용하는 힘들의 연직 방향 합력
(2) 점 A에 작용하는 모멘트 합과 점 D에 작용하는 모멘트 합

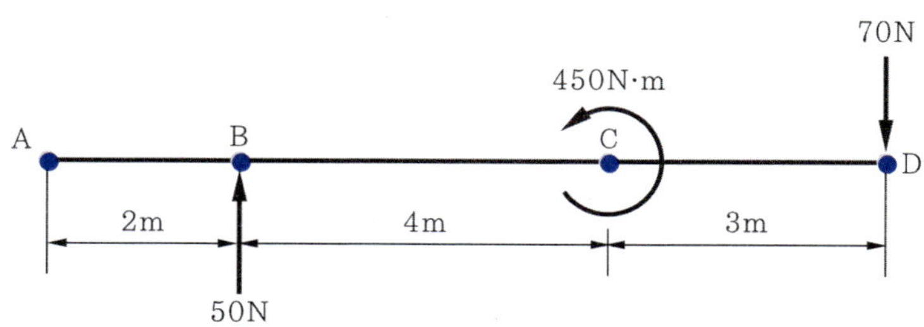

[그림 4.18]

풀이 (1) 위 방향을 양(+)으로 하면 연직 방향 합력(V)은 다음과 같다.

$$V=50-70=-20(\mathrm{N})=20(\mathrm{N})\ (\downarrow)$$

(2) 반시계방향 모멘트를 양(+)의 값으로 한다.

- $M_A=50\cdot 2+450-70\cdot(2+4+3)$
  $=-80\ (\mathrm{N}\cdot\mathrm{m})=80\ (\mathrm{N}\cdot\mathrm{m})\ (\curvearrowright)$
- $M_D=-50\cdot(4+3)+450+70\cdot 0$
  $=100\ (\mathrm{N}\cdot\mathrm{m})\ (\curvearrowleft)$

(모멘트 기준점에 따라 50N의 힘에 의한 모멘트의 회전 방향이 바뀌지만 450N • m의 짝힘 모멘트는 언제나 같은 회전방향을 가진다.)

※ 짝힘 모멘트의 특성은 다음과 같다.

(1) 어느 방향으로도 힘 성분이 없다(힘의 크기는 0이다).

(2) 모든 점에 대해 같은 모멘트 값을 가진다.

예제 4.12 점 A$(-3, 5, 4)$에 작용하는 힘 $\vec{F}$와 점 B$(-2, 1, 3)$에 작용하는 힘 $-\vec{F}$로 구성되는 짝힘이 있다[그림 4.16(b)]. $\vec{F}=-2\vec{i}+3\vec{j}+4\vec{k}$일 때 다음을 구하여라. 힘과 길이의 단위는 각각 N, m이다.

(1) 점 B에서 A까지의 벡터 $\vec{r}=\overrightarrow{BA}$

(2) 짝힘의 모멘트 $\vec{M}$

풀이 (1) 점 A와 B의 위치벡터

$$\vec{r_A}=-3\vec{i}+5\vec{j}+4\vec{k}\ (\mathrm{m}),\ \vec{r_B}=-2\vec{i}+\vec{j}+3\vec{k}\ (\mathrm{m})$$

이므로 점 B에서 A까지의 벡터 $\vec{r}$은 다음과 같다.

$$\vec{r}=\vec{r_A}-\vec{r_B}=[(-3)-(-2)]\vec{i}+(5-1)\vec{j}+(4-3)\vec{k}$$
$$=-\vec{i}+4\vec{j}+\vec{k}\ (\mathrm{m})$$

(2) 식 (4.6)에서 짝힘의 모멘트 $\vec{M}=\vec{r}\times\vec{F}$이다.

$$\vec{M}=\vec{r}\times\vec{F}=\begin{vmatrix}\vec{i} & \vec{j} & \vec{k}\\ -1 & 4 & 1\\ -2 & 3 & 4\end{vmatrix}$$
$$=[4\cdot 4-1\cdot 3]\vec{i}-[(-1)\cdot 4-1\cdot(-2)]\vec{j}$$
$$+[(-1)\cdot 3-4\cdot(-2)]\vec{k}$$
$$=13\vec{i}+2\vec{j}+5\vec{k}\ (\mathrm{N}\cdot\mathrm{m})$$

연 습 문 제

4.22 크기가 300N인 두 힘이 y축에 평행하게 작용하고 있다. (1) 점 O와 (2) 점 A에 대한 두 힘의 모멘트 합을 각각 구하여라.

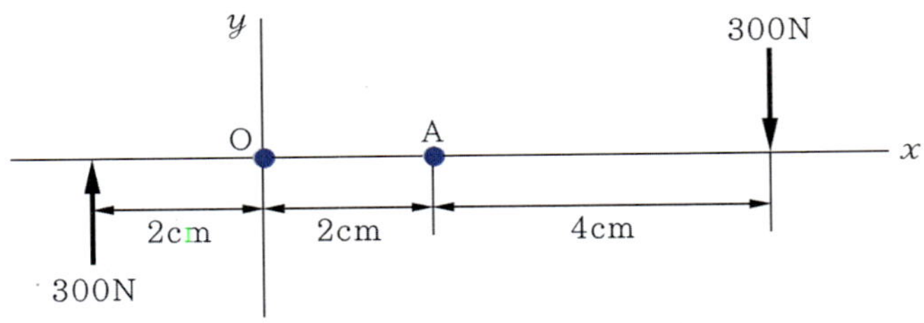

[문제 4.22]

4.23 그림과 같이 작용하는 짝힘 모멘트의 크기와 회전방향을 구하여라. 단, 힘의 크기 $F=200$N이고 격자의 크기는 1cm×1cm이다.

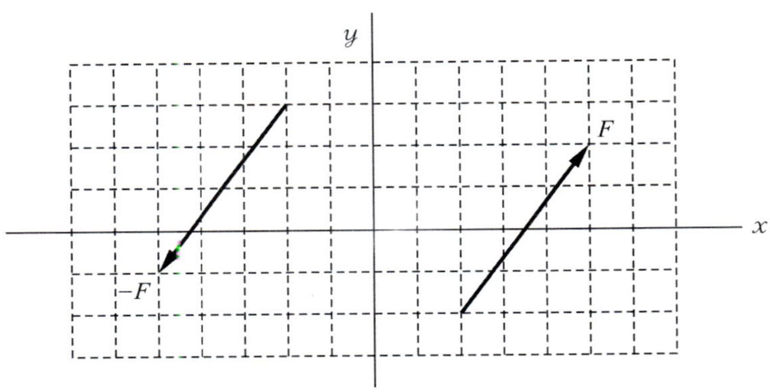

[문제 4.23]

4.24 점 A(20, 40, 60)에 작용하는 힘 $\vec{F}$와 점 B(−55, 40, 10)에 작용하는 힘 $-\vec{F}$로 구성되는 짝힘이 있다. $\vec{F}=3\vec{i}-6\vec{j}+2\vec{k}$일 때 다음을 구하여라. 힘과 길이의 단위는 각각 N, cm이다.

(1) 점 B에서 A까지의 벡터 $\vec{r}=\overrightarrow{\mathrm{BA}}$

(2) 짝힘의 모멘트 $\vec{M}$

4.5 힘의 합력

힘이 가해진 강체에 대해 외부 효과의 변화를 주지 않고 원래의 힘을 대치시킬 수 있는 가장 간단한 힘을 합력(resultant)이라고 한다. 물치가 평형을 이룰 때 물체에 작용하는 모든 힘의 합이 0이 된다. 물체에 작용하는 모든 힘의 합이 0이 아닐 때는 합력($\overrightarrow{F_R}$)을 물체의 질량(m)과 가속도($\vec{a}$)의 곱으로 나타냄($\overrightarrow{F_R} = m\vec{a}$)으로써 물체의 가속도를 구할 수 있다. 따라서 합력을 구해놓으면 가해진 힘들의 작용을 쉽게 알 수 있다.

1. 평행한 힘의 합력

[그림 4.19]와 같이 작용선이 평행한 힘들의 합력은 스칼라 식으로써 간단하게 구할 수 있다.

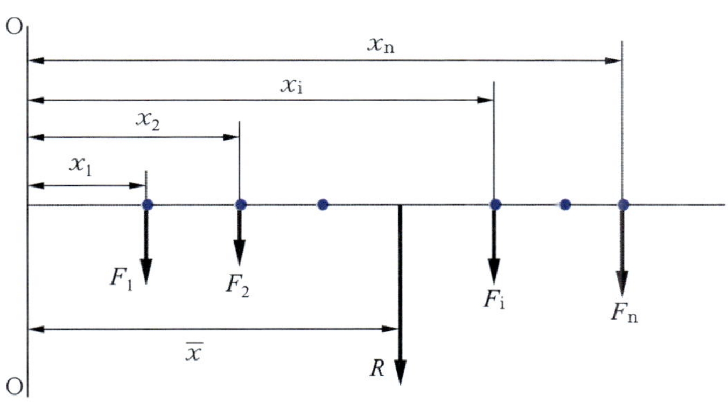

[그림 4.19]

평행한 여러 힘 F_1, F_2, $\cdots$, F_n의 합력의 크기를 R이라 하고, 임의의 기준선 (O－O)로부터 각각의 힘의 작용선까지의 거리를 x_1, x_2, $\cdots$, x_n이라고 한다[그림 4.19]. 먼저 평행한 힘들의 합력의 크기는 다음과 같다.

$$R = F_1 + F_2 + \cdots + F_n \tag{4.7}$$

그리고 기준선 O−O에 대한 각 힘의 모멘트 합은 합력의 모멘트와 같다는 원리로부터 합력의 작용선의 위치($\bar{x}$)를 구한다. 이것을 모멘트 원리(principle of moment)라고 한다.

$$F_1x+F_2x+F_3x+\cdots+F_nx=R\bar{x}$$

$$\bar{x}=\frac{F_1x+F_2x+F_3x+\cdots+F_nx}{R}=\frac{\sum F_ix_i}{\sum F_i} \tag{4.8}$$

식 (4.7), (4.8)에서 힘(F_1, F_2, $\cdots$, F_n)의 방향을 정할 때 아래 방향을 양(+)으로 잡으면 위 방향 힘은 음(−)의 값이 된다. 반대로 위 방향을 양(+)으로 잡으면 아래 방향 힘은 음(−)의 값이 된다.

예제 4.13 [그림 4.20(a)]와 같은 두 힘의 합력(R)의 크기와 작용선의 위치를 구하여라.

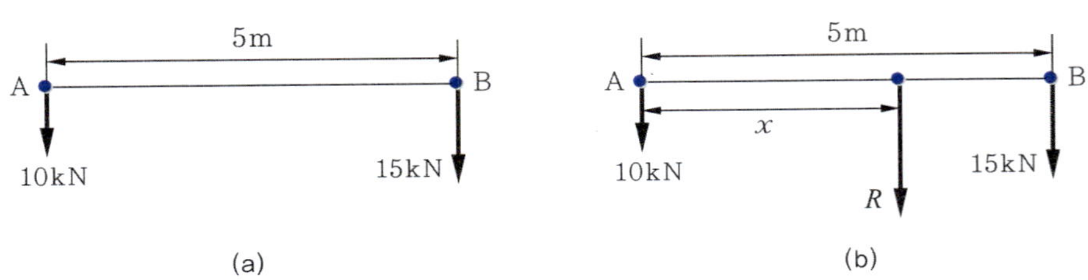

[그림 4.20]

풀이 아래 방향(↓)을 양(+)으로 잡으면 합력 R의 크기와 방향은 다음과 같다.

$$R=10+15=25\,(\text{kN})\ (\downarrow)$$

[그림 4.20(b)]와 같이 왼쪽 힘(10kN)의 작용선 위에 모멘트 기준점(A)을 잡고, 합력 R의 작용선이 이 점으로부터 거리 x(m)만큼 떨어진 곳에 위치한다고 가정하고 점 A에 대한 모멘트를 계산하면

$$10\cdot(0)+15\cdot(5)=R\cdot x$$

$$\therefore\ x=\frac{75}{R}=\frac{75}{25}=3\ (\text{m})$$

가 구해진다. 따라서 합력의 크기는 25kN이고 방향은 아래 방향(↓)이며 작용선은 10kN의 힘에서 오른쪽으로 3m 떨어진 곳에 위치한다.

※ [예제 4.13]에서 합력의 작용선 위치를 구할 때 모멘트 기준점을 오른쪽 힘(15kN)의 작용점으로 잡아도 다음과 같이 같은 결과가 얻어진다.

$$15 \cdot (0) + 10 \cdot (5) = R \cdot (5 - x)$$

$$50 = 25 \cdot (5 - x)$$

$$\therefore\ x = 5 - 2 = 3\ (\mathrm{m})$$

즉, 계산하기 편리한 지점을 모멘트 기준점으로 정하여 합력의 작용선 위치를 구하면 된다.

예제 4.14 [그림 4.21(a)]와 같은 평행한 세 힘의 합력(R)의 크기와 작용선의 위치를 구하여라.

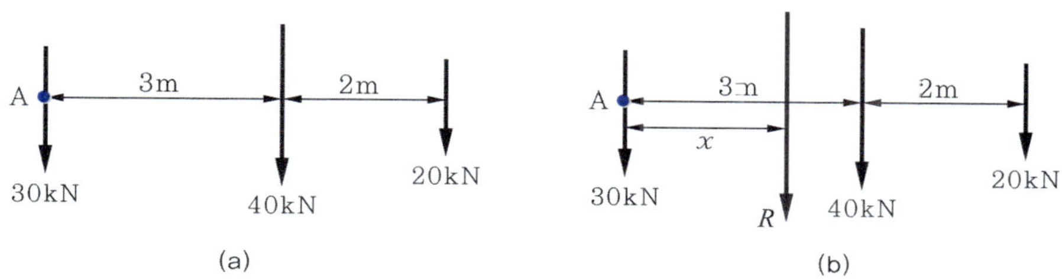

[그림 4.21]

풀이 아래 방향(↓)을 양(+)으로 잡으면 합력 R의 크기와 방향은 다음과 같다.

$$R = 30 + 40 + 20 = 90\ (\mathrm{kN})\ (\downarrow)$$

[그림 4.21(b)]와 같이 왼쪽 힘(30kN)의 작용선 위에 모멘트 기준점(A)을 잡고, 합력 R의 작용선이 이 점으로부터 거리 x(m)만큼 떨어진 곳에 위치한다고 가정하고 점 A에 대한 모멘트를 계산하여 작용선 위치를 구한다.

$$30 \cdot (0) + 40 \cdot (3) + 20 \cdot (3 + 2) = R \cdot x$$

$$220 = Rx$$

$$\therefore\ x = \frac{220}{R} = \frac{220}{90} = 2.44\ (\mathrm{m})$$

따라서 합력의 크기는 90kN이고 방향은 아래 방향(↓)이며 작용선은 30kN의 힘에서 오른쪽으로 2.44m 떨어진 곳에 위치한다.

예제 4.15 [그림 4.22(a)]와 같은 평행한 세 힘(30kN, 40kN, 20kN)의 합력(R)의 크기와 작용선 위치를 구하여라.

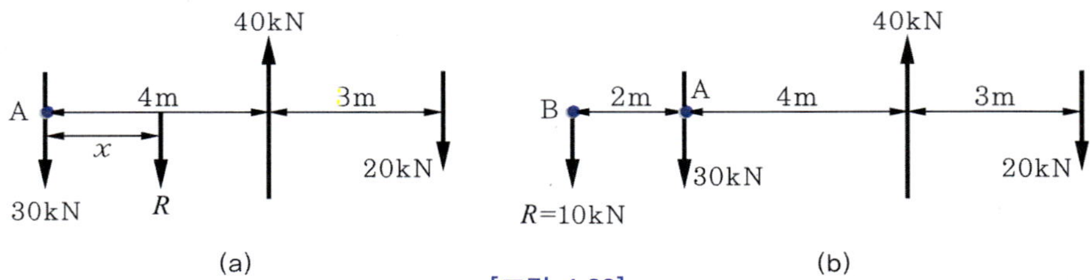

[그림 4.22]

풀이 아래 방향(↓)을 양(+)으로 잡으면 합력 R의 크기와 방향은 다음과 같다.

$$R = 30 - 40 + 20 = 10\,(\text{kN})\ (\downarrow)$$

여기에서 위 방향(↑)으로 작용하는 40kN의 힘은 음(−)의 부호를 갖는다는 것에 주의한다. 다음에 [그림 4.22(a)]와 같이 왼쪽 힘(30kN)의 작용선 위에 모멘트 기준점(A)을 잡고, 합력 R의 작용선이 이 점으로부터 오른쪽으로 거리 x(m)만큼 떨어진 곳에 위치한다고 가정하고 점 A에 대한 모멘트를 계산하여 작용선 위치를 구한다.

$$(-40)\cdot(4) + 20\cdot(4+3) = R\cdot x$$

$$-20 = Rx$$

$$\therefore\ x = \frac{(-20)}{R} = -\frac{20}{10} = -2\ (\text{m})$$

여기에서 x가 음(−)의 값이라는 것은 [그림 4.22(a)]에서 가정한 대로 합력 R이 30kN의 오른쪽에 있는 것이 아니고 왼쪽으로 2m 떨어진 곳에 위치한다는 것을 의미한다. 즉, 합력(R)의 크기와 작용선의 위치는 [그림 4.22(b)]와 같다.

2. 평행하지 않는 힘의 합력 – 일반적인 경우

힘들의 작용선이 모두 평행한 경우에는 스칼라 식으로서 합력과 그 작용선의 위치를 편리하게 구할 수 있다. 그렇지 않은 경우 즉, 일반적인 경우에 대한 힘의 합력은 다음과 같이 벡터를 이용하여 구한다.

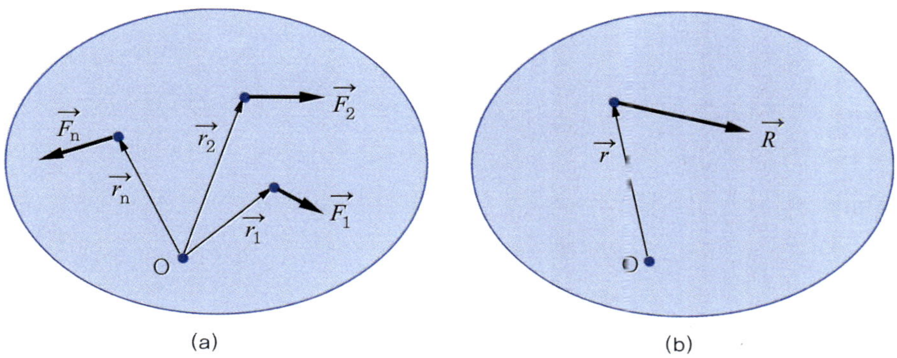

[그림 4.23]

힘 $\overrightarrow{F_1}$, $\overrightarrow{F_2}$, ⋯, $\overrightarrow{F_n}$의 위치벡터가 각각 $\vec{r_1}$, $\vec{r_2}$, ⋯, $\vec{r_n}$이고[그림 4.23(a)], 합력 $\vec{R}$과 작용점의 위치벡터가 $\vec{r}$일 때[그림 4.23(b)]

$$\vec{R} = \overrightarrow{F_1} + \overrightarrow{F_2} + \cdots + \overrightarrow{F_n} = \sum \overrightarrow{F_i} \tag{4.9}$$

$$\overrightarrow{M_O} = \vec{r} \times \vec{R} = \sum \left(\vec{r_i} \times \overrightarrow{F_i} \right) \tag{4.10}$$

이다. 여기에서 O는 원점을 나타낸다. 합력의 성분은 다음과 같다.

$$R_x = \sum F_x, \ R_y = \sum F_y \tag{4.11}$$

합력 $\vec{R} = R_x \vec{i} + R_y \vec{j}$이다.

예제 4.16 [그림 4.24]에서 음영 부분의 평판에 작용하는 세 힘(10N, 20N, 40N)의 합력과 합력의 작용선을 구하고, 합력의 작용선이 x, y축과 만나는 점을 각각 구하여라.

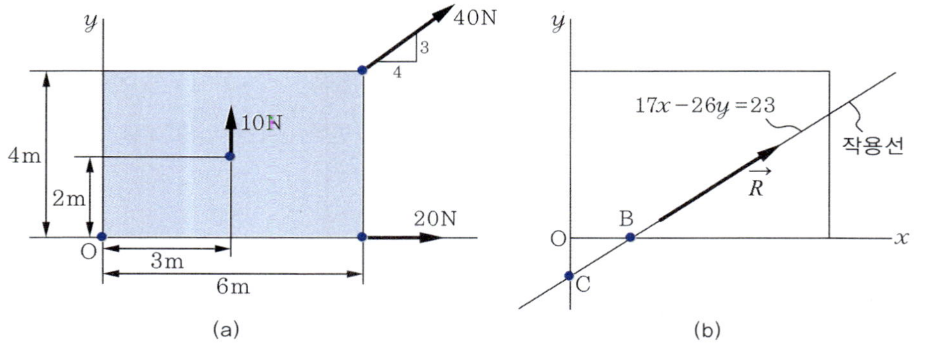

[그림 4.24]

풀이 그림과 같이 좌표계를 설정하고 원점(O)을 모멘트 기준점으로 잡는다. 먼저 합력 $(\vec{R}=R_x\vec{i}+R_y\vec{j})$을 구하면

$$R_x=\sum F_x \quad \therefore \quad R_x=\frac{4}{5}\cdot 40+20=52\ (\mathrm{N})$$

$$R_y=\sum F_y \quad \therefore \quad R_y=\frac{3}{5}\cdot 40+10=34\ (\mathrm{N})$$

$$\therefore \quad \vec{R}=R_x\vec{i}+R_y\vec{j}=52\vec{i}+34\vec{j}\ (\mathrm{N})$$

이다. 원점(O)으로부터 $\vec{R}$의 작용선의 어느 한 점까지 연결한 위치벡터를

$$\vec{r}=x\vec{i}+y\vec{j}$$

로 하고 원점에 대한 세 힘의 모멘트 합과 합력의 모멘트는 같다는 모멘트 원리로부터 작용선의 방정식을 구한다. 반시계방향(↶) 모멘트를 양(+)으로 잡으면 합력의 모멘트는

$$R_yx-R_xy=34x-52y\ (\mathrm{N}\cdot\mathrm{m})\ \cdots①$$

이고, 주어진 세 힘의 모멘트 합은

$$\left(-\frac{4}{5}\cdot 40\right)\cdot 4+\left(\frac{3}{5}\cdot 40\right)\cdot 6+10\cdot(3)+20\cdot(0)=46\ (\mathrm{N}\cdot\mathrm{m})\ \cdots②$$

이다. 따라서 ①과 ②로부터 합력의 작용선의 방정식은

$$34x-52y=46$$

$$\therefore \quad 17x-26y=23 \quad \cdots③$$

가 된다. 식 ③의 직선을 도시하면 [그림 4.24(b)]와 같다. 여기에서 합력의 작용선이 x축과 만나는 점의 x좌표(x절편)와 y축과 만나는 점의 y좌표(y절편)는 다음과 같이 구해진다.

• x절편 : $y=0$일 때 $x=\dfrac{23}{17}=1.353\ (\mathrm{m})$

• y절편 : $x=0$일 때 $y=-\dfrac{23}{26}=-0.885\ (\mathrm{m})$

즉, [그림 4.24(b)]에서 점 B의 x좌표는 1.353m이고, 점 C의 y좌표는 −0.885m이다.

예제 4.17 [힘과 짝힘의 모멘트] [그림 4.25(a)]와 같이 원점(O)에 작용하고 있는 힘(20N)과 짝힘의 모멘트(60N • m)를 하나의 힘(R)으로 바꾸고, 이 합력의 작용선이 x축과 만나는 점의 x좌표를 구하여라.

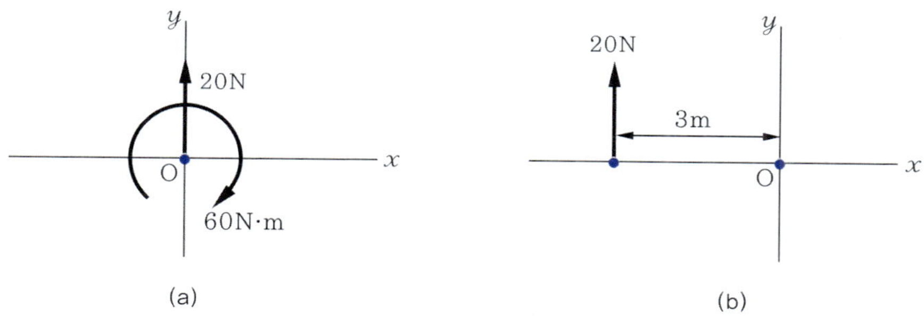

[그림 4.25]

풀이 원점(O)에 작용하고 있는 힘은 $\overrightarrow{F_1}=20\vec{j}\,(\mathrm{N})$이므로 합력

$$\overrightarrow{R}=\sum\overrightarrow{F_i}=\overrightarrow{F_1}=20\vec{j}\ (\mathrm{N})$$

이다. 합력의 작용선이 x축과 만나는 점의 x좌표를 $\bar{x}$라 하고 원점(O)에 대한 모멘트를 계산하여 모멘트 원리를 적용한다. 반시계방향(↶) 모멘트를 양(+)으로 하면 원점에는 (−60N • m)의 모멘트가 작용하고 있으므로

$$R\cdot\bar{x}=-60$$

$$20\bar{x}=-60$$

$$\therefore\ \bar{x}=-\frac{60}{20}=-3\,(\mathrm{m})$$

이다. 합력과 작용선의 위치를 나타내면 [그림 4.25(b)]와 같다.

※ 짝힘의 모멘트는 합력의 크기에는 영향을 미치지 않고 작용선의 위치에 영향을 미친다.

연 습 문 제

4.25 (a), (b)의 각 경우에 대해 평행한 두 힘의 합력(R)의 크기와 방향 및 작용선 위치를 구하여라.

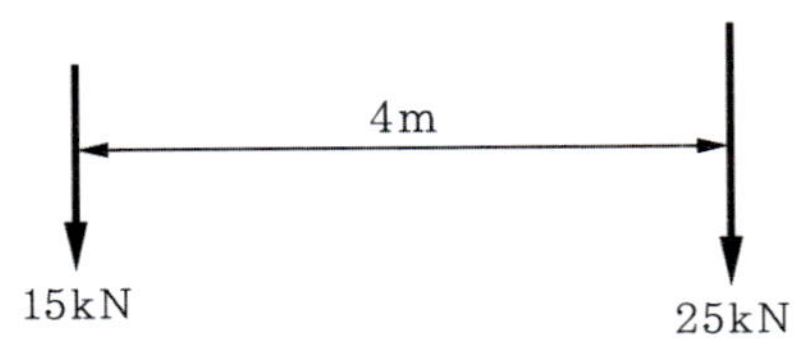

(a)

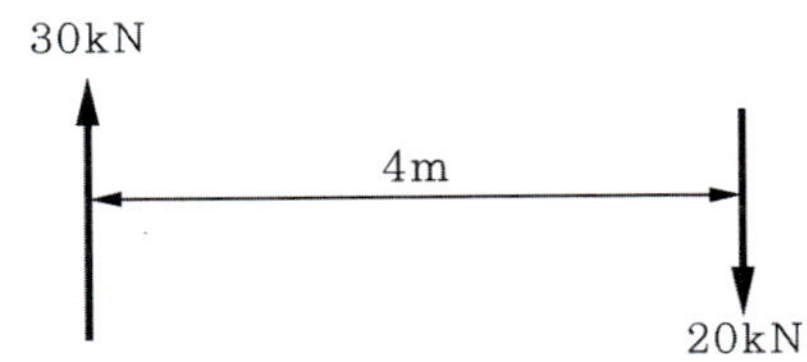

(b)

[문제 4.25]

4.26 (a), (b)의 각 경우에 대해 평행한 세 힘의 합력(R)의 크기와 방향 및 작용선 위치를 구하여라.

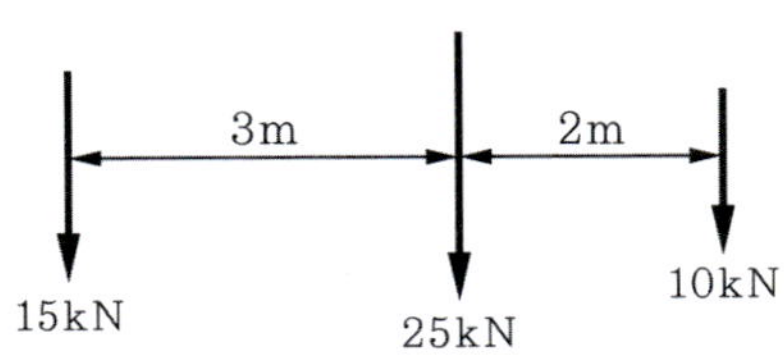

(a)

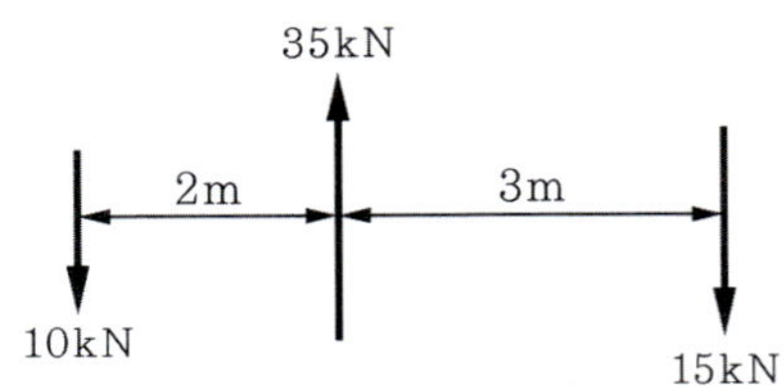

(b)

[문제 4.26]

4.27 (a), (b)의 각 경우에 대해 평행한 여러 힘들의 합력(R)의 크기와 방향 및 작용선 위치를 구하여라.

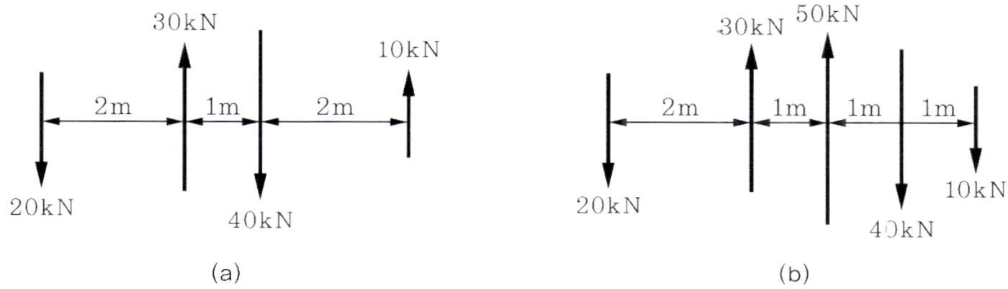

[문제 4.27]

4.28 평행한 두 힘의 합력과 합력의 작용선의 위치를 구하여라.

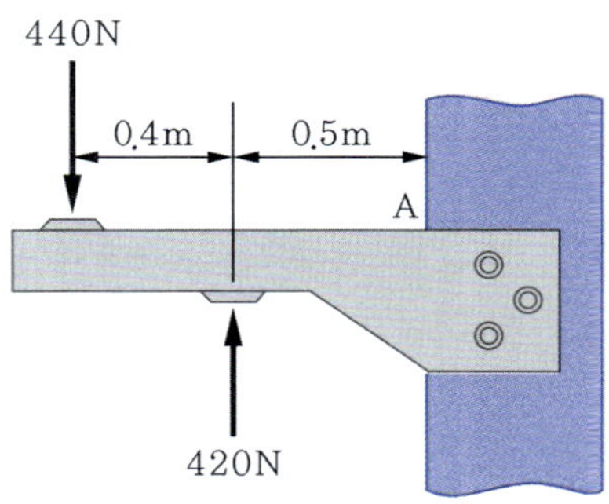

[문제 4.28]

4.29 평행한 세 힘의 합력과 합력의 작용선의 위치를 구하여라.

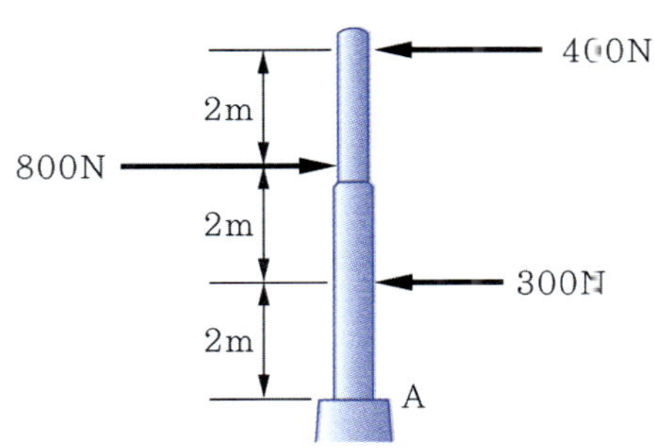

[문제 4.29]

4.30 아래 그림과 같은 4개 힘의 합력은 점 A로부터 오른쪽으로 4m 떨어진 곳에 위치하며, 합력의 크기는 연직상향(↑)으로 30kN이다. 힘 F_1과 F_2의 크기를 각각 구하시오. **[중등교사 임용시험-건설(2005)]**

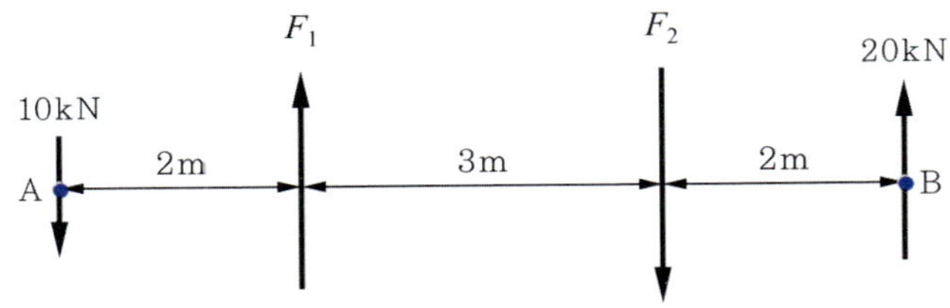

[문제 4.30]

4.31 I 보에 작용하는 두 개의 힘과 하나의 짝힘 모멘트의 합력 R과 합력의 작용선의 위치를 구하여라.

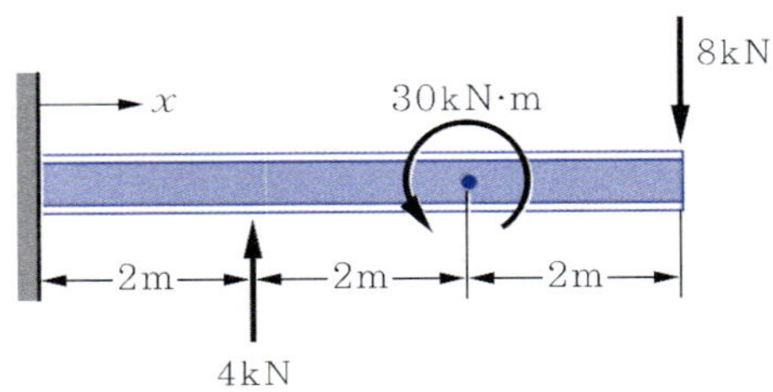

[문제 4.31]

4.32 그림과 같이 파이프에 작용하는 세 힘을 하나의 합력 $\vec{R}$로 대체하여라. 그리고 합력의 작용선이 x축과 만나는 점의 x좌표를 구하여라.

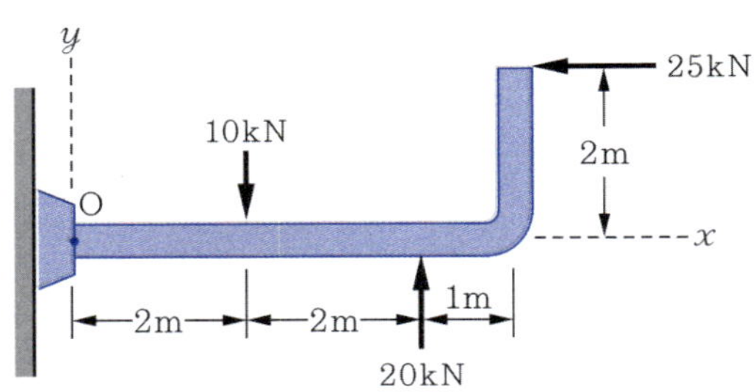

[문제 4.32]

4.33 그림의 구조물은 무게 $W_1 = 600\,\mathrm{N}$, $W_2 = 300\,\mathrm{N}$, $W_3 = 300\,\mathrm{N}$인 세 개의 곧은 막대로 구성되어 있고 $T = 600\,\mathrm{N}$의 힘이 점 A에 작용하고 있다. 이 네 힘들의 합력이 x축을 통과하는 점의 x좌표를 구하여라.

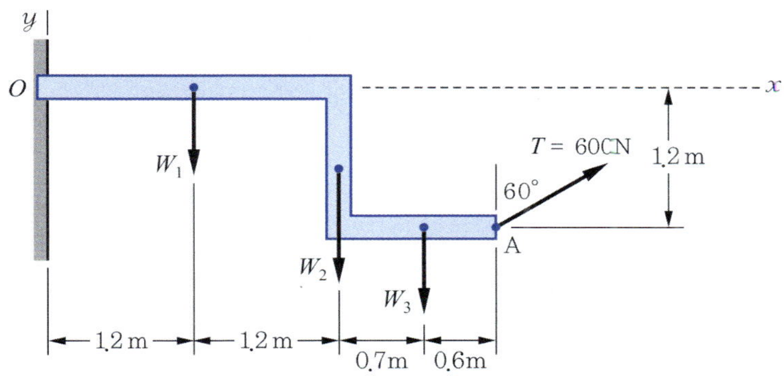

[문제 4.33]

4.34 아래 그림은 각기 다른 4개의 힘을 나타낸 것이다. $\vec{F_1} = 30\vec{i} + 100\vec{j}$ (kN), $\vec{F_2}$의 크기 $F_2 = 260$ (kN), $\vec{F_3}$의 크기 $F_3 = 200$ (kN), $\vec{F_4} = 100\vec{j}$ (kN) 일 때 다음 물음에 답하시오. **[중등교사 임용시험-건설(2004)]**

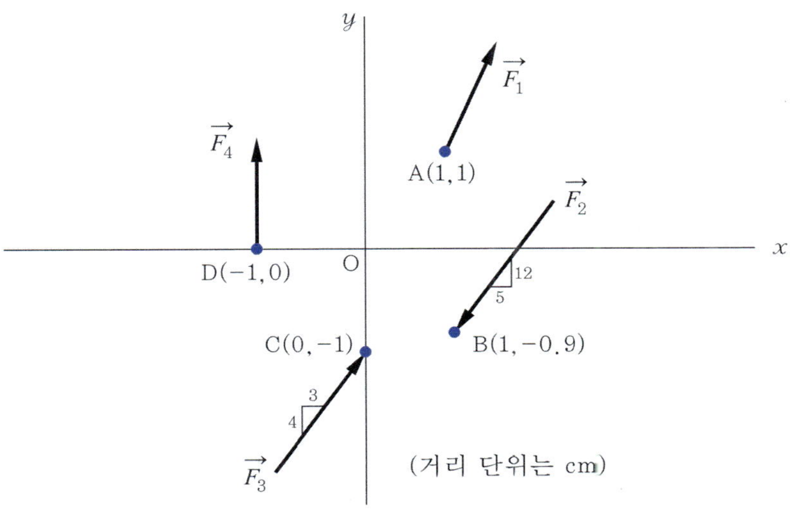

[문제 4.34]

(1) 합력의 크기 R을 구하시오.

- 풀이 과정 :
- 답 : R= [kN]

(2) 합력의 방향 $\overrightarrow{n_R}$을 구하시오.

- 풀이 과정 :
- 답 : $\overrightarrow{n_R}$=

(3) 작용선의 위치를 구하시오.

- 풀이 과정 :
- 답 : x 절편 [cm]
  y 절편 [cm]

4.35 그림과 같이 원점(O)에 작용하고 있는 힘(20N)과 짝힘의 모멘트(80N • m)를 하나의 힘(R)으로 바꾸고, 이 합력의 작용선이 y축과 만나는 점의 y좌표를 구하여라.

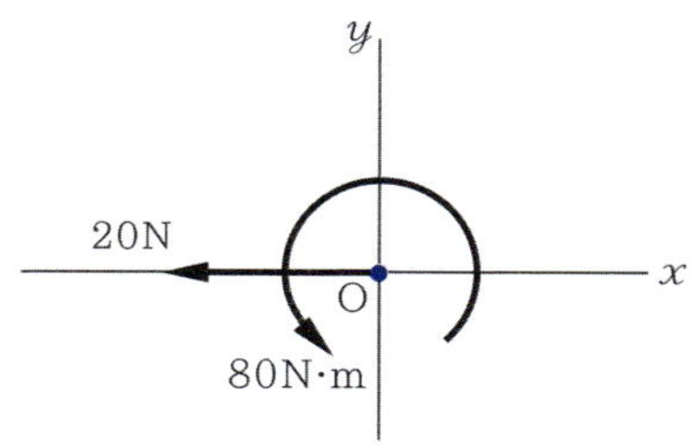

[문제 4.35]

4.36 단순 트러스에 작용하고 있는 세 힘의 합력($\overrightarrow{R}$)을 구하여라. 그리고 합력의 작용선이 x, y축과 만나는 점을 각각 구하여라.

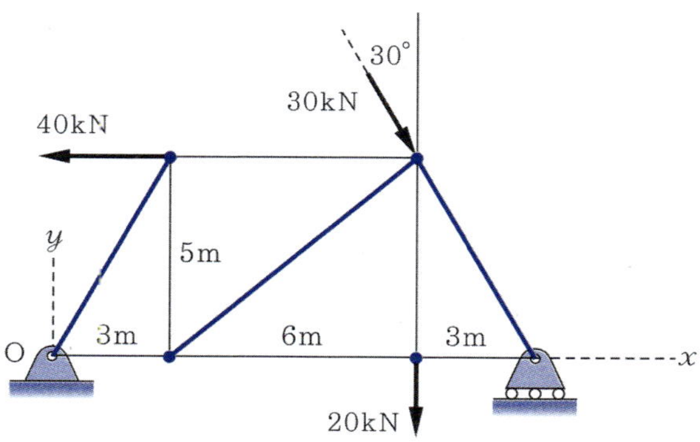

[문제 4.36]

4.6 3차원 공간에서의 모멘트

[그림 4.26]과 같은 3차원 공간에서 점 A(x, y, z)에 작용하는 힘

$$\vec{F} = F_x\vec{i} + F_y\vec{j} + F_z\vec{k}$$

의 원점(O)에 대한 모멘트는 다음과 같다.

$$\begin{aligned}\overrightarrow{M_O} &= \overrightarrow{r_{A/O}} \times \vec{F} = \begin{vmatrix} \vec{i} & \vec{j} & \vec{k} \\ x & y & z \\ F_x & F_y & F_z \end{vmatrix} \\ &= (yF_z - zF_y)\vec{i} + (zF_x - xF_z)\vec{j} + (xF_y - yF_x)\vec{k}\end{aligned} \tag{4.12}$$

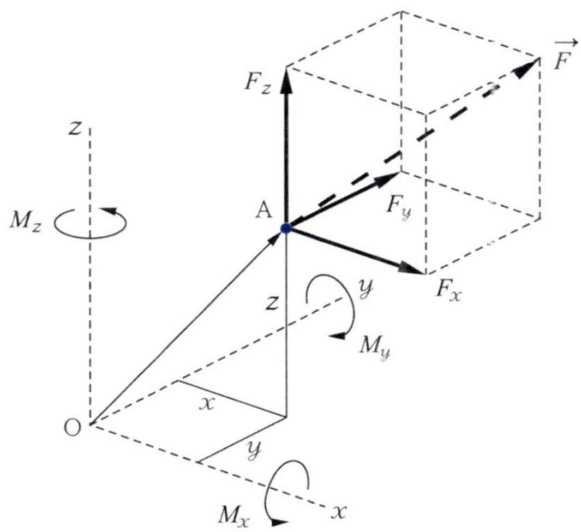

[그림 4.26]

설명 원점으로부터 점 A(x,y,z)까지의 위치벡터 $\overrightarrow{r_{A/O}} = x\vec{i} + y\vec{j} + z\vec{k}$이므로

$$\begin{aligned}\overrightarrow{M_O} &= \overrightarrow{r_{A/O}} \times \vec{F} = (x\vec{i} + y\vec{j} + z\vec{k}) \times (F_x\vec{i} + F_y\vec{j} + F_z\vec{k}) \\ &= xF_x(\vec{i}\times\vec{i}) + xF_y(\vec{i}\times\vec{j}) + xF_z(\vec{i}\times\vec{k}) \\ &\quad + yF_x(\vec{j}\times\vec{i}) + yF_y(\vec{j}\times\vec{j}) + yF_z(\vec{j}\times\vec{k}) \\ &\quad + zF_x(\vec{k}\times\vec{i}) + zF_y(\vec{k}\times\vec{j}) + zF_z(\vec{k}\times\vec{k}) \\ &= xF_y\vec{k} - xF_z\vec{j} - yF_x\vec{k} + yF_z\vec{i} + zF_x\vec{j} - zF_y\vec{i} \\ &= (yF_z - zF_y)\vec{i} + (zF_x - xF_z)\vec{j} + (xF_y - yF_x)\vec{k}\end{aligned}$$

이다. 이상에서 벡터 곱의 정의에 의해

$$\vec{i}\times\vec{i}=0,\ \vec{j}\times\vec{j}=0,\ \vec{k}\times\vec{k}=0$$
$$\vec{i}\times\vec{j}=\vec{k},\ \vec{j}\times\vec{k}=\vec{i},\ \vec{k}\times\vec{i}=\vec{j}$$
$$\vec{j}\times\vec{i}=-\vec{k},\ \vec{k}\times\vec{j}=-\vec{i},\ \vec{i}\times\vec{k}=-\vec{j}$$

이다. 위 식을 정리하면

$$\overrightarrow{M_O}=(yF_z-zF_y)\vec{i}+(zF_x-xF_z)\vec{j}+(xF_y-yF_x)\vec{k}$$

이므로 모멘트의 x, y, z 스칼라성분을 M_x, M_y, M_z라 하면

$$\overrightarrow{M_O}=M_x\vec{i}+M_y\vec{j}+M_z\vec{k}$$

$$\therefore\ M_x=yF_z-zF_y,\ M_y=zF_x-xF_z,\ M_z=xF_y-yF_x$$

가 된다. 물리적으로 보면 모멘트의 x, y, z성분은 각각 x, y, z축을 회전축으로 하는 회전력을 나타낸다[그림 4.26].

※ 힘 $\vec{F}=F_x\vec{i}+F_y\vec{j}+F_z\vec{k}$의 작용선이 점 A$(x, y, z)$를 지나면 힘 $\vec{F}$의 원점(O)에 대한 도멘트는 $\overrightarrow{M_O}=\overrightarrow{r_{A/O}}\times\vec{F}$이다.

【참고】 행렬식 계산

2×2 행렬 $A=\begin{bmatrix} a & b \\ c & d \end{bmatrix}$의 행렬식은 다음과 같다.

$$\det(A)=|A|=\begin{vmatrix} a & b \\ c & d \end{vmatrix}=ad-bc$$

그리고 3×3 행렬의 행렬식은 다음과 같이 계산된다.

$$\overrightarrow{M_O}=\begin{vmatrix} \vec{i} & \vec{j} & \vec{k} \\ x & y & z \\ F_x & F_y & F_z \end{vmatrix}=\vec{i}\begin{vmatrix} y & z \\ F_y & F_z \end{vmatrix}-\vec{j}\begin{vmatrix} x & z \\ F_x & F_z \end{vmatrix}+\vec{k}\begin{vmatrix} x & y \\ F_x & F_y \end{vmatrix}$$
$$=(yF_z-zF_y)\vec{i}-(xF_z-zF_x)\vec{j}+(xF_y-yF_x)\vec{k}$$

예제 4.18 점 A의 위치벡터($\vec{r}$)와 점 A에 작용하는 힘이 다음과 같을 때 원점(O)에 대한 힘 $\vec{F}$의 모멘트의 크기를 구하여라.

$$\vec{r}=5\vec{i}-3\vec{j}+6\vec{k}\ (\mathrm{m}),\ \vec{F}=-4\vec{i}+7\vec{j}+2\vec{k}\ (\mathrm{N})$$

풀이 모멘트의 정의에 의해 원점에 대한 모멘트는

$$\overrightarrow{M_O}=\overrightarrow{r_{A/O}}\times\vec{F}=\begin{vmatrix}\vec{i} & \vec{j} & \vec{k}\\ x & y & z\\ F_x & F_y & F_z\end{vmatrix}=\begin{vmatrix}\vec{i} & \vec{j} & \vec{k}\\ 5 & -3 & 6\\ -4 & 7 & 2\end{vmatrix}$$

$$=(-3\times2-6\times7)\vec{i}-[5\times2-6\times(-4)]\vec{j}$$

$$+[5\times7-(-3)\times(-4)]\vec{k}$$

$$=-48\vec{i}-34\vec{j}+23\vec{k}\ (\mathrm{N\cdot m})$$

이고, 모멘트의 크기는 다음과 같다.

$$M_O=\sqrt{(-48)^2+(-34)^2+23^2}=63.16\ (\mathrm{N\cdot m})$$

예제 4.19 [그림 4.27(a)]와 같이 정육면체의 한 면(AEFB)에 힘 $\vec{F}$가 작용하고 있을 때 점 D에 대한 힘 $\vec{F}$의 모멘트를 구하여라. 변의 길이는 h이다.

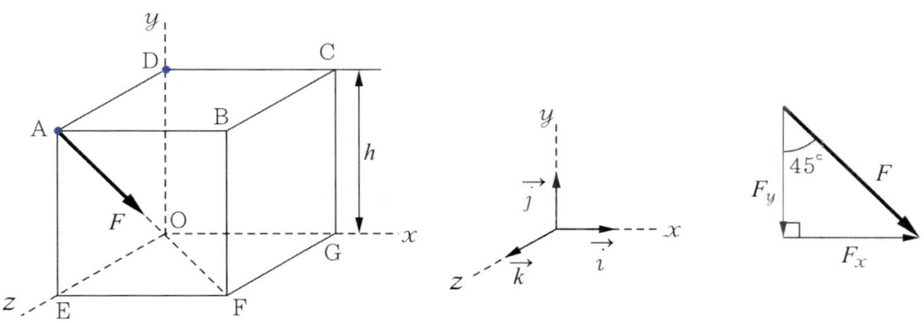

(a) (b) (c)

[그림 4.27]

풀이 [그림 4.27(a), (b)]와 같이 좌표계와 단위 벡터를 잡는다. 이 때 점 D로부터 점 A까지의 위치벡터

$$\overrightarrow{r_{A/D}}=h\vec{k}$$

이고, 힘 $\vec{F}$를 직각성분으로 분해하면 [그림 4.27(c)]에서

$$\vec{F}=F(\sin45°\,\vec{i}-\cos45°\,\vec{j})=\frac{F}{\sqrt{2}}(\vec{i}-\vec{j})$$

이다. 따라서 점 D에 대한 힘 $\vec{F}$의 모멘트는 다음과 같다.

$$\overrightarrow{M_D}=\overrightarrow{r_{A/D}}\times\vec{F}=h\vec{k}\times\frac{F}{\sqrt{2}}(\vec{i}-\vec{j})$$

$$=\frac{Fh}{\sqrt{2}}(\vec{k}\times\vec{i}-\vec{k}\times\vec{j})=\frac{Fh}{\sqrt{2}}(\vec{j}+\vec{i})$$

$$=\frac{Fh}{\sqrt{2}}(\vec{i}+\vec{j})$$

예제 4.20 [그림 4.28]과 같은 좌표계에서 힘 $\vec{F}$가 점 A에 작용하고 있다. 다음을 구하여라.

(1) 벡터 $\overrightarrow{OA}$ (2) 벡터 $\overrightarrow{BA}$

(3) $\vec{F}=(6\vec{i}-5\vec{j}-4\vec{k})$N일 때 힘 $\vec{F}$의 점 B에 대한 모멘트

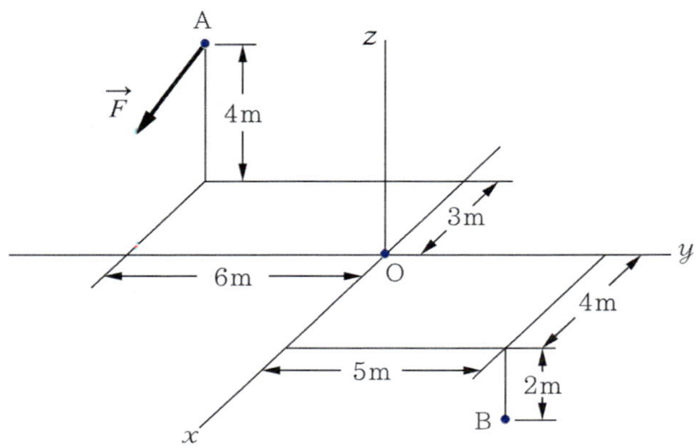

[그림 4.28]

풀이 (1) 점 O에서 출발하여 x, y, z축 방향으로 각각

$$-3\text{m}\,\vec{i},\ -6\text{m}\,\vec{j},\ +4\text{m}\,\vec{k}$$

이동하면 점 A에 도달한다. 따라서 벡터 $\overrightarrow{OA}$는 다음과 같이 표현된다.

$$\overrightarrow{OA}=(-3\vec{i}-6\vec{j}+4\vec{k})\ \text{m}$$

(2) 점 B에서 출발하여 x, y, z축 방향으로 각각

$$(-4-3)\text{m}\,\vec{i}=-7\text{m}\,\vec{i}$$
$$(-5-6)\text{m}\,\vec{j}=-11\text{m}\,\vec{j}$$
$$(2+4)\text{m}\,\vec{k}=6\text{m}\,\vec{k}$$

이동하면 점 A에 도달한다.

$$\therefore\ \overrightarrow{BA}=(-7\vec{i}-11\vec{j}+6\vec{k})\ \text{m}$$

(3) 모멘트의 정의에 의해 힘 $\vec{F}$의 점 B에 대한 모멘트는 다음과 같다.

$$\vec{r}=\overrightarrow{BA}=(-7\vec{i}-11\vec{j}+6\vec{k})\ \text{m}$$
$$\vec{F}=(6\vec{i}-5\vec{j}-4\vec{k})\,\text{N}$$

$$\therefore\ \overrightarrow{M_B}=\vec{r}\times\vec{F}=\begin{vmatrix}\vec{i} & \vec{j} & \vec{k}\\ x & y & z\\ F_x & F_y & F_z\end{vmatrix}=\begin{vmatrix}\vec{i} & \vec{j} & \vec{k}\\ -7 & -11 & 6\\ 6 & -5 & -4\end{vmatrix}$$

$$=[(-11)\times(-4)-6\times(-5)]\vec{i}$$

$$-[(-7)\times(-4)-6\times6]\vec{j}$$

$$+[(-7)\times(-5)-(-11)\times6]\vec{k}$$

$$=74\vec{i}+8\vec{j}+101\vec{k}\ (\mathrm{N\cdot m})$$

> 점 A에서 B까지 향하는 벡터 $\overrightarrow{AB}$를 구할 때는 점 A에서 출발하여 B까지 걸어간 경로(x, y, z 축과 평행한 방향으로)를 그대로 더해주면 된다. 이때 양(+)의 방향이면 $+\vec{i}$ 또는 $+\vec{j}$ 또는 $+\vec{k}$를 곱해 주고, 음(−)의 방향이면 $-\vec{i}$ 또는 $-\vec{j}$ 또는 $-\vec{k}$를 곱해 준다. 예를 들어 $+x$방향으로 2m 이동하면 $+2\mathrm{m}\,\vec{i}$가 되고, $-x$방향으로 4m 이동하면 $-4\mathrm{m}\,\vec{i}$가 된다.

예제 4.21 [그림 4.29]와 같이 크기 $F=580\,\mathrm{N}$의 힘이 작용하고 있다. 힘 $\vec{F}$의 점 A에 대한 모멘트를 구하여라.

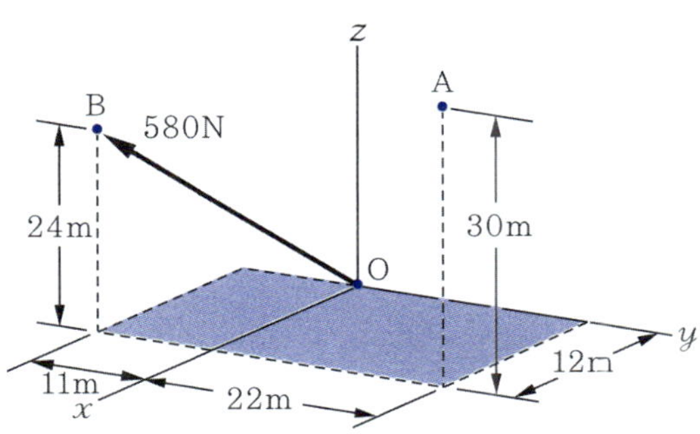

[그림 4.29]

풀이 먼저 힘의 방향벡터를 구한다. [그림 4.29]에서

$$\overrightarrow{OB}=12\vec{i}-11\vec{j}+24\vec{k}\ (\mathrm{m})$$

이므로 $\overrightarrow{OB}$ 방향의 단위벡터는

$$\overrightarrow{n_{OB}}=\frac{\overrightarrow{OB}}{\overline{OB}}=\frac{12\vec{i}-11\vec{j}+24\vec{k}}{\sqrt{12^2+(-11)^2+24^2}}=\frac{1}{29}(12\vec{i}-11\vec{j}+24\vec{k})$$

이다. 따라서 주어진 힘 $\vec{F}$는 다음과 같다.

$$\vec{F}=F\,\overrightarrow{n_{OB}}=580\,\overrightarrow{n_{OB}}=240\vec{i}-220\vec{j}+480\vec{k}\ (\mathrm{N})$$

그리고 모멘트 기준점(A)으로부터 힘의 작용점(O)까지의 거리벡터

$$\overrightarrow{AO}=-12\vec{i}-22\vec{j}-30\vec{k}\ (\text{m})$$

이므로 힘 $\vec{F}$의 점 A에 대한 모멘트는 다음과 같다.

$$\overrightarrow{M_A}=\overrightarrow{AO}\times\vec{F}=(-12\vec{i}-22\vec{j}-30\vec{k})\times(240\vec{i}-220\vec{j}+480\vec{k})$$

$$=\begin{vmatrix}\vec{i} & \vec{j} & \vec{k}\\ -12 & -22 & -30\\ 240 & -220 & 480\end{vmatrix}$$

$$=(-22\cdot480-30\cdot220)\vec{i}-(-12\cdot480+30\cdot240)\vec{j}$$

$$+(12\cdot220+22\cdot240)\vec{k}\ (\text{N}\cdot\text{m})$$

$$=-17160\vec{i}-1440\vec{j}+7920\vec{k}\ (\text{N}\cdot\text{m})$$

$$=-17.16\vec{i}-1.44\vec{j}+7.92\vec{k}\ (\text{kN}\cdot\text{m})$$

벡터 $\vec{V}=a\vec{i}+b\vec{j}+c\vec{k}$와 같은 방향의 단위벡터는 다음과 같이 표현된다.

$$\vec{n}=\frac{\vec{V}}{|\vec{V}|}=\frac{a\vec{i}+b\vec{j}+c\vec{k}}{\sqrt{a^2+b^2+c^2}}$$

예제 4.22 크기가 100N인 힘 $\vec{F}$가 [그림 4.30]과 같이 좌표축의 원점(O)에 가해지고 있다. $\vec{F}$의 작용선이 x, y, z 좌표 값이 각각 2m, 1m, 3m인 점 A를 지날 때 다음 물음에 답하여라.

(1) $\vec{F}$의 x, y, z 스칼라성분을 구하여라.

(2) 점 B의 x, y, z 좌표 값이 각각 2m, 1m, 0일 때 힘 $\vec{F}$의 점 B에 대한 모멘트를 구하여라.

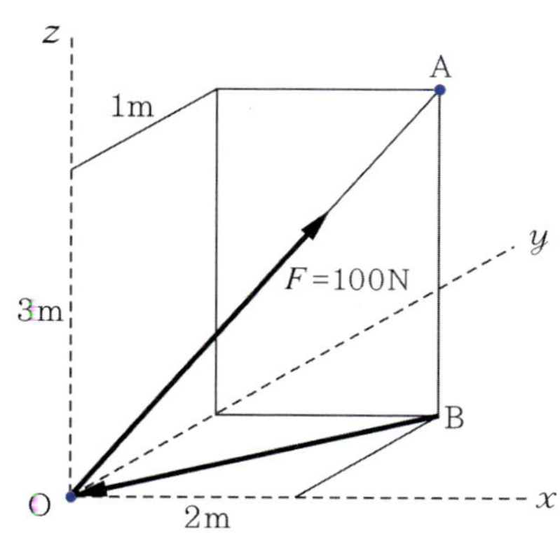

[그림 4.30]

풀이 (1) 힘 $\vec{F}$의 방향은 점 O에서 A로 향하고 있다. 여기에서

$$\overrightarrow{OA}=2\vec{i}+\vec{j}+3\vec{k}\ (\mathrm{m})$$

이므로 $\overrightarrow{OA}$ 방향의 단위벡터는

$$\overrightarrow{n_{OA}}=\frac{\overrightarrow{OA}}{\overline{OA}}=\frac{2\vec{i}+\vec{j}+3\vec{k}}{\sqrt{2^2+1^2+3^2}}=0.534\vec{i}+0.267\vec{j}+0.802\vec{k}$$

이다. 따라서

$$\begin{aligned}\vec{F}=F\overrightarrow{n_{OA}}&=100(0.534\vec{i}+0.267\vec{j}+0.802\vec{k})\\&=53.4\vec{i}+26.7\vec{j}+80.2\vec{k}\ (\mathrm{N})\end{aligned}$$

에서 $\vec{F}$의 x, y, z 스칼라성분은

$$F_x=53.4\,(\mathrm{N}),\ F_y=26.7\,(\mathrm{N}),\ F_z=80.2\,(\mathrm{N})$$

이다.

(2) 점 B에서 힘의 작용점 O까지의 위치벡터

$$\overrightarrow{r_{O/B}}=-2\vec{i}-\vec{j}\ (\mathrm{m})$$

이므로 힘 $\vec{F}$의 점 B에 대한 모멘트

$$\begin{aligned}\overrightarrow{M_B}=\overrightarrow{r_{O/B}}\times\vec{F}&=(-2\vec{i}-\vec{j})\times(53.4\vec{i}+26.7\vec{j}+80.2\vec{k})\\&=\begin{vmatrix}\vec{i}&\vec{j}&\vec{k}\\-2&-1&0\\53.4&26.7&80.2\end{vmatrix}\\&=(-80.2)\vec{i}-(-2\times80.2)\vec{j}-(-2\times26.7+53.4)\vec{k}\\&=-80.2\vec{i}+160.4\vec{j}\ (\mathrm{N\cdot m})\end{aligned}$$

이다. 또는 힘의 작용선이 점 A를 지나므로 $\overrightarrow{r_{A/B}}=3\vec{k}\ (\mathrm{m})$를 이용하여

$$\begin{aligned}\overrightarrow{M_B}=\overrightarrow{r_{A/B}}\times\vec{F}&=(3\vec{k})\times(53.4\vec{i}+26.7\vec{j}+80.2\vec{k})\\&=-80.1\vec{i}+160.2\vec{j}\ (\mathrm{N\cdot m})\end{aligned}$$

를 구할 수 있다.

연 습 문 제

4.37 다음 각 경우에 대하여 점 A에 작용하는 힘 $\vec{F}=2\vec{i}+3\vec{j}-4\vec{k}$ (N)의 원점(O)에 대한 모멘트를 구하여라. $\vec{r}$은 점 A의 위치벡터이다.

(1) $\vec{r}=7\vec{j}$ (m)

(2) $\vec{r}=-2\vec{i}+5\vec{j}+\vec{k}$ (m)

(3) $\vec{r}=3\vec{i}-2\vec{j}+5\vec{k}$ (m)

4.38 그림에서 $F=20$ N의 힘이 직육면체 물체에 작용하고 있을 때 원점(O)에 대한 힘 $\vec{F}$의 모멘트를 구하여라.

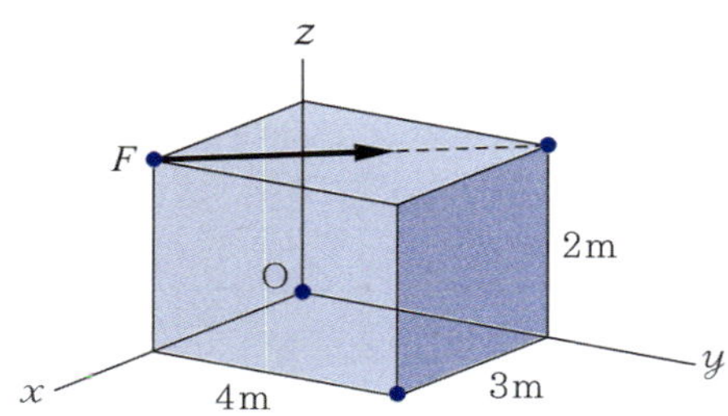

[문제 4.38]

4.39 그림에서 $F=40$ N의 힘이 직육면체 물체에 작용하고 있을 때 원점(O)에 대한 힘 $\vec{F}$의 모멘트를 구하여라.

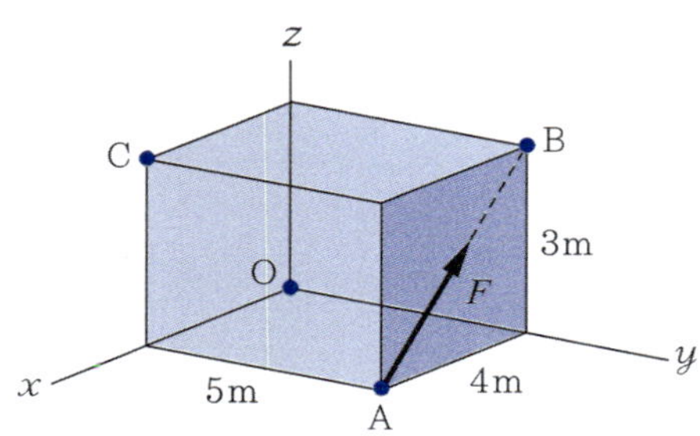

[문제 4.39], [문제 4.40]

4.40 [문제 4.39]에서 점 C에 대한 힘 $\vec{F}$의 모멘트를 구하여라.

4.41 그림과 같은 좌표계에서 점 A에 $\vec{F}=-4\vec{i}+2\vec{j}-3\vec{k}$ (N)의 힘이 작용하고 있을 때 점 B에 대한 힘 $\vec{F}$의 모멘트를 구하여라.

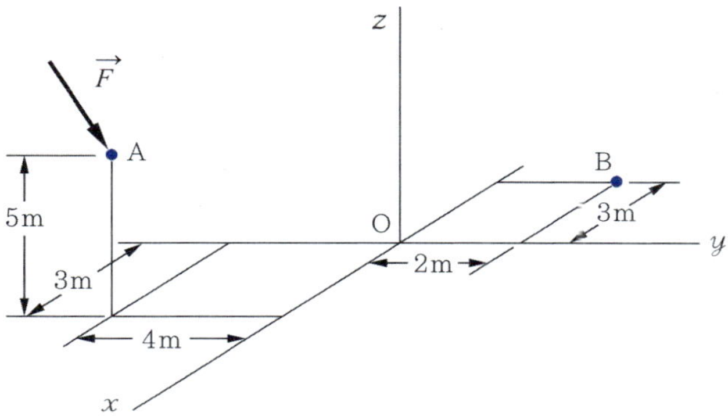

[문제 4.41], [문제 4.42]

4.42 [문제 4.41]에서 점 O에 대한 힘 $\vec{F}$의 모멘트를 구하여라.

4.43 그림과 같이 한 변의 길이가 h인 정육면체의 한 면에 힘 $\vec{F}$가 작용하고 있다. 다음을 구하여라.

(1) 점 A에 대한 힘 $\vec{F}$의 모멘트

(2) 점 B에 대한 힘 $\vec{F}$의 모멘트

(3) 점 C에 대한 힘 $\vec{F}$의 모멘트

(4) 점 D에 대한 힘 $\vec{F}$의 모멘트

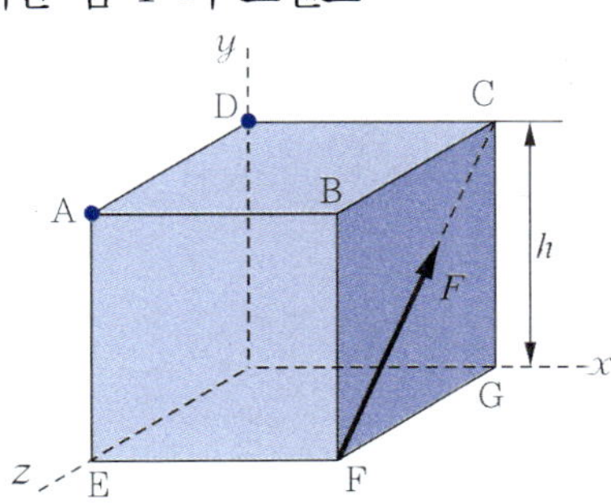

[문제 4.43]

4.44 크기가 100N인 힘 $\vec{F}$가 좌표축의 원점(O)에 가해지고 있다. $\vec{F}$의 작용선이 x, y, z 좌표 값이 각각 4m, 3m, 1m인 점 A를 지날 때 다음 물음에 답하여라.

(1) $\vec{F}$의 x, y, z 스칼라성분을 구하여라.

(2) 점 B의 x, y, z 좌표 값이 각각 0, 3m, 0일 때, 힘 $\vec{F}$의 점 B에 대한 모멘트를 구하여라.

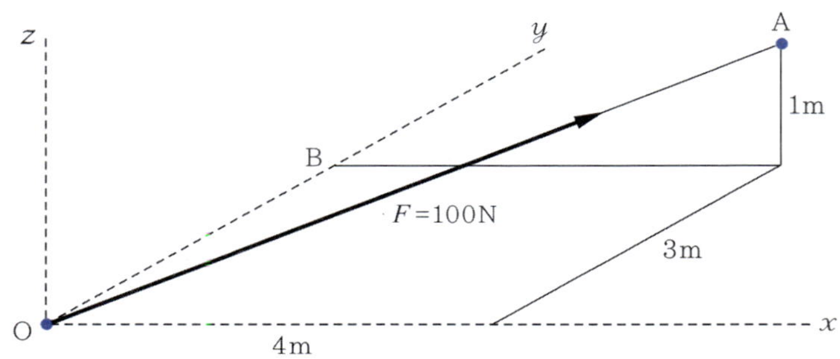

[문제 4.44]

4.45 'ㄱ'자형 구조물 AO의 끝에 고정된 케이블 AB에 걸리는 인장력이 4kN일 때 점 A에 작용하는 힘에 의한 고정점 O에 대한 모멘트의 크기를 구하여라.

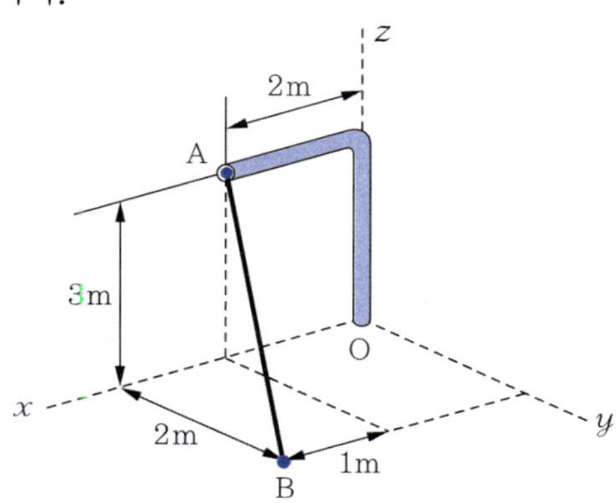

[문제 4.45]

※ 케이블에는 인장력이 걸리며 케이블의 고정점 A에는 $\overrightarrow{AB}$ 방향으로 힘이 작용하고, 점 B에는 $\overrightarrow{BA}$ 방향으로 힘이 작용한다.

4.46 그림과 같은 좌표계에서 점 A에 $\overrightarrow{AB}$ 방향으로 $F = 21\,\mathrm{kN}$의 힘이 작용할 때 힘 F의 점 C에 대한 모멘트를 구하여라.

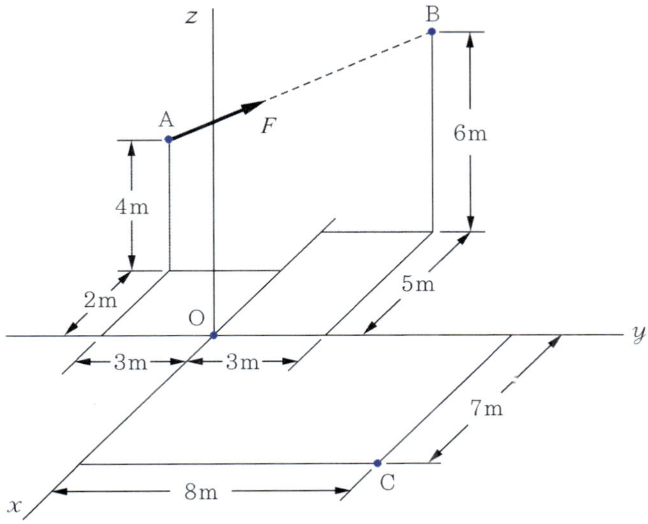

[문제 4.46]

4.47 점 A에 대한 세 힘의 합 모멘트를 구하여라.
세 힘 $\overrightarrow{F_1} = 40\vec{i} + 30\vec{j} + 20\vec{k}$ (N), $\overrightarrow{F_2} = 10\vec{i} - 10\vec{j} - 5\vec{k}$ (N), $\overrightarrow{F_3} = -50\vec{k}$ (N)이다.

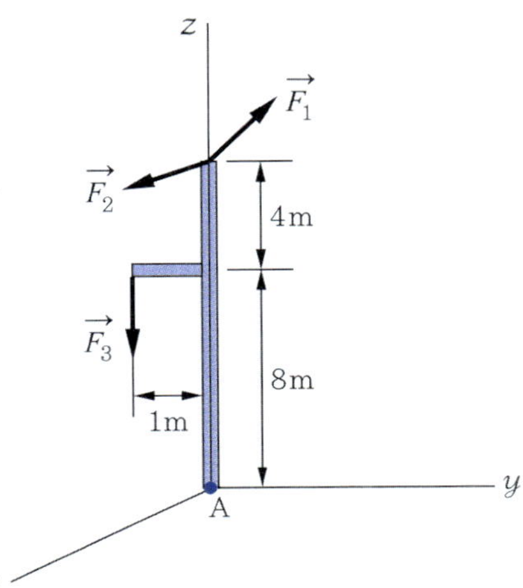

[문제 4.47]

4.48 그림과 같이 크기 $F = 440\,\text{N}$의 힘이 물체에 작용하고 있다. 힘 $\vec{F}$의 원점(O)에 대한 모멘트를 구하여라.

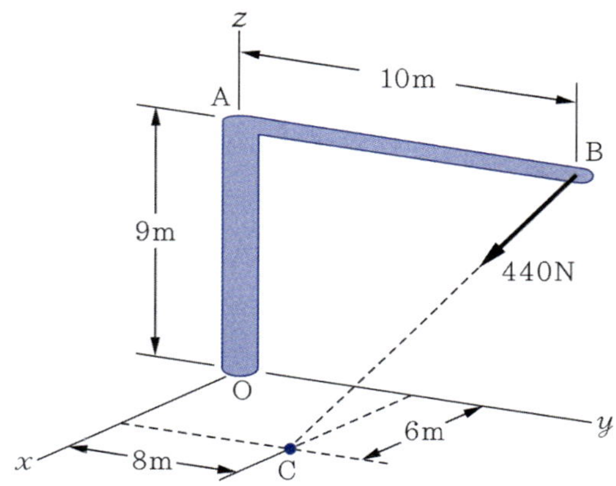

[문제 4.48], [문제 4.49]

4.49 [문제 4.48]에서 점 A에 대한 힘 $\vec{F}$의 모멘트를 구하여라.

4.50 그림과 같은 구조물에서 케이블 BC에 $T = 4\,\text{kN}$의 인장력이 걸릴 때 점 O에 작용하는 인장력의 모멘트를 구하여라. 단, 구조물의 무게는 무시하며 봉 AB는 x축에 평행하게 놓여 있다.

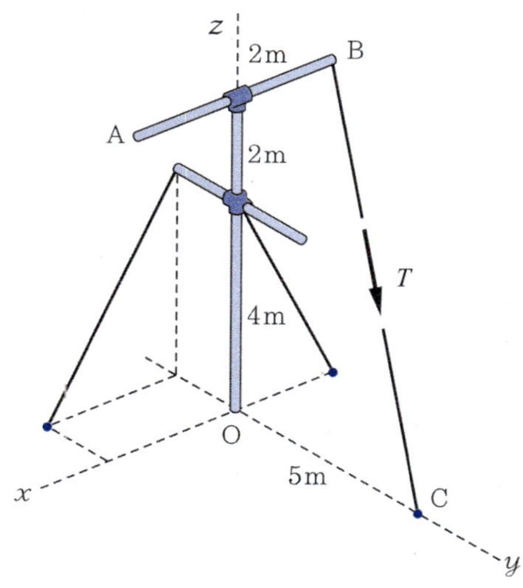

[문제 4.50]

4.51 다음과 같은 구조물에서 A점에 발생하는 휨모멘트의 크기[kN • m]는? **[공무원 임용시험]**

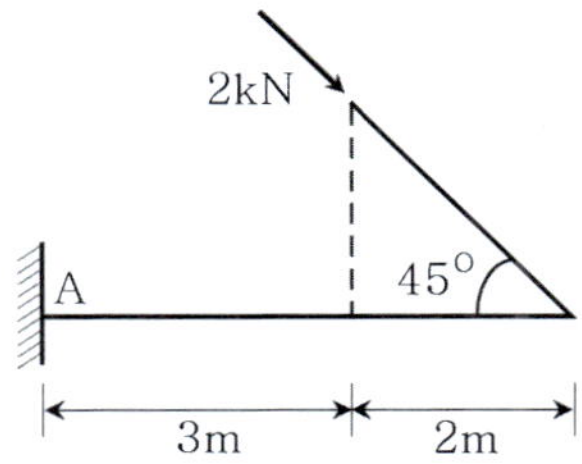

[문제 4.51]

① $\sqrt{2}$ ② $2\sqrt{2}$
③ $3\sqrt{2}$ ④ $5\sqrt{2}$

4.52 그림과 같은 구조물에서 힘 $\vec{F}=(8\vec{i}+4\vec{j}-3\vec{k})$kN에 의해 O점에 발생하는 모멘트 벡터[kN • m]는? 단, $\vec{i}$, $\vec{j}$, $\vec{k}$는 각각 x, y, z축의 단위벡터이다. **[공무원 임용시험]**

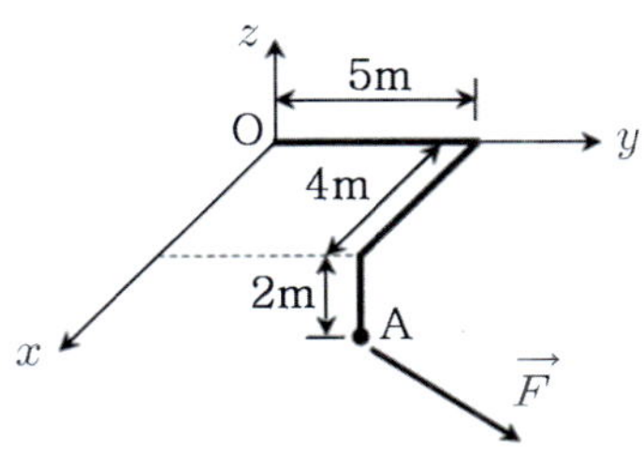

[문제 4.52]

① $-7\vec{i}+4\vec{j}+24\vec{k}$ ② $-7\vec{i}-4\vec{j}-24\vec{k}$
③ $23\vec{i}-4\vec{j}+24\vec{k}$ ④ $23\vec{i}+4\vec{j}-24\vec{k}$

4.53 그림과 같이 여러 힘이 평행하게 강체에 작용하고 있을 때, 합력의 위치는? **[공무원 임용시험]**

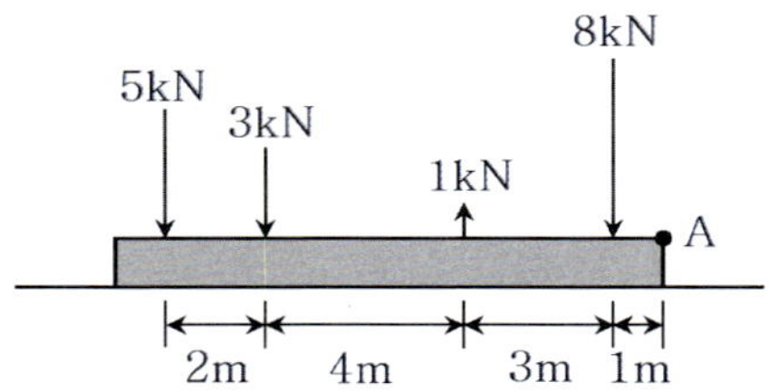

[문제 4.53]

① A점에서 왼쪽으로 5.2m
② A점에서 오른쪽으로 5.2m
③ A점에서 왼쪽으로 5.8m
④ A점에서 오른쪽으로 5.8m

4.54 그림과 같은 하중계에서 합력 R의 위치 x를 구한 값은? **[공무원 임용시험]**

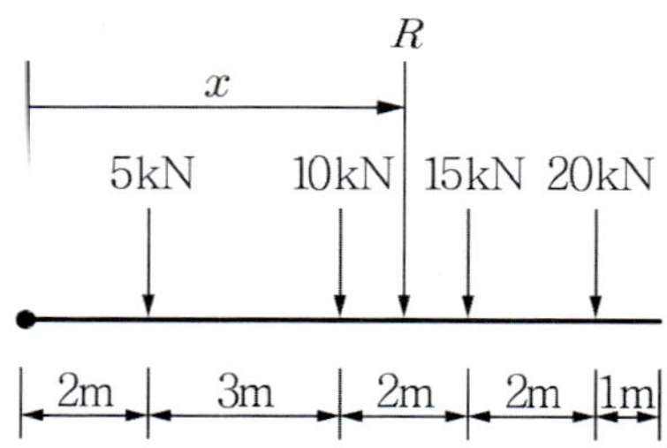

[문제 4.54]

① 6.0m ② 6.2m
③ 6.5m ④ 6.9m

4.55 그림과 같이 크기가 100kN인 힘 $\vec{F}$가 B점에서 C점 방향으로 작용하고 있다. 힘 $\vec{F}$에 의한 A점에서의 모멘트 $\overrightarrow{M_A}$[kN • m]를 벡터로 표현하면? (단, i, j, k는 각각 x, y, z축에 대한 방향단위 벡터이다)

[공무원 임용시험]

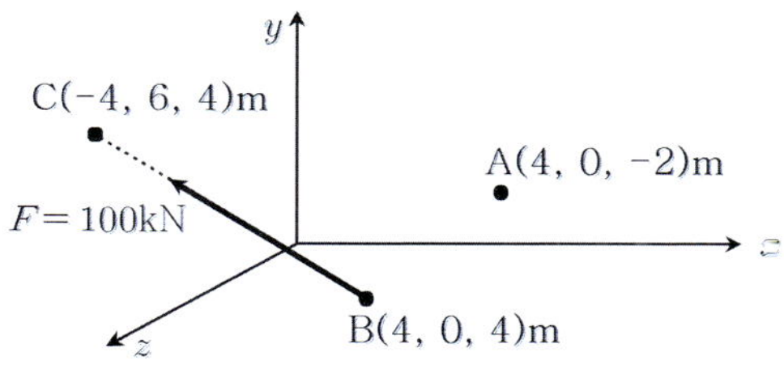

[문제 4.55]

① $\overrightarrow{M_A} = -360i - 480j$　　② $\overrightarrow{M_A} = -360i + 480k$

③ $\overrightarrow{M_A} = -360i + 240k$　　④ $\overrightarrow{M_A} = -360i - 240j$

4.56 그림과 같이 구조물에 외력이 ($P_1 = 2t$, $P_2 = 2t$, $W = 30t$) 작용하여 평형상태에 있을 때, 합력의 작용선이 x축을 지나는 점의 위치 $\bar{x}$값(m)은?

[공무원 임용시험]

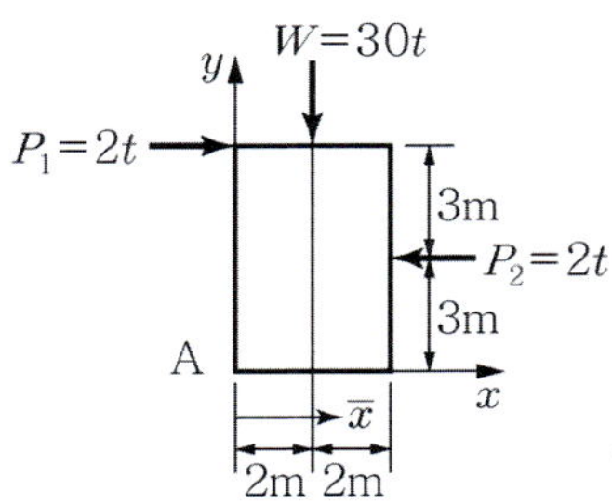

[문제 4.56]

① 2.0m　　② 2.2m

③ 2.6m　　④ 2.8m

Chapter 05

강체의 평형

5.1 강체의 평형 조건

물체가 평형 상태에 있을 때 물체에 작용하는 모든 힘(외력)의 합력이 0이고, 임의의 점(O)에 대한 모멘트를 모두 합한 값도 0이 되어야 한다.

$$\sum \vec{F} = 0,\ \sum \overrightarrow{M_O} = 0 \tag{5.1}$$

식 (5.1)은 평형을 이루기 위한 필요충분조건이다. 이 식을 스칼라 형태로 나타내면 직교좌표계의 2차원에서 힘의 평형조건은 다음 3개가 된다.

$$\sum F_x = 0,\ \sum F_y = 0,\ \sum M_O = 0 \tag{5.2}$$

식 (5.2)는 힘이 단일 평면에서 작용하거나 단일 평면으로 투영된 2차원 문제에 적용된다. 기초역학 문제는 대부분 2차원 문제를 다루며, 여기에서는 식 (5.2)로써 문제를 해석한다.

3차원인 경우에는 힘과 모멘트의 각 성분에 대한 다음 6개의 조건을 모두 만족해야 한다.

$$\begin{gathered} \sum F_x = 0,\ \sum F_y = 0,\ \sum F_z = 0 \\ \sum M_x = 0,\ \sum M_y = 0,\ \sum M_z = 0 \end{gathered} \tag{5.3}$$

일반적으로 $\vec{F} = F_x\vec{i} + F_y\vec{j} + F_z\vec{k}$, $\overrightarrow{M_O} = M_x\vec{i} + M_y\vec{j} + M_z\vec{k}$이다.

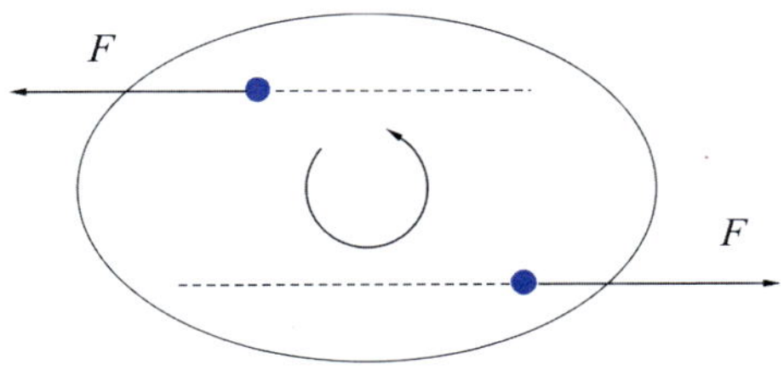

[그림 5.1] 크기가 같고 방향이 반대인 두 힘

설명 물체의 운동은 병진운동(translation, 이동)과 회전운동(rotation)의 합으로 나타난다. 물체의 병진운동을 일으키는 힘은 합력에 의한 것이고, 물체가 회전운동을 하려는 경향은 물체에 발생하는 회전력인 모멘트에 의해 일어난다. 따라서 강체가 평형 상태에 있기 위해서는 물체에 작용하는 모든 힘의 합력이 0이고, 임의의 점(O)에 대한 모멘트를 모두 합한 값도 0이 되어야 한다. 예를 들어 [그림 5.1]과 같이 두 힘의 합력이 0이 되어도 힘의 작용선이 일치하지 않고 모멘트가 발생하면($M \neq 0$) 물체는 회전하게 된다. 따라서 역학적으로 평형이 되기 위한 필요충분조건은 $\sum \overrightarrow{F} = 0$, $\sum \overrightarrow{M_O} = 0$이다.

※ 힘이 가해져도 변형이 되지 않는 물체를 강체라 한다. 일반적으로 정역학이나 동역학(운동학)에서는 강체에서의 힘을 다룬다. 실제 물체는 힘이 가해지면 약간의 형태 변화가 생기므로 힘을 해석하기 위해 실제 물체를 이상화한 것이 강체라고 볼 수 있다. 반면 구조물과 기계요소에서 힘이 작용할 때의 내력 분포와 변형을 다루는 역학의 분야를 변형체 역학이라 하며, 이 분야의 과목에는 고체역학(재료역학)이 있다. 고체역학에서도 기본이 되는 것은 힘의 평형에 대한 개념이다.

예제 5.1 [평형방정식 적용] [그림 5.2]와 같이 연직 아래 방향으로 40kN과 50kN의 힘을 받고 있는 가벼운 막대가 지지점 A와 B에 작용하는 반력 R_A와 R_B에 의해 평형을 이루고 있다. R_A와 R_B를 구하여라.

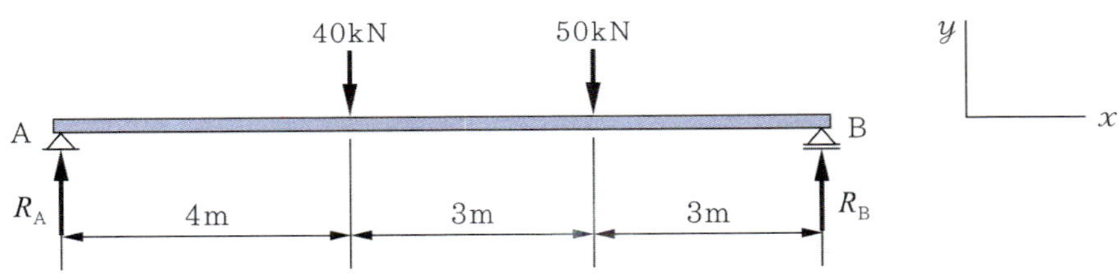

[그림 5.2]

풀이 그림과 같이 수평 방향과 수직 방향을 각각 x, y 방향으로 하는 좌표계를 잡으면 평형 상태의 막대는 다음 평형방정식을 만족한다.

$$\sum F_x = 0, \ \sum F_y = 0$$

$$\sum M_O = 0 \text{ (모멘트 기준점 O는 임의의 점)}$$

이 문제에서는 수평 방향 힘이 없으므로 $\sum F_x = 0$가 자동적으로 만족된다. 따라서 만족해야 할 평형방정식은 $\sum F_y = 0$, $\sum M_O = 0$이다.

먼저 수직방향 힘의 합이 0이라는 조건($\sum F_y = 0$)에서

$$R_A + R_B - 40\text{kN} - 50\text{kN} = 0$$

$$\therefore\ R_A + R_B = 90\text{kN} \ \cdots ①$$

이다. 다음에 모멘트 기준점(O)을 B로 잡고 이 점에 대한 모멘트 합이 0이라는 조건($\sum M_B = 0$)을 적용하면

$$-(R_A \cdot 10\text{m}) + (40\text{kN} \cdot 6\text{m}) + (50\text{kN} \cdot 3\text{m}) = 0$$

$$\therefore\ R_A = 39\,\text{kN} \ \cdots ②$$

이다. 식 ②에서 반시계방향(↶) 모멘트를 양(+)으로 잡았으므로 R_A의 모멘트는 음(−)으로 나타내었다. 식 ②를 ①에 대입하면

$$R_B = 51\,\text{kN} \ \cdots ③$$

이 구해진다.

※ [예제 5.1]에서 모멘트 기준점(O)을 A로 잡고 이 점에 대한 모멘트 합이 0이라는 조건($\sum M_A = 0$)을 적용하면

$$(R_B \cdot 10\text{m}) - (40\text{kN} \cdot 4\text{m}) - (50\text{kN} \cdot 7\text{m}) = 0$$

$$\therefore\ R_B = 51\,\text{kN}$$

이다. 즉 모멘트 기준점을 A로 잡고 계산해도 같은 값이 구해진다. 이와 같이 모멘트에 대한 평형조건을 적용할 때는 계산하기 편리하게 모멘트 기준점을 잡으면 된다. 또한 이 문제에서는 $\sum M_B = 0$에서

$$R_A = 39\,\text{kN}$$

이 구해진다. 따라서 y방향 힘의 평형조건($\sum F_y = 0$)을 적용하지 않고 모멘트 평형조건($\sum M_A = 0$, $\sum M_B = 0$)만으로도 반력이 모두 구해진다는 것을 알 수 있다. 여기에서 y방향 힘의 평형조건($\sum F_y = 0$) 을 적용하지 않았지만 두 개의 모멘트 평형 식으로 구한 값 R_A와 R_B는 다음과 같이 $\sum F_y = 0$을 만족한다.

$$\sum F_y = R_A + R_B - 40\text{kN} - 50\text{kN} = 39\text{kN} + 51\text{kN} - 40\text{kN} - 50\text{kN} = 0$$

이 예제로부터 다음과 같은 사실을 알 수 있다.

> 평형방정식을 적용할 때 반드시 세 식($\sum F_x = 0$, $\sum F_y = 0$, $\sum M_O = 0$)을 모두 사용해야 하는 것이 아니라 미지력을 구하기 편리하게 적절한 평형방정식을 적용하면 된다.

예제 5.2 **[평형방정식 적용]** [그림 5.3]과 같이 힘을 받고 있는 구조물이 평형을 이루고 있다. 50kN과 30kN의 힘은 연직 아래 방향으로 작용하고 인장력(T)은 x축에 대하여 30° 기울어진 방향으로 작용한다. 수평 성분 R_x와 수직 성분 R_y 및 인장력 T를 구하여라. 단, 구조물의 무게는 무시한다.

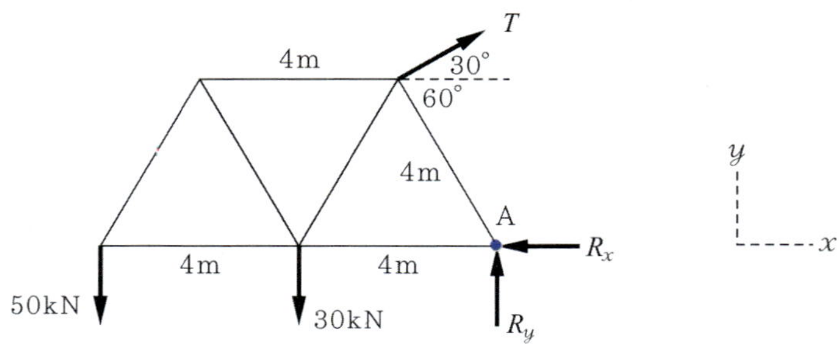

[그림 5.3]

풀이 본 문제는 3개의 미지력을 포함하므로 3개의 평형방정식을 모두 적용하거나 평형방정식을 3번 적용해야 한다. 먼저 점 A에 대한 모멘트 평형조건 ($\sum M_A = 0$)을 적용하면

$$-T \cdot 4\text{m} + 50\text{kN} \cdot 8\text{m} + 30\text{kN} \cdot 4\text{m} = 0$$

$$\therefore \; T = 130\,\text{kN}$$

이다. 다음에 x방향 평형조건($\sum F_x = 0$)을 적용하면

$$-R_x + T\cos 30° = 0$$

$$\therefore \; R_x = T\cos 30° = 130\text{kN} \cdot \cos 30° = 65\sqrt{3}\,\text{kN}$$

이고, y방향 평형조건($\sum F_y = 0$)을 적용하면 다음과 같이 R_y가 구해진다.

$$R_y + T\sin 30° - 50\,\text{kN} - 30\text{kN} = 0$$

$$\therefore \; R_y = -T\sin 30° + 80\,\text{kN} = -130\text{kN} \cdot \sin 30° + 80\,\text{kN} = 15\,\text{kN}$$

※ 평형방정식을 적용하는 순서는 미지력을 구하기 편리하게(연립방정식을 풀기 쉽게) 선택하면 된다. 이때 어떤 미지력의 모멘트 팔의 길이가 0이면 미지력의 모멘트가 0이 되므로 방정식에 그 미지력이 나타나지 않는다는 사실을 이용하면 편리하다.

연 습 문 제

5.1 그림과 같이 연직 아래 방향으로 세 힘을 받고 있는 부재가 반력 R_A와 R_B에 의해 평형을 이루고 있다. R_A와 R_B를 구하여라.

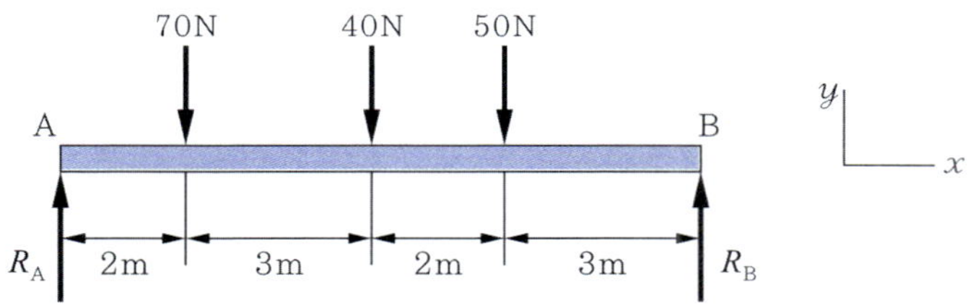

[문제 5.1]

5.2 그림과 같은 힘들이 평형을 이루고 있을 때 A_x, A_y, B_y를 구하여라.

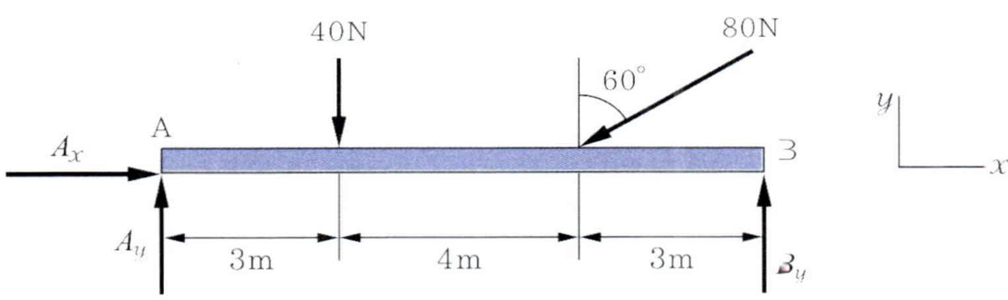

[문제 5.2]

5.3 연직 아래 방향으로 3kN의 힘을 받고 있는 부재가 세 힘 A_x, A_y, T에 의해 평형을 이루고 있다. A_x, A_y, T를 구하여라.

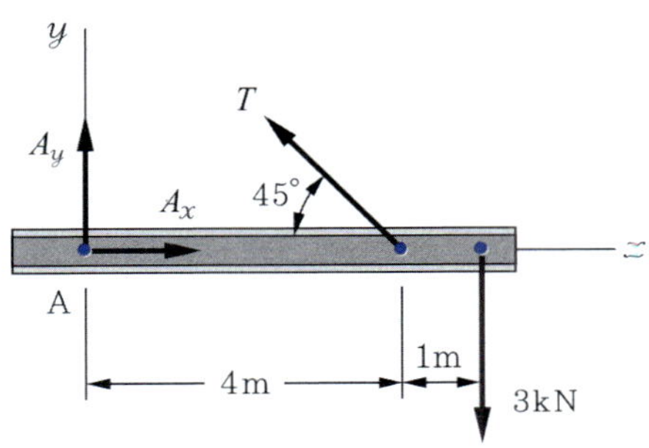

[문제 5.3]

5.2 자유물체도

앞 절의 [예제 5.1]과 [예제 5.2]에서 알 수 있듯이 자유물체도가 결정되면 평형방정식을 적용하여 구하고자 하는 힘들을 곧바로 구할 수 있다. 그런데 실제 문제에서는 이와 같은 자유물체도가 주어지지 않는다. 따라서 실제 문제를 해석할 때 가장 중요한 첫 단계는 이와 같은 자유물체도를 올바르게 구성하는 것이다.

정역학에서 사용하는 기본 법칙은 $\sum \overrightarrow{F}=0$, $\sum \overrightarrow{M_O}=0$ 뿐이다. 이와 같은 평형방정식을 적용하기 위해서는 강체에 작용하는 모든 힘을 고려한 자유물체도를 구축해야 한다. 만약 자유물체도가 올바르게 그려지지 않았다면 그 문제에 대한 해석 결과가 옳지 않을 것임은 자명한 사실이다. 따라서 정역학에서 자유물체도를 올바르게 그리는 것은 아무리 강조해도 지나치지 않는다.

자유물체도는 물체의 외형을 스케치한 그림 위에 주변으로부터 이 물체에 작용하는 모든 힘들과 우력 모멘트를 그려 넣은 그림이다. 자유물체도를 그리는 방법을 완전하게 습득하는 것은 정역학뿐만 아니라 동역학, 재료역학, 유체역학 등의 모든 힘이 관계되는 모든 역학 문제 해석에서 가장 중요한 단계라고 할 수 있다.

이미 3장에서 질점에 대한 평형방정식을 적용할 때 자유물체도에 대해 소개하였다. 강체 평형에 있어서 자유물체도가 가장 중요하다고 할 수 있으므로 여기에서 한 번 더 설명하고자 한다.

1. 자유물체도를 그리는 순서

자유물체도를 그리는 일반적인 단계는 다음과 같다.

[1단계] 물체 또는 물체의 결합체를 분리할 것인가를 결정한다. 주어진 시스템에서 관심의 대상인 물체를 선정한다.

[2단계] 1단계에서 결정된 고려하고자 하는 물체의 외형을 스케치한다. 이때 필요하다고 생각하면 해석에 편리하게 좌표축을 선정하여 도시한다.

[3단계] 물체에 작용하는 모든 외력과 우력 모멘트를 파악한다. 일반적으로 여

기에 속하는 것은 (a) 물체에 작용하는 하중, (b) 지지점 또는 다른 물체와의 접촉점에서의 반력, (c) 물체의 무게 등이다.

[4단계] 파악된 모든 힘과 우력 모멘트를 스케치 위에 표시한다. 이때 이미 알려진 힘은 적당한 크기의 벡터 화살표를 이용하여 나타낸다. 만일 벡터의 방향(힘 또는 모멘트의 방향)을 모를 때는 방향을 임의로 가정한다. 올바른 방향을 가정했을 때는 계산 결과에서 양(+)의 값을 나타낼 것이고, 잘못된 방향(반대 방향)을 가정했을 때는 음(−)의 값을 나타낼 것이다. 모든 계산 결과에서 미리 규정한 법칙과 일치하게 미지의 힘과 모멘트 특성을 해석해야 한다.

자유물체도는 물체에 작용하는 외력을 모두 표시하는 것이 목적이다. 따라서 이와 무관한 지나치게 많은 정보를 도표 위에 산만하게 표시하지 않도록 한다. 가능한 간결하게 자유물체도를 그리도록 한다.

2. 강체의 접촉 형태와 힘의 종류(반력)

강체의 평형에서 자유물체도를 그릴 때 특히 중요한 것은 지지점과 연결점에 작용하는 힘의 형태이다. 이 힘의 형태를 모르면 자유물체도를 그릴 수 없으므로 이것은 강체 평형에서 가장 기본적으로 알아야 할 것이라고 할 수 있다. 일반적으로 정역학에서 많이 취급하는 지지점 또는 지지대의 형태에는 다음과 같은 것들이 있다.

(1) 핀, 롤러

[그림 5.4(a)]에서 수평으로 놓인 보는 A점에 핀, B점에 롤러로 지지되어 평형을 이루고 있다.

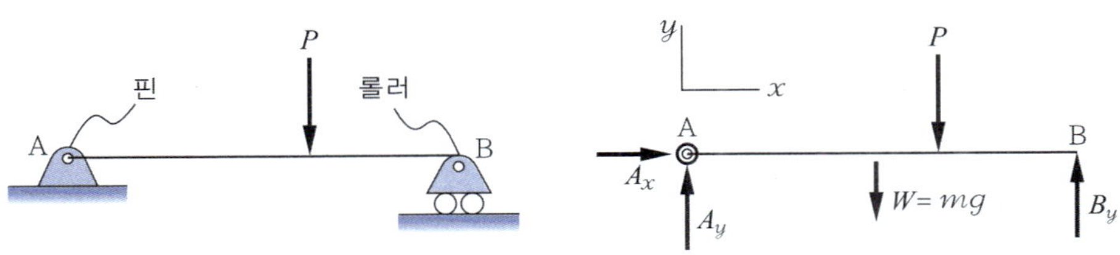

(a) 핀, 롤러 (b) 반력과 자유물체도

[그림 5.4] 핀(A)과 롤러(B)

핀은 물체를 한 점(A)에 고정할 때 사용하는데 정역학에서 핀은 마찰력이 없는 핀(매끈한 핀)을 의미하므로 점 A에는 회전하는 모멘트가 작용하지 않는다. 따라서 일반적으로 핀(A)에 작용하는 반력을 [그림 5.4(b)]와 같은 수평성분(A_x)과 수직 성분(A_y)으로 표시한다. 한편 힌지(hinge)도 핀과 같이 수평성분과 수직 성분 반력을 갖는 지지점을 의미한다.

점 B의 롤러에는 면에 수평한 방향의 마찰력이 없으며 수직 방향의 힘(B_y)만 작용한다. 자유물체도를 그릴 때 기호는 간단한 것이 좋으므로 점 B에 작용하는 수직(normal) 방향 반력(B_y)을 대개 B 또는 N으로 나타낸다.

(2) 고정 지지대(벽에 박혀 있는 경우)

[그림 5.5(a)]의 보는 벽에 박혀서 고정되어 있다. 이와 같이 벽에 박혀 있거나 용접에 의해 고정된 지지대는 두 개의 힘의 성분(축방향 성분 R_x와 축에 수직한 성분 R_y)과 우력의 모멘트(굽힘 모멘트 M_A)를 모두 지지할 수 있다[그림 5.5(b)].

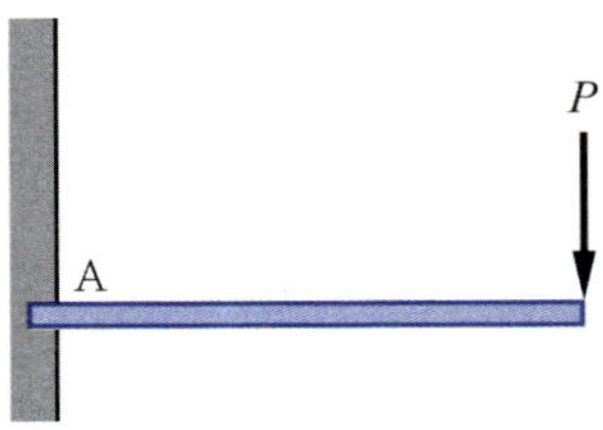

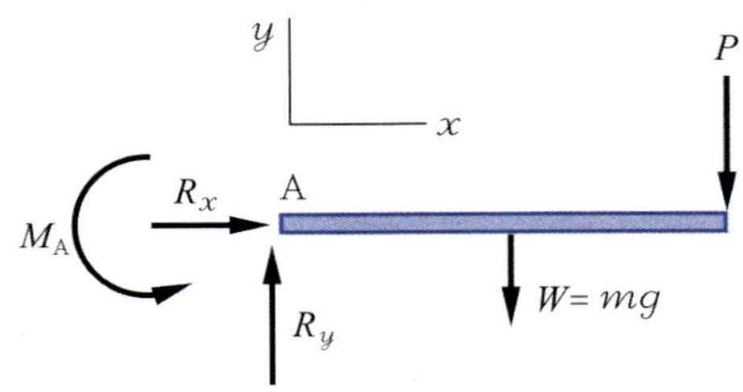

[그림 5.5] 벽에 박혀 있는 경우

(3) 유연한 케이블

[그림 5.6(a)]와 같이 유연한 케이블(줄)에 의해 지지된 물체에 대한 자유물체도를 그릴 때 일반적으로 케이블의 무게는 무시한다. 케이블에 의해 작용하는 힘은 언제나 케이블 방향으로 물체에서 멀어지는 방향으로 작용하는 인장력($\vec{F}$)이다[그림 5.6(b)]. 인장력을 표시할 때는 방향을 아는 힘이므로 대개 T(tension)란 기호를 많이 사용한다.

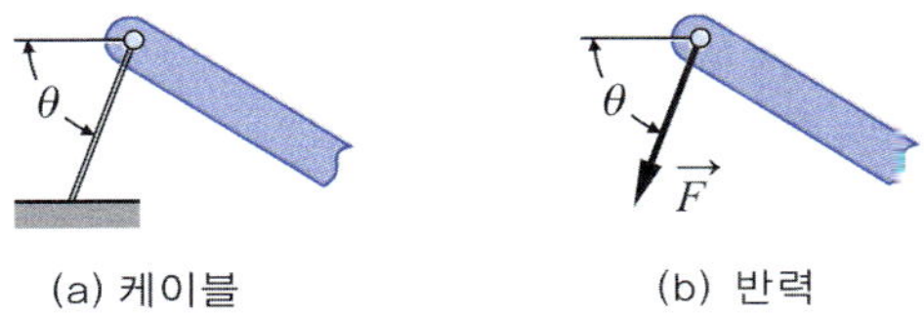

[그림 5.6] 케이블

(4) 무게가 없는 링크

[그림 5.7(a)]와 같이 링크로 연결될 때 반력의 작용선은 링크의 축 방향과 일치한다. 그러나 인장력만을 지지할 수 있는 케이블과 달리 링크는 인장력[그림 5.7(b.1)]과 압축력[그림 5.7(b.2)]을 모두 지지할 수 있다.

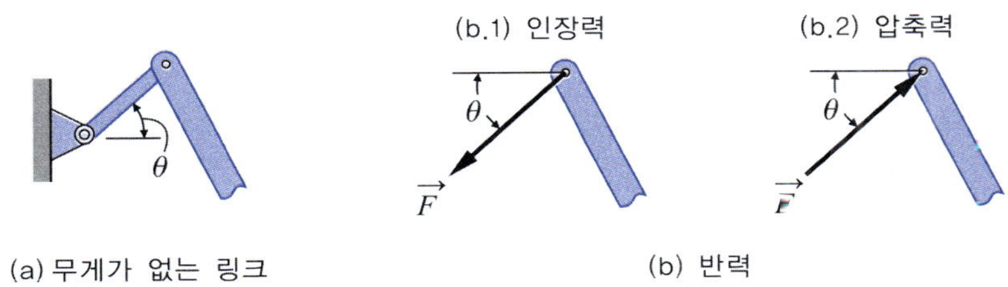

[그림 5.7] 무게가 없는 링크

(5) 매끈한 접촉면

[그림 5.8(a)]와 같이 마찰력이 없는 매끈한 면에 물체가 접촉하고 있을 때 물체에 작용하는 반력은 접촉면에 수직한 방향으로 작용한다[그림 5.8(b)].

한편 접촉면이 거친 표면인 경우에는 면에 수직인 성분과 수평한 성분의 힘을 모두 지지할 수 있다.

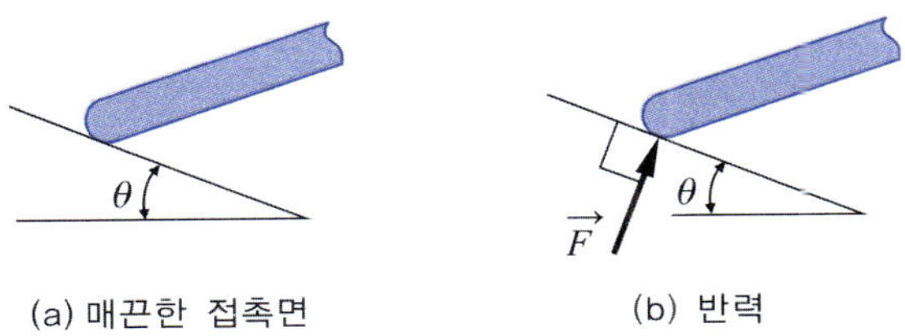

[그림 5.8] 매끈한 접촉면

※ 자유물체도에 표시하는 기호는 자유롭게 선택할 수 있다. 그러나 가능하면 그 뜻을 쉽게 알 수 있게 하는 것을 택하는 것이 편리하다. 예를 들어 점 A에 작용하는 힘의 성분은 A_x, A_y, 모멘트는 M_A 등으로 많이 나타낸다. 그리고 각 지점에 작용하는 반력이 하나씩인 경우에는 점 A와 점 B에 작용하는 반력을 각각 R_A, R_B 등으로 나타낼 수 있다.

예제 5.3 [그림 5.9(a)]와 같이 두 개의 하중을 받고 있는 보에 대한 자유물체도를 그려라. 지점 A는 핀이고 B는 롤러이며 보의 질량은 300kg이다. 단, 보는 수평으로 놓여있고 보의 두께는 고려하지 않는다.

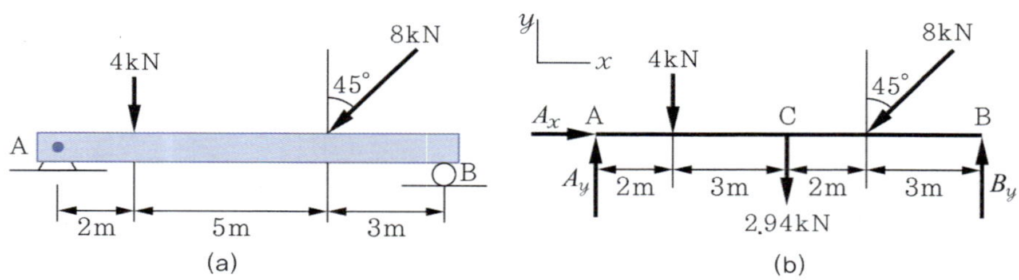

[그림 5.9]

풀이 수평선과 수직선을 각각 x, y축으로 하여 좌표계를 잡는다. 이때 핀(A)에는 수평성분(A_x)과 수직성분(A_y)을 갖는 반력이 존재하고, 롤러(B)에는 접촉면에 수직인 반력(B_y)만 존재한다. 그리고 연직 아래 방향(↓)으로 보의 무게

$$W = mg = 300\text{kg} \times 9.8\text{m/s}^2 = 2940\,\text{N} = 2.94\text{kN}$$

가 보의 중앙에 작용한다. 이와 같은 힘들과 보에 가해진 하중(4kN, 8kN)을 자유물체도에 나타내면 [그림 5.9(b)]와 같다.

예제 5.4 [그림 5.10(a)]와 같이 하나의 힘(P)과 모멘트($\overrightarrow{M}$)를 받고 있는 질량 m인 강체가 핀(A)과 벽(B)에 의해 고정되어 있다. 강체의 표면이 매끄러울 때 강체에 대한 자유물체도를 그려라. 문제를 간단하게 하기 위해 수치는 생략하였다.

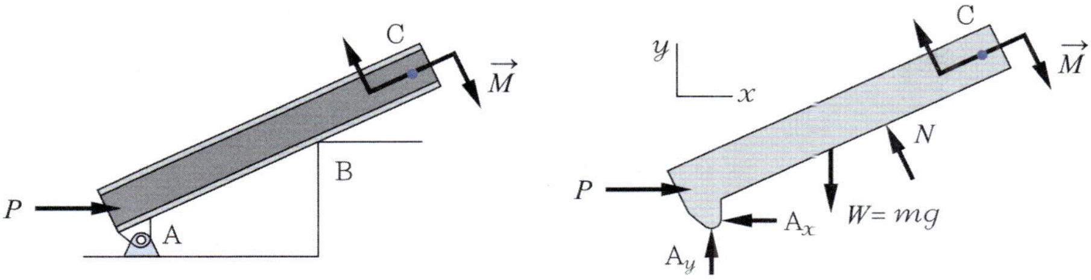

(a) 공간도 (b) 자유물체도

[그림 5.10]

풀이 핀(A)에는 수평성분(A_x)과 수직성분(A_y)을 갖는 반력이 존재하고, 강체와 벽의 접촉점(B)에는 강체의 표면에 수직인 반력(N)이 존재한다. 그리고 강체의 질량이 m이므로 연직 아래 방향(↓)으로 $W=mg$의 하중이 강체의 무게 중심에 작용한다. 이와 같은 힘들을 자유물체도에 나타내면 [그림 5.10(b)]와 같다.

※ 자유물체도를 그릴 때 반력의 방향은 크게 신경 쓰지 않아도 된다. 즉, [그림 5.10(b)]에서 핀(A)에 작용하는 반력의 방향을 A_x(→), A_y(↓)로 하고 문제를 풀어도 좋다. 계산 결과 A_x 또는 A_y의 값이 양(+)의 값을 가지면 실제 작용하는 힘이 가정한 것과 같은 방향으로 작용하고, 음의 값을 가지면 가정한 것과 반대 방향으로 작용한다는 것을 이해하면 된다.

예제 5.5 [그림 5.11(a)]와 같이 매끄러운 수직 벽(A)과 거친 바닥(B)으로 지지되고 있는 질량 m인 물체에 대한 자유물체도를 그려라. 문제를 간단하게 하기 위해 수치는 생략하였다.

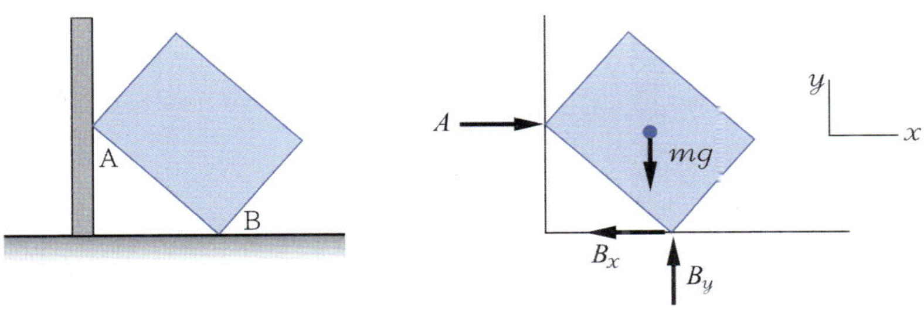

(a) 공간도 (b) 자유물체도

[그림 5.11]

풀이 매끄러운 수직 벽(A)과 물체의 접촉점에는 벽면에 수직 방향의 반력(A)만 존재한다. 이에 반해 거친 바닥(B)과 물체의 접촉점에는 바닥의 표면에 수직인 성분(B_y)과 수평 성분(B_x)이 모두 존재할 수 있다. 그리고 연직 아래 방향(↓)으로 $W=mg$의 무게가 물체의 무게 중심에 작용한다. 이와 같은 힘들을 자유물체도에 나타내면 [그림 5.11(b)]와 같다.

연 습 문 제

5.4 벽에 박혀서 고정된 질량 m의 보가 두 개의 하중(F_1, F_2)을 받고 있을 때, 고정지점 A를 포함하여 보에 대한 자유물체도를 그려라.

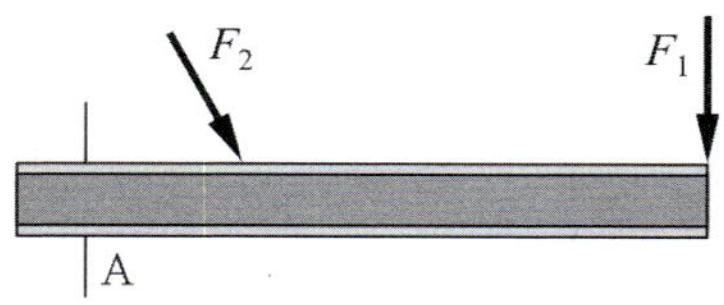

[문제 5.4]

5.5 그림과 같이 두 개의 힘(P, Q)과 하나의 모멘트(M)를 받고 있는 굽은 막대에 대한 자유물체도를 그려라. 막대는 점 A에서 용접되어 벽에 고정되었으며 막대의 무게는 무시한다.

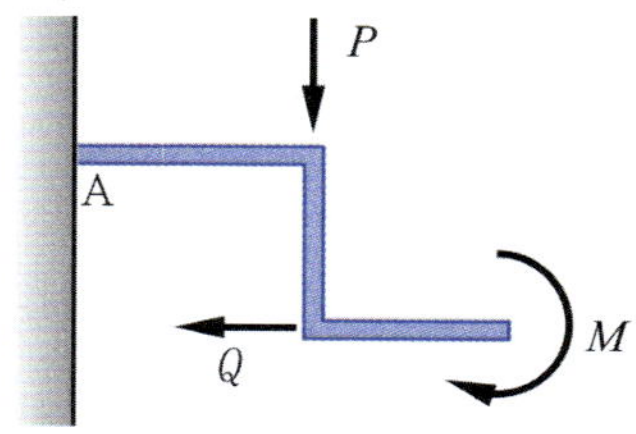

[문제 5.5]

5.6 질량 $m = 800$kg의 물체가 크레인에 매달려 있다. 크레인은 핀과 케이블에 의해 고정되어 있고 무게가 4kN일 때 크레인에 대한 자유물체도를 그려라.

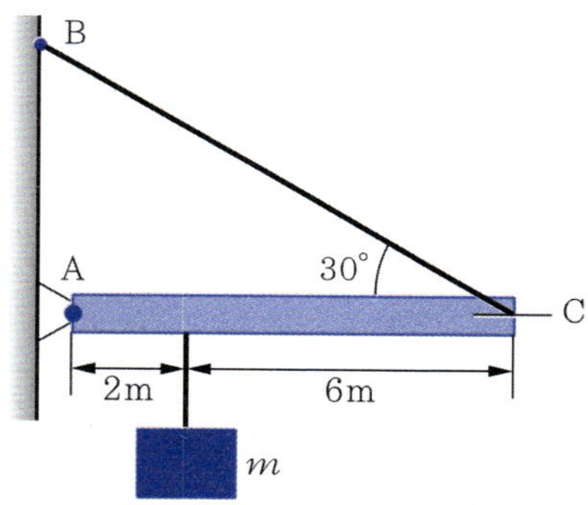

[문제 5.6]

5.7 그림과 같이 두 개의 하중 P, Q를 받고 있는 구조물의 지지점 A(핀)와 B(롤러)에서의 반력을 구하기 위한 자유물체도를 그려라. 단, 구조물의 무게는 무시한다.

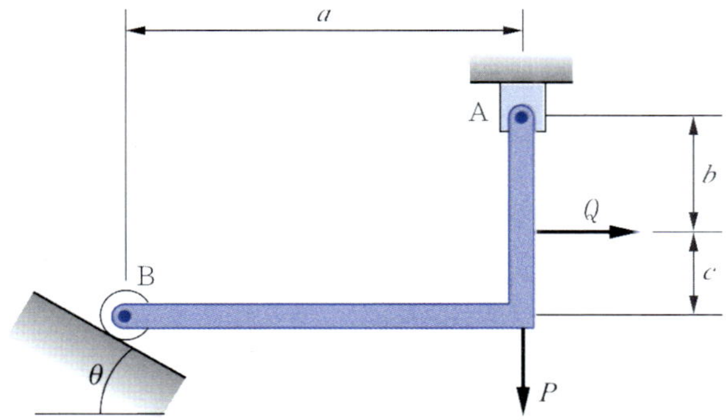

[문제 5.7]

5.8 그림과 같이 연직 아래로 하중 P를 받는 구조물의 케이블 BC에 걸리는 인장력이 T일 때 고정단 A에서의 반력을 구하기 위한 자유물체도를 그려라. 단, 구조물의 무게는 무시한다.

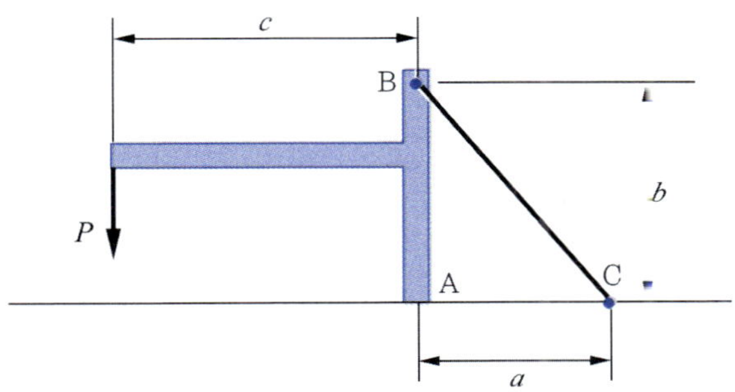

[문제 5.8]

5.3 자유물체도와 평형방정식

앞 절에서 평형방정식을 적용하는 방법과 자유물체도를 구성하는 방법을 알아보았다. 다음 예제에서는 이들을 이용하여 실제 문제를 해석하는 방법을 알아본다. 정역학의 기본법칙은 힘과 모멘트 합이 각각 모두 0이라는 조건이며,

$$\sum \overrightarrow{F}=0,\ \sum \overrightarrow{M}=0$$

자유물체도가 올바르게 구성되면 구하고자 하는 힘을 쉽게 구할 수 있다.

예제 5.6 [단순보] [그림 5.12(a)]와 같은 단순보에 연직 아래방향으로 집중하중 P가 작용할 때 받침점 A, B에서의 반력을 구하여라. 단, A는 핀이고 B는 롤러이며 보의 무게는 무시한다.

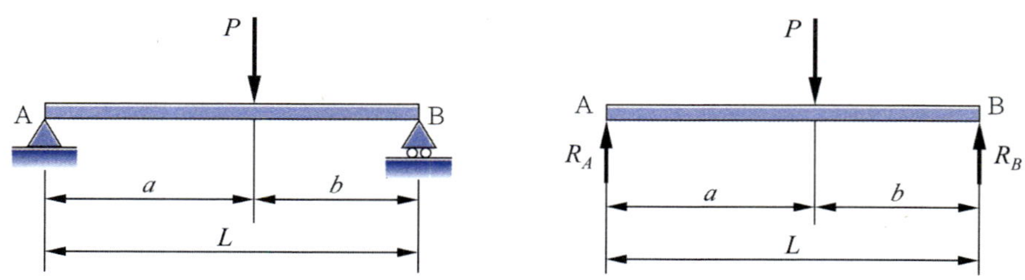

(a) 공간도　　(b) 자유물체도

[그림 5.12]

풀이 핀(A)에는 수평 성분(→)과 수직 성분(↑)을 갖는 반력이 존재할 수 있고, 롤러(B)에는 수직 성분의 반력만 존재할 수 있다. 그런데 여기에서 보에 작용하는 하중이 수직 방향(↓) 하중뿐이므로 수평방향 힘의 합이 0이라는 조건에서 핀(A)에 작용하는 반력의 수평성분이 0이라는 것을 곧바로 알 수 있다. 따라서 받침점 A, B에서의 반력을 각각 R_A(↑), R_B(↑)로 가정하고 자유물체도를 그리면 [그림 5.12(b)]와 같다.

[그림 5.12(b)]에서 보가 평형을 이루기 위해서는 힘의 합이 0이고, 모멘트 합이 0이다. 먼저 수직방향 힘의 합이 0이라는 조건($\sum F_y=0$)에서

$$R_A+R_B-P=0 \quad \cdots\cdots ①$$

이다. 식 ①에서 힘의 방향을 위쪽 방향은 양(+), 아래쪽 방향은 음(−)으로 나타내었다.

다음에 점 B에 대한 모멘트 합이 0이라는 조건($\sum M_B = 0$)에서

$$-R_A \cdot L + P \cdot b + R_B \cdot 0 = 0$$

$$\therefore\ -R_A L + Pb = 0 \quad \cdots\cdots ②$$

이다. 식 ②에서 모멘트 방향은 반시계방향을 양(+)으로 잡아 점 B를 기준점으로 한 힘 P의 모멘트는 양(+), R_A의 모멘트는 음(−)으로 나타내었다. 두 개의 정역학적 평형조건 ①, ②를 연립하여 풀면 다음과 같이 받침점에서의 반력이 구해진다.

$$R_A = \frac{b}{L}P,\ R_B = \frac{a}{L}P \quad \cdots\cdots ③$$

여기에서 점 A에 대한 모멘트 합이 0이라는 조건($\sum M_A = 0$)을 적용하면

$$R_A \cdot 0 - P \cdot a + R_B \cdot L = 0$$

$$-Pa + R_B L = 0$$

$$\therefore\ R_B = \frac{a}{L}P$$

로서 기준점을 A로 잡아서 계산해도 같은 값이 구해진다. 즉, 계가 평형을 이룰 때 모든 점에 대한 모멘트 합이 0이 된다.

※ [예제 5.6]에서 핀(A)에 작용하는 반력을 A_x(→)와 A_y(↑)로 하고 자유물체도를 그린 후 수평방향 힘의 합이 0이라는 조건($\sum F_x = 0$)에서 $A_x = 0$을 구할 수 있다. 그런데 [그림 5.12(a)]와 같은 단순보에서는 이와 같은 결과를 쉽게 알 수 있으므로 일반적으로 A_x를 생략하고 [그림 5.12(b)]와 같이 자유물체도를 나타낸다.

예제 5.7 [단순보 : 핀-롤러] [그림 5.13(a)]와 같이 세 개의 하중을 받고 있는 보에서 지지점에 걸리는 반력을 구하여라. A와 B는 각각 마찰 없는 핀과 롤러로 지지되어 있고, 보의 무게는 무시한다.

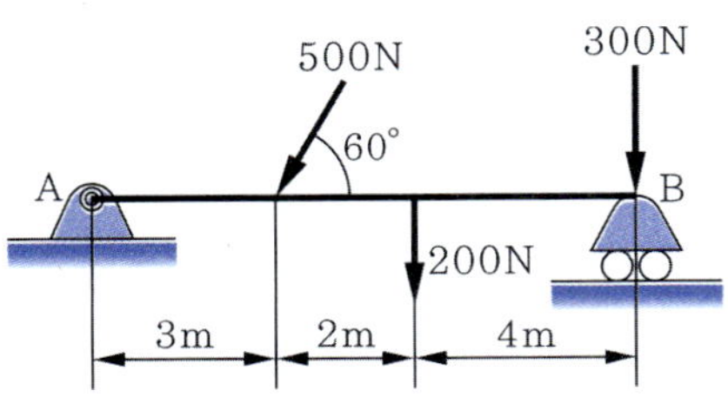

(a) 공간도

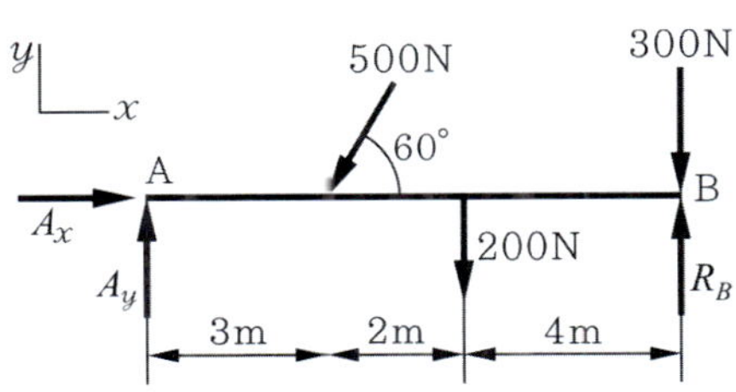

(b) 자유물체도

[그림 5.13]

풀이 마찰 없는 핀(A)에는 수평 성분과 수직 성분을 갖는 반력이 존재하고, 롤러(B)에는 수직 방향의 반력만 존재한다.

핀(A)에 걸리는 반력의 성분을 A_x, A_y로 하고, 롤러(B)에 걸리는 반력을 R_B로 하여 자유물체도를 그리면 [그림 5.13(b)]와 같다. 먼저 수평(x)방향 힘의 합이 $0(\sum F_x = 0)$이라는 조건에서

$$A_x - 500\cos 60° = 0$$
$$\therefore\ A_x = 250\ (\mathrm{N})$$

이고, 점 A에 대한 모멘트가 $0(\sum M_A = 0)$이라는 조건에서

$$-500\sin 60° \cdot 3 - 200 \cdot 5 - 300 \cdot 9 + R_B \cdot 9 = 0$$
$$\therefore\ R_B = 555.4\ (\mathrm{N})$$

이다. 다음에 y 방향 힘의 합이 $0(\sum F_y = 0)$이라는 조건을 적용하면

$$A_y - 500\sin 60° - 200 - 300 + R_B = 0$$
$$\therefore\ A_y = 377.6\ (\mathrm{N})$$

이다. 따라서 점 A에 작용하는 반력의 크기는

$$A = \sqrt{A_x^2 + A_y^2} = \sqrt{(250)^2 + (377.6)^2} = 452.9\ (\mathrm{N})$$

이고, 점 B에 작용하는 반력의 크기는 $R_B = 555.4\ (\mathrm{N})$이다.

예제 5.8 [구조물 : 핀-롤러] [그림 5.14(a)]와 같이 마찰 없는 핀(A)과 롤러(B)로 지지되고 있는 구조물에 수평방향으로 4kN, 수직방향으로 5kN의 힘이 작용하고 있다. A와 B에서의 반력의 크기를 구하여라. 모든 삼각형은 이등변삼각형이고 구조물의 무게는 무시한다.

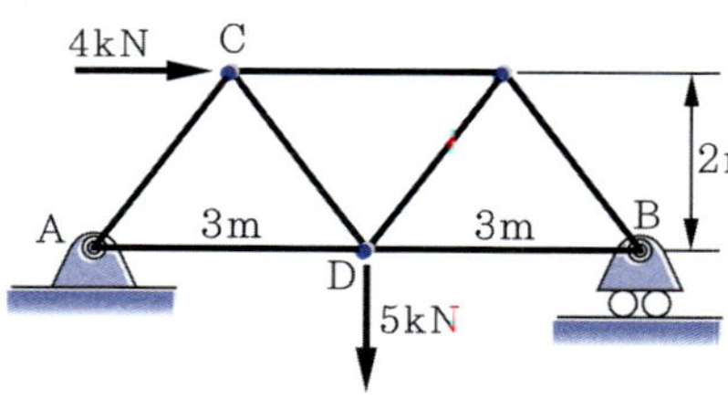

(a) 공간도

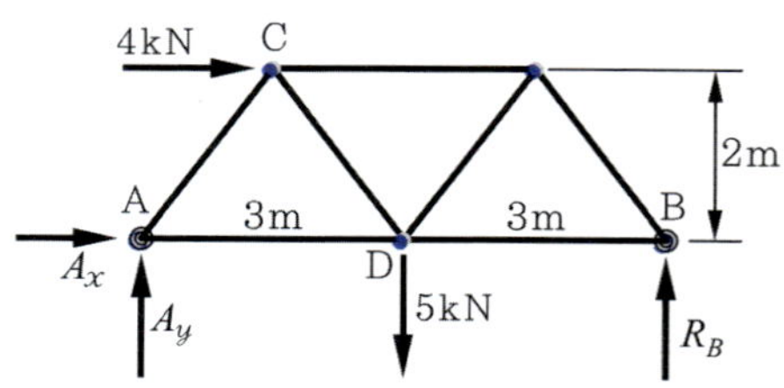

(b) 자유물체도

[그림 5.14]

풀이 핀(A)에 걸리는 반력의 수평 성분과 수직 성분을 각각 A_x, A_y로 하고, 롤러(B)에 걸리는 반력을 R_B로 하여 자유물체도를 그리면 [그림 5.14(b)]와 같다. 먼저 수평방향의 힘의 합이 $0(\sum F_x = 0)$이라는 조건에서

$$A_x + 4\text{kN} = 0$$

$$\therefore \ A_x = -4\,\text{kN}$$

이다. 그리고 점 A에 대한 모멘트가 $0(\sum M_A = 0)$이라는 조건에서

$$-4\text{kN} \cdot 2\text{m} - 5\text{kN} \cdot 3\text{m} + R_B \cdot 6\text{m} = 0$$

$$\therefore \ R_B = 3.83\,\text{kN}$$

이다. 다음에 수직방향의 힘의 합이 $0(\sum F_y = 0)$이라는 조건을 적용하면

$$A_y - 5\text{kN} + R_B = 0$$

$$\therefore \ A_y = 1.17\,\text{kN}$$

이다. 따라서 점 A에 작용하는 반력의 크기는

$$A = \sqrt{A_x^2 + A_y^2} = \sqrt{(-4)^2 + (1.17)^2} = 4.17\,(\text{kN})$$

이고, 점 B에 작용하는 반력의 크기는 $R_B = 3.83\,\text{kN}$이다.

예제 5.9 [고정보] [그림 5.15(a)]와 같이 연직 아래 방향의 4kN의 힘과 반시계방향의 5kN • m의 짝힘 모멘트가 작용하는 보의 지지점(A)에서의 반력을 구하여라. 단, 보는 수평으로 벽에 박혀 고정되어 있고 보의 무게는 무시한다.

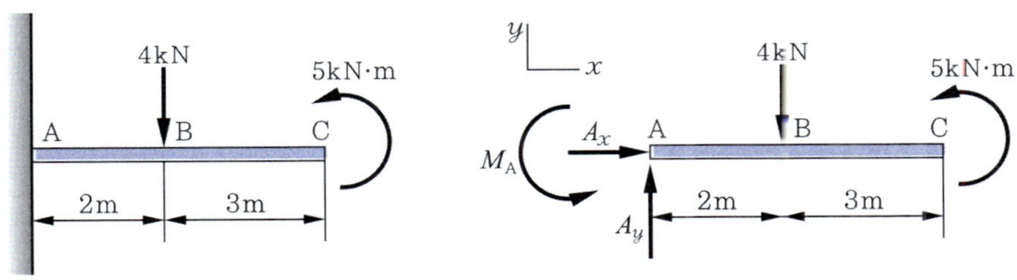

(a) 공간도 (b) 자유물체도

[그림 5.15]

풀이 벽에 박혀 고정된 보의 지지점(A)에는 수평 분력과 수직 분력 및 짝힘 모멘트가 모두 존재할 수 있다.

지지점(A)에 걸리는 반력의 수평 성분과 수직 성분을 각각 A_x, A_y, 짝힘 모멘트를 M_A로 하여 자유물체도를 그리면 [그림 5.15(b)]와 같다. 여기에서 수평 방향 힘의 합이 $0(\sum F_x = 0)$이라는 조건을 적용하면

$$A_x = 0$$

이고, 수직 방향 힘의 합이 $0(\sum F_y = 0)$이라는 조건을 적용하면

$$A_y - 4\text{kN} = 0$$

$$\therefore \ A_y = 4\,\text{kN}\ (\uparrow)$$

이다. 그리고 점 A에 대한 모멘트가 0이라는 조건에서 M_A는 다음과 같다.

$$M_A + 5\text{kN} \cdot \text{m} - 4\text{kN} \cdot 2\text{m} = 0$$

$$\therefore \ M_A = 3\,\text{kN} \cdot \text{m}\ (\curvearrowleft)$$

예제 5.10 [케이블] [그림 5.16]과 같이 케이블(BC)과 힌지(A)로 브래킷이 고정되어 있다. 케이블의 장력과 A에서의 반력을 구하여라.

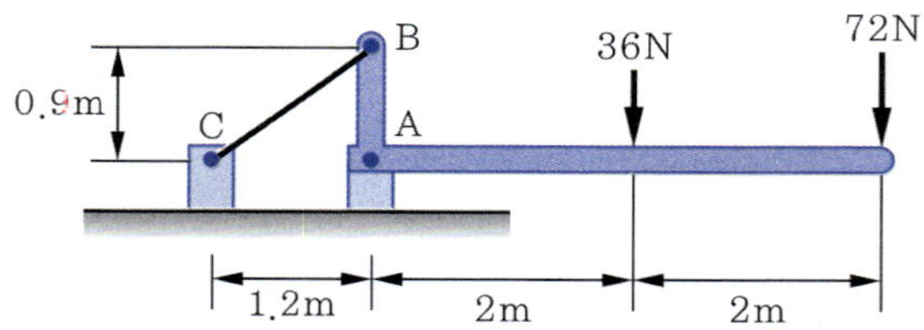

[그림 5.16]

풀이 케이블(BC)에 걸리는 인장력을 T라 하고 힌지(A)에서의 반력의 수평 성분과 수직 성분을 각각 A_x, A_y로 하여 자유물체도를 그리면 [그림 5.17-1]과 같다.

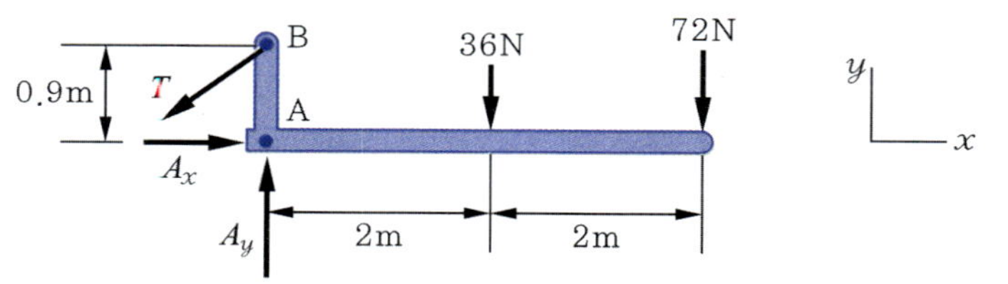

[그림 5.17-1]

여기에서 직각삼각형 ABC는 [그림 5.17-2]와 같이 세 변의 길이가 3, 4, 5인 삼각형과 닮은꼴이므로 케이블(BC)에 걸리는 인장력은 다음과 같이 분해된다.

$$\vec{T} = T\left(-\frac{4}{5}\vec{i} - \frac{3}{5}\vec{j}\right) = -\frac{4T}{5}\vec{i} - \frac{3T}{5}\vec{j}$$

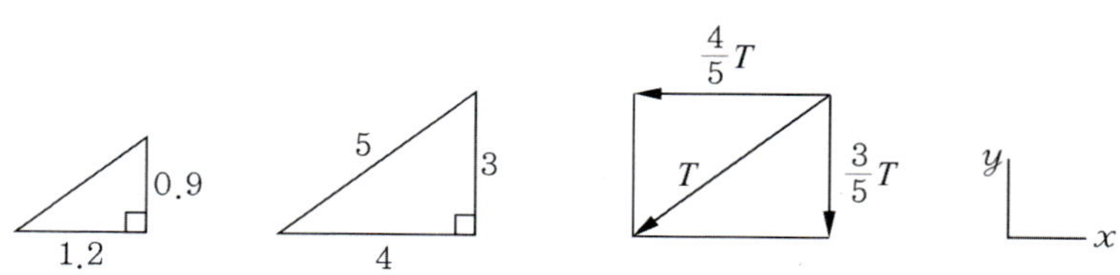

[그림 5.17-2]

먼저 점 A에 대한 모멘트가 $0(\sum M_A = 0)$인 조건을 적용하면

$$\frac{4}{5}T \cdot 0.9\text{m} - 36\text{N} \cdot 2\text{m} - 72\text{N} \cdot (2+2)\text{m} = 0$$

$$\therefore \quad T = 500\,\text{N}$$

이다. 그리고 수평 방향의 힘의 합이 $0(\sum F_x = 0)$이라는 조건에서

$$A_x - \frac{4}{5}T = 0$$

$$\therefore \quad A_x = \frac{4}{5}T = \frac{4}{5} \times 500\text{N} = 400\,\text{N}$$

이고, 수직 방향 힘의 합이 $0(\sum F_y = 0)$이라는 조건을 적용하면

$$A_y - \frac{3}{5}T - 36\text{N} - 72\text{N} = 0$$

$$\therefore \quad A_y = \frac{3}{5} \times 500\text{N} + 36\text{N} + 72\text{N} = 408\text{N}$$

이다. 따라서 점 A에 작용하는 반력의 크기는 다음과 같다.

$$A = \sqrt{A_x^2 + A_y^2} = \sqrt{(400)^2 + (408)^2} = 571.4\,(\text{N})$$

예제 5.11 [마찰 없는 벽면] [그림 5.18(a)]와 같이 균일한 가는 막대가 매끄러운 수직 벽(A)과 수평 바닥(B) 사이에 비스듬히 걸쳐 있다. 막대에 수평으로 연결된 줄 C에 의해 평형을 이루고 있을 때 지지점 A, B에서의 반력을 구하여라. 단, 막대의 길이는 L이고 무게 $W = 40\text{N}$이다.

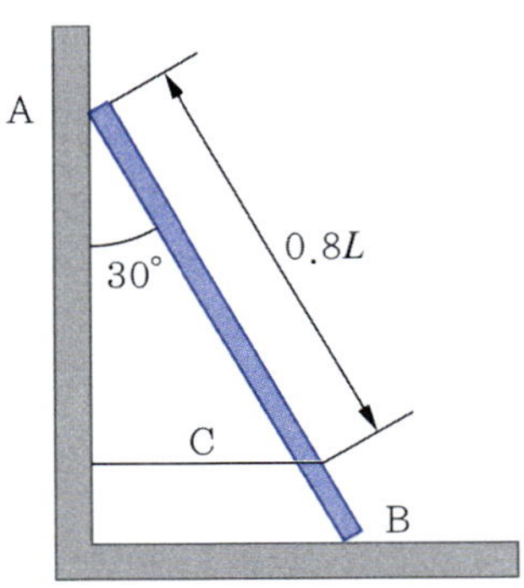

(a) 공간도

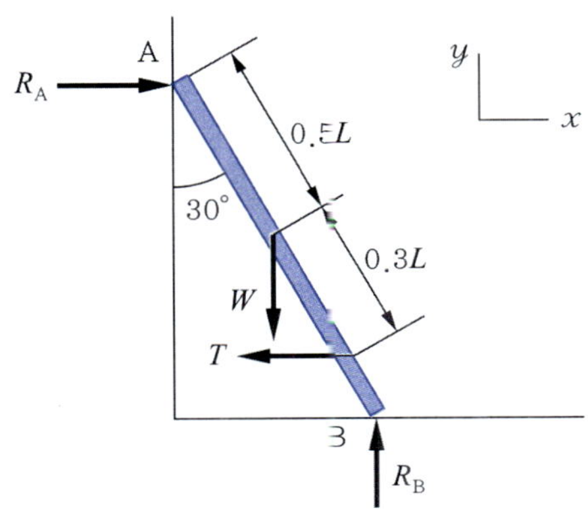

(b) 자유물체도

[그림 5.18]

풀이 벽과 바닥이 모두 매끄러우므로 막대에 대한 점 A와 B에서의 반력(R_A, R_B)은 각각 벽과 바닥에 대해 수직 방향으로 작용한다. 그리고 물체의 무게(W)는 막대의 무게 중심에서 연

직 아래 방향(↓)으로 작용하고, 줄에는 수평 방향으로 인장력(T)이 작용하므로 막대에 대한 자유물체도는 [그림 5.18(b)]와 같다. 여기에서 수직 방향 힘의 합이 0 ($\sum F_y = 0$) 이라는 조건을 적용하면

$$R_B - W = 0$$

$$\therefore \; R_B = W = 40\,\mathrm{N}\ (\uparrow)$$

이다. 그리고 점 A에 대한 모멘트가 0 ($\sum M_A = 0$) 이라는 조건에서

$$-W \cdot (0.5L\sin30°) - T \cdot (0.8L\cos30°) + R_B \cdot (L\sin30°) = 0$$

$$-40 \cdot (0.5\sin30°) - T \cdot (0.8\cos30°) + 40 \cdot (\sin30°) = 0$$

$$\therefore \; T = 14.43\,(\mathrm{N})$$

이다. 따라서 수평 방향 힘의 합이 0 ($\sum F_x = 0$) 이라는 조건을 적용하면

$$R_A - T = 0$$

$$\therefore \; R_A = T = 14.43\,\mathrm{N}\ (\rightarrow)$$

이다.

예제 5.12 [복합물체] [그림 5.19]와 같이 두 개의 보로 구성된 복합보의 지점 A(핀), B(롤러), C(롤러), D(핀)에서의 반력을 구하여라.

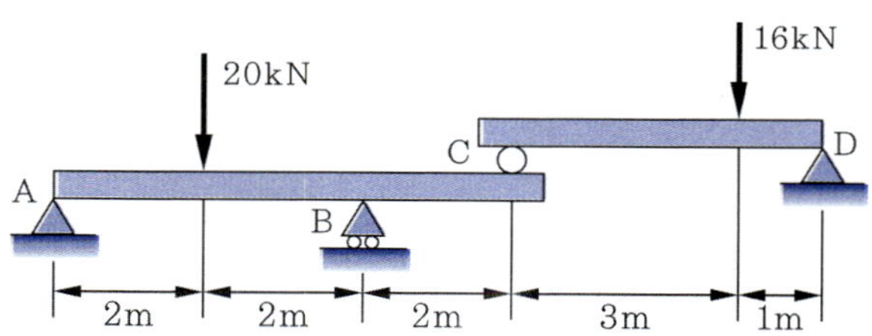

[그림 5.19]

풀이 먼저 두 개의 보(ABC와 CD)를 분리하여 자유물체도를 그린다. 이때 두 보의 연결점 C 점에서 보 CD에 작용하는 윗방향의 반력 R_C (↑) 는 작용과 반작용의 원리에 의해 보 ABC에 아래 방향으로 작용하는 하중 R_C (↓) 이 된다. 이와 같은 원리로부터 두 보에 대한 자유물체도를 그리면 [그림 5.20]의 (a), (b)와 같다.

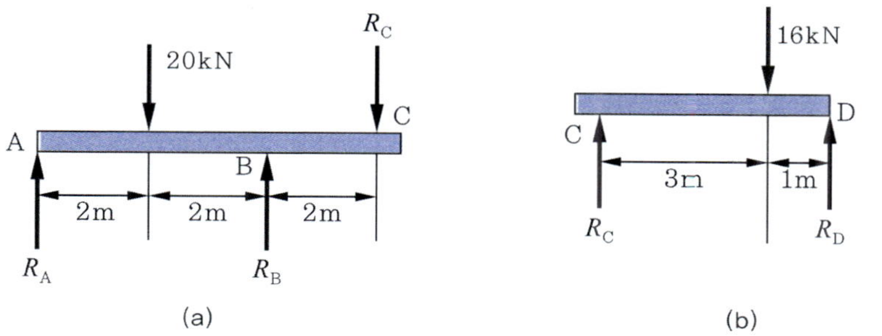

[그림 5.20]

다음에 [그림 5.20]의 (a), (b) 각각에 대해 평형방정식을 적용하여 반력을 구한다. (b)의 부재 CD에서 반력 R_C와 R_D를 구하면

$$\sum M_D = 0 \ : \ 16 \cdot 1 - R_C \cdot (1+3) = 0 \quad \therefore \ R_C = 4\,(\text{kN})$$

$$\sum F_y = 0 \ : \ R_C + R_D - 16 = 0 \quad \therefore \ R_D = 12\,(\text{kN})$$

이다. 따라서 (a)의 부재 ABC에서 $R_C = 4\,(\text{kN})$을 대입하면 다음과 같이 반력 R_A와 R_B가 얻어진다.

$$\sum M_A = 0 \ : \ R_B \cdot (2+2) - 20 \cdot 2 - R_C \cdot (2+2+2) = 0$$

$$\therefore \ R_B = 16\,(\text{kN})$$

$$\sum F_y = 0 \ : \ R_A + R_B - 20 - R_C = 0$$

$$\therefore \ R_A = 8\,(\text{kN})$$

※ [그림 5.19]와 같이 내닫이보와 단순보의 조합으로 이루어진 보를 게르버 보(Gerber beam)라 한다(7장 [그림 7.2] 참고).

[복합물체, 구조물 해석] 핀이나 롤러 등으로 결합된 복합물체(조립체)의 각 연결점이나 부재에 걸리는 힘들은 부재를 분리하고 각각의 부재에 대한 자유물체도를 그려 평형방정식을 적용하여 구할 수 있다. "부재를 분리하여 연결부에서의 힘을 나타낼 때에는 작용과 반작용의 법칙이 적용된다." 복잡한 구조물을 해석할 때에도 이와 같이 구조물을 분해하고 분해된 각 부분에 대한 자유물체도를 그려 평형방정식을 적용하면 된다. 정역학의 기본법칙은 힘과 모멘트 합이 모두 0이라는 것뿐이다.

연 습 문 제

5.9 받침점 A, B 사이에 수평으로 놓여있는 곧은 막대가 연직 아래 방향으로 20N과 30N의 힘을 받고 있다. 다음 각 경우에 대하여 받침점(A, B)에 작용하는 반력을 구하여라.

(1) 막대의 무게를 무시한다.

(2) 균일한 재질의 직선 모양 막대의 무게가 40N이다.

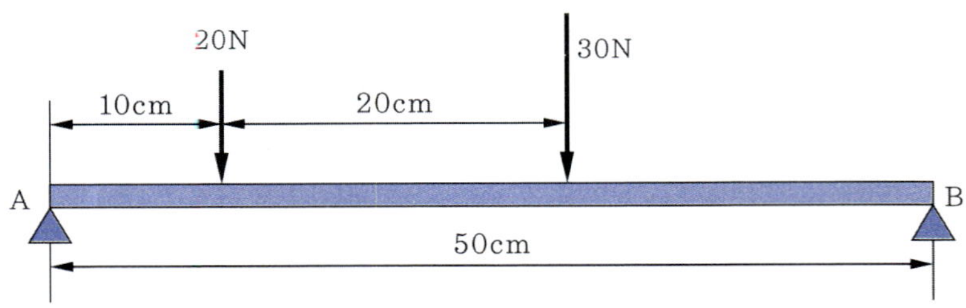

[문제 5.9]

5.10 점 A에 고정된 무게 5kN의 보의 끝에 4kN의 힘이 연직 아래 방향으로 가해질 때 고정점(A)에 작용하는 반력을 구하여라.

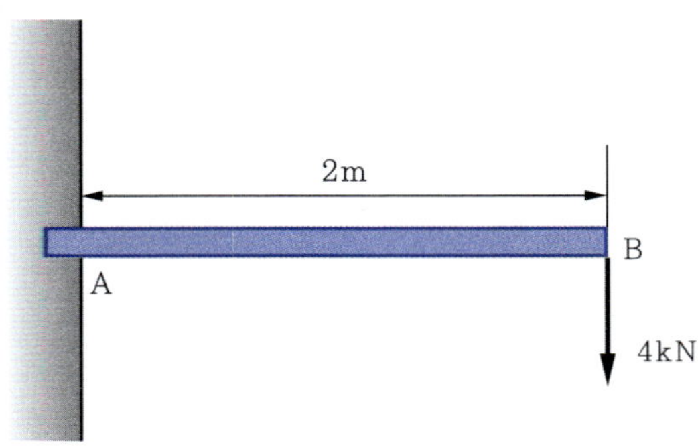

[문제 5.10]

5.11 그림과 같이 핀(A)과 롤러(B)로 지지되고 있는 막대의 지지점(A, B)에서의 반력을 구하여라. 단, 수평으로 놓인 막대의 무게는 무시하며 300N의 힘은 연직 아래 방향으로 작용한다.

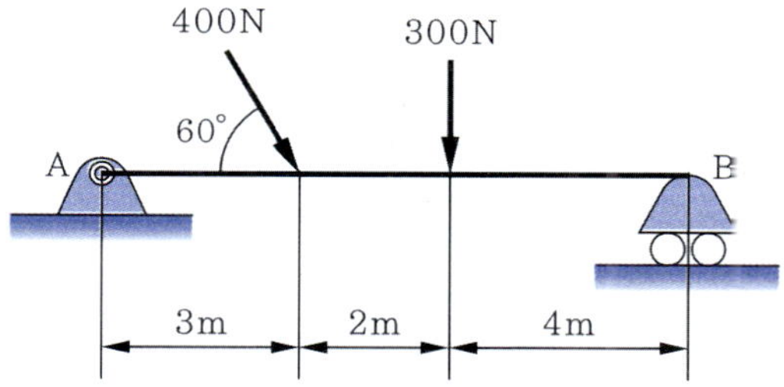

[문제 5.11]

5.12 그림과 같이 벽에 박혀 고정된 막대의 지지점(A)어서의 반력을 구하여라. 단, 수평으로 놓인 막대의 무게는 무시한다.

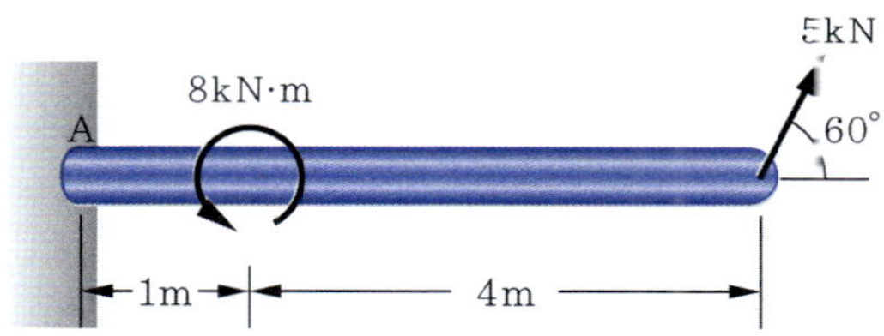

[문제 5.12]

5.13 그림과 같이 두 개의 연직 방향 힘과 하나의 우력 모멘트를 받고 있는 수평으로 놓인 보에서 벽의 고정 부분에 작용하는 반력을 구하여라. 단, 보의 재질은 균일하며 무게는 4kN이다.

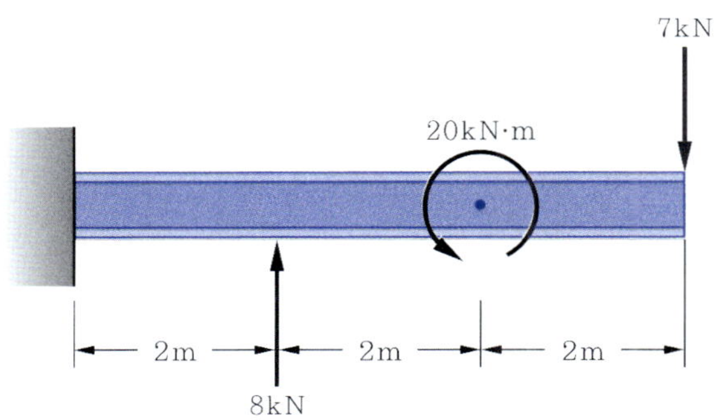

[문제 5.13]

5.14 그림과 같은 힘과 우력 모멘트를 받고 있는 수평으로 놓인 막대에서 벽의 고정 부분(O)에 작용하는 반력을 구하여라. 단, 4kN의 힘은 연직 위 방향으로 작용하며 막대의 무게는 무시한다.

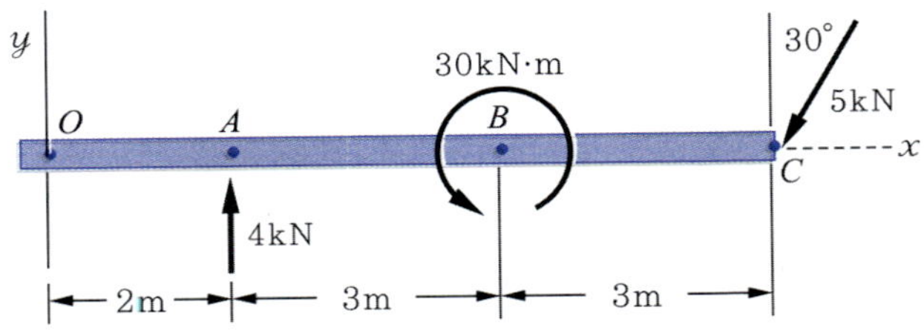

[문제 5.14]

5.15 그림과 같이 핀(A)과 롤러(B)로 지지되고 있는 보의 지지점(A, B)에서의 반력을 구하여라. 단, 수평으로 놓인 보의 두께와 무게는 무시하며 300N의 힘은 연직 아래 방향으로 작용한다.

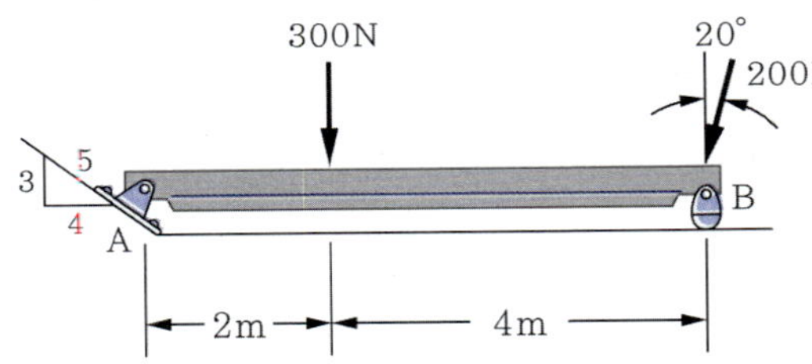

[문제 5.15]

5.16 그림과 같이 롤러(A)와 핀(B)으로 지지되고 있는 구조물의 지지점(A, B)에서의 반력을 구하여라. 단, 구조물의 두께와 무게는 무시한다.

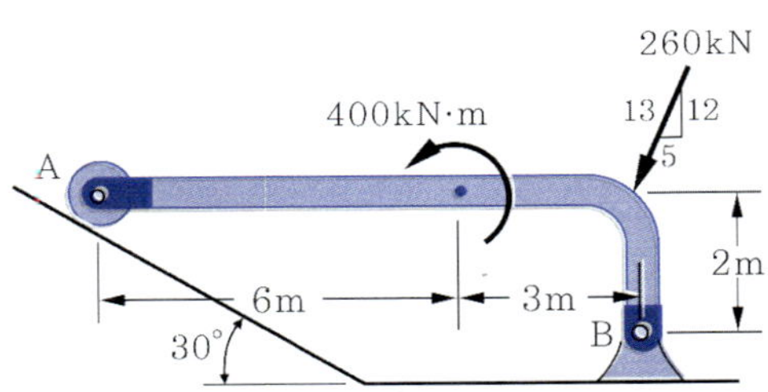

[문제 5.16]

5.17 'ㄴ'자 모양의 브래킷이 핀(A)과 롤러(B)로써 하중을 지지하고 있다. A, B 에 걸리는 반력의 크기를 구하여라. 단, 브래킷의 무게는 무시한다.

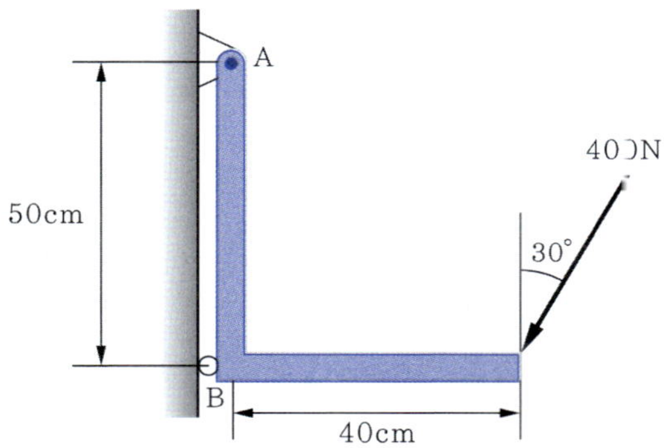

[문제 5.17]

5.18 그림과 같이 연직 방향의 줄(A)과 핀(B)으로 지지되고 있는 막대가 있다. 줄에 걸리는 장력과 핀에서의 반력을 구하여라. 단, 막대의 무게는 무시한다.

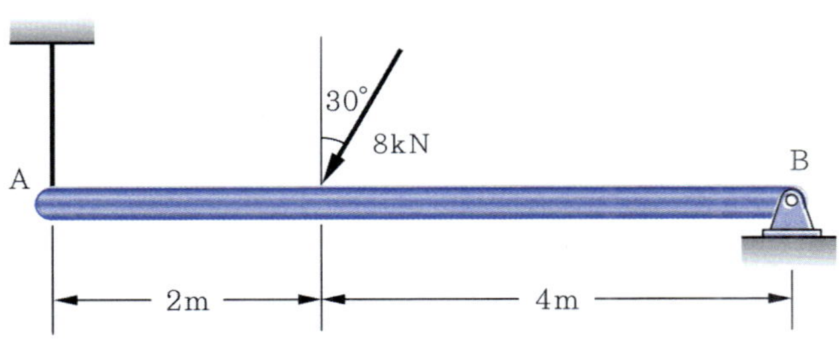

[문제 5.18]

5.19 정삼각형 트러스에 무게 100N의 물체가 매달려 있을 때 지지대(A, B)에서의 반력의 크기를 구하여라. A는 마찰 없는 핀, B는 롤러이다. 단, 트러스의 무게는 무시한다.

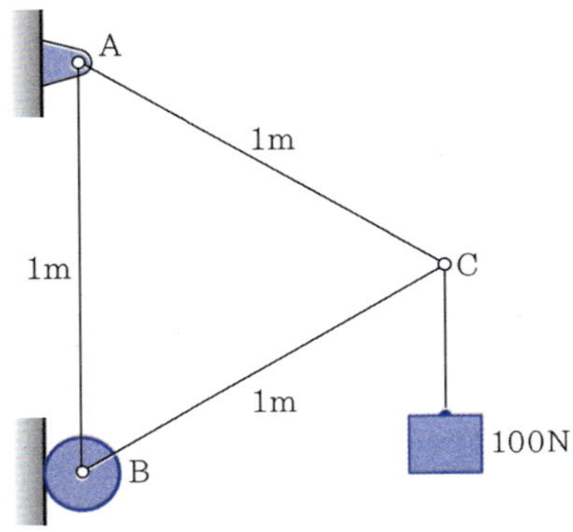

[문제 5.19]

5.20 200N의 수평 방향 힘을 받고 있는 트러스의 지지대(A, B)에서의 반력의 크기를 구하여라. ∠ABC = 90°, A는 로커, B는 마찰 없는 핀이다. 단, 트러스의 무게는 무시한다.

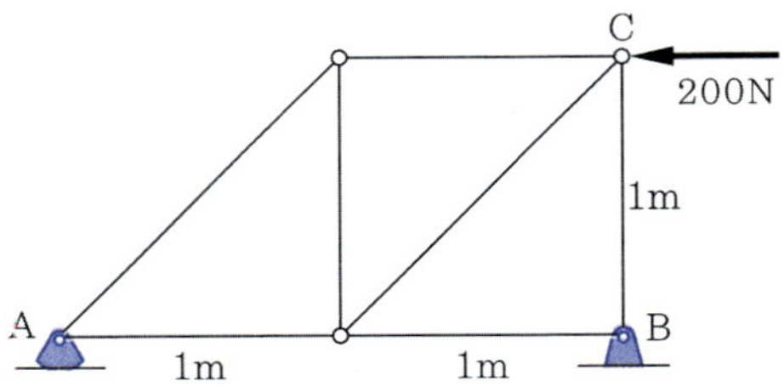

[문제 5.20]

5.21 그림과 같이 롤러(A)와 핀(B)으로 지지되고 있는 구조물의 지지점에서의 반력을 구하여라. 단, 구조물의 두께와 무게는 무시한다.

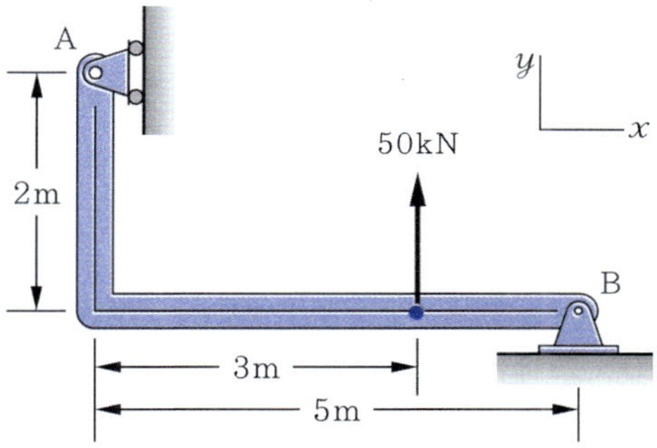

[문제 5.21]

5.22 케이블 BC에 걸리는 인장력이 30kN일 때 고정단 A에서의 반력을 구하여라. 단, 구조물의 무게는 무시한다.

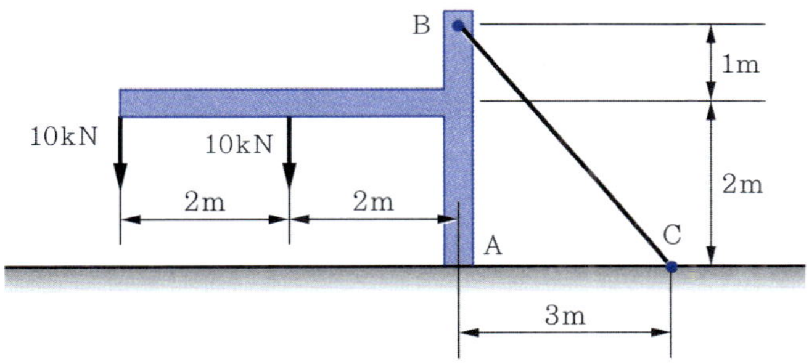

[문제 5.22]

5.23 그림과 같이 핀(A)과 롤러(B)로 지지되고 있는 보의 지지점에서의 반력을 구하여라. 단, 보의 두께와 무게는 무시한다.

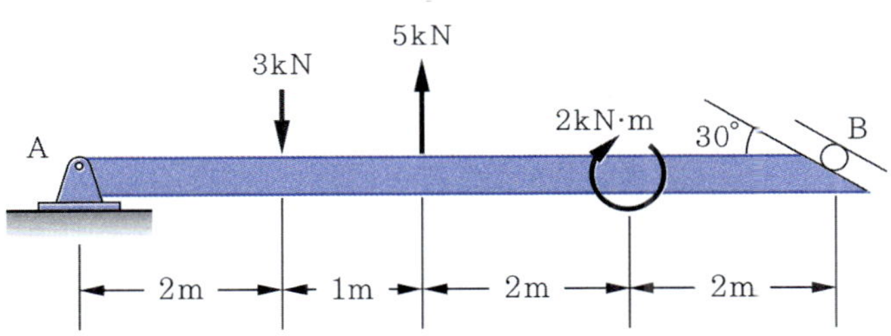

[문제 5.23]

5.24 수직 방향으로 P의 집중하중을 받고 있는 구조물에서 롤러(A)와 마찰 없는 핀 (B)에서의 반력을 각각 구하여라. 단, 구조물의 무게는 무시한다.

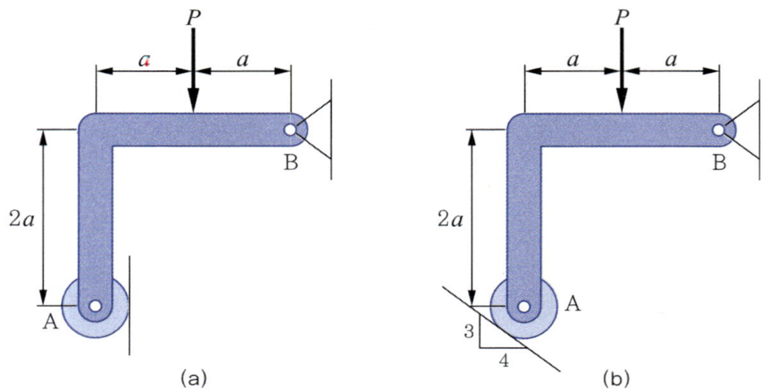

[문제 5.24]

5.25 그림과 같이 경사진 매끄러운 벽면 사이에 수평으로 놓여있는 막대의 지지대(A, B)에서의 반력을 구하여라. 단, 연직 아래 방향으로 작용하는 하중 $P=200\,\mathrm{N}$이고 막대의 무게는 무시한다.

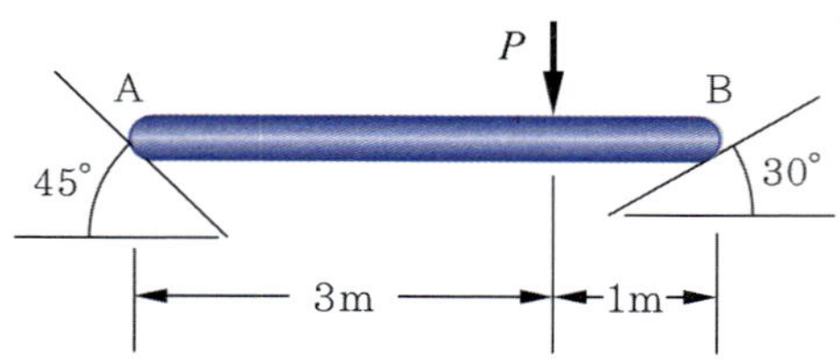

[문제 5.25]

5.26 그림에서 지지대(핀 A, 롤러 B) 반력을 구하여라. 단, 보의 무게는 무시한다.

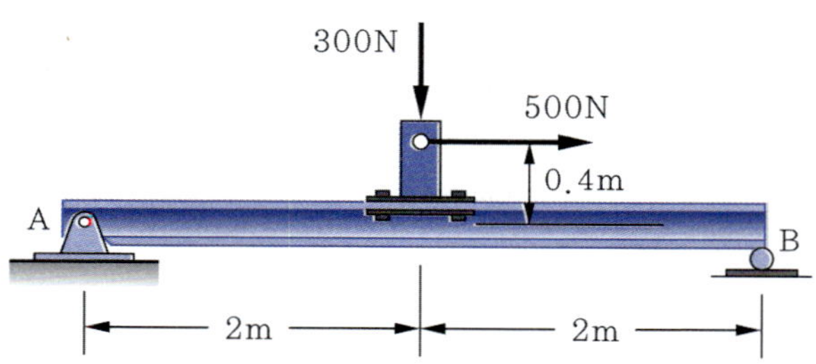

[문제 5.26]

5.27 그림과 같은 고리의 고정부(O)에 걸리는 반력을 구하여라. 단, 고리의 두께와 무게는 무시한다.

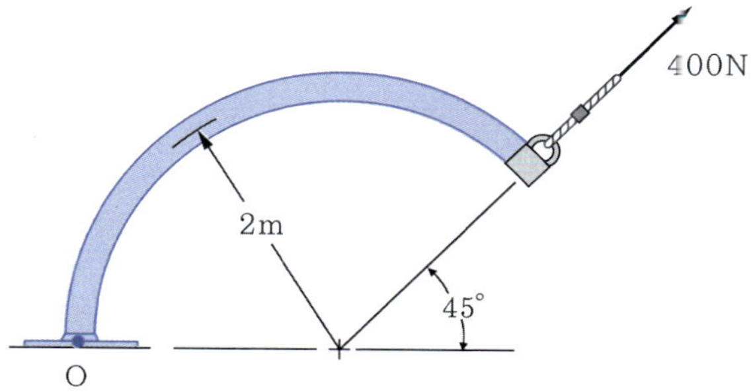

[문제 5.27]

5.28 그림에서 줄에 걸리는 장력과 핀 지지점(A)의 반력을 구하여라. 단, 줄과 막대의 무게는 무시한다.

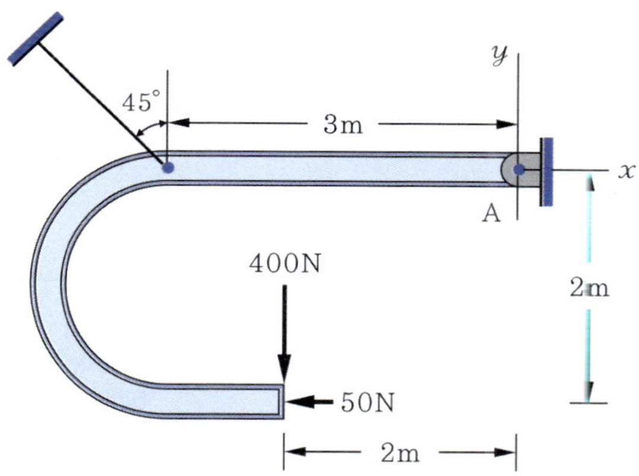

[문제 5.28]

5.29 그림과 같이 연직 아래 방향으로 12kN의 하중을 받고 있는 I빔이 있다. 균일한 I빔의 무게가 4kN일 때 케이블에 걸리는 장력과 핀 A에서의 반력의 크기를 구하여라.

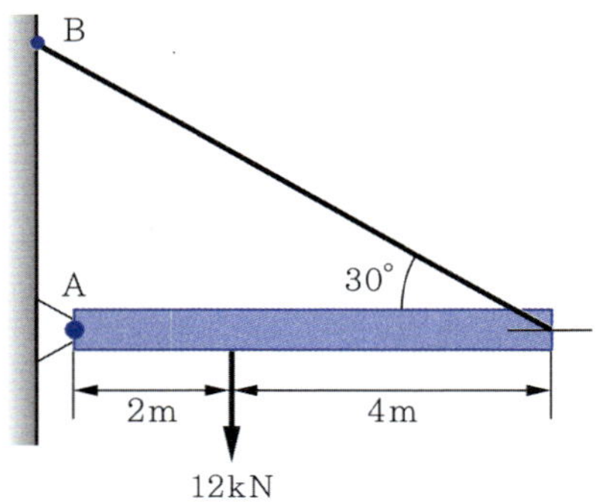

[문제 5.29]

5.30 그림과 같은 T형 구조물이 수평력 20kN을 받을 때 B점의 반력을 구하여라. 구조물의 무게는 무시한다.

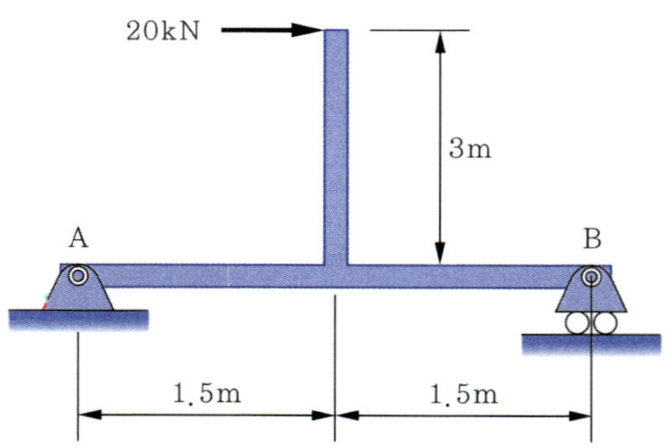

[문제 5.30]

5.31 롤러의 지지 면이 수평과 이루는 각이 θ이다. (a) $\theta=0$, (b) $\theta=30°$ 일 때 점 A, B에서의 반력을 각각 구하여라. 구조물의 무게는 무시한다.

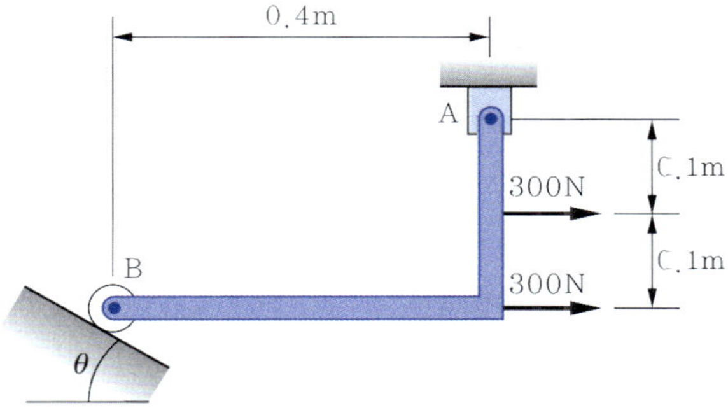

[문제 5.31]

5.32 그림의 (a)와 같이 반지름 R인 4분원의 한쪽 끝에 연직 아래 방향으로 하중 P가 작용하고 있다. $\theta=30°$일 때 점 B, C에서의 반력을 구하여라. 부재의 무게는 무시한다.

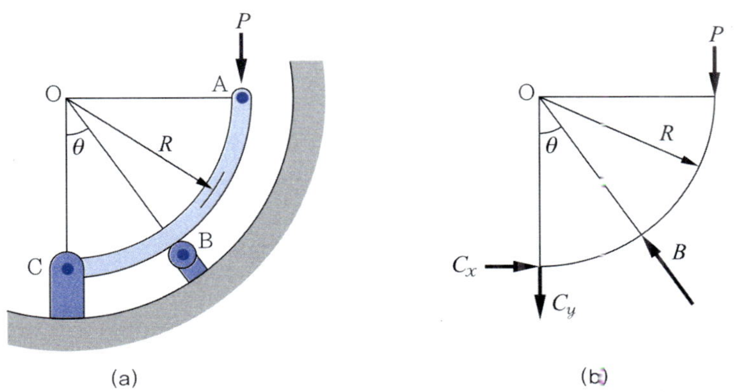

[문제 5.32], [문제 5.33]

※ 원호에서 법선은 원의 중심을 지나므로 자유물체도는 (b)와 같다.

5.33 [문제 5.32]에서 $\theta = 60°$일 때 점 B, C에서의 반력을 구하여라.

5.34 수평 방향으로 20kN과 연직 아래 방향으로 40kN의 하중을 받고 있는 굽은 보의 지점 A(핀), B(롤러)에서의 반력을 구하여라.

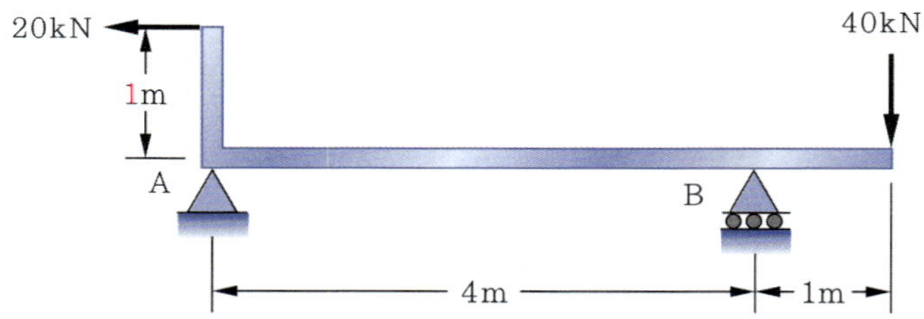

[문제 5.34]

5.35 수평 방향으로 45kN의 하중을 받고 있는 굽은 보의 지점 A(핀), B(롤러)에서의 반력을 구하여라.

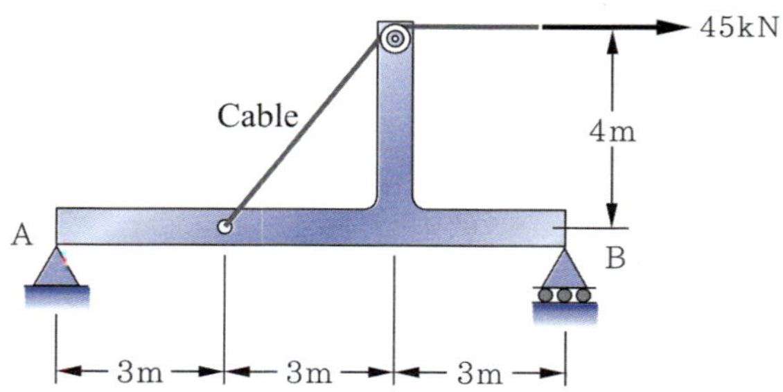

[문제 5.35]

5.36 두 개의 보 AD와 DE가 D점에서 힌지로 연결되어 있다. 힌지는 전단력을 전달할 수 있지만 굽힘 모멘트는 전달할 수 없다. 지점 A, C, E에서의 반력을 구하여라. A는 핀이고 C, E는 롤러이다.
†보를 두 개로 분리하여 자유물체도를 그려서 반력을 구한다. 연결점 D에서는 작용과 반작용의 원리를 적용한다.

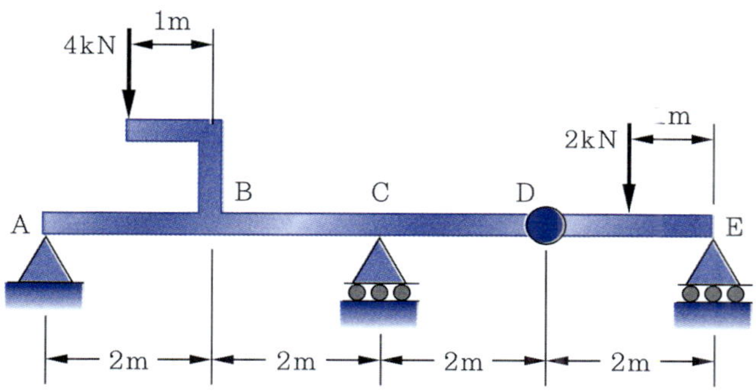

[문제 5.36]

5.37 연직 아래 방향으로 세 개의 하중을 받고 있는 합성보의 지점 A(핀), B(롤러)에서의 반력을 구하여라.

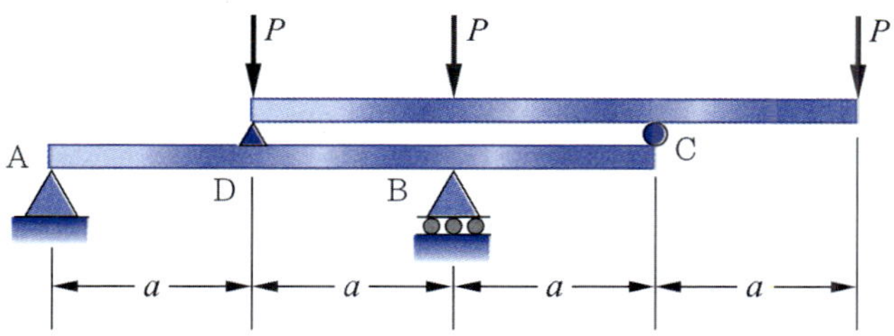

[문제 5.37]

5.38 그림과 같이 한 개의 부재에 4개의 힘이 작용하여 평형을 이룰 때, B점에서의 힘 P와 A점으로부터 B점까지의 거리 x를 구하시오.

[중등교사 임용시험-기술(2006)]

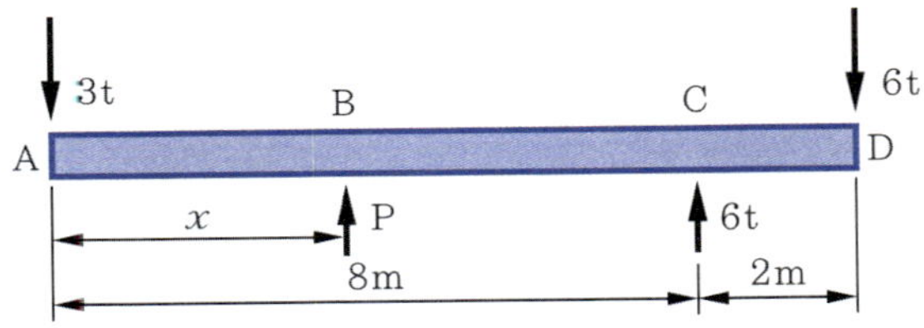

[문제 5.38]

5.39 그림과 같은 보에 대한 다음 질문에 답하시오.[1)]

[중등교사 임용시험-기계(1998)]

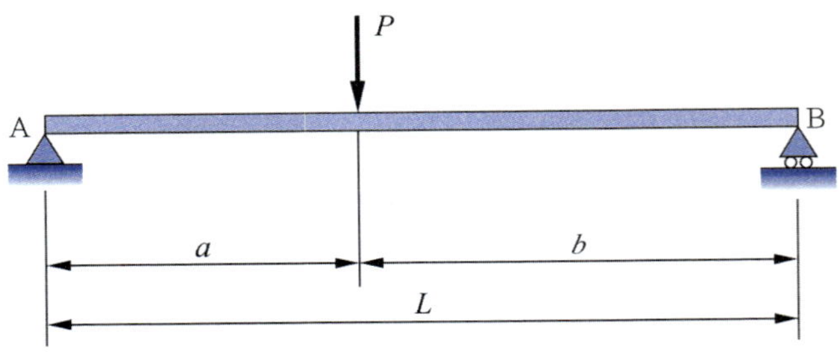

[문제 5.39]

(1) 보를 강체로 가정할 경우, 강체의 평형을 위한 필요충분조건을 쓰시오.

(2) 자유물체도를 작성하시오.

(3) 강체의 평형 조건을 이용하여 A점과 B점의 반력을 구하시오.

---

1) 정역학에서 일반적으로 별도의 언급이 없으면 주어진 부재의 무게를 무시한다.

5.40 다음 그림은 지레의 받침대로부터 각각 2m, 1m, 3m 떨어져 있는 점 P, Q, R에 질량이 각각 5kg, x, 2kg인 물체가 놓여 평형을 이루고 있는 모습을 나타낸 것이다. x 값[kg]을 구하여라. **[공무원 임용시험]**

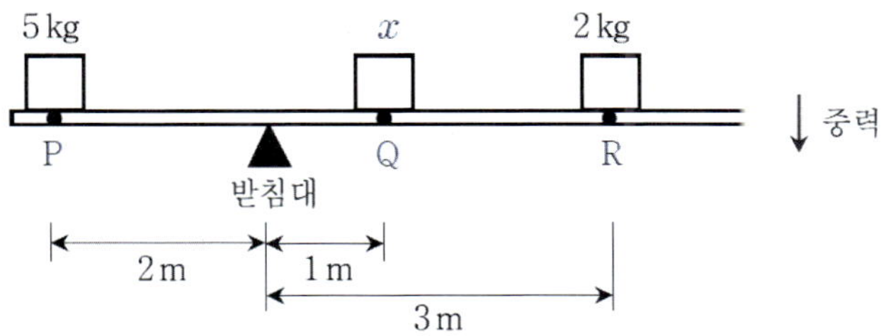

[문제 5.40]

5.41 그림과 같이 2kN과 4kN의 하중이 4m 간격을 유지하며 이동하고 있다. 지점 A와 B의 반력이 같게 될 때 2kN이 작용하는 위치로부터 A 지점까지의 거리 x[m]를 구하여라. **[공무원 임용시험]**

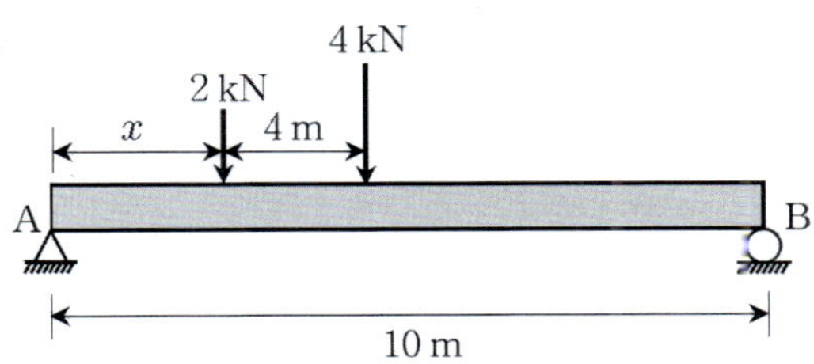

[문제 5.41]

5.42 다음 그림과 같은 보에서 반력 $R_A = 3R_B$의 관계가 성립하는 힘 P_1의 크기[kN]를 구하여라. **[공무원 임용시험]**

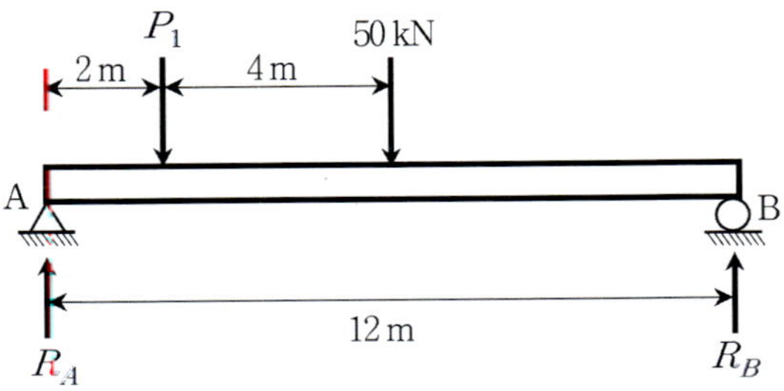

[문제 5.42]

5.43 그림과 같이 길이가 4m이고 질량이 20kg인 균일한 수평 빔의 왼쪽 끝은 핀으로써 벽에 고정되었고, 오른쪽 끝은 수평과 30°로 케이블에 의해 벽에 연결되었다. 질량 50kg인 물체가 벽으로부터 3m인 지점에서 수평 빔에 매달려 있을 때, 지점 A에서의 반력과 케이블에 걸리는 장력의 크기를 구하여라. 단, 케이블의 질량은 무시하며 중력가속도는 $10\,m/s^2$이다. **[공무원 임용시험]**

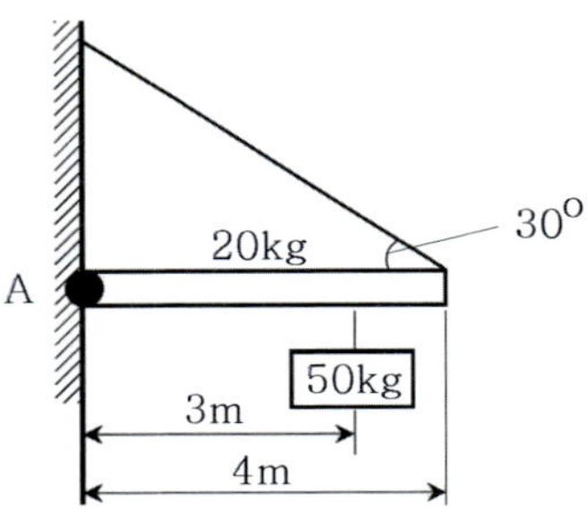

[문제 5.43]

5.44 그림과 같은 평면 트러스에서 B점에서의 반력의 크기와 방향은? (단, $\sqrt{3}=1.7$로 계산한다) **[공무원 임용시험]**

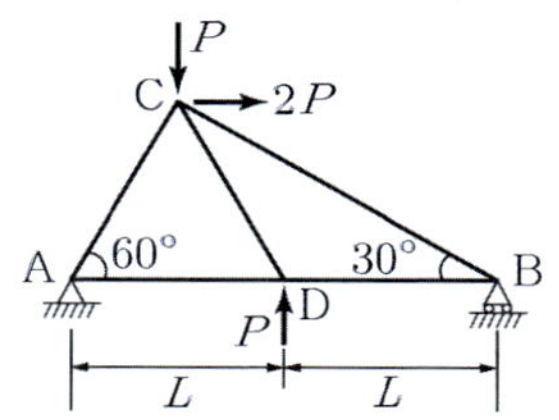

[문제 5.44]

① $0.6P(\uparrow)$　　② $0.6P(\downarrow)$
③ $1.1P(\uparrow)$　　④ $1.1P(\downarrow)$

5.45 그림과 같은 구조물(ABC)에서 지점 A의 반력의 크기[kN]는? (단, 부재의 자중은 무시한다) **[공무원 임용시험]**

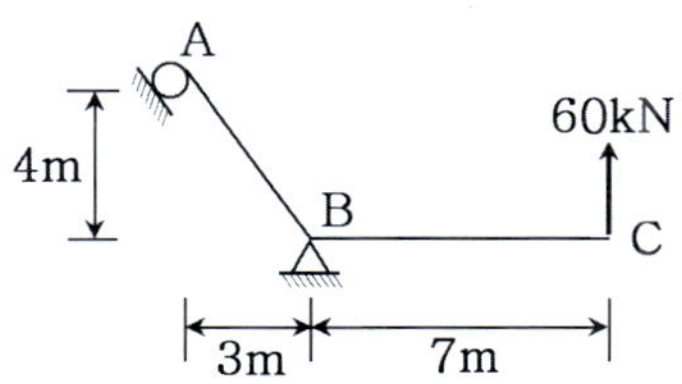

[문제 5.45]

① 60　　② 84
③ 105　　④ 140

5.46 다음 그림과 같이 한변의 길이가 6m인 정삼각형 구조체에 힘이 작용하고 있을 때 평형을 이루기 위해 필요한 모멘트[kN • m]는?

[공무원 임용시험]

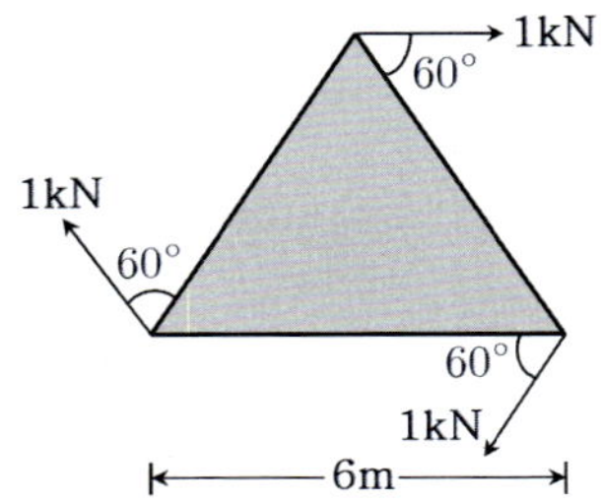

[문제 5.46]

① $2\sqrt{3}$ (반시계방향) ② $4\sqrt{3}$ (반시계방향)
③ $6\sqrt{3}$ (반시계방향) ④ $8\sqrt{3}$ (반시계방향)

5.47 그림과 같이 2개의 집중하중을 받고 있는 반경 R인 정정 원호아치 구조물에서 지점 A의 수평반력[kN]은? **[공무원 임용시험]**

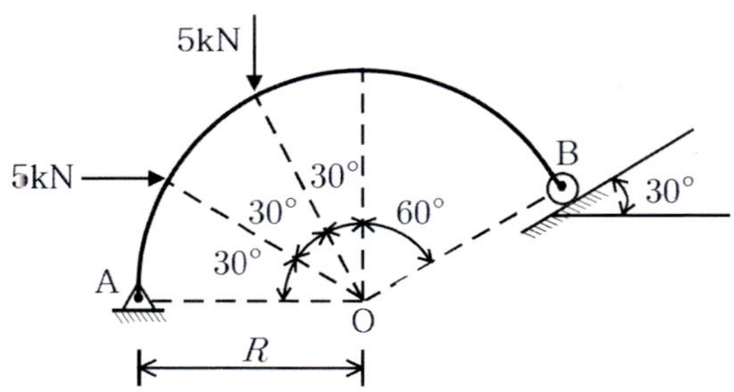

[문제 5.47]

① $2(\sqrt{3}-1)(\leftarrow)$ ② $5(\sqrt{3}-1)(\leftarrow)$
③ $2(\sqrt{3}+1)(\leftarrow)$ ④ $5(\sqrt{3}+1)(\leftarrow)$

5.48 그림과 같이 길이 2m, 전체 무게 100N인 균일한 보가 중간 1m 지점에 연결된 줄로 기둥에 고정되어 있다. 보와 기둥은 서로 수직이고 줄과 보 사이의 각도는 30°이다. 보의 끝에 무게 200N인 물체가 매달려 있을 때 줄에 작용하는 장력 T의 크기는? (단, 줄의 질량은 무시한다)

[공무원 임용시험]

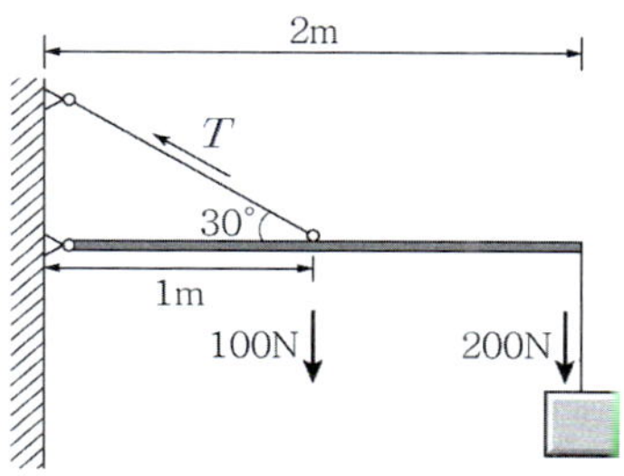

[문제 5.48]

① 200N ② 500N

③ $500\sqrt{3}$ N ④ 1,000N

5.49 그림과 같은 보 구조물에서 지점 B의 수직반력[kN]은?

[공무원 임용시험]

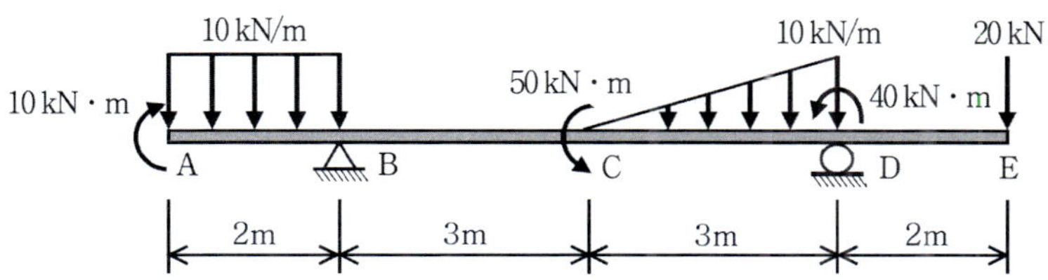

[문제 5.49]

① 30.0 ② 32.5

③ 35.0 ④ 37.5

Chapter 06

트러스

6.1 트러스의 특성

공학적인 구조물은 하중을 지지하거나 전달하기 위하여 만들어진 부재들의 조립체라고 할 수 있다. 구조물의 내력을 결정하기 위해서는 구조물을 분해하여 각각의 부재 또는 전체 조립체에 대한 자유물체도를 해석해야 한다. 물체를 분리하여 정확한 자유물체도를 그리는 절차는 구조물을 해석할 때 필수적인 것이다. 이때 적용하는 중요한 법칙은 뉴턴의 제 3법칙(작용과 반작용의 법칙)이다.

3장과 5장에서는 분리된 물체(또는 질점)에 작용하는 모든 외력을 나타내는 자유물체도를 그린 후 평형방정식을 적용하여 미지의 힘을 결정하였다. 이 장에서는 앞에서 배운 내용을 기초로 하여 부재의 내력을 결정하는 방법을 다룬다.

1. 평면 트러스

트러스(truss)는 전체적으로 강체 구조물을 형성하기 위해 부재의 끝을 연결하여 구성한 프레임(frame)을 말한다. 지붕과 교량 등이 트러스의 일반적인 예이다. 일반적으로 용접이나 리벳 또는 핀으로 각 부재를 연결하며, 부재는 주로 축 방향의 인장력이나 압축력을 받는다.

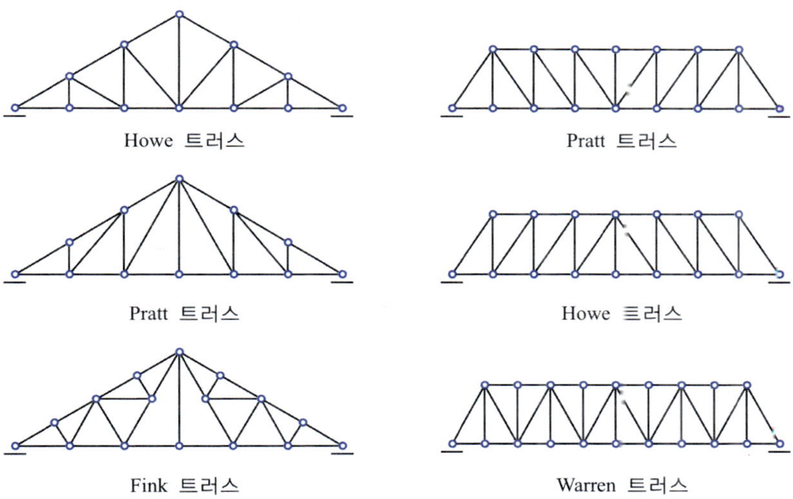

(a) 지붕 트러스 (b) 교량 트러스

[그림 6.1] 지붕과 교량에 사용되는 평면 트러스 형상

트러스의 모든 부재와 하중이 하나의 평면에 놓여 있을 때 이를 평면 트러스(plane truss)라 한다. [그림 6.1]에 지붕을 지지하는 구조와 강재 및 목재 교량에 사용되는 몇 가지 평면 트러스의 형태를 나타내었다.

2. 단순 트러스

트러스가 붕괴되지 않고 그 역할을 다 하기 위해서는 트러스의 형상이 견고해야 한다. 트러스의 각 부재를 핀으로 연결할 때 [그림 6.2(a)]의 사각 프레임 ABCD는 하중을 받으면 본래의 형태를 유지하지 못하고 붕괴될 것이다. 이에 반해 [그림 6.2(b)]의 삼각 프레임 ABC는 하중을 받아도 그 형태를 유지한다.

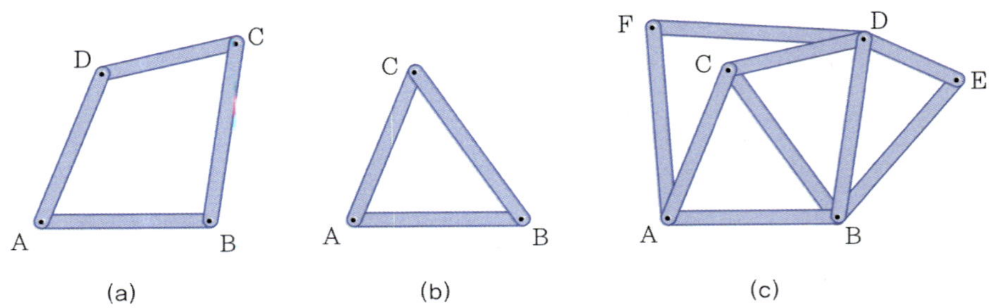

[그림 6.2]

즉, 견고하고 안정된 가장 간단한 형상은 [그림 6.2(b)]와 같은 삼각형임을 알 수 있다. 단순트러스(simple truss)는 이와 같은 기본적인 삼각 요소에 두 개의 새로운 부재를 동시에 추가하고 이들을 새로운 핀으로 연결하여 만들어진다. 예를 들어 [그림 6.2(c)]의 트러스는 기본 삼각 요소 ABC에 부재 (BD와 CD), (BE와 DE), (AF와 DF)를 추가로 연결하여 하나의 강체 구조물을 형성한다.

3. 이상적인 트러스 설계를 위한 가정

트러스를 설계하기 위해서는 먼저 트러스가 하중을 받을 때 각 부재에 작용하는 힘을 결정해야 한다. 이와 같은 힘을 구하기 위하여 단순 트러스를 해석할 때 사용되는 기본적인 가정은 다음과 같다.

(1) 트러스의 모든 부재는 직선이며 두께가 없는 선으로 나타낼 수 있다.

(2) 부재들은 마찰력이 없는 핀으로 연결된다.

부재들의 연결점(A)에는 모멘트가 없으며 힘의 두 성분(A_x, A_y)만 존재할 수 있다. 볼트나 용접으로 된 연결부가 사용되는 경우에도 연결되는 부재들의 중심선이 [그림 6.3]과 같이 한 점에서 만나면 이 가정이 만족된다. 마찰력이 없는 핀은 모멘트에 저항할 수 없으며 트러스의 부재에는 굽힘이 발생하지 않는다. 트러스의 각 부재를 연결하는 점(핀)을 절점(joint, 또는 격점)이라 한다.

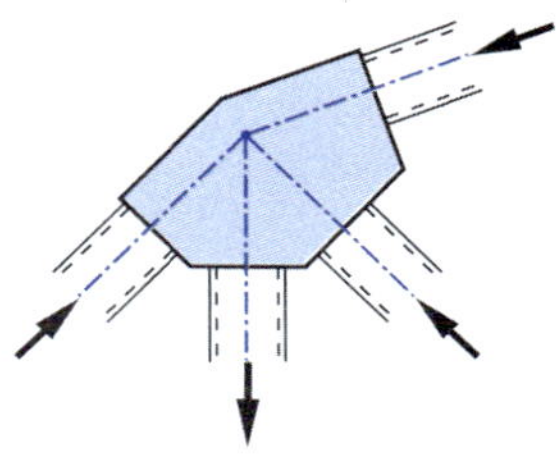

[그림 6.3]

(3) 모든 하중은 연결부(핀)에 작용한다.

부재의 무게는 무시하거나 각 부재의 끝에 작용한다고 가정한다. 일반적으로 부재의 무게를 무시하고 트러스를 해석한다. 그러나 부재의 무게(W)가 고려되어야 할 때는 부재가 균일한 경우 $W/2$씩 부재 양 끝단에 작용하는 등가의 수직 하중으로 대체하여 취급하면 된다. 이렇게 치환된 힘은 핀 연결부에 작용하는 외력으로 간주될 수 있다.

4. 축하중부재(두 힘 부재)

트러스가 다른 형태의 구조물과 구분되는 가장 큰 특성은 구조물에 가해지는 하중을 주로 부재들의 축력(axial force)으로 지지한다는 것이다. 따라서 이상적인 트러스의 모든 부재는 축하중부재(two-force member, 2력 부재, 두 힘 부재)로 간주한다. 축하중부재란 크기가 같고 방향이 반대이며 동일 직선상에 있는 2개의 힘으로 평형을 유지하는 부재를 말한다.

트러스의 각 부재는 힘이 작용하는 두 절점을 결합하는 직선의 링크이다. 따라서 부재의 양 끝단에 작용하는 두 힘이 평형을 유지하기 위해서는 [그림 6.4]와 같이 크기가 같고 방향이 반대이며 부재의 축을 따라 작용해야 한다. 부재에 작용하는 힘이 [그림 6.4(a)]처럼 부재를 늘어나게 하면 그 힘은 인장력(tensile force, T)이며, [그림 6.4(b)]처럼 부재를 줄어들게 하면 압축력(compressive force, C)이 된다. 일반적으로 재료가 견딜 수 있는 압축응력과 인장응력이 서로 다르다. 예를 들어 목재는 압축 하중에는 강하지만 인장 하중에는 상대적으로 약하다. 따라서 트러스를 실제로 설계할 때 힘의 성질이 인장력인지 압축력인지를 아는 것이 중요하므로 계산 결과에서 힘의 크기뿐만 아니라 인장하중(T) 또는 압축하중(C)을 명시하도록 한다.

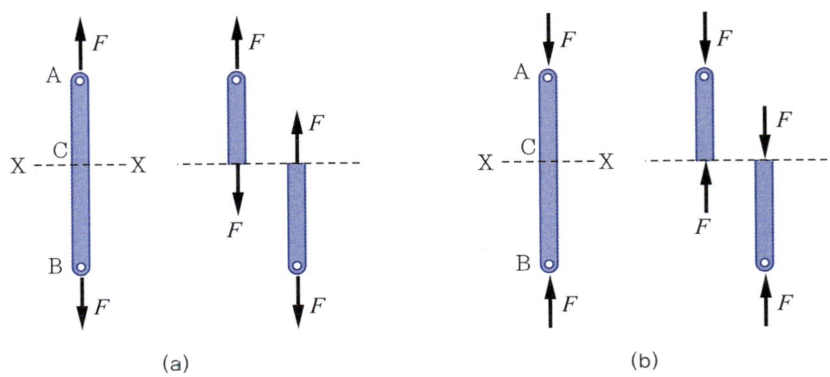

[그림 6.4] (a) 인장력, (b) 압축력

트러스를 해석할 때 각 부재 또는 절점을 분리하여 분리된 물체에 대한 자유물체도를 그린 후 평형방정식을 적용한다. 이때 중요한 것은 "**작용과 반작용의 법칙**"이다.

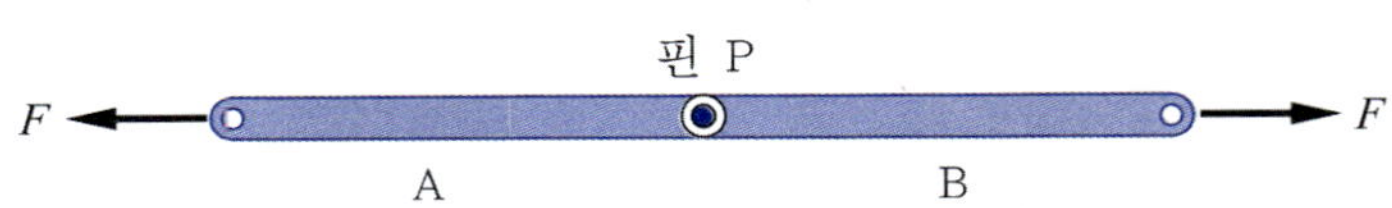

[그림 6.5]

[그림 6.5]와 같이 핀(P)으로 연결되었고 크기 F의 힘을 받고 있는 부재 A와 B를 고려해보자. 여기에서 두 개의 부재(A, B)와 핀(P)을 모두 분리하여 자유물체도를 그리면 [그림 6.6]과 같다.

[그림 6.6(a)]에서 힘의 평형에 의해 $F = F_{AP}$ 이고 작용과 반작용의 원칙에 의해 부재 A가 핀(P)에 가하는 힘 $F_{PA} = F_{AP}$ 가 된다. 마찬가지로 [그림 6.6(c)]에서 힘의 평형에 의해 $F = F_{BP}$ 이고 작용과 반작용의 원칙에 의해 부재 B가 핀(P)에 가하는 힘 $F_{PB} = F_{BP}$ 이다. 즉, 부재들과 핀은 모두 평형 상태에 있으므로 작용과 반작용 법칙과 평형조건에 의해 다음 관계식을 얻는다.

$$F = F_{AP} = F_{PA} = F_{PB} = F_{BP} = F$$

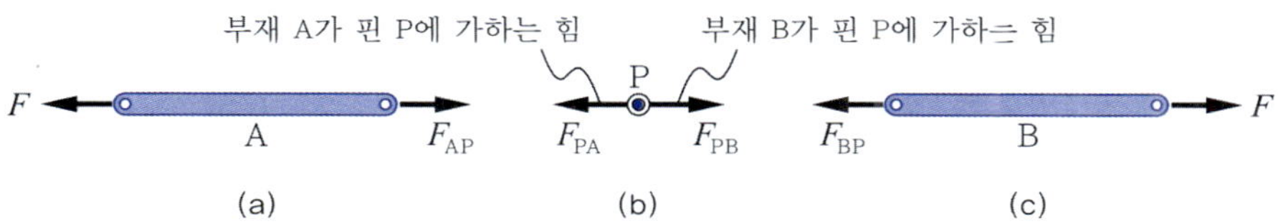

[그림 6.6]

[그림 6.6]에서 설명한 작용과 반작용의 법칙은 트러스를 해석할 때 가장 기본이 되는 법칙이며 이 개념을 이해하면 트러스의 부재에 걸리는 힘을 쉽게 구할 수 있다. 하나의 예로서 [그림 6.7]에 트러스의 모든 부재와 절점을 분리하여 각각에 작용하는 힘을 도시하였다. [그림 6.7]에서 $F_{AB} = F_{BA}$, $F_{AC} = F_{CA}$, $F_{BC} = F_{CB}$, $F_{BD} = F_{DB}$, $F_{CD} = F_{DC}$ 이다. 이와 같은 개념은 절점법의 기초가 된다.

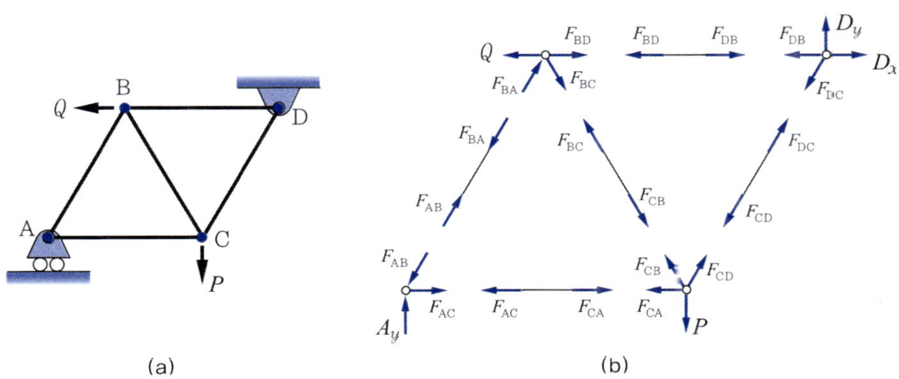

[그림 6.7] 트러스의 부재와 절점에 작용하는 힘

이상에서 작용과 반작용의 법칙에 따른 절점에 작용하는 힘과 부재에 작용하는 힘의 관계를 알아보았다. 이에 따라 [그림 6.8]과 같이 어떤 하나의 절점(핀)에 작용하는 힘을 살펴보자. 이 그림에서 F_{AB}는 인장력이고, F_{AC}는 압축력임을 알 수 있다. 즉, '핀을 당기는 힘은 부재가 인장 상태에 있고, 핀을 미는 힘은 부재가 압축 상태에 있다'는 것을 의미한다. 이 관계를 이용하면 절점에 작용하는 힘을 조사하여 부재가 받는 힘의 종류(인장력 또는 압축력)를 곧바로 알 수 있다.

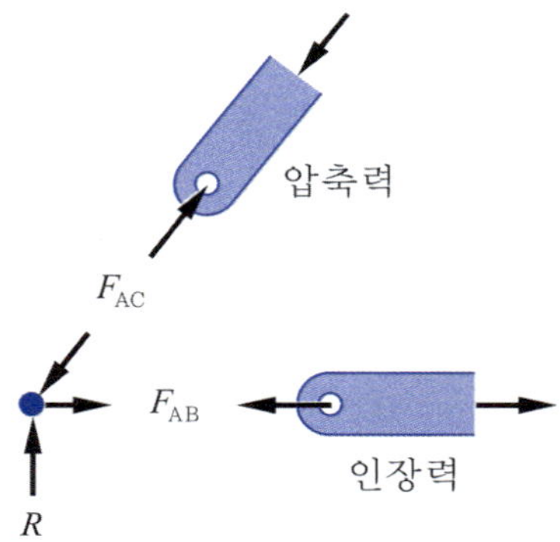

[그림 6.8] 부재에 작용하는 힘의 종류

6.2 절점법

절점법(method of joints, 조인트법 또는 격점법)은 트러스의 절점(핀)에 작용하는 힘에 대해 평형방정식을 세우고 해를 구함으로써 트러스를 해석하는 방법이다. 이 방법에서는 한 점에 작용하는 힘의 평형만을 다루므로 단지 2개의 독립적인 평형방정식($\sum F_x = 0$, $\sum F_y = 0$)을 포함한다. 절점에서의 모멘트 평형은 자동적으로 만족된다. 따라서 평형방정식이 2개이므로 '적어도 한 개의 힘이 주어지고 미지력이 2개를 초과하지 않는 절점에서 해석을 시작한다.'

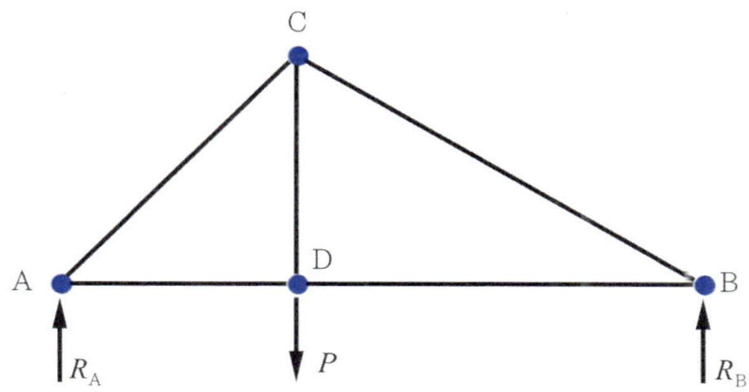

[그림 6.9]

[그림 6.9]와 같이 하중 P를 받고 있는 트러스를 고려해보자. 작용과 반작용의 법칙에 따라 트러스의 전 부재와 절점에 걸리는 힘을 도시하면 [그림 6.10]과 같다.

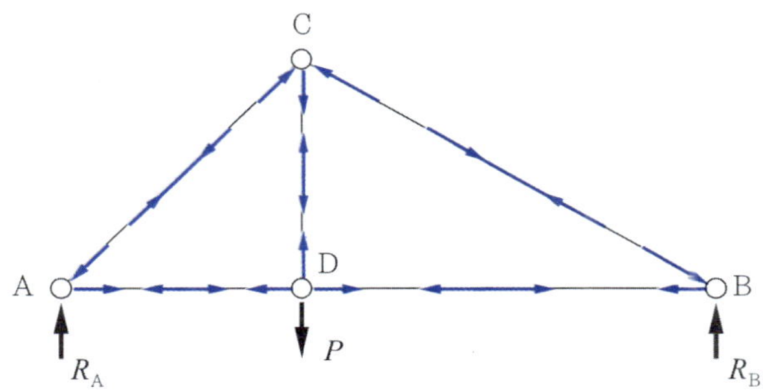

[그림 6.10]

절점법으로 이 트러스의 각 부재에 걸리는 힘을 결정하는 관계는 다음과 같다.

(1) 트러스 전체에 대한 자유물체도([그림 6.9])에서 지지점(A, B)에서의 반력 R_A와 R_B를 결정한다. 여기에서는 3개의 평형방정식($\sum F_x = 0$, $\sum F_y = 0$, $\sum M = 0$)을 모두 만족해야 한다.

(2) 반력 R_A가 결정되었으므로 [그림 6.11-1(a)]와 같이 부재 AC와 AD에 걸리는 힘을 각각 F_{AC}, F_{AD}로 하면 절점 A에서의 미지의 힘은 2개다. 따라서 이 점에 대한 힘의 평형을 고려하여 F_{AC}와 F_{AD}를 결정할 수 있다. 세 힘 $R_A(\uparrow)$, F_{AC}, F_{AD}가 평형을 이루기 위해서는 [그림 6.11-1(b)]과 같은 힘의 삼각형을 형성해야 한다. 이 삼각형에서 F_{AC}와 F_{AD}를 곧바르 구할 수 있다. 여기에서 F_{AC}는 절점(A)을 향하고 있으므로 부재 AC에는 압축

력이 걸리고, F_{AD}는 절점(A)에서 밖을 향하고 있으므로 부재 AD에는 인장력이 작용하고 있다.

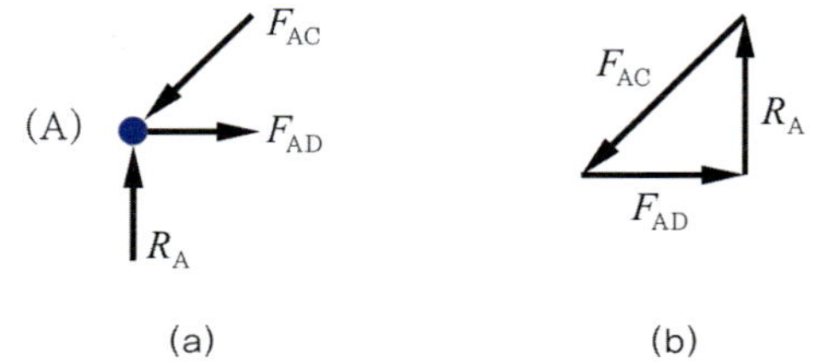

[그림 6.11-1] 절점 A

절점법에서 미지력을 구할 때 [그림 6.11-1(b)]와 같은 힘의 삼각형을 이용하거나 평형방정식($\sum F_x = 0$, $\sum F_y = 0$)을 편리한대로 이용한다.

(3) 다음에 절점 D를 고려한다. 부재 DB와 DC에 걸리는 힘을 각각 F_{DB}, F_{DC}로 하여 점 D에 대한 자유물체도를 그리면 [그림 6.11-2(a)]와 같다. 여기에서 $F_{DA} = F_{AD}$이므로 점 D에서의 미지의 힘은 2개가 된다. 따라서 이 점에 대한 힘의 평형을 고려하여 F_{DB}와 F_{DC}를 결정할 수 있다. 네 힘 F_{DA}(←), P(↓), F_{DB}, F_{DC}가 평형을 이루기 위해서는 [그림 6.11-2(b)]과 같은 힘의 다각형을 형성해야 한다. 여기에서 F_{DB}와 F_{DC}를 결정할 수 있다. 그런데 일반적으로 힘이 4개 이상일 때는 평형방정식($\sum F_x = 0$, $\sum F_y = 0$)을 이용하여 미지력을 구하는 것이 편리하다. 절점 D에서의 힘들은 모두 절점에서 밖을 향하고 있으므로 부재 DB와 DC는 모두 인장 상태에 있다.

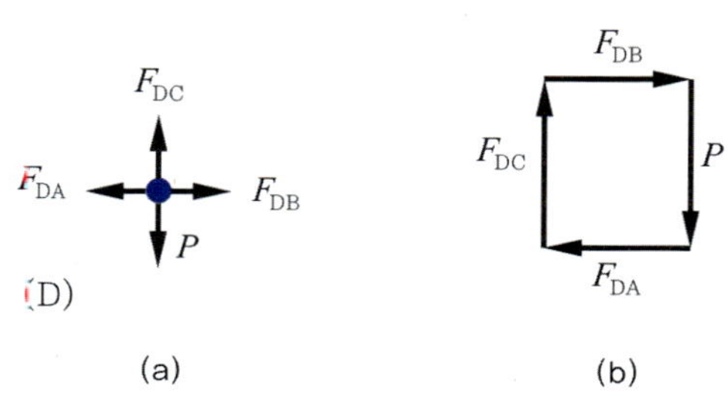

[그림 6.11-2] 절점 D

(4) 다음에 절점 C를 고려한다. 부재 CB에 걸리는 힘을 F_{CB}로 하여 점 C에 대한 자유물체도를 그리면 [그림 6.11-3(a)]와 같다. 여기에서 $F_{CA} = F_{AC}$, $F_{CD} = F_{DC}$는 (2)와 (3)에서 아는 값이다. 따라서 미지수는 F_{CB}뿐이며 [그림 6.11-3(b)]과 같은 힘의 삼각형으로부터 F_{CB}를 구할 수 있다. 여기에서 F_{CB}는 점 C를 향하고 있으므로 부재 CB는 압축 상태에 있다.

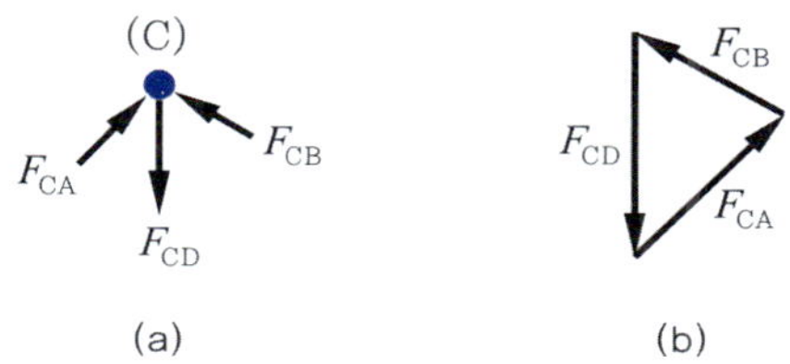

[그림 6.11-3] 절점 C

(5) 끝으로 절점 B에 작용하는 힘들을 표시하면 [그림 6.11-4(a)]와 같다. 여기에서 $F_{BD} = F_{DB}$, $F_{BC} = F_{CB}$이므로 (1), (3), (4)단계를 통하여 이 단계에서는 모든 힘들이 알려져 있다. 이때 절점은 평형 상태에 있으므로 [그림 6.11-4(b)]의 힘의 삼각형은 반드시 닫혀야 한다. 따라서 이 단계를 통하여 지금까지의 해석 결과를 점검할 수 있다.

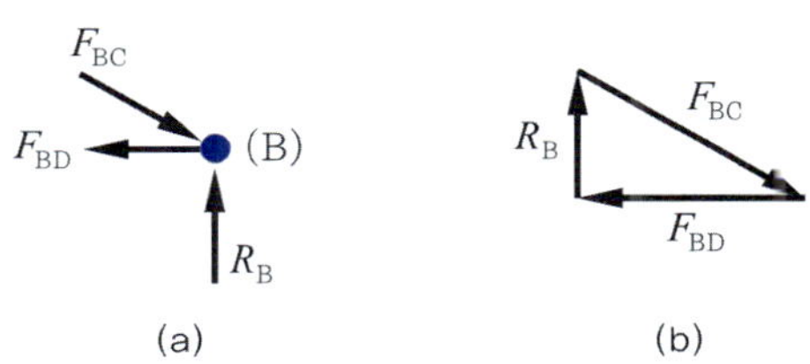

[그림 6.11-4] 절점 B

예제 6.1 [그림 6.12(a)]의 트러스에 대하여 각 부재에 작용하는 힘을 구하여라.

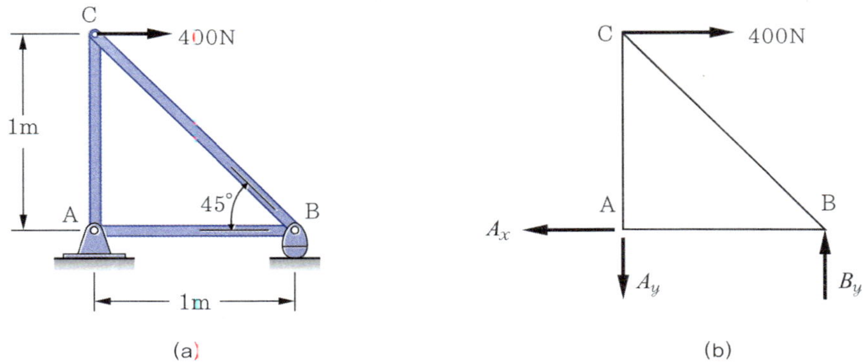

[그림 6.12]

풀이 (1) [전체 자유물체도] 전체 트러스의 자유물체도는 [그림 6.12(b)]와 같다. 여기에서 점 A에 대한 모멘트가 $0(\sum M_A = 0)$인 조건을 적용하면

$$B_y \cdot 1 - 400 \cdot 1 = 0$$

$$\therefore\ B_y = 400\,(\text{N})\ (\uparrow)$$

이다. 그리고 수평 방향 힘의 합이 $0(\sum F_x = 0)$이라는 조건에서

$$-A_x + 400 = 0$$

$$\therefore\ A_x = 400\,(\text{N})\ (\leftarrow)$$

이고, 수직 방향 힘의 합이 $0(\sum F_y = 0)$이라는 조건에서

$$-A_y + B_y = 0$$

$$-A_y + 400 = 0$$

$$\therefore\ A_y = 400\,(\text{N})\ (\downarrow)$$

이다.

(2) [절점 A] $A_x = 400\,(\text{N})\,(\leftarrow)$, $A_y = 400\,(\text{N})\,(\downarrow)$ 이므로 절점 A에 작용하는 힘을 나타내면 [그림 6.13-1(a)]와 같다. 여기에서

$$F_{AB} = 400\,(\text{N})\,(\text{T}),\ F_{AC} = 400\,(\text{N})\,(\text{T})$$

임을 곧바로 알 수 있다. 두 힘이 모두 절점(A)에서 밖을 향하고 있으므로 부재 AB와 AC는 모두 인장 상태에 있다.

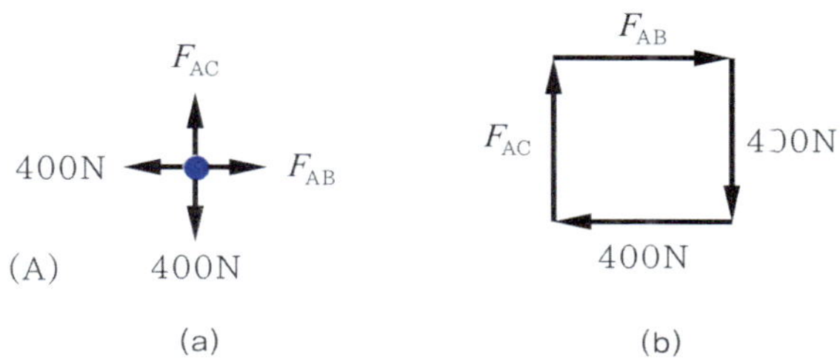

[그림 6.13-1] 절점 A

(3) [절점 B] $B_y = 400\,(\mathrm{N})\,(\uparrow)$, $F_{BA} = F_{AB} = 400\,(\mathrm{N})\,(\mathrm{T})$이므로 절점 B에 작용하는 힘을 나타내면 [그림 6.13-2(a)]와 같다. [그림 6.13-2(b)]의 힘의 삼각형에서

$$F_{BC} = \frac{400}{\cos 45^\circ} = 400\sqrt{2}\,(\mathrm{N}) = 565.7\,(\mathrm{N})\,(\mathrm{C})$$

이다. F_{BC}가 절점(B)을 향하고 있으므로 부재 BC는 압축 상태에 있다.

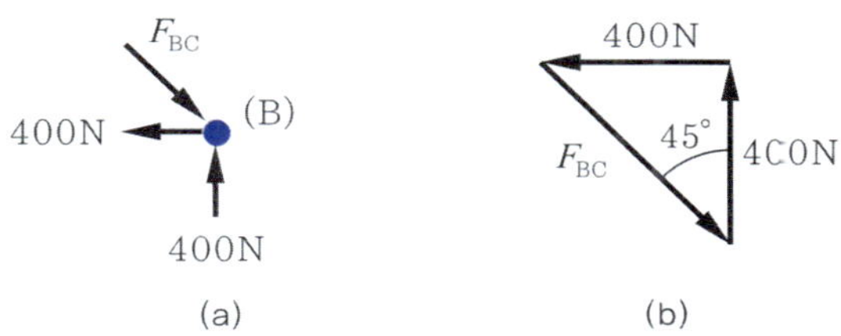

[그림 6.13-2] 절점 B

(4) [절점 C] 절점 C에 작용하는 힘을 나타내면 [그림 6.13-3(a)]와 같다. 여기에서 $F_{CA} = F_{AC} = 400\,(\mathrm{N})$, $F_{CB} = F_{BC} = 400\sqrt{2}\,(\mathrm{N})$이므로 세 힘은 [그림 6.13-3(b)]와 같이 평형을 이룬다.

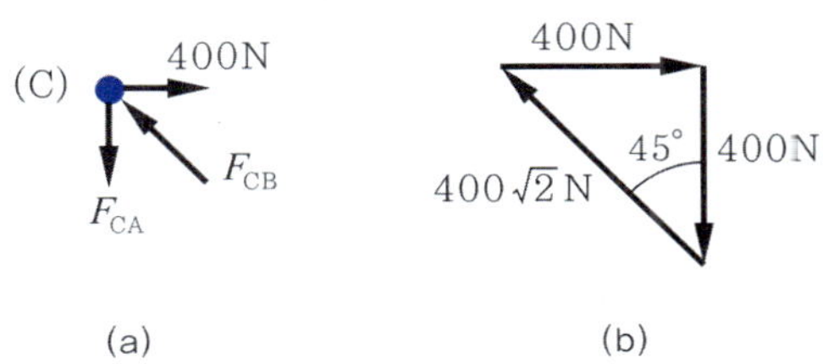

[그림 6.13-3] 절점 C

※ 일반적으로 전체 트러스 자유물체도에서 외력을 결정한다. 그런데 미지력이 2개를 초과하지 않고 그 외의 외력이 모두 주어지는 절점이 곧바로 선택될

때는 이 단계를 생략할 수 있다. [예제 6.1]을 살펴보자. 여기에서는 먼저 400N(→)의 외력이 가해지는 절점 C에서 부재 AC와 BC에 걸리는 힘을 구할 수 있다. 다음에 (부재 BC에 걸리는 힘을 알므로) 절점 B에서 반력 B_y와 부재 AB에 걸리는 힘이 구해진다. 그리고 절점 A를 고려하면 반력 A_x, A_y를 구할 수 있다. 여기에서 구한 지지점 반력 A_x, A_y, B_y가 전체 트러스의 자유물체도에서 평형방정식을 모두 만족함을 확인해 보아라.

예제 6.2 [그림 6.14(a)]와 같이 연직 아래 방향으로 60N의 하중을 받고 있는 트러스의 각 부재에 걸리는 힘을 구하여라.

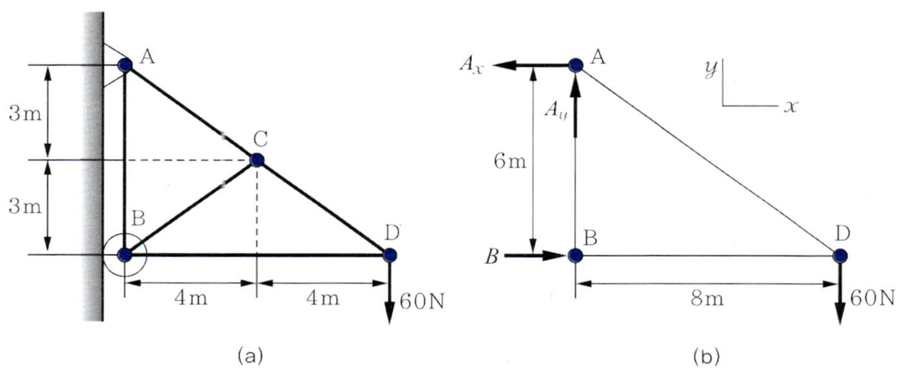

[그림 6.14]

풀이 (1) [전체 자유물체도] 전체 트러스의 자유물체도는 [그림 6.14(b)]와 같다. 여기에서 점 A에 대한 모멘트가 $0(\sum M_A = 0)$인 조건을 적용하면

$$B \cdot 6 - 60 \cdot 8 = 0$$

$$\therefore\ B = 80\,(\mathrm{N})\ (\rightarrow)$$

이다. 그리고 수평 방향 힘의 합이 $0(\sum F_x = 0)$이라는 조건에서

$$-A_x + B = 0$$

$$-A_x + 80 = 0$$

$$\therefore\ A_x = 80\,(\mathrm{N})\ (\leftarrow)$$

이고, 수직 방향 힘의 합이 $0(\sum F_y = 0)$이라는 조건에서

$$A_y - 60 = 0$$

$$\therefore\ A_y = 60\,(\mathrm{N})\ (\uparrow)$$

이다.

(2) [절점 A] $A_x = 80\,(\mathrm{N})\,(\leftarrow)$, $A_y = 60\,(\mathrm{N})\,(\uparrow)$ 이므로 절점 A에 작용하는 힘을 나타내면 [그림 6.15-1]과 같다. 여기에서 힘의 평형 조건을 적용하면

$$\sum F_x = F_{\mathrm{AC}} \times \frac{4}{5} - 80 = 0 \quad \therefore\ F_{\mathrm{AC}} = 100\,(\mathrm{N})\,(\mathrm{T})$$

$$\sum F_y = F_{\mathrm{AB}} + 60 - F_{\mathrm{AC}} \times \frac{3}{5} = 0 \quad \therefore\ F_{\mathrm{AB}} = 0$$

이다. F_{AC}가 절점(A)에서 밖을 향하고 있으므로 부재 AC는 인장 상태에 있다.

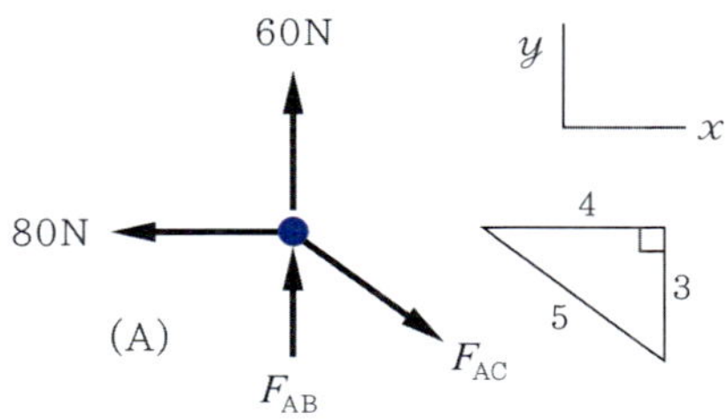

[그림 6.15-1] 절점 A

(3) [절점 B] $B = 80\,(\mathrm{N})\,(\rightarrow)$, $F_{\mathrm{AB}} = 0$ 이므로 절점 B에 작용하는 힘을 나타내면 [그림 6.15-2]와 같다. 여기에서 힘의 평형 조건을 적용하면

$$\sum F_y = F_{\mathrm{BC}} \times \frac{3}{5} = 0 \quad \therefore\ F_{\mathrm{BC}} = 0$$

$$\sum F_x = 80 - F_{\mathrm{BD}} = 0 \quad \therefore\ F_{\mathrm{BD}} = 80\,(\mathrm{N})\,(\mathrm{C})$$

이다. F_{BD}가 절점(B)을 향하고 있으므로 부재 BD는 압축 상태에 있다.

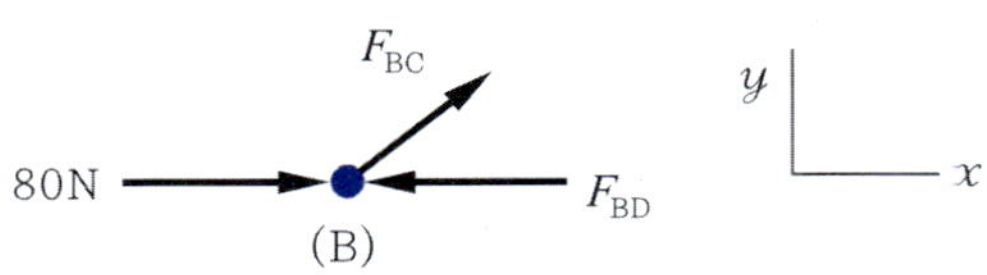

[그림 6.15-2] 절점 B

(4) [절점 D] 절점 D에 작용하는 힘을 나타내면 [그림 6.15-3]과 같다. 여기에서 x방향 힘의 평형조건을 적용하면

$$\sum F_x = 80 - F_{\mathrm{DC}} \times \frac{4}{5} = 0 \quad \therefore\ F_{\mathrm{DC}} = 100\,(\mathrm{N})\,(\mathrm{T})$$

이다. 이 값은 y방향 힘의 평형조건 $F_{\mathrm{DC}} \times \frac{3}{5} - 60 = 0$을 만족한다.

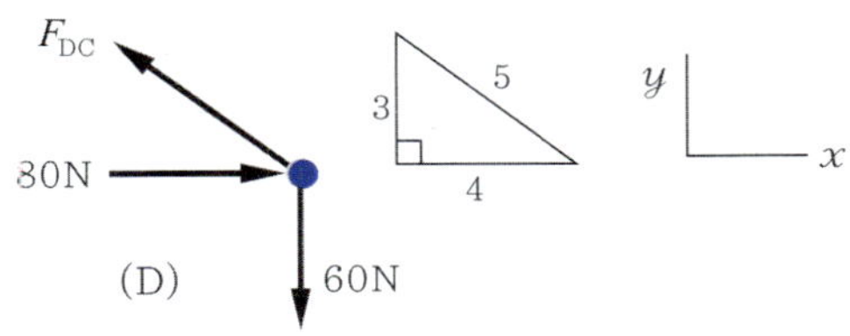

[그림 6.15-3] 절점 D

(5) [절점 C] 이상에서 모든 부재에 작용하는 힘을 모두 구하였다. 점 C에는 3개의 부재 (CA, CB, CD)가 만난다. 여기에서

$$F_{CB} = 0,\ F_{CA} = F_{CD} = 100\ \text{N (T)}$$

이므로 점 C는 평형상태에 있다는 것을 확인할 수 있다. [그림 6.15-4]에서 $F_{CB} = F_{BC}$, $F_{CA} = F_{AC}$, $F_{CD} = F_{DC}$이다.

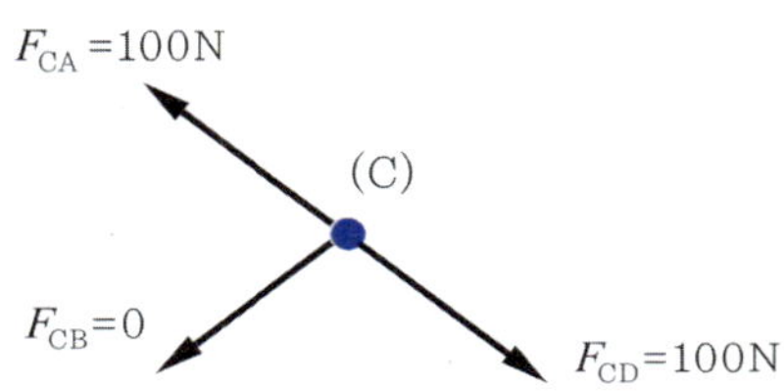

[그림 6.15-4] 절점 C

예제 6.3 [그림 6.16(a)]와 같이 수평방향과 연직 아래 방향으로 각각 60N과 240N의 하중을 받고 있는 트러스의 각 부재에 걸리는 힘을 구하여라.

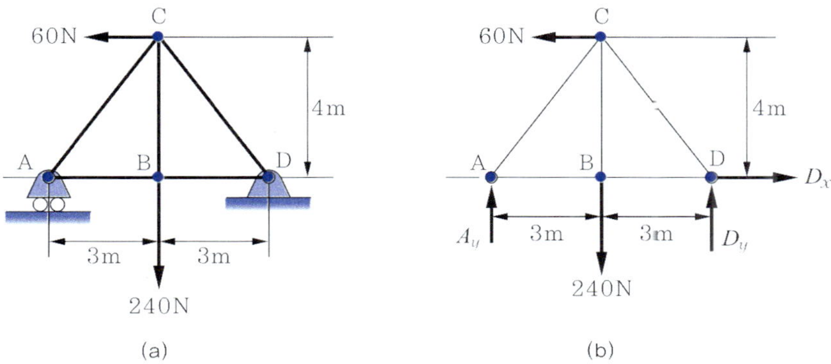

[그림 6.16]

풀이 (1) [전체 자유물체도] 전체 트러스의 자유물체도는 [그림 6.16(b)]와 같다. 여기에서 점 D에 대한 모멘트가 0($\sum M_D = 0$)인 조건을 적용하면

$$60 \cdot 4 + 240 \cdot 3 - A_y \cdot (3+3) = 0$$

$$\therefore \ A_y = 160\,(\text{N})\ (\uparrow)$$

이다. 그리고 수평 방향 힘의 합이 0($\sum F_x = 0$)이라는 조건에서

$$D_x - 60 = 0$$

$$\therefore \ D_x = 60\,(\text{N})\ (\rightarrow)$$

이고, 수직 방향 힘의 합이 0($\sum F_y = 0$)이라는 조건에서

$$A_y + D_y - 240 = 0$$

$$160 + D_y - 240 = 0$$

$$\therefore \ D_y = 80\,(\text{N})\ (\uparrow)$$

이다.

(2) [절점법] 작용과 반작용의 원칙을 적용하여 모든 절점에 작용하는 힘을 하나의 그림에 나타내면 [그림 6.17]과 같다. 여기에서 평형방정식($\sum F_x = 0$, $\sum F_y = 0$)을 각 절점에 적용하여 트러스의 부재력을 구한다.

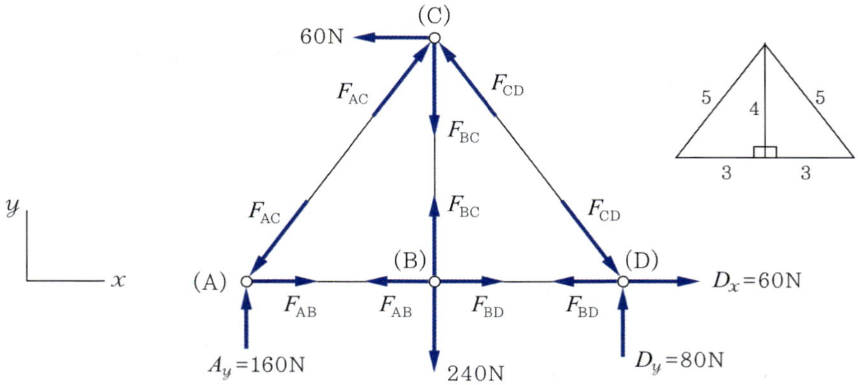

[그림 6.17]

[절점 A] $\sum F_y = 160 - F_{AC} \times \dfrac{4}{5} = 0 \quad \therefore \; F_{AC} = 200\,(\mathrm{N})\,(\mathrm{C})$

$\sum F_x = F_{AB} - F_{AC} \times \dfrac{3}{5} = 0 \quad \therefore \; F_{AB} = 120\,(\mathrm{N})\,(\mathrm{T})$

F_{AC}가 절점(A)을 향하고 있으므로 부재 AC는 압축 상태에 있고, F_{AB}는 절점 (A)에서 밖을 향하고 있으므로 부재 AB는 인장 상태에 있다.

[절점 B] $\sum F_x = -F_{AB} + F_{BD} = 0 \quad \therefore \; F_{BD} = 120\,(\mathrm{N})\,(\mathrm{T})$

$\sum F_y = F_{BC} - 240 = 0 \quad \therefore \; F_{BC} = 240\,(\mathrm{N})\,(\mathrm{T})$

F_{BD}와 F_{BC}가 모두 절점(B)에서 밖을 향하고 있으므로 두 부재 BD와 BC는 인장 상태에 있다.

[절점 C] $\sum F_x = -60 + \dfrac{3}{5}F_{AC} - \dfrac{3}{5}F_{CD} = 0$

$-60 + \dfrac{3}{5} \cdot (200) - \dfrac{3}{5}F_{CD} = 0 \quad \therefore \; F_{CD} = 100\,(\mathrm{N})\,(\mathrm{C})$

F_{CD}가 절점(C)을 향하고 있으므로 부재 CD는 압축 상태에 있다. 한편 x방향 힘 평형 조건으로 구한 F_{CD}는 다음과 같이 y방향 평형조건을 만족한다.

$$\sum F_y = \frac{4}{5}F_{AC} - F_{BC} + \frac{4}{5}F_{CD} = \frac{4}{5} \cdot (200) - 240 + \frac{4}{5} \cdot (100) = 0$$

[절점 D] 결과 검토

$$\sum F_x = D_x - F_{BD} + \frac{3}{5}F_{CD} = 60 - 120 + \frac{3}{5} \cdot (100) = 0$$

$$\sum F_y = D_y - \frac{4}{5}F_{CD} = 80 - \frac{4}{5} \cdot (100) = 0$$

따라서 이상에서 구한 결과는 절점 D에서의 평형방정식을 모두 만족함을 확인할 수 있다.

【참고】 무력부재

절점법을 사용하여 트러스를 해석할 때 하중이 작용하지 않는 부재를 찾아낸다면 해석이 더 쉬워질 것이다. 이와 같은 무력부재(zero-force member, 무부하부재)는 작용하중이 변할 때도 트러스의 안정성을 유지하기 위해 사용한다. 일반적으로 '세 부재가 하나의 절점을 이루고 그 중 두 부재가 동일 직선상에 있으며 어떠한 외력이나 지지반력이 그 절점에 작용하지 않을 때 다른 한 부재는 무력부재이다.' [그림 6.18]에서 y방향 힘의 평형을 생각하면

$$\sum F_y = F_{\mathrm{AD}} \sin\theta = 0 \quad \therefore \quad F_{\mathrm{AD}} = 0$$

임을 알 수 있다. 이와 같은 사실을 이용하면 [예제 6.2]의 절점 C에서 두 부재(CA, CD)가 동일 직선상에 있으므로 다른 제3의 부재 CB에는 하중이 작용하지 않는다는 것을 곧바로 알 수 있다($F_{\mathrm{CB}} = 0$).

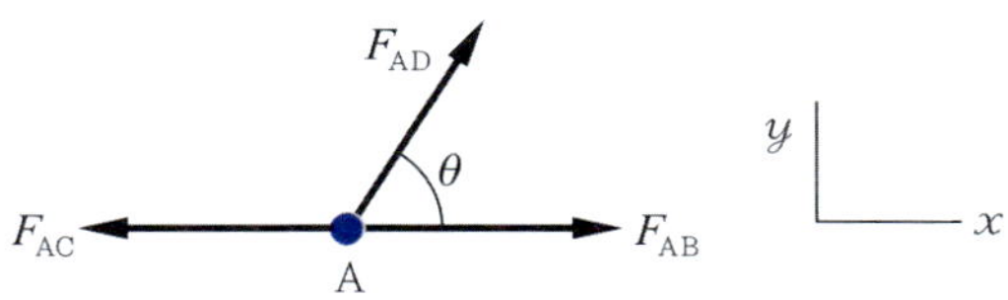

[그림 6.18] 무력부재

예를 들어 [그림 6.19]에서 부재 AC와 AD는 모두 무력부재이다.

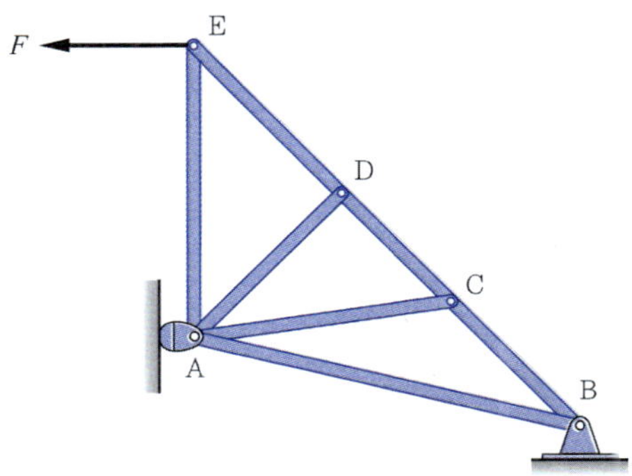

[그림 6.19] 무력부재

연 습 문 제

6.1 그림과 같은 정삼각형 트러스의 절점 C에 400N의 무게가 작용할 때 각 부재에 작용하는 힘을 구하여라.

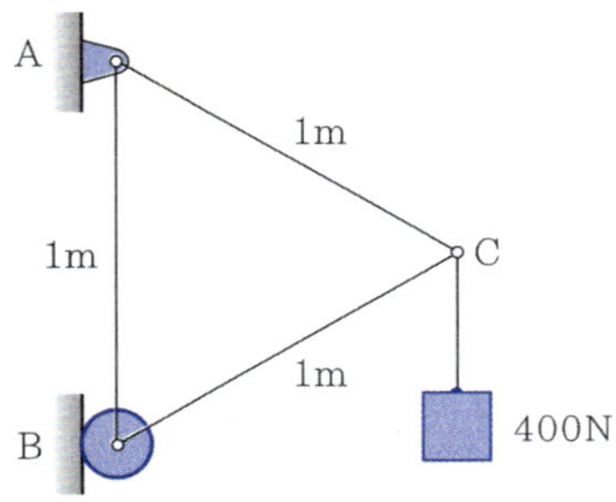

[문제 6.1]

6.2 단순 트러스의 절점 B에 40N의 하중이 연직 아래로 작용할 때 각 부재에 작용하는 힘을 구하여라.

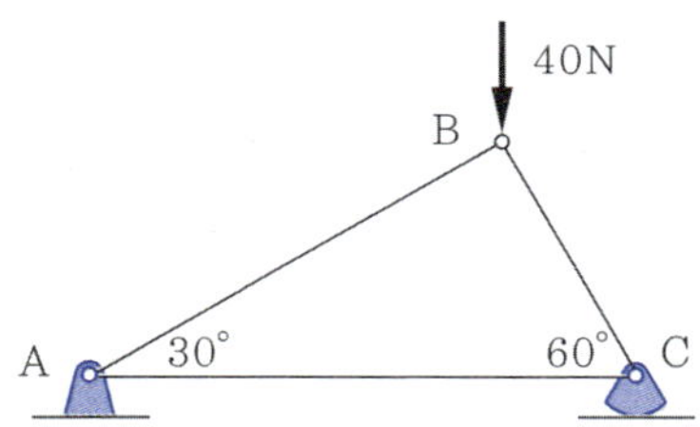

[문제 6.2]

6.3 단순 트러스의 절점 B에 30N의 하중이 연직 아래로 작용할 때 각 부재에 작용하는 힘을 구하여라. 먼저 무력부재가 있는지를 조사해 보아라.

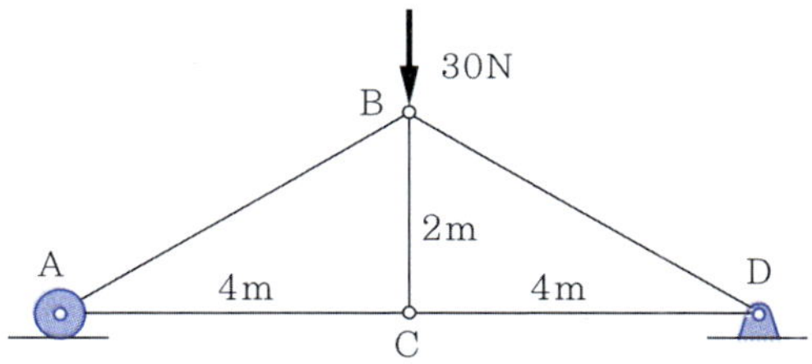

[문제 6.3]

6.4 단순 트러스의 절점 D에 4kN의 하중이 연직 아래로 작용할 때 각 부재에 작용하는 힘을 구하여라.

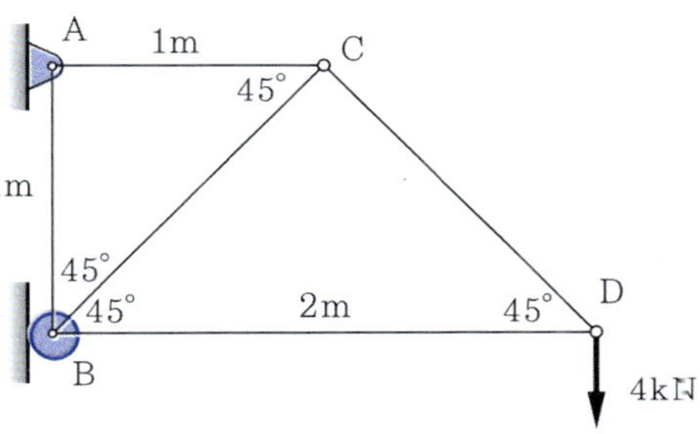

[문제 6.4]

6.5 연직 아래 방향으로 60N의 하중을 받는 트러스의 각 부재에 작용하는 힘을 구하여라.

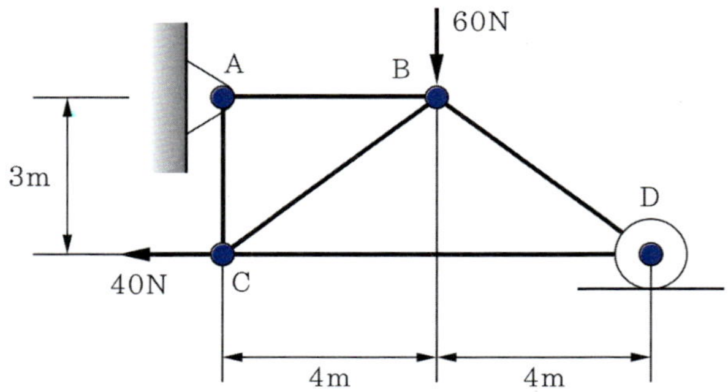

[문제 6.5]

6.6 단순 트러스의 절점 B에 30N의 하중이 연직 아래로 작용할 때 각 부재에 작용하는 힘을 구하여라.

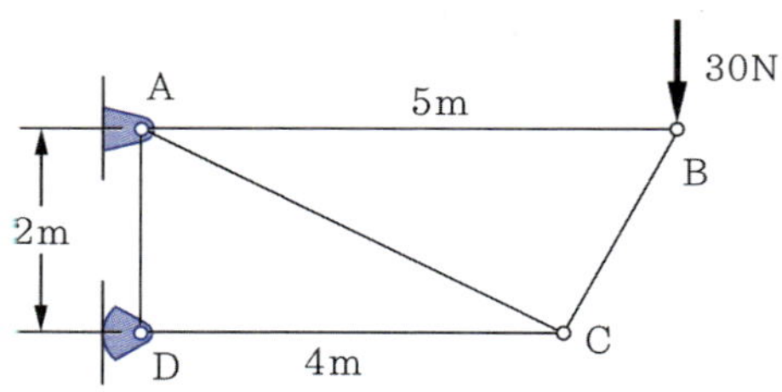

[문제 6.6]

6.7 단순 트러스의 절점 D에 수평 방향으로 400N의 하중이 작용할 때 각 부재에 작용하는 힘을 구하여라. 삼각형 ABC, CDB, CDE는 모두 직각이등변삼각형이다.

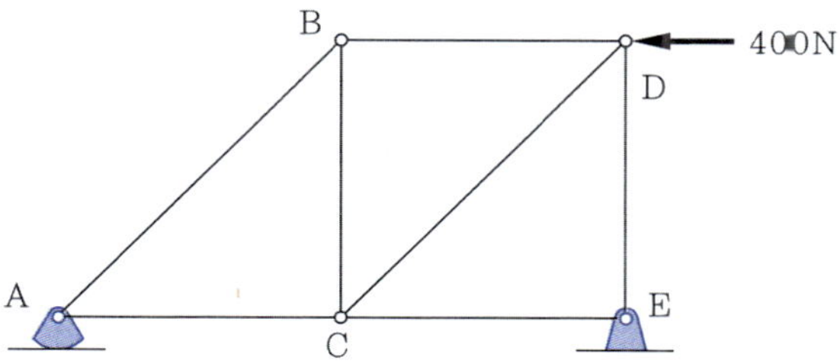

[문제 6.7]

6.8 트러스의 절점 D에 수평 방향으로 60N의 하중이 작용할 때 각 부재에 작용하는 힘을 구하여라. 삼각형 ABC, BCD, CDE는 모두 이등변삼각형이다.

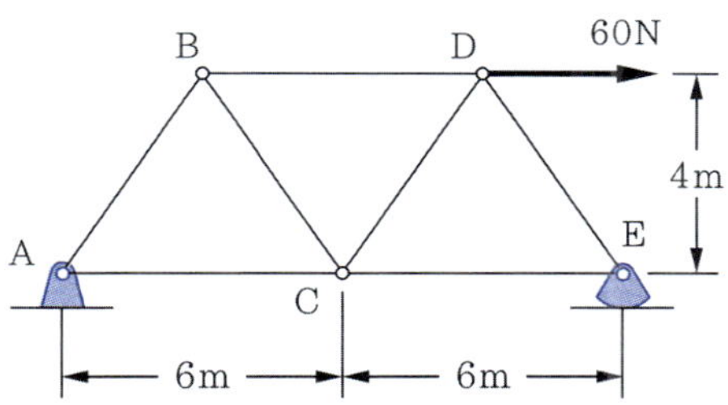

[문제 6.8]

6.9 케이블(DE)과 핀(F)으로 지지되고 있는 트러스가 연직 아래 방향으로 20N과 40N의 하중을 받을 때 트러스의 각 부재에 작용하는 힘을 구하여라. 삼각형 ABC, BCD, CDF는 모두 정삼각형이다.

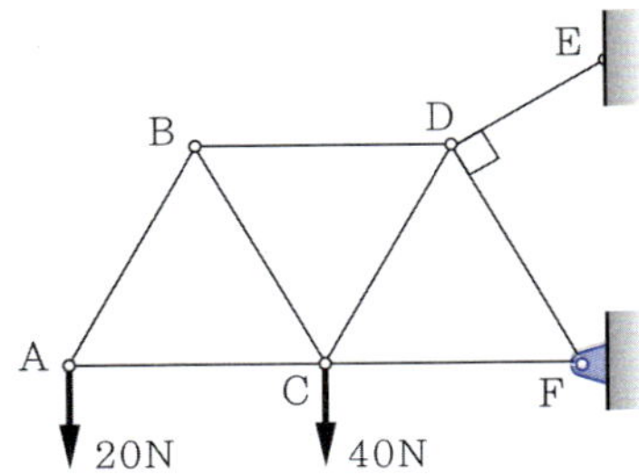

[문제 6.9]

6.10 연직 아래 방향으로 100N과 200N의 하중을 받고 있는 트러스의 각 부재에 작용하는 힘을 구하여라.

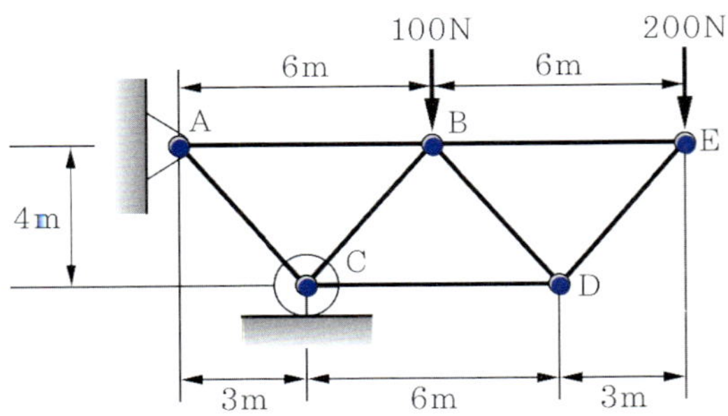

[문제 6.10]

6.11 연직 아래 방향으로 60N과 30N의 하중을 받고 있는 트러스의 각 부재에 작용하는 힘을 구하여라.

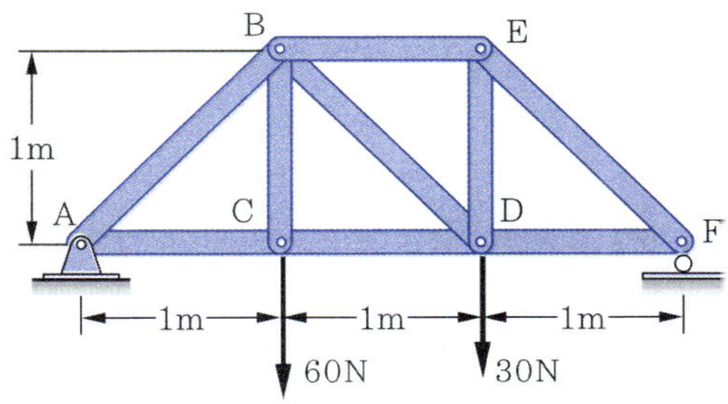

[문제 6.11]

6.12 연직 아래 방향으로 6kN과 8kN의 하중을 받고 있는 트러스의 각 부재에 작용하는 힘을 구하여라. 먼저 무력부재가 있는가를 조사해 보아라.

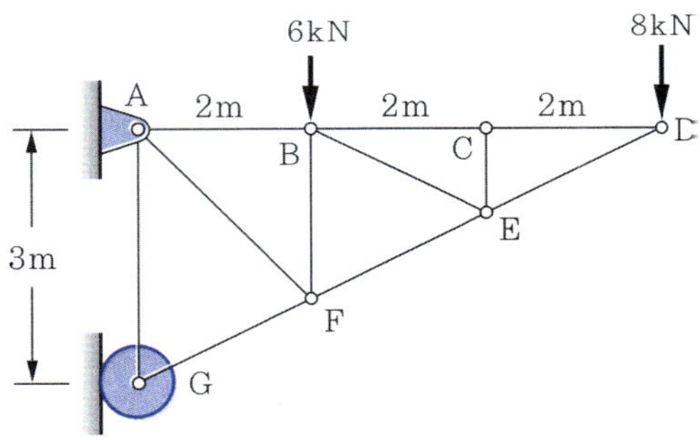

[문제 6.12]

6.13 아래 그림과 같은 트러스에서 부재력을 격점법(절점법)으로 구하시오.

[중등교사 임용시험-건설(2004)]

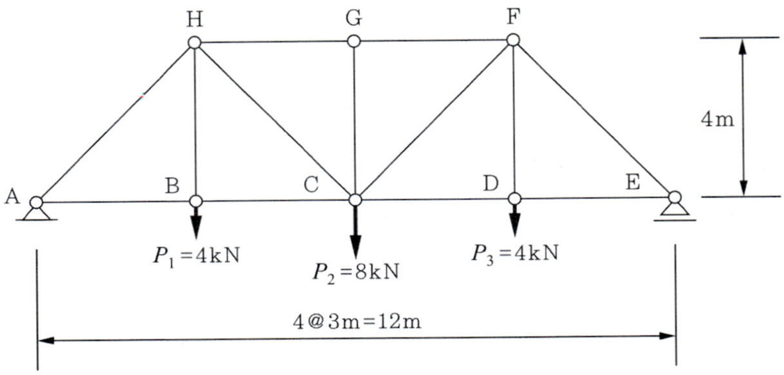

[문제 6.13]

(1) AH 부재력을 구하시오.
(2) BH 부재력을 구하시오.
(3) CH 부재력을 구하시오.
(4) HG 부재력을 구하시오.

6.14 아래 그림과 같이 트러스(truss) 구조물에 하중이 작용할 때 AB와 AD의 부재력을 구하시오. 단, 부재의 인장력은 (+), 압축력은 (−)로 나타내시오.

[중등교사 임용시험-건설(2005)]

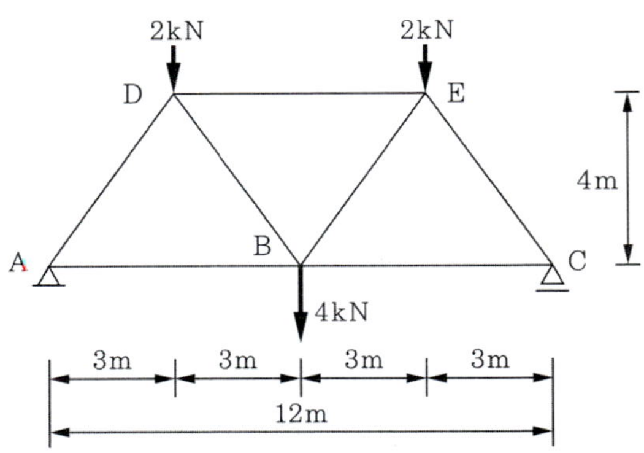

[문제 6.14]

6.3 단면법

절점법은 트러스의 모든 부재에 작용하는 힘을 구할 때 가장 효과적으로 사용된다. 이에 반해 트러스의 특정 부재에 작용하는 힘만을 구할 때는 단면법(method of section, 절단법)을 사용하는 것이 편리하다. 단면법은 구하고자 하는 부재를 통과하여 절단함으로써 원하는 부재의 내력을 곧바로 구할 수 있다는 장점이 있다. 이 방법을 이용하면 원하는 부재에 도달할 때까지 여러 절점에 대한 계산을 할 필요가 없다.

1. 단면법 해석 단계

단면법의 일반적인 해석 과정은 다음과 같다.

(1) 전체 트러스의 자유물체도를 그리고 지지점에서의 반력을 결정한다.

(2) 미지의 힘이 부재를 통과하는 단면을 결정한 후 '전체 트러스를 2등분'한다. 이때 트러스를 절단할 때는 알지 못하는 힘이 3개 이하가 되도록 한다.

(3) (2)에서 얻어진 트러스의 두 부분 중 하나를 선택하여 이에 대한 자유물체도를 그린다. 이 자유물체도에는 '부재들에 가해진 외력과 잘린 단면에서의 내력을 모두 포함'해야 한다.

(4) 평형방정식($\sum F_x = 0$, $\sum F_y = 0$, $\sum M = 0$)을 적절히 적용하여 미지력을 구한다. 이때 미지력의 작용선이 교차하는 점(O)을 찾아서 이 점에 대한 모멘트 평형방정식($\sum M_O = 0$)을 사용하는 것이 효과적이다.

※ (3)에서 선택된 트러스의 한 부분이 전체 트러스의 지지점을 포함하지 않을 때는 과정 (1)을 생략할 수 있다.

2. 단면법 예

단면법을 사용하여 [그림 6.20]의 트러스에서 부재 DG에 작용하는 힘(F_{DG})을 구해보자. 여기에서 단면 X－X를 선택하며 이 단면을 따라 2등분된 트러스의 자유물체도는 [그림 6.21]과 같다.

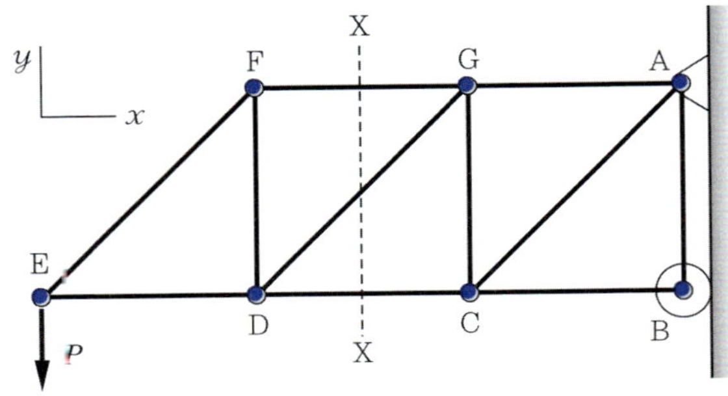

[그림 6.20]

트러스의 부재는 축하중부재이므로 각 부재에 작용하는 힘의 작용선은 트러스의 형상을 따른다는 것에 유의하여 자유물체도를 그린다. 그리고 작용과 반작용의 법칙에 의해 트러스 한쪽 부분의 부재에 작용하는 힘은 다른 쪽 부분에 작용하는 힘과 크기가 같고 방향이 반대가 된다. 6.1절에서 살펴본 것과 같이 인장 상태의 부재는 절점을 당기게 되고 압축 상태의 부재는 밀게 된다.

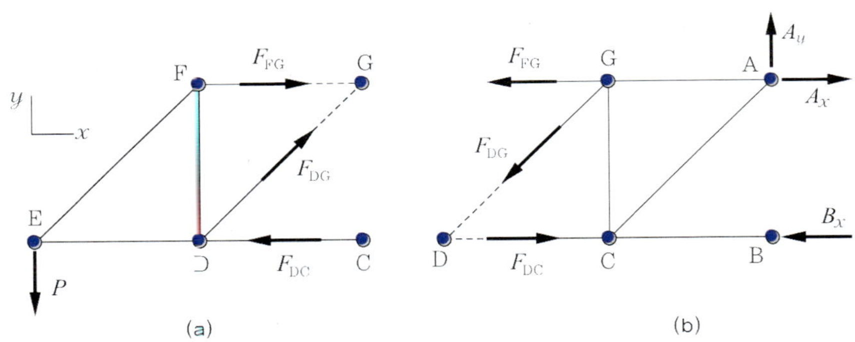

[그림 6.21]

[그림 6.21(a)]의 자유물체도에서 평형방정식을 적용하여 3개의 미지력 F_{DC}, F_{DG}, F_{FG}를 구할 수 있다. 이 단계에서 여러 개의 변수가 연립된 방정식보다는 미지력이 곧바로 결정되면 좋으므로 평형방정식을 적절하게 적용하도록 한다. 예를 들어 [그림 6.21(a)]에서 점 G에 대한 모멘트 평형($\sum M_G = 0$)을 적용하면 F_{FG}와 F_{DG}는 점 G에 대한 모멘트가 0이 되므로 F_{DC}가 곧바로 얻어진다. 이와 같은 방

법으로 점 D에 대한 모멘트 평형식($\sum M_D = 0$)을 적용하면 F_{FG}를 곧바로 구할 수 있다. 그리고 F_{DC}와 F_{FG}의 수직(y)방향 성분이 0이므로 y방향 힘의 평형식($\sum F_y = 0$)을 적용하면 F_{DG}가 구해진다.

트러스를 2등분한 후 [그림 6.21(b)]의 자유물체도를 고려하면 먼저 지지점에서의 세 개의 반력 A_x, A_y, B_x를 결정해야 한다. 이와 같은 지지점 반력은 전체 트러스의 자유물체도에서 구할 수 있다. 따라서 단면법을 사용할 때는 2등분된 트러스 중 해석하기 편리한 것을 선택하도록 한다.

단면법에서 자유물체도를 그릴 때 절단면에서의 미지의 힘의 방향을 올바로 정의하는 것이 항상 가능하지는 않다. 그럴 때는 임의의 방향을 가정하고 계산 결과 그 값이 양(+)이면 가정한 방향이 옳다는 것을 의미하며, 음(−)이면 실제 힘의 방향은 가정한 것과 반대임을 의미한다. 어떤 책에서는 일단 힘을 인장력으로 가정하고 문제를 푼 다음 답의 부호로부터 인장력(+)과 압축력(−)을 구분하기도 한다. 그렇지만 가능한 물리적 현상을 고려하여 올바른 힘의 방향을 설정하여 해석하는 것이 좋다고 생각한다. 물론 물리적인 직관으로 힘의 방향을 알 수 없을 때는 임의로 가정한다.

예제 6.4 [그림 6.22(a)]의 트러스에서 부재 BC, CF, EF에 작용하는 힘을 결정하여라. 트러스는 마찰 없는 핀(A)과 롤러(D)로 고정되어 있다.

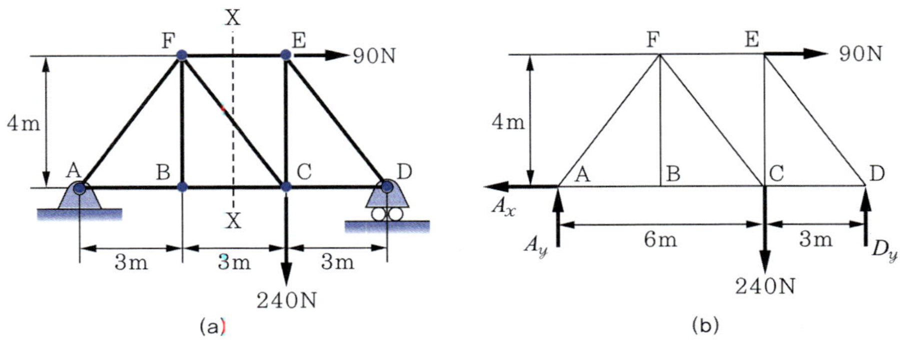

[그림 6.22]

풀이 (1) [지지점 반력] 전체 트러스의 자유물체도는 [그림 6.22(b)]와 같다. 여기에서 평형방정식을 적용하여 다음과 같이 반력을 얻는다.

$$\sum M_A = 0 \; : \; D_y \cdot 9\text{m} - 90\text{N} \cdot 4\text{m} - 240\text{N} \cdot 6\text{m} = 0$$

$$\therefore \; D_y = 200\,\text{N}$$

$$\sum F_y = 0 \; : \; A_y - 240\text{N} + D_y = 0 \quad \therefore \; A_y = 40\,\text{N}$$

$$\sum F_x = 0 \; : \; -A_x + 90\text{N} = 0 \quad \therefore \; A_x = 90\,\text{N}$$

(2) [자유물체도] [그림 6.22(a)]의 단면 X－X를 선택하여 전체 트러스를 2등분한 후 왼쪽 부분에 대한 자유물체도를 그리면 [그림 6.23]과 같다. 여기에서 미지력이 3개이므로 평형방정식을 적용하여 해를 구할 수 있음을 알 수 있다.

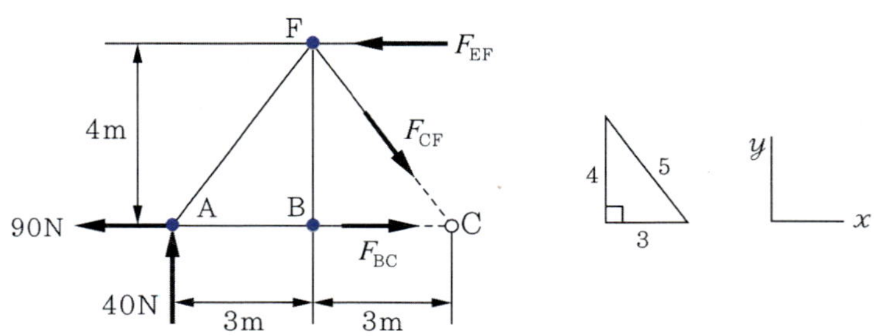

[그림 6.23]

(3) [평형방정식] [그림 6.23]의 자유물체도에 평형방정식을 적용한다. 먼저 점 C에 대한 모멘트 평형식을 적용하면 방정식에 F_{BC}와 F_{CF}가 포함되지 않고 F_{EF}가 곧바로 얻어진다.

$$\sum M_C = 0 \ : \ F_{EF} \cdot 4\text{m} - 40\text{N} \cdot 6\text{m} = 0$$

$$\therefore \ F_{EF} = 60\text{N (C)}$$

같은 방법으로 점 F에 대한 모멘트 평형식을 적용하여 F_{BC}를 곧바로 구한다.

$$\sum M_F = 0 \ : \ F_{BC} \cdot 4\text{m} - 90\text{N} \cdot 4\text{m} - 40\text{N} \cdot 3\text{m} = 0$$

$$\therefore \ F_{BC} = 120\text{N (T)}$$

F_{BC}와 F_{EF}는 y방향 성분을 갖지 않으므로 y방향 힘의 평형방정식을 적용하면 F_{CF}를 곧바로 구할 수 있다.

$$\sum F_y = 0 \ : \ 40\text{N} - \frac{4}{5}F_{CF} = 0$$

$$\therefore \ F_{CF} = 50\text{N (T)}$$

F_{EF}는 절단된 트러스 쪽으로 작용하고 F_{BC}와 F_{CF}는 바깥쪽으로 작용하고 있으므로 부재 EF는 압축 상태, BC와 CF는 인장 상태에 있다.

※ [예제 6.4]에서는 점 D에서의 반력을 구한 후 (A_x와 A_y를 구하지 않고) 잘린 트러스의 오른쪽 부분을 고려하여 원하는 부재의 힘을 구할 수 있다. 이렇게 하여 부재에 작용하는 힘을 구하고 [예제 6.4]의 결과를 확인해 보아라.

예제 6.5 [그림 6.24]의 트러스에서 다음을 구하여라. 트러스는 마찰 없는 핀(A)과 롤러(E)로 고정되어 있다.

(1) 지지점(A, E)에서의 반력

(2) 부재 BC와 CI에 작용하는 힘

(3) 부재 GH에 작용하는 힘

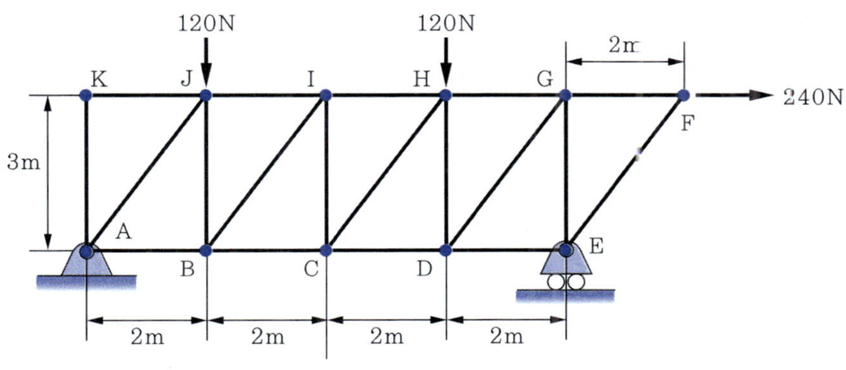

[그림 6.24]

《풀이》 (1) 트러스 전체의 자유물체도는 [그림 6.25]와 같다.

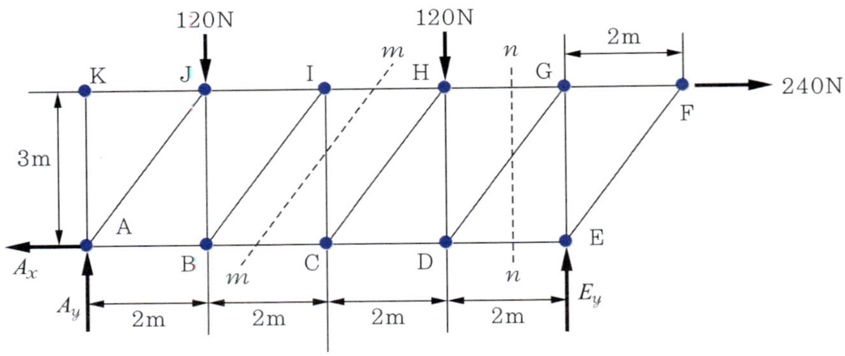

[그림 6.25]

여기에서 평형방정식을 적용하여 다음과 같이 반력을 얻는다.

$$\sum M_A = 0\ :\ E_y \cdot 8\text{m} - 120\text{N} \cdot 2\text{m} - 120\text{N} \cdot 6\text{m} - 240\text{N} \cdot 3\text{m} = 0$$

$$\therefore\ E_y = 210\,\text{N}$$

$$\sum F_y = 0\ :\ A_y - 120\text{N} - 120\text{N} + E_y = 0\ \ \therefore\ A_y = 30\,\text{N}$$

$$\sum F_x = 0\ :\ -A_x + 240\text{N} = 0\ \ \therefore\ A_x = 240\,\text{N}$$

(2) [그림 6.25]의 $m-m$ 단면을 따라 트러스를 자른 후 왼쪽 부분에 대한 자유물체도를 그리면 [그림 6.26]과 같다. 이 자유물체도에 평형방정식을 적용한다.

- 부재 BC에 작용하는 힘 : 점 I에 대한 모멘트 평형식을 적용하면 F_{BC}가 곧바로 얻어진다.

$$\sum M_I = 0\ :\ F_{BC} \cdot 3\text{m} + 120\text{N} \cdot 2\text{m} - 240\text{N} \cdot 3\text{m} - 30\text{N} \cdot 4\text{m} = 0$$

$$\therefore\ F_{BC} = 200\,\text{N}\ (\text{T})$$

F_{BC}는 절단된 트러스의 바깥쪽(절점 B에서 멀어지는 방향)으로 작용하고 있으므로 부재 BC는 인장 상태에 있다.

- 부재 CI에 작용하는 힘 : F_{BC}와 F_{HI}는 y방향 성분을 갖지 않으므로 y방향 힘의 평형방정식을 적용하여 F_{CI}를 구한다.

$$\sum F_y = 0\ :\ 30\text{N} - 120\text{N} + F_{CI} = 0$$

$$\therefore\ F_{CI} = 90\,\text{N}\ (\text{C})$$

F_{CI}는 절단된 트러스 쪽(절점 I를 향하는 방향)으로 작용하고 있으므로 부재 CI는 압축 상태에 있다.

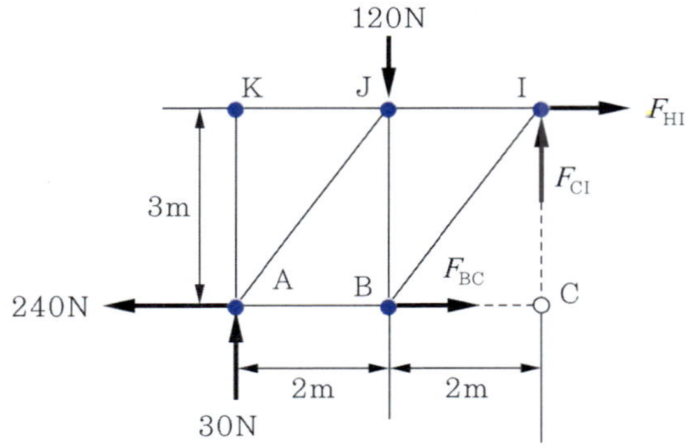

[그림 6.26]

(3) [그림 6.25]의 $n-n$ 단면을 따라 트러스를 자른 후 오른쪽 부분에 대한 자유물체도를 그리면 [그림 6.27]과 같다. 여기에서 점 D에 대한 모멘트 평형식을 적용하면 F_{GH}가 구해진다.

$$\sum M_D = 0 \ : \ F_{GH} \cdot 3\text{m} + 210\text{N} \cdot 2\text{m} - 240\text{N} \cdot 3\text{m} = 0$$

$$\therefore \ F_{GH} = 100\,\text{N (T)}$$

F_{GH}는 절단된 트러스의 바깥쪽(절점 G에서 멀어지는 방향)으로 작용하고 있으므로 부재 GH는 인장 상태에 있다.

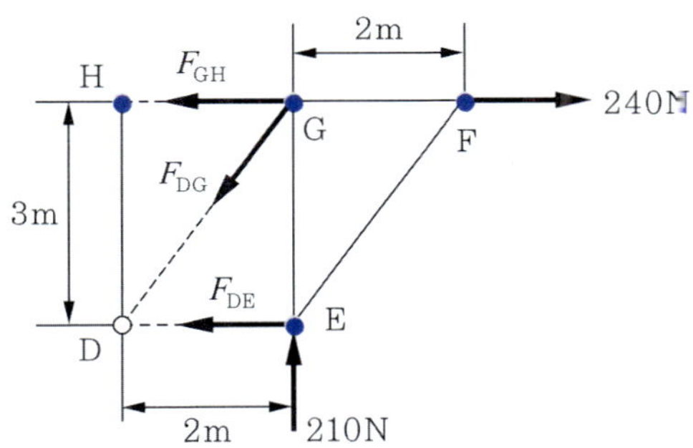

[그림 6.27]

연 습 문 제

6.15 트러스의 부재 BD, CD, CE에 작용하는 힘을 구하여라.

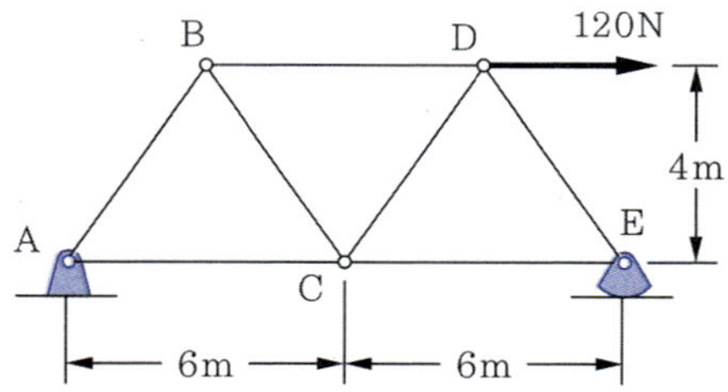

[문제 6.15]

6.16 부재 BC, CF, EF에 작용하는 힘을 구하여라.

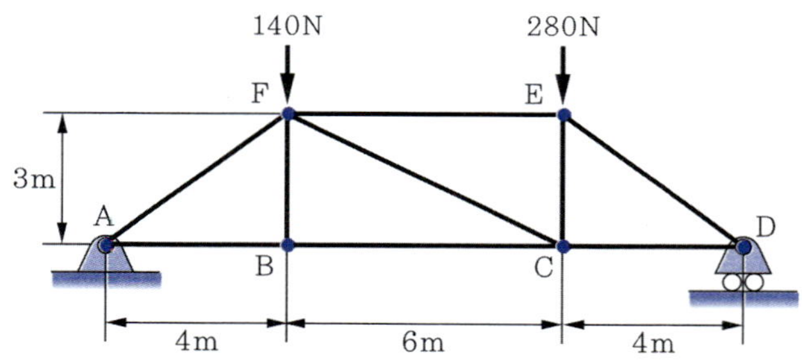

[문제 6.16]

6.17 부재 CD, CH, HI에 작용하는 힘을 구하여라.

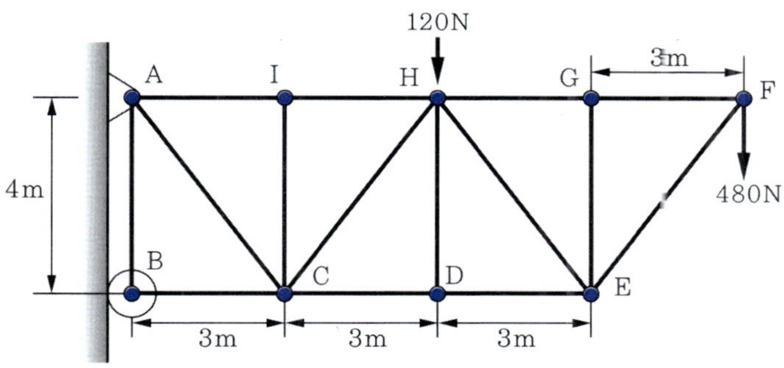

[문제 6.17]

6.18 그림의 트러스에서 다음을 구하여라.

(1) 부재 AB와 AH에 작용하는 힘

(2) 부재 FG에 작용하는 힘

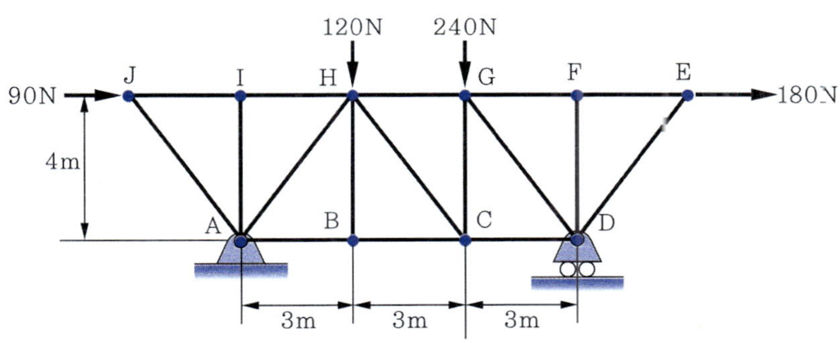

[문제 6.18]

6.19 부재 CH에 작용하는 힘을 구하여라.

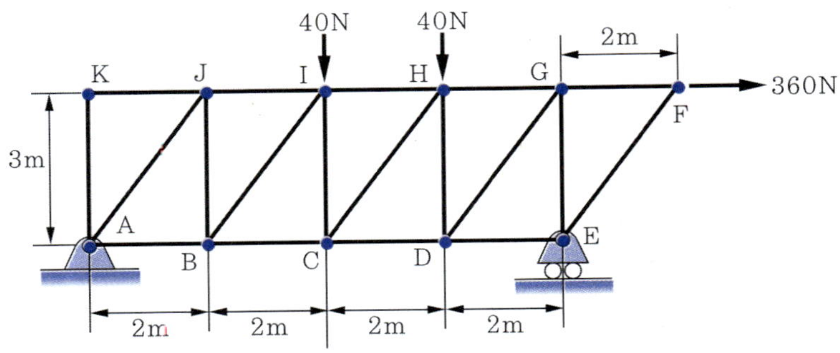

[문제 6.19]

6.20 부재 AB, AJ, KJ에 작용하는 힘을 구하여라.

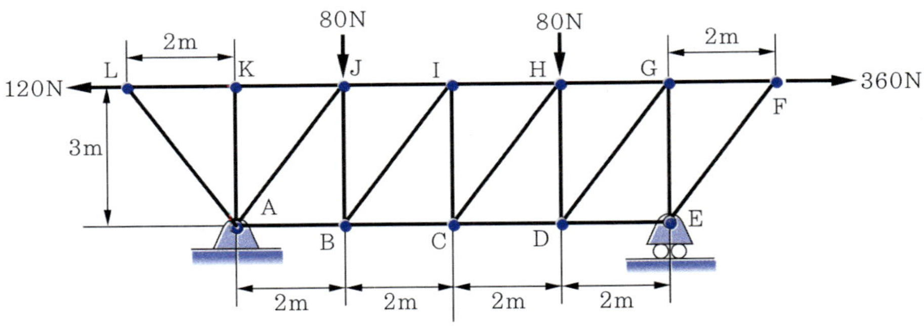

[문제 6.20]

6.21 부재 BC, BE, EF에 작용하는 힘을 구하여라.

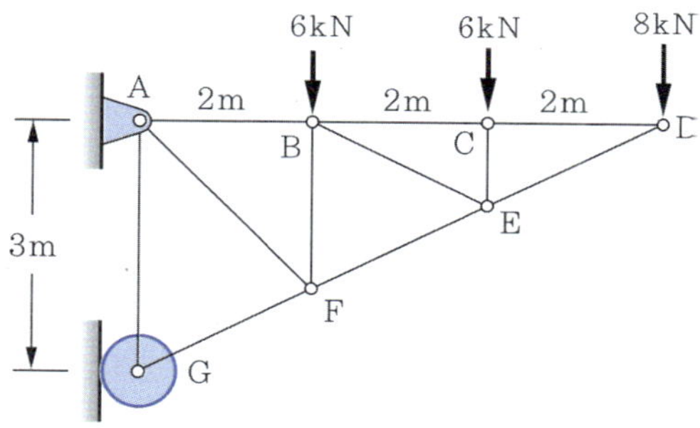

[문제 6.21], [문제 6.22]

6.22 지지점 반력을 결정한 후 부재 AB, AF, FG에 작용하는 힘을 구하여라.

6.23 그림과 같이 연직 아래 방향으로 두 개의 하중 P와 Q를 받고 있는 트러스가 있다. $P = Q = 240\text{N}$일 때 부재 AJ와 EF에 작용하는 힘을 구하여라.

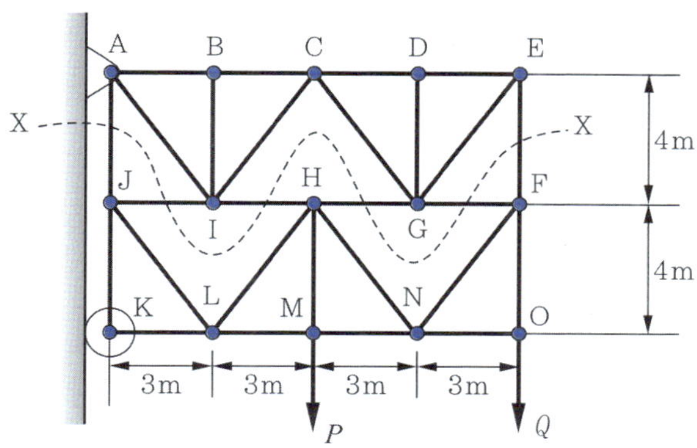

[문제 6.23], [문제 6.24]

※ 단면 X−X를 따라 절단한 후 모멘트 평형식을 이용한다. 이때 모멘트 기준점을 잘 선정하면 원하는 힘을 곧바로 구할 수 있다

6.24 $P = 320\text{N}$, $Q = 0$일 때 부재 AJ와 EF에 작용하는 힘을 구하여라.

6.25 그림과 같은 지붕트러스에 대한 다음 물음에 답하여라.

(1) 단면법을 이용하여 부재 FG에 작용하는 힘을 구하여라. (선 a를 따라 절단된 트러스를 이용한다.)

(2) 절점법을 이용하여 부재 CG에 작용하는 힘을 구하여라. (선 b를 따라 절단하여 절점 G를 고려한다.)

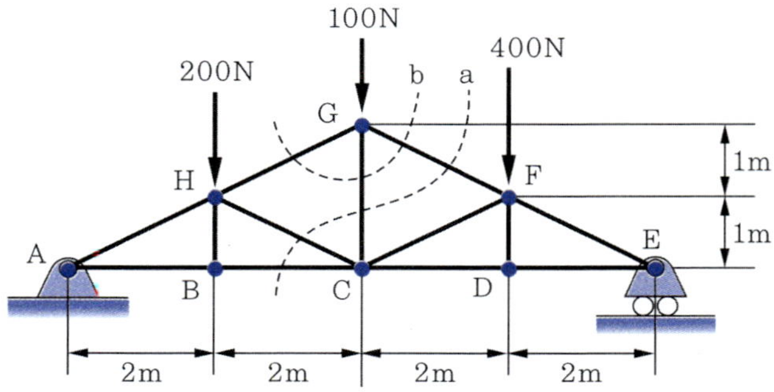

[문제 6.25]

※ 원하는 힘을 쉽게 구할 수 있게 하는 모멘트 기준점을 찾아본다.

6.26 그림과 같이 하중을 받고 있는 지붕트러스에서 다음을 구하여라.

(1) 부재 CD, DK, JK에 작용하는 힘

(2) 부재 DJ에 작용하는 힘

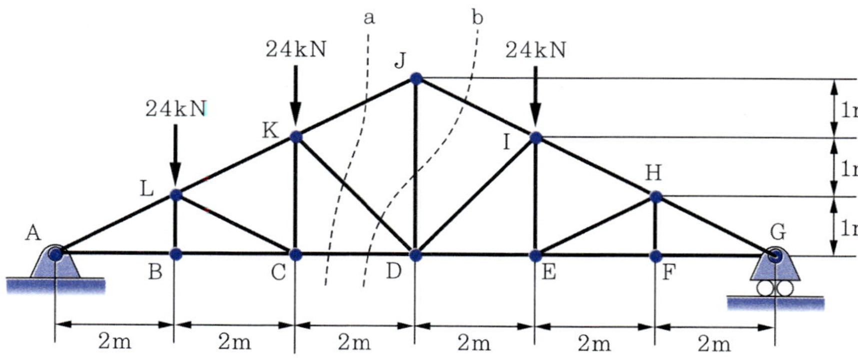

[문제 6.26]

6.27 다음 그림과 같은 지붕 트러스에서 반력 R_A와 R_B를 구하고, CF, CE의 부재력을 구하시오. (단, 인장력은 (+), 압축력은 (−)로 나타내고, 풀이 과정은 채점하지 않음.[1])

[중등교사 임용시험-건설(2007)]

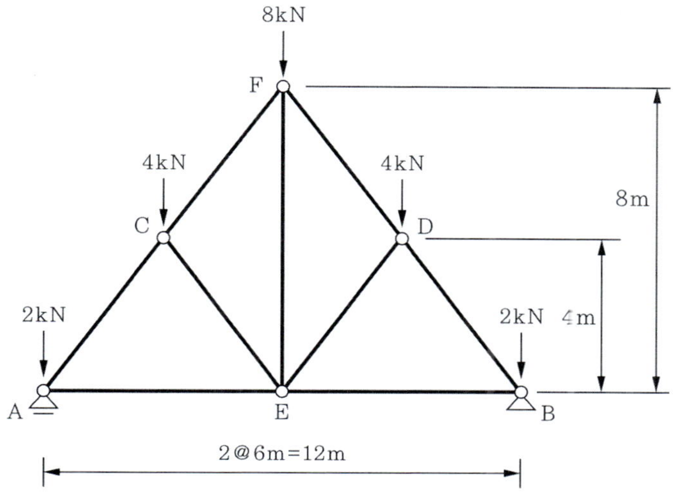

[문제 6.27]

6.28 그림과 같은 트러스 구조물에서 부재 CE와 DF의 부재력을 구하여라. 단, 부재의 인장력은 (+)로 하며, 압축력은 (−)로 하고 자중은 무시한다.

[중등교사 임용시험-건설(2012)]

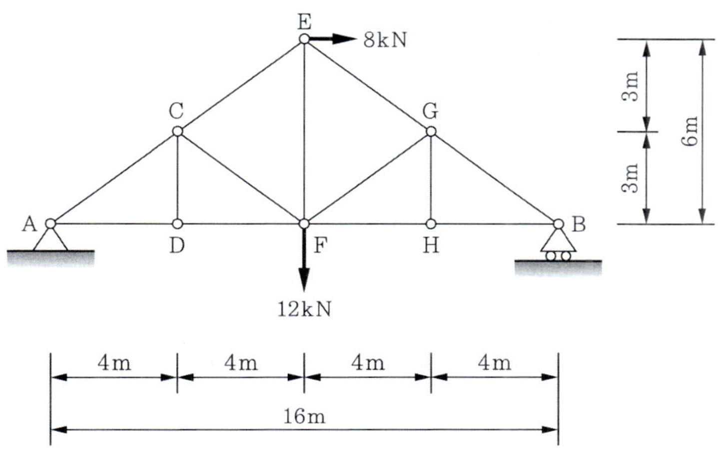

[문제 6.28]

1) 가능한 문제 원문 그대로 소개한다. 풀이 과정을 보지 않는다는 것은 바람직하지 않다고 하겠다.

6.29 축사 지붕 구조에 목재 트러스를 사용하고자 한다. 트러스에 작용하는 하중의 크기와 위치는 그림과 같고 지점 A는 힌지지점(회전지점), C는 롤러지점(이동지점)이다. 부재 AE의 허용 압축응력이 500N/cm^{2}일 때, 부재력에 대해 안전하기 위한 부재 AE의 최소 단면적을 구하여라.

[중등교사 임용시험-농공(2009)]

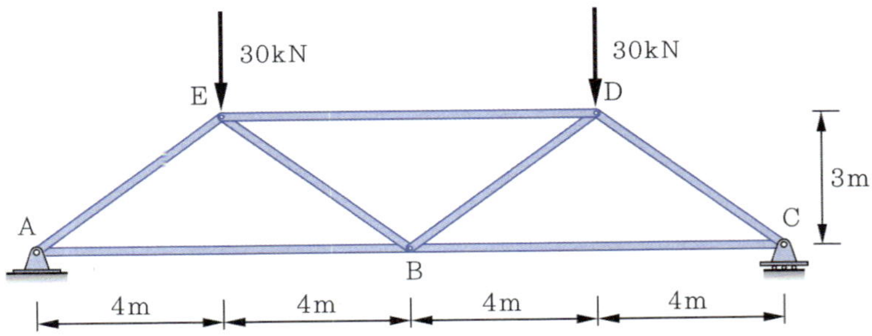

[문제 6.29]

※ 절점법이나 단면법으로써 부재 AE에 작용하는 힘을 구한다. 단면적 A, 압축력 F를 받는 부재의 압축응력 $\sigma = \dfrac{F}{A}$이다.

6.30 그림의 트러스는 A에서 힌지지점(회전지점), G에서 롤러지점(이동지점)으로 지지되어 있다. 부재 AB의 부재력 F_{AB}와 부재 AL의 부재력 F_{AL}을 구하여라.

[중등교사 임용시험-농공(2012)]

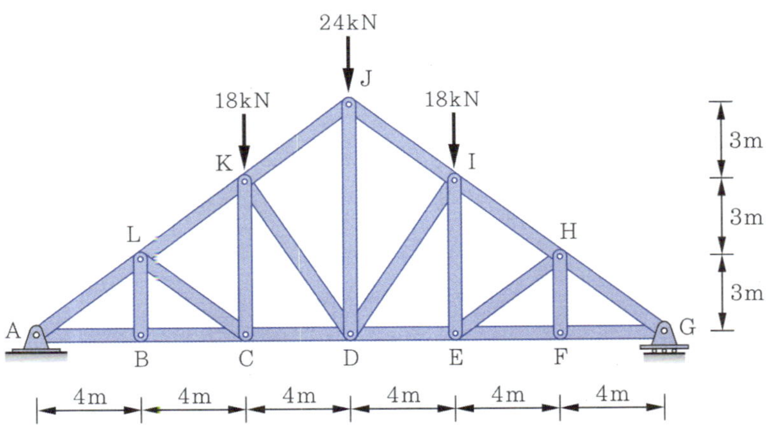

[문제 6.30]

6.31 그림과 같은 구조물에 걸리는 힘에 대하여 옳게 설명한 것을 〈보기〉에서 모두 고른 것은? 단, 모든 부재는 강체이며 핀 조인트로 연결되어 있다고 가정한다. **[중등교사 임용시험-기술(2010)]**

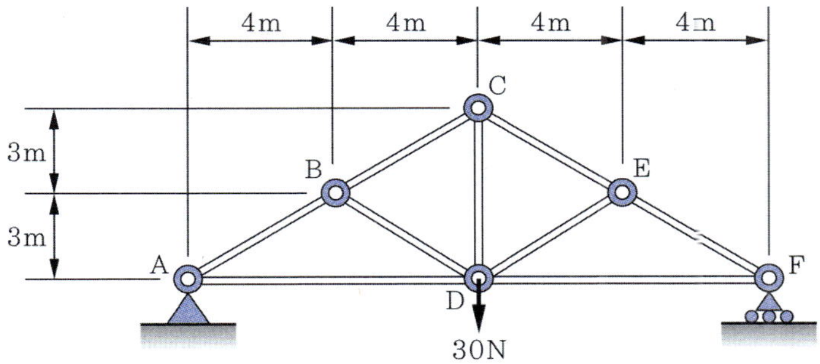

[문제 6.31]

ㄱ. A점에서의 반력은 15N이다.
ㄴ. AB 부재는 25N의 인장력을 받는다.
ㄷ. AD 부재는 20N의 인장력을 받는다.
ㄹ. BD 부재는 25N의 인장력을 받는다.

① ㄱ, ㄷ ② ㄱ, ㄹ ③ ㄴ, ㄷ
④ ㄱ, ㄴ, ㄹ ⑤ ㄴ, ㄷ, ㄹ

6.32 그림과 같은 트러스에서 단면법으로 구한 U의 부재력의 크기는? **[공무원 임용시험]**

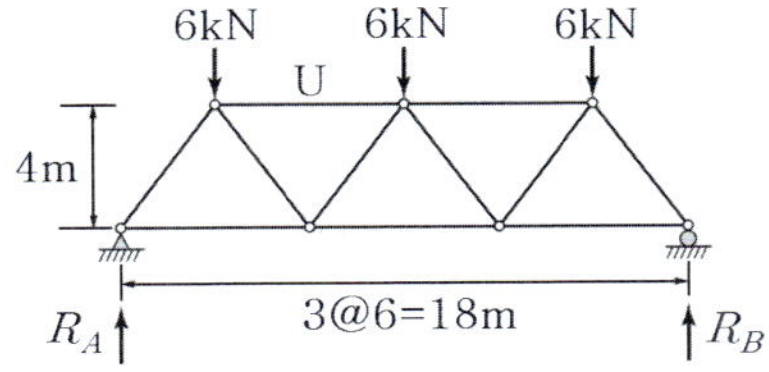

[문제 6.32]

① 9kN ② 11kN ③ 13kN ④ 15kN

6.33 그림과 같은 트러스에서 부재 BC의 부재력의 크기는? (단, 모든 부재의 자중은 무시하고, 모든 내부 절점은 힌지로 이루어져 있다)

[공무원 임용시험]

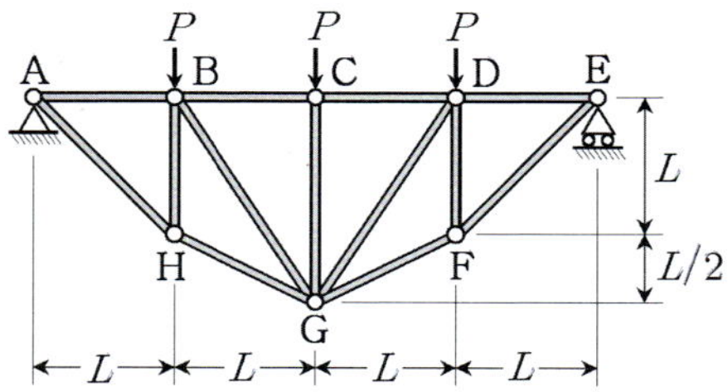

[문제 6.33]

① $\dfrac{P}{3}$ ② P

③ $2P$ ④ $\dfrac{4P}{3}$

6.34 그림과 같은 트러스에서 CB부재에 발생하는 부재력의 크기[kN]는? (단, 모든 부재의 자중은 무시한다) **[공무원 임용시험]**

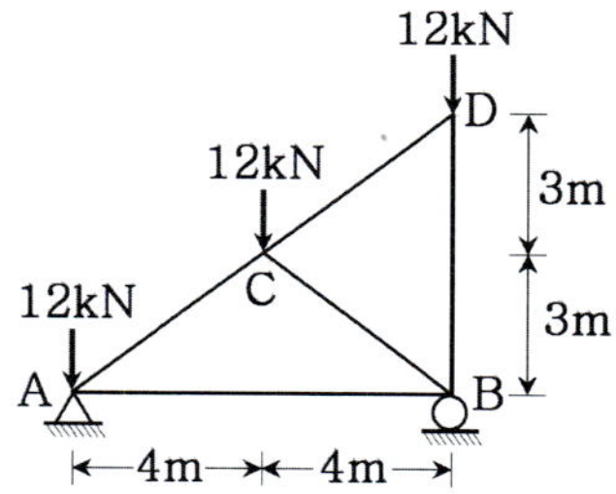

[문제 6.34]

① 5.0 ② 7.5

③ 10.0 ④ 12.5

6.35 다음 트러스 구조물의 상현재 U와 하현재 L의 부재력[kN]은? (단, 모든 부재의 탄성계수와 단면적은 같고, 자중은 무시한다)

[공무원 임용시험]

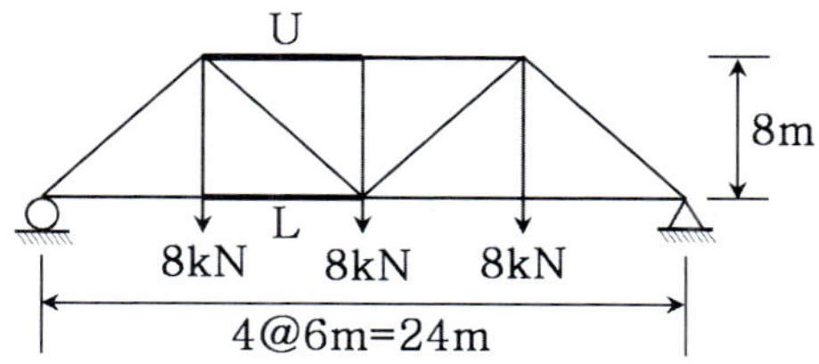

[문제 6.35]

	U부재력	L부재력
①	12(압축)	9(인장)
②	12(인장)	6(압축)
③	9(압축)	18(인장)
④	9(인장)	9(압축)

6.36 그림과 같은 트러스에서 사재 AH의 부재력[kN]은? (단, P_1 =10kN, P_2 =30kN이며, 자중은 무시한다) **[공무원 임용시험]**

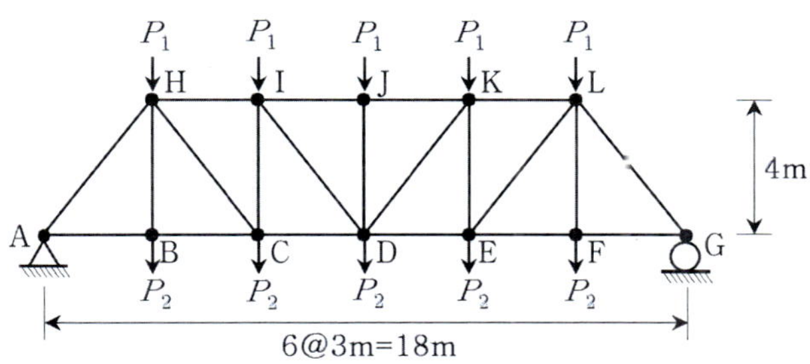

[문제 6.36]

① 75(인장) ② 75(압축)
③ 125(인장) ④ 125(압축)

6.37 그림과 같은 트러스에서 BC 부재의 부재력 F_{BC}는? (단, 트러스의 자중은 무시한다) **[공무원 임용시험]**

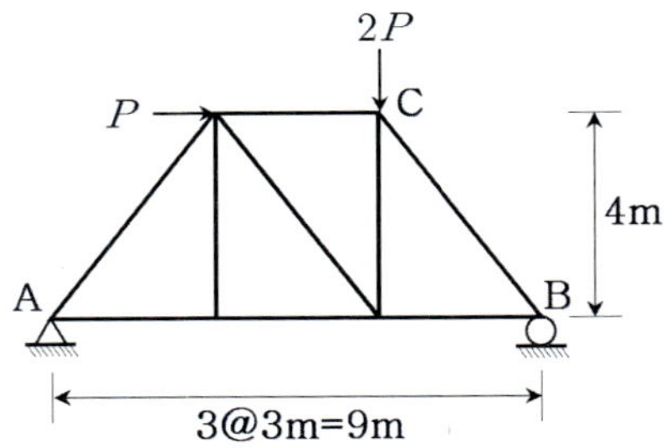

[문제 6.37]

① $\frac{20}{9}P$(압축) ② $\frac{25}{12}P$(압축)

③ $\frac{20}{9}P$(인장) ④ $\frac{25}{12}P$(인장)

6.38 그림에 나타난 트러스에서 부재력이 0인 부재의 수는? **[공무원 임용시험]**

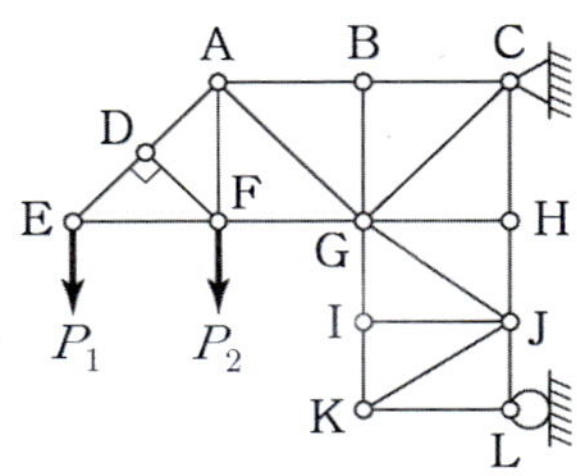

[문제 6.38]

① 4개 ② 5개

③ 6개 ④ 7개

6.39 다음과 같은 트러스 구조물에서 BD, CD의 부재력 값[N]은? (단, $\sqrt{2}$는 1.4, $\sqrt{3}$은 1.7로 계산한다) **[공무원 임용시험]**

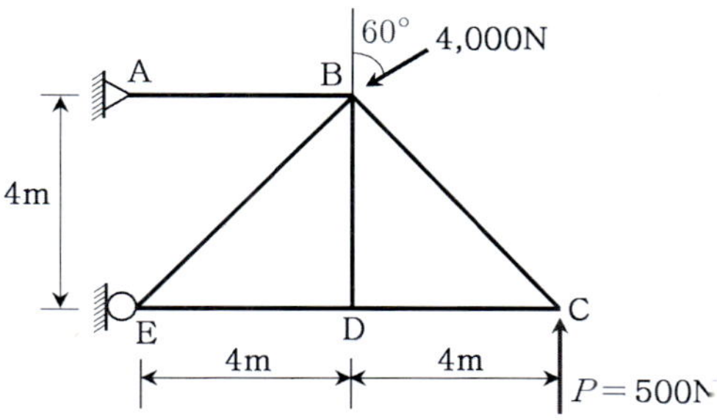

[문제 6.39]

	BD부재력	CD부재력
①	0	500(인장)
②	0	500(압축)
③	2,000(압축)	700(인장)
④	3,400(인장)	700(압축)

6.40 그림과 같은 구조물에서 $\overline{AB}$의 부재력과 $\overline{BC}$의 브재력은? (단, 모든 절점은 힌지임) **[공무원 임용시험]**

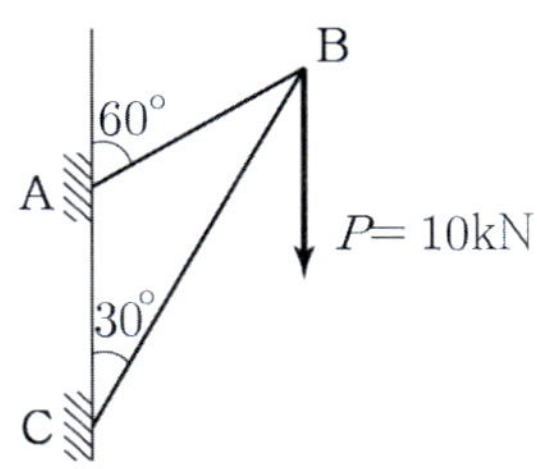

[문제 6.40]

① $\overline{AB}$ = 10kN (인장), $\overline{BC}$ = 10$\sqrt{3}$ kN (압축)

② $\overline{AB}$ = 10kN (압축), $\overline{BC}$ = 10$\sqrt{3}$ kN (인장)

③ $\overline{AB}$ = 10$\sqrt{3}$ kN (인장), $\overline{BC}$ = 10kN (압축)

④ $\overline{AB}$ = 10$\sqrt{3}$ kN (압축), $\overline{BC}$ = 10kN (인장)

6.41 다음 그림과 같은 트러스에서 BD부재의 축력의 크기[kN]는? (단, ∠BAC = ∠BCA = ∠DCE이다) **[공무원 임용시험]**

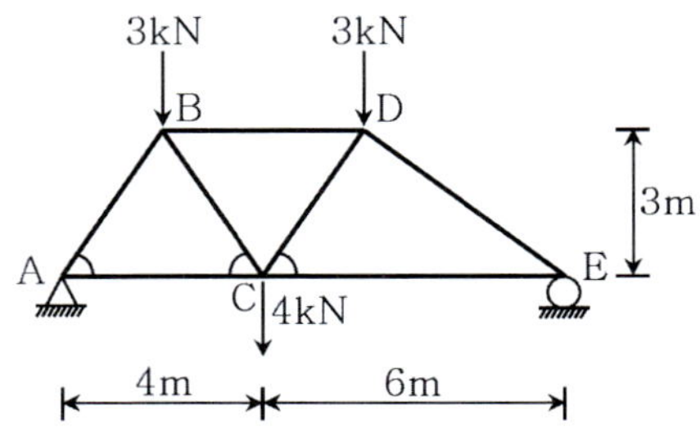

[문제 6.41]

① 3
② 4
③ 6
④ 8

6.42 그림과 같이 트러스 구조물에서 하중이 작용할 때, 부재 AE의 부재력[kN]의 크기는? (단, 구조물의 자중은 무시한다) **[공무원 임용시험]**

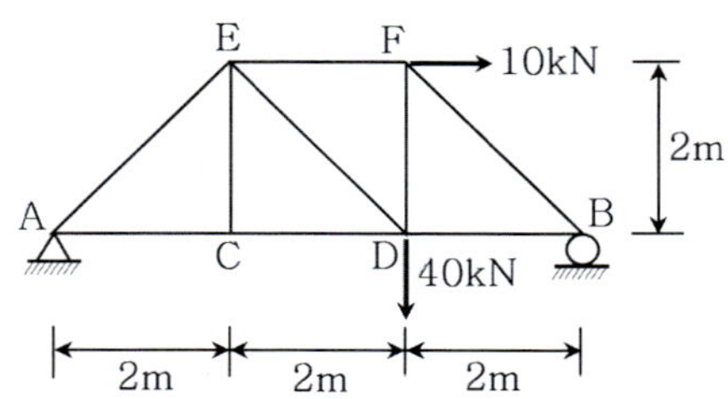

[문제 6.42]

① 10
② $10\sqrt{2}$
③ 20
④ $20\sqrt{2}$

6.43 그림과 같이 트러스 구조물에 하중이 작용할 때, 부재 BC의 부재력 [kN]은? (단, 구조물의 자중은 무시한다) **[공무원 임용시험]**

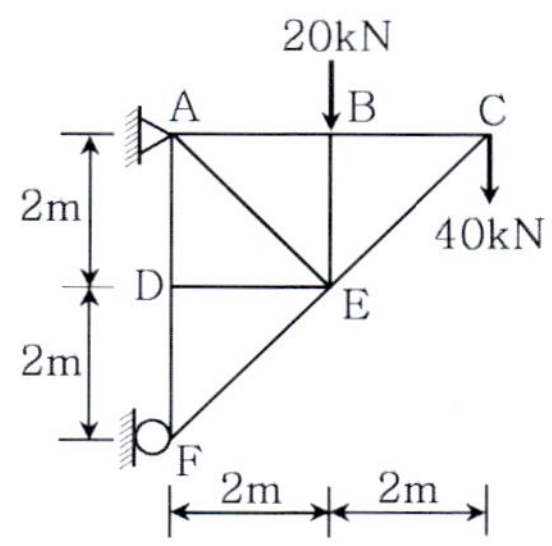

[문제 6.43]

① 40 (압축) ② 50 (압축)
③ 40 (인장) ④ 50 (인장)

6.44 그림과 같이 중앙선에 대칭인 트러스 구조물의 E절에 수직하중 P가 작용할 때, BC 부재의 부재력은? (단, 구조물의 자중은 무시한다)

[공무원 임용시험]

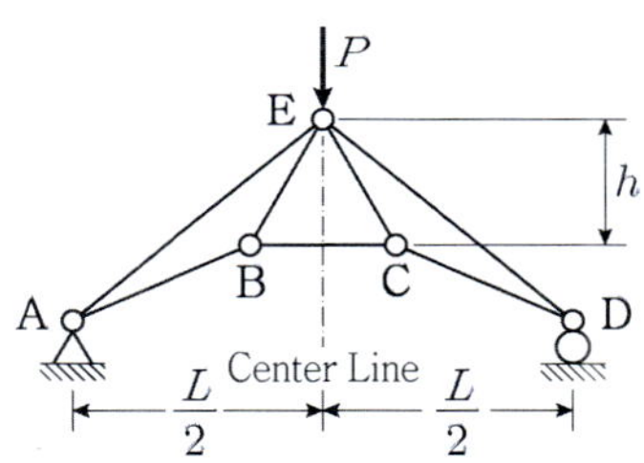

[문제 6.44]

① $\dfrac{PL}{h}$ ② $\dfrac{PL}{2h}$

③ $\dfrac{PL}{4h}$ ④ $\dfrac{PL}{8h}$

6.45 그림과 같은 트러스에서 FH부재의 부재력이 200N(압축)이 되기 위한 하중 P의 크기[N]는? (단, 구조물의 자중은 무시한다) **[공무원 임용시험]**

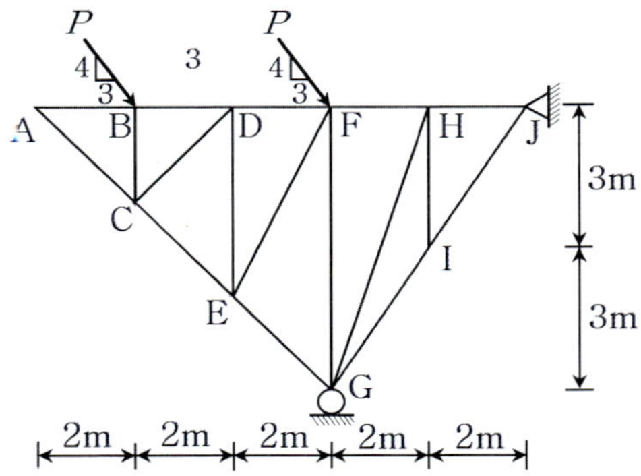

[문제 6.45]

① 100　　② 200

③ 300　　④ 400

Chapter 07

보

7.1 서론

공학에서 사용하는 각종 구조물 부재 중 부재를 따라 여러 점에 작용하는 하중을 지지하도록 설계한 것을 보(beam)라 한다[그림 7.1]. 보는 기계공학, 토목, 건축 등의 여러 분야에서 사용되며 기초 재료역학에서 취급하는 가장 기본적인 구조물 부재라 할 수 있다. 따라서 보에 대한 기초 이론을 충분히 습득하여야 한다.

[그림 7.1]과 같이 보는 일반적으로 길고 직선인 균일 단면의 막대 모양이다. 이와 같은 보의 하중 적재능력을 해석할 때는, 첫째, 보의 전체와 임의 부분을 분리하여 평형조건을 세우고, 둘째, 외부의 합력과 이를 지지하는 보의 내부 저항과의 관계식을 세워야 한다. 이러한 해석의 첫 부분은 정역학에서 많이 다루는 반면, 두 번째 부분은 일반적으로 재료의 강도 특성과 관련하여 재료역학(고체역학)에서 다루는 내용이다. 그러나 두 번째 부분에서도 정역학의 기본법칙이 적용된다.

이 장에서는 먼저 7.2절에서 외부 하중과 보에 작용하는 반력을 다루고, 다음에 7.3절에서 보의 내부 저항력(내부 전단력과 굽힘 모멘트)에 대해 공부한다.

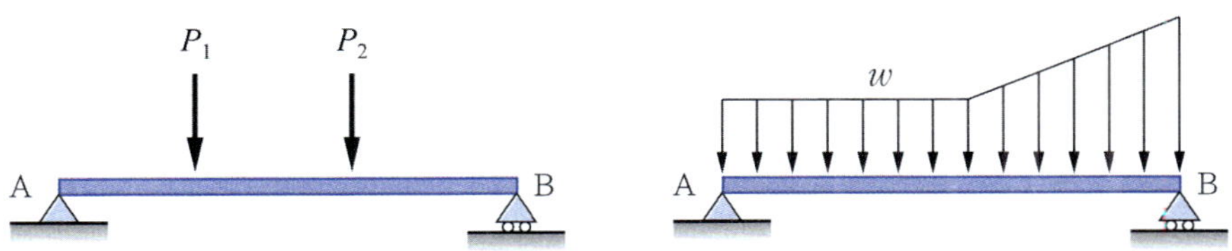

(a) 집중하중 (b) 분포하중

[그림 7.1] 집중하중과 분포하중을 받고 있는 보

1. 보의 받침점(지점)

보를 받치고 있는 점을 받침점 또는 지점이라 하고, 두 받침점 사이의 거리를 스팬(span)이라 한다. 받침점에는 회전지점, 이동지점, 고정지점이 있다.

(1) 회전지점(핀 지점)

보의 끝이 핀으로 고정되어 있어서 회전할 수 있는 지점이다. 수평 및 수직 방향 성분을 갖는 반력이 존재할 수 있지만 반력 모멘트는 발생하지 않는다.

(2) 이동지점(롤러 지점)

보의 끝이 마찰 없는 롤러로 지지되어 있다. 수평 방향 반력과 반력 모멘트가 없고 수직 방향 반력만 존재한다.

(3) 고정지점

보를 완전히 고정하여 수평 및 수직 방향 성분을 갖는 반력과 반력 모멘트가 모두 존재할 수 있는 지점이다.

2. 보의 종류

보를 지지하는 방법(받침점의 조합)에 따라 보의 종류를 [그림 7.2]와 같이 (a) 단순보(단순지지보) (b) 외팔보 (c) 내닫이보(내민보, 돌출보) (d) 다중지지보(연속보) (e) 고정보 (f) 고정지지보 등으로 분류한다.

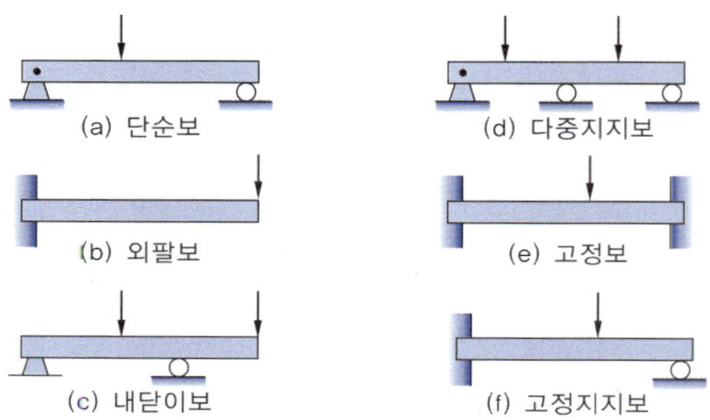

[그림 7.2] 보의 종류

(1) 단순보(simple beam)

회전지점(핀)과 이동지점(롤러)으로써 양 끝이 모두 받쳐져 있는 보이다.

(2) 외팔보(cantilever beam)

한쪽 끝은 벽에 고정되고, 다른 쪽 끝은 자유롭게 되어 있는 보이다.

(3) 내닫이보(overhanging beam)

회전지점과 이동지점으로 받쳐지고 보의 일부가 받침점 밖으로 나와 있는 보이다.

(4) 다중 지지보(multiply supported beam)

3개 이상의 받침점을 갖는 보이다. 받침점 중 하나는 회전지점이고 나머지는 이동지점이다.

(5) 고정보(fixed beam)

양 끝이 모두 벽에 고정되어 있는 보이다.

(6) 고정 지지보(supported and fixed beam)

한쪽 끝은 벽에 고정되고, 다른 쪽 끝은 이동지점으로 받쳐져 있는 보이다.

3. 정정보와 부정정보

(1) 정정보

힘의 평형방정식($\sum \overrightarrow{F}=0$, $\sum \overrightarrow{M}=0$)만으로 지점의 반력을 모두 구할 수 있는 보를 정정보(statically determinate beam)라 한다. 정정보에는 단순보, 외팔보, 내닫이보 등이 있다. 일반적으로 정역학에서는 정정보만을 다룬다.

(2) 부정정보

정정보와 달리 힘과 모멘트 평형 조건($\sum \overrightarrow{F}=0$, $\sum \overrightarrow{M}=0$)만으로는 반력을 모두 구할 수 없는 보를 부정정보(statically indeterminate beam)라 한다. 부정정보를 해석할 때는 하중과 보의 변형 관계까지 고려해야 한다. 부정정보에는 다중 지지보, 고정보, 고정 지지보 등이 있다.

7.2 보의 외력, 분포하중의 단순화

단위질량당 무게를 갖는 구조물의 하중, 물의 압력, 땅의 무게에 의한 압력 등과 같이 어느 범위 내에 분포하여 작용하는 하중을 분포하중(distributed load)이라 한다. 지금까지는 작용선 상에 집중하는 힘을 다루었지만 엄밀하게 말하면 이와 같은 집중력(concentrated force)은 존재하지 않는다. 왜냐하면 어떤 물체에 기계적으로 가한 외력은 아무리 작더라도 미소한 접촉 면적에 분포하기 때문이다. 일반적으로 하중과 물체의 접촉 면적이 큰 경우에 물체에 작용하는 하중은 분포하중이 된다.

[그림 7.3(a)]와 같이 보에 작용하는 분포하중을 고려해보자. 정역학과 재료역학에서는 이와 같이 단위 길이당 하중으로 정의되는 하중함수 $w(x)$를 많이 취급한다. 여기에서 $w(x)$의 SI단위는 N/m이다. [그림 7.3(a)]와 같은 분포하중을 [그림 7.3(b)]와 같이 하나의 집중하중 $\overrightarrow{F_R}$로 단순화시키면 5장에서 배운 평형방정식을 적용하여 지지점 반력을 쉽게 구할 수 있을 것이다. 이때 합력의 크기(F_R)와 작용점의 위치($\bar{x}$)는 분포하중 $w(x)$와 같은 효과를 줄 수 있도록 결정되어야 한다.

1. 합력의 크기

[그림 7.3(a)]에서 보에 작용하는 전체 하중을 구하려면 하중함수 $w(x)$를 적분해야 한다. $w(x)$는 단위 길이당 힘이므로 위치 x에서 길이 dx의 선 요소에 작용하는 미소 힘의 크기는 $dF = w(x)\,dx = dA$이다. 즉, dF의 크기는 하중곡선 아래의 미소 면적 dA로부터 구해진다. 따라서 보의 전체 길이(L)에 대하여 전체 분포하중의 크기(F_R)는 다음과 같다.

$$F_R = \int_L w(x)\,dx = \int_A dA = A \tag{7.1}$$

따라서 합력의 크기 F_R은 하중곡선 $w(x)$ 아래의 전체 면적 A와 같다.

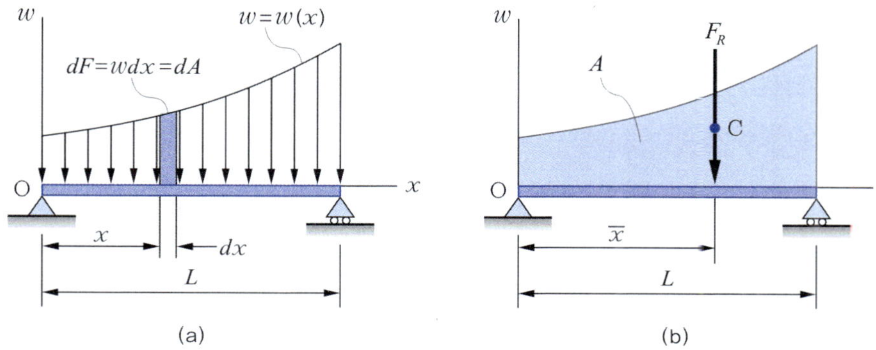

[그림 7.3] 분포하중 : 합력과 힘의 작용점

2. 합력의 작용점

지지점들에서 같은 크기의 반력을 발생시키기 위한 등가의 단일 집중하중($\overrightarrow{F_R}$)의 작용점의 위치($\overline{x}$)는 점 O에 대한 모멘트 평형 조건에서 구해진다. [그림 7.3(a)]에서 미소 힘 dF는 점 O에 대한 모멘트 $x\,dF = x\,w(x)dx$를 발생시킨다. 따라서 $w(x)$에 의한 점 O에 대한 전체 모멘트는 $\int_L x dF = \int_L x\,w(x)\,dx$이고 이것은 합력 F_R의 모멘트와 같으므로

$$\overline{x}\,F_R = \int_L x\,w(x)\,dx$$

에서 다음과 같이 작용점의 위치($\overline{x}$)가 결정된다.

$$\overline{x} = \frac{\int_L x\,w(x)\,dx}{\int_L w(x)\,dx} = \frac{\int_A x dA}{\int_A dA} = \frac{\int_A x dA}{A} \tag{7.2}$$

식 (7.2)는 분포하중 선도 $w(x)$의 면적의 기하학적 중심(도심, centroid)의 x좌표를 나타낸다. 따라서 합력의 작용선은 [그림 7.3(b)]와 같이 분포하중 선도 $w(x)$의 면적의 도심(C)을 통과한다.

이상에서 구한 식 (7.1)과 (7.2)를 이용하여 보에 작용하는 분포하중을 등가의 집중하중으로 대체하면 보의 지지점 반력을 쉽게 구할 수 있다.

3. 균일 분포하중과 등변 분포하중

정역학과 재료역학에서 많이 취급하는 것은 [그림 7.4(a)]와 같은 균일 분포하중(등분포하중)과 [그림 7.5(a)]와 같은 등변 분포하중이다. 이들에 대한 합력(F_R)과 작용점의 위치($\bar{x}$)는 각각 [그림 7.4(b)]와 [그림 7.5(b)]와 같다.

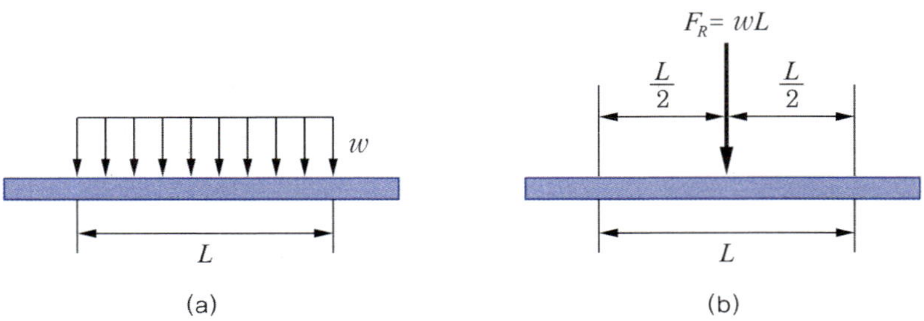

[그림 7.4] 균일 분포하중

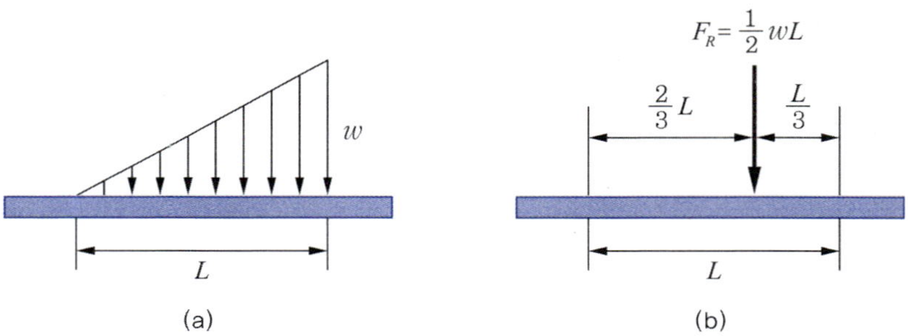

[그림 7.5] 등변 분포하중

[그림 7.4(b)]와 [그림 7.5(b)]의 결과는 [예제 7.2]와 같은 방법으로 유도된다. 한편 [그림 7.6(a)]와 같은 사다리꼴 모양의 분포하중은 [그림 7.6(a)]의 점선을 따라 [그림 7.6(b)]와 같이 균일 분포하중(사각형)과 등변 분포하중(삼각형)으로 분리하여 각각에 대한 합력과 작용점을 구하여 해석하면 된다.

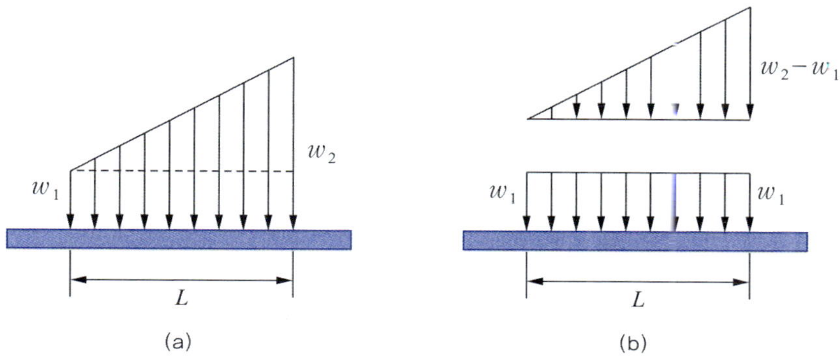

[그림 7.6] 사다리꼴 모양의 분포하중

※ 등변 분포하중(uniformly varying load) : 단위 길이 또는 단위 면적당의 하중이 재료의 축 방향 또는 어느 일정 방향으로 비례적으로 변화하고 있는 상태의 하중을 말한다. 3각 분포하중이라고도 한다.

예제 7.1 [그림 7.7(a)]와 같이 길이 L(m)의 단순보에 균일 분포하중 w(kN/m)가 작용할 때 받침점 A, B에서의 반력을 구하여라. 단, 보의 무게는 무시한다.

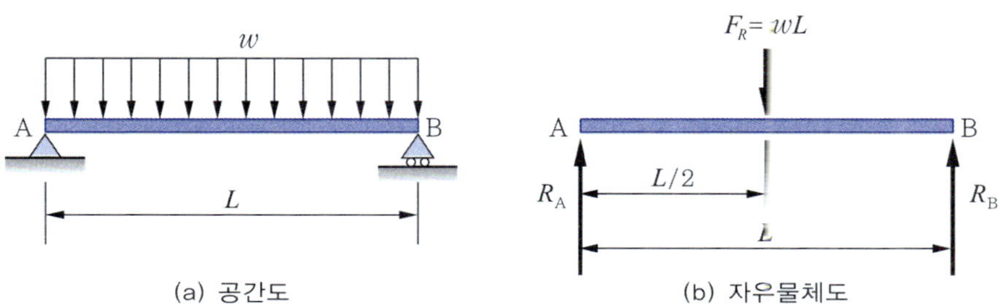

[그림 7.7]

풀이 분포하중 w(kN/m)에 의해 보의 전 길이 L(m)에 걸리는 하중은

$$F_R = w\,L\ (\text{kN})$$

이고, 전체 분포하중의 무게 중심은 보의 중심이므로 분포하중을 그림 [7.7(b)]와 같이 하나의 집중하중으로 대체하여 자유물체도를 그릴 수 있다. 여기에서 힘의 평형조건을 적용하여 반력을 구한다.

수직방향 힘의 합이 0이라는 조건($\sum F_y = 0$)에서

$$R_A + R_B - F_R = 0 \quad \cdots\cdots ①$$

이고, 점 B에 대한 모멘트 합이 0이라는 조건($\sum M_B = 0$)에서

$$-R_A \cdot L + F_R \cdot \frac{L}{2} + R_B \cdot 0 = 0$$

$$\therefore \quad -R_A + \frac{F_R}{2} = 0 \quad \cdots\cdots ②$$

이다. 식 ①, ②로부터 다음과 같이 받침점에서의 반력이 구해진다.

$$R_A = \frac{F_R}{2} = \frac{wL}{2}, \quad R_B = \frac{F_R}{2} = \frac{wL}{2} \quad \cdots\cdots ③$$

※ 분포하중을 그와 같은 효과를 갖는 등가의 집중하중으로 대체하여 편리하게 해석할 수 있다.
※ 분포하중의 합력은 하중선도의 면적과 같고, 그 작용선은 하중선도 면적의 도심 또는 기하학적 중심을 통과한다.

예제 7.2 [분포하중의 합력과 작용점] [그림 7.8(a)]의 등변 분포하중과 등가인 합력의 크기와 작용점의 위치를 구하여라.

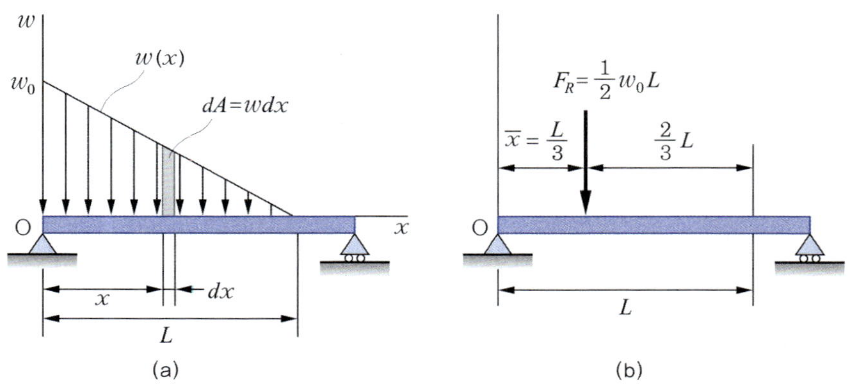

[그림 7.8]

풀이 먼저 하중함수 $w(x)$를 구한다. [그림 7.8(a)]의 분포하중은 $x=0$에서 $w=w_0$이고, $x=L$에서 $w=0$이므로 $w(x)$는 다음과 같다.

$$w(x) = \frac{w_0}{L}(L-x)$$

하중함수를 구하였으므로 적분을 하여 합력의 크기를 구하면

$$F_R = \int_0^L w(x)dx = \int_0^L \frac{w_0}{L}(L-x)dx$$
$$= \frac{w_0}{L}\left[Lx - \frac{x^2}{2}\right]_0^L$$
$$= \frac{w_0 L}{2}$$

이다. 그리고 점 O에 대한 분포하중의 모멘트

$$\int_L xw(x)dx = \int_0^L x \cdot \frac{w_0}{L}(L-x)dx$$
$$= \frac{w_0}{L}\int_0^L (Lx - x^2)dx$$
$$= \frac{w_0}{L}\left[\frac{L}{2}x^2 - \frac{x^3}{3}\right]_0^L$$
$$= \frac{w_0 L^2}{6}$$

이므로 합력의 작용점의 위치는 다음과 같이 구해진다.

$$\bar{x}\,F_R = \int_L x\,w(x)\,dx$$

$$\therefore\ \bar{x} = \frac{\int_L x\,w(x)\,dx}{F_R} = \frac{\frac{w_0 L^2}{6}}{\frac{w_0 L}{2}}$$
$$= \frac{L}{3}$$

이상에서 구한 분포하중의 합력의 크기와 작용점의 위치를 나타내면 [그림 7.8(b)]와 같다.

예제 7.3 [그림 7.9(a)]와 같은 외팔보에 등변 분포하중이 작용할 때 고정점 A에서의 반력을 구하여라. 단, 보의 무게는 무시한다.

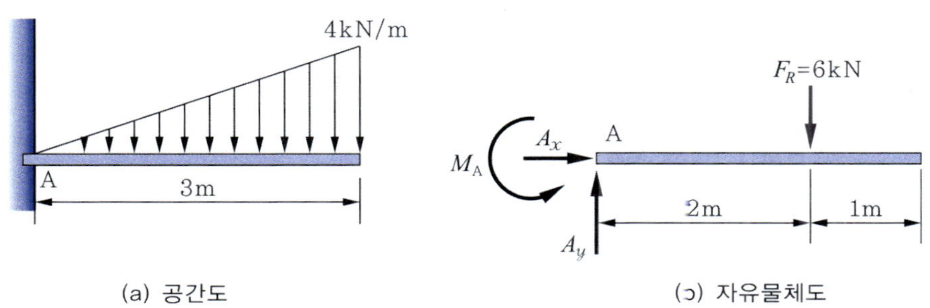

[그림 7.9]

풀이 분포하중에 의해 보의 전 길이(3 m)에 걸리는 하중은

$$F_R = \frac{1}{2} \times (4\text{kN/m}) \times (3\text{m}) = 6\,\text{kN}$$

이다. 높이 h인 직각삼각형의 도심은 밑변으로부터 $\frac{h}{3}$에 있으므로 전체 분포하중의 중심은 보의 오른쪽 끝으로부터 $\frac{3\text{m}}{3} = 1\text{m}$에 있다. 따라서 분포하중을 [그림 7.9(b)]와 같이 하나의 집중하중($\overrightarrow{F_R}$)으로 대체할 수 있다. 벽에 박혀 고정된 지지점 A에는 반력과 모멘트가 모두 존재할 수 있으므로 보에 대한 자유물체도는 [그림 7.9(b)]와 같다. 여기에서 평형조건을 적용하여 반력의 수평 성분 A_x, 수직 성분 A_y, 모멘트 M_A를 구한다.

수평방향 힘의 합이 0이라는 조건($\sum F_x = 0$)에서

$$A_x = 0 \quad \cdots\cdots ①$$

이고, 수직방향 힘의 합이 0이라는 조건($\sum F_y = 0$)에서

$$A_y - F_R = 0$$

$$\therefore\ A_y = F_R = 6\,\text{kN} \quad \cdots\cdots ②$$

이다. 그리고 점 A에 대한 모멘트 합이 0이라는 조건에서

$$M_A + A_x \cdot 0 + A_y \cdot 0 - F_R \cdot (2\text{m}) = 0$$

$$\therefore\ M_A = F_R \cdot 2\text{m} = 6\,\text{kN} \cdot 2\text{m} = 12\,\text{kN} \cdot \text{m} \quad \cdots\cdots ③$$

가 구해진다. 이상으로부터 고정점 A에 걸리는 반력은 6kN, 반력 모멘트는 12kN • m이다.

예제 7.4 [그림 7.10(a)]와 같이 분포하중을 받고 있는 단순보의 지지점 A, B에서의 반력을 구하여라.

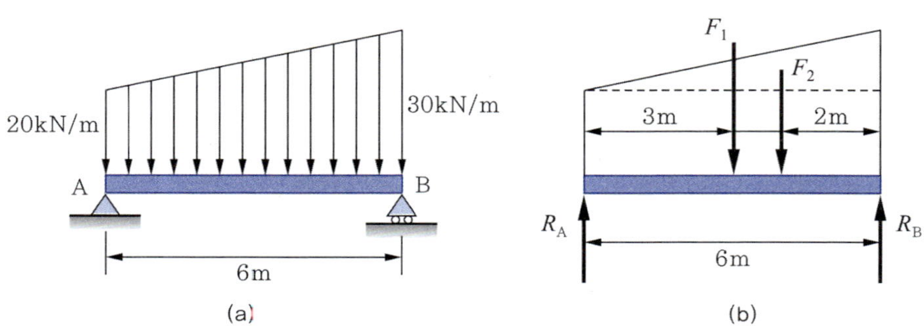

[그림 7.10]

풀이 사다리꼴 하중은 [그림 7.10(b)]와 같이 사각형과 삼각형으로 나눌 수 있다. 이때 각 하중에 의한 힘의 크기는 해당 하중 선도의 면적과 같으므로

$$F_1 = (20\text{kN/m}) \cdot 6\text{m} = 120\text{kN} \ (\leftarrow \text{ 사각형})$$

$$F_2 = \frac{1}{2} \times (10\text{kN/m}) \cdot 6\text{m} = 30\text{kN} \ (\leftarrow \text{삼각형})$$

이고, 힘들의 작용선은 해당 하중 선도의 도심을 통과한다. 사각형의 도심은 보의 중앙에 있고, 삼각형의 도심은 B점에서 $\frac{L}{3} = \frac{6\text{m}}{3} = 2\text{m}$ 떨어진 곳에 있다. 따라서 주어진 분포하중을 [그림 7.10(b)]와 같은 등가의 두 집중하중으로 대체할 수 있다. 여기에서 평형방정식을 적용하면 다음과 같이 지지점 반력이 구해진다.

점 A에 대한 모멘트 합이 $0(\sum M_A = 0)$이라는 조건을 적용하면

$$R_B \cdot 6\text{m} - F_1 \cdot 3\text{m} - F_2 \cdot 4\text{m} = 0$$

$$R_B \cdot 6 - 120\text{kN} \cdot 3 - 30\text{kN} \cdot 4 = 0$$

$$\therefore \ R_B = 80\text{kN} \ \cdots\cdots ①$$

이고, 수직방향 힘의 합이 0이라는 조건$(\sum F_y = 0)$에서

$$R_A + R_B - F_1 - F_2 = 0$$

$$R_A + 80\text{kN} - 120\text{kN} - 30\text{kN} = 0$$

$$\therefore \ R_A = 70\text{kN} \ \cdots\cdots ②$$

이다.

예제 7.5 [분포하중의 합력과 작용점] [그림 7.11(a)]의 분포하중과 등가인 합력의 크기와 작용점의 위치를 구하여라. $w(x) = 30x^2$ N/m이다.

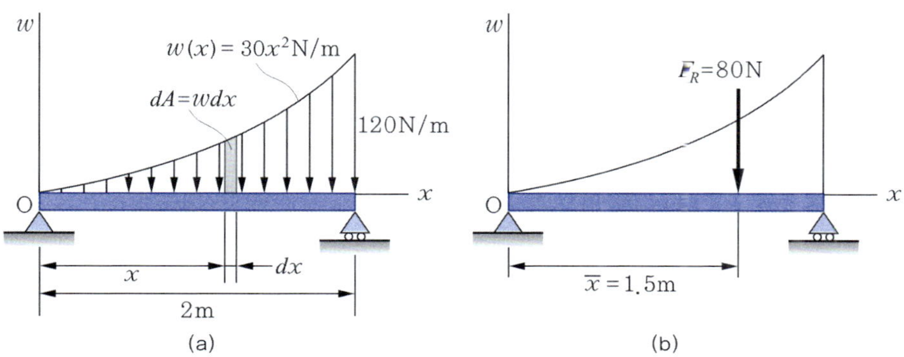

[그림 7.11]

《풀이》 하중함수 $w(x)$가 주어져 있으므로 적분을 하여 합력의 크기와 작용점의 위치를 구할 수 있다. 먼저 미소길이 dx에 대한 미소면적

$$dA = w(x)dx = 30x^2dx$$

를 $x=0$에서 $x=2\text{m}$까지 적분하면 분포하중의 합력 F_R이 구해진다.

$$F_R = \int_L w(x)dx = \int_0^2 30x^2dx$$

$$= 10\left[x^3\right]_0^2$$

$$= 80\ (\text{N})$$

그리고 점 O에 대한 분포하중의 모멘트

$$\int_L xw(x)dx = \int_0^2 x \cdot (30x^2)dx$$

$$= 30\int_0^2 x^3dx$$

$$= 30\left[\frac{x^4}{4}\right]_0^2$$

$$= 120\ (\text{N} \cdot \text{m})$$

이므로 합력의 작용점의 위치($\bar{x}$)는 다음과 같이 구해진다.

$$\bar{x}\,F_R = \int_L x\,w(x)\,dx$$

$$\therefore\ \bar{x} = \frac{\int_L x\,w(x)\,dx}{F_R} = \frac{120\text{N} \cdot \text{m}}{80\text{N}}$$

$$= 1.5\,\text{m}$$

이상에서 구한 분포하중의 합력의 크기(F_R)와 작용점의 위치($\bar{x}$)를 나타내면 [그림 7.11(b)]와 같다.

연 습 문 제

7.1 등분포하중 7kN/m를 받고 있는 받침점 A, B에서의 반력을 구하여라.

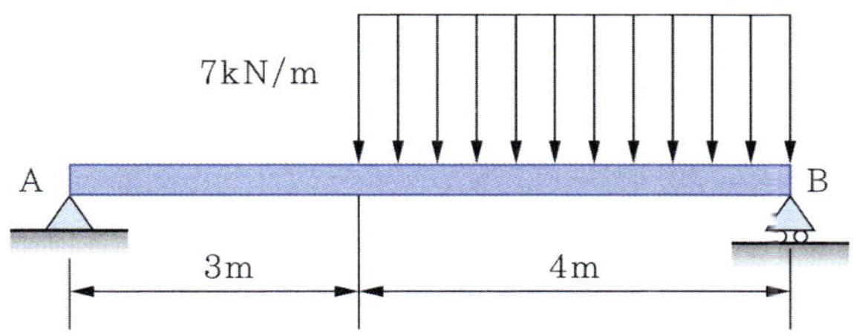

[문제 7.1]

7.2 등변 분포하중을 받고 있는 받침점 A, B에서의 반력을 구하여라.

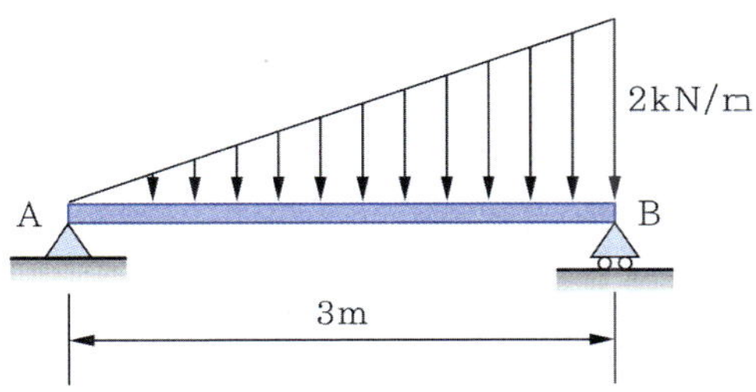

[문제 7.2]

7.3 등변 분포하중을 받고 있는 받침점 A, B에서의 반력을 구하여라.

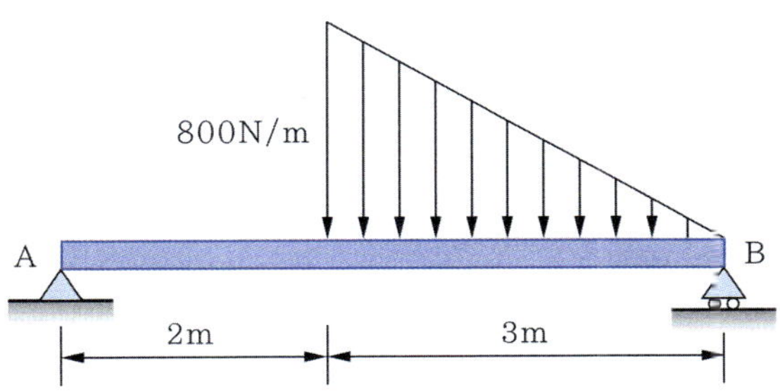

[문제 7.3]

7.4 등변 분포하중과 집중하중을 받는 받침점 A, B에서의 반력을 구하여라.

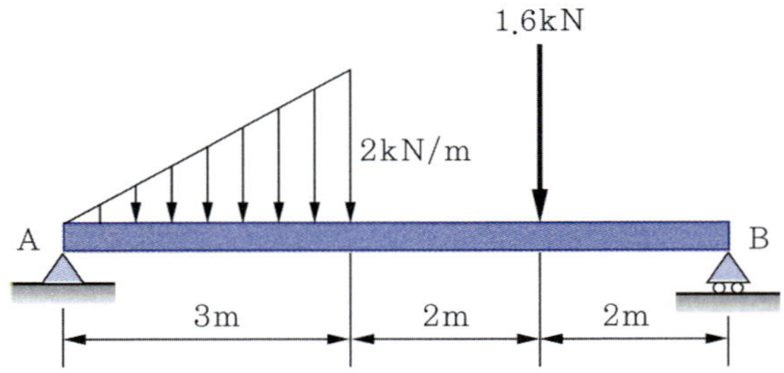

[문제 7.4]

7.5 등분포하중과 등변 분포하중을 받는 받침점 A, B에서의 반력을 구하여라.

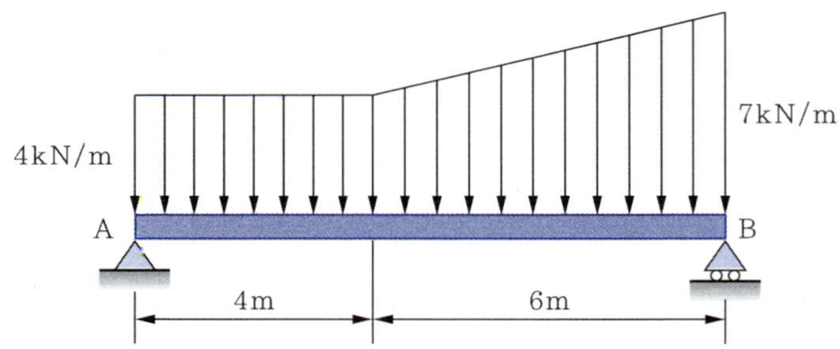

[문제 7.5]

7.6 두 개의 등변 분포하중을 받는 받침점 A, B에서의 반력을 구하여라.

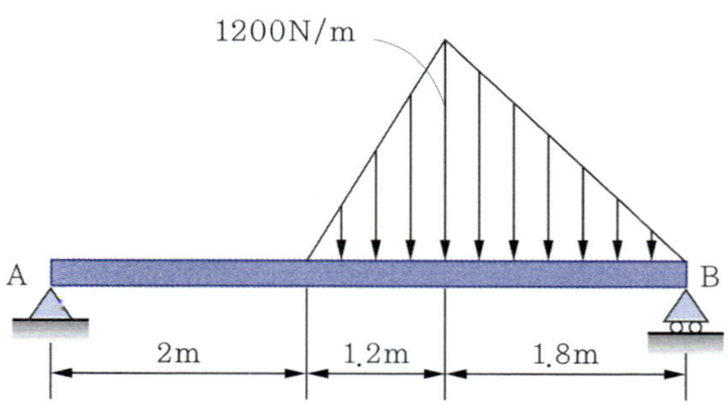

[문제 7.6]

7.7 두 개의 등변 분포하중과 집중하중을 받는 받침점 A, B에서의 반력을 구하여라.

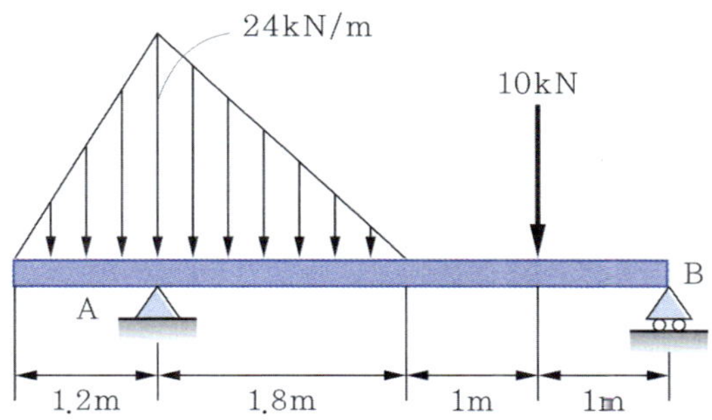

[문제 7.7]

7.8 분포하중과 집중하중을 받는 받침점 A, B에서의 반력을 구하여라. A는 핀이고 B는 롤러이다.

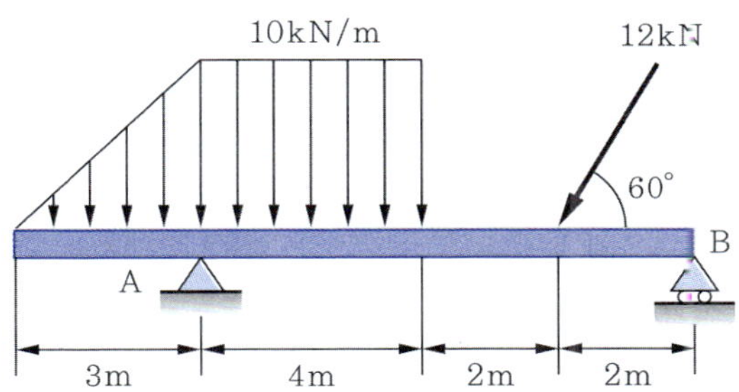

[문제 7.8]

7.9 분포하중과 집중하중을 받는 외팔보의 지점 A에서의 반력을 구하여라.

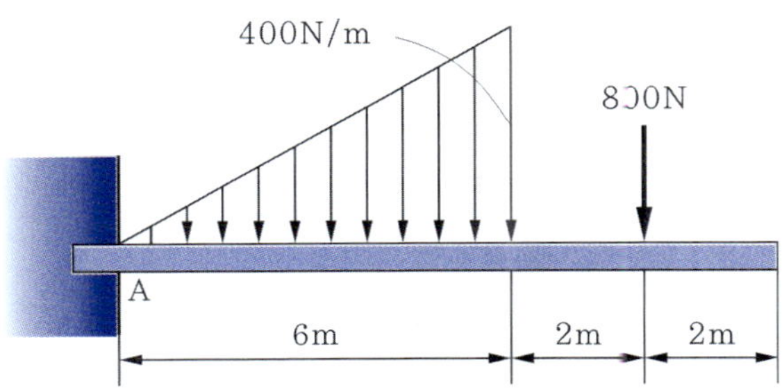

[문제 7.9]

7.10 등분포하중과 등변 분포하중을 받는 외팔보의 지점 A에서의 반력을 구하여라.

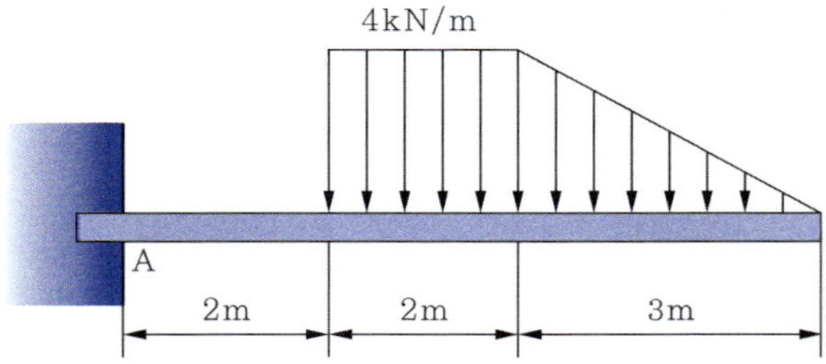

[문제 7.10]

7.11 등분포하중 $w=4\text{kN/m}$와 집중하중 $P=5\text{kN}$을 받고 있는 외팔보의 지점 A에서의 반력의 크기와 모멘트를 구하여라. 단, 각 $\theta=30°$이다.

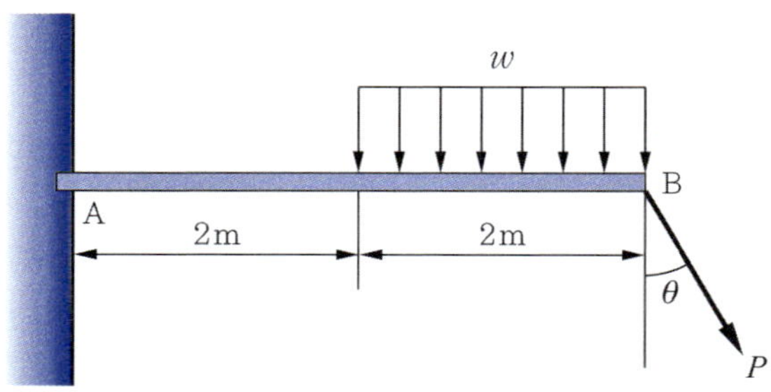

[문제 7.11]

7.12 그림과 같은 분포하중 $w(x)=20x^4\text{N/m}$를 받는 외팔보의 지점 A에서의 반력을 구하여라.

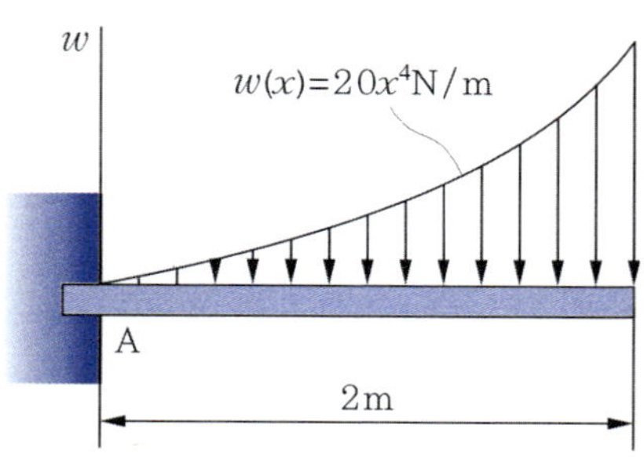

[문제 7.12]

7.13 그림과 같이 불균일 분포하중 $w(x)=w_0\sqrt{\frac{x}{L}}$ 을 받는 외팔보에서 고정 지점 A에서의 반력을 구하여라.

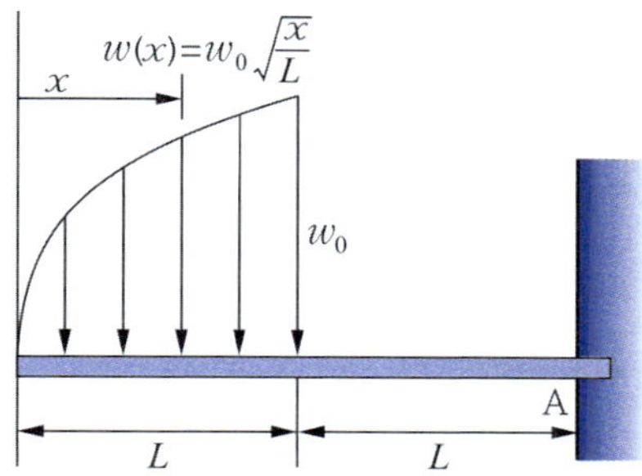

[문제 7.13]

7.14 길이 L의 외팔보가 정현파(sinusoidal) 분포하중 $u(x)=w_0\sin\left(\frac{\pi x}{L}\right)$ 을 받고 있을 때, 고정 지점 A에서의 반력을 구하여라.

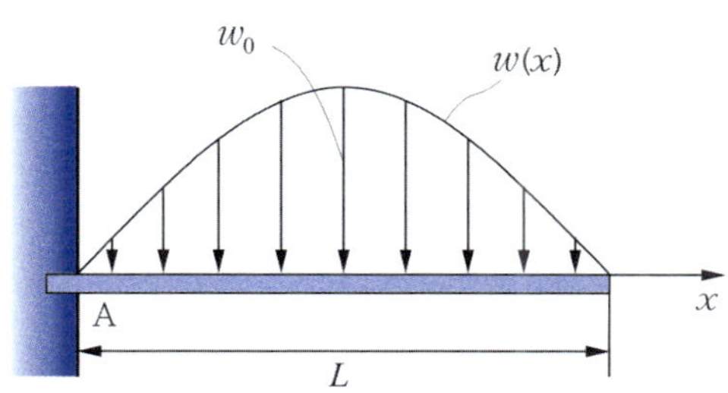

[문제 7.14]

7.15 그림과 같이 균일 분포하중 $q=100\text{kgf/m}$를 받는 단순보에 대한 반력 R_A, R_B를 계산하시오. **[중등교사 임용시험-기계 · 금속(2002)]**

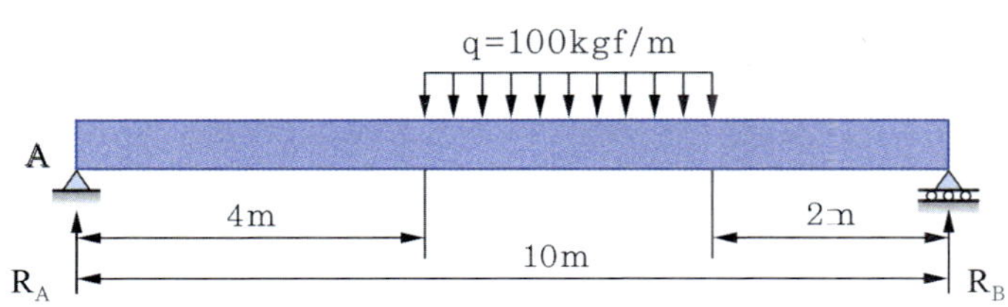

[문제 7.15]

7.3 보의 내력

1. 보의 전단력과 굽힘 모멘트

(1) 전단력 : 보의 임의 단면에서 단면에 평행하게 작용하는 힘으로 단면을 절단하려 하는 힘을 전단력(shear force)이라 한다[그림 7.12].

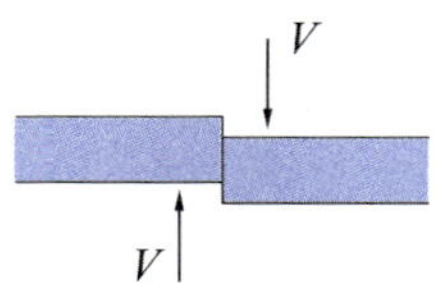

[그림 7.12] 전단력

(2) 굽힘 모멘트 : 하중에 의해 보를 휘게 하려는 작용을 굽힘 모멘트 또는 휨모멘트(bending moment)라 한다[그림 7.13].

[그림 7.13] 굽힘 모멘트

(3) 전단력과 굽힘 모멘트의 부호 : 일반적으로 보의 임의 점에서의 전단력과 굽힘 모멘트의 부호는 [그림 7.14]와 같이 정한다.

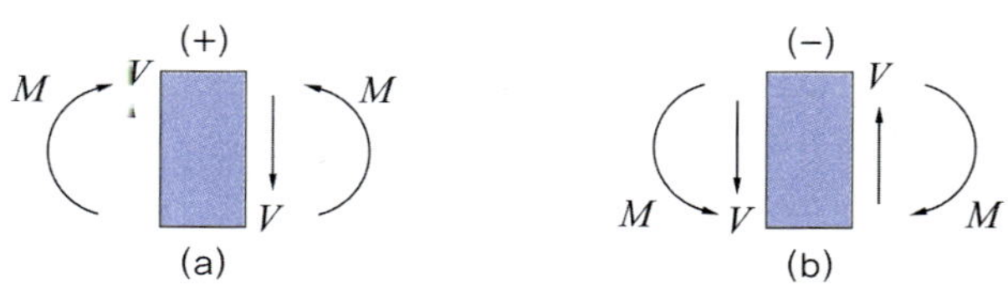

[그림 7.14] 전단력과 굽힘 모멘트의 부호

설명 보에 하중이 작용하면 지점에는 반력이 생기고, 보 내부에는 하중 및 반력에 저항하는 힘이 생기게 된다. [그림 7.15(a)]와 같이 외팔보의 끝에 연직 위 방향으로 하중 P가 작용하는 경우를 조사해보자. 자유단으로부터 거리 x만큼 떨어진 임의 단면 $X-X$에서 보를 잘라서 보의 왼쪽 부분에 대한 자유물체도를 그리면 [그림 7.15(b)]와 같다. 분리된 물체는 힘 P와 단면 X－X 에서의 내력에 의해 평형을 이루고 있다. 여기에서 단면에 평행하게 작용하는 힘을 전단력(V), 보를 휘게 하는 영향을 굽힘 모멘트(M)라 한다. 외력 P가 보에 수직으로 작용하기 때문에 단면에는 축력이 존재하지 않는다.

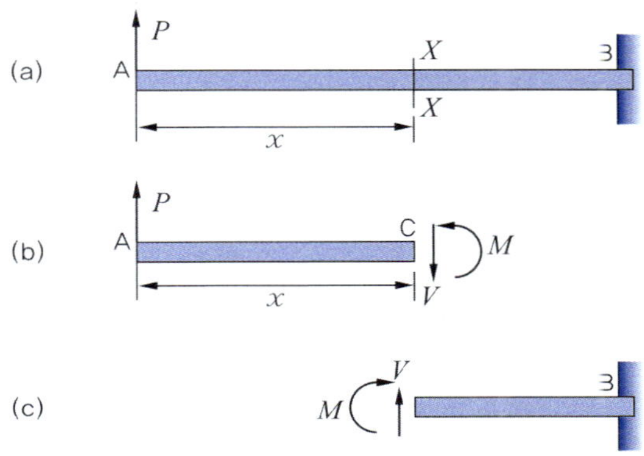

[그림 7.15]

정정보의 전단력 V와 굽힘 모멘트 M은 정역학의 평형방정식으로부터 구할 수 있다. [그림 7.15(b)]의 자유물체도에 평형방정식을 적용하면

$$\sum F_y = 0 \quad : P - V = 0 \quad \therefore \quad V = P$$

$$\sum M_C = 0 \ : \ M - Px = 0 \quad \therefore \quad M = Px$$

가 얻어진다.

임의 단면에 나타나는 전단력과 굽힘 모멘트를 구하기 위하여 그 부분을 절단하였을 때 왼쪽과 오른쪽 단면에 나타나는 전단력과 굽힘 모멘트는 크기가 같고 방향이 반대이다. 즉, [그림 7.15(b)]와 같이 V와 M이 발생하면 오른쪽 부분의 자유물체도에서는 [그림 7.15(c)]와 같은 V와 M이 작용한다.

[그림 7.14]와 같이 정한 부호 규약에서 양의 전단력은 재료를 시계방향으로 회전시키려 하며, 양의 굽힘 모멘트는 재료를 아래쪽으로 볼록하게 구부러지게 한다. 그림과 같은 요소의 왼쪽 면에서는 위쪽으로 작용하는 전단력을 양(+), 아래쪽으로 작용하는 것을 음(−)으로 하고, 오른쪽 면에서는 이와 반대로 위쪽으로 작용하는 전단력을 음(−), 아래쪽으로 작용하는 것을 양(+)으로 하였다. 굽힘 모멘트의 부호는 요소의 왼쪽 면에서는 시계방향의 모멘트를 양(+), 반시계방향의 모멘트를 음(−)으로 하고, 오른쪽 면에서는 반시계방향의 모멘트를 양(+), 시계방향 모멘트를 음(−)으로 하였다. 그러나 [그림 7.14]와 같은 전단력과 모멘트에 대한 부호 규약은 반드시 지켜야 되는 사항은 아니고 문제에 따라 편리하게 부호를 정하여 해석할 수 있다.

※ 일반적으로 보의 내부에 생기는 저항력에는 [그림 7.16(a)]와 같이 전단력, 축력(axial force), 굽힘 모멘트, 비틀림 모멘트의 4가지가 있다. 여기에서 하중이 축에 수직인 방향으로만 작용할 때는 축력과 비틀림 모멘트가 0이 되므로 전단력과 굽힘 모멘트만 발생한다. 따라서 보통의 보에서 고려하는 것은 전단력과 굽힘 모멘트이다. 그런데 2차원 평면에서 하중이 작용하더라도 하중의 작용선이 축과 일치하지 않고 경사져 있을 때는 [그림 7.16(b)]와 같이 전단력, 축력(axial force), 굽힘 모멘트의 3가지가 발생할 수 있다.

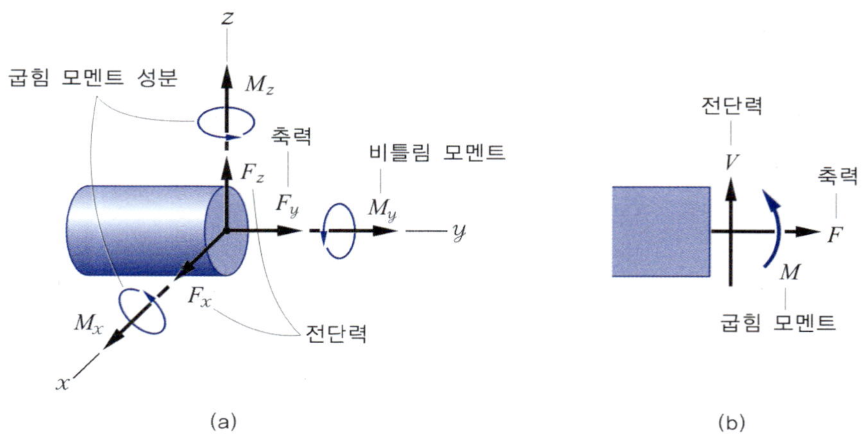

[그림 7.16]

2. 전단력과 굽힘 모멘트 선도

전단력과 굽힘 모멘트의 방향과 크기가 분명하게 정해졌을 때 이들 값을 보의 한쪽 끝으로부터 측정한 거리(x)의 함수로 그려놓은 선도를 전단력 선도(shear force diagram) 및 굽힘 모멘트 선도(bending moment diagram)라 한다.

설명 이 선도는 일반적으로 보의 전 길이를 가로축으로 잡고 전단력 및 굽힘 모멘트의 크기를 세로축에 나타낸다. 그리고 정해진 부호 규약에 따라 양(+)의 값은 가로축 위에, 음(−)의 값은 가로축 아래에 그린다. 이 선도를 통하여 보에 작용하는 전단력 및 굽힘 모멘트의 크기가 보의 전 길이에 걸쳐 어떻게 변화하였는가를 쉽게 알 수 있다. 선도에서 특별히 관심의 대상이 되는 것은 이들의 최대 및 최솟값이다.

3. 전단력과 굽힘 모멘트를 구하는 단계

(1) 전체 보의 자유물체도를 그리고, 정역학의 힘과 모멘트 평형 조건 ($\sum \vec{F}=0$, $\sum \vec{M}=0$)을 적용하여 지점의 반력을 구한다.

(※ 외팔보와 같이 지점이 없는 자유단을 갖는 경우에는 이 단계를 생략할 수 있다.)

(2) 전단력과 굽힘 모멘트를 구하려는 위치(C)에서 보를 자르고, 절단된 보의 두 부분 중 하나를 선택한다.

(3) 선택한 보 부분에 대한 자유물체도를 그린다.

하중과 반력 등의 외력을 도시하고, 절단된 단면에는 구하려는 전단력(V) 및 굽힘 모멘트(M)를 정해진 부호 규약에 따라 표시한다.

(4) (3)의 자유물체도에 평형 조건($\sum F_y=0$, $\sum M_C=0$)을 적용하여 전단력 V와 굽힘 모멘트 M을 구한다.

예제 7.6 [외팔보－집중하중] 자유단 A에 집중하중 P가 연직 아래 방향으로 작용하고 있는 길이 L의 외팔보[그림 7.17]에 대하여 전단력 선도와 굽힘 모멘트 선도를 그려라.

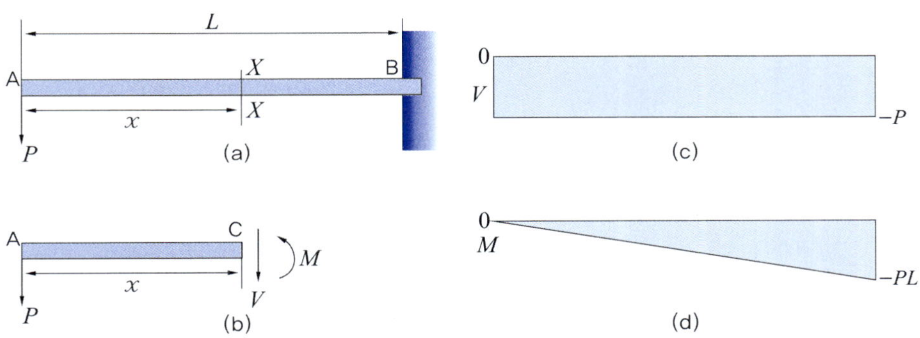

[그림 7.17]

풀이 자유단으로부터 거리 x만큼 떨어진 임의 단면 X－X 에서 보를 잘라서 보의 왼쪽 부분에 대한 자유물체도를 그리면 [그림 7.17(b)]와 같고, 여기에 평형방정식을 적용하면

$$\sum F_y=0 : -P-V=0 \quad \therefore \quad V=-P$$

$$\sum M_C = 0 \; : \; M + Px = 0 \quad \therefore \quad M = -Px$$

가 구해진다. 보의 전 길이에 대해 전단력과 굽힘 모멘트를 [그림 7.17 (c),(d)]에 나타내었다. 전단력은 $-P$로 일정하며, $x = L$인 고정단 B에서 최대 굽힘 모멘트 $M_{max} = -PL$이 발생한다.

예제 7.7 [외팔보-균일하중] 일정한 크기의 균일하중(q)을 받고 있는 길이 L의 외팔보[그림 7.18]에 대하여 전단력 선도와 굽힘 모멘트 선도를 그려라.

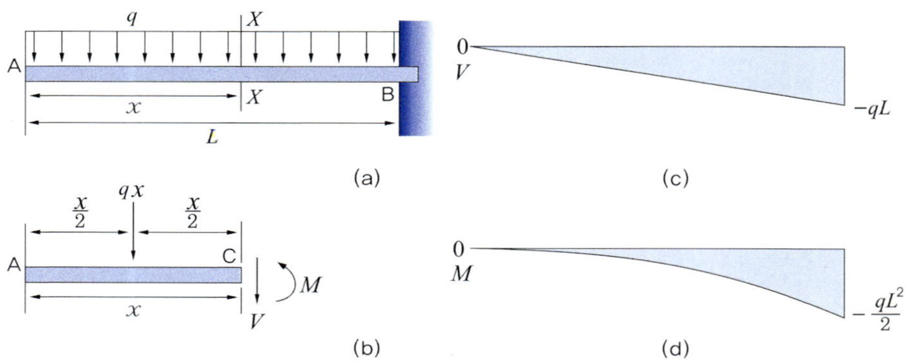

[그림 7.18]

풀이 자유단으로부터 거리 x만큼 떨어진 임의 단면 X−X에서 보를 잘라서 보의 왼쪽 부분에 대한 자유물체도를 그린다. 여기에서 균일 하중 q에 의해 길이 x의 보에 작용하는 하중은 보의 중앙($x/2$)에 작용하는 하나의 집중하중 qx로 대체할 수 있다. 따라서 자유물체도는 [그림 7.18(b)]와 같고, 여기에 평형방정식을 적용하면

$$\sum F_y = 0 \; : \; -qx - V = 0 \quad \therefore \quad V = -qx$$

$$\sum M_C = 0 \; : \; M + (qx) \cdot \frac{x}{2} = 0 \quad \therefore \quad M = -\frac{1}{2}qx^2$$

이다. 이 식으로부터 보의 전 길이에 대해 전단력과 굽힘 모멘트 선도를 그리면 [그림 7.18(c),(d)]와 같다. 전단력과 굽힘 모멘트의 최댓값은 $x = L$인 고정단 B에서 발생한다.

$$V_{max} = -qL, \; M_{max} = -\frac{1}{2}qL^2$$

예제 7.8 [단순보－집중하중] 집중하중(P)을 받는 길이 L의 단순보[그림 7.19]에 대하여 전단력 선도와 굽힘 모멘트 선도를 그려라.

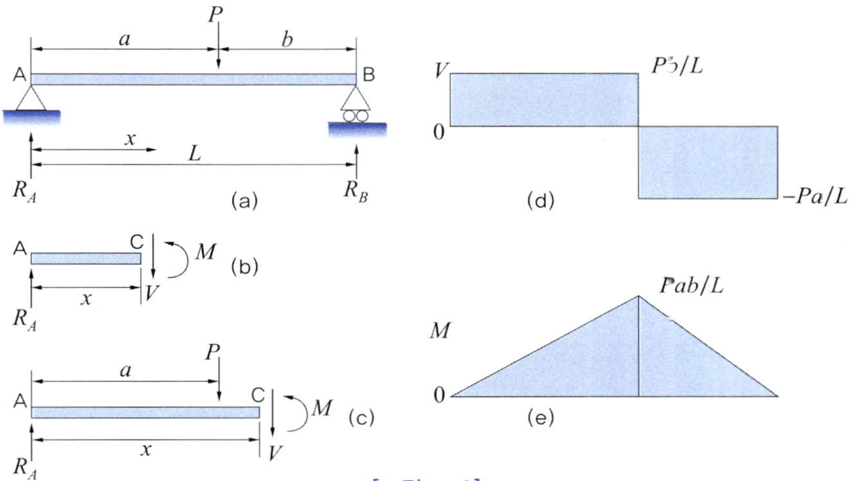

[그림 7.19]

풀이 전체 보의 자유물체도로부터 보의 반력을 구하면 다음과 같다.

$$R_A = \frac{Pb}{L},\ R_B = \frac{Pa}{L}$$

지점 A로부터 거리 x만큼 떨어진 위치에서 보를 자르고 보의 왼쪽 부분에 대한 자유물체도를 그린다.

(1) $0 < x < a$: 이때의 자유물체도는 [그림 7.19(b)]와 같다. 여기에 평형방정식을 적용하면

$$\sum F_y = 0\ :\ R_A - V = 0 \quad \therefore\ V = R_A = \frac{Pb}{L}$$

$$\sum M_C = 0\ :\ M - R_A x = 0 \quad \therefore\ M = R_A x = \frac{Pbx}{L}$$

이다.

(2) $a < x < L$: 하중 P의 오른쪽 구간에서 보를 잘라 내어 자유물체도를 그리면 [그림 7.19(c)]와 같다. 여기에 평형방정식을 적용하면

$$\sum F_y = 0\ :\ R_A - P - V = 0$$

$$\therefore\ V = R_A - P = \frac{Pb}{L} - P = \frac{P}{L}(b - L) = -\frac{Pa}{L}$$

$$\sum M_C = 0 : M - R_A x + P(x-a) = 0$$

$$\therefore \ M = R_A x - P(x-a)$$

$$= \frac{Pb}{L} \cdot x - P(x-a)$$

$$= \frac{P}{L}(bx - xL + aL)$$

$$= \frac{P}{L}[-x(L-b) + aL]$$

$$= \frac{P}{L}(-xa + aL)$$

$$= \frac{Pa}{L}(-x + L)$$

이다. 전체 보에 대한 전단력과 굽힘 모멘트 선도는 [그림 7.19(d),(e)]와 같다. $0 < x < a$에서의 전단력은 $\frac{Pb}{L}$로 일정하고, $a < x < L$에서의 전단력은 $-\frac{Pa}{L}$로 일정하다. 최대 굽힘 모멘트는 하중 P의 작용점에서 발생하며 $M_{\max} = \frac{Pab}{L}$이다.

예제 7.9 [단순보-분포하중] 일정한 크기의 균일하중(q)을 받는 길이 L의 단순보가 있다[그림 7.20].

(1) 전단력 선도와 굽힘 모멘트 선도를 그려라.

(2) 전단력과 굽힘 모멘트의 최댓값을 구하여라.

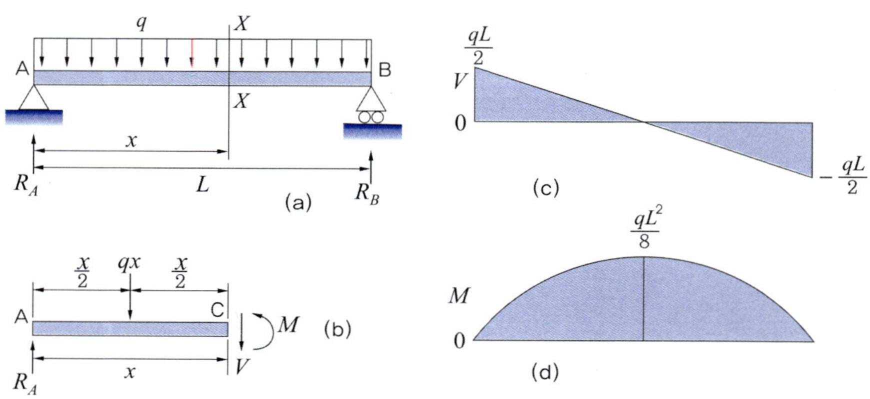

[그림 7.20]

풀이 (1) 균일 분포하중 q가 작용할 때 길이 L의 보 전체가 받는 전 하중은 qL이며 반력은 다음과 같다.

$$R_A = \frac{qL}{2}, \ R_B = \frac{qL}{2}$$

지점 A로부터 거리 x만큼 떨어진 위치에서 보를 자르고 보의 왼쪽 부분에 대한 자유물체도를 그린다. 균일 하중 q에 의해 길이 x의 보에 작용하는 하중은 보의 중앙($x/2$)에 작용하는 하나의 집중하중 qx로 대체한다. 자유물체도는 [그림 7.20(b)]와 같고, 여기에 평형방정식을 적용하면

$$\sum F_y = 0 \ : \ R_A - qx - V = 0$$

$$\therefore \ V = R_A - qx = \frac{qL}{2} - qx$$

$$\sum M_C = 0 \ : \ M + (qx)\left(\frac{x}{2}\right) - R_A x = 0$$

$$\therefore \ M = R_A x - \frac{qx^2}{2} = \frac{qLx}{2} - \frac{qx^2}{2} = -\frac{q}{2}\left(x - \frac{L}{2}\right)^2 + \frac{qL^2}{8}$$

이다. 전체 보에 대한 전단력과 굽힘 모멘트 선도는 [그림 7.20(c),(d)]와 같다.

(2) 최대 전단력은 보의 끝단에서 발생하며 크기는 $V_{\max} = \frac{qL}{2}$이다. 최대 굽힘 모멘트는 보의 중앙($x = \frac{L}{2}$)에서 발생하며 $M_{\max} = \frac{qL^2}{8}$이다.

예제 7.10 [단순보-부분 분포하중] [그림 7.21(a)]와 같이 부분적으로 균일 분포하중을 받는 보에서 다음을 구하여라.

(1) 지점 A, B에서의 반력

(2) 보의 중앙($x = 5$m)에서의 전단력과 굽힘 모멘트

(3) $x = 7$m에서의 전단력과 굽힘 모멘트

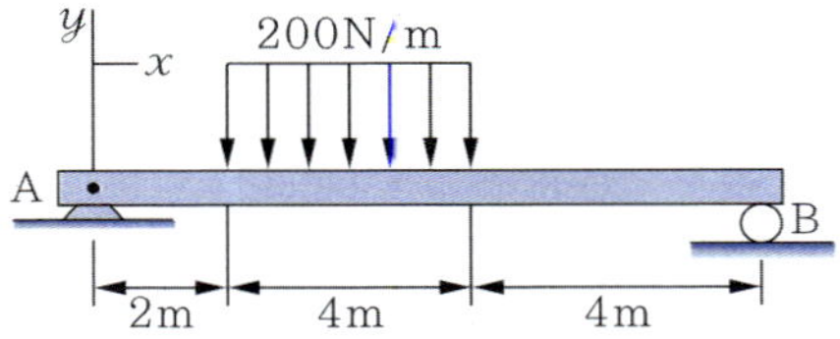

(a)

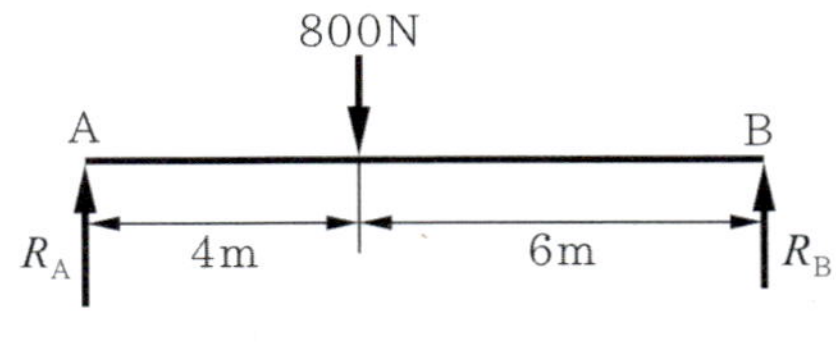

(b)

[그림 7.21]

풀이 (1) 분포하중에 의해 길이 4m에 작용하는 전 하중은

$$F_R = (200\text{N/m}) \times (4\text{m}) = 800\text{N}$$

이고, F_R의 작용점은 보의 왼쪽 끝으로부터 $\left(2\text{m} + \frac{4\text{m}}{2}\right) = 4\text{m}$에 있다. 따라서 분포하중을 하나의 집중하중($\overrightarrow{F_R}$)으로 대체하여 자유물체도를 그리면 [그림 7.21(b)]와 같다. 여기에서 평형조건을 적용하여 반력을 구한다.

점 A에 대한 모멘트가 0($\sum M_A = 0$)인 조건을 적용하면

$$R_B \cdot 10\text{m} - 800\text{N} \cdot 4\text{m} = 0$$

$$\therefore\ R_B = 320\text{N}$$

수직방향 힘의 합이 0($\sum F_y = 0$)에서

$$R_A + R_B - 800\text{N} = 0$$

$$\therefore\ R_A = 800\text{N} - 320\text{N} = 480\text{N}$$

(2) 보를 중앙($x = 5\text{m}$)에서 절단하여 왼쪽 부분을 고려한다. 여기에서 분포하중은 길이 3m에 걸쳐 작용하므로

$$F_R = (200\text{N/m}) \times (3\text{m}) = 600\text{N}$$

이고, F_R의 작용점은 보의 왼쪽 끝으로부터 $\left(2\text{m} + \frac{3\text{m}}{2}\right) = 3.5\text{m}$에 있다. 따라서 분포하중을 하나의 집중하중($\overrightarrow{F_R}$)으로 대체하여 자유물체도를 그리면 [그림 7.21-1]과 같다. 여기에서 평형조건을 적용하여 전단력(V)과 굽힘 모멘트(M)를 구한다.

$$\sum F_y = 0\ :\ R_A + V - 600\text{N} = 0$$

$$\therefore\ V = 600\text{N} - 480\text{N} = 120\text{N}$$

$$\sum M_C = 0\ :\ M - R_A \cdot (1.5\text{m} + 3.5\text{m}) + 600\text{N} \cdot (1.5\text{m}) = 0$$

$$\therefore\ M = 480\text{N} \cdot (5\text{m}) - 600\text{N} \cdot (1.5\text{m}) = 1500\text{N} \cdot \text{m}$$

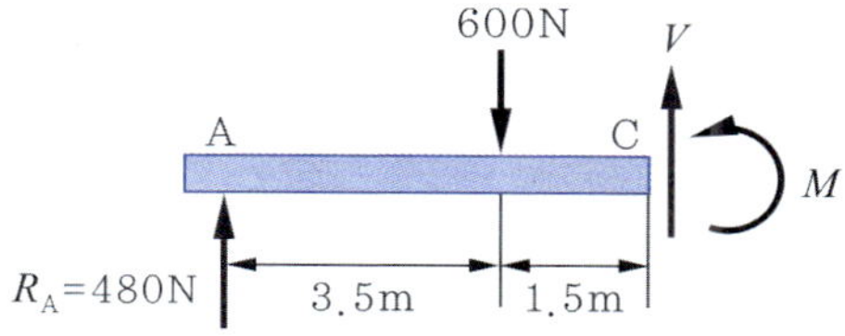

[그림 7.21-1]

(3) $x = 7\text{m}$ 에서 보를 절단하여 오른쪽 부분에 대한 자유물체도를 그리면 [그림 7.21-2]와 같다. 여기에서 평형조건을 적용하여 전단력(V)과 굽힘 모멘트(M)를 구한다.

$$\sum F_y = 0 \ : \ R_B - V = 0$$

$$\therefore \ V = R_B = 320\text{N}$$

$$\sum M_C = 0 \ : \ R_B \cdot (3\text{m}) - M = 0$$

$$\therefore \ M = 320\text{N} \cdot (3\text{m}) = 960\,\text{N} \cdot \text{m}$$

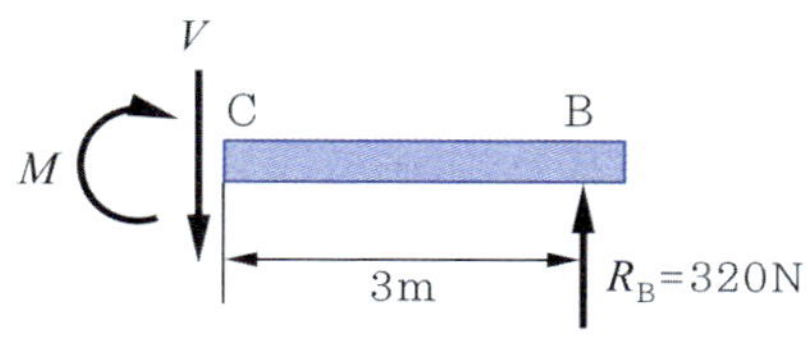

[그림 7.21-2]

보의 내력을 구할 때 절단된 보의 두 부분 중 해석하기 편리한 것을 선택하면 된다. 여기에서 절단된 보의 왼쪽 부분을 고려하여 전단력과 굽힘 모멘트를 구해보아라.

※ 재료역학(고체역학)에서 보를 해석할 때 가장 기본적으로 알아야 할 것은 전단력과 굽힘 모멘트이다. 이를 기초로 하여 내부 응력과 처짐 등을 해석하므로 이들을 구하는 방법을 잘 알아두도록 한다.

【보충학습】 분포하중, 전단력 및 굽힘 모멘트 사이의 관계식

[그림 7.22(a)]와 같이 보의 길이방향(x)으로 변하는 분포하중[$w(x)$]이 작용할 때 보의 임의 단면에서의 전단력(V)과 굽힘 모멘트(M) 사이에는 다음 관계식이 성립한다.

$$\frac{dV}{dx} = -w, \ \frac{dM}{dx} = V \tag{7.3}$$

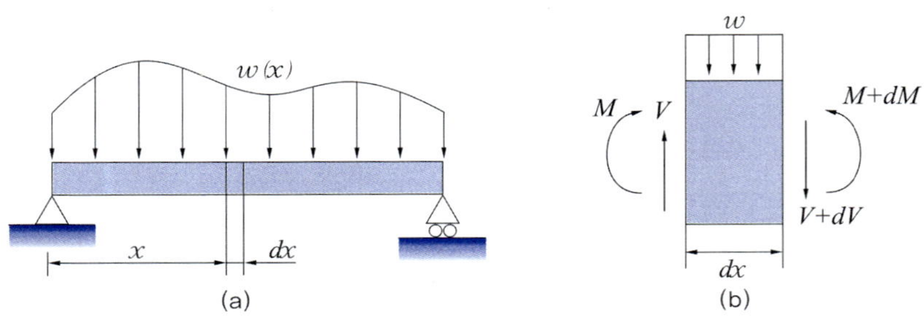

[그림 7.22] (a) 분포하중을 받는 단순보 (b) 보의 미소요소에 대한 자유물체도

설명 하중, 전단력, 굽힘 모멘트의 관계식을 얻기 위하여 임의 위치 x에서 dx만큼 떨어진 두 단면 사이에서 잘라낸 보의 미소요소를 고려한다[그림 7.22]. 먼저 요소의 왼쪽 면에 작용하는 전단력과 굽힘 모멘트를 각각 V, M이라 한다. 일반적으로 전단력과 굽힘 모멘트는 보의 축 상의 위치에 따라 변한다. 분포하중인 경우 미소거리 dx에 대한 V와 M의 증가분이 미소하므로 이들을 각각 dV, dM으로 나타낸다. 이렇게 하여 미소요소에 대한 자유물체도를 그리면 [그림 7.22(b)]와 같다.

(1) 전단력 : 자유물체도에서 수직방향(y) 힘의 평형 조건을 적용하면 다음과 같은 식을 얻는다.

$$\sum F_y = 0 \ : \ V - w\,dx - (V + dV) = 0$$

$$-w dx - dV = 0$$

$$\therefore \ \frac{dV}{dx} = -w$$

(2) 굽힘 모멘트 : 자유물체도에서 모멘트 평형조건을 적용한다. 여기에서 분포하중은 그림의 평면에 수직인 축(z축)을 회전축으로 하는 모멘트를 발생한다. 모멘트 기준 축을 요소의 오른쪽 면을 지나는 축으로 하고, 반시계방향을 양(+)으로 하면 다음과 같은 관계식을 얻는다.

$$\sum M_z = 0 \ : \ (M + dM) + (w dx)\left(\frac{dx}{2}\right) - V dx - M = 0$$

$$dM + \frac{w}{2}(dx)^2 - Vdx = 0$$

여기에서 미분량 $dx \ll 1$이므로 $(dx)^2 \approx 0$으로 무시하면

$$dM - Vdx = 0$$

$$\therefore \ \frac{dM}{dx} = V$$

이다.

※ 분포하중이 작용할 때는 미분식을 이용하여 전단력과 굽힘 모멘트를 편리하게 구할 수 있다.

※ $\frac{dM}{dx} = V \cdots (\star)$이므로 $V = 0$이면 $\frac{dM}{dx} = 0$이 된다. 따라서 '전단력이 0인 위치에서 최대 또는 최소 굽힘 모멘트가 발생할 수 있다.'$\cdots(\star\star)$는 것을 알 수 있다. 이와 같은 사실을 이용하면 최대 굽힘 모멘트를 쉽게 구할 수 있다. 그런데 수학적으로 엄밀하게 말하면 V가 x의 연속함수로 $\frac{dV}{dx} \neq 0$ $\left(\frac{d^2M}{dx^2} \neq 0\right)$일 때 이와 같은 원리가 적용된다. 예를 들어 점 A에 집중된 우력의 모멘트가 있을 때 식 $(\star)$는 단면 A의 한쪽 면에는 유효하나 다른 한쪽 면에는 모멘트의 갑작스런 변화로 생긴 불연속으로 유효하지 않다. 따라서 여러 가지 형태의 하중(집중하중, 분포하중, 우력의 모멘트 등)이 작용할 때는 각 구간별로 최대 굽힘 모멘트를 구하여 비교해야 한다. 특히 우력의 모멘트가 작용하고 있을 때 주의해야 한다. 그런데 $\frac{dV}{dx} = 0$ 즉, V가 일정한 구간에서는 굽힘 모멘트를 쉽게 구할 수 있으므로 $(\star\star)$의 원리는 최대 굽힘 모멘트를 구할 때 편리하게 이용된다.

【참고】 극댓값과 극솟값

(1) 도함수와 극값

함수 $f(x)$가 $x = a$에서 극값을 가지고 $f'(a)$가 존재하면 $f'(a) = 0$이다.

(2) 이차도함수와 극대 · 극소 판정법

어떤 개구간에서 함수 $f(x)$의 이차도함수 $f''(x)$가 존재하고 $f'(\alpha) = 0$일 때,

(i) $f''(\alpha) > 0$이면 $f(x)$는 $x = \alpha$에서 극솟값 $f(\alpha)$를 갖는다.

(ii) $f''(\alpha) < 0$이면 $f(x)$는 $x = \alpha$에서 극댓값 $f(\alpha)$를 갖는다.

예제 7.11 [최대 굽힘 모멘트] [그림 7.23(a)]와 같이 분포하중($w = 100\text{N/m}$)과 집중하중(300N)을 받는 보에서 발생하는 최대 굽힘 모멘트를 구하여라.

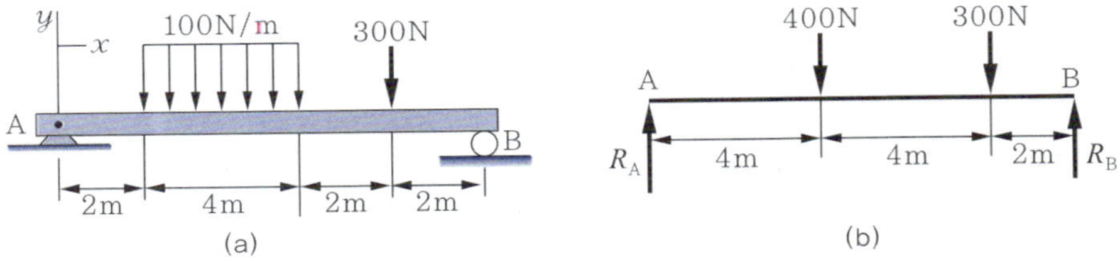

[그림 7.23] 분포하중과 집중하중의 조합

풀이 먼저 지지점 반력을 구하기 위하여 분포하중을 집중하중으로 대체하여 자유물체도를 그리면 [그림 7.23(b)]와 같다. 여기에서 평형조건을 적용하여 반력을 구한다.

$$\sum M_A = 0 \ : \ R_B \cdot 10\text{m} - 400\text{N} \cdot 4\text{m} - 300\text{N} \cdot 8\text{m} = 0$$

$$\therefore \ R_B = 400\text{N}$$

$$\sum F_y = 0 \ : \ R_A + R_B - 400\text{N} - 300\text{N} = 0$$

$$\therefore \ R_A = 700\text{N} - 400\text{N} = 300\text{N}$$

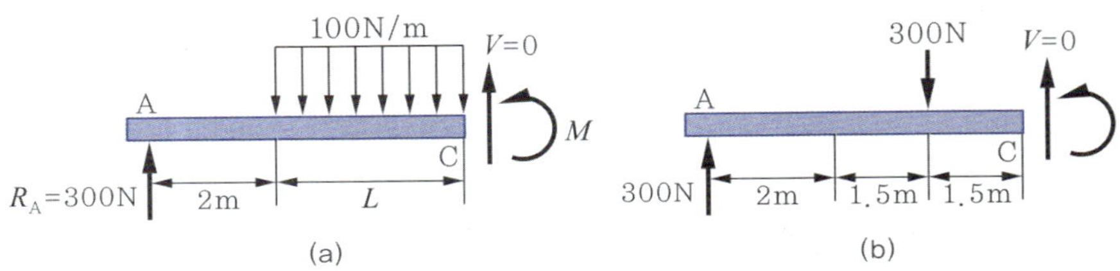

[그림 7.24] 단면에 대한 자유물체도

다음에 최대 굽힘 모멘트를 구하기 위하여 전단력 $V = 0$이 되는 지점을 찾는다. [그림 7.24(a)]와 같이 절단한 보를 고려하면

$$V = w \cdot L - R_A = 0$$

$$100L - 300 = 0$$

$$\therefore \ L = 3\,(\text{m})$$

이다. 즉, $x = 2\text{m} + L = 5\text{m}$ 인 단면에서 전단력 $V = 0$이 된다. 이 부분을 절단하고 보의 왼쪽 부분에 작용하는 분포하중을 집중하중으로 대체하여 자유물체도를 그리면 [그림 7.24(b)]와 같다. 여기에서 점 C에 대한 모멘트 평형조건을 적용하면 다음과 같이 단면의 굽힘 모멘트가 얻어진다.

$$\sum M_C = 0 \ : \ M - 300\text{N} \cdot (2\text{m} + 1.5\text{m} + 1.5\text{m}) + 300\text{N} \cdot (1.5\text{m}) = 0$$

$$\therefore \ M = 1050\,\text{N} \cdot \text{m} \ \cdots (\bigstar)$$

한편 [그림 7.23(a)]에서 구간 ($6\text{m} < x < 8\text{m}$)와 ($8\text{m} < x < 10\text{m}$)는 각각 전단력이 일정한 구간이므로 각 구간에서 굽힘 모멘트는 선형적인 분포를 갖는다. 그리고 $x = 6\text{m}$ 와 $x = 8\text{m}$ 에서 발생하는 굽힘 모멘트는 각각 1000N • m, 800N • m 이다. 그런데 이들 값은 (★)의 값보다 모두 작다. 따라서 구하는 최대 굽힘 모멘트는 $M_{max} = 1050\text{N} \cdot \text{m}$ 이다.

이 예제에 대한 전단력과 굽힘 모멘트 선도는 [그림 7.25]와 같다. 이 선도를 구할 때 ($6\text{m} < x < 10\text{m}$)의 구간은 절단된 보의 오른쪽 부분을 고려하여 B점으로부터 거리를 X로 하면 전단력과 굽힘 모멘트를 쉽게 구할 있다.

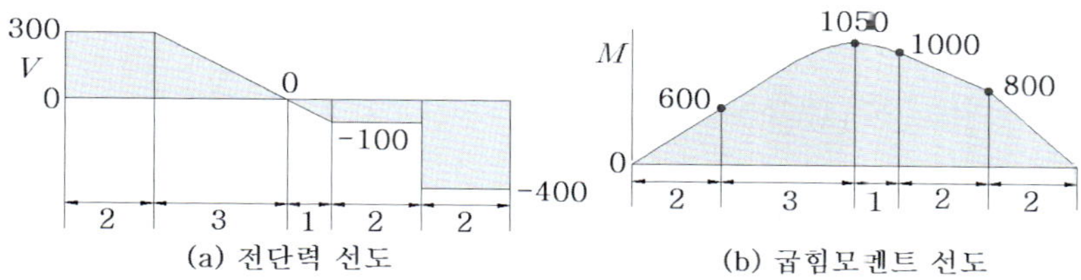

[그림 7.25] 전단력 선도와 굽힘모멘트 선도 : 전단력, 굽힘 므멘트, 길이의 단위는 각각 N, N • m, m 이다.

예제 7.12 [최대 굽힘 모멘트 : 우력의 모멘트] [그림 7.26(a)]와 같이 집중하중 P 와 우력의 모멘트 $M_0 = PL/2$을 동시에 받는 보가 있다. 전단력 선도와 굽힘 모멘트 선도를 그리고, 보에서 발생하는 최대 굽힘 모멘트를 구하여라.

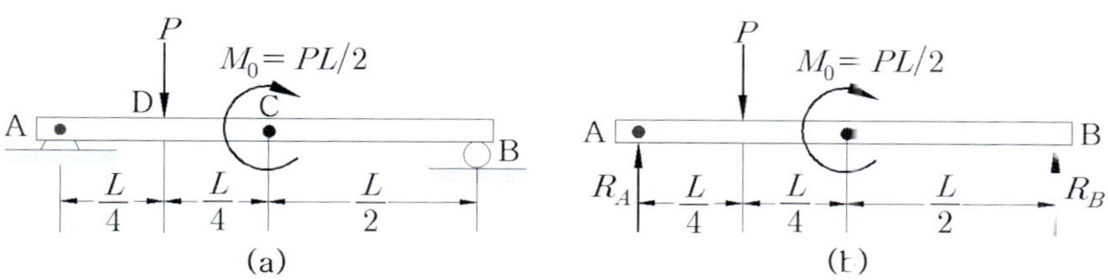

[그림 7.26] 집중하중과 우력의 모멘트를 받는 단순보

풀이 지점 A, B의 반력을 구하기 위한 자유물체도는 [그림 7.26(b)]와 같다. 여기에서 평형조건을 적용하여 반력을 구한다.

$$\sum M_A = 0 \ : \ P \times \frac{L}{4} + \frac{PL}{2} - R_B \times L = 0 \quad \therefore \ R_B = \frac{3P}{4}$$

$$\sum F_y = 0 \ : \ R_A - P + R_B = 0 \quad \therefore \ R_A = \frac{P}{4}$$

보를 AD, CD, BC 구간으로 나누고 각 구간에서 보를 절단하여 자유물체도를 작성하면

[그림 7.27]과 같다. 여기에서 AD, CD 구간은 절단한 보의 왼쪽 부분을 고려하고, BC 구간은 오른쪽 부분을 고려한다. [그림 7.27]에서 평형조건을 적용하여 각 구간의 전단력(V)과 굽힘 모멘트(M)를 구한다.

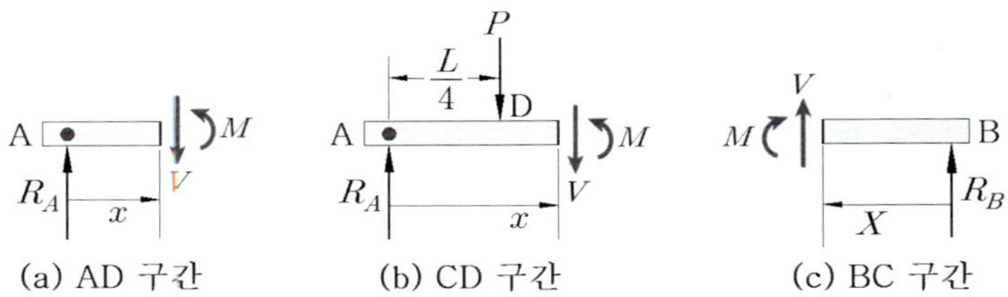

[그림 7.27] 전단력과 굽힘 모멘트를 구하기 위한 구간별 자유물체도

- AD 구간 $0 \le x \le L/4$: $V = R_A = \dfrac{P}{4}$, $M = R_A x = \dfrac{Px}{4}$
- CD 구간 $L/4 \le x \le L/2$: $V = R_A - P = -\dfrac{3P}{4}$

$$M = R_A x - P\left(x - \frac{L}{4}\right) = -\frac{3Px}{4} + \frac{PL}{4}$$

- BC 구간 $0 \le X \le L/2$: $V = -R_B = -\dfrac{3P}{4}$, $M = R_B X = \dfrac{3PX}{4}$

AD, CD 구간에서는 A로부터 거리를 x로 하고 BC 구간에서는 B로부터 거리를 X로 하였다. 이상의 결과로써 전단력 선도와 굽힘 모멘트 선도를 작성하면 [그림 7.28]과 같다. (b)의 굽힘 모민트 선도에서 최대 굽힘 모멘트 $M_{max} = 3PL/8$이다.

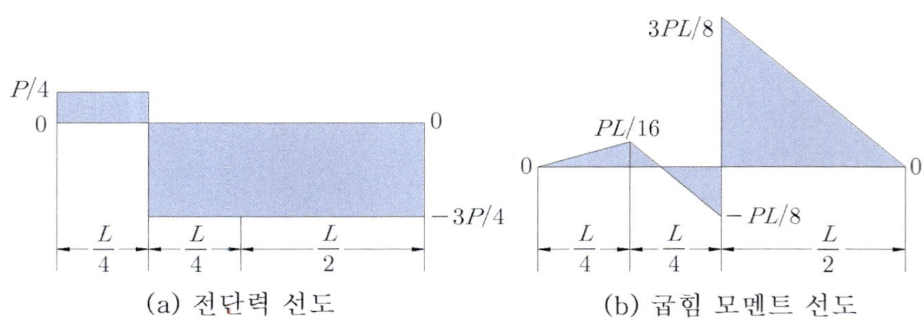

[그림 7.28] 전단력 선도와 굽힘 모멘트 선도

† 이 예제에서 우력의 모멘트가 작용하는 지점은 굽힘 모멘트가 불연속인 점이고 여기에서 최대 굽힘 모멘트가 발생하였다. 이 예제에서는 전단력이 0인 지점이 없고 따라서 최대 굽힘 모멘트 발생 위치를 찾기 위해 $V=0$인 지점을 이용할 수 없다는 것에 유념하도록 한다. 즉, 최대 굽힘 모멘트를 구할 때 무조건 $V=0$인 점을 찾으면 안된

다. $V=0$에서 최대 굽힘 모멘트가 발생한다는 것은 1차적으로 굽힘 모멘트(M)가 연속 함수가 되어야 한다. 이때 $dM/dx = V = 0$이 유효하다.

예제 7.13 [최대 굽힘 모멘트 : 우력의 모멘트] [그림 7.29(a)]와 같이 분포하중($w=400\text{N/m}$)과 우력의 모멘트($2.1\text{kN} \cdot \text{m}$)를 동시에 받는 보에서 발생하는 최대 굽힘 모멘트를 구하여라.

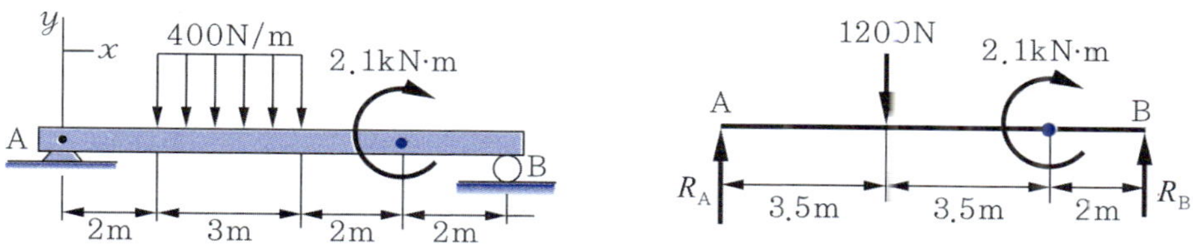

(a) (b)

[그림 7.29]

풀이 분포하중을 집중하중으로 대체하여 자유물체도를 그리면 [그림 7.29(b)]와 같다. 여기에서 평형조건을 적용하여 반력을 구한다.

$$\sum M_A = 0 \ : \ R_B \cdot 9\text{m} - 1200\text{N} \cdot (3.5\text{m}) - 2100\text{N} \cdot \text{m} = 0$$

$$\therefore \ R_B = 700\text{N}$$

$$\sum F_y = 0 \ : \ R_A + R_B - 1200\text{N} = 0$$

$$\therefore \ R_A = 1200\text{N} - 700\text{N} = 500\text{N}$$

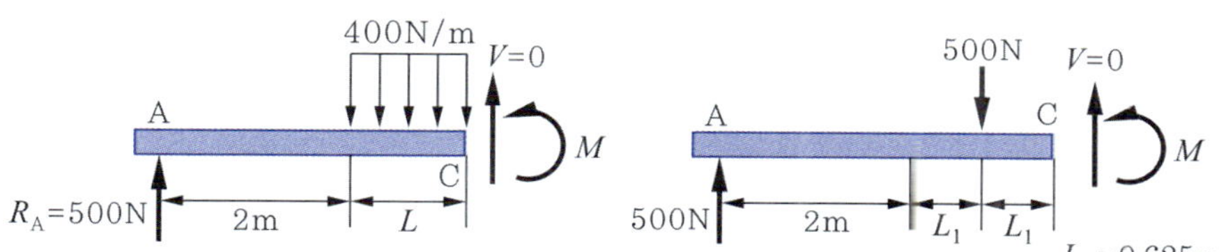

(a) (b)

[그림 7.30]

최대 굽힘 모멘트를 구하기 위하여 먼저 전단력 $V=0$이 되는 지점을 찾는다. [그림 7.30(a)]와 같이 절단한 보를 고려하면

$$V = w \cdot L - R_A = 0$$

$$400L - 500 = 0$$

$$\therefore \ L = 1.25\,(\text{m})$$

이다. 즉, $x = 2\text{m} + L = 3.25\text{m}$ 인 단면에서 전단력 $V=0$이 된다. 이 부분을 절단하고

보의 왼쪽 부분에 작용하는 분포하중을 집중하중으로 대체하여 자유물체도를 그리면 [그림 7.30(b)]와 같다. 여기에서 점 C에 대한 모멘트 평형조건을 적용하면 다음과 같이 단면의 굽힘 모멘트가 얻어진다.

$$\sum M_C = 0 \ : \ M - 500\text{N} \cdot (3.25\text{m}) + 500\text{N} \cdot (0.625\text{m}) = 0$$

$$\therefore \ M = 1312.5\,\text{N} \cdot \text{m} \ \cdots ①$$

그런데 여기에서 $(5\text{m} < x < 9\text{m})$에서 $V = R_B = 700\text{N}$으로 V가 일정하다. 따라서 $(5\text{m} < x < 7\text{m})$와 $(7\text{m} < x < 9\text{m})$의 각 구간에서 굽힘 모멘트는 선형적인 분포를 갖는다.

먼저 $x = 5\text{m}$에서 발생하는 굽힘 모멘트는

$$M_1 = 700 \cdot 4\text{m} - 2100\text{N} \cdot \text{m} = 700\text{N} \cdot \text{m} \ \cdots ②$$

이다. 그리고 우력의 모멘트가 작용하는 점$(x = 7\text{m})$을 절단했을 때 오른쪽 단면 $(x = 7\text{m}+)$에서

$$M_2 = 700\text{N} \cdot 2\text{m} = 1400\text{N} \cdot \text{m} \ \cdots ③$$

의 굽힘 모멘트가 발생하고, 왼쪽 단면$(x = 7\text{m}-)$에서는

$$M_3 = -2100\text{N} \cdot \text{m} + 700\text{N} \cdot 2\text{m} = -700\,(\text{N} \cdot \text{m}) \ \cdots ④$$

의 굽힘 모멘트가 발생한다. 이와 같은 것은 절단한 보의 오른쪽 부분에 대한 자유물체도를 그려보면 쉽게 알 수 있다. 이상에서 가장 큰 값은 ③의 M_2이다. 따라서 여기에서 구하는 최대 굽힘 모멘트는

$$M_{max} = 1400\,\text{N} \cdot \text{m}$$

가 된다. († 이 예제에서 우력의 모멘트가 작용하는 지점은 굽힘 모멘트가 불연속인 점이다.)

연 습 문 제

7.16 그림과 같은 단순보에 대한 전단력과 굽힘 모멘트 선도를 그려라. 보 내부의 최대 전단력과 최대 굽힘 모멘트는 얼마인가?

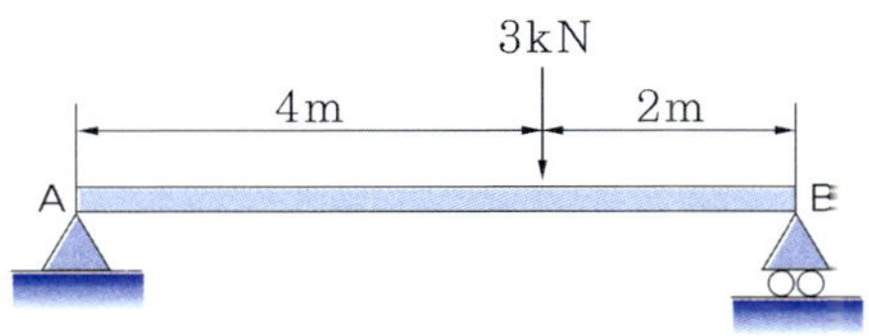

[문제 7.16]

7.17 그림과 같이 두 개의 집중하중이 작용하는 단순보에 대한 전단력과 굽힘 모멘트 선도를 그려라. 보 내부의 최대 전단력과 최대 굽힘 모멘트는 얼마인가?

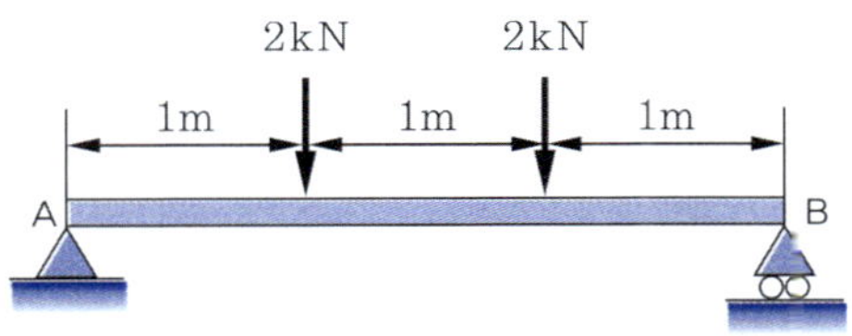

[문제 7.17]

7.18 두 개의 집중하중을 받는 외팔보가 있다. 전단력과 굽힘 모멘트 선도를 그리고, 보 내부의 최대 전단력과 최대 굽힘 모멘트를 구하여라.

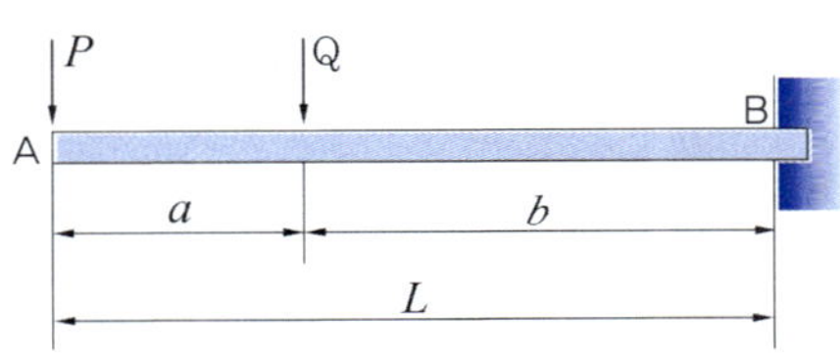

[문제 7.18]

7.19 그림과 같은 단순보에서 지점 A로부터 30 cm와 60 cm 떨어진 두 단면에 작용하는 전단력과 굽힘 모멘트를 구하여라.

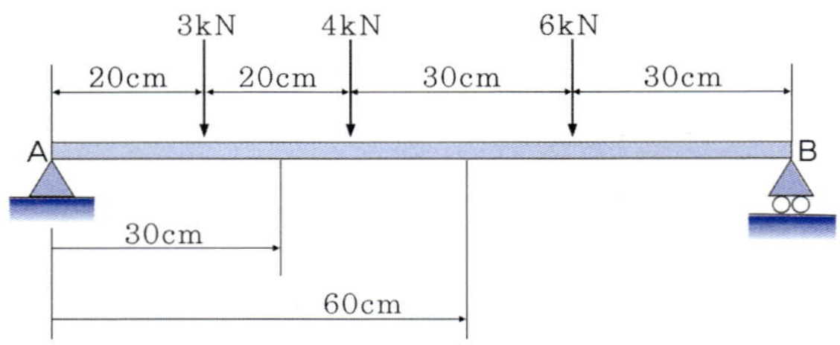

[문제 7.19]

7.20 길이 L의 단순보가 등변 분포하중 q를 받고 있다. 지점 A에서의 분포하중은 0이고, B에서의 분포하중은 q_0일 때 다음을 구하여라.

(1) 두 지점의 반력 R_A, R_B

(2) 지점 A로부터 거리 x인 위치에서의 전단력과 굽힘 모멘트

(3) 최대 굽힘 모멘트

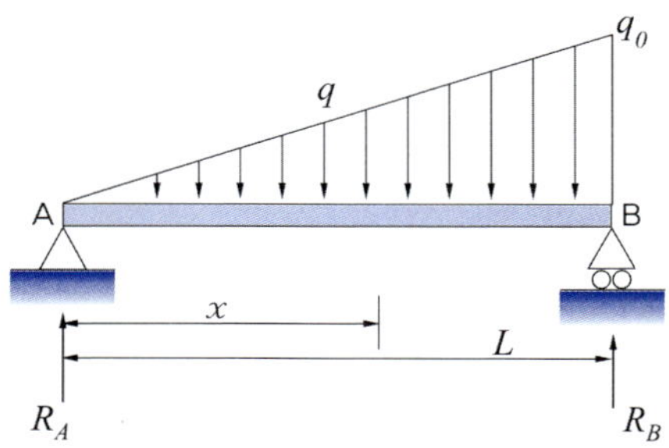

[문제 7.20]

7.21 길이 L의 외팔보가 등변 분포하중 q를 받고 있다. 자유단 A에서 $q=0$이고 고정 지점 B에서 $q=q_0$이다. 다음을 구하여라.

(1) 자유단으로부터 거리 x인 위치에서의 전단력과 굽힘 모멘트

(2) 최대 전단력과 최대 굽힘 모멘트의 크기

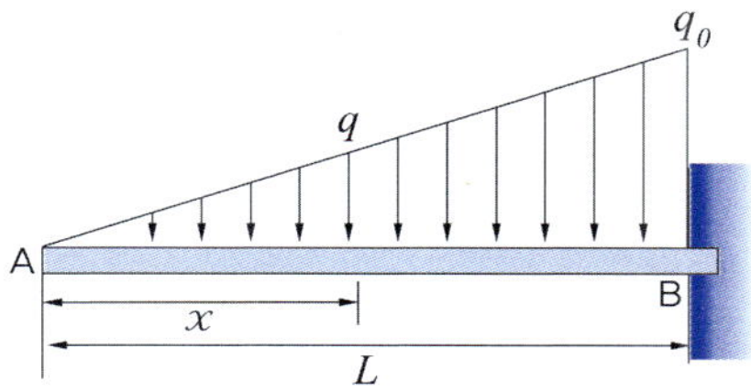

[문제 7.21]

7.22 그림과 같은 돌출보가 200kN의 집중하중과 100kN/m의 균일 분포하중을 받고 있다. 지점 A로부터 3m 떨어진 단면에서의 전단력과 굽힘 모멘트를 구하여라.

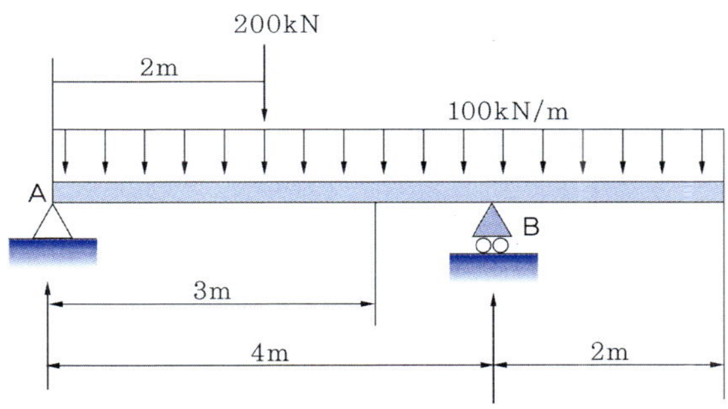

[문제 7.22]

7.23 그림과 같은 우력의 모멘트(M_0)를 받는 보의 중앙에 작용하는 전단력과 굽힘 모멘트를 구하여라.

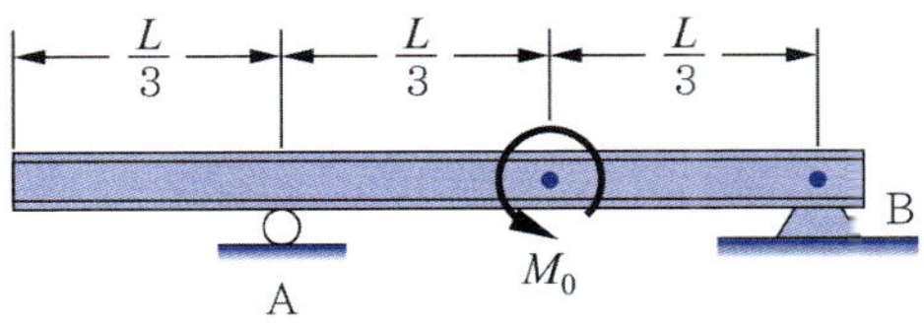

[문제 7.23]

7.24 그림과 같이 두 개의 등변 분포하중을 받는 단순보에서 발생하는 최대 굽힘 모멘트를 구하여라.

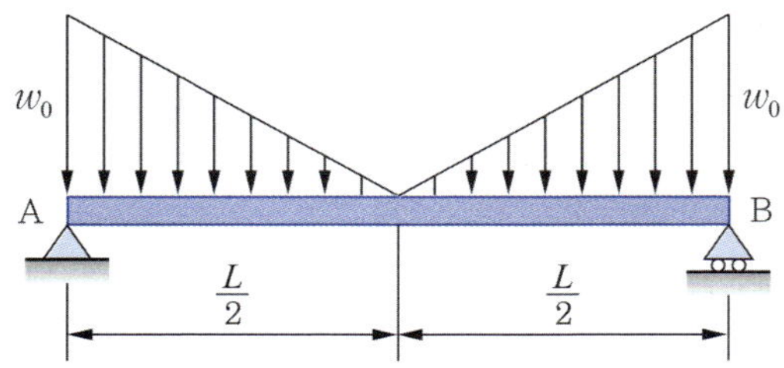

[문제 7.24]

7.25 두 개의 등변 분포하중을 받는 외팔보의 중앙에서 발생하는 전단력과 굽힘 모멘트를 구하여라.

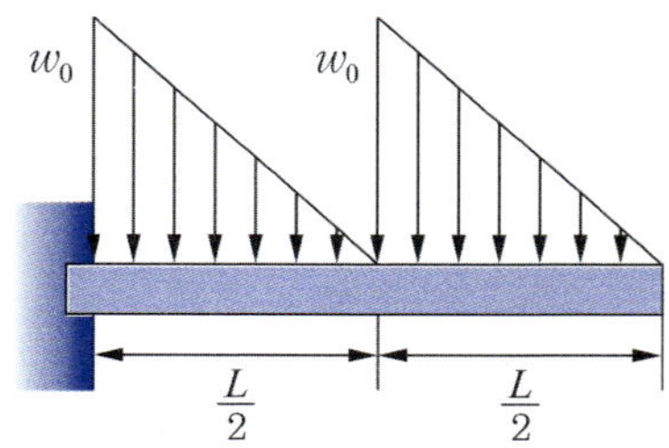

[문제 7.25]

7.26 그림과 같이 분포하중과 집중하중을 받는 보의 중앙($x=5$m)에서 발생하는 전단력과 굽힘 모멘트를 구하여라. 그리고 최대 굽힘 모멘트는 얼마인가?

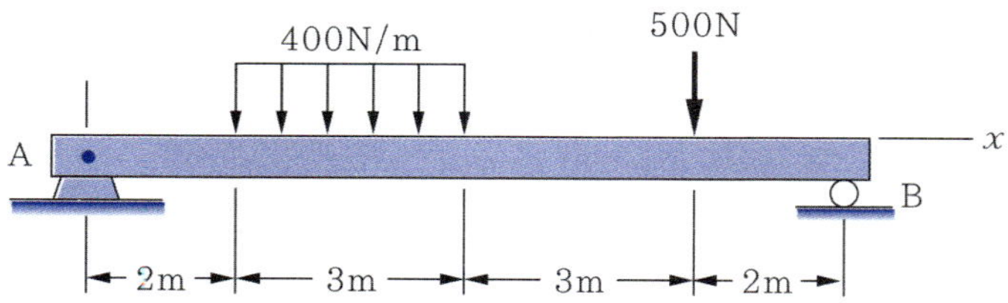

[문제 7.26]

7.27 분포하중과 우력의 모멘트를 동시에 받는 보의 중앙($x = 5\text{m}$)에서 발생하는 전단력과 굽힘 모멘트를 구하여라. 그리고 크기가 최대인 굽힘 모멘트 값을 구하여라.

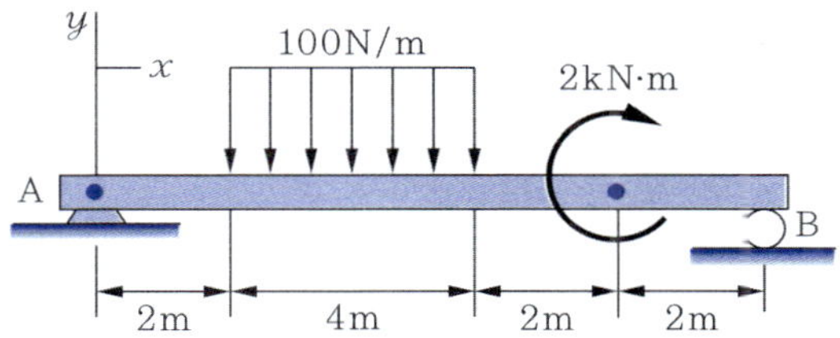

[문제 7.27]

7.28 길이가 8m인 외팔보의 자유단에 100kN의 집중하중이 작용하고, 자유단으로부터 2m 거리에서 길이 4m에 걸쳐 10kN/m의 균일 분포하중이 작용할 때 다음 각 값을 구하시오.

[중등교사 임용시험-기계(2001)]

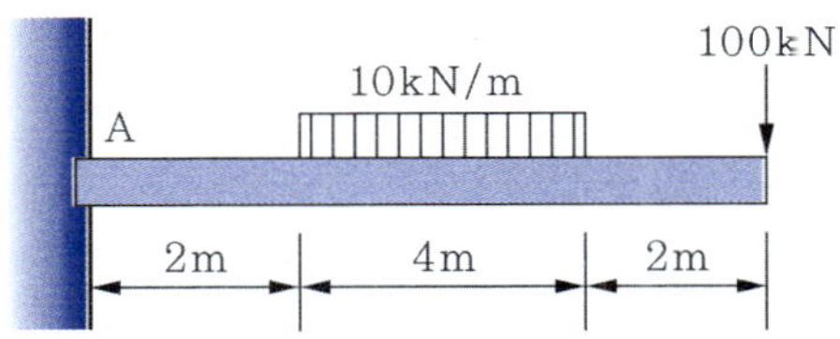

[문제 7.28]

(1) 최대 휨(굽힘) 모멘트(kN • m)
(2) 지점 A에서의 반력의 크기(kN)

7.29 길이 120mm인 단순보에 받침점 A로부터 40mm, 80mm 떨어진 곳에 15N, 30N의 집중하중이 각각 작용하고 있다. 보 중앙에서의 굽힘 모멘트를 구하시오. [중등교사 임용시험-기계 · 금속(2005)]

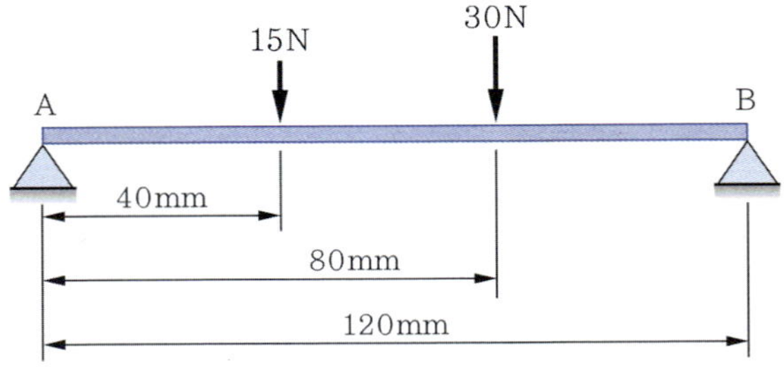

[문제 7.29]

7.30 길이 $L=200\text{cm}$의 단순보에 균일 분포하중 $w=3\text{kgf/cm}$가 작용하고 있다. 보의 양단과 중앙에서의 전단력 및 굽힘 모멘트 값을 구하고, 이 보의 전단력 선도와 굽힘 모멘트 선도를 그리시오.

[중등교사 임용시험-기계 · 금속(2007)]

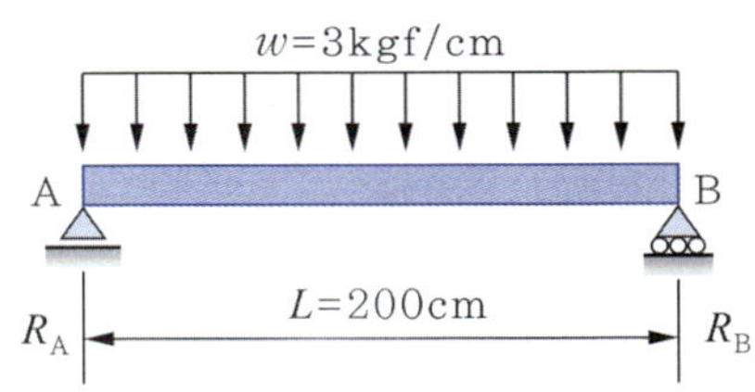

[문제 7.30]

(1) • 전단력 : 왼쪽 단면 값
중앙 단면 값
오른쪽 단면 값
• 굽힘 모멘트 : 왼쪽 단면 값
중앙 단면 값
오른쪽 단면 값

(2) 전단력 선도 :

(3) 굽힘 모멘트 선도 :

7.31 그림과 같이 균일 분포하중이 작용하는 외팔보에 대한 물음에 답하시오.

[중등교사 임용시험-기계 · 금속(2008)]

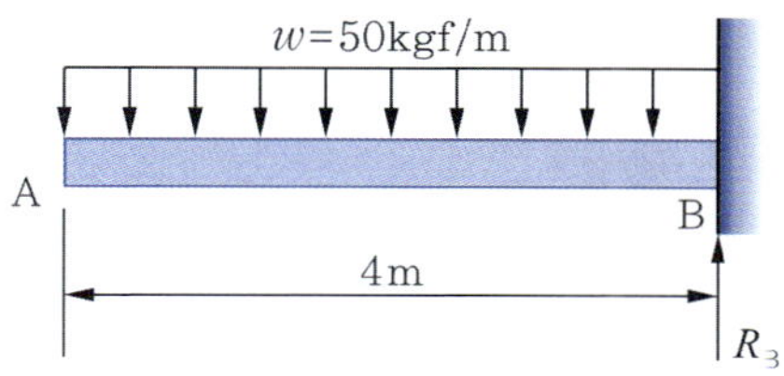

[문제 7.31]

(1) B점의 반력 R_B(kgf)를 계산하시오.

(2) B점에 작용하는 최대 전단력 V_{max}(kgf)를 계산하시오.

(3) B점에 작용하는 최대 굽힘 모멘트 M_{max}(kgf • cm)를 계산하시오.

7.32 그림과 같이 길이 L인 단순 지지보의 중앙부에 균일 분포하중 w가 부분적으로 작용할 때 다음을 구하여라.

[중등교사 임용시험-기계 · 금속(2009)]

(1) A지점의 반력

(2) 최대 전단력

(3) 최대 굽힘 모멘트

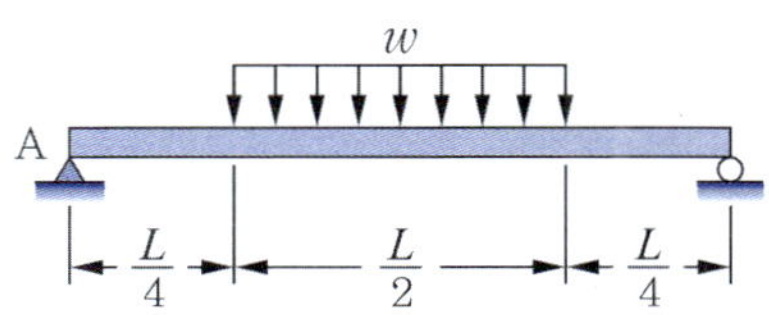

[문제 7.32]

7.33 그림과 같은 단순보가 집중하중을 받을 때 최대 굽힘 모멘트(N • m)의 값을 구하여라. **[중등교사 임용시험-기계・금속(2010)]**

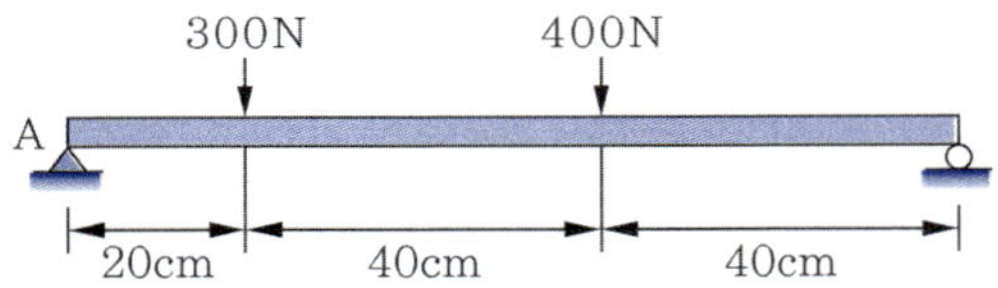

[문제 7.33]

7.34 아래 구조물에 대한 물음에 답하시오.

[중등교사 임용시험-기술(2004)]

(1) A지점과 B지점의 반력을 구하시오.

(2) C점의 휨모멘트를 구하시오.

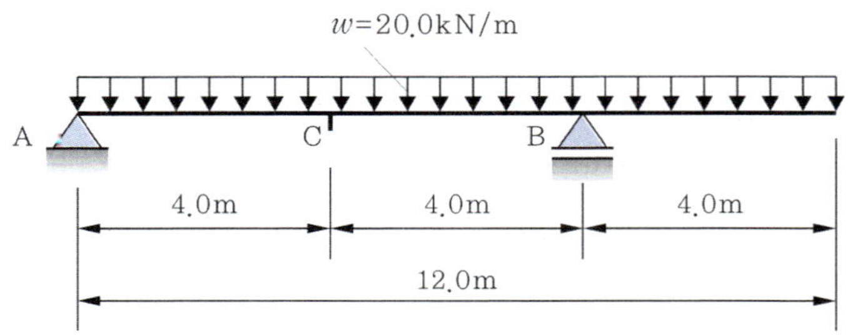

[문제 7.34]

7.35 그림과 같이 보의 일부에만 등분포하중이 작용할 때 최대 휨모멘트가 생기는 위치는 지점 A로부터 얼마나 떨어진 곳인가? 단, 보의 자체 하중은 무시한다. **[중등교사 임용시험-기술(2011)]**

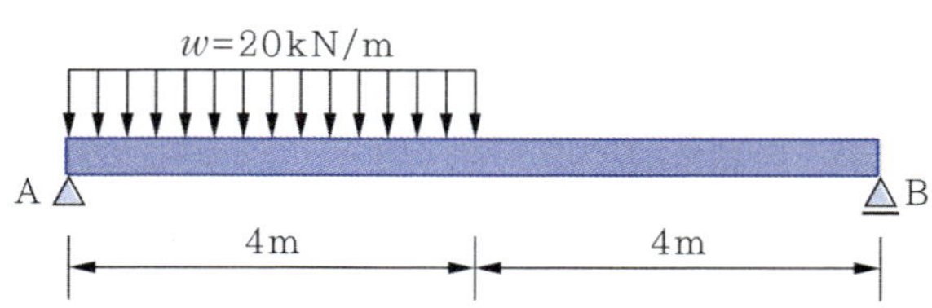

[문제 7.35]

7.36 그림과 같이 하중이 작용하는 보에서 C점의 전단력을 구하여라. 단, 보의 자체 하중은 무시한다. **[중등교사 임용시험-기술(2012)]**

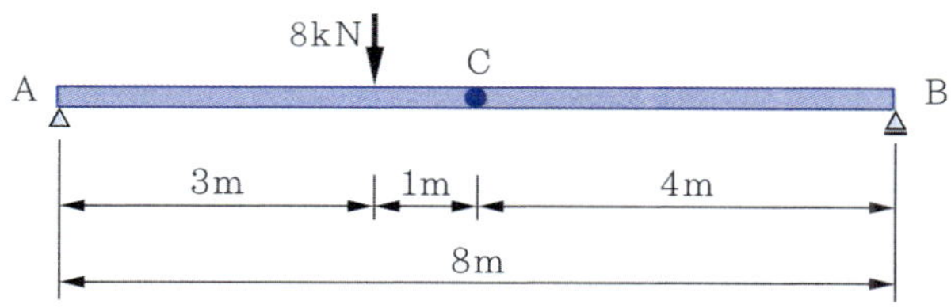

[문제 7.36]

7.37 [곡선 보] 그림과 같이 반지름 r인 4분원 모양의 휘어진 외팔보가 있다. 이 보가 연직 아래 방향으로 P의 하중을 받을 때 각 θ인 단면에서의 전단력(V)과 굽힘 모멘트(M) 및 축력(F)을 구하여라.

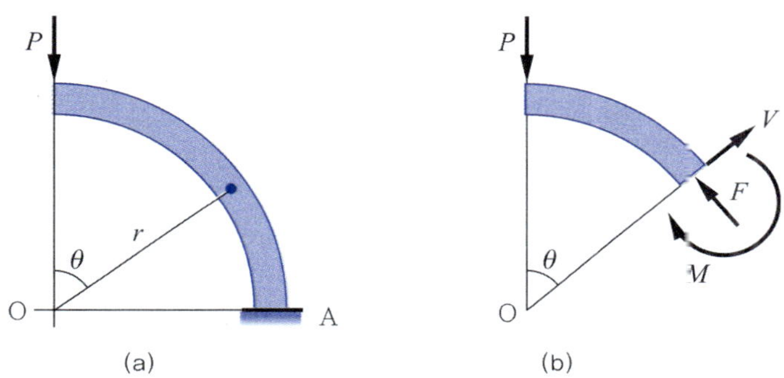

[문제 7.37]

7.38 균일 분포하중 w를 지지하는 보가 있다. 이 보의 중앙에서의 굽힘 모멘트(M_C) 값과 지지점(x)에서의 굽힘 모멘트 값이 같아지는 위치 x를 구하여라.

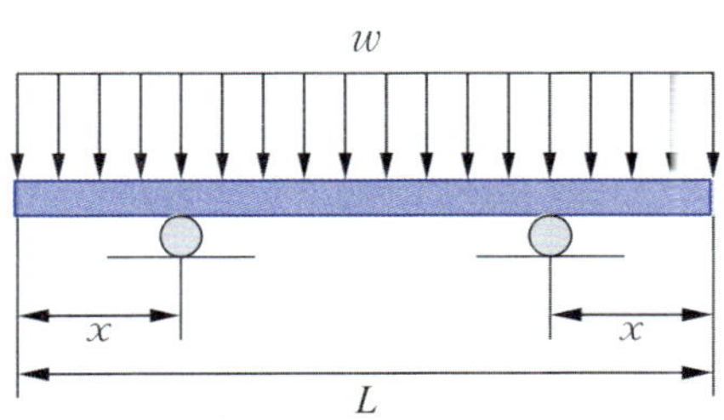

[문제 7.38]

7.39 그림과 같은 하중을 받고 있는 강철보의 굽힘 모멘트(M) 선도를 그려라. 단, 보의 무게는 무시한다.

[중등교사 임용시험-기계 · 금속(2013)] 1)

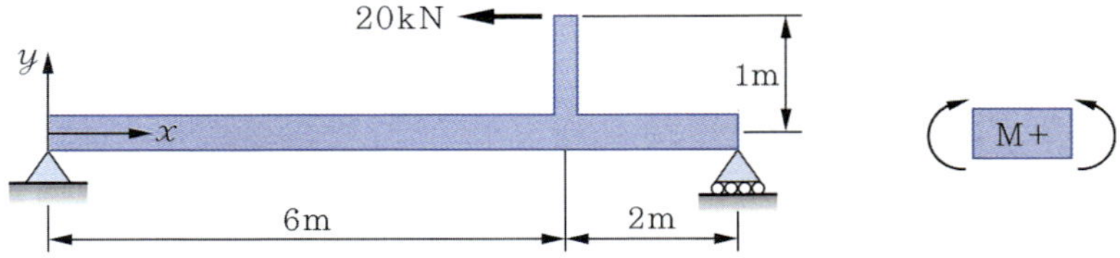

[문제 7.39]

7.40 그림과 같이 단순 지지보에 균일 분포하중이 작용할 때 전단력 선도와 굽힘 모멘트 선도를 그려라. [중등교사 임용시험-항해 · 기관(2013)]

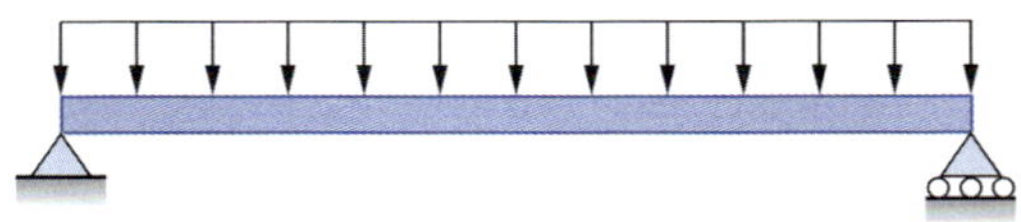

[문제 7.40]

7.41 그림과 같은 보에서 A지점의 수직 반력과 C점의 휨모멘트 크기를 각각 구하여라. [중등교사 임용시험-기술(2013)]

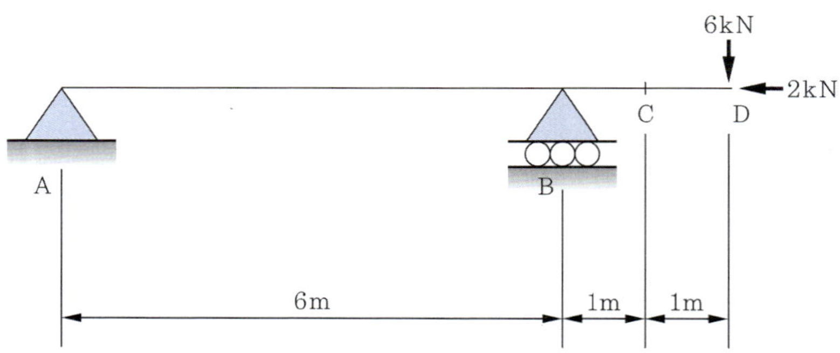

[문제 7.41]

1) 원 문제 그대로 소개하였다. 그런데 이 문제는 그림이 잘못되었다. 왼쪽이 롤러이고 오른쪽이 핀이어야 한다. 주어진 그림과 같으면 강철보가 왼쪽으로 회전해 버린다. 오른쪽 핀에서 아랫방향으로 당기는 힘이 있어야 보가 평형을 유지한다.

7.42 그림과 같은 라멘 구조물에서 D점의 휨모멘트를 구하여라. 단, 자중은 무시한다.

[중등교사 임용시험-건설(2012)]

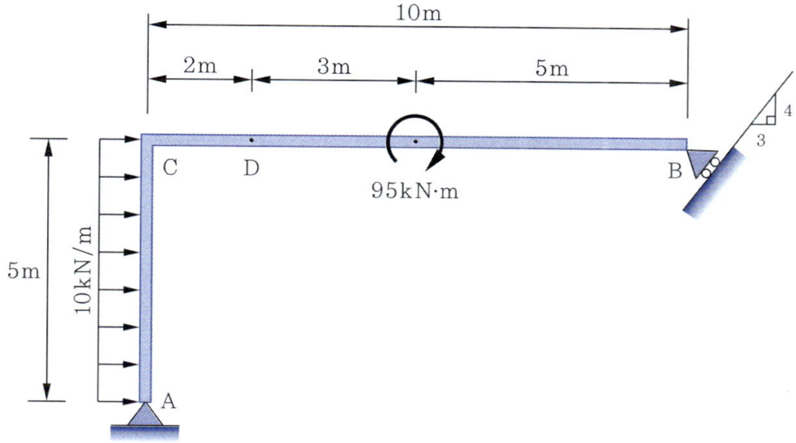

[문제 7.42]

7.43 다음 그림의 내민보에서 A점의 반력 R_A와 B점의 반력 R_B를 구하여 각각 쓰고, A점으로부터 전단력이 0이 되는 점까지의 거리 x와 E점의 휨모멘트 M_E를 구하여 각각 쓰시오. (단, 소수점 이하 셋째 자리에서 반올림하여 둘째 자리까지만 구하며 풀이 과정은 채점하지 않음. 제곱근은 더 이상 계산하지 말 것.)

[중등교사 임용시험-건설(2008)]

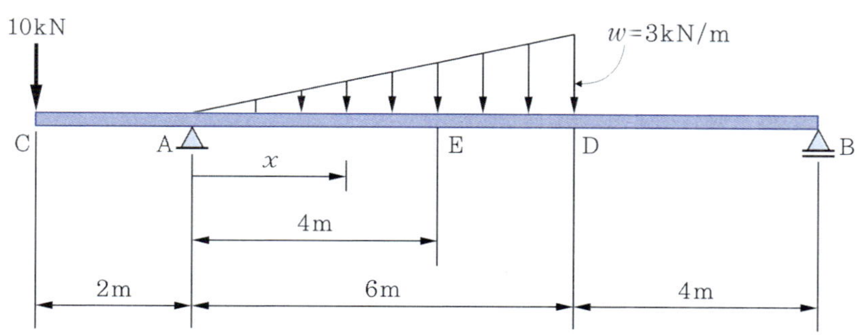

[문제 7.43]

- R_A : [kN]
- R_B : [kN]
- x : [m]
- M_E : [kN • m]

7.44 다음 그림과 같은 내민보의 반력 R_A와 R_B를 구하고, D점에서의 전단력(V_D)과 휨모멘트(M_D)를 구하시오(단, 풀이 과정은 채점하지 않음).

[중등교사 임용시험-건설(2007)]

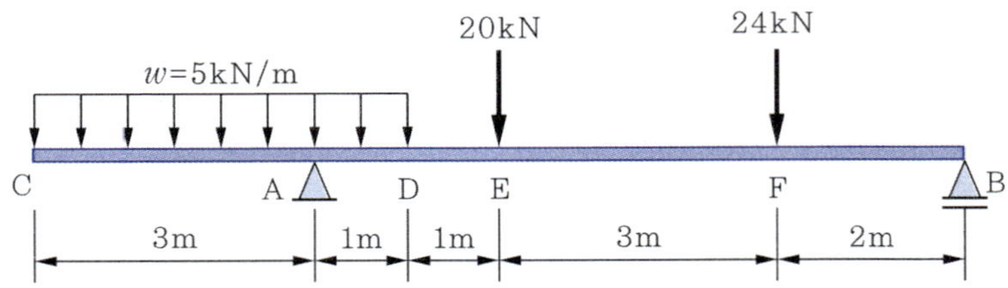

[문제 7.44]

7.45 그림과 같은 보에서 D점에서의 전단력(V_D)과 휨모멘트(M_D)를 구하시오.

[중등교사 임용시험-건설(2012)]

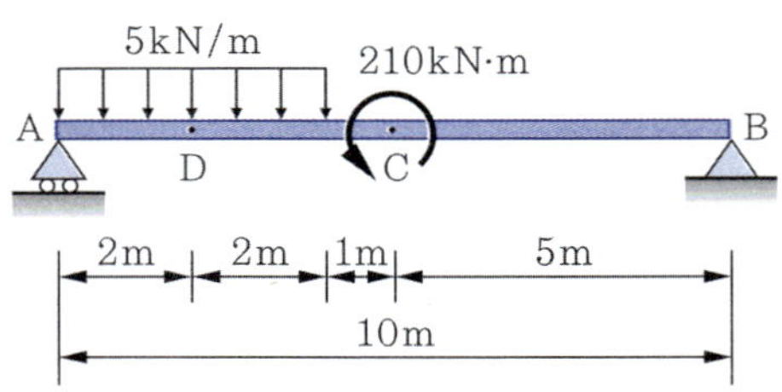

[문제 7.45]

7.46 다음 그림과 같은 합성보(Gerber Beam)에서 다음 각 물음에 답하시오.

[중등교사 임용시험-건설(2006)]

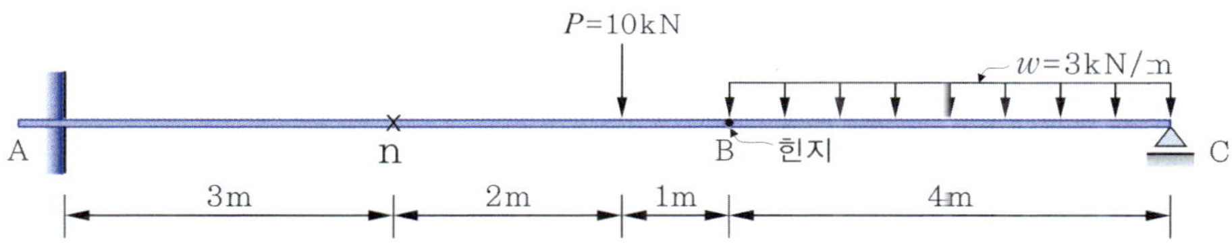

[문제 7.46]

(1) 수직반력 R_A, R_C와 모멘트반력 M_A를 구하시오. 단, 풀이 과정은 점수에 반영하지 않는다.

(2) n점에서의 전단력 V_n과 휨모멘트 M_n을 구하시오. 단, 풀이 과정은 점수에 반영하지 않는다.

※ 연결점(B)에서 작용과 반작용의 원리를 적용하여 다음과 같이 두 개의 물체로 분리하여 반력을 구한다. BC부재의 B점에서 위 방향(↑)으로 작용하는 힘(R_B)은 AB부재에 아래 방향(↓)으로 작용하는 하중이 된다.

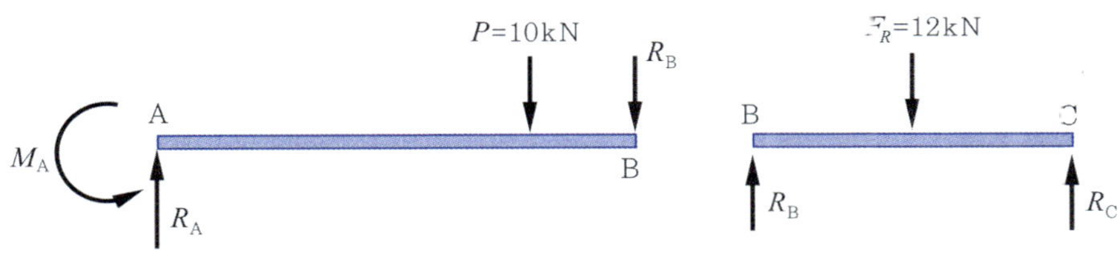

[문제 7.46-1]

7.47 다음 그림의 라멘(rahmen)에서 D점의 반력 R_D, 부재 AE의 전단력 V_{AE}, B점의 휨모멘트 M_B, 그리고 부재 CD의 축 방향력 N_{CD}의 값을 구하여 각각 쓰시오. **[중등교사 임용시험-건설(2008)]**

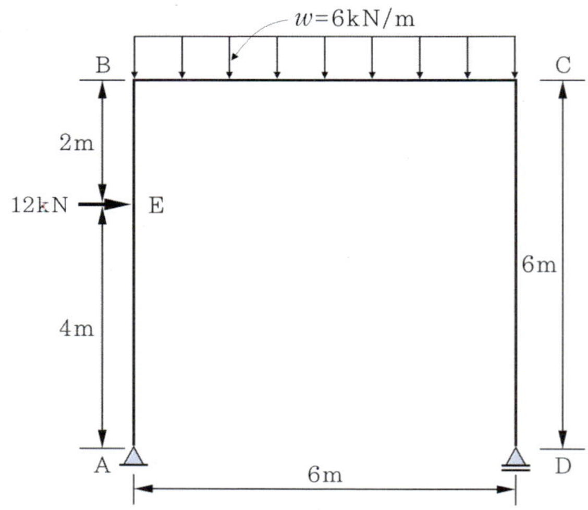

[문제 7.47]

※ 라멘(rahmen) : 기둥과 보가 연속으로 단단하게 이어진 건축의 구조 형식

7.48 다음 그림과 같은 단순보에 집중하중($P_1 = 10\text{t}$), 우력($M_1 = 4\text{t} \cdot \text{m}$), 등분포하중($w_1 = 2\text{t/m}$)이 작용하고 있을 때, 다음 물음에 답하시오. **[중등교사 임용시험-건설(2003)]**

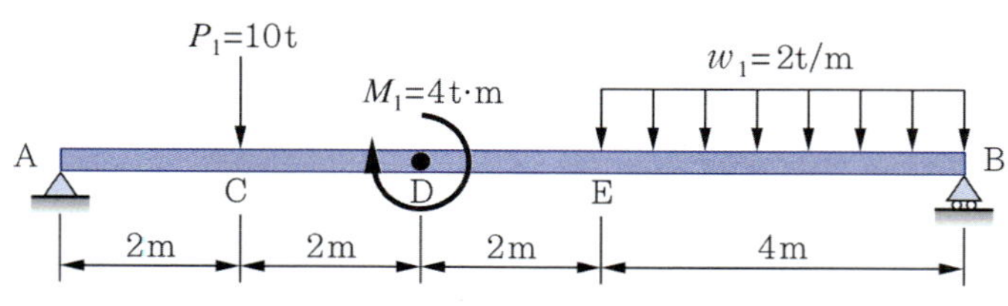

[문제 7.48]

(1) 반력(R_A, R_B)을 구하시오.

(2) 전단력도(shear force diagram)를 그리시오.

(3) 휨모멘트도(bending moment diagram)를 그리시오.

7.49 그림과 같은 캔틸레버(외팔)보에 등분포하중과 집중하중이 작용하고 있다. 지점 A에서의 수직반력(R_A)과 모멘트반력(M_A), 그리고 B점에서 발생되는 휨(굽힘)모멘트(M_B)를 계산하는 과정과 답을 적으시오. 단, 휨모멘트의 부호는 생략하시오. [중등교사 임용시험-농공(2003)]

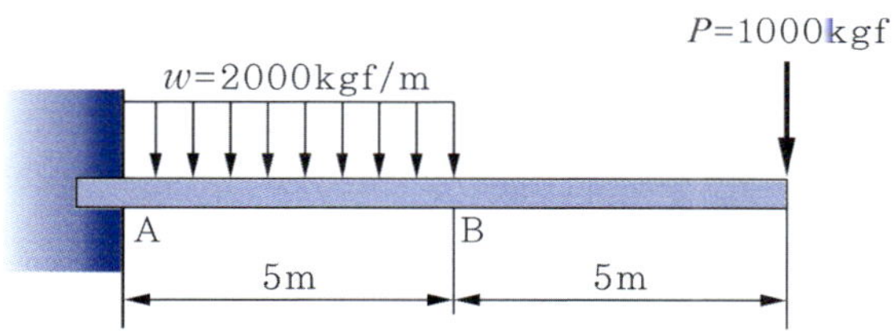

[문제 7.49]

7.50 다음 그림과 같은 단순보에 집중하중과 등분포하중이 작용하고 있다. 지점반력(R_A, R_B)과 최대 휨모멘트 값(M_{max})을 구하시오.

[중등교사 임용시험-농공(2008)]

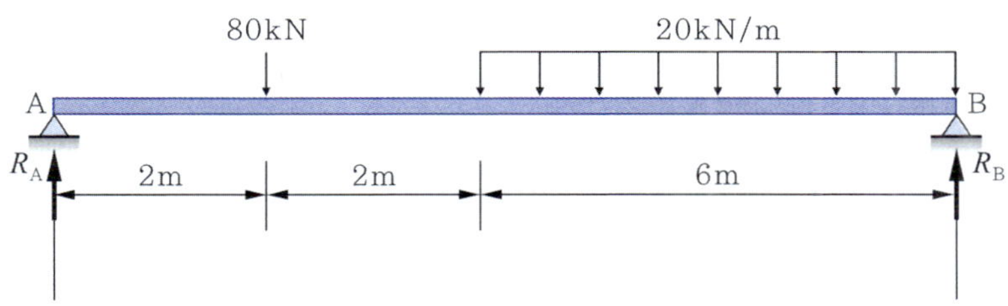

[문제 7.50]

7.51 그림과 같이 캔틸레버보의 CD 구간에 등분포하중이 작용하고 있다. B점에서의 휨(굽힘)모멘트를 구하여라. 단, 보의 자중과 휨모멘트의 부호는 무시한다. [중등교사 임용시험-농공(2009)]

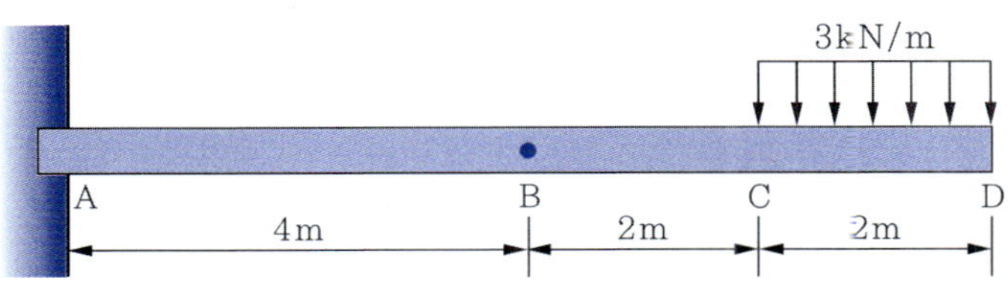

[문제 7.51]

7.52 그림의 내민보에서 A는 힌지지점(회전지점)이며 B는 롤러지점(이동지점)이다. C점에서의 전단력 V_C와 휨모멘트 M_C의 값을 구하여라. 단, 보의 자중, 전단력의 부호 및 휨모멘트의 부호는 무시한다.

[중등교사 임용시험-농공(2012)]

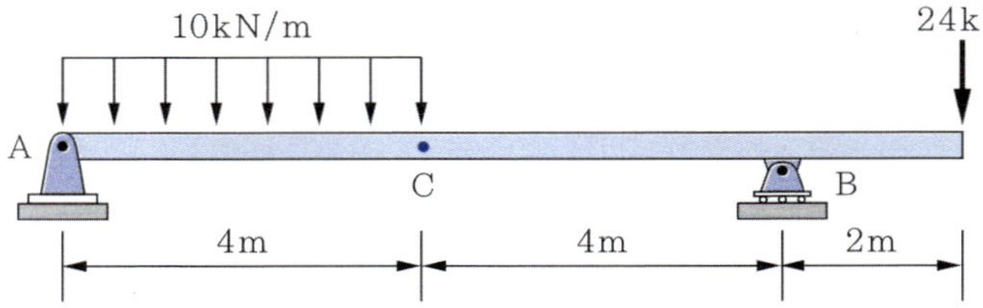

[문제 7.52]

7.53 그림과 같이 자중을 포함한 등분포 하중과 자동차에 의한 집중하중이 작용하는 단순보(simple beam) D점에서의 휨(굽힘)모멘트를 구하여라.

[중등교사 임용시험-기술(2009)]

(가) 보의 자중을 포함한 등분포 하중 $w = 10\text{kN/m}$이다.

(나) 자동차의 총 하중 48kN 중 앞바퀴가 있는 C점에 16kN, 뒷바퀴가 있는 E점에 32kN이 각각 집중하중으로 작용한다. 단, 자동차의 하중은 고정하중으로 가정하고, 바퀴의 수 및 상태는 고려하지 않으며, 제시된 하중 값만으로 계산한다.

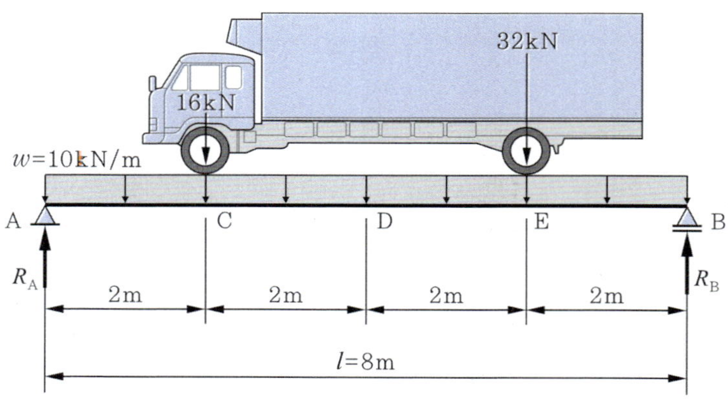

[문제 7.53]

7.54 그림과 같이 외팔보에 분포하중(w)이 작용할 때, 보의 B점 단면에 걸리는 전단력과 굽힘 모멘트 값을 구하시오. 단, 보의 자중은 무시한다.

[중등교사 임용시험-기계·금속(2017)]

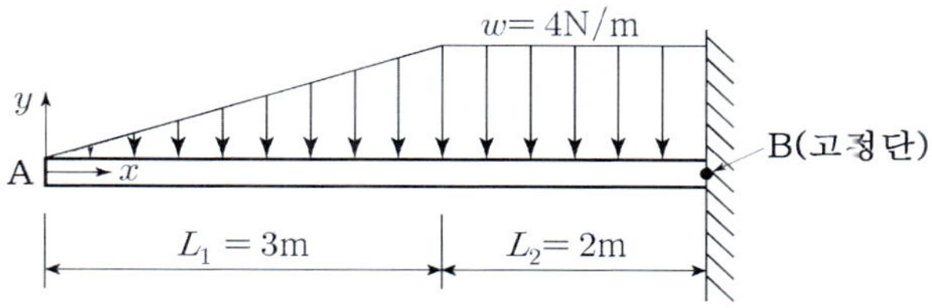

[문제 7.54]

7.55 그림과 같이 동일한 길이의 캔틸레버 보 (a), (b), (c)에 각각 그림과 같은 분포하중이 작용하였을 때, 캔틸레버 보 (a), (b), (c)의 고정단에 작용하는 휨모멘트 크기의 비 $M_{(a)} : M_{(b)} : M_{(c)}$를 구하여라. (단, 캔틸레버 보의 자중은 무시한다)

[공무원 임용시험]

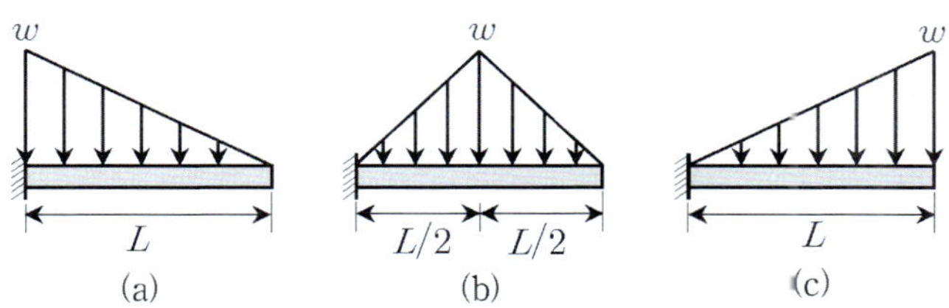

[문제 7.55]

7.56 그림과 같은 단순보에서 B점에 집중하중 $P = 10\text{kN}$이 연직방향으로 작용할 때 C점에서의 전단력 V_C[kN] 및 휨모멘트 M_C[kN·m]을 구하여라. (단, 보의 휨강성 EI는 일정하며, 자중은 무시한다)

[공무원 임용시험]

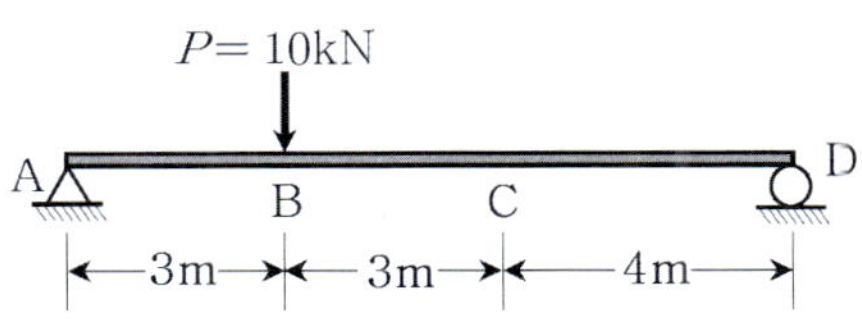

[문제 7.56]

7.57 그림과 같은 단순보에서 최대 휨모멘트가 발생하는 곳의 위치 x[m]를 구하여라. (단, 자중은 무시한다) **[공무원 임용시험]**

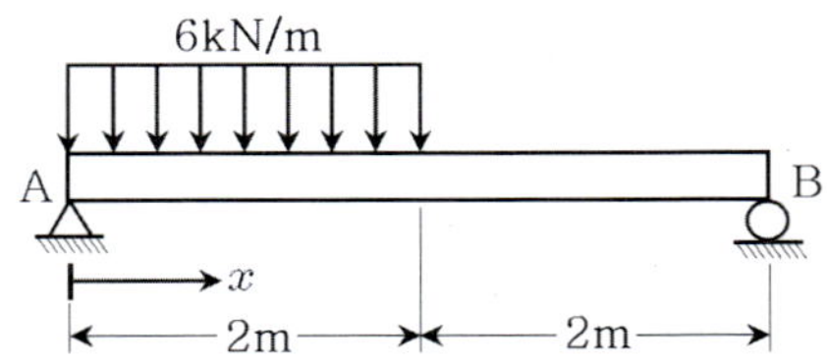

[문제 7.57]

7.58 그림과 같은 하중을 받는 단순보에서 최대 휨모멘트가 발생하는 위치가 A점으로부터 떨어진 수평거리[m]를 구하여라. (단, 보의 자중은 무시한다) **[공무원 임용시험]**

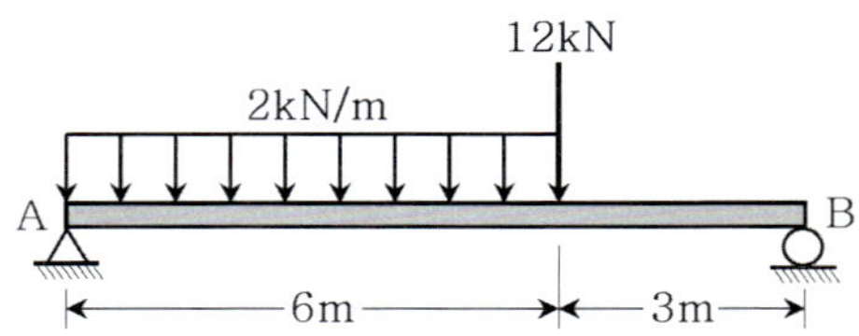

[문제 7.58]

7.59 그림과 같은 분포하중을 받는 단순보에서 C점에서 발생하는 휨모멘트의 크기[kN · m]를 구하여라. (단, 보의 자중은 무시한다)

[공무원 임용시험]

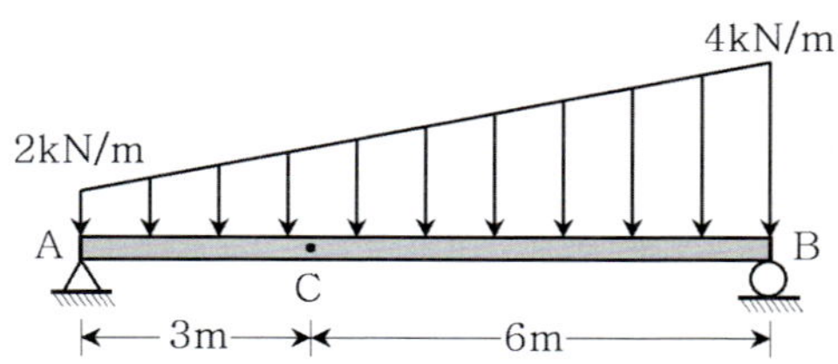

[문제 7.59]

7.60 그림과 같은 등분포하중이 작용하는 단순보에서 최대휨모멘트가 발생되는 거릿값(x)과 최대휨모멘트 값(M_{max})의 비(x/M_{max})를 구하여라. (단, 보의 휨강성 EI는 일정하고, 자중은 무시하며, 최대휨모멘트의 발생지점은 지점 A로부터의 거리이고, x와 M_{max}의 단위는 각각 m, kN · m이다) **[공무원 임용시험]**

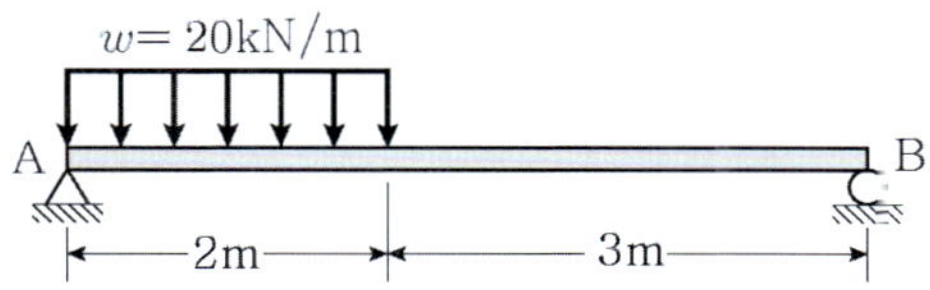

[문제 7.60]

7.61 다음과 같은 내민보에서 발생하는 최대휨모멘트[kN · m]는? **[공무원 임용시험]**

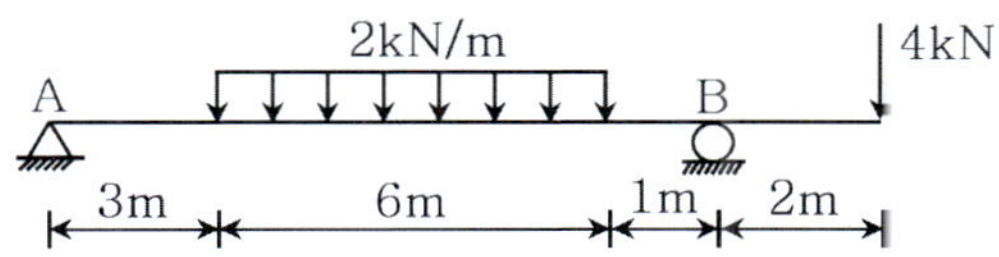

[문제 7.61]

① 4 ② 12 ③ 16 ④ 19

7.62 다음과 같이 집중하중 P와 등분포하중 w=5kN/m를 받는 내민보에서, 전단력이 0이 되는 위치가 B점에서 왼쪽으로 2m 떨어져 있을 때, 집중하중 P의 크기[kN]는? **[공무원 임용시험]**

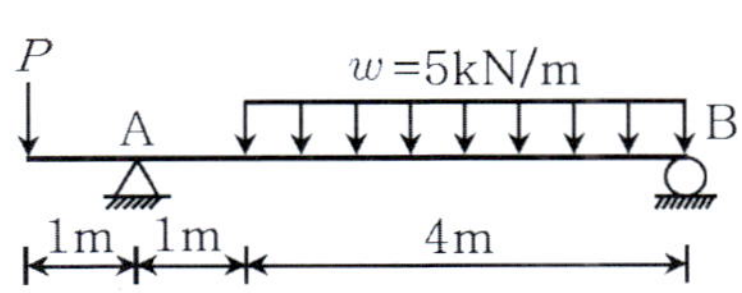

[문제 7.62]

① 6 ② 8 ③ 10 ④ 12

7.63 다음과 같은 단순보에서 최대휨모멘트가 발생하는 위치 x[m]는? (단, x는 지점 A로부터 거리이다) **[공무원 임용시험]**

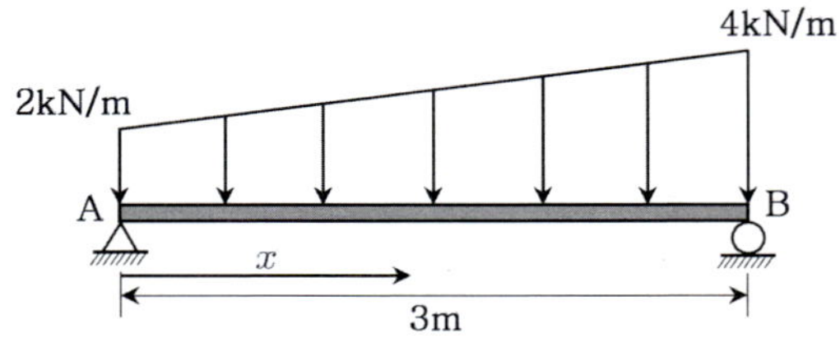

[문제 7.63]

① $-2+\sqrt{18}$　② $-3+\sqrt{19}$
③ $-2+\sqrt{20}$　④ $-3+\sqrt{21}$

7.64 그림과 같이 단순보에 등분포하중이 작용할 때, 최대휨모멘트는 지점 A의 오른쪽 5m 위치에서 발생한다. 이 때, 좌측 등분포하중의 크기 x [kN/m]는? (단, 보의 휨강성 EI는 일정하며, 자중은 무시한다) **[공무원 임용시험]**

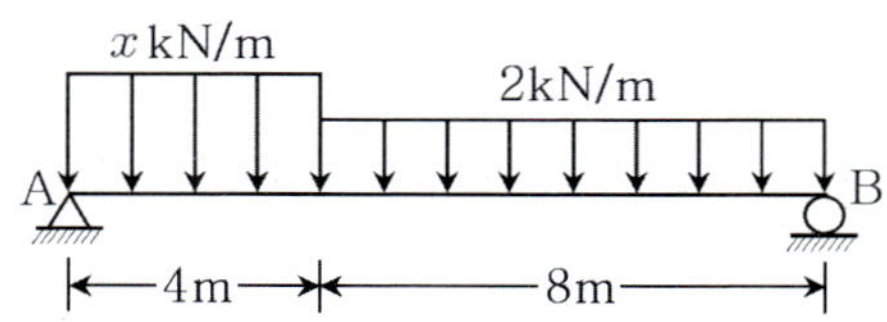

[문제 7.64]

① 2　② 3
③ 4　④ 5

7.65 그림과 같이 외팔보에 등분포하중과 변분포하중이 작용하고 있다. 두 분포하중의 합력은 200kN이고 이 합력의 작용위치와 방향이 B점의 왼쪽 2m에서 하향이라면 거리 b는? **[공무원 임용시험]**

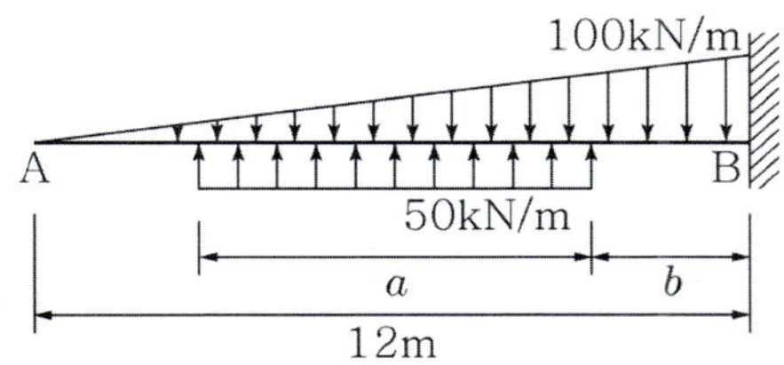

[문제 7.65]

① 1m　　② 2m

③ 3m　　④ 4m

7.66 그림과 같은 길이가 10m인 캔틸레버보에 분포하중 $q_x = 50 - 10x - \frac{x^2}{2}$ 이 작용하고 있을 때 지점 A에서부터 6m 떨어진 지점 B에서의 전단력 V_B의 크기로 가장 옳은 것은? **[공무원 임용시험]**

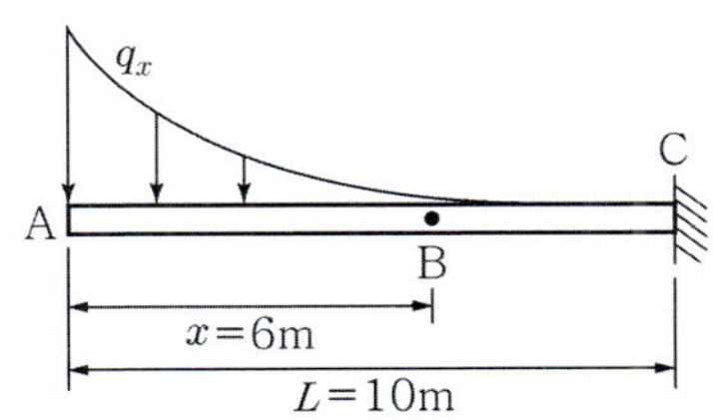

[문제 7.66]

① 84N　　② 156N

③ 444N　　④ 516N

7.67 그림과 같은 분포하중을 받는 단순보에서 B점의 수직반력[kN]은? (단, 보의 자중은 무시한다) **[공무원 임용시험]**

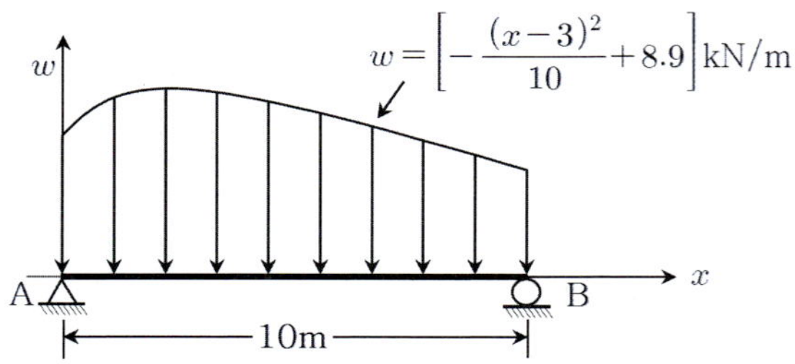

[문제 7.67]

① 32.5　　② 35

③ 37.5　　④ 40

7.68 다음 그림과 같이 주어진 선분포력의 합력 위치는 O점으로부터 x방향으로 몇 m인가? (단, 좌표축 눈금의 단위는 m이다) **[공무원 임용시험]**

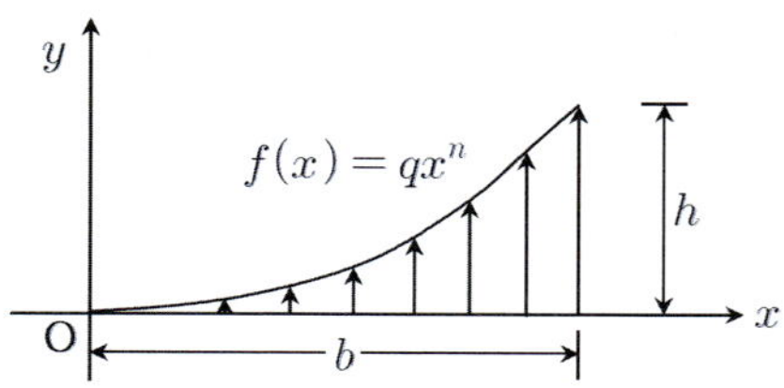

[문제 7.68]

① $\frac{n+1}{n+2}b$　　② $\frac{n+2}{n+3}b$

③ $\frac{1}{n+2}b$　　④ $\frac{1}{n+1}b$

Chapter 08

도심과 면적 관성모멘트

8.1 서론

7장에서 어느 범위 내에 분포하여 작용하는 분포하중을 다루어 보았다. 일반적으로 물체 전체의 무게가 어느 한 점에 작용하지 않으며 물체의 전 체적에 분산되어 있으므로 물체의 무게는 분포하중이 된다. 그러나 이렇게 분산되어 있는 무게를 무게중심(중력중심, center of gravity)이라 부르는 어느 한 점에 작용하는 등가의 힘(집중하중)으로 나타낼 수 있다. 따라서 물체의 무게를 고려하여 지지부에 의해 물체에 작용하는 반력을 계산할 때 물체의 무게중심을 정하면 평형방정식을 편리하게 적용할 수 있다.

무게중심은 질점계 또는 어떤 물체의 무게를 어느 한 점에서의 무게로 나타낸 점이다. 물체의 밀도가 균일하고 중력가속도(g)의 값이 일정할 때 무게중심은 물체의 기하학적 도심(centroid)과 일치한다. 일반적으로 많은 공학 문제의 응용에서 도심과 무게중심이 일치한다. 이와 같은 어떤 물체의 무게중심의 위치를 수학적으로 결정하려면 7장에서와 같은 '**모멘트 원리**'를 적용하여 중력장에서 합력의 위치를 찾는다.

이 장에서는 무게중심과 도심을 정의하고 여러 가지 모양의 물체에 대해 이들의 위치를 구하는 방법을 알아본다.

8.2 무게중심과 질량중심

[그림 8.1]에서 모멘트 원리를 적용하여 무게중심의 위치 $\mathrm{G}(\bar{x}, \bar{y}, \bar{z})$를 찾는다. 임의의 축에 대해 물체의 무게 W의 모멘트는 물체의 미소요소로 생각한 모든 질점에 작용하는 무게 dW의 모멘트 합과 같다. 여기에서 물체의 무게 $W = \int dW$이다. 하나의 예로써 y축에 대한 모멘트 정리를 사용하면 이 축에 대한 미소요소의 모멘트

$dM = x\,dW$이고 물체의 모든 미소요소에 대한 모멘트 합은 $\int dM = \int x\,dW$이다. 이 모멘트 합은 $\bar{x}\,W$와 같아야 하므로

$$\bar{x}\,W = \int x\,dW$$

$$\therefore\ \bar{x} = \frac{\int x\,dW}{W}$$

이다. $\bar{y}$와 $\bar{z}$도 같은 방법으로 정해진다. 따라서 무게중심의 위치 G의 좌표를 다음과 같이 나타낼 수 있다.

$$\bar{x} = \frac{\int x\,dW}{W},\ \bar{y} = \frac{\int y\,dW}{W},\ \bar{z} = \frac{\int z\,dW}{W} \tag{8.1a}$$

식 (8.1a)에서 각 식의 분자는 모멘트 합을 나타낸다. 무게 W와 $G(\bar{x}, \bar{y}, \bar{z})$의 좌표의 곱 $\bar{x}\,W$, $\bar{y}\,W$, $\bar{z}\,W$가 모멘트 합을 나타내므로 무게중심 $G(\bar{x}, \bar{y}, \bar{z})$를 알면 물체의 무게의 의한 모멘트를 쉽게 구할 수 있다.

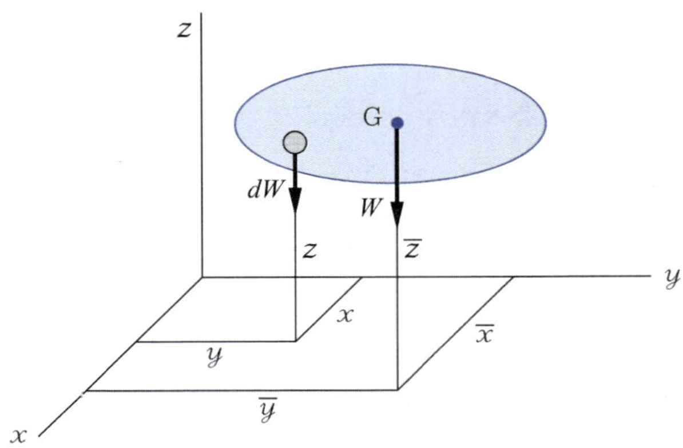

[그림 8.1]

질량을 m, 중력가속도를 g라 하면 $W = mg$, $dW = g\,dm$이므로 이들을 식 (8.1a)에 대입하면 g가 상수일 때 무게중심의 좌표를 다음과 같이 나타낼 수 있다.

$$\bar{x} = \frac{\int x\,dm}{m},\ \bar{y} = \frac{\int y\,dm}{m},\ \bar{z} = \frac{\int z\,dm}{m} \tag{8.1b}$$

식 (8.1b)는 질량중심(center of mass)을 나타낸다. 따라서 중력가속도(g)가 일정하면 무게중심과 질량중심이 일치한다.

물체의 밀도(ρ)는 단위 부피당 물체의 질량이므로 미소 부피요소 dV의 질량 $dm=\rho dV$이고 물체의 전체 질량 $m=\int \rho dV$다. 식 (8.1b)에 이들을 대입하면 질량중심의 좌표는 다음과 같이 표현된다.

$$\bar{x}=\frac{\int x\rho dV}{\int \rho dV}, \quad \bar{y}=\frac{\int y\rho dV}{\int \rho dV}, \quad \bar{z}=\frac{\int z\rho dV}{\int \rho dV} \tag{8.2}$$

$\rho=\rho(x,y,z)$로서 밀도가 일정하지 않을 때는 식 (8.2)와 같이 분자와 분모에서 밀도변화를 고려해야 한다.

8.3 선, 면적 및 체적의 도심

도심(centroid)은 물체의 기하학적 중심을 말하며 무게중심과 같은 원리로 구해진다. 식 (8.2)에서 물체의 밀도(ρ)가 일정하면 분자와 분모에서 ρ가 상수가 되어 약분이 된다. 이때 남은 식은 순전히 물체의 기하학적 성질만을 정의하고 있다. 특히 물체의 재질이 균일한 경우 밀도나 비중은 물체 전체에 걸쳐 일정하게 된다. 많은 공학 문제는 이와 같이 균일한 재질의 재료를 취급하므로 도심을 구하여 물체의 무게에 의한 힘을 편리하게 해석할 수 있다. 물체의 재질이 전체적으로 균일하면 도심은 무게중심이나 질량중심과 일치한다.

도심은 다음과 같이 구하고자 하는 물체의 형상(선, 면적, 체적)에 따라 세 가지로 나누어진다.

1. 선

[그림 8.2]와 같이 길이 L, 밀도 ρ인 가는 막대나 철사와 같이 선의 형태를 가진 경우 미소요소 dL에 대한 모멘트 균형을 고려하면 도심의 좌표는 다음과 같이 된다.

$$\bar{x}=\frac{\int xdL}{L},\ \bar{y}=\frac{\int ydL}{L},\ \bar{z}=\frac{\int zdL}{L} \tag{8.3}$$

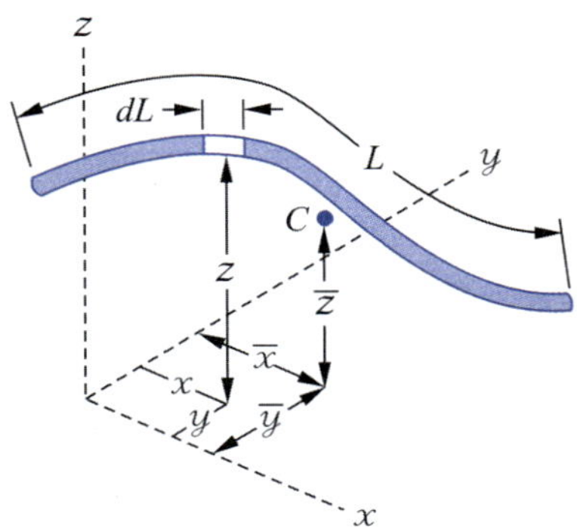

[그림 8.2]

2. 면적

두께(t)가 얇고 일정한 밀도의 판(plate)이나 셸(shell)과 같은 물체의 표면에 대해서는 미소요소 dA로 면적을 세분한 다음 좌표계에 대한 면적요소의 모멘트를 계산하여 도심의 좌표를 구한다. [그림 8.3]에서 면적의 도심은 다음과 같다.

$$\bar{x}=\frac{\int xdA}{A},\ \bar{y}=\frac{\int ydA}{A},\ \bar{z}=\frac{\int zdA}{A} \tag{8.4}$$

식 (8.4)의 분자는 면적 1차모멘트(first moment of area)이다. [그림 8.3]과 같이 곡면인 경우에는 세 개의 좌표로써 도심의 위치가 결정된다. 그런데 일반적으로 많이 취급하는 것은 평면($x-y$면)이며 이때는 $\bar{x}$와 $\bar{y}$만 구하면 된다. [1]

---

1) 정역학에서는 분포하중과 관련하여 평면에서의 면적의 도심을 주로 다룬다.

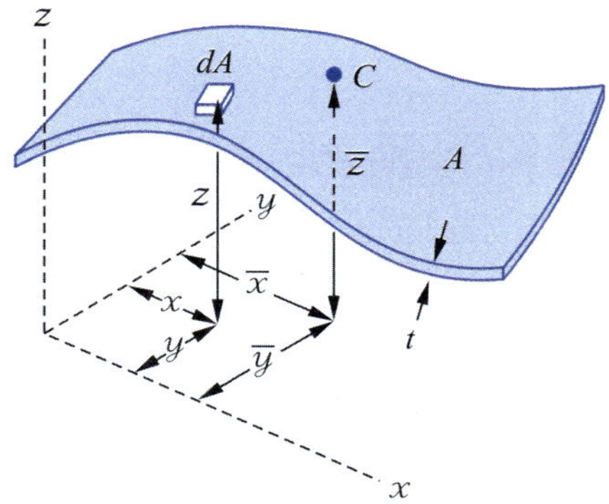

[그림 8.3]

3. 체적

식 (8.2)에서 물체의 밀도(ρ)가 일정하면 ρ는 약분할 수 있으므로 질량중심의 좌표가 물체의 도심의 좌표가 된다. 식 (8.2)로부터 체적 V인 물체의 체적 도심의 좌표는 다음과 같다.

$$\bar{x}=\frac{\int x dV}{V},\ \bar{y}=\frac{\int y dV}{V},\ \bar{z}=\frac{\int z dV}{V} \tag{8.5}$$

어떤 물체에 대해 식 (8.3)~(8.5)를 적용할 때 주의할 점은 경계의 모양과 잘 맞는 좌표계를 선정하는 것이다. 예를 들어 호나 부채꼴 등과 같이 원형 경계를 가진 물체인 경우에는 극 좌표계를 사용하는 것이 좋다.

그리고 적분 식에서 x, y, z는 '모멘트 팔' 또는 '미소요소의 도심 좌표'를 말한다. 따라서 미분요소는 가능하면 한쪽 방향으로만 미소 크기를 갖도록 선택하는 것이 좋다. 이렇게 하면 한 번의 적분으로 전체 적분 값을 얻을 수 있다.

한편 물체의 형상이 대칭(symmetry)인 경우에는 대칭성을 이용하여 도심의 일부 또는 전체의 위치를 쉽게 찾을 수 있다. 즉, **물체가 어떤 축에 대해 대칭인 경우 물체의 도심은 물체의 대칭축 상에 위치한다.** 예를 들어 원, 직사각형, I자 형 단면의 면적 도심(C)은 [그림 8.4]와 같다.

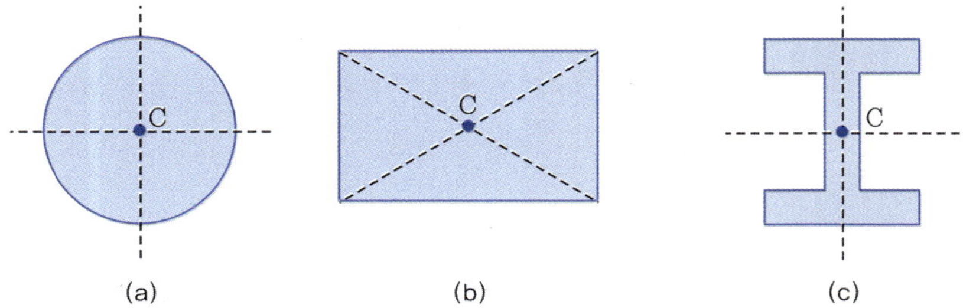

[그림 8.4] 면적도심(C) : (a) 원, (b) 직사각형, (c) I 자형

4. 적분요소 선정

미분요소의 모멘트를 구할 때는 미분요소 도심의 좌표를 모멘트 팔의 길이로 사용한다. [그림 8.5]에서 미소 수평면적(dA)에서 y축에 대한 dA의 모멘트는 $x_c dA$이다. 여기에서 x_c는 미분요소 dA의 도심(C)의 x좌표이다. x_c가 면적의 경계선을 나타내는 x가 아니라는 것에 주의한다.

한편 [그림 8.5]에서 x축에 대한 dA의 모멘트는 $y_c dA$이다. 여기에서 y_c는 미분요소 dA의 도심의 y좌표이다. 이때 y방향의 이 요소에 대한 요소 도심까지의 모멘트 길이 y_c는 극한을 취하면 미분요소 경계선의 y좌표와 같다.

이와 같은 사실을 염두에 두고 식 (8.4)와 (8.5)를 실제 도심을 구할 때 사용하는 식으로 다시 쓰면 다음과 같다.

$$\bar{x}=\frac{\int x_c dA}{A},\quad \bar{y}=\frac{\int y_c dA}{A},\quad \bar{z}=\frac{\int z_c dA}{A} \tag{8.6a}$$

$$\bar{x}=\frac{\int x_c dV}{V},\quad \bar{y}=\frac{\int y_c dV}{V},\quad \bar{z}=\frac{\int z_c dV}{V} \tag{8.6b}$$

여기에서 아래첨자 c는 모멘트에 대한 적분 식에서 나타나는 모멘트 팔의 길이가 특별히 선정한 미분요소(dA, dV)의 도심 좌표임을 나타낸다.

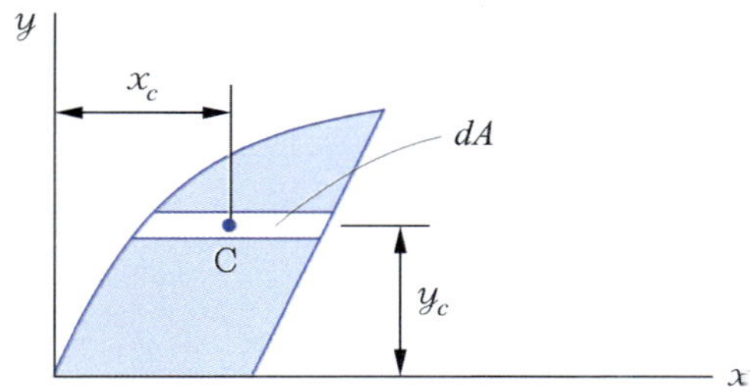

[그림 8.5]

예제 8.1 [그림 8.6]과 같이 반지름 R인 $\frac{1}{4}$원호의 도심을 구하여라.

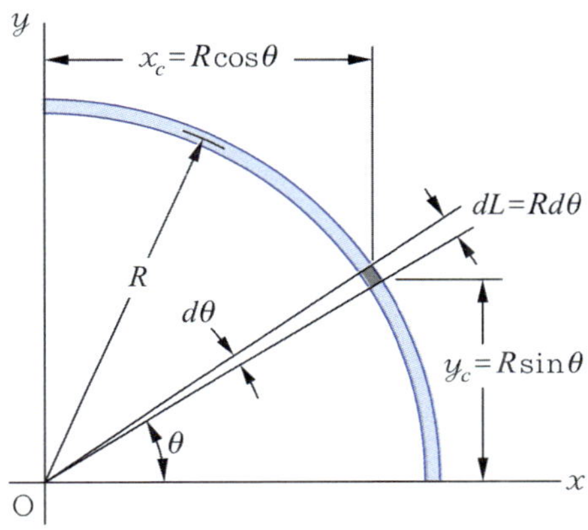

[그림 8.6]

풀이 그림과 같이 극 좌표계를 잡으면 호의 미분요소의 길이

$$dL = Rd\theta$$

이고, 요소의 x좌표는

$$x_c = R\cos\theta$$

이다. 그리고 $\frac{1}{4}$원호의 길이

$$L = \frac{1}{4} \times (2\pi R) = \frac{\pi R}{2}$$

이므로 다음과 같이 도심의 x좌표가 구해진다.

$$L\bar{x} = \int x_c dL$$

$$\therefore\ \bar{x} = \frac{\int x_c dL}{L} = \frac{\int_0^{\pi/2}(R\cos\theta)Rd\theta}{L} = \frac{R^2[\sin\theta]_0^{\pi/2}}{L}$$
$$= \frac{R^2}{L} = \frac{R^2}{(\pi R/2)}$$
$$= \frac{2R}{\pi}$$

그리고 원호의 대칭성으로 인하여 $\bar{y} = \frac{2R}{\pi}$이다. 또는 직접 적분을 하면

$$\int y_c dL = \int_0^{\pi/2}(R\sin\theta)(Rd\theta) = R^2[-\cos\theta]_0^{\pi/2} = R^2$$

이므로 $\bar{y} = \frac{\int y_c dL}{L} = \frac{R^2}{(\pi R/2)} = \frac{2R}{\pi}$이다.

예제 8.2 높이가 h인 삼각형의 밑변으로부터 도심까지의 거리를 구하여라.

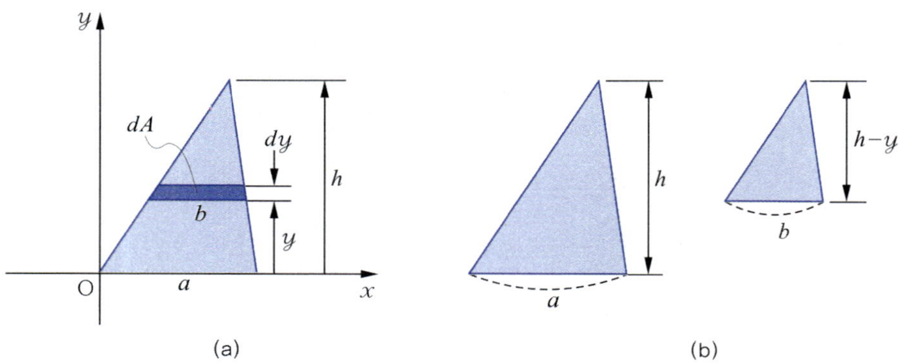

[그림 8.7]

풀이 [그림 8.7(a)]와 같이 삼각형의 밑변을 a로 하고 x축을 밑변과 일치하도록 좌표축을 잡는다. 밑변 a, 높이 h인 삼각형의 면적

$$A = \frac{1}{2}ah$$

이다. [그림 8.7(a)]에서 밑변으로부터 미분요소의 중심까지의 거리를 y라 하면 [그림 8.7(b)]의 삼각형의 닮음으로부터 $a:b = h:(h-y)$이므로 $b = \frac{a}{h}(h-y)$이다. 따라서 미분요소의 면적

$$dA = bdy = \frac{a}{h}(h-y)dy$$

이므로 다음과 같이 밑변으로부터 도심까지의 거리($\bar{y}$)가 구해진다.

$$\int y_c dA = \int_0^h y \times \frac{a}{h}(h-y)dy = \frac{a}{h}\int_0^h (hy-y^2)dy$$
$$= \frac{a}{h}\left[\frac{hy^2}{2} - \frac{y^3}{3}\right]_0^h$$
$$= \frac{ah^2}{6}$$
$$\therefore \ \bar{y} = \frac{\int y_c dA}{A} = \frac{\frac{ah^2}{6}}{\frac{ah}{2}} = \frac{h}{3}$$

예제 8.3 반지름 R인 반원의 도심을 구하여라.

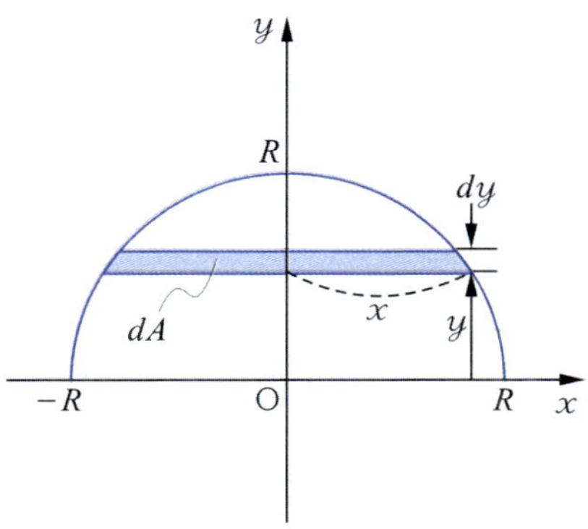

[그림 8.8]

풀이 [그림 8.8]과 같이 좌표축을 잡으면 반원은 y축에 대해 대칭이므로 도심의 x좌표 $\bar{x}=0$이다. 반지름 R인 반원의 면적 $A=\frac{\pi R^2}{2}$이고, 밑변으로부터 미분요소의 중심까지의 거리를 y로 하면 원의 방정식에서 $x^2+y^2=R^2$이므로 $x=\sqrt{R^2-y^2}$이다. 따라서 미분요소의 면적

$$dA = 2xdy = 2\sqrt{R^2-y^2}\,dy$$

이고, 다음과 같이 도심의 y좌표($\bar{y}$)가 구해진다.

$$\int y_c dA = \int_0^R y \times 2\sqrt{R^2-y^2}\,dy$$
$$= -\frac{2}{3}\left[(R^2-y^2)^{\frac{3}{2}}\right]_0^R$$
$$= \frac{2R^3}{3}$$

$$\therefore\ \bar{y} = \frac{\int y_c dA}{A} = \frac{\frac{2R^3}{3}}{\frac{\pi R^2}{2}} = \frac{4R}{3\pi}$$

경계의 모양이 원이므로 이 문제는 극 좌표계를 이용하여 풀어도 좋다.

예제 8.4 곡선 $y = x^2$과 x축 및 $x = 1$로 둘러싸인 도형의 도심을 구하여라.

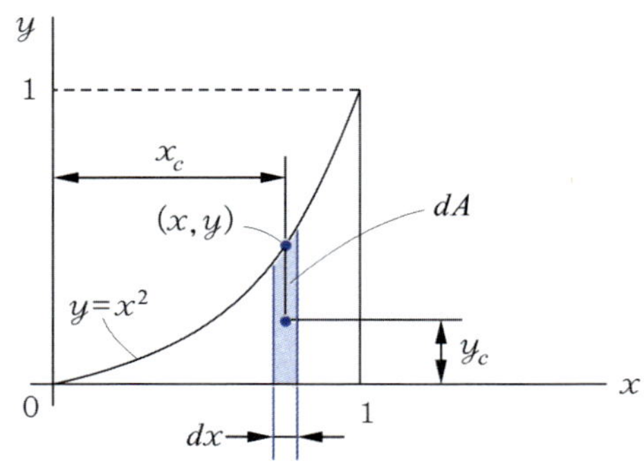

[그림 8.9]

풀이 [그림 8.9]와 같이 두께가 dx이고 높이가 y인 미소요소를 선정한다. 요소는 곡선 $y = x^2$과 점 (x, y)에서 만난다. 요소의 면적 $dA = ydx$이며 요소의 도심 좌표 $x_c = x$, $y_c = \frac{y}{2}$이다. 먼저 도형의 면적을 구하면

$$A = \int dA = \int_0^1 ydx = \int_0^1 x^2 dx = \left[\frac{x^3}{3}\right]_0^1 = \frac{1}{3}$$

이고, 다음과 같이 도심의 좌표$(\bar{x}, \bar{y})$가 구해진다.

$$\int x_c dA = \int_0^1 x \cdot ydx = \int_0^1 x \cdot x^2 dx = \left[\frac{x^4}{4}\right]_0^1 = \frac{1}{4}$$

$$\therefore\ \bar{x} = \frac{\int x_c dA}{A} = \frac{\frac{1}{4}}{\frac{1}{3}} = \frac{3}{4} = 0.75$$

$$\int y_c dA = \int_0^1 \frac{y}{2} \cdot ydx = \frac{1}{2}\int_0^1 y^2 dx = \frac{1}{2}\int_0^1 x^4 dx = \frac{1}{2}\left[\frac{x^5}{5}\right]_0^1 = \frac{1}{10}$$

$$\therefore\ \bar{y} = \frac{\int y_c dA}{A} = \frac{\frac{1}{10}}{\frac{1}{3}} = \frac{3}{10} = 0.3$$

예제 8.5 [그림 8.10(a)]와 같이 두 곡선 $y=x^2$과 $y=x$로 둘러싸인 도형의 도심을 구하여라.

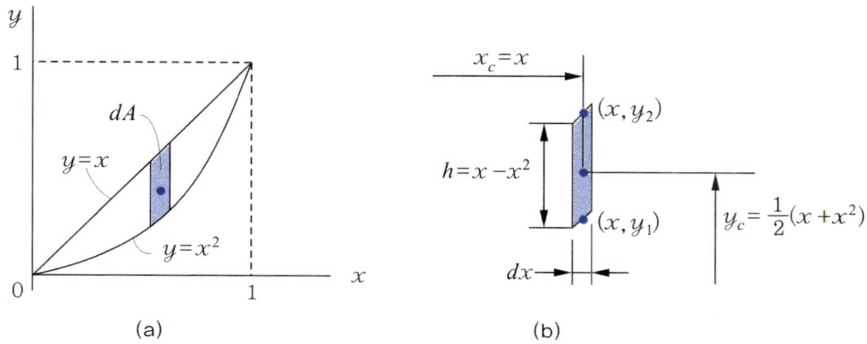

[그림 8.10]

풀이 [그림 8.10(b)]와 같이 위치 $x_c=x$에 두께 dx인 미소요소를 선정한다. 요소가 곡선 $y=x^2$ 및 $y=x$와 만나는 점을 각각 (x, y_1), (x, y_2)로 하면 $y_1=x^2$, $y_2=x$이다. 이때 요소의 높이

$$h=y_2-y_1=x-x^2$$

이므로 요소의 면적

$$dA=hdx=(x-x^2)dx$$

이고, 요소의 도심 좌표

$$x_c=x,\ y_c=\frac{1}{2}(y_1+y_2)=\frac{1}{2}(x+x^2)$$

이다. 따라서 도형의 면적은

$$A=\int dA=\int_0^1(x-x^2)dx=\left[\frac{x^2}{2}-\frac{x^3}{3}\right]_0^1=\frac{1}{6}$$

이고, 다음과 같이 도심의 좌표$(\bar{x}, \bar{y})$가 구해진다.

$$\int x_c dA=\int_0^1 x\cdot(x-x^2)dx=\int_0^1(x^2-x^3)dx$$

$$=\left[\frac{x^3}{3}-\frac{x^4}{4}\right]_0^1=\frac{1}{12}$$

$$\therefore\ \bar{x}=\frac{\int x_c dA}{A}=\frac{\frac{1}{12}}{\frac{1}{6}}=\frac{1}{2}=0.5$$

$$\int y_c dA=\int_0^1\frac{1}{2}(x+x^2)\cdot(x-x^2)dx=\frac{1}{2}\int_0^1(x^2-x^4)dx$$

$$= \frac{1}{2}\left[\frac{x^3}{3} - \frac{x^5}{5}\right]_0^1 = \frac{1}{15}$$

$$\therefore \quad \bar{y} = \frac{\int y_c dA}{A} = \frac{\frac{1}{15}}{\frac{1}{6}} = \frac{2}{5} = 0.4$$

예제 8.6 [그림 8.11(a)]와 같이 길이 L인 경사진 강철봉의 양쪽 끝 단면 지름이 각각 D와 $2D$일 때 강철봉의 질량중심의 위치를 구하여라. 봉의 밀도는 균일하다고 가정한다.

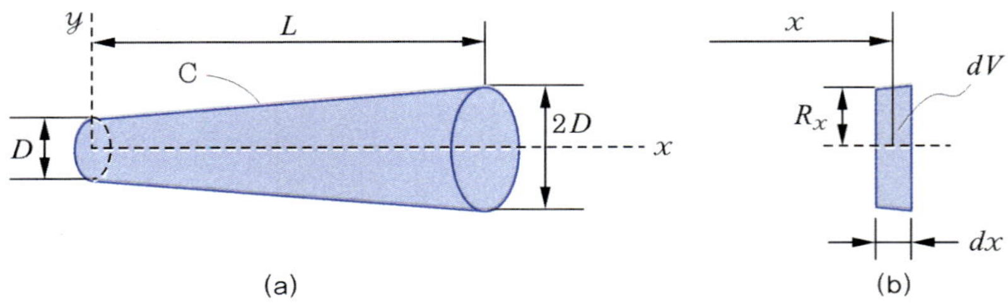

[그림 8.11]

풀이 [그림 8.11(b)]과 같이 위치 x에서 두께 dx, 반지름 R_x인 작은 원판을 미소요소로 선정한다. 봉의 위쪽 표면 선(C)의 방정식은

$x = 0$에서 $y = \frac{D}{2}$, $x = L$에서 $y = D$

$$\therefore \quad y = \frac{D}{2L}(x + L)$$

이므로 x에서의 봉의 반지름은 $R_x = y = \frac{D}{2L}(x + L)$이다. 따라서 미소요소의 질량

$$dm = \rho dV = \rho(\pi R_x^2)dx = \frac{\pi\rho D^2}{4L^2}(x^2 + 2Lx + L^2)dx$$

이고, 다음과 같이 질량중심의 위치($\bar{x}$)가 구해진다.

$$m = \int dm = \frac{\pi\rho D^2}{4L^2}\int_0^L (x^2 + 2Lx + L^2)dx$$

$$= \frac{\pi\rho D^2}{4L^2}\left[\frac{1}{3}x^3 + Lx^2 + L^2x\right]_0^L$$

$$= \frac{\pi\rho D^2}{4L^2}\left(\frac{1}{3}L^3 + L^3 + L^3\right) = \frac{7\pi\rho D^2 L}{12}$$

$$\int xdm = \frac{\pi\rho D^2}{4L^2}\int_0^L x(x^2+2Lx+L^2)dx$$
$$= \frac{\pi\rho D^2}{4L^2}\left[\frac{1}{4}x^4+\frac{2L}{3}x^3+\frac{L^2}{2}x^2\right]_0^L$$
$$= \frac{\pi\rho D^2}{4L^2}\left(\frac{1}{4}L^4+\frac{2}{3}L^4+\frac{1}{2}L^4\right) = \frac{17\pi\rho D^2L^2}{48}$$
$$\therefore\ \bar{x} = \frac{\int xdm}{m} = \frac{17}{28}L$$

예제 8.7 [그림 8.12(a)]와 같이 z축을 기준으로 포물선 $y^2=2z$를 회전하여 생성되는 체적 도심의 z좌표($\bar{z}$)를 구하여라.

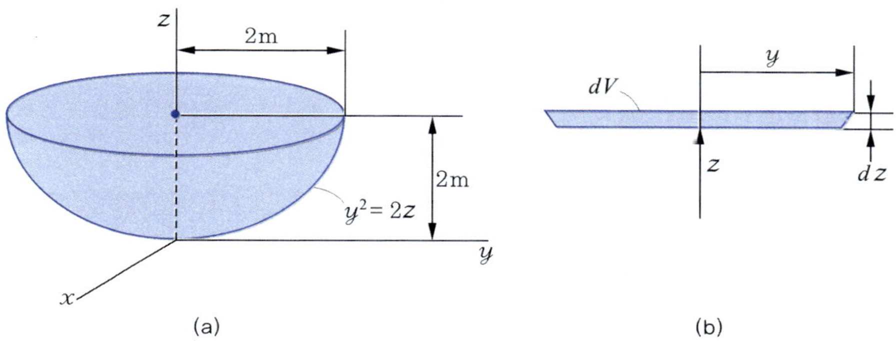

[그림 8.12]

풀이 [그림 8.12(b)]와 같이 두께가 dz인 원판을 체적요소(dV)로 선정한다. 위치 z에서 요소의 반지름은 y이므로 요소의 체적

$$dV = (\pi y^2)dz = \pi(2z)dz = 2\pi z dz$$

이고, 다음과 같이 체적 도심의 z좌표($\bar{z}$)가 구해진다.

$$V = \int dV = \int_0^2 (2\pi z)dz = \pi\left[z^2\right]_0^2 = 4\pi$$
$$\int zdV = \int_0^2 (2\pi z^2)dz = \pi\left[\frac{2}{3}z^3\right]_0^2 = \frac{16}{3}\pi$$
$$\therefore\ \bar{z} = \frac{\int zdV}{V} = \frac{4}{3}\ (\text{m})$$

한편 대칭성에 의하여 체적 도심의 x, y좌표는 각각 $\bar{x}=0$, $\bar{y}=0$이다.

연 습 문 제

8.1 사다리꼴 면적의 도심 좌표를 구하여라. 단위는 m이다.

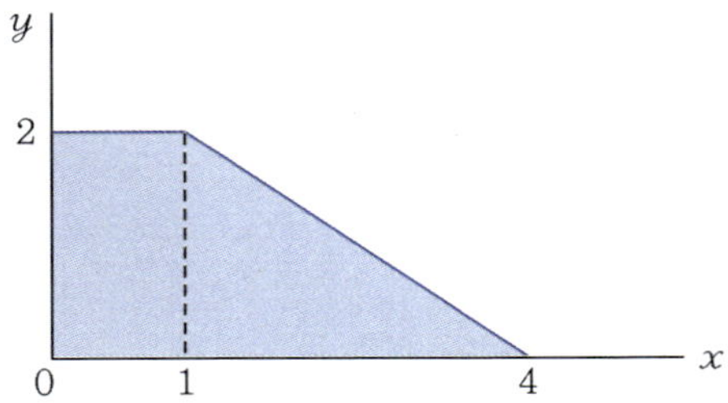

[문제 8.1]

8.2 $x=a\left(\dfrac{y}{b}\right)^3$과 x축 및 $x=a$로 둘러싸인 도형의 면적 도심의 좌표를 구하여라.

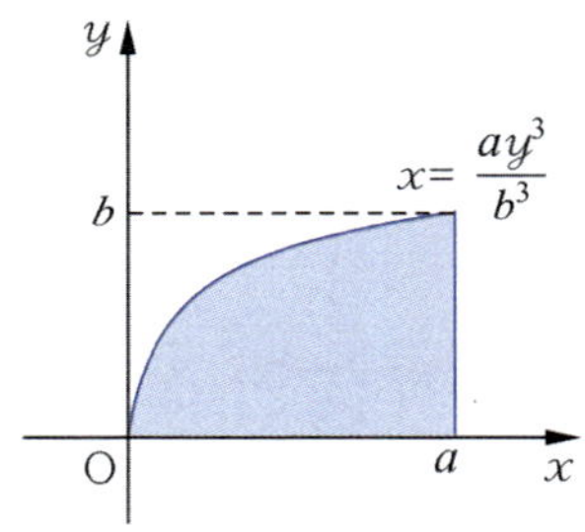

[문제 8.2]

8.3 곡선 $y=ax^2$과 x축 및 $x=b$로 둘러싸인 도형의 면적 도심 좌표를 구하여라. 단, 곡선은 점 (b, h)를 지난다.

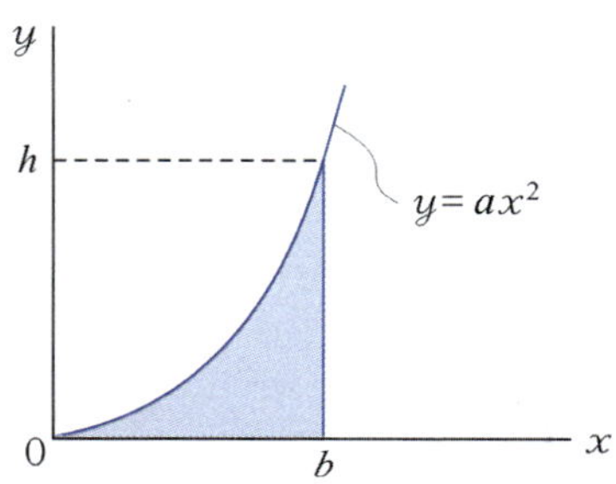

[문제 8.3]

8.4 직선 $y=kx$와 x축 및 $x=b$로 둘러싸인 도형의 면적 도심 좌표를 구하여라.

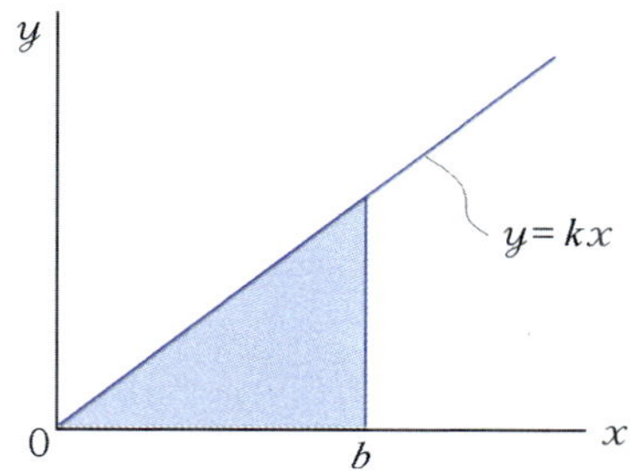

[문제 8.4]

8.5 곡선 $y=1+\dfrac{x^3}{4}$과 x축 및 $x=1$, $x=2$로 둘러싸인 도형의 면적 도심 좌표를 구하여라.

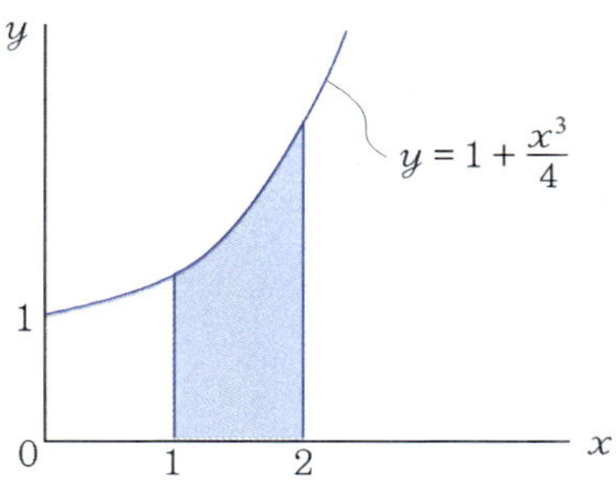

[문제 8.5]

8.6 $y=\dfrac{x^2}{b}$과 y축 및 $y=b$ 로 둘러싸인 도형의 면적 도심 좌표를 구하여라.

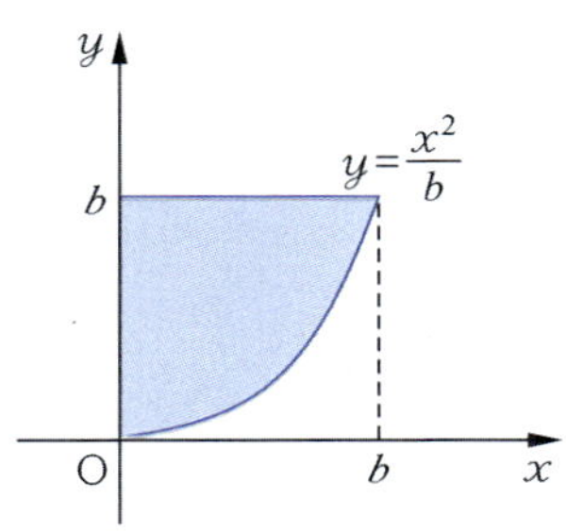

[문제 8.6]

8.7 곡선 $x = ky^2$과 y축 및 $y = a$ 로 둘러싸인 도형의 면적 도심 좌표를 구하여라. 단, 곡선은 점 (b, a)를 지난다.

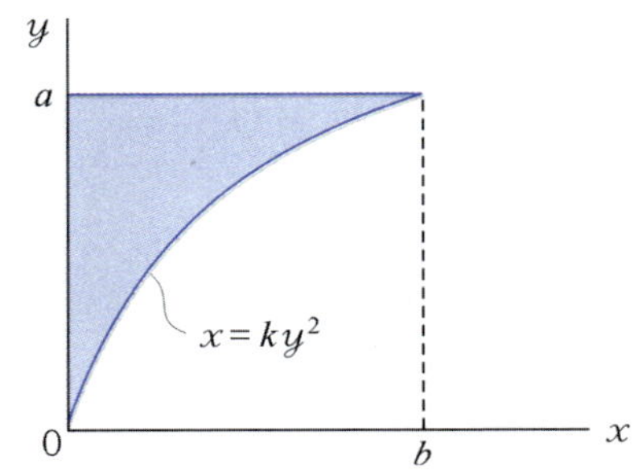

[문제 8.7]

8.8 그림과 같은 음영면적의 도심의 y좌표를 구하여라.

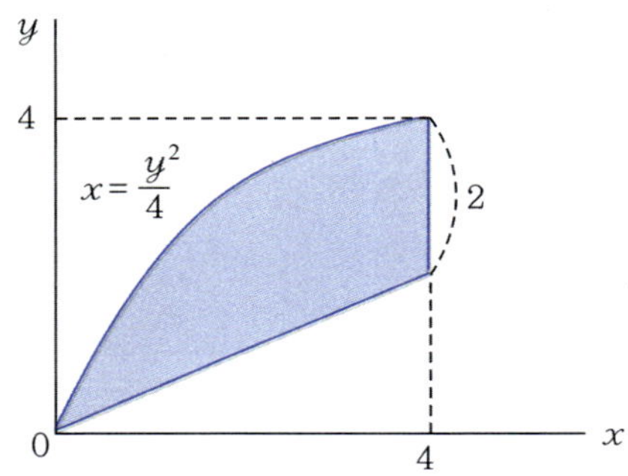

[문제 8.8]

8.9 음영 면적의 도심 좌표를 구하여라.

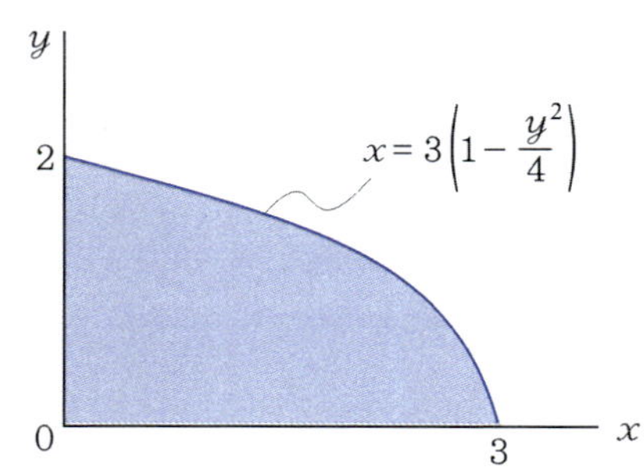

[문제 8.9]

8.10 음영 면적의 도심 좌표를 구하여라.

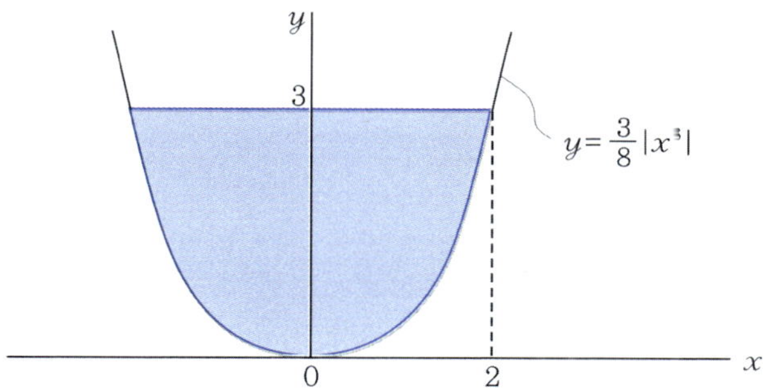

[문제 8.10]

8.11 사다리꼴 면적의 도심 좌표를 구하여라.

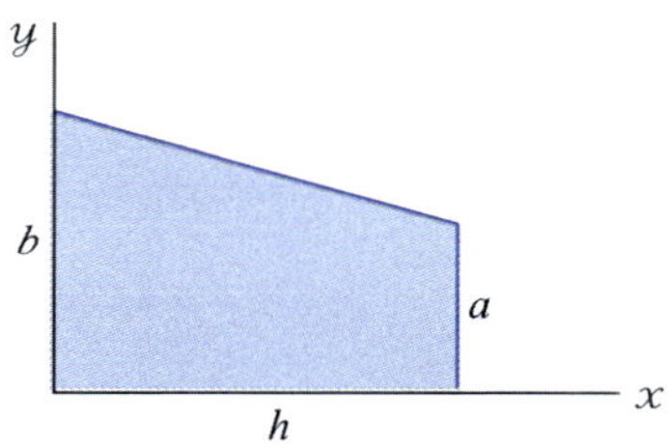

[문제 8.11]

8.12 음영 면적의 도심 좌표를 구하여라.

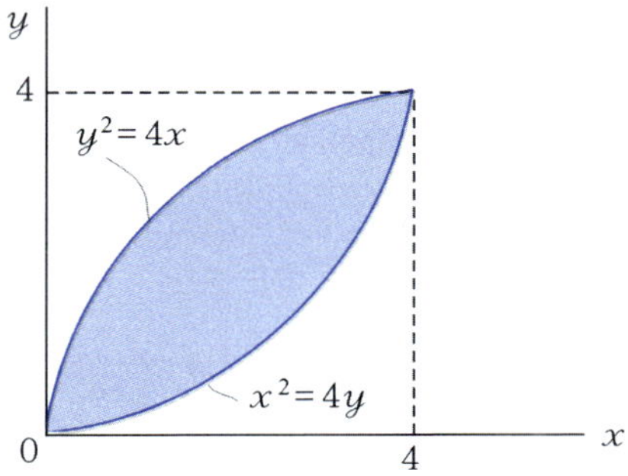

[문제 8.12]

8.13 단위 길이당 질량이 $\rho=\rho_0\left(1-\frac{x}{2}\right)$인 길이 1m의 가는 봉이 있다. 봉의 질량중심의 위치를 구하여라. ρ_0는 상수이다.

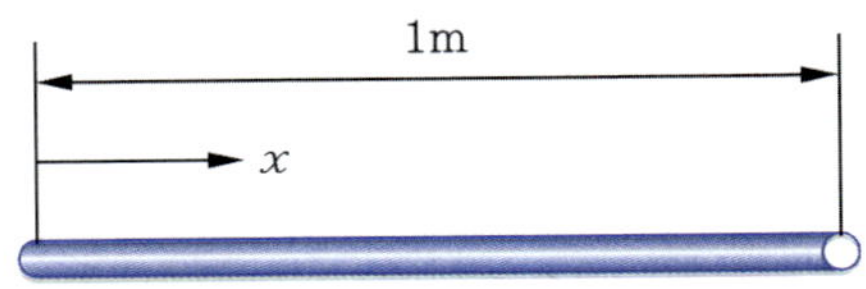

[문제 8.13]

8.14 그림과 같은 원뿔대의 바닥에서 체적도심까지의 거리를 구하여라.

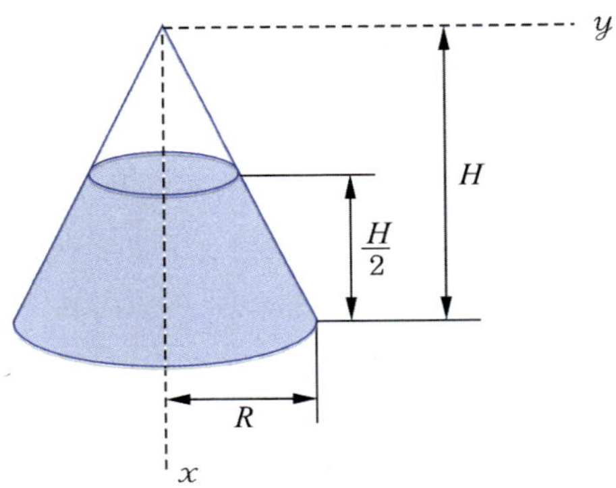

[문제 8.14]

8.15 z축을 기준으로 포물선 $z^2=ky$를 회전하여 생성되는 체적의 도심 좌표를 구하여라. k는 상수이다.

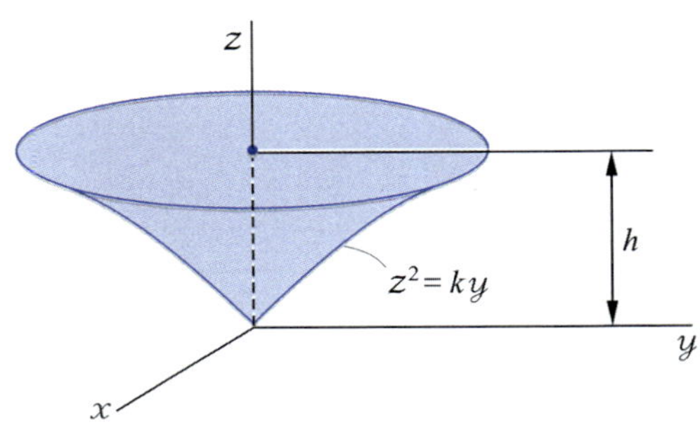

[문제 8.15]

8.16 y축을 기준으로 포물선 $z^2 = 10y$를 회전하여 생성되는 체적의 도심 좌표를 구하여라.

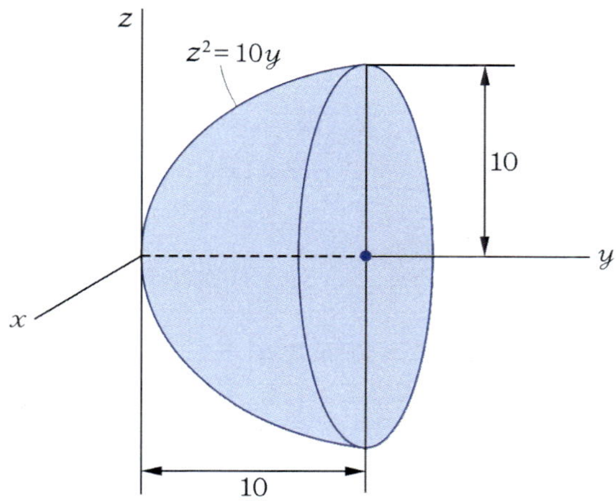

[문제 8.16]

8.17 그림과 같은 타원형 뿔의 체적 도심을 구하여라.

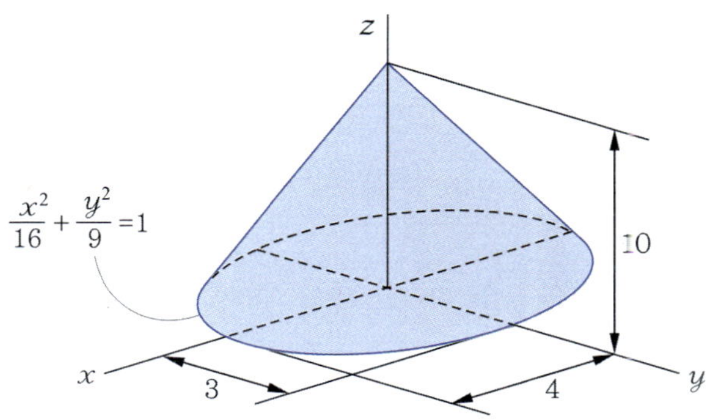

[문제 8.17]

8.18 그림과 같은 포물선형 원추대의 체적 도심을 구하여라. 상수 $k > 1$이다.

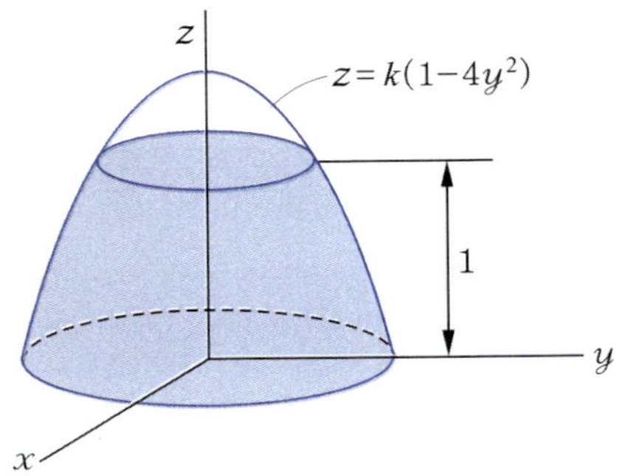

[문제 8.18]

8.19 높이 H인 원뿔의 체적도심의 x좌표($\bar{x}$)를 구하여라.

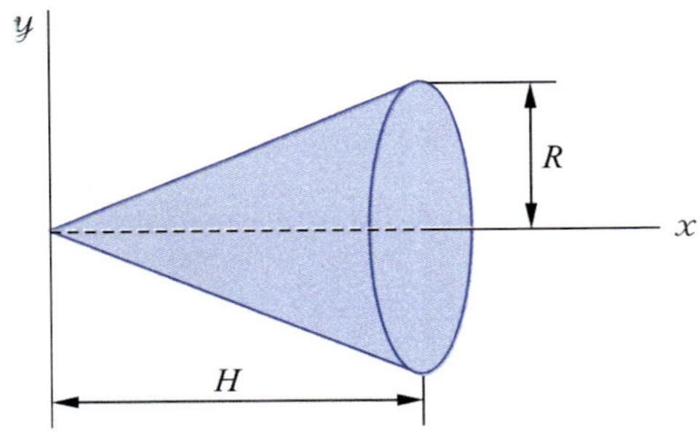

[문제 8.19]

8.20 그림은 곡선 $x^2 = 2y$를 x축을 중심으로 회전할 때 형성되는 입체의 일부이다. 이 입체의 체적도심의 x좌표($\bar{x}$)를 구하여라.

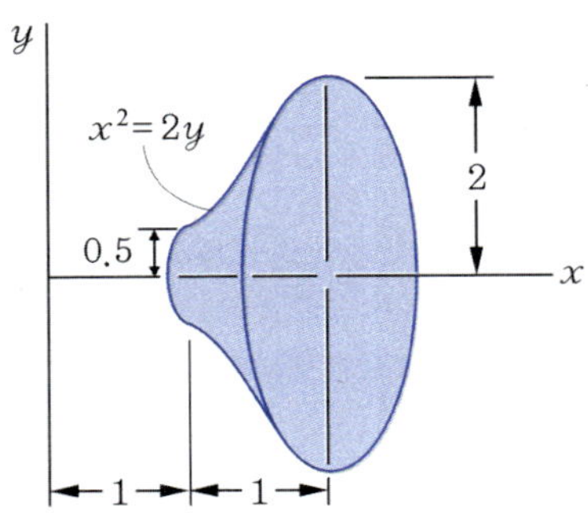

[문제 8.20]

8.4 복합체

도심을 구하는 기본적인 방법은 앞 절에서와 같은 직접적분법이다. 그런데 많은 경우에 있어서 평판은 삼각형, 직사각형, 원 등의 기초적인 요소로 분리할 수 있고, 입체도형은 직육면체나 구 등의 요소로 분리할 수 있다. 이때는 직접적분을 하지 않고 각각의 분리된 요소의 도심을 이용하여 전체 물체의 도심을 구할 수 있다.

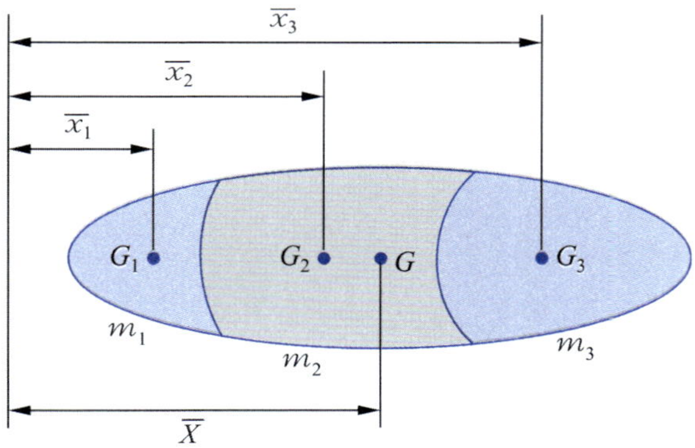

[그림 8.13]

물체를 간단한 형태의 여러 요소로 나눌 수 있을 때 각 요소를 전체 물체의 유한 요소로 보고 모멘트 원리를 이용할 수 있다. [그림 8.13]과 같이 각 요소의 질량이 m_1, m_2, m_3이고 각 질량중심의 x좌표가 $\overline{x_1}$, $\overline{x_2}$, $\overline{x_3}$인 물체에 대하여 모멘트 원리를 적용하면

$$(m_1+m_2+m_3)\overline{X}=m_1\overline{x_1}+m_2\overline{x_2}+m_3\overline{x_3}$$

$$\therefore\ \overline{X}=\frac{m_1\overline{x_1}+m_2\overline{x_2}+m_3\overline{x_3}}{m} \qquad (m=m_1+m_2+m_3)$$

이다. 여기에서 m은 물체전체의 질량이고 $\overline{X}$는 전체물체의 질량중심의 x좌표이다. y, z 좌표에서도 같은 관계가 성립한다. 따라서 여러 부분으로 구성된 물체를 일반화하여 질량중심의 좌표를 다음과 같이 나타낼 수 있다.

$$\overline{X}=\frac{\sum m_i\overline{x_i}}{\sum m_i},\ \overline{Y}=\frac{\sum m_i\overline{y_i}}{\sum m_i},\ \overline{Z}=\frac{\sum m_i\overline{z_i}}{\sum m_i} \tag{8.7}$$

여기에서 $\overline{X}$, $\overline{Y}$, $\overline{Z}$ 는 복합체의 질량중심 좌표이고, $\overline{x_i}$, $\overline{y_i}$, $\overline{z_i}$ 는 복합체를 이루는 각 부분(i)의 질량중심 좌표이다. 그리고 $\sum m_i$은 각 부분의 질량의 합, 즉 복합체 전체의 질량이다. 물체의 밀도가 일정할 때는 질량중심과 도심이 일치한다. 복합체의 선과 면적 및 체적도심도 식 (8.7)과 유사하게 표현된다. 식 (8.7)에서 m 대신 L, A, V를 각각 대입하면 된다.

- 평면 도형의 면적 도심 : $\overline{X}=\dfrac{\sum A_i\overline{x_i}}{\sum A_i}$, $\overline{Y}=\dfrac{\sum A_i\overline{y_i}}{\sum A_i}$ (8.8a)
- 평면 선분의 도심 : $\overline{X}=\dfrac{\sum L_i\overline{x_i}}{\sum L_i}$, $\overline{Y}=\dfrac{\sum L_i\overline{y_i}}{\sum L_i}$ (8.8b)
- 체적 도심 : $\overline{X}=\dfrac{\sum V_i\overline{x_i}}{\sum V_i}$, $\overline{Y}=\dfrac{\sum V_i\overline{y_i}}{\sum V_i}$, $\overline{Z}=\dfrac{\sum V_i\overline{z_i}}{\sum V_i}$ (8.8c)

여기에서 주의할 점은 구멍이나 빈 공간을 복합체의 한 부분으로 생각할 수 있으며 이때는 '**구멍이나 빈 공간에 해당하는 질량을 음(−)의 양으로 생각**'하는 것이다.

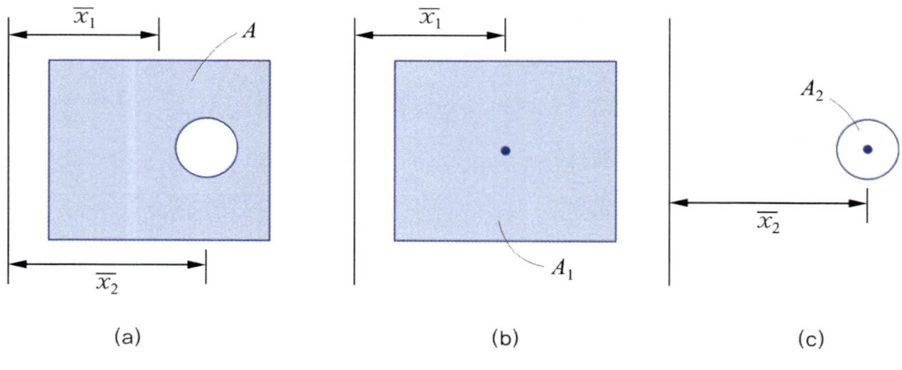

[그림 8.14]

[그림 8.14(a)]와 같은 음영 부분의 면적 A를 고려해 보자. 구멍이 없는 사각형을 1이라 하고 구멍 부분을 2라고 한다. 각각의 면적은 A_1, A_2이고 도심의 x좌표

는 $\overline{x_1}$, $\overline{x_2}$이다[그림 8.14(b), (c)]. 이때 음영면적 A의 도심($\overline{X}$)은 다음과 같이 구해진다.

$$A\overline{X} = A_1\overline{x_1} - A_2\overline{x_2}$$

$$\therefore \ \overline{X} = \frac{A_1\overline{x_1} - A_2\overline{x_2}}{A}$$

여기에서 음영 부분의 면적 $A = A_1 - A_2$이다. 사각형(A_1)에서 원판(A_2)이 제거되었기 때문에 그 부분의 면적과 모멘트가 모두 제거된다. 일반적으로 제거된 부분의 선, 면적, 부피, 무게(질량) 등은 음(−)의 값으로 놓고 계산한다.

〈표 8.1〉 평면 도형의 면적(A)과 도심(C)

1. 직사각형 : $A = bh$	2. 삼각형 : $A = \frac{1}{2}bh$
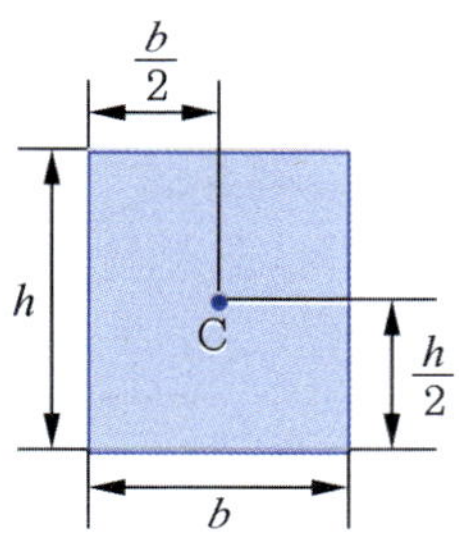 	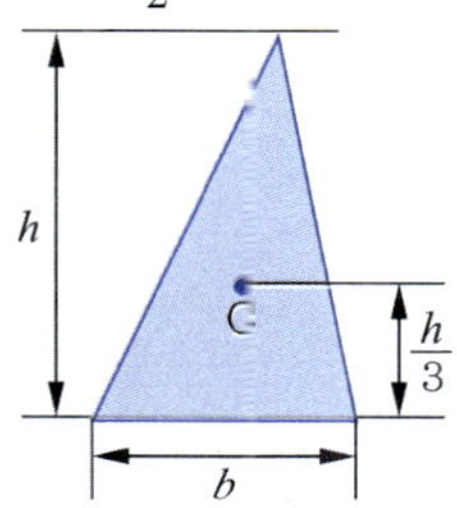
3. 원 : $A = \pi R^2 = \frac{\pi}{4}D^2$	4. 타원 : $A = \pi bh$
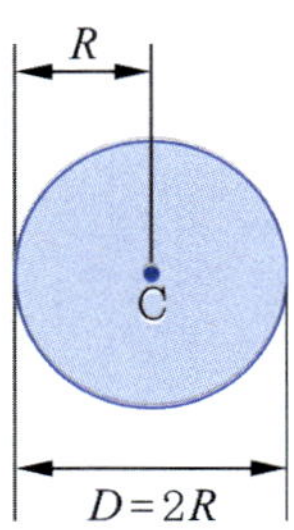 	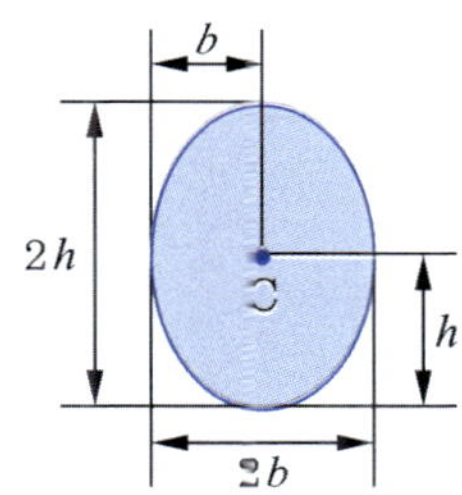
5. 반원 : $A = \frac{\pi}{2}R^2$	6. 사분원 : $A = \frac{\pi}{4}R^2$
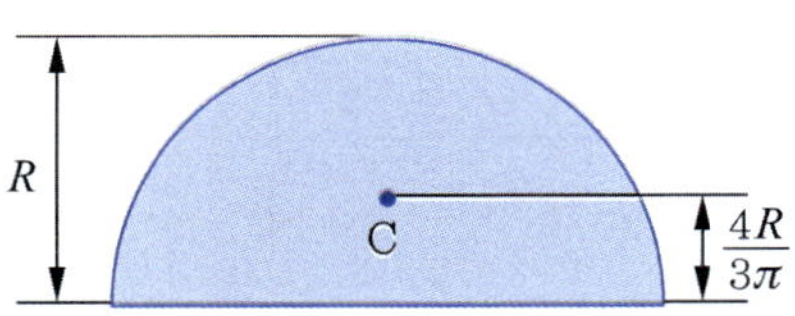 	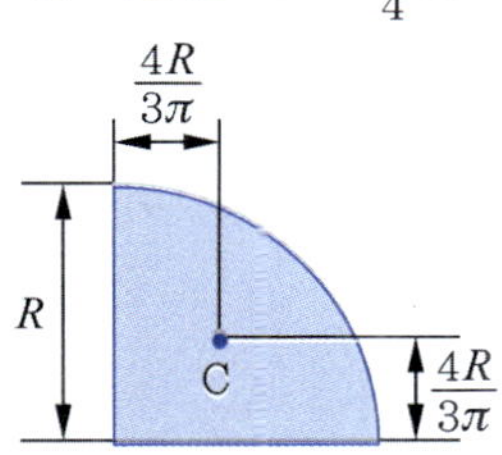

〈표 8.1〉, 〈표 8.2〉, 〈표 8.3〉에는 복합체를 분할할 때 자주 이용하는 기초도형의 도심을 나타내었다. 이 표에 나타낸 도심은 앞 절에서 사용한 적분법으로써 구해진다.

〈표 8.2〉 선의 길이(L)와 도심(C)

1. 곧은 막대 : 길이 L

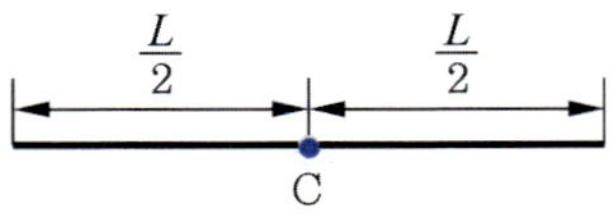

2. 원호 : $L = 2R\theta$

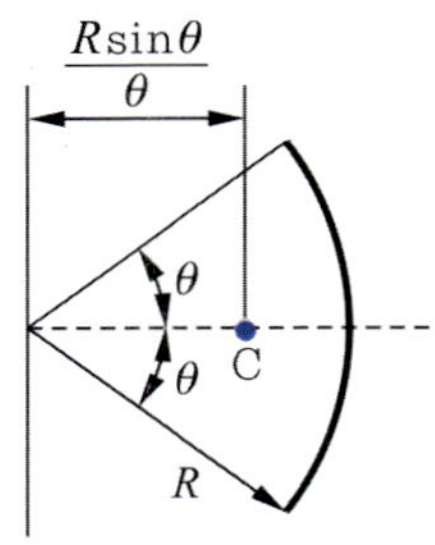

3. 1/4원호 : $L = \frac{\pi}{2}R$

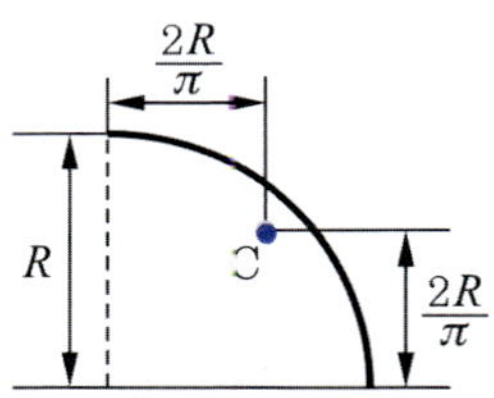

4. 반원호 : $L = \pi R$

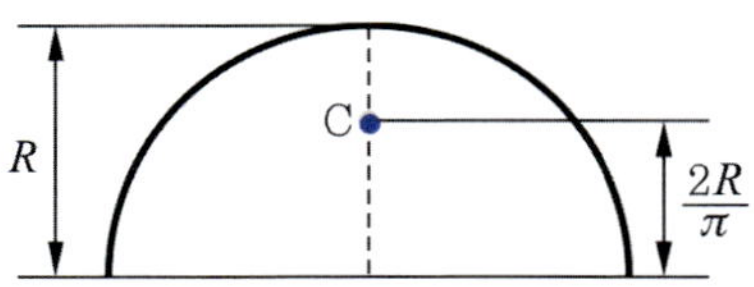

〈표 8.3〉 입체의 체적(V)과 도심(C)

1. 반구 : $V = \frac{2\pi}{3}R^3$

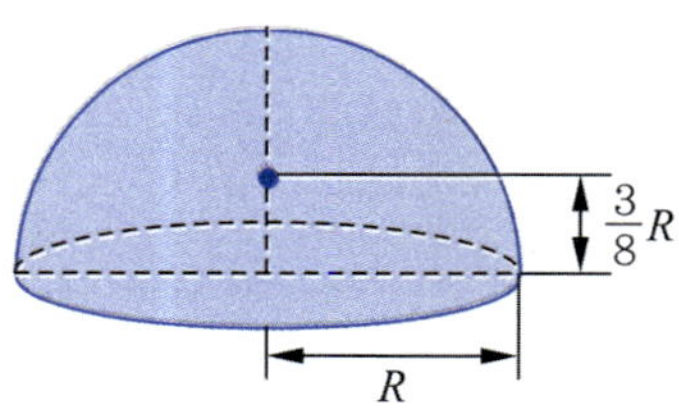

2. 원뿔 : $V = \frac{\pi}{3}R^2h$

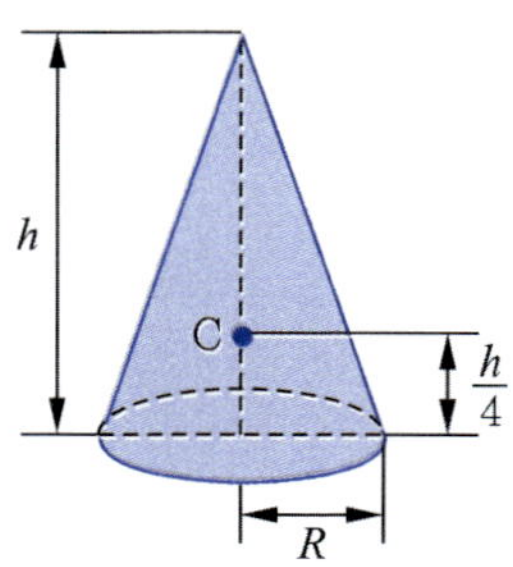

예제 8.8 [면적도심] [그림 8.15(a)]의 음영면적의 도심을 구하여라. 단위는 mm이다.

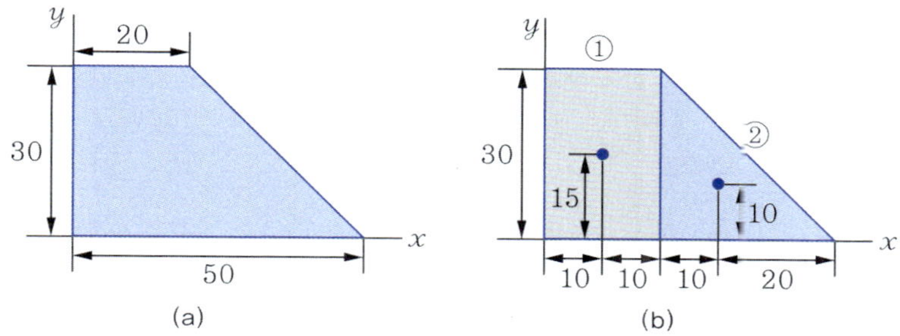

[그림 8.15]

풀이 주어진 도형을 [그림 8.15(b)]와 같이 기본적인 도형(직사각형 ①과 직각삼각형 ②)으로 나눈다. 〈표 8.1〉로부터 직사각형과 직각삼각형의 도심 위치는 [그림 8.15(b)]와 같다. 높이 h인 삼각형의 도심은 밑변으로부터 $\frac{h}{3}$에 위치한다. 계산을 하기 위해 면적과 도심 위치를 도표를 이용하여 정리한다.

〈표 8.4〉

구분	A	$\bar{x}$	$\bar{y}$	$A\bar{x}$	$A\bar{y}$
1	$20 \cdot 30 = 600$	10	15	6,000	9,000
2	$\frac{1}{2}(30 \cdot 30) = 450$	30	10	13,500	4,500
합	$\sum A_i = 1,050$			$\sum A_i\bar{x}_i = 19,500$	$\sum A_i\bar{y}_i = 13,500$

〈표 8.4〉와 식 (8.8a)로부터 다음과 같이 도심의 좌표($\bar{X}$, $\bar{Y}$)가 구해진다.

$$\bar{X} = \frac{\sum A_i\bar{x}_i}{\sum A_i} = \frac{19,500}{1,050} = \frac{130}{7} = 18.6 \text{ (mm)}$$

$$\bar{Y} = \frac{\sum A_i\bar{y}_i}{\sum A_i} = \frac{13,500}{1,050} = \frac{90}{7} = 12.9 \text{ (mm)}$$

예제 8.9 [면적도심-빈 공간이 있는 경우] [그림 8.16(a)]의 음영면적의 도심을 구하여라. 단위는 m이다.

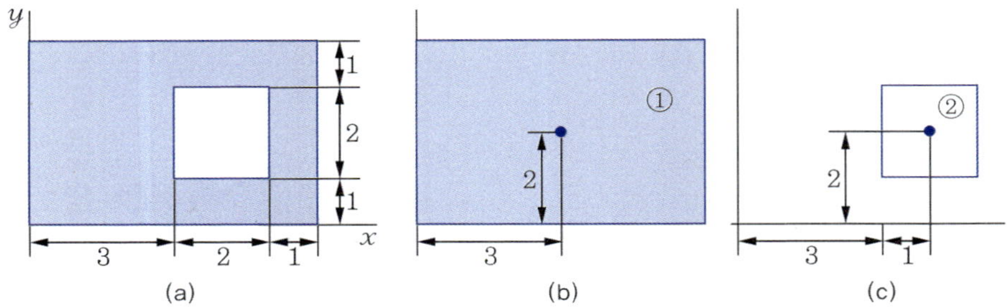

[그림 8.16]

풀이 주어진 도형은 [그림 8.16(b)]의 큰 사각형(①)에서 [그림 8.16(c)]의 작은 사각형(②) 부분이 비어 있는 것이므로 ①과 ②의 기본적인 두 사각형으로 나누어 도심을 구한다. 〈표 8.1〉의 직사각형에 대한 도심 위치로부터 ①과 ②의 도심 위치는 [그림 8.16(b), (c)]와 같다. 계산을 하기 위해 면적과 도심 위치를 도표를 이용하여 정리한다. 여기에서 빈 공간 ②의 면적은 음(−)의 값이 된다.

〈표 8.5〉

구분	A	$\bar{x}$	$\bar{y}$	$A\bar{x}$	$A\bar{y}$
1	$6 \cdot 4 = 24$	3	2	72	48
2	$-(2 \cdot 2) = -4$	4	2	-16	-8
합	$\sum A_i = 20$			$\sum A_i \bar{x_i} = 56$	$\sum A_i \bar{y_i} = 40$

따라서 다음과 같이 도심의 좌표($\bar{X}$, $\bar{Y}$)가 구해진다.

$$\bar{X} = \frac{\sum A_i \bar{x_i}}{\sum A_i} = \frac{56}{20} = \frac{14}{5} = 2.8 \text{ (m)}$$

$$\bar{Y} = \frac{\sum A_i \bar{y_i}}{\sum A_i} = \frac{40}{20} = 2 \text{ (m)}$$

예제 8.10 [면적도심-좌표계 선정에 따른 부호] [그림 8.17(a)]의 음영면적의 도심을 구하여라. 단위는 m이다.

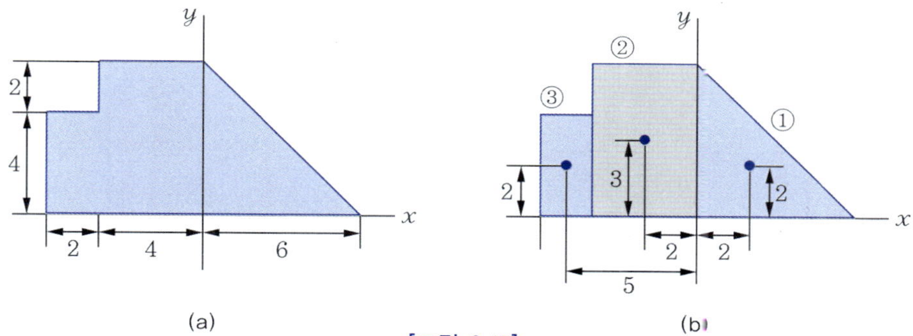

[그림 8.17]

풀이 주어진 도형을 [그림 8.17(b)]와 같이 하나의 직각삼각형(①)과 두 개의 직사각형(②, ③)으로 분할한다. 〈표 8.1〉로부터 각 부분의 도심 위치는 [그림 8.17(b)]와 같다. 계산을 하기 위해 면적과 도심 위치를 도표를 이용하여 정리한다. 여기에서 ②와 ③의 x좌표가 음(−)의 값이라는 것에 주의한다.

〈표 8.6〉

구분	A	$\bar{x}$	$\bar{y}$	$A\bar{x}$	$A\bar{y}$
1	$\frac{1}{2}(6 \cdot 6)=18$	2	2	36	36
2	$4 \cdot 6=24$	−2	3	−48	72
3	$2 \cdot 4=8$	−5	2	−40	16
합	$\sum A_i=50$			$\sum A_i\bar{x}_i=-52$	$\sum A_i\bar{y}_i=124$

따라서 도심의 좌표($\overline{X}$, $\overline{Y}$)는 다음과 같다.

$$\overline{X}=\frac{\sum A_i\bar{x}_i}{\sum A_i}=\frac{(-52)}{50}=-1.04 \text{ (m)}$$

$$\overline{Y}=\frac{\sum A_i\bar{y}_i}{\sum A_i}=\frac{124}{50}=2.48 \text{ (m)}$$

예제 8.11 [선 도심] [그림 8.18(a)]와 같이 굽어진 가는 봉의 도심 위치를 구하여라. 원호의 반지름 $R=20$이다. (단위는 cm임.)

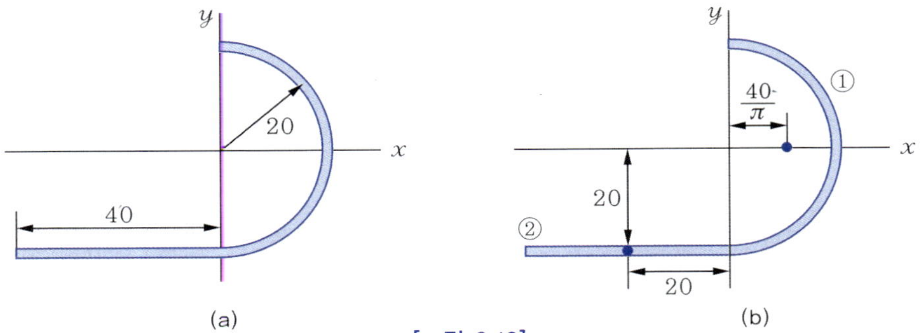

[그림 8.18]

풀이 주어진 봉을 [그림 8.18(b)]의 원호(①)와 곧은 막대(②)로 나누어 도심을 구한다. 〈표 8.2〉로부터 ①과 ②의 도심 위치는 [그림 8.18(b)]와 같다. 여기에서 원호 도심의 x좌표는

$$\frac{2R}{\pi}=\frac{2\times 20}{\pi}=\frac{40}{\pi}\ \text{(cm)}$$

이다. 계산을 하기 위해 길이와 도심 위치를 도표를 이용하여 정리한다. 주어진 좌표계에서 ②의 x, y좌표가 음(−)의 값이라는 것에 주의한다.

〈표 8.7〉

구분	L	$\bar{x}$	$\bar{y}$	$L\bar{x}$	$L\bar{y}$
1	$\pi R=20\pi$	$\frac{40}{\pi}$	0	800	0
2	40	−20	−20	−800	−800
합	$\sum L_i=40+20\pi$			$\sum L_i\bar{x}_i=0$	$\sum L_i\bar{y}_i=-800$

따라서 다음과 같이 도심의 좌표($\overline{X}$, $\overline{Y}$)가 구해진다.

$$\overline{X}=\frac{\sum L_i\bar{x}_i}{\sum L_i}=\frac{0}{40+20\pi}=0\ \text{(cm)}$$

$$\overline{Y}=\frac{\sum L_i\bar{y}_i}{\sum L_i}=\frac{-800}{40+20\pi}=-7.78\ \text{(cm)}$$

예제 8.12 [체적도심] [그림 8.19(a)]와 같이 연직으로 배열된 두 개의 반구와 하나의 구로 구성되는 복합체의 체적도심을 구하여라. 구와 반구의 반지름은 각각 0.8m와 1.1m이다.

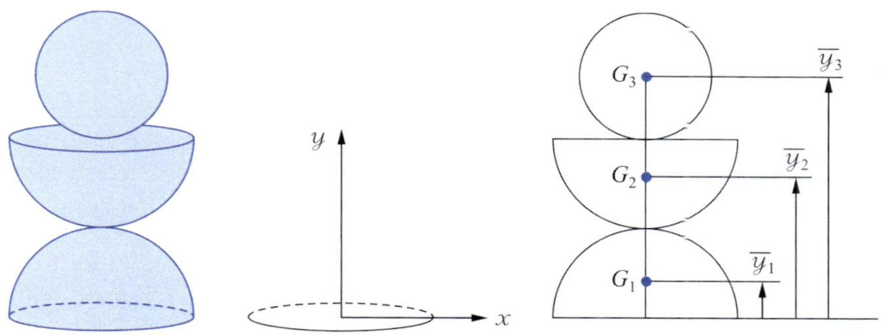

(a) (b) (c)

[그림 8.19]

풀이 [그림 8.19(b)]와 같이 좌표축을 설정하고 복합체를 분리하여 전체 물체의 체적도심을 구한다. 반구와 구의 반지름을 각각 R과 r로 놓으면 [그림 8.19(c)]에서 각 물체의 체적도심의 y좌표는 다음과 같다.

$$\overline{y_1} = \frac{3}{8}R = \frac{3}{8} \times (1.1\,\mathrm{m}) = 0.4125\,\mathrm{m}$$

$$\overline{y_2} = R + \left(R - \frac{3}{8}R\right) = \frac{13}{8}R = \frac{13}{8} \times (1.1\,\mathrm{m}) = 1.7875\,\mathrm{m}$$

$$\overline{y_3} = 2R + r = 2 \times (1.1\,\mathrm{m}) + (0.8\,\mathrm{m}) = 3\,\mathrm{m}$$

그리고 각 물체와 복합체의 부피는

$$V_1 = V_2 = \frac{1}{2} \times \left(\frac{4\pi}{3}R^3\right) = \frac{2\pi}{3} \times (1.1\mathrm{m})^3 = 2.7876\,\mathrm{m}^3$$

$$V_3 = \frac{4\pi}{3}r^3 = \frac{4\pi}{3} \times (0.8\mathrm{m})^3 = 2.1447\,\mathrm{m}^3$$

$$V = V_1 + V_2 + V_3 = 2 \times (2.7876\mathrm{m}^3) + (2.1447\mathrm{m}^3) = 7.7199\mathrm{m}^3$$

이므로 복합체의 체적도심의 y좌표는 다음과 같다.

$$\begin{aligned}\bar{y} &= \frac{V_1\overline{y_1} + V_2\overline{y_2} + V_3\overline{y_3}}{V} \\ &= \frac{2.7876 \cdot (0.4125) + 2.7876 \cdot (1\ 7875) + 2.1447 \cdot (3)}{7.7199} \\ &= 1.6278\,(\mathrm{m})\end{aligned}$$

즉, 주어진 물체의 체적도심은 중심축을 따라 밑면으로부터 1.3278m 높이에 위치한다.

연 습 문 제

8.21 음영면적의 도심 좌표$(\bar{x}, \bar{y})$를 구하여라.

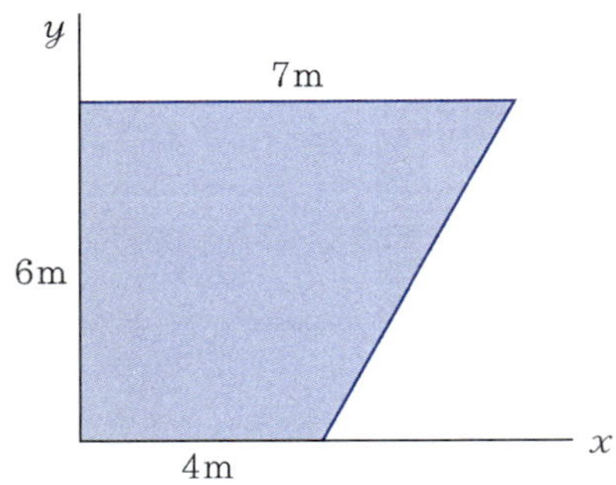

[문제 8.21]

8.22 음영면적의 도심 좌표$(\bar{x}, \bar{y})$를 구하여라. 빈 부분의 원의 반지름은 1m 이다.

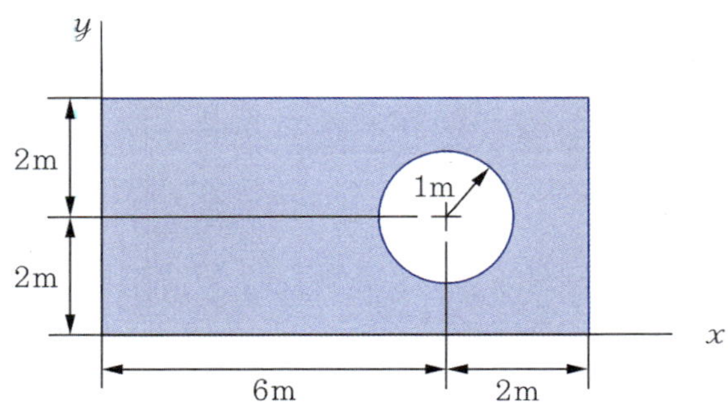

[문제 8.22]

8.23 음영면적 도심의 y좌표를 구하여라. 반원의 반지름은 2m이다.

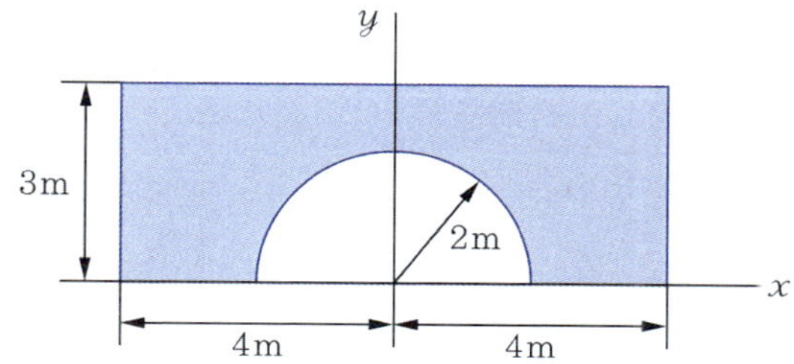

[문제 8.23]

8.24 음영면적 도심의 y좌표를 구하여라. 반원의 반지름은 4m이다.

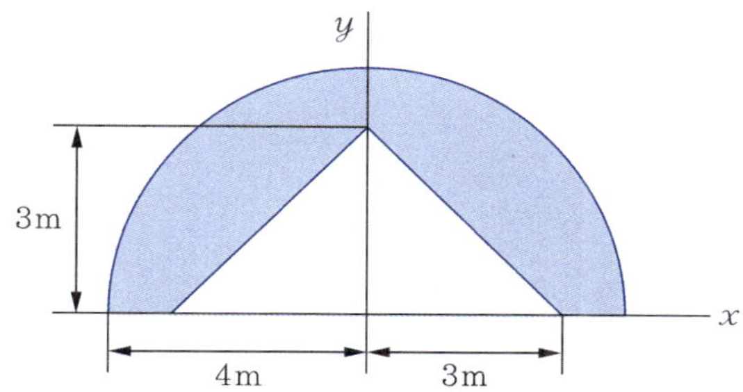

[문제 8.24]

8.25 음영면적의 도심 좌표$(\bar{x}, \bar{y})$를 구하여라. 빈 부분의 원의 반지름은 2m 이다.

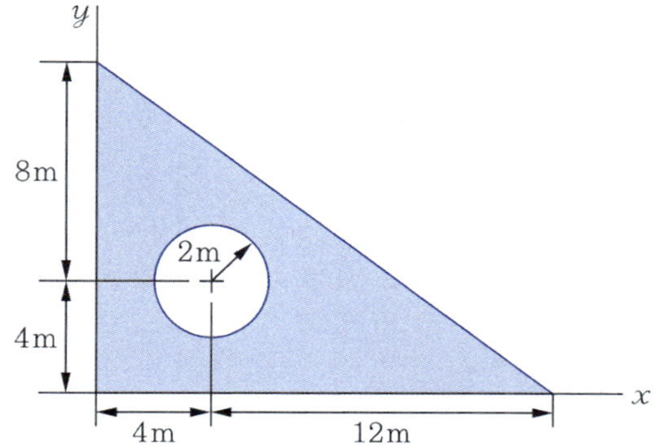

[문제 8.25]

8.26 음영면적의 도심 좌표$(\bar{x}, \bar{y})$를 구하여라. 반원의 반지름은 90 mm이다.

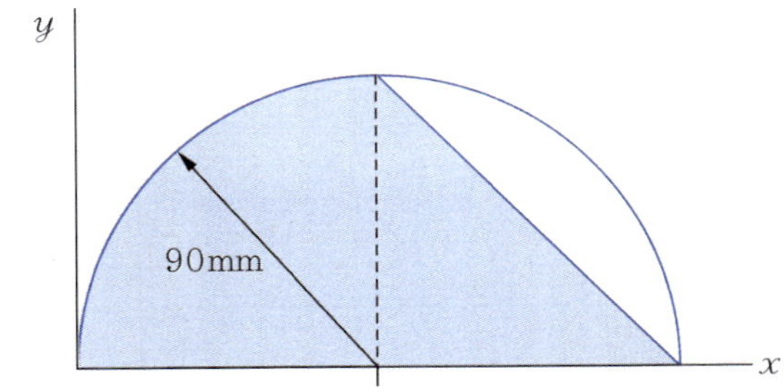

[문제 8.26]

8.27 음영면적의 도심 좌표$(\bar{x}, \bar{y})$를 구하여라. 단위는 mm이다.

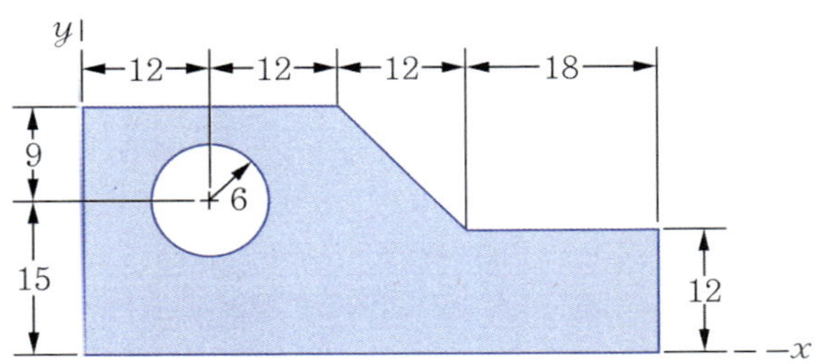

[문제 8.27]

8.28 4kg의 원판과 3kg의 둥근 축 및 2kg의 정사각형 판으로 구성된 물체의 질량중심의 z좌표를 구하여라. 단, 판의 두께는 무시한다.

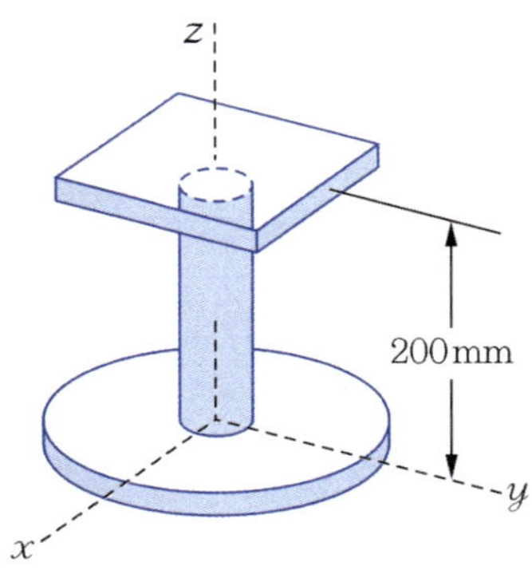

[문제 8.28]

8.29 그림과 같이 속이 빈 반구의 체적중심의 y좌표를 구하여라.

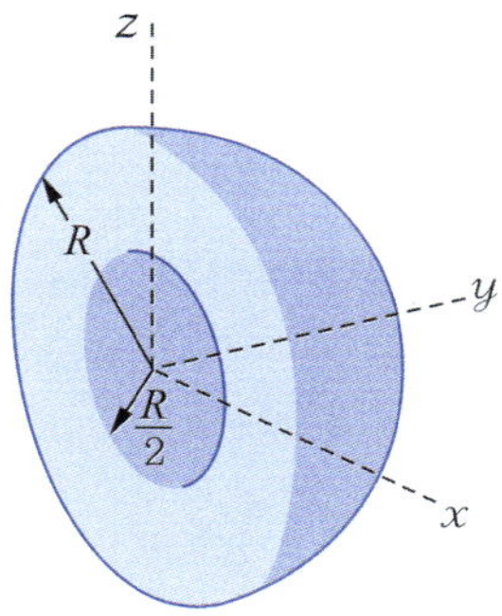

[문제 8.29]

8.30 원뿔과 원통으로 이루어진 물체의 체적도심의 x좌표를 구하여라.

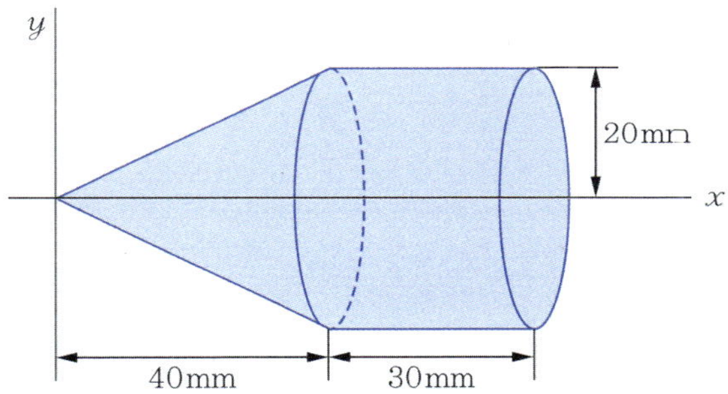

[문제 8.30]

8.31 반지름이 3m인 두 개의 원뿔로 구성된 물체의 체적도심의 y좌표를 구하여라.

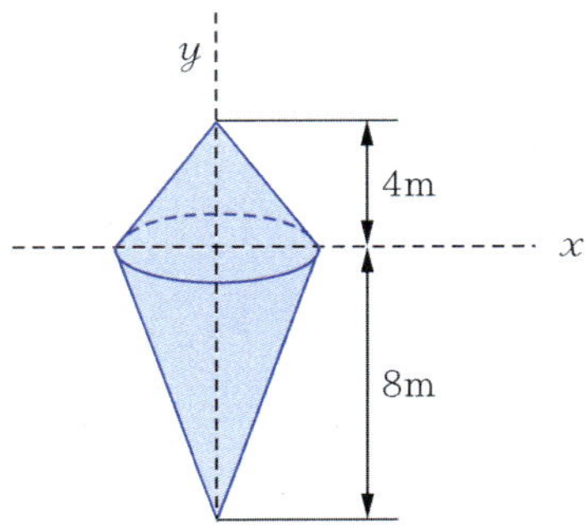

[문제 8.31]

8.32 그림과 같이 굽어진 가는 철사의 도심을 구하여라.

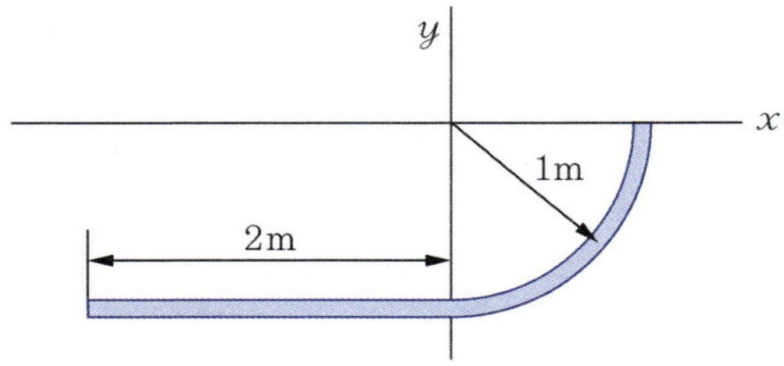

[문제 8.32]

8.33 그림과 같이 원호와 선분으로 구성된 선의 도심의 y좌표를 구하여라.

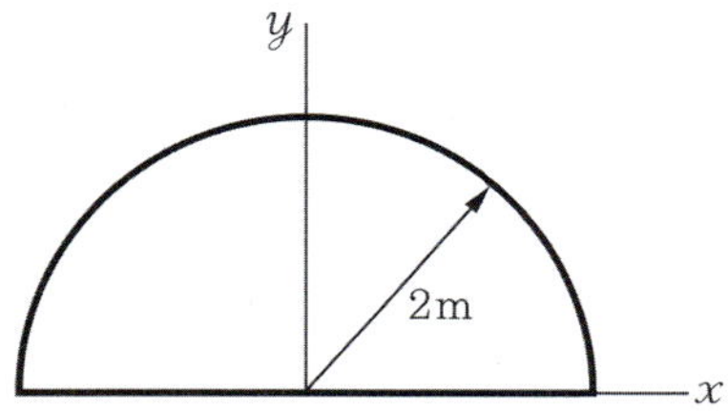

[문제 8.33]

8.34 원호와 선분으로 구성된 선의 도심좌표를 구하여라.

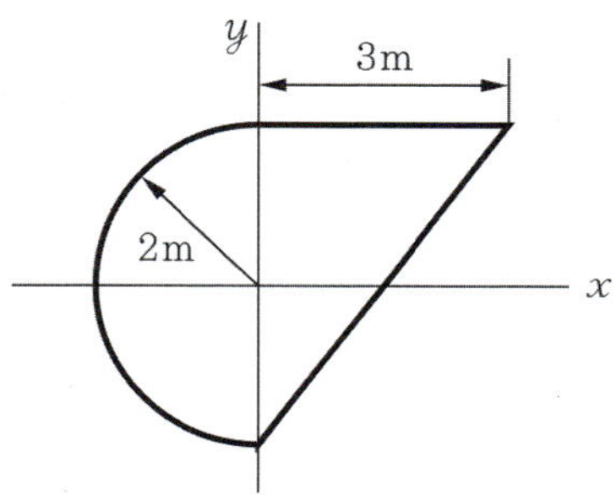

[문제 8.34]

8.35 길이가 L인 세 개의 곧은 막대로 구성된 선재의 도심의 x좌표를 구하여라.

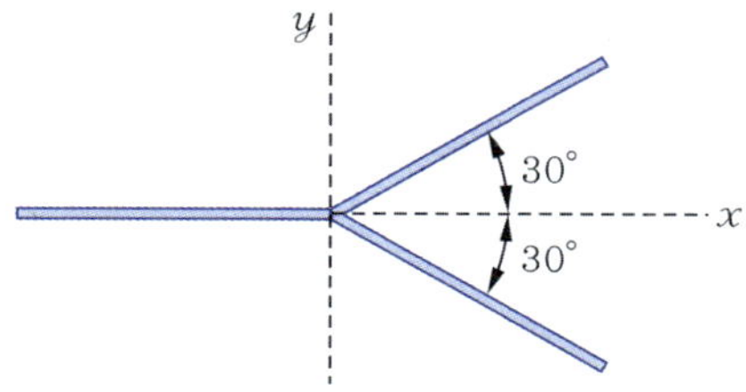

[문제 8.35]

8.36 그림과 같은 단면에서 원점 O에 대한 도심의 좌표를 구하여라. 단, 계산은 소수점 셋째 자리에서 반올림한다. **[중등교사 임용시험-건설(2009)]**

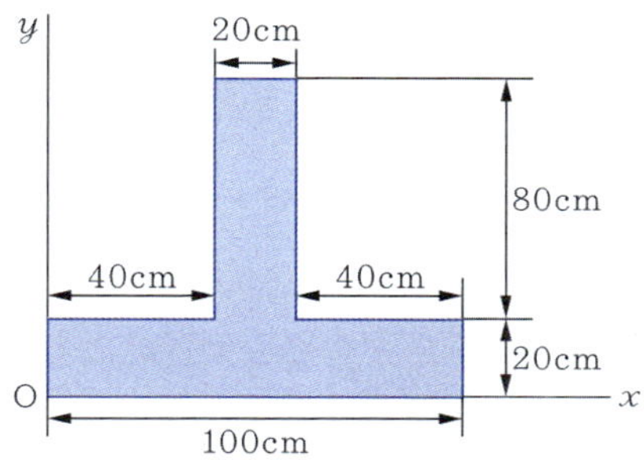

[문제 8.36]

8.37 다음 그림과 같은 사각형의 균질한 평판에 원형의 구멍이 뚫려 있다. 이 평판의 무게중심좌표를 구하시오. 단, π는 3으로 계산하고, 중심의 좌표는 소수점 3자리에서 반올림하며, 계산은 원점 (0, 0)을 기초로 하시오.

[중등교사 임용시험-기술(2002)]

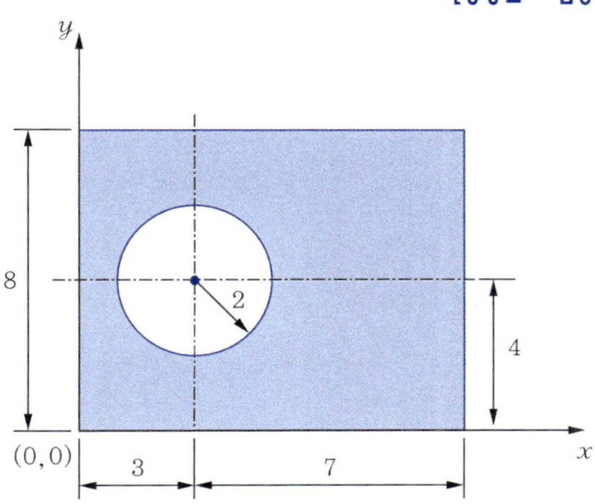

[문제 8.37]

8.38 그림과 같은 판의 면적에 대한 도심을 찾아 운동물체를 만들려고 한다. 이 면적에 대한 도심($\bar{x}$, $\bar{y}$)의 $\bar{x}$ 값을 구하여라.

[중등교사 임용시험-기술(2009)]

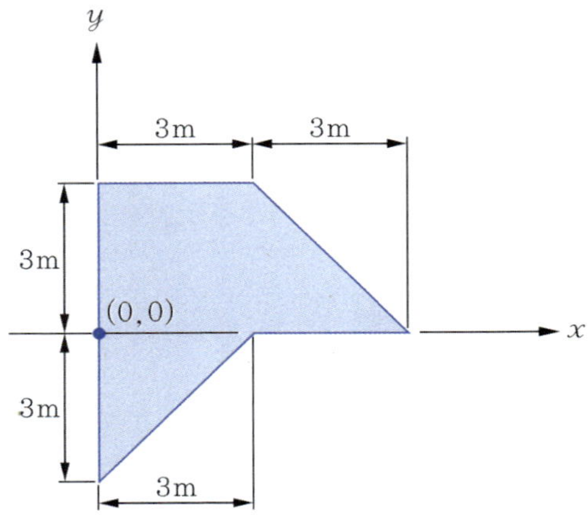

[문제 8.38]

8.39 그림과 같이 재질이 균일한 물체의 질량 중심($\bar{x}$, $\bar{y}$, $\bar{z}$) 중 원점 0 (zero)을 기준으로 한 $\bar{x}$의 값을 구하여라. 단, 소수점 셋째 자리에서 반올림한다.

[중등교사 임용시험-기술(2013)]

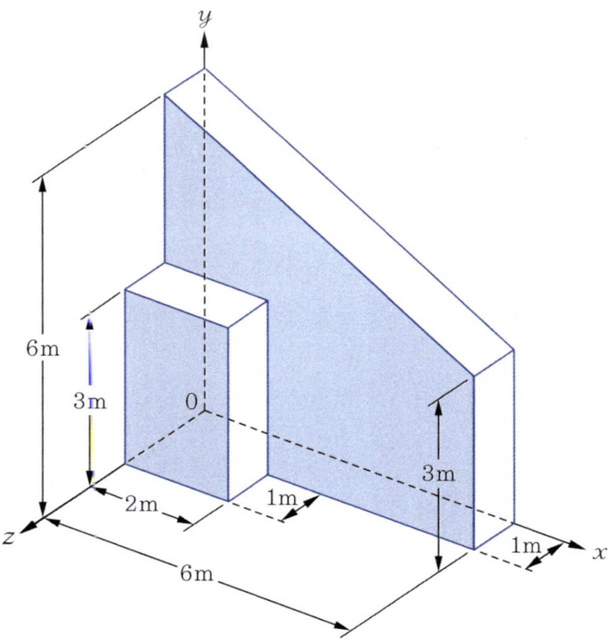

[문제 8.39]

8.40 다음과 같이 원으로 조합된 빗금 친 단면의 도심 C(Centroid)의 $\bar{y}$는? **[공무원 임용시험]**

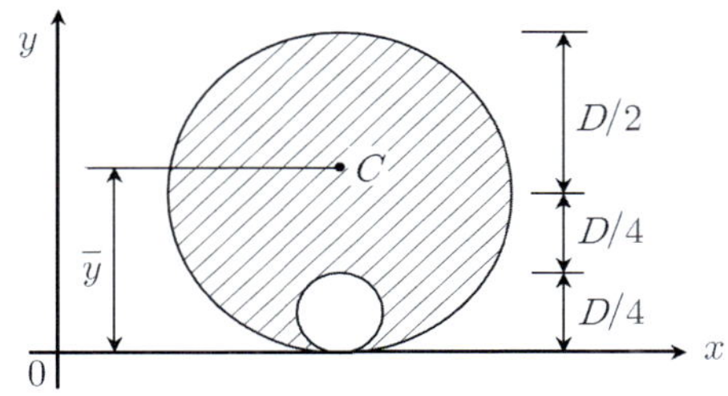

[문제 8.40]

① $\frac{7}{12}D$ ② $\frac{7}{24}D$

③ $\frac{21}{40}D$ ④ $\frac{7}{40}D$

8.41 그림과 같은 음영 부분 A단면에서 $x-x$축으로부터 도심까지의 거리 y는? **[공무원 임용시험]**

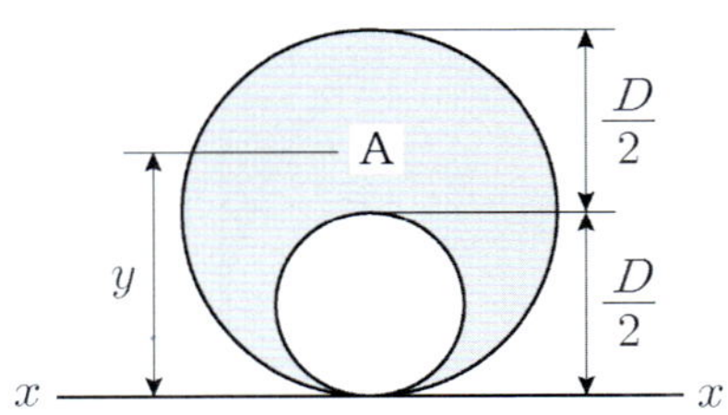

[문제 8.41]

① $\frac{5D}{12}$ ② $\frac{6D}{12}$

③ $\frac{7D}{12}$ ④ $\frac{8D}{12}$

8.42 다음과 같은 단면에서 x축에 대한 도심의 y좌표 값은?

[공무원 임용시험]

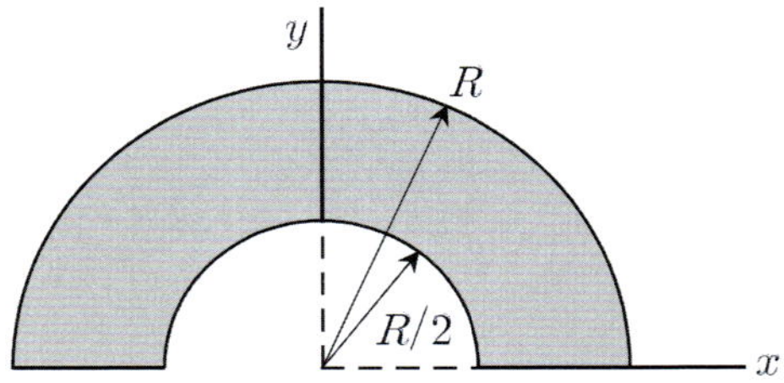

[문제 8.42]

① $\dfrac{9R}{14\pi}$　　② $\dfrac{14R}{9\pi}$

③ $\dfrac{15R}{8\pi}$　　④ $\dfrac{8R}{15\pi}$

8.43 그림과 같이 변의 길이가 R인 정사각형에서 반지름이 R인 1/4원을 뺀 나머지 부분의 x축에서 도심(C)까지의 거리 $\bar{y}$는? **[공무원 임용시험]**

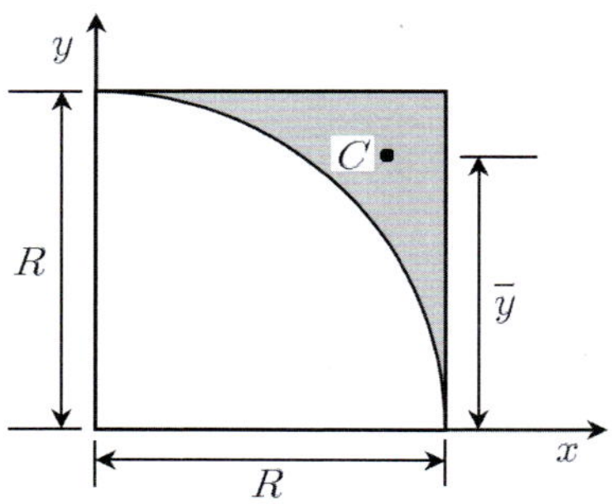

[문제 8.43]

① $\dfrac{2R}{3(4-\pi)}$　　② $\dfrac{3R}{4(4-\pi)}$

③ $\dfrac{(3\pi-4)R}{3\pi}$　　④ $\dfrac{(\pi-1)R}{\pi}$

8.44 그림과 같이 빗금 친 단면의 도심이 x축과 평행한 직선 A－A를 통과한다고 하면, x축으로부터의 거리 c의 값은? **[공무원 임용시험]**

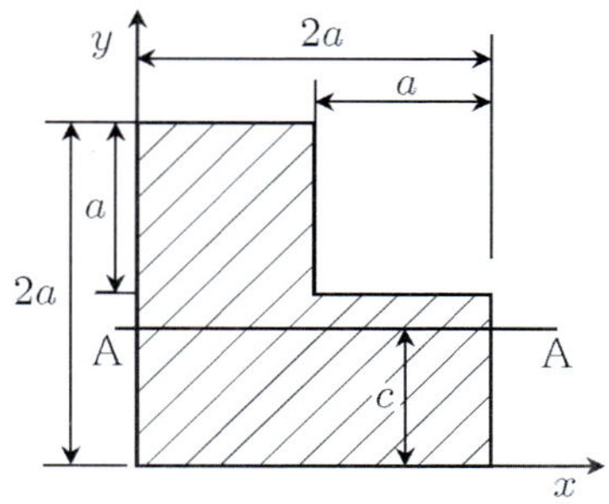

[문제 8.44]

① $\frac{3}{4}a$　　② $\frac{4}{5}a$

③ $\frac{5}{6}a$　　④ $\frac{6}{7}a$

8.45 그림과 같은 단면의 도심의 좌표는? **[공무원 임용시험]**

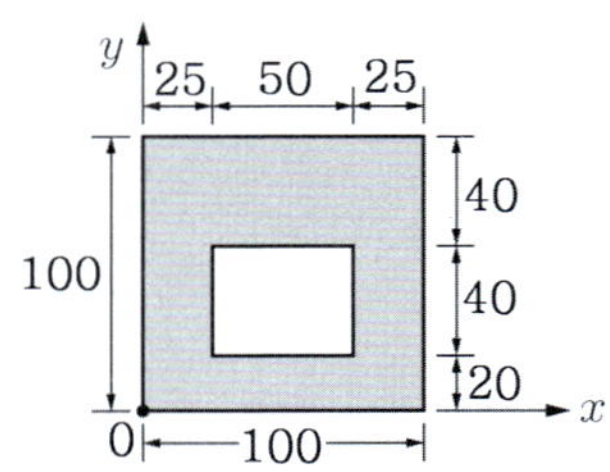

[문제 8.45]

① (50, 47.5)　　② (50, 50.0)

③ (50, 52.5)　　④ (50, 55.0)

8.46 그림과 같은 비대칭 삼각형 y축에서 도심까지의 거리 $\bar{x}$는?

[공무원 임용시험]

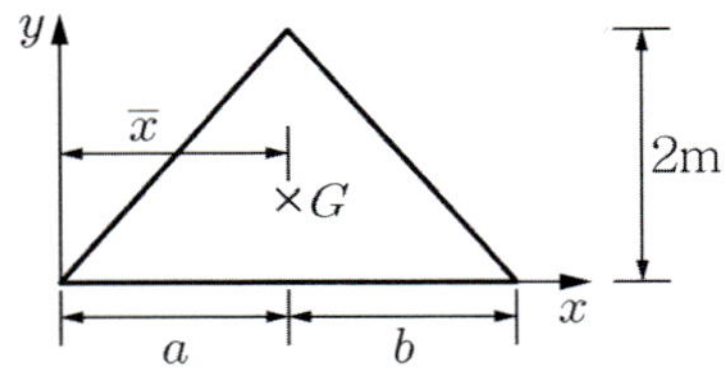

[문제 8.46]

① $\dfrac{a+b}{2}$ ② $\dfrac{a+b}{3}$

③ $\dfrac{a+2b}{2}$ ④ $\dfrac{2a+b}{3}$

8.47 그림과 같이 T형 단면에서 도심의 위치가 하단으로부터 $4h$가 될 때, 플랜지의 폭 B의 값은?

[공무원 임용시험]

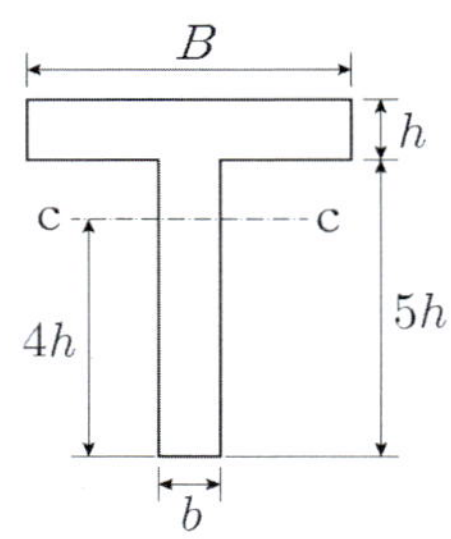

[문제 8.47]

① $4.5b$ ② $5.0b$

③ $6.0b$ ④ $8.0b$

8.48 다음과 같이 $y=4x$와 $y=4x^2$으로 둘러싸인 도형의 도심 x_c는?

[공무원 임용시험]

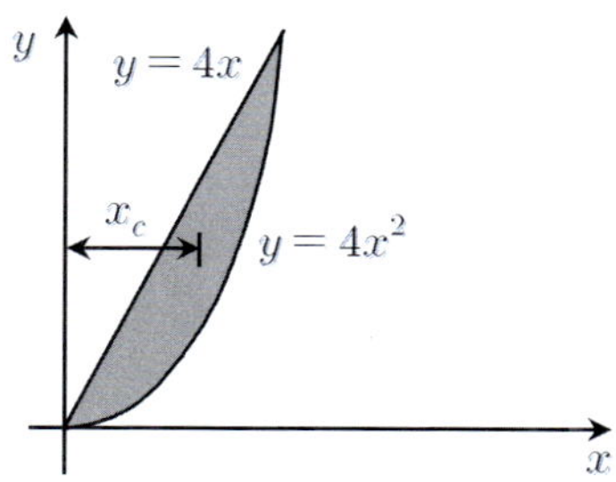

[문제 8.48]

① 0.4　　② 0.5

③ 0.6　　④ 0.7

8.5 면적 2차모멘트

1. 면적 2차모멘트

[그림 8.20]에서 x와 y축에 대한 평면 면적의 면적 2차모멘트는 각각 다음과 같이 정의된다. 여기이서 x와 y는 면적의 미분요소 dA의 좌표이다.

$$I_x = \int y^2 dA \ , \quad I_y = \int x^2 dA \tag{8.9}$$

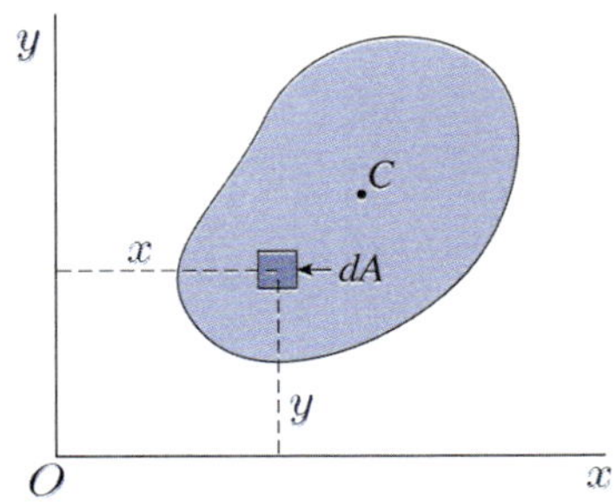

[그림 8.20] 평면 면적 요소

면적 2차모멘트는 면적 관성모멘트(moment of inertia) 또는 직각 관성모멘트라고도 한다. 면적 2차모멘트는 길이 단위의 네제곱으로 표현되며 mm^4 또는 m^4 등의 단위를 갖는다.

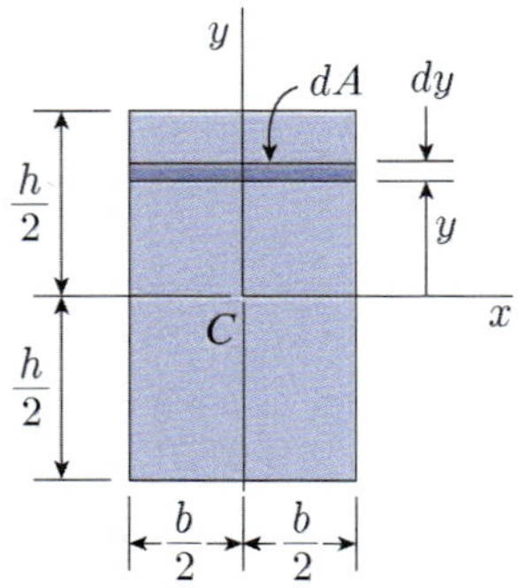

[그림 8.21] 직사각형 면적 요소의 2차모멘트

면적 2차모멘트의 한 예로서 [그림 8.21]과 같이 폭 b, 높이 h인 직사각형 면적 요소를 고려한다. 여기에서 x와 y축의 원점을 면적의 도심(C)으로 하여 좌표축을 설정한다. 그림과 같이 폭 b, 높이 dy인 미분요소 $dA = bdy$를 이용하면 이 미분요소의 모든 부분이 x축으로부터 같은 거리에 있으므로 x축에 대한 2차모멘트(I_x)는 다음과 같이 구해진다.

$$I_x = \int y^2 dA = \int_{-h/2}^{h/2} y^2 (bdy) = \frac{bh^3}{12}$$

비슷한 방법으로 $dA = hdx$인 수직 띠 모양의 미분요소를 이용하면 y축에 대한 2차모멘트(I_y)가 구해진다.

$$I_y = \int x^2 dA = \int_{-b/2}^{b/2} x^2 (hdx) = \frac{hb^3}{12}$$

임의의 축에 대한 합성면적의 2차모멘트는 같은 축에 대한 각 부분들의 2차모멘트의 합과 같다. 예를 들어 [그림 8.22]의 (a)와 같이 좌표축의 원점이 도심(C)을 통과하고 x축에 대해 대칭인 면적의 x축에 대한 2차모멘트(I_x)는 다음과 같다.

$$I_x = \frac{bh^3}{12} - \frac{b_1 h_1^3}{12}$$

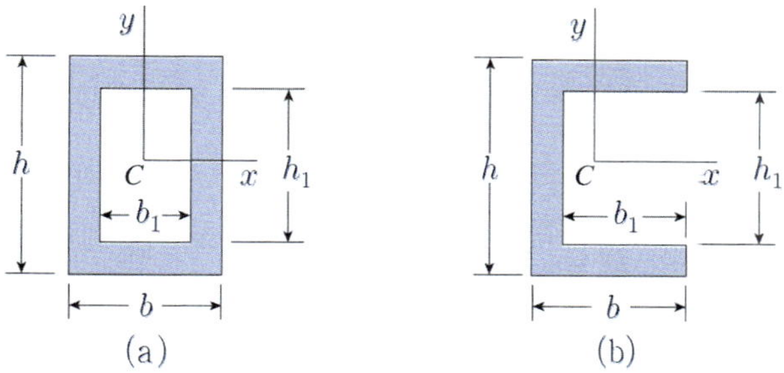

[그림 8.22] **합성 면적 요소**

위 식은 바깥쪽 사각형의 2차모멘트에서 빈 부분(안쪽 사각형)의 2차모멘트를 뺀 것이다. 도심을 구할 때와 마찬가지로 구멍이나 빈 공간을 복합체의 한 부분으로 생각할 수 있으며 이때는 구멍이나 빈 공간에 해당하는 면적을 음(−)의 양으로 생각할 수 있다. 위 식은 그림의 (b)에서도 똑같이 성립한다. 여기에서도 오른쪽으로 잘려나간 단면을 음(−)의 면적으로 생각한다.

2. 회전 반지름

평면 면적의 회전반지름(radius of gyration)은 요소의 면적에 대한 2차 모멘트(I)를 요소의 면적(A)으로 나눈 값의 제곱근으로 정의한다.

$$r_x = \sqrt{\frac{I_x}{A}}, \quad I_x = Ar_x^2 \tag{8.10}$$

$$r_y = \sqrt{\frac{I_y}{A}}, \quad I_y = Ar_y^2 \tag{8.11}$$

여기에서 r_x와 r_y는 각각 x축과 y축에 대한 회전반지름이다. 회전반지름은 길이의 차원을 가진다. 예를 들어 [그림 8.21]의 직사각형 요소의 x축에 대한 회전반지름(r_x)은 다음과 같다.

$$r_x = \sqrt{\frac{I_x}{A}} = \sqrt{\frac{(bh^3/12)}{bh}} = \frac{h}{\sqrt{12}}$$

3. 평행축 정리

평면상의 임의 축(X)에 대한 면적 2차모멘트(I_X)는 이와 평행한 도심축에 대한 2차모멘트(I_C)에 면적(A)과 두 축 간의 거리(d)의 제곱을 곱한 것(Ad^2)의 합과 같다는 것을 평행축 정리(parallel-axis theorem)라 한다.

$$I_X = I_C + Ad^2 \tag{8.12}$$

[그림 8.23]과 같이 도심이 C인 면적 요소를 고려한다. 여기에서 직각 좌표계 $x_c - y_c$는 도심을 원점으로 하고 $x-y$는 임의의 점 O를 원점으로 한다. $x-y$좌표계에서 x축은 x_c축에 평행하고 y축은 y_c축에 평행하며 평행한 축 사이의 거리는

각각 d_1, d_2이다. 그리고 미소 면적요소 dA의 도심축에 대한 좌표값은 x, y이다.

2차모멘트의 정의로부터 x축에 대한 2차모멘트(I_x)는 다음과 같이 쓸 수 있다.

$$I_x = \int (y+d_1)^2 dA = \int y^2 dA + 2d_1 \int y dA + d_1^2 \int dA$$

위 식의 첫 항은 x_c축에 대한 2차모멘트 I_{x_c}이다. 두 번째 항은 도심의 정의($\int y dA = 0$)로부터 x_c가 도심을 통과하기 때문에 0이 된다. 그리고 세 번째 항에서 $\int dA = A$이다. 따라서 위 식은 다음과 같이 간단하게 표현된다.

$$I_x = I_{x_c} + Ad_1^2 \tag{8.13}$$

같은 방법으로 y축에 대해서도 다음 식을 얻는다.

$$I_y = I_{y_c} + Ad_2^2 \tag{8.14}$$

예를 들어 [그림 8.23]의 (b)에서 직사각형 요소의 밑변(x축)에 대한 2차모멘트(I_x)는 다음과 같다.

$$I_x = I_{x_c} + Ad^2 = \frac{bh^3}{12} + (bh)\left(\frac{h}{2}\right)^2 = \frac{bh^3}{3}$$

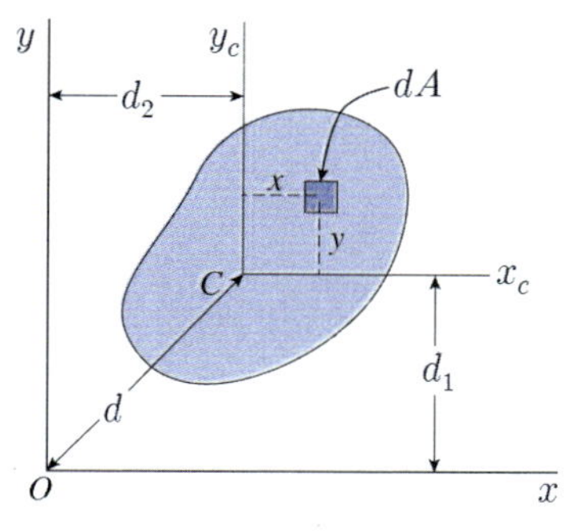

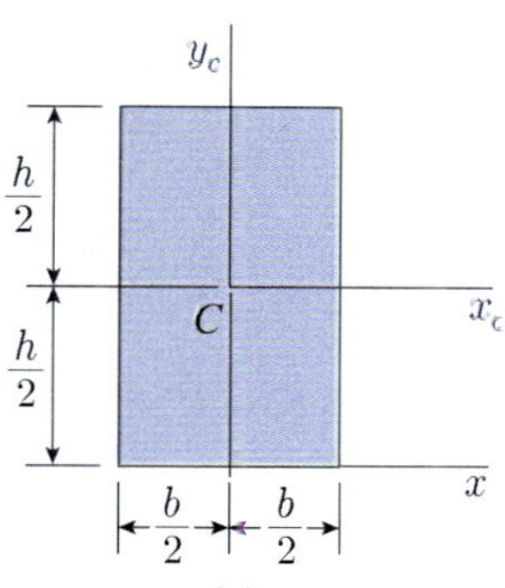

[그림 8.23] (a) 평행축 정리 유도 (b) 직사각형 요소의 면적 2차모멘트

예제 8.13 그림의 (a)와 같은 I–보(I–beam) 단면의 중심을 지나는 x축에 대한 면적 2차모멘트(I_x)를 구하여라.

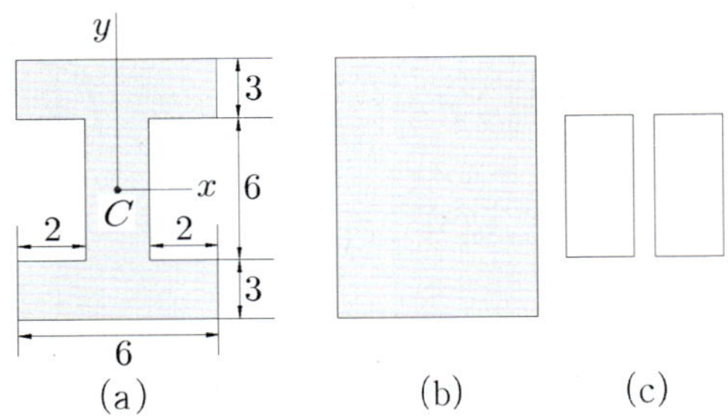

[그림 8.24] I–보(I–beam) 단면 : 단위 mm

풀이 그림에서 (a) 단면의 x축에 대한 2차모멘트는 폭 $b_1 = 6$, 높이 $h_1 = 12$인 (b) 단면의 2차모멘트에서 폭 $b_2 = 2$, 높이 $h_2 = 6$인 (c) 단면의 2차모멘트 2개를 뺀 값과 같다.

$$\begin{aligned} I_x &= \frac{b_1 h_1^3}{12} - 2 \times \frac{b_2 h_2^3}{12} \\ &= \frac{6 \times (12)^3}{12} - 2 \times \frac{2 \times (6)^3}{12} \\ &= 792(\text{mm}^4) \end{aligned}$$

예제 8.14 [그림 8.24]의 (a)에서 단면의 중심을 지나는 y축에 대한 면적 2차모멘트(I_y)를 구하여라.

풀이 y축에 대한 2차모멘트는 폭 $b_1 = 3$, 높이 $h_1 = 6$인 단면 2개(아래 위 두 부분)와 폭 $b_2 = 6$, 높이 $h_2 = 2$인 단면(중간 부분)의 2차모멘트를 합한 값과 같다.

$$\begin{aligned} I_y &= 2 \times \frac{b_1 h_1^3}{12} + \frac{b_2 h_2^3}{12} \\ &= 2 \times \frac{3 \times (6)^3}{12} + \frac{6 \times (2)^3}{12} \\ &= 112(\text{mm}^4) \end{aligned}$$

예제 8.15 그림의 (a)에서 음영면적의 $X-X$축에 대한 면적 2차모멘트 (I_X)를 구하여라.

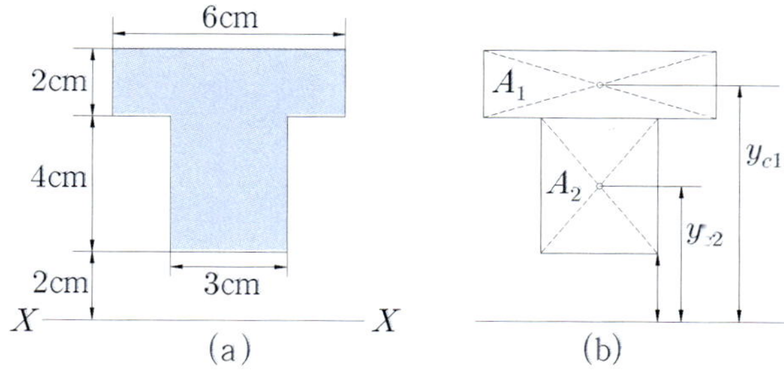

[그림 8.25] **면적 2차모멘트와 평행축 정리**

풀이 주어진 면적을 (b)와 같이 두 개의 면적요소 A_1, A_2로 나누어 면적 2차모멘트를 구한다. $X-X$축으로부터 A_1, A_2의 도심까지 거리 y_{c1}, y_{c2}는 각각 다음과 같다.

$$y_{c1} = 2 + 4 + \frac{1}{2} \times 2 = 7(\text{cm})$$

$$y_{c2} = 2 + \frac{1}{2} \times 4 = 4(\text{cm})$$

따라서 평행축 정리를 이용하면 다음과 같이 음영면적의 $X-X$축에 대한 면적 2차모멘트(I_X)가 구해진다.

$$\begin{aligned} I_X = I_{A_1} + I_{A_2} &= (I_{C_1} + A_1 y_{c1}^2) + (I_{C_2} + A_2 y_{c2}^2) \\ &= \left[\frac{6 \times (2)^3}{12} + (6 \times 2) \times (7)^2\right] + \left[\frac{3 \times (4)^3}{12} + (3 \times 4) \times (4)^2\right] \\ &= 800\,(\text{cm}^4) \end{aligned}$$

예제 8.16 그림과 같이 단면적 $A = 8\,\text{cm}^2$인 도형이 있다. 도형의 도심(C점)에서 4cm 떨어진 $X2$축에 대한 단면 2차모멘트가 $240\,\text{cm}^4$일 때, 도심에서 2cm 떨어진 $X1$축에 대한 단면 2차모멘트[cm^4]를 구하여라. (단, X축은 도심을 통과하고 $X1$, $X2$축은 X축과 평행하다)

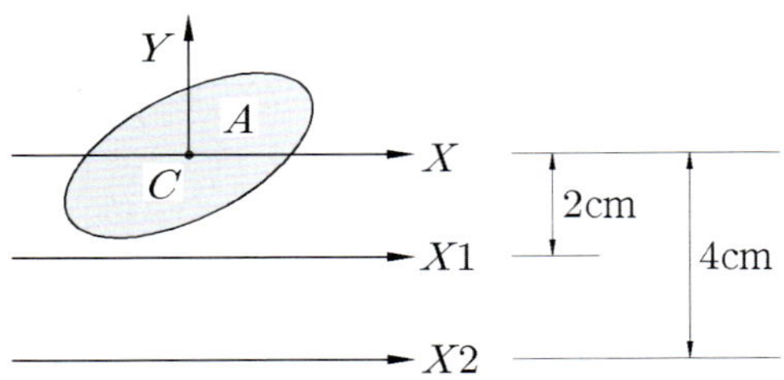

[그림 8.26] 면적 2차모멘트와 평행축 정리

풀이 먼저 $X2$축에 대한 단면 2차모멘트 $I_{X2} = 240\text{cm}^4$로부터 도형의 중심을 지나는 X축에 대한 단면 2차모멘트 I_C를 구한다.

$$I_{X2} = I_C + A\,Y_{C2}^2$$

$$\therefore\ I_C = I_{X2} - A\,Y_{C2}^2 = 240 - 8 \times (4)^2 = 112[\text{cm}^4]$$

따라서 $X1$축에 대한 단면 2차모멘트[cm^4]는 다음과 같다.

$$I_{X1} = I_C + A\,Y_{C1}^2 = 112 + 8 \times (2)^2 = 144[\text{cm}^4]$$

8.6 극관성모멘트

[그림 8.27]의 (a)에서 평면에 수직이고 원점(O)을 통과하는 축에 대한 극관성모멘트(polar moment of inertia)를 다음과 같이 정의한다. 여기에서 r은 원점(O)로부터 면적의 미분요소 dA까지 거리이다.

$$I_p = \int r^2 dA \tag{8.15}$$

극관성모멘트는 2차모멘트와 같이 항상 양(+)의 값을 가지고, 길이 단위의 네제곱으로 표현되며 mm^4 또는 m^4 등의 단위를 갖는다.

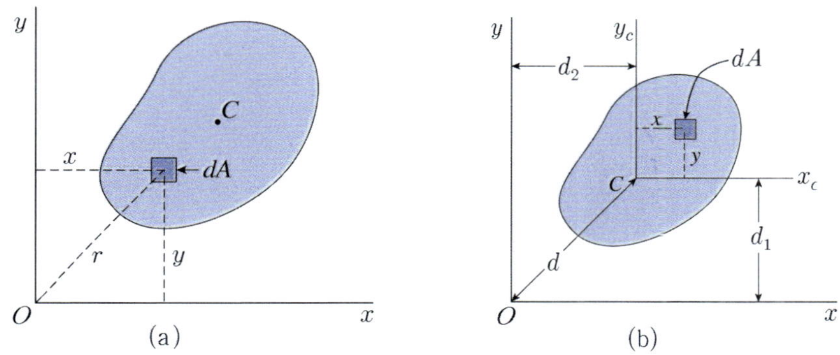

[그림 8.27] (a) 극관성모멘트 정의 (b) 평행축 정리 유도

[그림 8.27]의 (a)에서 $r^2 = x^2 + y^2$이므로 I_p와 I_x, I_y는 다음 관계식을 가진다.

$$I_p = \int r^2 dA = \int (x^2 + y^2) dA = \int x^2 dA + \int y^2 dA$$

$$I_p = I_x + I_y \tag{8.16}$$

일반적으로 I_p를 점 O에 대한 극관성모멘트라 부르고, 이와 구분하기 위해 I_x와 I_y를 직각관성모멘트(rectangular moment of inertia)라고 한다.

극관성모멘트에 대해서도 다음과 같은 평행축정리가 성립한다.

$$(I_p)_O = (I_p)_C + Ad^2 \tag{8.17}$$

즉, 평면 내 임의의 점(O)에 대한 면적의 극관성모멘트[$(I_p)_O$]는 도심(C)에 대한 극관성모멘트[$(I_p)_C$]에 면적(A)과 두 점 간의 거리(점 O와 C 사이 거리)(d)의 제곱을 곱한 것(Ad^2)의 합과 같다. 극관성모멘트는 기준점이 면적의 도심일 때 최솟값을 가진다.

예제 8.17 그림의 (a)와 같은 반지름 R인 원에서 다음을 구하여라.

(1) 원의 중심에 대한 극관성모멘트[$(I_p)_O$]

(2) 원점을 지나는 축에 대한 직각관성모멘트(I_x, I_y)

(3) 원주상의 점 m에 대한 극관성모멘트[$(I_p)_m$]

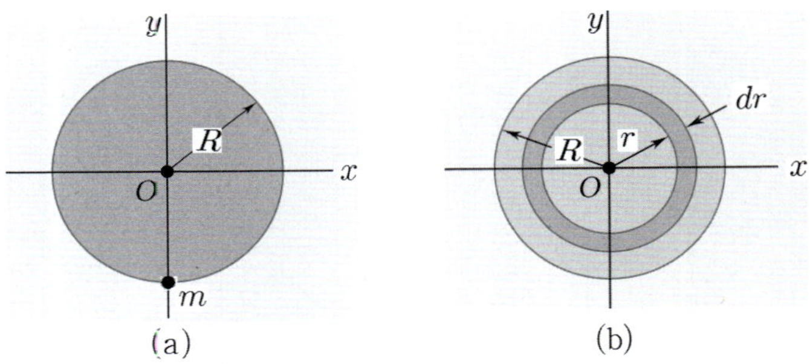

[그림 8.28] (a) 반지름 R인 원 (b) I_p를 구하기 위한 미소요소

풀이 원의 중심(O)은 도심(C)과 일치한다.

(1) 극관성모멘트[$(I_p)_O$] : 그림의 (b)와 같이 반지름 r, 두께 dr인 면적요소를 잡으면 $dA=2\pi r dr$이고 면적요소는 원의 중심으로부터 거리 r에 위치하므로 극관성모멘트는 다음과 같이 계산된다.

$$(I_p)_O = \int r^2 dA = \int_0^R r^2(2\pi r dr) = 2\pi \int_0^R r^3 dr$$

$$= 2\pi \left[\frac{r^4}{4} \right]_0^R = \frac{\pi R^4}{2}$$

(2) 직각관성모멘트(I_x, I_y) : 원형단면의 대칭성으로 인해 $I_x = I_y$이다.

$$(I_p)_O = I_x + I_y = 2I_x$$

$$\therefore \; I_x = I_y = \frac{1}{2}(I_p)_O = \frac{1}{2} \times \frac{\pi R^4}{2} = \frac{\pi R^4}{4}$$

(3) 원주상의 점 m에 대한 극관성모멘트[$(I_p)_m$] : 원의 면적 $A = \pi R^2$이고, 원주상의 점으로부터 도심까지 거리 $d = R$이다. 그리고 도심(C)은 원의 중심(O)과 일치하므로 $(I_p)_C = (I_p)_O$이다. 평행축정리를 이용하여 극관성모멘트[$(I_p)_m$]을 구한다.

$$(I_p)_m = (I_p)_C + Ad^2 = \frac{\pi R^4}{2} + (\pi R^2) \times R^2 = \frac{3\pi R^4}{2}$$

위 예제로부터 지름이 d인 중실축(속이 찬 축)의 중심에 대한 극관성모멘트(I_p)와 중심을 지나는 축에 대한 면적 2차모멘트(I)는 다음과 같다.

$$I_p = \frac{\pi d^4}{32} \;, \quad I = \frac{\pi d^4}{64} \tag{8.18}$$

그리고 안지름 d_1, 바깥지름 d_2인 중공축(속이 빈 축)의 중심에 대한 극관성모멘트(I_p)와 중심을 지나는 축에 대한 면적 2차모멘트(I)는 다음과 같다.

$$I_p = \frac{\pi}{32}\left(d_2^4 - d_1^4\right) \;, \quad I = \frac{\pi}{64}\left(d_2^4 - d_1^4\right) \tag{8.19}$$

식 (8.18)과 (8.19)는 재료역학과 기계설계에서 아주 많이 사용되는 식이다.

연 습 문 제

8.49 그림과 같은 I-보(I-beam) 단면의 중심(C)을 지나는 x축에 대한 면적 2차모멘트(I_x)를 구하여라. 그림에서 단위는 mm이다.

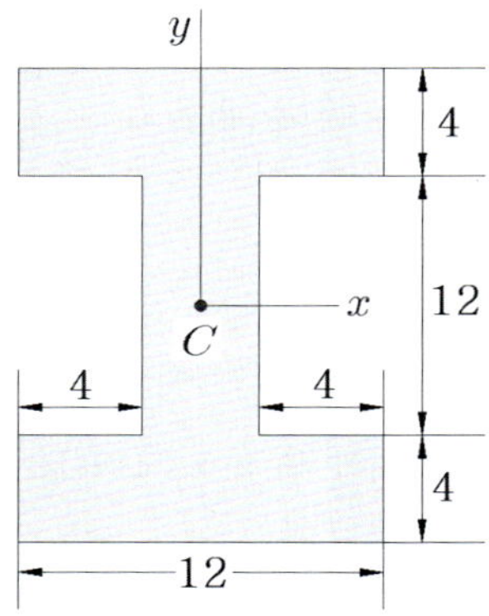

[문제 8.49]

8.50 그림과 같이 임의의 형상을 갖고 단면적이 A인 단면이 있다. 도심축($x_0 - x_0$)으로부터 d만큼 떨어진 축($x_1 - x_1$)에 대한 단면 2차모멘트가 I_{x1}일 때, $2d$만큼 떨어진 축($x_2 - x_2$)에 대한 단면 2차모멘트 값은?

[공무원 임용시험]

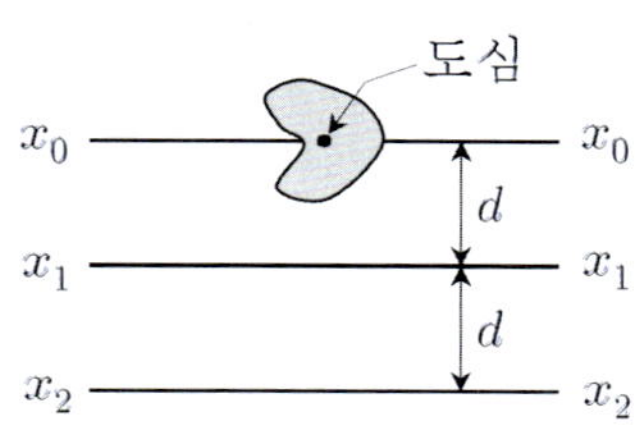

[문제 8.50]

① $I_{x1} + Ad^2$　　② $I_{x1} + 2Ad^2$

③ $I_{x1} + 3Ad^2$　　④ $I_{x1} + 4Ad^2$

8.51 그림과 같은 단면의 도심 C점을 지나는 X_C축에 대한 단면 2차모멘트가 $5,000\text{cm}^4$이고, 단면적 $A = 100\text{cm}^2$이다. 이때, 도심축에서 5cm 떨어진 x축에 대한 단면 2차모멘트[cm^4]는? **[공무원 임용시험]**

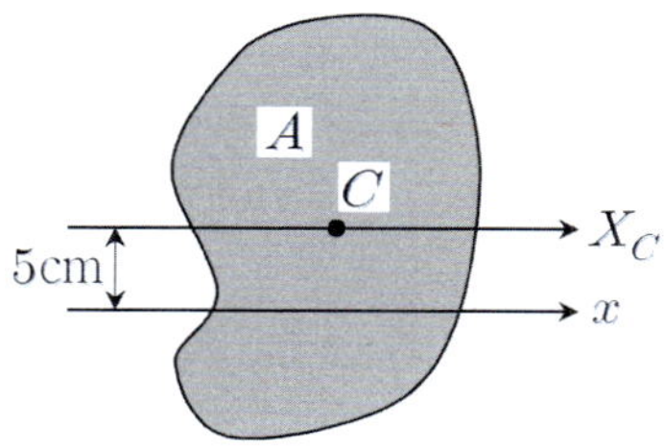

[문제 8.51]

① 2,500　　② 5,000
③ 5,500　　④ 7,500

8.52 다음 그림과 같이 단면적이 200cm^2인 임의의 도형이 있다. 도형의 도심에서 10cm만큼 떨어진 $X1$축에서의 단면 2차모멘트가 $I_{X1} = 25,000\text{cm}^4$일 때, 20cm만큼 떨어진 $X2$축에서의 단면 2차모멘트는? **[공무원 임용시험]**

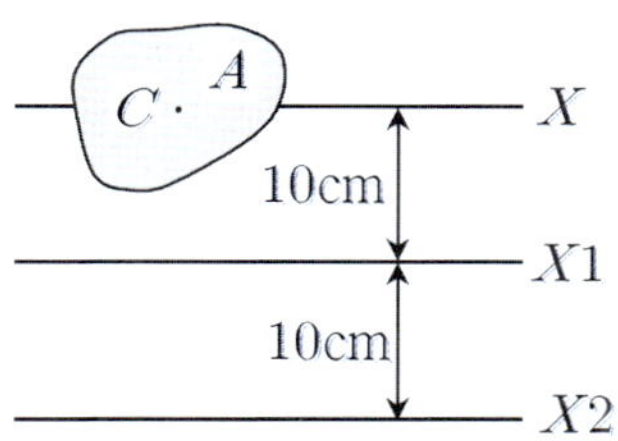

[문제 8.52]

① $45,000\text{cm}^4$　　② $65,000\text{cm}^4$
③ $85,000\text{cm}^4$　　④ $105,000\text{cm}^4$

8.53 단면의 성질에 관한 설명으로 옳지 않은 것은? **[공무원 임용시험]**

① 단면 2차모멘트는 항상 양(+)의 값이다.

② 동일 단면적의 도심축에 대한 단면 2차모멘트는 정삼각형이 정사각형보다 크다.

③ 대칭축은 항상 주축이다. 그러나 주축이 항상 대칭축인 것은 아니다.

④ 단면 1차모멘트는 그 단면의 도심축에 대한 값이 최대이다.

† 단면 1차모멘트 $Q = \int y dA$로 정의된다.

8.54 다음과 같은 원형과 정사각형의 면적이 같을 때 도심축에 대한 단면 2차모멘트(I_x) 크기를 비교하여라. **[공무원 임용시험]**

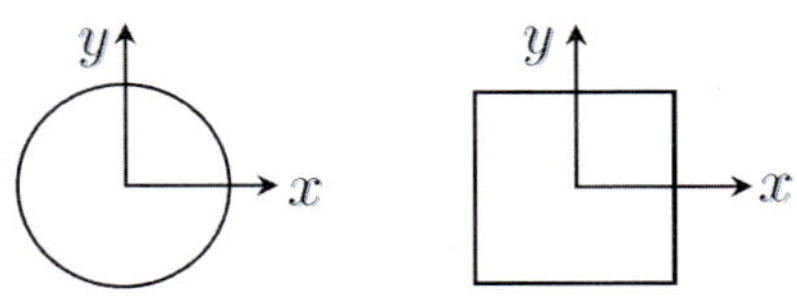

[문제 8.54]

8.55 다음과 같은 지름이 d인 원형 단면에서 임의의 축 x에 대한 단면 2차모멘트가 도심축 X에 대한 단면 2차모멘트의 2배가 되기 위한 거리(y)를 구하여라. **[공무원 임용시험]**

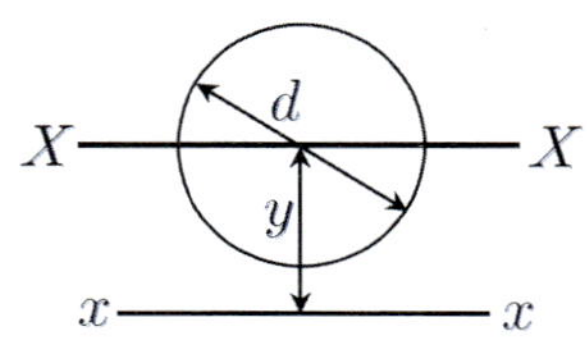

[문제 8.55]

8.56 다음과 같은 도형의 x축에 대한 단면 2차모멘트를 구하여라.

[공무원 임용시험]

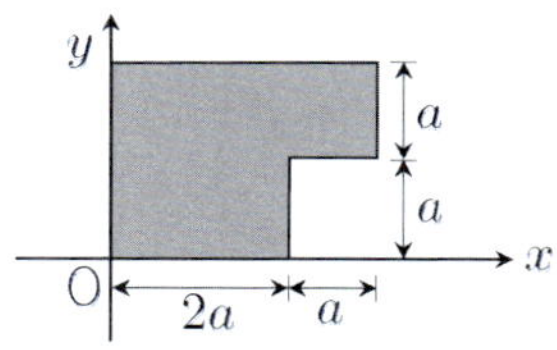

[문제 8.56]

8.57 그림과 같이 단면적이 $100cm^2$인 도형이 있다. 도형의 도심(C점)에서 40cm 떨어진 $x2$축에서 단면 2차모멘트가 $162,000cm^4$일 때, 도심(C점)에서 20cm 떨어진 $x1$축에서의 단면 2차모멘트$[cm^4]$는?(단, x, $x1$, $x2$ 축은 서로 평행하다)

[공무원 임용시험]

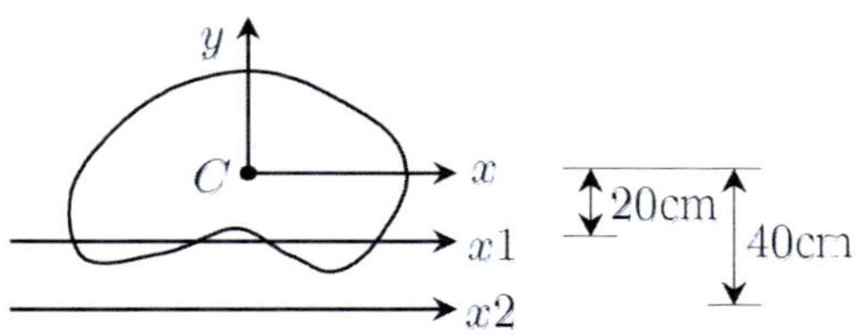

[문제 8.57]

① 2,000 ② 40,000 ③ 42,000 ④ 122,000

8.58 그림과 같은 단면에 대해 $x-x$ 축에 대한 단면 2차모멘트$[mm^4]$는?

[공무원 임용시험]

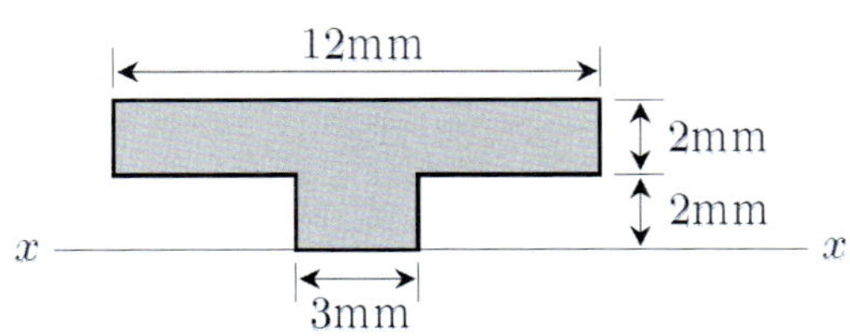

[문제 8.58]

① 224 ② 232 ③ 256 ④ 316

8.59 그림과 같이 속이 비고 한 변의 길이가 a인 정사각형에서 $x-x$축에 대한 단면 2차모멘트를 구하여라. **[공무원 임용시험]**

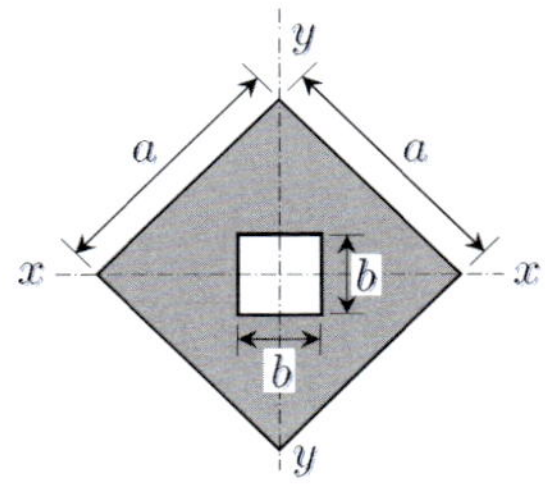

[문제 8.59]

8.60 그림과 같은 삼각형 단면의 $x-x$축에 대한 단면 2차모멘트 I_x[mm^4]는? **[공무원 임용시험]**

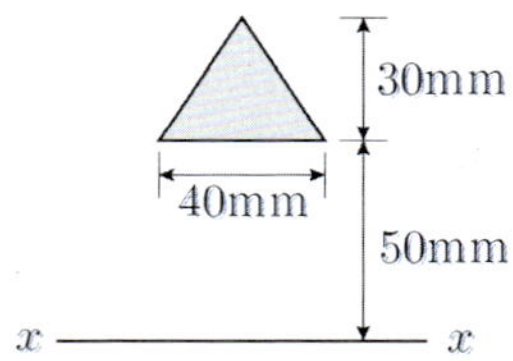

[문제 8.60]

① 155×10^4　　② 219×10^4

③ 345×10^4　　④ 526×10^4

8.61 다음 도형의 도심축 x에서 10cm 떨어진 $x1$축에 대한 단면 2차모멘트가 600,000cm^4, 20cm 떨어진 $x2$축에 대한 단면 2차모멘트가 720,000 cm^{4}일 때, 도형의 단면적 A[cm^2]는? **[공무원 임용시험]**

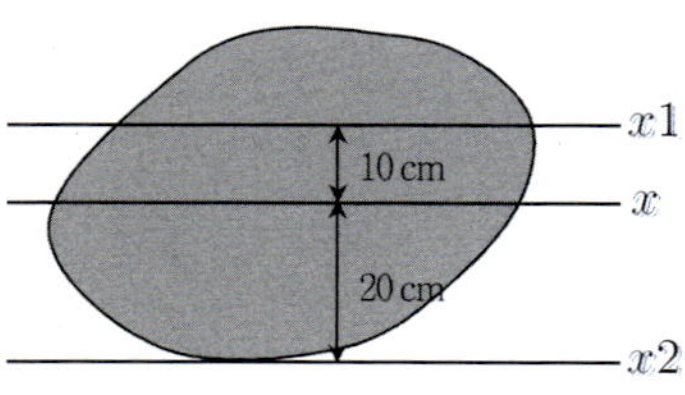

[문제 8.61]

① 200　　② 300　　③ 400　　④ 600

연습문제 풀이 및 정답

1장

1.1 $[F]=[ma]=[m][a]=M\times(L/T^2)=ML/T^2$ 이므로 압력(P)의 차원

$$[P]=\frac{[F]}{[A]}=\frac{ML/T^2}{L^2}=\frac{M}{LT^2}=ML^{-1}T^{-2}$$

1.2 $[W]=[F][s]=(ML/T^2)\times L=ML^2T^{-2}$

1.3 $W=mg=1200\text{kg}\times 9.8\text{m/s}^2=11760\text{N}=11.76\text{kN}$

1.4 $W=mg=0.04\text{kg}\times 9.8\text{m/s}^2=40\text{g}\times 980\text{cm/s}^2=39{,}200\text{dyne}$

1.5 $5\text{kN}\times 0.4\text{mm}=(5\times 10^3\text{N})\times(0.4\times 10^{-3}\text{m})=2\text{N}\cdot\text{m}=2\text{J}$

1.6 $F=ma=40\text{kg}\times(20\times 10^{-2})\text{m/s}^2=8\text{kg}\cdot\text{m/s}^2=8\text{N}$

1.7 $P=\dfrac{F}{A}=\dfrac{4\times 10^3\text{N}}{2\times(10^{-3}\text{m})^2}=2\times 10^9\text{N/m}^2=2\times 10^9\text{Pa}$

1.8 $\dot{W}=\dfrac{Fs}{t}=\dfrac{(5\times 10^{-3})\text{N}\times 1\text{m}}{(4\times 10^{-6})\text{s}}=1250\text{N}\cdot\text{m/s}=1250\text{W}$

1.9 $N=\dfrac{l}{d}=\dfrac{10\text{cm}}{0.1\text{nm}}=\dfrac{10\times 10^{-2}\text{m}}{0.1\times 10^{-9}\text{m}}=10^{1-2-(-10)}=10^9$ (개)

1.10 $1000\dfrac{\text{kg}}{\text{m}^3}=1000\times\dfrac{10^3\text{g}}{(10^2\text{cm})^3}=1\dfrac{\text{g}}{\text{cm}^3}$

1.11 $700\dfrac{\text{m}}{\text{s}}=700\times\dfrac{10^{-3}\text{km}}{(1/3600)\text{hr}}=2520\dfrac{\text{km}}{\text{hr}}$

1.12 4,000,000,000,000\$= 4×10^{12}달러= 4tera달러= 4T\$

1.13 $\dfrac{45}{10{,}000{,}000}\text{m}=4.5\times 10^{-6}\text{m}=4.5\mu\text{m}$

1.14 $1J = 1N \cdot m = 10^5 dyne \cdot 10^2 cm = 10^7 erg$

1.15 [정답 : ④] $1Pa = 1N/m^2$; $1J = 1N \cdot m$; $1kW = 10^3 N \cdot m/s$
$1PS = 75 kgf \cdot m/s$이다. PS는 일률(동력)의 단위로 마력이라고 한다.

1.16 [정답 : ④] m, kg, K는 SI 기본단위, $N = kg \cdot m/s^2$은 기본 단위 kg, m, s로 표현되기 때문에 SI 조립단위(유도단위)라고 한다.

1.17 [정답 : ①] 각도 rad(radian)은 SI 보조단위이다.

2장

2.1 (a) $\vec{R} = 100 + 40 = 140\,(N)\,(\rightarrow)$ (b) $\vec{R} = 80 - 30 = 50\,(N)\,(\rightarrow)$

2.2 $R = \sqrt{6^2 + 8^2} = 10\,(N)$, $\beta = \tan^{-1}\left(\frac{6}{8}\right) = 36.87°$

2.3
$$R = \sqrt{P^2 + Q^2 + 2PQ\cos\alpha} = \sqrt{10^2 + 6^2 + 2 \times 10 \times 6\cos 60°} = 14\,(N)$$
$$\beta = \sin^{-1}\left[\frac{Q\sin\alpha}{R}\right] = \sin^{-1}\left[\frac{6 \times \sin 60°}{14}\right] = 21.79°$$

2.4
$$R = \sqrt{P^2 + Q^2 + 2PQ\cos\alpha}$$
$$= \sqrt{8^2 + 5^2 + 2 \times 8 \times 5\cos(50° + 60°)} = 7.85\,(N)$$
$$\beta = 30° + \sin^{-1}\left[\frac{Q\sin\alpha}{R}\right] = 30° + \sin^{-1}\left[\frac{5 \times \sin 110°}{7.85}\right] = 66.76°$$

2.5
$$R = \sqrt{P^2 + Q^2 + 2PQ\cos\alpha}$$
$$= \sqrt{5^2 + 10^2 + 2 \times 5 \times 10\cos(90° - 20° - 30°)} = 14.2\,(N)$$
$$\beta = 30° + \sin^{-1}\left[\frac{Q\sin\alpha}{R}\right] = 30° + \sin^{-1}\left[\frac{10 \times \sin 40°}{14.2}\right] = 56.91°$$

2.6 두 힘의 시작점을 일치시키면 두 힘이 이루는 각
$\alpha = 40° + (90° - 40°) = 90°$
$\therefore\; R = \sqrt{P^2 + Q^2} = \sqrt{15^2 + 8^2} = 17\,(N)$

2.7 (a) $\vec{F} = F(\cos\theta\,\vec{i} + \sin\theta\,\vec{j}) = 10(\cos 30°\,\vec{i} + \sin 30°\,\vec{j}) = 8.66\vec{i} + 5\vec{j}$ (N)

(b) $\vec{F} = F(\cos\theta\,\vec{i} + \sin\theta\,\vec{j}) = 10(\cos 130°\,\vec{i} + \sin 130°\,\vec{j}) = -6.43\vec{i} + 7.66\vec{j}$ (N)

2.8 세 변의 길이가 3, 4, 5인 직각삼각형과의 닮음과 힘의 방향을 고려한다.

(a) $\vec{F} = 20(-\frac{3}{5}\vec{i} - \frac{4}{5}\vec{j}) = -12\vec{i} - 16\vec{j}$ (N)

(b) $\vec{F} = 20(-\frac{4}{5}\vec{i} + \frac{3}{5}\vec{j}) = -16\vec{i} + 12\vec{j}$ (N)

2.9 (a) $\alpha = \tan^{-1}\left(\frac{3}{2}\right) = 56.31°$

(b) $\alpha = 180° + \tan^{-1}\left(\frac{8}{-12}\right) = 146.31°$

(c) $\alpha = 180° + \tan^{-1}\left(\frac{-14}{-10}\right) = 234.46°$

(d) $\alpha = \tan^{-1}\left(\frac{-3}{4}\right) = -36.87°$ 또는 $\alpha = 360° - 36.87° = 323.13°$

※ 주어진 벡터를 좌표계상에 도시해보면 방향각을 쉽게 구할 수 있다.

2.10 $\overrightarrow{AB} = \{(-6)-(9)\}\vec{i} + \{5-(-3)\}\vec{j} = -15\vec{i} + 8\vec{j}$

$\therefore\ |\overrightarrow{AB}| = \sqrt{(-15)^2 + (8)^2} = 17$

$\therefore\ \vec{F} = 51 \times \left(-\frac{15}{17}\vec{i} + \frac{8}{17}\vec{j}\right) = -45\vec{i} + 24\vec{j}$ (N)

※ $\vec{F}$의 작용선은 밑변과 높이가 각각 15, 8인 직각삼각형의 빗변 위에 있고 그림과 같이 $-x$와 $+y$축 방향을 향한다.

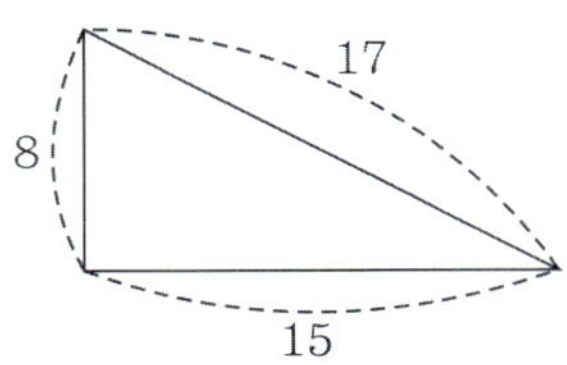

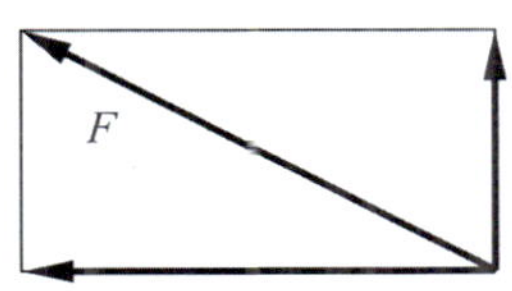

2.11 $\overrightarrow{AB} = \{(4)-(-6)\}\vec{i} + \{5-(-2)\}\vec{j} = 10\vec{i} + 7\vec{j}$

$\therefore\ |\overrightarrow{AB}| = \sqrt{(10)^2 + (7)^2} = \sqrt{149}$

$\therefore\ \vec{F} = 40 \times \left(\frac{10}{\sqrt{149}}\vec{i} + \frac{7}{\sqrt{149}}\vec{j}\right) = 32.8\vec{i} + 22.9\vec{j}$ (N)

※ $\vec{F}$의 작용선은 밑변과 높이가 각각 10, 7인 직각삼각형의 빗변 위에 있고 그림과 같이 $+x$와 $+y$축 방향을 향한다.

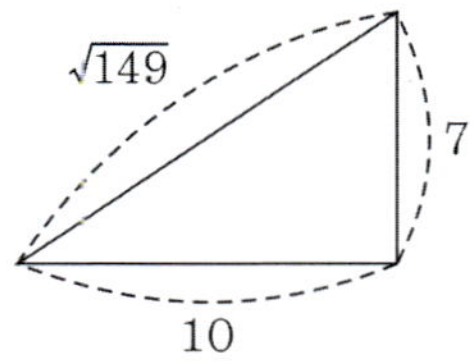

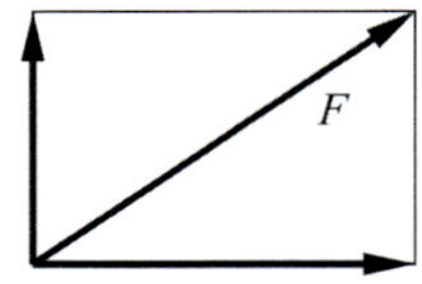

2.12 $\overrightarrow{F_1}=5\vec{i}-2\vec{j}$ (N), $\overrightarrow{F_2}=-3\vec{i}+4\vec{j}$ (N)

$\therefore\ \vec{R}=\overrightarrow{F_1}+\overrightarrow{F_2}=(5-3)\vec{i}+(-2+4)\vec{j}=2\vec{i}+2\vec{j}$ (N)

합력의 크기 $R=\sqrt{(2)^2+(2)^2}=2\sqrt{2}$ (N)

2.13 $\overrightarrow{F_1}=4\vec{i}+3\vec{j}$ (N), $\overrightarrow{F_2}=-5\vec{i}-\vec{j}$ (N)

$\therefore\ \vec{R}=\overrightarrow{F_1}+\overrightarrow{F_2}=(4-5)\vec{i}+(3-1)\vec{j}=-\vec{i}+2\vec{j}$ (N)

합력의 크기 $R=\sqrt{(-1)^2+(2)^2}=\sqrt{5}$ (N)

2.14 $\overrightarrow{F_1}=60(\cos120°\vec{i}+\sin120°\vec{j})=-30\vec{i}+30\sqrt{3}\vec{j}$ (N), $\overrightarrow{F_2}=40\vec{i}$ (N)

$\therefore\ \vec{R}=\overrightarrow{F_1}+\overrightarrow{F_2}=(-30+40)\vec{i}+30\sqrt{3}\vec{j}=10\vec{i}+30\sqrt{3}\vec{j}$ (N)

합력의 크기 $R=\sqrt{(10)^2+(30\sqrt{3})^2}=20\sqrt{7}$ (N)

2.15 $\overrightarrow{F_1}=20(\cos60°\vec{i}+\sin60°\vec{j})=10\vec{i}+10\sqrt{3}\vec{j}$ (N), $\overrightarrow{F_2}=20\vec{i}$ (N)

$\therefore\ \vec{R}=\overrightarrow{F_1}+\overrightarrow{F_2}=(10+20)\vec{i}+10\sqrt{3}\vec{j}=30\vec{i}+10\sqrt{3}\vec{j}$ (N)

2.16 $\overrightarrow{F_1}=12(\cos30°\vec{i}+\sin30°\vec{j})=10.39\vec{i}+6\vec{j}$ (N), $\overrightarrow{F_2}=10\vec{j}$ (N)

$\overrightarrow{F_3}=6(-\cos40°\vec{i}+\sin40°\vec{j})=-4.60\vec{i}+3.86\vec{j}$ (N)

$\therefore\ \vec{R}=\overrightarrow{F_1}+\overrightarrow{F_2}+\overrightarrow{F_3}=(10.39-4.6)\vec{i}+(6+10+3.86)\vec{j}=5.79\vec{i}+19.86\vec{j}$ (N)

합력의 크기 $R=\sqrt{(5.79)^2+(19.86)^2}=20.69$ (N)

2.17 $\overrightarrow{F_1}=10\vec{i}$ (N), $\overrightarrow{F_2}=12(\cos60°\vec{i}+\sin60°\vec{j})=6\vec{i}+10.39\vec{j}$ (N)

$\overrightarrow{F_3}=6(-\cos50°\vec{i}+\sin50°\vec{j})=-3.86\vec{i}+4.60\vec{j}$ (N)

$\therefore\ \vec{R}=\overrightarrow{F_1}+\overrightarrow{F_2}+\overrightarrow{F_3}=(10+6-3.86)\vec{i}+(10.39+4.6)\vec{j}=12.14\vec{i}+14.99\vec{j}$ (N)

합력의 크기 $R=\sqrt{(12.14)^2+(14.99)^2}=19.29$ (N)

2.18 $\overrightarrow{F_1}=13(\frac{12}{13}\vec{i}+\frac{5}{13}\vec{j})=12\vec{i}+5\vec{j}$ (N)

$\overrightarrow{F_2}=14(\frac{1}{\sqrt{5}}\vec{i}+\frac{2}{\sqrt{5}}\vec{j})=6.26\vec{i}+12.52\vec{j}$ (N)

$\overrightarrow{F_3} = 10(-\frac{4}{5}\vec{i} + \frac{3}{5}\vec{j}) = -8\vec{i} + 6\vec{j}$ (N)

$\therefore\ \vec{R} = \overrightarrow{F_1} + \overrightarrow{F_2} + \overrightarrow{F_3} = (12 + 6.26 - 8)\vec{i} + (5 + 12.52 + 6)\vec{j}$

$= 10.26\vec{i} + 23.52\vec{j}$ (N)

합력의 크기 $R = \sqrt{(10.26)^2 + (23.52)^2} = 25.66$ (N)

2.19 $\overrightarrow{F_1} = 20(\frac{4}{5}\vec{i} + \frac{3}{5}\vec{j}) = 16\vec{i} + 12\vec{j}$ (N)

$\overrightarrow{F_2} = 22(-\frac{1}{\sqrt{5}}\vec{i} + \frac{2}{\sqrt{5}}\vec{j}) = -9.84\vec{i} + 19.68\vec{j}$ (N)

$\overrightarrow{F_3} = 13(-\frac{12}{13}\vec{i} + \frac{5}{13}\vec{j}) = -12\vec{i} + 5\vec{j}$ (N)

$\therefore\ \vec{R} = \overrightarrow{F_1} + \overrightarrow{F_2} + \overrightarrow{F_3} = (16 - 9.84 - 12)\vec{i} + (12 + 19.68 + 5)\vec{j}$

$= -5.84\vec{i} + 36.68\vec{j}$ (N)

합력의 크기 $R = \sqrt{(-5.84)^2 + (36.68)^2} = 37.14$ (N)

2.20 $\overrightarrow{F_1} = 50(\cos 30°\,\vec{i} - \sin 30°\,\vec{j}) = 43.3\vec{i} - 25\vec{j}$ (N)

$\overrightarrow{F_2} = 70(\cos 70°\,\vec{i} - \sin 70°\,\vec{j}) = 23.9\vec{i} - 65.8\vec{j}$ (N)

$\therefore\ \vec{R} = \overrightarrow{F_1} + \overrightarrow{F_2} = (43.3 + 23.9)\vec{i} + (-25 - 65.8)\vec{j} = 67.2\vec{i} - 90.8\vec{j}$ (N)

합력의 크기 $R = \sqrt{(67.2)^2 + (-90.8)^2} = 112.9$ (N)

2.21 그림과 같이 좌표계를 잡고 힘을 성분으로 분해하여 합력을 구한다.

$\overrightarrow{F_1} = 400(\cos 40°\,\vec{i} + \sin 40°\,\vec{j}) = 306.4\vec{i} + 257.1\vec{j}$ (N)

$\overrightarrow{F_2} = 300(-\sin 30°\,\vec{i} + \cos 30°\,\vec{j}) = -150\vec{i} + 259.8\vec{j}$ (N)

$\therefore\ \vec{R} = \overrightarrow{F_1} + \overrightarrow{F_2} = (306.4 - 150)\vec{i} + (257.1 + 259.8)\vec{j} = 156.4\vec{i} + 516.9\vec{j}$ (N)

합력의 크기 $R = \sqrt{(156.4)^2 + (516.9)^2} = 540.0$ (N)

2.22 $R = \sqrt{P^2 + Q^2 + 2PQ\cos\theta}$

$\therefore\ \cos\theta = \frac{R^2 - P^2 - Q^2}{2PQ} = \frac{70^2 - 50^2 - 40^2}{2 \times 50 \times 40} = 0.2$

$\therefore\ \theta = \cos^{-1}(0.2) = 78.46°$

이때 합력 $\vec{R} = \overrightarrow{F_1} + \overrightarrow{F_2} = 40\sin\theta\,\vec{i} + (40\cos\theta + 50)\vec{j} = 39.19\vec{i} + 58\vec{j}$ (N)이므로

합력의 방향이 x축과 이루는 각은 $\tan^{-1}\left(\frac{58}{39.19}\right) = 55.95°$이고,

y축(수직선)과 이루는 각은 $90° - 55.95° = 34.05°$이다.

2.23 $\overrightarrow{F_1} = F\left(\dfrac{30\vec{i}+10\vec{j}}{\sqrt{30^2+10^2}}\right) = 0.949F\vec{i}+0.316F\vec{j}$

$\overrightarrow{F_2} = 2\times\left(\dfrac{30\vec{i}-15\vec{j}}{\sqrt{30^2+15^2}}\right) = 1.789\vec{i}-0.894\vec{j}$ (kN)

$\therefore\ \vec{R} = \overrightarrow{F_1}+\overrightarrow{F_2} = (0.949F+1.789)\vec{i}+(0.316F-0.894)\vec{j}$

합력의 방향이 수평이므로 합력의 y 성분 $0.316F-0.894=0$

$\therefore\ F=2.829$ (kN)

이때 합력의 크기는 $0.949F+1.789=4.474$ (kN)

2.24 $R_x = -400+300\cos45°-200\times\dfrac{4}{5} = -347.9$ (N)

$R_y = 0+300\sin45°+200\times\dfrac{3}{5} = 332.1$ (N)

$\therefore$ 합력 $\vec{R} = -347.9\vec{i}+332.1\vec{j}$ (N)

합력의 크기 $R = \sqrt{(-347.9)^2+(332.1)^2} = 481$ (N)

합력의 방향이 x축의 음의 방향과 이루는 각은 $\tan^{-1}\left(\dfrac{332.1}{347.9}\right) = 43.67°$ (↖)

2.25 $R_x = 250\cos30°+370\cos40° = 499.9$ (N)

$R_y = -250\sin30°+370\sin40° = 112.8$ (N)

$\therefore$ 합력 $\vec{R} = 499.9\vec{i}+112.8\vec{j}$ (N)

합력의 크기 $R = \sqrt{(499.9)^2+(112.8)^2} = 512.5$ (N)

합력의 방향이 x축의 양의 방향과 이루는 각은 $\tan^{-1}\left(\dfrac{112.8}{499.9}\right) = 12.72°$ (↗)

2.26 $\overrightarrow{F_1} = 60(\cos30°\vec{i}+\sin30°\vec{j}) = 52.0\vec{i}+30\vec{j}$ (N)

$\overrightarrow{F_2} = 70(\cos\theta\vec{i}-\sin\theta\vec{j})$ (N)

$\therefore\ \vec{R} = \overrightarrow{F_1}+\overrightarrow{F_2} = (52+70\cos\theta)\vec{i}+(30-70\sin\theta)\vec{j}$

따라서 합력의 y성분 $30-70\sin\theta=0$에서 $\theta=\sin^{-1}\left(\dfrac{30}{70}\right)=25.4°$

이고 이때 합력의 크기 $R=52+70\cos\theta=115.2$ (N)

2.27 $\overrightarrow{F_1} = 400(\cos60°\vec{i}+\sin60°\vec{j}) = 200\vec{i}+346.4\vec{j}$ (N)

$\overrightarrow{F_2} = F(-\sin\theta\vec{i}+\cos\theta\vec{j})$ (N)

$\therefore\ \vec{R} = \overrightarrow{F_1}+\overrightarrow{F_2} = (200-F\sin\theta)\vec{i}+(346.4+F\cos\theta)\vec{j} = 800\vec{j}$ (N)

$\therefore\ 200-F\sin\theta=0$에서 $F\sin\theta=200$ ⋯①

$346.4+F\cos\theta=800$에서 $F\cos\theta=800-346.4=453.6$ ⋯②

①÷②를 하면 $\frac{\sin\theta}{\cos\theta} = \tan\theta = \frac{200}{453.6} = 0.441$

$\therefore\ \theta = \tan^{-1}(0.441) = 23.8°$

이 값을 ①에 대입하면 $F = \frac{200}{\sin\theta} = \frac{200}{\sin(23.8°)} = 495.6\ (\mathrm{N})$ 이다.

2.28 먼저 힘을 성분으로 분해하여 세 힘의 합력($\vec{R}$)을 구한다.

$\vec{F_1} = 26(\frac{5}{13}\vec{i} + \frac{12}{13}\vec{j}) = 10\vec{i} + 24\vec{j}\ (\mathrm{N}),\ \vec{F_2} = 40\vec{i}\ (\mathrm{N})$

$\alpha = \theta + 30°$로 하면 $\vec{F_3} = F_3(\cos\alpha\,\vec{i} - \sin\alpha\,\vec{j})\ (\mathrm{N})$

$\therefore$ 합력 $\vec{R} = \vec{F_1} + \vec{F_2} + \vec{F_3} = (50 + F_3\cos\alpha)\vec{i} + (24 - F_3\sin\alpha)\vec{j}\,(\mathrm{N})$ …①

주어진 조건에서 합력이 $+u$축 방향으로 작용하고 그 크기가 80N이므로

$$\vec{R} = 80(\cos30°\,\vec{i} - \sin30°\,\vec{j}) = 40\sqrt{3}\,\vec{i} - 40\vec{j}\ (\mathrm{N}) \quad \cdots②$$

이다. 따라서 ①과 ②를 비교하면

$$50 + F_3\cos\alpha = 40\sqrt{3} \quad \therefore\ F_3\cos\alpha = 40\sqrt{3} - 50 = 19.3 \quad \cdots③$$

$$24 - F_3\sin\alpha = -40 \quad \therefore\ F_3\sin\alpha = 64 \quad \cdots④$$

가 된다. 여기에서 ④÷③을 하면 $\tan\alpha = \frac{\sin\alpha}{\cos\alpha} = \frac{64}{19.3}$ 이그로

$$\alpha = \tan^{-1}\left(\frac{64}{19.3}\right) = 73.2°$$

이고, 이 값을 ④에 대입하면

$$F_3 = \frac{64}{\sin\alpha} = 66.9\ (\mathrm{N})$$

이다. 따라서 $\theta = \alpha - 30° = 43.2°$ 이다.

2.29 [정답 : ②] $\vec{C} = \vec{A} - \vec{B} = \vec{A} + (-\vec{B})\ \ \therefore\ \beta = 180° - 45°$

$C = \sqrt{A^2 + B^2 + 2AB\cos(180° - 45°)} = \sqrt{2 + 9 - 2\sqrt{2}(3)\cos45°} = \sqrt{5}$

2.30 [정답 : ②]

$R = \sqrt{P_1^2 + P_2^2 + 2P_1P_2\cos60°} = \sqrt{5^2 + 10^2 + 2(5)(10)\cos30°} = 5\sqrt{7}\ [\mathrm{kN}]$

2.31 [정답 : ④]

$R = \sqrt{U^2 + V^2 + 2UV\cos(90° + 30°)} = \sqrt{4^2 + 4^2 - 2(4)(4)\sin30°} = 4[\mathrm{kN}]$

2.32 [정답 : ①] 두 힘이 이루는 각 $\alpha = 90° - 15° - 15° = 60°$

$R = \sqrt{P_1^2 + P_2^2 + 2P_1P_2\cos60°} = \sqrt{3^2 + 4^2 + 2(3)(4)\cos60°} = \sqrt{37}\ [\mathrm{kN}]$

$\cos\beta = \frac{3 + 4\cos60°}{R} = \frac{5}{R} \quad \therefore\ \beta = \cos^{-1}\left(\frac{5}{R}\right)$

2.33 [정답 : ②] $R_x = 30 - 30\cos 60° - 30\cos 30° = 15(1-\sqrt{3})$[kN]

$R_y = 30\sin 60° - 30\sin 30° = 15(-1+\sqrt{3})$[kN]

$R_x < 0$, $R_y > 0$이므로 2상한

2.34 [정답 : ①] 도르래에 연결된 줄에 작용하는 장력의 수평성분은

$10 \times \frac{4}{5} = 8$[N]

3장

3.1
$$\begin{aligned}\vec{F_3} &= -\vec{F_1} - \vec{F_2} = -(-2\vec{i}+5\vec{j}) - (7\vec{i}-3\vec{j}) \\ &= (2-7)\vec{i} + (-5+3)\vec{j} \\ &= -5\vec{i} - 2\vec{j}\,(\text{N})\end{aligned}$$

3.2
$$\begin{aligned}\vec{F_4} &= -\vec{F_1} - \vec{F_2} - \vec{F_3} = -(5\vec{i}-2\vec{j}) - (\vec{i}+4\vec{j}) - (-3\vec{i}+8\vec{j}) \\ &= (-5-1+3)\vec{i} + (2-4-8)\vec{j} \\ &= -3\vec{i} - 10\vec{j}\,(\text{N})\end{aligned}$$

3.3 (a)
$$\begin{aligned}\sum\vec{F} = \vec{F_1} + \vec{F_2} + \vec{F_3} &= (5\vec{i}+2\vec{j}) + (-3\vec{i}+3\vec{j}) + (-2\vec{i}-3\vec{j}) \\ &= (5-3-2)\vec{i} + (2+3-3)\vec{j} \\ &= -2\vec{j} \neq 0\end{aligned}$$

∴ 평형 상태가 아니다.

(b)
$$\begin{aligned}\sum\vec{F} = \vec{F_1} + \vec{F_2} + \vec{F_3} &= (5\vec{i}+\vec{j}) + (-3\vec{i}+2\vec{j}) + (-2\vec{i}-3\vec{j}) \\ &= (5-3-2)\vec{i} + (1+2-3)\vec{j} \\ &= 0\end{aligned}$$

∴ 평형 상태이다.

3.4
$$\begin{aligned}\vec{F_1} + \vec{F_2} + \vec{F_3} &= (a\vec{i}-2\vec{j}) + (4\vec{i}+b\vec{j}) + (3\vec{i}-7\vec{j}) \\ &= (a+4+3)\vec{i} + (-2+b-7)\vec{j} \\ &= (a+7)\vec{i} + (b-9)\vec{j} = 0\end{aligned}$$

∴ $a = -7$, $b = 9$

3.5 $\vec{F_3} = -\vec{F_1} - \vec{F_2} = -(4\cos 30°\vec{i} + 4\sin 30°\vec{j}) - (-2\vec{j})$

$$= -2\sqrt{3}\,\vec{i} + (-2+2)\,\vec{j}$$

$$= -2\sqrt{3}\,\vec{i}\ (\mathrm{N})$$

3.6 케이블 AC에는 인장력이 걸린다. 막대 BC에는 힘의 작용선이 막대의 길이와 일치하는 인장력 또는 압축력이 작용할 수 있다. 그런데 본 문제에서는 물체의 무게에 의한 힘이 막대를 벽쪽으로 누르고 있으므로 압축력이 작용한다. 그리고 물체의 무게 $W = mg$는 연직 아래 방향으로 작용한다. 따라서 케이블과 막대에 작용하는 힘을 각각 F_1, F_2로 하여 점 C에 대한 자유물체도를 그리면 그림의 (a)와 같다. 여기에서 F_1, F_2를 구하기 위해서는 그림 (b)를 이용해도 된다.

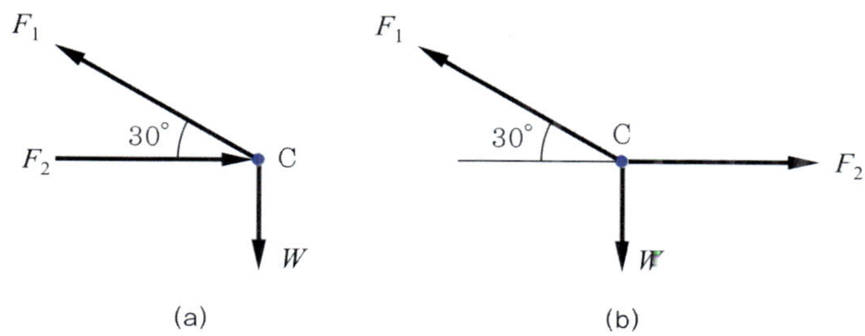

3.7 마찰 없는 면에는 면에 수직인 방향의 반력이 존재하고 물체의 무게 W는 연직 아래 방향으로 작용한다. 두 접촉면에서의 반력의 크기를 F_1, F_2라 하면 자유물체도는 그림과 같다.

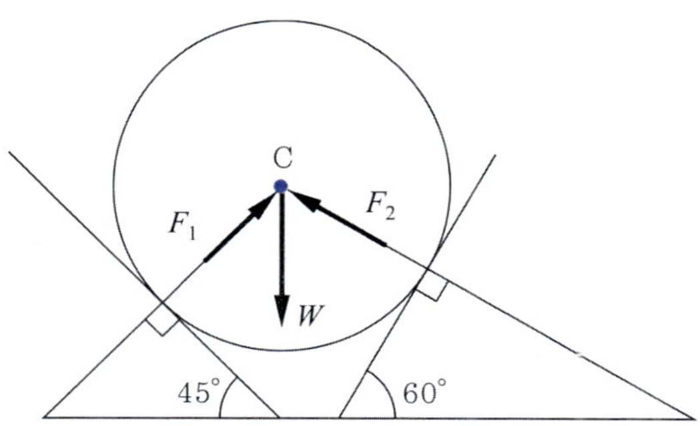

3.8 $\dfrac{F_1}{\sin 150°} = \dfrac{F_2}{\sin 135°} = \dfrac{400}{\sin 75°}$ $\therefore\ F_1 = 207.1(\mathrm{N}),\ F_2 = 292.8(\mathrm{N})$

3.9 $\dfrac{T_{OA}}{\sin 135°} = \dfrac{T_{OB}}{\sin 120°} = \dfrac{200\,\mathrm{N}}{\sin 105°}$ $\therefore\ T_{OA} = 146.41\,\mathrm{N},\ T_{OB} = 179.32\,\mathrm{N}$

3.10 $\vec{F_1}+\vec{F_2}+\vec{F_3}=0$ $\therefore$ $F_{1x}=-3-6=-9\,(\mathrm{N})$, $F_{2y}=-4+7=3\,(\mathrm{N})$

$F_{3z}=-5+9=4\,(\mathrm{N})$

3.11 $\dfrac{F_2}{\sin110°}=\dfrac{F_3}{\sin130°}=\dfrac{100\,\mathrm{N}}{\sin120°}$ $\therefore$ $F_2=108.51\,\mathrm{N}$, $F_3=88.46\,\mathrm{N}$

3.12 $\dfrac{200}{\sin\beta}=\dfrac{100}{\sin150°}$ $\therefore$ $\beta=\sin^{-1}[2\sin(150°)]=90°$

$\therefore$ $\alpha=360°-\beta-150°=120°$

$\therefore$ $\dfrac{F}{\sin\alpha}=\dfrac{100\mathrm{N}}{\sin150°}$ 에서 $F=173.2\,\mathrm{N}$

3.13 $\vec{F_1}+\vec{F_2}+\vec{F_3}+\vec{F_4}=0$ $\therefore 200\vec{i}-100\vec{j}+250(-\cos30°\,\vec{i}-\sin30°\,\vec{j})+\vec{F_4}=0$

$\therefore$ $\vec{F_4}=16.51\vec{i}+225\vec{j}$ (N)

$\therefore$ $F_x=16.51\,\mathrm{N}$, $F_y=225\,\mathrm{N}$, $|\vec{F}|=\sqrt{F_x^2+F_y^2}=225.6\,(\mathrm{N})$

$\theta=\tan^{-1}(F_y/F_x)=85.8°$

3.14 • x 방향 : $500\cos15°-400\sin30°-700\cos\theta=0$ $\therefore$ $\theta=66.16°$

• y 방향 : $F+400\cos30°+500\sin15°-700\sin\theta=0$ $\therefore$ $F=164.5\,(\mathrm{N})$

3.15 • x 방향 : $F\cos\theta+2\cos60°-4-7\sin30°=0$ $\therefore$ $F\cos\theta=6.5$ (N)

• y 방향 : $F\sin\theta-2\sin60°-7\cos30°=0$ $\therefore$ $F\sin\theta=7.79$ (N)

$\therefore$ $\theta=\tan^{-1}(7.79/6.5)=50.16°$, $F=6.5/\cos\theta=10.16$ (N)

3.16 $\vec{F_1}+\vec{F_2}+\vec{F_3}+\vec{F_4}+\vec{F_5}=0$

$\therefore$ $100\vec{i}+120(\cos60°\,\vec{i}+\sin60°\,\vec{j})+130(\cos130°\,\vec{i}+\sin130°\,\vec{j})$

$+140(\cos210°\,\vec{i}+\sin210°\,\vec{j})+\vec{F_5}=0$

$\therefore$ $\vec{F_5}=44.8\vec{i}-133.5\vec{j}$ (N)

$F_5=|\vec{F_5}|=\sqrt{44.8^2+(-133.5)^2}=140.8\,(\mathrm{N})$

$\theta=\tan^{-1}(133.5/44.8)=71.45°$

3.17 $\sum F_x=0$: $F_1\cos40°+8+F_2\sin20°-16=0$ $\therefore$ $0.766F_1+0.342F_2=8$

$\sum F_y=0$: $F_1\sin40°-3-F_2\cos20°=0$ $\therefore$ $0.643F_1-0.940F_2=3$

연립방정식을 풀면 $F_1=9.09(\mathrm{kN})$, $F_2=3.03(\mathrm{kN})$

3.18 질점 C에는 AC 방향의 인장력과 BC 방향의 압축력이 작용하여 세 힘이 평형을 이루고 있다. 자유물체도를 그려 보면

$$\frac{T_{\mathrm{AC}}}{\sin 100^\circ}=\frac{F_{\mathrm{BC}}}{\sin 155^\circ}=\frac{200\,\mathrm{N}}{\sin 105^\circ} \quad \therefore\ T_{\mathrm{AC}}=203.9\,\mathrm{N},\ F_{\mathrm{BC}}=87.51\,\mathrm{N}$$

3.19 마찰 없는 면에는 면에 수직인 힘만 존재한다. 따라서 구의 중심을 질점으로 잡고 자유물체도를 그리면 그림 (a)와 같다. 그림 (b)는 (a)에서 힘의 위치를 이동한 것으로 (a)와 같은 것이다. (b)에서 라미의 정리를 적용하면

$$\frac{R_{\mathrm{A}}}{\sin 90^\circ}=\frac{R_{\mathrm{B}}}{\sin 150^\circ}=\frac{100\mathrm{N}}{\sin 120^\circ} \quad \therefore\ R_{\mathrm{A}}=115.5\,\mathrm{N},\ R_{\mathrm{B}}=57.74\,\mathrm{N}$$

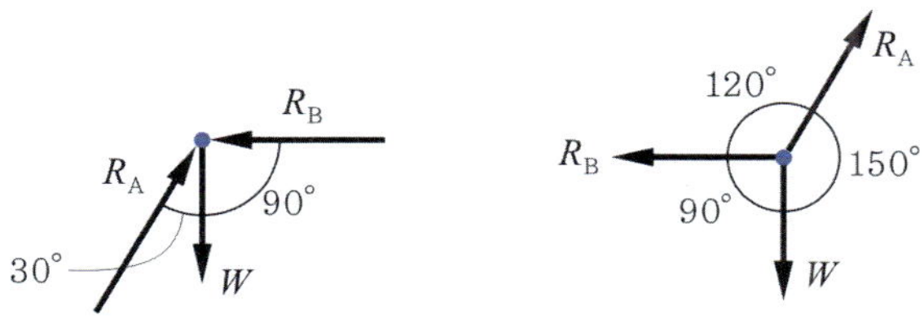

(a) (b)

3.20 라미의 정리에 의해

$$\frac{W}{\sin(\alpha+\beta)}=\frac{T_{AB}}{\sin(180^\circ-\beta)}=\frac{T_{AC}}{\sin(180^\circ-\alpha)}$$

이고, 삼각함수에서 $\sin(180^\circ-\theta)=\sin\theta$이다.

$$\therefore\ T_{AB}=\frac{W\sin\beta}{\sin(\alpha+\beta)},\quad T_{AC}=\frac{W\sin\alpha}{\sin(\alpha+\beta)}$$

3.21 $\dfrac{400}{\sin(180^\circ-\theta)}=\dfrac{1600}{\sin 90^\circ}$ 에서 $\sin\theta=\dfrac{1}{4}$ $\quad\therefore\ \theta=\sin^{-1}\left(\dfrac{1}{4}\right)=14.48^\circ$

3.22
- 수평 방향 : $7-F\cos\theta+4\cos 45^\circ=0 \quad \therefore\ F\cos\theta=9.83\ (\mathrm{kN})$
- 수직 방향 : $8-F\sin\theta-4\sin 45^\circ=0 \quad \therefore\ F\sin\theta=5.17\ (\mathrm{kN})$

$\therefore\ \theta=\tan^{-1}(5.17/9.83)=27.74^\circ,\ F=9.83/\cos\theta=11.1\ (\mathrm{kN})$

3.23
- 수평 방향 : $2\cos 60^\circ-4\cos 40^\circ+F\cos\theta=0 \quad \therefore\ F\cos\theta=2.06\ (\mathrm{kN})$
- 수직 방향 : $2\sin 60^\circ+4\sin 40^\circ-F\sin\theta=0 \quad \therefore\ F\sin\theta=4.30\ (\mathrm{kN})$

$\therefore\ \theta=\tan^{-1}(4.30/2.06)=64.4^\circ,\ F=2.06/\cos\theta=4.77\ (\mathrm{kN})$

3.24
- B 점 : $\dfrac{T_{AB}}{\sin 60^\circ}=\dfrac{T_{BC}}{\sin 150^\circ}=\dfrac{30\mathrm{N}}{\sin 150^\circ} \quad \therefore\ T_{AB}=51.96\,\mathrm{N},\ T_{BC}=30\,\mathrm{N}$
- C 점 : $\dfrac{F}{\sin 120^\circ}=\dfrac{T_{CD}}{\sin 120^\circ}=\dfrac{T_{BC}}{\sin 120^\circ} \quad \therefore\ F=30\,\mathrm{N},\ T_{CD}=30\,\mathrm{N}$

3.25 왼쪽 줄과 오른쪽 줄에 걸리는 힘을 각각 F, T라 한다.

$$\sum F_x = 0 \ : \ \frac{3}{5}F - T\cos 30° = 0 \quad \therefore \quad T = \frac{2\sqrt{3}}{5}F$$

$$\sum F_y = 0 \ : \ \frac{4}{5}F + T\sin 30° - 800 = 0 \quad \therefore \quad \frac{4}{5}F + \frac{1}{2}T = 800$$

연립방정식을 풀면 $F = 697.8(\text{N})$, $T = 483.5(\text{N})$

3.26 AC와 BC를 빗변으로 하는 직각삼각형을 각각 그려보면 케이블에 걸리는 장력의 성분을 구할 수 있다.

$$\sum F_x = 0 \ : \ \frac{24}{25}F_{\text{AC}} - \frac{15}{17}F_{\text{BC}} = 0$$

$$\sum F_y = 0 \ : \ \frac{7}{25}F_{\text{AC}} + \frac{8}{17}F_{\text{BC}} - 198\text{N} = 0$$

연립방정식을 풀면 $F_{\text{AC}} = 250(\text{N})$, $F_{\text{BC}} = 272(\text{N})$

3.27 AC를 빗변으로 하는 직각삼각형을 각각 그려서 AC에 걸리는 장력을 성분으로 분해한다.

$$\sum F_x = 0 \ : \ \frac{12}{13}F_{\text{AC}} - \frac{4}{5}Q = 0 \quad \therefore \quad F_{\text{AC}} = \frac{13}{12} \times \frac{4}{5} \times 180 = 156(\text{N})$$

$$\sum F_y = 0 \ : \ \frac{5}{13}F_{\text{AC}} + F_{\text{BC}} + \frac{3}{5}Q - P = 0$$

$$\therefore \quad F_{\text{BC}} = 240 - \frac{5}{13} \times 156 - \frac{3}{5} \times 180 = 72(\text{N})$$

3.28 중력가속도를 g라 하면 물체 A에 연결된 줄에 걸리는 장력은 $m_{\text{A}}g$이다. 두 물체가 평형상태에 있으므로

$$4m_{\text{A}}g = m_{\text{B}}g \quad \therefore \quad \frac{m_{\text{A}}}{m_{\text{B}}} = \frac{1}{4}$$

3.29 $4F = (m_{\text{A}} + m_{\text{B}})g$

$$\therefore \quad F = \frac{1}{4}(m_{\text{A}} + m_{\text{B}})g = \frac{1}{4} \cdot (40 + 10) \cdot 9.8 = 122.5\,(\text{N})$$

3.30 $8T = mg \quad \therefore \quad T = \frac{1}{8}mg = \frac{1}{8} \cdot 40 \cdot (9.8) = 49\,(\text{N})$

3.31 $2m_{\text{B}}g\sin\theta = m_{\text{A}}g \quad \therefore \quad \frac{m_{\text{A}}}{m_{\text{B}}} = 2\sin\theta$

3.32 점 B에 대한 세 힘의 평형을 고려한다. [연습문제 3.6]의 자유물체도 참고.

$$F_{AB} = \frac{\sqrt{3}\,P}{3}, \quad F_{BC} = \frac{2\sqrt{3}\,P}{3}$$

3.33 [정답 : ⑤] : $2F_1 = \frac{W}{4}$, $2F_2 = \frac{W}{2}$, $4F_3 = W$

3.34 $F_{AB} = 2.73\,\text{kN}$, $F_{AC} = 0.72\,\text{kN}$

3.35 • $F_{AC} = 100\sqrt{2} = 141\,(\text{kN})$ (인장력)

• $F_{BC} = \dfrac{F_{AC}}{\sqrt{2}} = 100\,(\text{kN})$ (압축력)

3.36 [정답 : ①] B점에서 힘의 평형을 고려하면 BC부재에 작용하는 힘의 수평성분이 0이므로 BC 부재력의 크기는 0이다.

3.37 [정답 : ④] 물체의 무게는 $W = mg = 3 \times 10 = 30$[N]이고 아래 방향으로 작용한다. 라미의 정리를 적용하면

$$\frac{F}{\sin(90° + 60°)} = \frac{W}{\sin(90° + 30°)} = \frac{T}{\sin(90°)}$$

$$\therefore \; F = \frac{\sin 150°}{\sin 120°} W = \frac{\sqrt{3}}{3} \times 30 = 10\sqrt{3}\,[\text{N}]$$

$$T = \frac{1}{\sin 120°} W = \frac{2\sqrt{3}}{3} \times 30 = 20\sqrt{3}\,[\text{N}]$$

3.38 [정답 : ②] 하나의 줄에 걸리는 장력은 같다는 원칙을 계속 적용하여 자유물체도를 그리면

$(2T + 2T) = 1200\text{kN}$

$$\therefore \; T = \frac{1}{4} \times 1200\text{kN} = 300\text{kN}\,(\text{kN})$$

3.39 [정답 : ③] 강체 구 무게 $W = mg = 10$[N]

$$\sum F_x = 0 \; : \; P - \frac{4}{5}R_B = 0 \;\; \therefore \; R_B = \frac{5}{4}P = \frac{5}{4}(20) = 25[\text{N}]$$

$$\sum F_y = 0 \; : \; R_A - \frac{3}{5}R_B - W = 0 \;\; \therefore \; R_A = \frac{3}{5}R_B + W = \frac{3}{5}(25) + 10 = 25[\text{N}]$$

3.40 [정답 : ②] $T_{AB} = T_{BC} = T$; $\frac{4}{5}T + \frac{4}{5}T = P \quad \therefore \; T = \frac{5}{8}P$

3.41 [정답 : ④] 매끄러운 벽에는 벽면에 수직한 방향으로 반력이 작용한다.

$\frac{3}{5}R_B = 12 \quad \therefore \quad R_B = 20[\text{kN}]$; $R_A = \frac{4}{5}R_B = \frac{4}{5} \times 20 = 16[\text{kN}]$

3.42 [정답 : ④] 그림의 자유물체도에서

$\sum F_y = 0$: $40\sin\beta - 30\sin\alpha = 0 \quad \therefore \quad 4\sin\beta = 3\sin\alpha \quad \cdots ①$

$\sum F_x = 0$: $-40\cos\beta - 30\cos\alpha + 50 = 0 \quad \therefore \quad 4\cos\beta = 5 - 3\cos\alpha \quad \cdots ②$

$①^2 + ②^2$: $16(\sin^2\beta + \cos^2\beta) = 9(\sin^2\alpha + \cos^2\alpha) + 25 - 30\cos\alpha$

$16 = 9 + 25 - 30\cos\alpha \quad \therefore \quad \cos\alpha = \frac{3}{5}$

$\therefore \quad \sin\theta_1 = \sin(\pi - \alpha) = \sin\alpha = \frac{4}{5}$

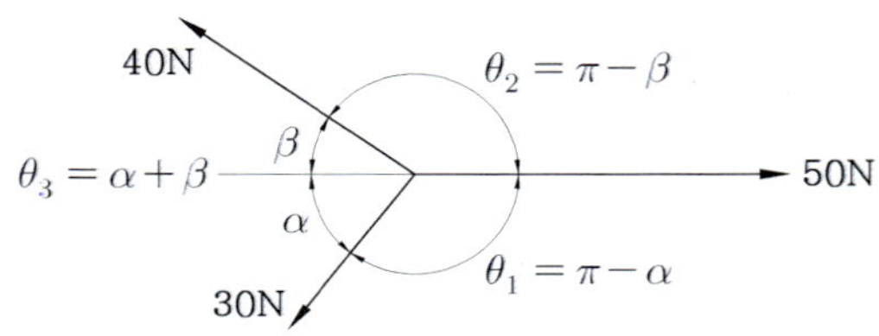

[자유물체도]

3.43 [정답 : ③] $F_{AB}\cos45° + F_{BC}\cos45° = \sqrt{2} \quad \therefore \quad F_{AB} + F_{BC} = 2 \quad \cdots ①$

$F_{AB}\sin45° - F_{BC}\sin45° = 2\sqrt{2} \quad \therefore \quad F_{AB} - F_{BC} = 4 \quad \cdots ②$

①+② : $F_{AB} = 3[\text{kN}]$(인장), $F_{BC} = -1[\text{kN}]$(압축)

4장

4.1 $M_O = Fr\sin60° = 200 \times 0.8\sin60° = 138.6\,(\text{N} \cdot \text{m})$ (↶)

4.2 $M_O = \sum Fr = 400 \times (0.5 + 0.3 + 0.4) - 200 \times (0.5 + 0.3) - 300 \times 0.5$

$= 170\,(\text{N} \cdot \text{m})$ (↶)

4.3 $M_O = \sum Fr\sin\theta = 300\times 1.2\sin30° - 200\times 1.2\sin60°$

$= -27.85\ (\text{N}\cdot\text{m})\ (\curvearrowleft) = 27.85\ (\text{N}\cdot\text{m})\ (\curvearrowright)$

4.4 $M_A = \sum Fr\sin\theta = 200\times 0.8\sin30° + 300\times 0.8\sin70°$

$= 305.5\ (\text{N}\cdot\text{m})\ (\curvearrowright)$

4.5 $M_O = \sum Fr\sin\theta = 300\times(0.5+0.3+0.4)\sin30° - 100\times(0.5+0.3)\sin90°$

$-200\times 0.5\sin60° = 13.4\ (\text{N}\cdot\text{m})\ (\curvearrowleft)$

4.6 $M_A = 2\text{kN}\cdot(5+4\cos30°)\text{m} = 16.93\,\text{kN}\cdot\text{m}\ (\curvearrowright)$

4.7 $M_O = FR\sin(30°) = \frac{1}{2}FR\ (\curvearrowleft)$

4.8 $\vec{F} = 80(-\sin60°\,\vec{i} + \cos60°\,\vec{j}) = -69.28\vec{i} + 40\vec{j}\ (\text{N})$

$M_O = 69.28\times 2 + 40\times 6 = 378.56\ (\text{N}\cdot\text{m})\ (\curvearrowleft)$

4.9 $\vec{F} = 130\left(\frac{12}{13}\vec{i} - \frac{5}{13}\vec{j}\right) = 120\vec{i} - 50\vec{j}\ (\text{N})$

$M_O = 120\times 3 + 50\times 4 = 560\ (\text{N}\cdot\text{m})\ (\curvearrowright)$

4.10 $\vec{F} = 60\left(\frac{3\vec{i} - 5\vec{j}}{\sqrt{3^2+5^2}}\right) = 30.87\vec{i} - 51.45\vec{j}\ (\text{N})$

$M_B = 30.87\times 5 + 51.45\times 3 = 308.7\ (\text{N}\cdot\text{m})\ (\curvearrowright)$

$M_C = 30.87\times 0 + 51.45\times 3 = 154.35\ (\text{N}\cdot\text{m})\ (\curvearrowleft)$

4.11 $M_O = (2\cos45°\cdot 3 - 2\sin45°\cdot 6) - (3\cos30°\cdot 12 + 3\sin30°\cdot 5)$

$= -42.9\ (\text{kN}\cdot\text{m}) = 42.9\ (\text{kN}\cdot\text{m})\ (\curvearrowright)$

4.12 4.12 $M_C = (2\cos45°\cdot 6 - 2\sin45°\cdot 12) - (3\cos30°\cdot 18 + 3\sin30°\cdot 2)$

$= -58.3\ (\text{kN}\cdot\text{m}) = 58.3\ (\text{kN}\cdot\text{m})\ (\curvearrowright)$

4.13 $\vec{P} = P\left(\frac{5}{13}\vec{i} + \frac{12}{13}\vec{j}\right) = P\left(\frac{5}{13}\vec{i} + \frac{12}{13}\vec{j}\right) = 10\vec{i} + 24\vec{j}\ (\text{kN})$

$M_O = (10\cdot 0 + 24\cdot 6) + (14\cos30°\cdot 3 + 14\sin30°\cdot 2)$

$= 194.4\ (\text{kN}\cdot\text{m}) = 194.4\ (\text{kN}\cdot\text{m})\ (\curvearrowleft)$

4.14 $M_C = (10 \cdot 3 + 24 \cdot 2) + (14\cos30° \cdot 6 - 14\sin30° \cdot 2)$

$= 136.7\,(\text{kN} \cdot \text{m}) = 136.7\,(\text{kN} \cdot \text{m})\ (\curvearrowleft)$

4.15 (1) $\vec{F} = 80(-\sin\theta\,\vec{i} + \cos\theta\,\vec{j}) = 80(-\sin30°\,\vec{i} + \cos30°\,\vec{j})$

$= -40\vec{i} + 69.28\,\vec{j}\ (\text{N})$

$M_O = -40 \times 2 + 69.28 \times 3 = 127.84\,(\text{N} \cdot \text{m})\ (\curvearrowleft)$

(2) 힘 F의 작용선이 점 O를 지날 때 팔의 길이가 0이 되어 모멘트가 0이 된다. 따라서

$$\tan\theta = \frac{3}{2} \text{에서 } \theta = \tan^{-1}\left(\frac{3}{2}\right) = 56.31°$$

힘 F의 작용선이 직선 OA와 수직일 때 팔의 길이가 최대가 되어 모멘트가 최대가 된다. 따라서 $\tan\theta = \frac{2}{3}$에서 $\theta = \tan^{-1}\left(\frac{2}{3}\right) = 33.69°$이다. 이때 그림에서 $\vec{F}$의 방향은 우상향(↗)이다.

4.16 [문제 4.15번] (2) 설명 참고 : $\tan\alpha = \frac{0.4}{2}$에서 $\alpha = \tan^{-1}\left(\frac{0.4}{2}\right) = 11.31°$

$\therefore\ \theta = 90° + \alpha = 90° + 11.31° = 101.3°$

4.17 힘 F의 작용선이 점 O를 지날 때 팔의 길이가 0이 되어 모멘트가 0이 된다.

$\tan\theta = \frac{0.4}{2}\quad \therefore\ \theta = \tan^{-1}\left(\frac{0.4}{2}\right) = 11.31°$

4.18 $\vec{F} = 60(\cos60°\,\vec{i} + \sin60°\,\vec{j}) = 30\vec{i} + 51.96\,\vec{j}\ (\text{N})$

(a) $\overrightarrow{r_{C/A}} = -2\cos30°\,\vec{i} + (2 + 2\sin30°)\,\vec{j} = -1.732\,\vec{i} + 3\,\vec{j}\ (\text{N})$

$\overrightarrow{M_A} = \overrightarrow{r_{C/A}} \times \vec{F} = (xF_y - yF_x)\,\vec{k} = (-1.732 \times 51.96 - 3 \times 30)\,\vec{k}\ (\text{N} \cdot \text{m})$

$= -179.99\,\vec{k}\ (\text{N} \cdot \text{m}) = 179.99\,(\text{N} \cdot \text{m})\ (\curvearrowright)$

(b) $\overrightarrow{r_{C/B}} = -2\cos30°\,\vec{i} + 2\sin30°\,\vec{j} = -1.732\,\vec{i} + \vec{j}\ (\text{N})$

$\overrightarrow{M_B} = \overrightarrow{r_{C/B}} \times \vec{F} = (xF_y - yF_x)\,\vec{k} = (-1.732 \times 51.96 - 1 \times 30)\,\vec{k}\ (\text{N} \cdot \text{m})$

$= -119.99\,\vec{k}\ (\text{N} \cdot \text{m}) = 119.99\,(\text{N} \cdot \text{m})\ (\curvearrowright)$

4.19 $x = R\cos(30°) = \frac{\sqrt{3}}{2}R,\ y = R + R\sin(30°) = R + \frac{1}{2}R = \frac{3}{2}R$

$F_x = F\cos(60°) = \frac{1}{2}F\,(\rightarrow),\ F_y = F\sin(60°) = \frac{\sqrt{3}}{2}F\,(\downarrow)$

$\therefore\ M_O = \left(\frac{1}{2}F\right) \cdot \left(\frac{3}{2}R\right) + \left(\frac{\sqrt{3}}{2}F\right) \cdot \left(\frac{\sqrt{3}}{2}R\right) = \frac{3}{2}FR\,(\curvearrowright)$

4.20 $F\cos\theta \cdot (6\sin 30° + 2) - F\sin\theta \cdot (6\cos 30°) = 400$ (↷)

$\therefore\ F = 230.9\,(\text{N})$

4.21 힘 $F = 80\text{N}$을 성분으로 분해하여 모멘트를 구한다.

$F\cos\theta \cdot (6\sin 30° + 2) - F\sin\theta \cdot (6\cos 30°) = 200$ (↷)

$$\cos\theta \cdot (6\sin 30° + 2) - \sin\theta \cdot (6\cos 30°) = \frac{200}{F} = \frac{200}{80} = 2.5$$

$$3\sqrt{3}\sin\theta - 5\cos\theta = -2.5$$

$$2\sqrt{13}\sin(\theta - 43.9°) = -2.5 \quad \left(\leftarrow\ \alpha = \tan^{-1}\left(\frac{-5}{3\sqrt{3}}\right) = -43.9°\right)$$

$$\therefore\ \sin(\theta - 43.9°) = -\frac{2.5}{2\sqrt{13}}$$

$$\therefore\ \theta - 43.9° = \sin^{-1}\left(-\frac{2.5}{2\sqrt{13}}\right) = -20.3°$$

$$\therefore\ \theta = 23.6°$$

4.22 (1) $M_O = 24\ \text{N} \cdot \text{m}$ (↷) (2) $M_A = 24\ \text{N} \cdot \text{m}$ (↷)

4.23 두 힘의 작용선 상의 점 A(2, −2) cm, B(−2, 3) cm를 선택하면

$$\vec{r} = \vec{r_A} - \vec{r_B} = [(2) - (-2)]\vec{i} + [(-2) - (3)]\vec{j} = 4\vec{i} - 5\vec{j}\ (\text{cm})$$

$$\vec{F} = 200 \times \left(\frac{3}{5}\vec{i} + \frac{4}{5}\vec{j}\right) = 120\vec{i} + 160\vec{j}\ (\text{N})$$

$$\therefore\ \vec{M} = \vec{r} \times \vec{F} = (4\vec{i} - 5\vec{j}) \times (120\vec{i} + 160\vec{j}) = (4 \cdot 160 + 5 \cdot 120)\vec{k}$$

$$= 1240\vec{k}\ (\text{N} \cdot \text{cm}) = 1240\,(\text{N} \cdot \text{cm})\ (↶)$$

4.24 (1) $\vec{r} = \vec{r_A} - \vec{r_B} = [(20) - (-55)]\vec{i} + [(40) - (40)]\vec{j} + [(60) - (10)]\vec{k}$

$$= 75\vec{i} + 50\vec{k}\ (\text{cm})$$

(2) $\vec{M} = \vec{r} \times \vec{F} = (75\vec{i} + 50\vec{k}) \times (3\vec{i} - 6\vec{j} + 2\vec{k}) = 300\vec{i} - 450\vec{k}\ (\text{N} \cdot \text{cm})$

4.25 (a) $R = 40\,\text{kN}$ (↓), 작용선 : 15kN의 힘에서 오른쪽으로 2.5m 떨어진 곳

(b) $R = 10\,\text{kN}$ (↑), 작용선 : 30kN의 힘에서 왼쪽으로 8m 떨어진 곳

4.26 (a) $R = 50\,\text{kN}$ (↓), 작용선 : 15kN의 힘에서 오른쪽으로 2.5m 떨어진 곳

(b) $R = 10\,\text{kN}$ (↑), 작용선 : 10kN의 힘에서 왼쪽으로 0.5m 떨어진 곳

4.27 (a) $R = 20\,\text{kN}$ (↓), 작용선 : 20kN의 힘에서 오른쪽으로 0.5m 떨어진 곳

(b) $R = 10\,\text{kN}$ (↑), 작용선 : 20kN의 힘의 작용선과 일치한다.

4.28 $R=20\,\text{N}\,(\downarrow)$, 작용선 : 점 A로부터 왼쪽으로 9.3m 떨어진 곳

4.29 $R=100\,\text{N}\,(\rightarrow)$, 작용선 : 점 A로부터 위로 2m 떨어진 곳

4.30 •힘의 합 : $F_1-F_2-10+20=30\ (\text{kN})$

•점 A에 대한 모멘트 :

$F_1\cdot(2)-F_2\cdot(5)+20\cdot(7)=30\cdot(4)\ (\text{kN}\cdot\text{m})$

두 식을 연립하여 풀면 $F_1=40\,\text{kN}$, $F_2=20\,\text{kN}$

4.31 •합력 : $R=8-4=4\,(\text{kN})\,(\downarrow)$

•작용점 : $R\,x=(-4)\cdot2-30+8\cdot(2+2+2)\quad\therefore\ x=2.5\,(\text{m})$

4.32 •합력 : $\overrightarrow{R}=-25\vec{i}+10\vec{j}\ (\text{kN})$

•작용선 : 원점에 대한 세 힘의 모멘트 합과 합력의 모멘트는 같다. 반시계방향(↶) 모멘트를 양(+)으로 잡는다.

$x\,R_y-y\,R_x=25y+10x=(-10)\cdot2+20\cdot(2+2)+25\cdot2$

$25y+10x=110$

$\therefore\ 5y+2x=22$

$\therefore$ x축과 만나는 점의 x좌표 : $y=0$일 때 $x=\dfrac{22}{2}=11\,(\text{m})$

(합력의 작용선이 x축과 만나는 점의 x좌표는 파이프 밖에 있다.)

4.33 •합력 : $R_x=600\sin60°=520\ (\text{N})$

$R_y=-600-300-300+600\cos60°=-900\ (\text{N})$

$\therefore\ \overrightarrow{R}=R_x\vec{i}+R_y\vec{j}=520\vec{i}-900\vec{j}\ (\text{N})$

•작용선 : 원점(O)으로부터 $\overrightarrow{R}$의 작용선의 어느 한 점까지 연결한 위치벡터를 $\vec{r}=x\vec{i}+y\vec{j}$로 하고, 반시계방향(↶) 모멘트를 양(+)으로 잡으면

$$-900x-520y=(-600)\cdot(1.2)+(-300)\cdot(2.4)+(-300)\cdot(3.1)+600\cos60°\cdot(3.7)+600\sin60°\cdot(1.2)$$

$-900x-520y=-636$

$\therefore\ 225x+130y=159$

$\therefore\ y=0$일 때 $x=\dfrac{159}{225}=0.707\,(\text{m})$

4.34 먼저 힘을 벡터로 표현하면 $\overrightarrow{F_1}=30\vec{i}+100\vec{j}\ (\text{kN})$, $\overrightarrow{F_2}=-100\vec{i}-240\vec{j}\ (\text{kN})$, $\overrightarrow{F_3}=120\vec{i}+160\vec{j}\ (\text{kN})$, $\overrightarrow{F_4}=100\vec{j}\ (\text{kN})$이다.

(1) $R_x=30-100+120+0=50\,(\text{kN})$

$R_y=100-240+160+100=120\,(\text{kN})$

$\therefore\ R=\sqrt{R_x^2+R_y^2}=\sqrt{50^2+120^2}=130\,(\text{kN})$

(2) $\overrightarrow{n_R}=\dfrac{R_x\vec{i}+R_y\vec{j}}{\sqrt{R_x^2+R_y^2}}=\dfrac{50\vec{i}+120\vec{j}}{130}=\dfrac{5}{13}\vec{i}+\dfrac{12}{13}\vec{j}$

(3) 반시계방향(↶) 모멘트를 양(+)으로 잡으면 원점(O)에 대한 네 힘의 모멘트는 다음과 같다.

$100\cdot(1)-30\cdot(1)-100\cdot(0.9)-240\cdot(1)+120\cdot(1)-100\cdot(1)$
$=-240\,(\text{kN}\cdot\text{cm})\ \cdots ①$

$\overrightarrow{R}$의 작용선의 어느 한 점까지 연결한 위치벡터를 $\vec{r}=x\vec{i}+y\vec{j}$로 하면 합력의 원점에 대한 모멘트는

$120x-50y\ (\text{kN}\cdot\text{cm})\ \cdots ②$

이다. ①, ②로부터 작용선의 방정식은 다음과 같다.

$120x-50y=-240$

$\therefore\ 12x-5y=-24$

• x 절편 : $y=0$일 때 $x=-\dfrac{24}{12}=-2[\text{cm}]$

• y 절편 : $x=0$일 때 $y=+\dfrac{24}{5}=+4.8[\text{cm}]$

4.35 $R=20\,\text{N}\,(\leftarrow)$, $\bar{y}=4\,\text{m}$

4.36 •합력 : $R_x=-40+30\sin 30°=-25\ (\text{kN})$

$R_y=-20-30\cos 30°=-46\ (\text{kN})$

$\therefore\ \overrightarrow{R}=R_x\vec{i}+R_y\vec{j}=-25\vec{i}-46\vec{j}\ (\text{kN})$

•작용선 : 원점(O)으로부터 $\overrightarrow{R}$의 작용선의 어느 한 점까지 연결한 위치벡터를 $\vec{r}=x\vec{i}+y\vec{j}$로 하고, 반시계방향(↶) 모멘트를 양(+)으로 잡는다.

$-46x+25y=(40)\cdot(5)-(20)\cdot(9)-30\sin 30°\cdot(5)-30\cos 30°\cdot(9)$

$-46x+25y=-289$

$\therefore\ y=0$일 때 $x=\dfrac{-289}{-46}=6.28\,(\text{m})$

$x=0$일 때 $y=\dfrac{-289}{25}=-11.56\,(\text{m})$

4.37 (1) $\overrightarrow{M_O}=\vec{r}\times\overrightarrow{F}=(7\vec{j})\times(2\vec{i}+3\vec{j}-4\vec{k})=-14\vec{k}-28\vec{i}\ (\text{N}\cdot\text{m})$

(2) $\overrightarrow{M_O}=\vec{r}\times\overrightarrow{F}=\begin{vmatrix}\vec{i} & \vec{j} & \vec{k}\\ -2 & 5 & 1\\ 2 & 3 & -4\end{vmatrix}$

$=[5\cdot(-4)-1\cdot 3]\vec{i}-[(-2)\cdot(-4)-1\cdot 2]\vec{j}+[(-2)\cdot 3-5\cdot 2]\vec{k}$

$=-23\vec{i}-6\vec{j}-16\vec{k}\ (\text{N}\cdot\text{m})$

(3) $\overrightarrow{M_O}=\vec{r}\times\vec{F}=\begin{vmatrix}\vec{i} & \vec{j} & \vec{k}\\ 3 & -2 & 5\\ 2 & 3 & -4\end{vmatrix}$

$=[(-2)\cdot(-4)-5\cdot 3]\vec{i}-[3\cdot(-4)-5\cdot 2]\vec{j}+[3\cdot 3-(-2)\cdot 2]\vec{k}$

$=-7\vec{i}+22\vec{j}+13\vec{k}\ (\text{N}\cdot\text{m})$

4.38 $\vec{r}=3\vec{i}+2\vec{k}\ (\text{m}),\ \vec{F}=F\left(-\frac{3}{5}\vec{i}+\frac{4}{5}\vec{j}\right)=-12\vec{i}+16\vec{j}\ (\text{N})$

$\therefore\ \overrightarrow{M_O}=\vec{r}\times\vec{F}=-32\vec{i}-24\vec{j}+48\vec{k}\ (\text{N}\cdot\text{m})$

4.39 $\vec{F}=F\left(-\frac{4}{5}\vec{i}+\frac{3}{5}\vec{k}\right)=-32\vec{i}+24\vec{k}\ (\text{N}),\ \overrightarrow{r_{A/O}}=4\vec{i}+5\vec{j}\ (\text{m})$

$\therefore\ \overrightarrow{M_O}=\overrightarrow{r_{A/O}}\times\vec{F}=120\vec{i}-96\vec{j}+160\vec{k}\ (\text{N}\cdot\text{m})$

4.40 $\vec{F}=-32\vec{i}+24\vec{k}\ (\text{N}),\ \overrightarrow{r_{A/C}}=5\vec{j}-3\vec{k}\ (\text{m})$

$\therefore\ \overrightarrow{M_O}=\overrightarrow{r_{A/C}}\times\vec{F}=120\vec{i}+96\vec{j}+160\vec{k}\ (\text{N}\cdot\text{m})$

4.41 $\overrightarrow{\text{BA}}=6\vec{i}-6\vec{j}+5\vec{k}\ (\text{m}),\ \vec{F}=-4\vec{i}+2\vec{j}-3\vec{k}\ (\text{N})$

$\overrightarrow{M_B}=\overrightarrow{\text{BA}}\times\vec{F}=\begin{vmatrix}\vec{i} & \vec{j} & \vec{k}\\ 6 & -6 & 5\\ -4 & 2 & -3\end{vmatrix}$

$=[(-6)\cdot(-3)-5\cdot 2]\vec{i}-[(6)\cdot(-3)-5\cdot(-4)]\vec{j}$

$+[6\cdot 2-(-6)\cdot(-4)]\vec{k}$

$=8\vec{i}-2\vec{j}-12\vec{k}\ (\text{N}\cdot\text{m})$

4.42 $\overrightarrow{\text{OA}}=3\vec{i}-4\vec{j}+5\vec{k}\ (\text{m}),\ \vec{F}=-4\vec{i}+2\vec{j}-3\vec{k}\ (\text{N})$

$\overrightarrow{M_O}=\overrightarrow{\text{OA}}\times\vec{F}=\begin{vmatrix}\vec{i} & \vec{j} & \vec{k}\\ 3 & -4 & 5\\ -4 & 2 & -3\end{vmatrix}=2\vec{i}-11\vec{j}-10\vec{k}\ (\text{N}\cdot\text{m})$

4.43 $\vec{F}=\frac{F}{\sqrt{2}}(\vec{j}-\vec{k})$

(1) $\overrightarrow{M_A}=\overrightarrow{r_{F/A}}\times\vec{F}=h(\vec{i}-\vec{j})\times\frac{F}{\sqrt{2}}(\vec{j}-\vec{k})$

$=\frac{Fh}{\sqrt{2}}(\vec{i}\times\vec{j}-\vec{i}\times\vec{k}-\vec{j}\times\vec{j}+\vec{j}\times\vec{k})$

$=\frac{Fh}{\sqrt{2}}(\vec{k}+\vec{j}-0+\vec{i})=\frac{Fh}{\sqrt{2}}(\vec{i}+\vec{j}+\vec{k})$

(2) $\vec{F}$의 작용선이 점 C를 지나므로

$$\overrightarrow{M_B} = \overrightarrow{r_{C/B}} \times \vec{F} = (-h\vec{k}) \times \frac{F}{\sqrt{2}}(\vec{j} - \vec{k}) = -\frac{Fh}{\sqrt{2}}(\vec{k} \times \vec{j} - \vec{k} \times \vec{k})$$

$$= \frac{Fh}{\sqrt{2}}\vec{i}$$

(3) $\vec{F}$의 작용선이 점 C를 지나므로

$$\overrightarrow{M_C} = \overrightarrow{r_{C/C}} \times \vec{F} = 0 \times \vec{F} = 0$$

(4) $\vec{F}$의 작용선이 점 C를 지나므로

$$\overrightarrow{M_D} = \overrightarrow{r_{C/D}} \times \vec{F} = (h\vec{i}) \times \frac{F}{\sqrt{2}}(\vec{j} - \vec{k}) = \frac{Fh}{\sqrt{2}}(\vec{i} \times \vec{j} - \vec{i} \times \vec{k})$$

$$= \frac{Fh}{\sqrt{2}}(\vec{k} + \vec{j}) = \frac{Fh}{\sqrt{2}}(\vec{j} + \vec{k})$$

※ 또는 힘이 점 F에 작용하므로

$$\overrightarrow{M_D} = \overrightarrow{r_{F/D}} \times \vec{F} = h(\vec{i} - \vec{j} + \vec{k}) \times \frac{F}{\sqrt{2}}(\vec{j} - \vec{k})$$

$$= \frac{Fh}{\sqrt{2}}(\vec{i} \times \vec{j} - \vec{i} \times \vec{k} - \vec{j} \times \vec{j} + \vec{j} \times \vec{k} + \vec{k} \times \vec{j} - \vec{k} \times \vec{k})$$

$$= \frac{Fh}{\sqrt{2}}(\vec{k} + \vec{j} - 0 + \vec{i} - \vec{i} - 0) = \frac{Fh}{\sqrt{2}}(\vec{j} + \vec{k})$$

4.44 (1) $\overrightarrow{OA} = 4\vec{i} + 3\vec{j} + \vec{k}$ (m)이므로 $\overrightarrow{OA}$ 방향의 단위벡터

$$\overrightarrow{n_{A/O}} = \frac{1}{\sqrt{4^2 + 3^2 + 1^2}}(4\vec{i} + 3\vec{j} + \vec{k}) = 0.784\vec{i} + 0.588\vec{j} + 0.196\vec{k}$$

$$\therefore\ \vec{F} = F\overrightarrow{n_{A/O}} = 100(0.784\vec{i} + 0.588\vec{j} + 0.196\vec{k}) = 78.4\vec{i} + 58.8\vec{j} + 19.6\vec{k}\ \text{(N)}$$

$\vec{F}$의 x, y, z 스칼라성분은 각각 78.4 N, 58.8 N, 19.6 N이다.

(2) $\vec{F}$의 작용점이 점 O이므로

$$\overrightarrow{M_B} = \overrightarrow{r_{O/B}} \times \vec{F} = (-3\vec{j}) \times (78.4\vec{i} + 58.8\vec{j} + 19.6\vec{k})$$

$$= -(3 \times 78.4\vec{j} \times \vec{i} + 3 \times 58.8\vec{j} \times \vec{j} + 3 \times 19.6\vec{j} \times \vec{k})$$

$$= 235.2\vec{k} + 0 - 58.8\vec{i} = -58.8\vec{i} + 235.2\vec{k}\ \text{(N · m)}$$

4.45 $\overrightarrow{AB} = \vec{i} + 2\vec{j} - 3\vec{k}$ (m)이므로

$$\vec{F} = F\overrightarrow{n_{B/A}} = 4 \times \frac{\vec{i} + 2\vec{j} - 3\vec{k}}{\sqrt{1^2 + 2^2 + (-3)^2}} = 1.069\vec{i} + 2.138\vec{j} - 3.207\vec{k}\ \text{(kN)}$$

$$\overrightarrow{r_{A/O}} = 2\vec{i} + 3\vec{k}\ \text{(m)}$$

$$\overrightarrow{M_O} = \overrightarrow{r_{A/O}} \times \vec{F} = (2\vec{i} + 3\vec{k}) \times (1.069\vec{i} + 2.138\vec{j} - 3.207\vec{k})$$

$$= -6.414\vec{i} + 9.621\vec{j} + 4.276\vec{k}\ \text{(kN · m)}$$

4.46 $\vec{F}=F\left(\dfrac{-3\vec{i}+6\vec{j}+2\vec{k}}{\sqrt{(-3)^2+6^2+2^2}}\right)=-9\vec{i}+18\vec{j}+6\vec{k}$ (kN)

$\overrightarrow{CA}=-9\vec{i}-11\vec{j}+4\vec{k}$ (m)

$$\overrightarrow{M_C}=\overrightarrow{CA}\times\vec{F}=\begin{vmatrix}\vec{i} & \vec{j} & \vec{k}\\ -9 & -11 & 4\\ -9 & 18 & 6\end{vmatrix}$$

$$=[(-11)\cdot 6-4\cdot 18]\vec{i}-[(-9)\cdot 6-4\cdot(-9)]\vec{j}$$

$$+[(-9)\cdot 18-(-11)\cdot(-9)]\vec{k}$$

$$=-138\vec{i}+18\vec{j}-261\vec{k}\ (\text{kN}\cdot\text{m})$$

4.47 $\sum\overrightarrow{M_A}=-190\vec{i}+600\vec{j}$ (N • m)

4.48 $\overrightarrow{n_{BC}}=\dfrac{\overrightarrow{BC}}{\overline{BC}}=\dfrac{6\vec{i}-2\vec{j}-9\vec{k}}{\sqrt{6^2+(-2)^2+(-9)^2}}=\dfrac{1}{11}(6\vec{i}-2\vec{j}-9\vec{k})$

$\therefore\ \vec{F}=F\overrightarrow{n_{BC}}=440\ \overrightarrow{n_{BC}}=240\vec{i}-80\vec{j}-360\vec{k}$ (N)

$\vec{F}$의 작용선이 점 C를 통과한다.

$\overrightarrow{OC}=6\vec{i}+8\vec{j}$ (m)

$\therefore\ \overrightarrow{M_O}=\overrightarrow{OC}\times\vec{F}=-2.88\vec{i}+2.16\vec{j}-2.4\vec{k}$ (kN • m)

4.49 $\overrightarrow{AB}=10\vec{j}$ (m) $\therefore\ \overrightarrow{M_A}=\overrightarrow{AB}\times\vec{F}=-3.6\vec{i}-2.4\vec{k}$ (kN • m)

4.50 $\vec{F}=T\left(\dfrac{2\vec{i}+5\vec{j}-6\vec{k}}{\sqrt{2^2+5^2+(-6)^2}}\right)=0.992\vec{i}+2.481\vec{j}-2.977\vec{k}$ (kN)

$\overrightarrow{OB}=-2\vec{i}+6\vec{k}$ (m)

$$\overrightarrow{M_O}=\overrightarrow{OB}\times\vec{F}=\begin{vmatrix}\vec{i} & \vec{j} & \vec{k}\\ -2 & 0 & 6\\ 0.992 & 2.481 & -2.977\end{vmatrix}$$

$$=[-6\cdot 2.481]\vec{i}-[(-2)\cdot(-2.977)-6\cdot(0.992)]\vec{j}$$

$$+[(-2)\cdot 2.481]\vec{k}$$

$$=-14.89\vec{i}-4.96\vec{k}\ (\text{kN}\cdot\text{m})$$

또는, 힘의 작용선이 점 C를 지나고 $\overrightarrow{OC}=5\vec{j}$ (m)이므로

$$\overrightarrow{M_O}=\overrightarrow{OC}\times\vec{F}=(5\vec{j})\times(0.992\vec{i}+2.481\vec{j}-2.977\vec{k})$$

$$=-14.89\vec{i}-4.96\vec{k}\ (\text{kN}\cdot\text{m})$$

4.51 [정답 : ④] $M_A = Fl\sin\alpha = 2\times5\times\sin45° = 5\sqrt{2}$ [kN • m]

4.52 [정답 : ②] $\overrightarrow{r_{A/O}} = 4\vec{i}+5\vec{j}-2\vec{k}$ (m)

$\overrightarrow{M_O} = \overrightarrow{r_{A/O}}\times\vec{F} = (-15+8)\vec{i}+(-16+12)\vec{j}+(16-40)\vec{k}$

$= -7\vec{i}-4\vec{j}-24\vec{k}$[kN • m]

4.53 [정답 : ①] 합력 $R = 5+3-1+8 = 15$[kN](↓)

합력의 위치를 A점에서 왼쪽으로 x라 하면

$Rx = 8(1)-1(4)+3(8)+5(10) = 78 \quad \therefore\ x = \frac{78}{R} = \frac{78}{15} = 5.2$[m]

4.54 [정답 : ④] $R = 5+10+15+20 = 50$[kN]

$Rx = 5\times2+10\times5+15\times7+20\times9 \quad \therefore\ x = \frac{345}{R} = \frac{345}{50} = 6.9$[m]

4.55 [정답 : ①] $\vec{F} = 100\frac{-8i+6j}{\sqrt{8^2+6^2}} = 20(-4i+3j)$[kN] ; $\overrightarrow{r_{B/A}} = 6k$[m]

$\overrightarrow{M_A} = \overrightarrow{r_{B/A}}\times\vec{F} = 6k\times20(-4i+3j) = -360i-480j$[kN • m]

4.56 [정답 : ②] 합력의 크기 $R_x = 0$, $R_y = W = 30t$ (↓)

$R_y\bar{x} = P_1(6)+W(2)-P_2(3) = 2t(6)+30t(2)-2t(3) = 66t$

$\therefore\ \bar{x} = \frac{66t}{R_y} = \frac{66t}{30t} = 2.2$[m]

5장

반력 $\overrightarrow{A}$의 성분이 A_x, A_y일 때 반력의 크기 $A=\sqrt{A_x^2+A_y^2}$이고 반력의 방향은 $\theta=\tan^{-1}\left(\frac{A_y}{A_x}\right)$를 이용하여 구할 수 있다. 예를 들어 $A_x=4\text{N}$, $A_y=3\text{N}$이면 반력의 크기 $A=\sqrt{4^2+3^2}\text{ N}=5\text{N}$이고, 방향각 $\theta=\tan\left(\frac{3}{4}\right)=36.9°$이다. 이 책의 연습문제 풀이에서는 대부분 반력의 성분을 구하여 그대로 두었다. 성분을 알면 이와 같은 방법으로 반력의 크기와 방향각을 쉽게 구할 수 있다.

5.1 $\sum M_A=0$: $R_B \cdot 10\text{m}-70\text{N}\cdot 2\text{m}-40\text{N}\cdot 5\text{m}-50\text{N}\cdot 7\text{m}=0$

$\therefore\ R_B=69\text{N}$

$\sum F_y=0$: $R_A+R_B-70\text{N}-40\text{N}-50\text{N}=0$ $\therefore\ R_A=91\text{N}$

5.2 $\sum M_A=0$: $B_y\cdot 10\text{m}-40\text{N}\cdot 3\text{m}-80\text{N}\cos60°\cdot 7\text{m}=0$ $\therefore\ B_y=40\text{N}$

$\sum F_x=0$: $A_x-80\text{N}\sin60°=0$ $\therefore\ A_x=40\sqrt{3}\text{N}$

$\sum F_y=0$: $A_y+B_y-40\text{N}-80\text{N}\cos60°=0$ $\therefore\ A_y=40\text{N}$

5.3 $\sum M_A=0$: $T\sin45°\cdot 4-3\cdot 5=0$ $\therefore\ T=5.3\,(\text{kN})$

$\sum F_x=0$: $A_x-T\cos45°=0$ $\therefore\ A_x=3.75\,(\text{kN})$

$\sum F_y=0$: $A_y+T\sin45°-3=0$ $\therefore\ A_y=-0.748\,(\text{kN})=0.748\,(\text{kN})\,(\downarrow)$

5.4 자유물체도는 다음과 같다. 보의 무게 $W=mg$가 보의 중앙에 작용한다.

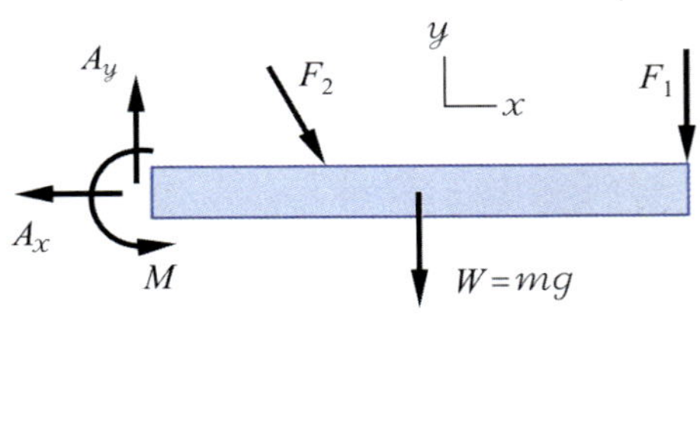

5.5 자유물체도는 다음과 같다.

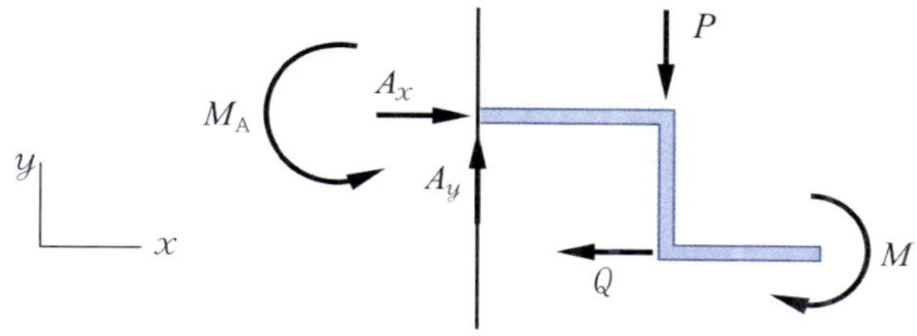

5.6 핀(A)에는 수평성분(A_x)과 수직성분(A_y)을 갖는 반력이 존재하고, 케이블에는 인장력(T)이 작용한다. 그리고 연직 아래 방향(↓)으로 물체의 무게

$$W = mg = 800\text{kg} \times 9.8\text{m/s}^2 = 7840\,\text{N} = 7.84\,\text{kN}$$

이 작용한다. 자유물체도는 다음과 같다.

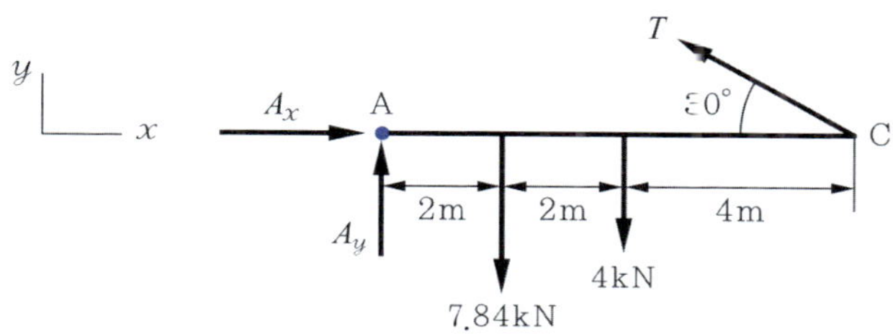

5.7 핀(A)에 작용하는 반력의 성분을 A_x, A_y로 하고 롤러(B)에 작용하는 반력의 크기를 B로 하여 자유물체도를 그리면 다음과 같다. 롤러에는 면에 수직한 방향으로 반력이 존재한다.

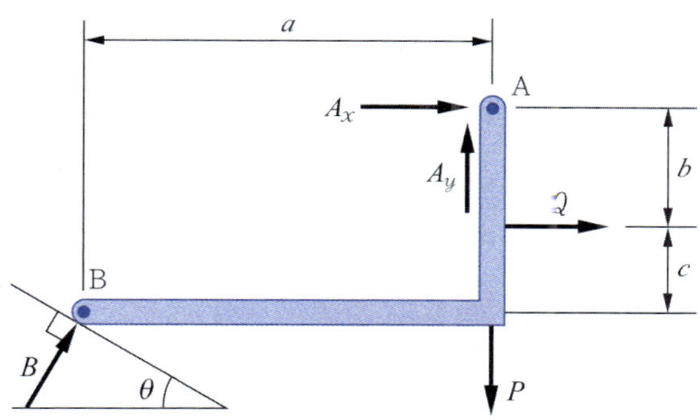

5.8 고정부(A)에 작용하는 반력의 성분을 A_x, A_y로 하고 반력 모멘트를 M으로 하여 자유물체도를 그리면 다음과 같다. 고정부에는 반력의 두 성분과 반력 모멘트가 모두 존재할 수 있다. 여기에서 A_x의 방향을 오른쪽(→)으로 가정해도 무방하다. 계산 결과 음(−)의 값이 나오면 실제 방향은 가정한 것과 반대 방향이라는 것을 염두에 두면 된

다. 여기에서는 인장력(T)의 x성분이 오른쪽(→) 방향이므로 이와 평형을 이루기 위해서 A_x의 방향이 왼쪽(←)이라는 것을 알 수 있다.

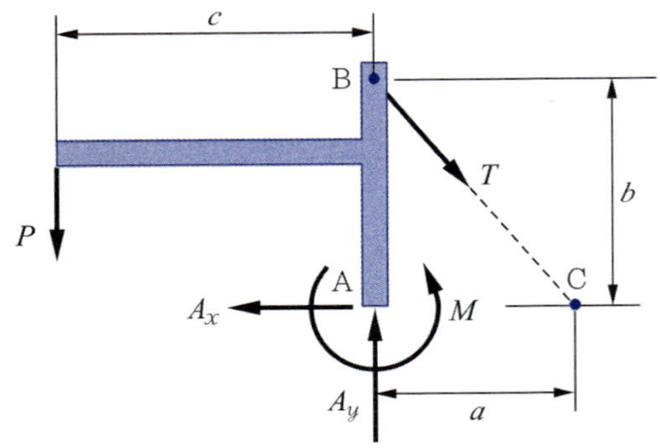

5.9 (1) $\sum M_A = 0$에서 $R_B \times 50 - 10 \times 20 - (10+20) \times 30 = 0 \quad \therefore \; R_B = 22\,(\text{N})$

$\sum F_y = 0$에서 $R_A + R_B - 20 - 30 = 0 \quad \therefore \; R_A = 28\,(\text{N})$

(2) $\sum M_A = 0$에서 $R_B \times 50 - 10 \times 20 - (10+20) \times 30 - \dfrac{50}{2} \times 40 = 0$

$\therefore \; R_B = 42\,(\text{N})$

$\sum F_y = 0$에서 $R_A + R_B - 20 - 30 - 40 = 0 \quad \therefore \; R_A = 48\,(\text{N})$

5.10 고정점 A에 작용하는 반력을 $R_A(\uparrow)$, 모멘트를 $M_A(\curvearrowleft)$로 한다.

A에 작용하는 반력의 수평성분은 0이다.

$R_A = 5 + 4 = 9\,(\text{kN})\,(\uparrow), \quad M_A = 5 \times 1 + 4 \times 2 = 13\,(\text{kN} \cdot \text{m})\,(\curvearrowleft)$

5.11 $\sum M_A = 0 : B \cdot 9 - 300 \cdot 5 - 400\sin 60° \cdot 3 = 0 \quad \therefore \; B = 282.1\,(\text{N})\,(\uparrow)$

$\sum F_x = 0 : A_x + 400\cos 60° = 0 \quad \therefore \; A_x = -200\,(\text{N}) = 200\,(\text{N})\,(\leftarrow)$

$\sum F_y = 0 : A_y - 400\sin 60° - 300 + B = 0 \quad \therefore \; A_y = 364.3\,(\text{N})\,(\uparrow)$

5.12 $\sum F_x = 0 : A_x + 5\cos 60° = 0 \quad \therefore \; A_x = -2.5\,(\text{kN}) = 2.5\,(\text{kN})\,(\leftarrow)$

$\sum F_y = 0 : A_y + 5\sin 60° = 0 \quad \therefore \; A_y = -4.33\,(\text{kN}) = 4.33\,(\text{kN})\,(\downarrow)$

$\sum M_A = 0 : M + 8 + 5\sin 60° \cdot 5 = 0$

$\therefore \; M = -29.7\,(\text{kN} \cdot \text{m}) = 29.7\,(\text{kN} \cdot \text{m})\,(\curvearrowright)$

5.13 $\sum F_x = 0 : A_x = 0$

$\sum F_y = 0 : A_y + 8 - 4 - 7 = 0 \quad \therefore \; A_y = 3\,(\text{kN})\,(\uparrow)$

$\sum M_A = 0 : M + 8 \cdot 2 + 20 - 4 \cdot 3 - 7 \cdot 6 = 0 \quad \therefore \; M = 18\,(\text{kN} \cdot \text{m})\,(\curvearrowleft)$

5.14 $\sum F_x = 0$: $A_x - 5\sin 30° = 0$ ∴ $A_x = 2.5\,(\text{kN})\,(\rightarrow)$

$\sum F_y = 0$: $A_y + 4 - 5\cos 30° = 0$ ∴ $A_y = 0.33\,(\text{kN})\,(\uparrow)$

$\sum M_A = 0$: $M + 4 \cdot 2 + 30 - 5\cos 30° \cdot 8 = 0$

∴ $M = -3.36\,(\text{kN} \cdot \text{m}) = 3.36\,(\text{kN} \cdot \text{m})\,(\curvearrowright)$

5.15 $\sum M_A = 0$: $B \cdot 6 - 300 \cdot 2 - 200\cos 20° \cdot 6 = 0$ ∴ $B = 287.9\,(\text{N})\,(\uparrow)$

$\sum F_x = 0$: $A_x - 200\sin 20° = 0$ ∴ $A_x = 68.4\,(\text{N})\,(\rightarrow)$

$\sum F_y = 0$: $A_y - 300 - 200\cos 20° + B = 0$ ∴ $A_y = 200\,(\text{N})\,(\uparrow)$

5.16 260 kN(↙)의 힘은 100 kN(←)와 240 kN(↓)으로 분해된다.

$\sum M_B = 0$: $A\sin 60° \cdot 9 + A\cos 60° \cdot 2 - 100 \cdot 2 - 400 = 0$

∴ $A = 68.2\,(\text{kN})\,(\nearrow)$

$\sum F_x = 0$: $B_x - 100 + A\cos 60° = 0$ ∴ $B_x = 65.9\,(\text{kN})\,(\rightarrow)$

$\sum F_y = 0$: $B_y - 240 + A\sin 60° = 0$ ∴ $B_y = 180.9\,(\text{kN})\,(\uparrow)$

5.17 핀 A에 작용하는 반력의 x, y 성분을 각각 $A_x(\leftarrow)$, $A_y(\uparrow)$, 롤러 B에 작용하는 반력을 $B(\rightarrow)$로 한다. 점 A에 대한 모멘트 합은 0에서

$B \times 50 - 400\,\text{N}\cos 30° \times 40 - 400\,\text{N}\sin 30° \times 50 = 0$ ∴ $B = 477.1\,\text{N}\,(\rightarrow)$

$\sum F_x = 0$에서 $-A_x + B - 400\text{N}\sin 30° = 0$ ∴ $A_x = 277.1\,\text{N}\,(\leftarrow)$

$\sum F_y = 0$에서 $A_y - 400\text{N}\cos 30° = 0$ ∴ $A_y = 346.4\,\text{N}\,(\uparrow)$

이므로 점 A에 작용하는 반력의 크기 $A = \sqrt{A_x^2 + A_y^2} = 443.6\,\text{N}$이다.

5.18 $\sum M_B = 0$: $T \cdot 6 - 8\cos 30° \cdot 4 = 0$ ∴ $T = 4.62\,(\text{kN})\,(\uparrow)$

$\sum F_x = 0$: $B_x - 8\sin 30° = 0$ ∴ $B_x = 4\,(\text{kN})\,(\rightarrow)$

$\sum F_y = 0$: $B_y - 8\cos 30° + T = 0$ ∴ $B_y = 2.31\,(\text{kN})\,(\uparrow)$

5.19 핀 A에 작용하는 반력의 x, y 성분을 각각 $A_x(\leftarrow)$, $A_y(\uparrow)$, 롤러 B에 작용하는 반력을 $B(\rightarrow)$로 한다. 점 A에 대한 모멘트 합은 0에서

$B \times 1 - 100\,\text{N} \times \sqrt{1^2 - 0.5^2} = 0$ ∴ $B = 86.6\,\text{N}\,(\rightarrow)$

$\sum F_x = 0$에서 $-A_x + B = 0$ ∴ $A_x = 86.6\,\text{N}\,(\leftarrow)$

$\sum F_y = 0$에서 $A_y - 100\text{N} = 0$ ∴ $A_y = 100\,\text{N}\,(\uparrow)$

이므로 점 A에 작용하는 반력의 크기 $A = \sqrt{A_x^2 + A_y^2} = 132.3\,\text{N}$이다.

5.20 로커 A에 작용하는 반력을 $A(\uparrow)$, 핀 B에 작용하는 반력의 x, y 성분을 각각 $B_x(\rightarrow)$, $B_y(\downarrow)$로 한다. 점 B에 대한 모멘트 합은 0에서

$A\times(1+1)\text{m}-200\,\text{N}\times 1\text{m}=0 \quad \therefore \quad A=100\,\text{N}\,(\uparrow)$

$\sum F_x=0$에서 $B_x-200\text{N}=0 \quad \therefore \quad B_x=200\,\text{N}\,(\rightarrow)$

$\sum F_y=0$에서 $A-B_y=0 \quad \therefore \quad B_y=100\,\text{N}\,(\downarrow)$

이므로 점 B에 작용하는 반력의 크기 $B=\sqrt{B_x^2+B_y^2}=223.6\,\text{N}$이다.

5.21 $\sum M_B=0 \ : \ A\cdot 2-50\cdot(5-3)=0 \quad \therefore \quad A=50(\text{kN})\,(\leftarrow)$

$\sum F_x=0 \ : \ B_x-A=0 \quad \therefore \quad B_x=50\,(\text{kN})\,(\rightarrow)$

$\sum F_y=0 \ : \ B_y+50=0 \quad \therefore \quad B_y=-50\,(\text{kN})=50\,(\text{kN})\,(\downarrow)$

5.22 (연습문제 5.8의 자유물체도 참고)

케이블에 의한 인장력은 $\overrightarrow{\text{BC}}$ 방향으로 작용하며, 이 힘을 성분으로 분해하면 $30\left(\frac{1}{\sqrt{2}}\vec{i}-\frac{1}{\sqrt{2}}\vec{j}\right)\text{kN}$이다. 점 A에 작용하는 반력의 x, y 성분을 각각 $A_x(\leftarrow)$, $A_y(\uparrow)$, 모멘트를 $M_A(\curvearrowleft)$라 한다.

$\sum F_x=0$에서 $-A_x+\frac{30}{\sqrt{2}}\text{kN}=0 \quad \therefore \quad A_x=21.21\,\text{kN}\,(\leftarrow)$

$\sum F_y=0$에서 $A_y-10\,\text{kN}-10\text{kN}-\frac{30}{\sqrt{2}}\text{kN}=0 \quad \therefore \quad A_y=41.21\,\text{kN}\,(\uparrow)$

이므로 점 A에 작용하는 반력의 크기 $A=\sqrt{A_x^2+A_y^2}=46.35\,\text{kN}$이다.

점 A에 대한 모멘트 합은 0에서

$M_A+10\text{kN}\times 4\text{m}+10\,\text{kN}\times 2\text{m}-\frac{30}{\sqrt{2}}\text{kN}\times 3\text{m}=0$

$\therefore \quad M_A=3.64\,\text{kN}\cdot\text{m}\,(\curvearrowleft)$

5.23 $\sum M_A=0 \ : \ -3\cdot 2+5\cdot 3-2-B\cos 30°\cdot 7=0 \quad \therefore \quad B=1.15(\text{kN})\,(\swarrow)$

$\sum F_x=0 \ : \ A_x-B\sin 30°=0 \quad \therefore \quad A_x=0.575\,(\text{kN})\,(\rightarrow)$

$\sum F_y=0 \ : \ A_y-3+5-B\cos 30°=0$

$\therefore \quad A_y=-1.00\,(\text{kN})=1.00\,(\text{kN})\,(\downarrow)$

5.24 (a) 점 A에 작용하는 반력을 $A(\leftarrow)$, 점 B에 작용하는 반력의 x, y 성분을 각각 $B_x(\rightarrow)$, $B_y(\uparrow)$라 한다.

점 B에 대한 모멘트 합은 0에서 $-A\times 2a+P\times a=0 \quad \therefore \quad A=\frac{P}{2}$

$\sum F_x=0$에서 $B_x-A=0 \quad \therefore \quad B_x=\frac{P}{2}\,(\rightarrow)$

$\sum F_y = 0$에서 $B_y - P = 0$ ∴ $B_y = P(\uparrow)$

이므로 점 B에 작용하는 반력의 크기 $B = \sqrt{B_x^2 + B_y^2} = \dfrac{\sqrt{5}}{2}P$이다.

(b) 점 A에 작용하는 반력을 A라 하면 x 성분은 $\dfrac{3}{5}A$, y 성분은 $\dfrac{4}{5}A$이다.

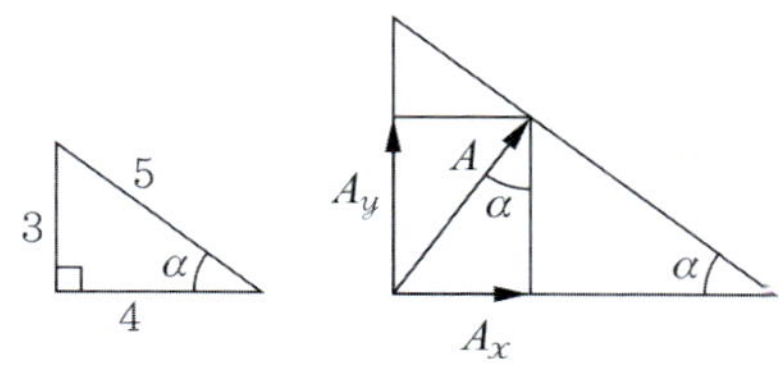

점 B에 작용하는 반력의 x, y 성분을 각각 $B_x(\leftarrow)$, $B_y(\downarrow)$라 한다.

점 B에 대한 모멘트 합은 0에서

$P \times a + \dfrac{3}{5}A \times 2a - \dfrac{4}{5}A \times 2a = 0$ ∴ $A = \dfrac{5}{2}P$

$\sum F_x = 0$에서 $-B_x + \dfrac{3}{5}A = 0$ ∴ $B_x = \dfrac{3P}{2}(\leftarrow)$

$\sum F_y = 0$에서 $-B_y - P + \dfrac{4}{5}A = 0$ ∴ $B_y = P(\downarrow)$

이므로 점 B에 작용하는 반력의 크기 $B = \sqrt{B_x^2 + B_y^2} = \dfrac{\sqrt{13}}{2}P$이다.

5.25 $\sum M_B = 0$: $A\sin45° \cdot 4 - P \cdot 1 = 0$ ∴ $A = 70.7(\text{N})$ (↗)

$\sum M_A = 0$: $B\sin60° \cdot 4 - P \cdot 3 = 0$ ∴ $B = 173.2(\text{N})$ (↖)

5.26 $\sum M_A = 0$: $B \cdot 4 - 300 \cdot 2 - 500 \cdot 0.4 = 0$ ∴ $B = 200(\text{N})$ $(\uparrow)$

$\sum F_x = 0$: $A_x + 500 = 0$ ∴ $A_x = -500\ (\text{N}) = 500\ (\text{N})$ $(\leftarrow)$

$\sum F_y = 0$: $A_y - 300 + B = 0$ ∴ $A_y = 100\ (\text{N})$ $(\uparrow)$

5.27 $\sum M_O = 0$: $M + 400\sin45° \cdot (2 + 2\cos45°) - 400\cos45° \cdot (2\sin45°) = 0$

∴ $M = -565.7\ (\text{N} \cdot \text{m}) = 565.7\ (\text{N} \cdot \text{m})$ (↷)

$\sum F_x = 0$: $A_x + 400\cos45° = 0$ ∴ $A_x = -282.8\ (\text{N}) = 282.8\ (\text{N})$ $(\leftarrow)$

$\sum F_y = 0$: $A_y + 400\sin45° = 0$ ∴ $A_y = -282.8\ (\text{N}) = 282.8\ (\text{N})$ $(\downarrow)$

† $\sum \vec{F} = 0$에서 고정점(O)에 걸리는 힘은 F와 같다. $|\vec{A}| = 400\ (\text{N})$

$\sum \vec{M_O} = 0$에서 팔의 길이를 구하여 F의 모멘트를 구하면

$$M - F \cdot (2\cos45°) = 0$$

∴ $M = 2F\cos45° = 2 \cdot 400\cos45° = 400\sqrt{2}\ (\text{N} \cdot \text{m})$

5.28 $\sum M_A = 0 : -T\cos 45° \cdot 3 + 400 \cdot 2 - 50 \cdot 2 = 0 \quad \therefore \quad T = 330.0\,(\text{N})\,(\nwarrow)$

$\sum F_x = 0 : A_x - T\sin 45° - 50 = 0 \quad \therefore \quad A_x = 283.3\,(\text{N})\,(\rightarrow)$

$\sum F_y = 0 : A_y + T\cos 45° - 400 = 0 \quad \therefore \quad A_y = 166.7\,(\text{N})\,(\uparrow)$

5.29 보의 무게를 보의 중앙에 위치한 크기 4kN의 집중하중으로 하여 자유물체도를 그린다.

$\sum M_A = 0 : T\sin 30° \cdot 6\text{m} - 12\text{kN} \cdot 2\text{m} - 4\text{kN} \cdot 3\text{m} = 0$

$\therefore \quad T = 12\text{kN}\,(\nwarrow)$

$\sum F_x = 0 : A_x - T\cos 30° = 0 \quad \therefore \quad A_x = 6\sqrt{3}\,\text{kN}\,(\rightarrow)$

$\sum F_y = 0 : A_y + T\sin 30° - 12\text{kN} - 4\text{kN} = 0 \quad \therefore \quad A_y = 10\,\text{kN}\,(\uparrow)$

$\therefore \quad R = \sqrt{A_x^2 + A_y^2} = \sqrt{(6\sqrt{3})^2 + 10^2} = 4\sqrt{13}\,(\text{kN})$

5.30 그림의 자유물체도에서 점 A에 대한 모멘트 평형($\sum M_A = 0$)을 적용하면

$R_B \times (1.5 + 1.5) - 20 \times 3 = 0$

$\therefore \quad R_B = 20\,(\text{kN})$

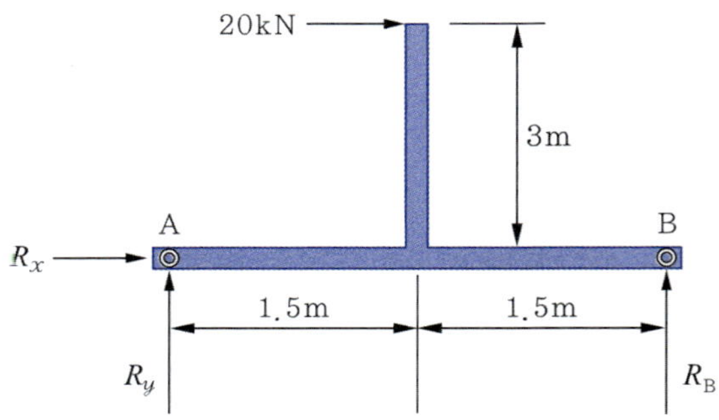

5.31 (연습문제 5.7의 자유물체도 참고)

(a) $\sum M_A = 0 : B \cdot (0.4) - 300 \cdot (0.1) - 300 \cdot (0.2) = 0$

$\therefore \quad B = 225\,(\text{N})(\uparrow)$

$\sum F_x = 0 : -A_x + 300 + 300 = 0 \quad \therefore \quad A_x = 600\,(\text{N})\,(\leftarrow)$

$\sum F_y = 0 : B - A_y = 0 \quad \therefore \quad A_y = 225\,(\text{N})\,(\downarrow)$

(b) $\sum M_A = 0 :$

$B\cos 60° \cdot (0.2) - B\sin 60° \cdot (0.4) + 300 \cdot (0.1) + 300 \cdot (0.2) = 0$

$\therefore \quad B = 365\,(\text{N})(\nearrow)$

$\sum F_x = 0 : -A_x + B\cos 60° + 300 + 300 = 0 \quad \therefore \quad A_x = 783\,(\text{N})\,(\leftarrow)$

$\sum F_y = 0 : -A_y + B\sin 60° = 0 \quad \therefore \quad A_y = 316\,(\text{N})\,(\downarrow)$

5.32 $\sum M_O = 0$: $C_x \cdot R - P \cdot R = 0$ $\therefore$ $C_x = P(\rightarrow)$

$\sum F_x = 0$: $C_x - B\cos 60° = 0$ $\therefore$ $B = 2P$ ($\nwarrow$)

$\sum F_y = 0$: $-C_y + B\sin 60° - P = 0$ $\therefore$ $C_y = (\sqrt{3}-1)P$ ($\downarrow$)

5.33 $C_x = P(\rightarrow)$, $B = \dfrac{2}{\sqrt{3}}P(\nwarrow)$, $C_y = \left(1 - \dfrac{1}{\sqrt{3}}\right)P(\uparrow)$

5.34 $\sum M_A = 0$: $20 \cdot 1 + R_B \cdot 4 - 40 \cdot 5 = 0$ $\therefore$ $R_B = 45$ (kN) ($\uparrow$)

$\sum F_x = 0$: $-20 + A_x = 0$ $\therefore$ $A_x = 20$ (kN) ($\rightarrow$)

$\sum F_y = 0$: $A_y + R_B - 40 = 0$ $\therefore$ $A_y = -5$(kN) $= 5$(kN) ($\downarrow$)

5.35 $\sum M_A = 0$: $-45 \cdot 4 + R_B \cdot 9 = 0$ $\therefore$ $R_B = 20$ (kN) ($\uparrow$)

$\sum F_x = 0$: $45 + A_x = 0$ $\therefore$ $A_x = -45$ (kN) $= 45$(kN) ($\leftarrow$)

$\sum F_y = 0$: $A_y + R_B = 0$ $\therefore$ $A_y = -20$(kN) $= 20$(kN) ($\downarrow$)

5.36 AD와 DE로 보를 분리한다. 먼저 DE에서 D점에 작용하는 힘을 구하고, 이 힘을 AD에 연직 아래 방향으로 작용하는 하중으로 하여 AD의 자유물체도를 그린 후 지점 A, C에서의 반력을 구한다.

$R_A = \dfrac{5}{2}$ kN($\uparrow$), $R_C = \dfrac{5}{2}$kN($\uparrow$), $R_E = 1$kN($\uparrow$) : $R_D = 1$kN

5.37 보를 두 개로 분리한 후 먼저 위의 보에서 두 지점 C, D의 반력을 구한다. 다음에 이 반력을 아래 보에 연직 아래 방향으로 작용하는 하중으로 하여 자유물체도를 그린 후 지점 A, B에서의 반력을 구한다.

$R_A = \dfrac{1}{2}P(\downarrow)$, $R_B = \dfrac{7}{2}P(\uparrow)$: $R_C = 2P$, $R_D = P$

5.38 $\sum F_y = 0$에서 $P + 6 - 3 - 6 = 0$ $\therefore$ $P = 3$ (t)

$\sum M_A = 0$에서 $Px + 6 \times 8 - 6 \times 10 = 0$

$3x - 12 = 0$ $\therefore$ $x = 4$ (m)

5.39 (1) ① 물체에 작용하는 모든 힘의 합이 0이다. $\sum \vec{F} = 0$

② 물체에 작용하는 모든 모멘트 합이 0이다. $\sum \vec{M} = 0$

(2) 보의 무게를 무시하고 자유물체도를 그리면 다음과 같다. 보의 무게를 고려하면 조건에 따라 무게를 표시하면 된다. 예를 들어 균일 보인 경우 반력만을 구하기 위해서는 보 중앙에 연직 아래 방향의 무게 W를 표시한다.

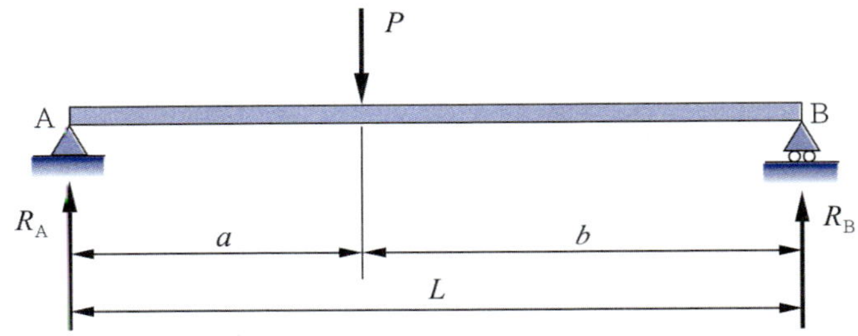

(3) 연직방향 힘의 합이 0이라는 조건($\sum F_y = 0$)에서

$$R_A + R_B - P = 0 \quad \cdots\cdots ①$$

이고, 점 B에 대한 모멘트 합이 0이라는 조건($\sum M_B = 0$)에서

$$R_A \cdot L - P \cdot b + R_B \cdot 0 = 0$$

$$\therefore\ R_A L - Pb = 0 \quad \cdots\cdots ②$$

이다. 식 ①, ②로부터 받침점에서의 반력은 다음과 같이 구해진다.

$$R_A = \frac{b}{L}P,\ R_B = \frac{a}{L}P \quad \cdots\cdots ③$$

5.40 중력가속도를 g로 하면 점 P, Q, R에서 연직 아래 방향으로 작용하는 하중은 각각 $5g$, xg, $2g$이다. 받침대에 대한 모멘트 평형 조건 $\sum M_{(받침대)} = 0$을 적용한다.

$5g \times 2 - xg \times 1 - 2g \times 3 = 0 \quad \therefore\ x = 5 \times 2 - 2 \times 3 = 4$

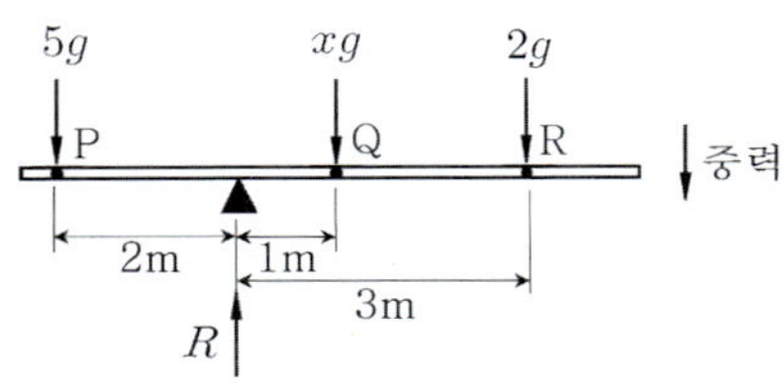

[그림] 자유물체도

5.41 $\sum F_y = 0\ :\ R_A + R_B - 2 - 4 = 0$

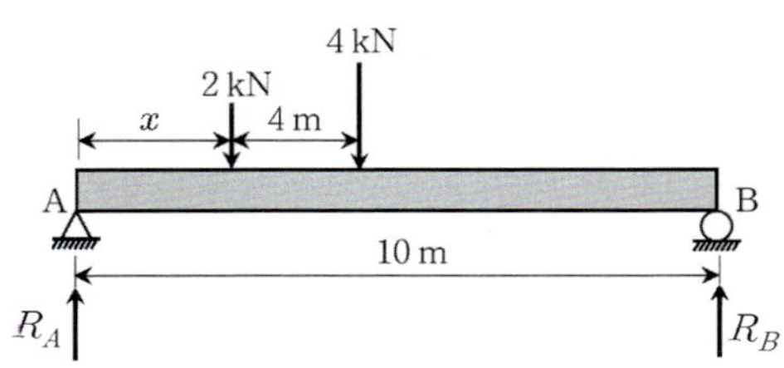

[그림] 자유물체도

$R_A = R_B = R$로 하면 $2R - 2 - 4 = 0 \quad \therefore\ R_A = R_B = \dfrac{2+4}{2} = 3\,(\text{kN})$

$\sum M_A = 0\ :\ 2x + 4(x+4) - R_B \cdot 10 = 0,\quad 6x = R_B \cdot 10 - 4 \cdot 4$

$\therefore\ x = \dfrac{R_B \cdot 10 - 4 \cdot 4}{6} = \dfrac{3 \cdot 10 - 4 \cdot 4}{6} = \dfrac{7}{3} \approx 2.3[\text{m}]$

5.42 P_1이 작용하는 점에 대한 모멘트 평형으로부터 $2R_A + (4 \times 50) - 10R_B = 0$이고 $R_A = 3R_B$이므로 두 식을 연립해 풀면 $R_B = 50(\text{kN})$, $R_A = 150(\text{kN})$이다. 그리고 연직방향으로 힘의 평형을 적용하면

$R_A + R_B - P_1 - 50 = 0 \qquad \therefore\ P_1 = 150(\text{kN})(\downarrow)$

5.43 A점 반력의 성분을 각각 A_x, A_y, 케이블에 걸리는 장력을 T로 하여 자유물체도를 그리면 [그림]과 같다. 여기에서 점 A에 대한 모멘트 평형조건을 적용하면

$m_1 g \times 2 + m_2 g \times 3 - T\sin(30°) \times 4 = 0$

$20 \times 10 \times 2 + 50 \times 10 \times 3 - T\sin(30°) \times 4 = 0$

$\therefore\ T = \dfrac{1}{4\sin(30°)}(20 \times 10 \times 2 + 50 \times 10 \times 3) = 950\,(\text{N})$

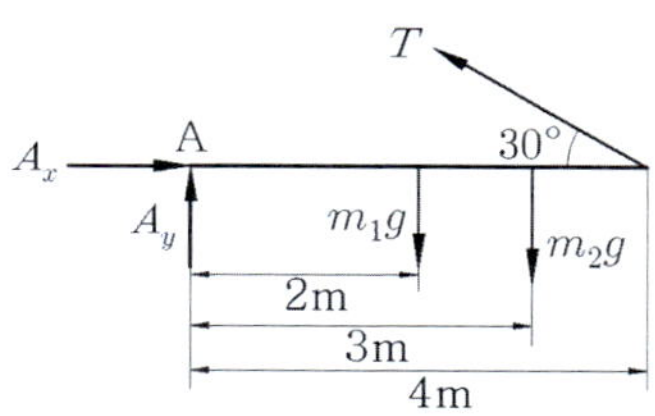

[그림] 자유물체도

수평 방향과 연직 방향 힘의 평형조건을 적용하면

$\sum F_x = 0\ :\ A_x - T\cos30° = 0 \quad \therefore\ A_x = T\cos30° = 950\cos30° = 823\,(\text{N})$

$\sum F_y = 0\ :\ A_y - m_1 g - m_2 g + T\sin30° = 0$

$\therefore\ A_y = (m_1 + m_2)g - T\sin30°\,(\text{N})$

$\qquad = (20+50) \times 10 - 950\sin30° = 225\,(\text{N})$

지점 A에서 반력의 크기 $A = \sqrt{A_x^2 + A_y^2} = \sqrt{823^2 + 225^2} = 853\,(\text{N})$

5.44 [정답 : ①] $\sum M_A = 0\ :\ R_B(2L) + P(L) - P\left(\dfrac{L}{2}\right) - 2P\left(\dfrac{\sqrt{3}}{2}L\right) = 0$

$\therefore\ R_B = \dfrac{1}{2}\left(\sqrt{3} - \dfrac{1}{2}\right)P = \dfrac{1}{2}\left(1.7 - \dfrac{1}{2}\right)P = 0.6P(\uparrow)$

5.45 [정답 : ②] 점 B에 대한 모멘트 평형조건을 적용하면

$$\sum M_B = 0 \ : \ R_A \times \sqrt{4^2+3^2} - 60 \times 7 = 0 \quad \therefore \ R_A = \frac{60 \times 7}{5} = 84[\text{kN}]$$

5.46 [정답 : ③] 정삼각형의 높이는 $3\sqrt{3}$ m이다. 정삼각형의 한 모서리에 대한 모멘트를 계산하면 $M = 1 \times 3\sqrt{3} + 1 \times 3\sqrt{3} = 6\sqrt{3}$ [kN • m]

5.47 [정답 : ②] $\sum M_A = 0 \ : \ B(R + R\cos 30°) - 5R\sin 30° - 5R\cos 60° = 0$

$$B \times \left(\frac{2+\sqrt{3}}{2}\right) = 5 \quad \therefore \ B = \frac{10}{2+\sqrt{3}} = 10(2-\sqrt{3})[\text{kN}]$$

$$\sum F_x = 0 : \ A_x + 5 - B\sin 30° = 0 \quad \therefore \ A_x = 5(2-\sqrt{3}) - 5 = 5(1-\sqrt{3})[\text{kN}]$$

5.48 [정답 : ④] 아래 힌지점에 대한 모멘트 평형조건을 적용한다.

$$T\sin 30° \times 1 - 100 \times 1 - 200 \times 2 = 0 \quad \therefore \ T = 1000[\text{N}]$$

5.49 [정답 : ②] $\sum M_D = 0$

$$R_B(6) + 10 - 50 - 40 - (10 \times 2)(7) - \frac{10 \times 3}{2}(1) + 20(2) = 0$$

$$\therefore \ R_B = 32.5[\text{kN}]$$

6장

※ 자유물체도를 생략하였지만 풀이 과정을 보면 자유물체도가 어떻게 구성되었는지 알 수 있을 것으로 생각한다. 그러나 먼저 혼자의 힘으로 자유물체도를 그려서 정답을 구해본 후 풀이를 보도록 한다.

6.1
- 절점 C : 힘의 삼각형에서 $F_{AC} = 400\text{N}(\text{T})$, $F_{BC} = 400\text{N}(\text{C})$
- 절점 B : 힘의 삼각형에서 $F_{AB} = F_{BC}\cos 60° = 200\text{N}(\text{T})$

6.2
- 절점 B : 라미의 정리를 이용한다. $\dfrac{40}{\sin 90°} = \dfrac{F_{AB}}{\sin 150°} = \dfrac{F_{BC}}{\sin 120°}$

  $\therefore \ F_{AB} = 20\text{N}(\text{C})$, $F_{BC} = 20\sqrt{3}\,\text{N}(\text{C})$
- 절점 C : 힘의 삼각형에서 $F_{AC} = F_{BC}\cos 60° = 10\sqrt{3}\,\text{N}(\text{T})$

6.3 반력 $A=15\text{N}(\uparrow)$, $D=15\text{N}(\uparrow)$

- 절점 A : 힘의 삼각형에서 $F_{AB}=15\sqrt{5}\,\text{N(C)}$, $F_{AC}=30\text{N(T)}$
- 절점 C : 부재 AC, CD가 일직선상에 있으므로 $F_{BC}=0$이다.
- 구조물의 대칭성에 의해 $F_{BD}=F_{AB}=15\sqrt{5}\,\text{N(C)}$, $F_{CD}=F_{AC}=30\text{N(T)}$

6.4 반력 $B=8\,\text{kN}(\rightarrow)$, $A_x=8\text{kN}(\leftarrow)$, $A_y=4\text{kN}(\uparrow)$

- 절점 A : $F_{AB}=4\text{kN(T)}$, $F_{AC}=8\text{kN(T)}$
- 절점 B : $F_{BC}=4\sqrt{2}\,\text{kN(C)}$, $F_{BD}=4\text{kN(C)}$
- 절점 D : 힘의 삼각형에서 $F_{CD}=4\sqrt{2}\,\text{kN(T)}$

6.5 반력 $A_x=40\text{N}(\rightarrow)$, $A_y=15\text{N}(\uparrow)$, $D=45\text{N}(\uparrow)$

- 절점 A, D, C 순서로 계산한다.
  $F_{AB}=40\text{N(C)}$, $F_{AC}=15\text{N(T)}$, $F_{BD}=75\text{N(C)}$,
  $F_{CD}=60\text{N(T)}$, $F_{BC}=25\text{N(C)}$

6.6
- 절점 B : 힘의 삼각형에서 $F_{AB}=15\text{N(T)}$, $F_{BC}=15\sqrt{5}\,\text{N(C)}$
- 절점 C : 힘의 삼각형에서 $F_{AC}=30\sqrt{5}\,\text{N(T)}$, $F_{CD}=75\text{N(C)}$
  (삼각형 △ABC에서 $\overline{AC}=2\sqrt{5}\,\text{m}$, $\overline{BC}=\sqrt{5}\,\text{m}$이다.)
- 절점 D : 반력 $D=75\text{N}(\rightarrow)$이고 반력과 부재 DC가 일직선상에 있으므로 AD 부재에 작용하는 힘 $F_{AD}=0$이다.

6.7 반력 $A=200\,\text{N}(\uparrow)$, $E_x=400\text{N}(\rightarrow)$, $E_y=200\text{N}(\downarrow)$

- 절점 A : 힘의 삼각형에서 $F_{AB}=200\sqrt{2}\,\text{N(C)}$, $F_{AC}=200\text{N(T)}$
- 절점 B : 힘의 삼각형에서 $F_{BC}=200\text{N(T)}$, $F_{BD}=200\text{N(C)}$
- 절점 C : $\sum F_y=0$에서 $F_{CD}=200\sqrt{2}\,\text{N(C)}$,
  $\sum F_x=0$에서 $F_{CE}=400\text{N(T)}$
- 절점 E : $\sum F_y=0$에서 $F_{DE}=200\text{N(T)}$

6.8 반력 $E=20\,\text{N}(\uparrow)$, $A_x=60\text{N}(\leftarrow)$, $A_y=20\text{N}(\downarrow)$

- 절점 E : 힘의 삼각형에서 $F_{CE}=15\text{N(T)}$, $F_{DE}=25\text{N(C)}$
- 절점 D : $\sum F_y=0$에서 $F_{CD}=25\text{N(T)}$
  $\sum F_x=0$에서 $F_{BD}=30\text{N(T)}$
- 절점 C : $\sum F_y=0$에서 $F_{BC}=25\text{N(C)}$,
  $\sum F_x=0$에서 $F_{AC}=45\text{N(T)}$

• 절점 A : $\sum F_y = 0$에서 $F_{AB} = 25\text{N}(\text{T})$,

6.9 케이블 DE에 걸리는 인장력 : $T \cdot L - 40 \cdot L - 20 \cdot 2L = 0$

$\therefore \ T = 80\text{N}(\nearrow)$

$\sum F_x = 0$ 에서 $E_x = 69.3\text{N}(\leftarrow)$, $\sum F_y = 0$에서 $E_y = 20\text{N}(\uparrow)$

• 절점 A : 힘의 삼각형에서 $F_{AB} = \dfrac{20}{\sin 60°} = 23.1(\text{N})(\text{T})$

$F_{AC} = \dfrac{20}{\tan 60°} = 11.5(\text{N})(\text{C})$

• 절점 B : 힘의 삼각형에서 $F_{BD} = F_{AB} = 23.1\text{N}(\text{T})$, $F_{BC} = 23.1\text{N}(\text{C})$

• 절점 C : $\sum F_y = 0$에서 $F_{CD}\sin 60° - 23.1\sin 60° - 40 = 0$

$\therefore \ F_{CD} = 69.3\text{N}(\text{T})$

$\sum F_x = 0$에서 $11.5 + F_{CD}\cos 60° + 23.1\cos 60° - F_{CF} = 0$

$\therefore \ F_{CF} = 57.7\text{N}(\text{C})$

• 절점 F : $\sum F_y = 0$에서 $F_{DF}\sin 60° - 20 = 0 \ \therefore \ F_{DF} = 23.1\text{N}(\text{C})$

6.10 반력 $C = 1000\text{N}(\uparrow)$, $A_x = 0$, $A_y = 700\text{N}(\downarrow)$

• 절점 A : 힘의 삼각형에서 $F_{AB} = 525\text{N}(\text{T})$, $F_{AC} = 875\text{N}(\text{C})$

• 절점 E : 힘의 삼각형에서 $F_{DE} = 250\text{N}(\text{C})$, $F_{BE} = 150\text{N}(\text{T})$

• 절점 D : 힘의 삼각형에서 $F_{BD} = 250\text{N}(\text{T})$, $F_{CD} = 300\text{N}(\text{C})$

• 절점 C : $\sum F_x = 875 \times \dfrac{3}{5} - 300 - F_{BC} \times \dfrac{3}{5} = 0 \ \therefore \ F_{BC} = 375\text{N}(\text{C})$

6.11 반력 $F = 40\text{N}(\uparrow)$, $A_x = 0$, $A_y = 50\text{N}(\uparrow)$

• 절점 A : 힘의 삼각형에서 $F_{AB} = 50\sqrt{2}\,\text{N}(\text{C})$, $F_{AC} = 50\text{N}(\text{T})$

• 절점 C : $F_{CD} = 50\text{N}(\text{T})$, $F_{BC} = 60\text{N}(\text{T})$

• 절점 F : 힘의 삼각형에서 $F_{DF} = 40\text{N}(\text{T})$, $F_{EF} = 40\sqrt{2}\,\text{N}(\text{C})$

• 절점 E : 힘의 삼각형에서 $F_{BE} = 40\text{N}(\text{C})$, $F_{DE} = 40\text{N}(\text{T})$

• 절점 D : $\sum F_x = F_{BD}\cos 45° - 50 + 40 = 0 \ \therefore \ F_{BD} = 10\sqrt{2}(\text{C})$

• 절점 B : (계산 결과 검산) $\sum F_x = 0$, $\sum F_y = 0$을 모두 만족한다.

6.12 절점 C에서 CE가 무력부재임을 알 수 있다. 따라서 E점에서 BE도 무력부재가 된다.

$\overline{BF} = 2\text{m}$, $\overline{CE} = 1\text{m}$ 이다.

반력 $G = 20\text{kN}(\rightarrow)$, $A_x = 20\text{kN}(\leftarrow)$, $A_y = 14\text{kN}(\uparrow)$

• 절점 D : 힘의 삼각형에서 $F_{CD} = 16\text{kN}(\text{T})$, $F_{DE} = 8\sqrt{5}\,\text{kN}(\text{C})$

• 절점 C : $F_{CE} = 0$, $F_{BC} = F_{CD} = 16\text{kN}(\text{T})$

• 절점 E : $F_{BE}=0$, $F_{EF}=F_{DE}=8\sqrt{5}\,\text{kN(C)}$

• 절점 B : $F_{BF}=6\,\text{kN(C)}$, $F_{AB}=F_{BC}=16\text{kN(T)}$

• 절점 A : $F_{AF}\cos 45°=4\text{kN}\quad\therefore\ F_{AF}=4\sqrt{2}\,\text{kN(T)}$

$F_{AG}+F_{AF}\sin 45°=14\quad\therefore\ F_{AG}=10\text{kN (T)}$

• 절점 G : 힘의 삼각형에서 $F_{FG}=\sqrt{10^2+20^2}=10\sqrt{5}\,\text{kN(C)}$

6.13 (1) 전체 자유물체도에서 A점의 반력을 구한다.

$\sum M_E=0$: $R_A\cdot 12-4\cdot 9-8\cdot 6-4\cdot 3=0\quad\therefore\ R_A=8\,(\text{kN})$

(A점) y 방향 힘 평형 : $\frac{4}{5}F_{AH}=8\quad\therefore\ F_{AH}=10\,(\text{kN})\,(\text{C})$

(2) (B점) y 방향 힘 평형 : $F_{BH}=P_1\quad\therefore\ F_{BH}=4\,(\text{kN})\,(\text{T})$

(3) (H점) y 방향 힘 평형 : $\frac{4}{5}F_{CH}=\frac{4}{5}\cdot 10-4\quad\therefore\ F_{CH}=5\,(\text{kN})\,(\text{T})$

(4) (H점) x 방향 힘 평형 : $F_{HG}=\frac{3}{5}\cdot 10+\frac{3}{5}\cdot 5\quad\therefore\ F_{HG}=9\,(\text{kN})\,(\text{C})$

6.14 전체 자유물체도에서 A점의 반력을 구한다.

$\sum M_C=0$: $R_A\cdot 12-2\cdot 9-4\cdot 6-2\cdot 3=0\quad\therefore\ R_A=4\,(\text{kN})$

(절점 A) y 방향 힘 평형 : $\frac{4}{5}F_{AD}=4\quad\therefore\ F_{AD}=5\,(\text{kN})\,(-)$

x 방향 힘 평형 : $F_{AB}=\frac{3}{5}F_{AD}\quad\therefore\ F_{AB}=3\,(\text{kN})\,(+)$

6.15 반력 : $\sum M_A=0$에서 $E_y=40\,\text{N}(\uparrow)$

절단된 트러스의 오른쪽 부분을 고려한다.

$\sum M_C=0$: $40\cdot 6+F_{BD}\cdot 4-120\cdot 4=0\quad\therefore\ F_{BD}=60\,\text{N(T)}$

$\sum M_D=0$: $40\cdot 3-F_{CE}\cdot 4=0\quad\therefore\ F_{CE}=30\,\text{N(T)}$

$\sum F_y=0$: $40-\frac{4}{5}F_{CD}=0\quad\therefore\ F_{CD}=50\,\text{N(T)}$

6.16 반력 : $\sum M_A=0$에서 $D_y=240\,\text{N}(\uparrow)$

절단된 트러스의 오른쪽 부분을 고려한다.

$\sum M_C=0$: $240\cdot 4-F_{EF}\cdot 3=0\quad\therefore\ F_{EF}=320\,\text{N(C)}$

$\sum M_F=0$: $240\cdot 10-280\cdot 6-F_{BC}\cdot 3=0\quad\therefore\ F_{BC}=240\,\text{N(T)}$

$\sum F_y=0$: $\frac{1}{\sqrt{5}}F_{CF}-280+240=0\quad\therefore\ F_{CF}=40\sqrt{5}\,\text{N(T)}$

6.17 절단된 트러스의 오른쪽 부분을 고려한다.

$\sum M_H = 0$: $F_{CD} \cdot 4 - 480 \cdot 6 = 0$ ∴ $F_{CD} = 720\,\text{N(C)}$

$\sum M_C = 0$: $F_{HI} \cdot 4 - 480 \cdot 9 - 120 \cdot 3 = 0$ ∴ $F_{HI} = 1170\,\text{N(T)}$

$\sum F_y = 0$: $\frac{4}{5}F_{CH} - 480 - 120 = 0$ ∴ $F_{CH} = 750\,\text{N(C)}$

6.18 반력 : $\sum M_A = 0$에서 $D_y = 320\,\text{N}(\uparrow)$

$A_x = 270\,\text{N}(\leftarrow)$, $A_y = 40\,\text{N}(\uparrow)$

(1) 절단된 트러스의 왼쪽 부분을 고려한다.

$\sum M_A = 0$: $F_{HI} \cdot 4 - 90 \cdot 4 = 0$ ∴ $F_{HI} = 90\,\text{N(C)}$

$\sum M_H = 0$: $F_{AB} \cdot 4 - 270 \cdot 4 - 40 \cdot 3 = 0$ ∴ $F_{AB} = 300\,\text{N(T)}$

$\sum F_y = 0$: $40 - \frac{4}{5}F_{AH} = 0$ ∴ $F_{AH} = 50\,\text{N(C)}$

(2) 절단된 트러스의 오른쪽 부분을 고려한다.

$\sum M_D = 0$: $F_{FG} \cdot 4 - 180 \cdot 4 = 0$ ∴ $F_{HI} = 180\,\text{N(T)}$

6.19 반력 : $\sum M_A = 0$에서 $E_y = 185\,\text{N}(\uparrow)$

절단된 트러스의 오른쪽 부분을 고려한다.

$\sum F_y = 0$: $185 - 40 - \frac{3}{\sqrt{13}}F_{CH} = 0$ ∴ $F_{CH} = \frac{145}{3}\sqrt{13}\,\text{N(T)}$

6.20 반력 : $\sum M_A = 0$에서 $E_y = 170\,\text{N}(\uparrow)$

$A_x = 240\,\text{N}(\leftarrow)$, $A_y = 10\,\text{N}(\downarrow)$

절단된 트러스의 왼쪽 부분을 고려한다.

$\sum M_A = 0$: $-F_{KJ} \cdot 3 + 120 \cdot 3 = 0$ ∴ $F_{KJ} = 120\,\text{N(T)}$

$\sum M_J = 0$: $F_{AB} \cdot 3 - 240 \cdot 3 + 10 \cdot 2 = 0$ ∴ $F_{AB} = \frac{700}{3}\,\text{N(T)}$

$\sum F_y = 0$: $10 - \frac{3}{\sqrt{13}}F_{AJ} = 0$ ∴ $F_{AJ} = \frac{10}{3}\sqrt{13}\,\text{N(T)}$

6.21 절단된 트러스의 오른쪽 부분을 고려한다.

$\sum M_E = 0$: $F_{BC} \cdot 1 - 8 \cdot 2 = 0$ ∴ $F_{BC} = 16\,\text{kN(T)}$

$\sum M_D = 0$: $6 \cdot 2 - \frac{2}{\sqrt{5}}F_{BE} \cdot 1 - \frac{1}{\sqrt{5}}F_{BE} \cdot 2 = 0$

∴ $F_{BE} = 3\sqrt{5}\,\text{kN(T)}$

$\sum F_x = 0$: $\frac{2}{\sqrt{5}}F_{EF} - F_{BC} - \frac{2}{\sqrt{5}}F_{BE} = 0$ ∴ $F_{EF} = 11\sqrt{5}\,\text{kN(C)}$

6.22 반력 $G_x = 28\,\text{kN}(\rightarrow)$, $A_x = 28\,\text{kN}(\leftarrow)$, $A_y = 20\,\text{kN}(\uparrow)$

절단된 트러스의 왼쪽부분을 고려한다.

$$\sum M_A = 0 \;:\; 28 \cdot 3 - \frac{2}{\sqrt{5}} F_{FG} \cdot 3 = 0 \quad \therefore\; F_{FG} = 14\sqrt{5}\,\text{kN(C)}$$

$$\sum M_F = 0 \;:\; 28 \cdot 2 + 28 \cdot 1 - F_{AB} \cdot 2 - 20 \cdot 2 = 0 \quad \therefore\; F_{AB} = 22\,\text{kN(T)}$$

$$\sum F_y = 0 \;:\; 20 - \frac{1}{\sqrt{5}} F_{FG} - \frac{1}{\sqrt{2}} F_{AF} = 0 \quad \therefore\; F_{AF} = 6\sqrt{2}\,\text{kN(T)}$$

6.23 전체 트러스의 자유물체도에서 반력을 구한다.

$\sum M_A = 0$에서 $K_x = 540\,\text{N}(\rightarrow)$

$A_x = 540\,\text{N}(\leftarrow)$, $A_y = 480\,\text{N}(\uparrow)$

X－X 선을 따라 절단한 후 트러스의 위 부분을 고려한다.

•부재 AJ : $\sum M_F = 0$를 적용하면 F_{AJ}를 제외한 미지력의 고멘트는 모두 0이 된다.

$$F_{AJ} \cdot 12 + 540 \cdot 4 - 480 \cdot 12 = 0 \quad \therefore\; F_{AJ} = 300\text{N(T)}$$

•부재 EF : $\sum M_J = 0$를 적용하면 F_{EF}를 제외한 미지력의 모멘트는 모두 0이 된다.

$$-F_{EF} \cdot 12 + 540 \cdot 4 = 0 \quad \therefore\; F_{EF} = 180\text{N(T)}$$

6.24 반력 : $\sum M_A = 0$에서 $K_x = 240\,\text{N}(\rightarrow)$

$A_x = 240\,\text{N}(\leftarrow)$, $A_y = 320\,\text{N}(\uparrow)$

$$\sum M_F = 0 \;:\; F_{AJ} \cdot 12 + 240 \cdot 4 - 320 \cdot 12 = 0 \quad \therefore\; F_{AJ} = 240\text{N(T)}$$

$$\sum M_J = 0 \;:\; -F_{EF} \cdot 12 + 240 \cdot 4 = 0 \quad \therefore\; F_{EF} = 80\text{N(T)}$$

6.25 반력 : $\sum M_A = 0$에서 $E_y = 400\,\text{N}(\uparrow)$

(1) 선 a를 따라 절단한 후 오른쪽 부분을 고려한다.

여기에서 점 C에 대한 모멘트를 취하면 부재 BC, CH, CG에 의한 모멘트는 0이 된다.

$$\sum M_C = 0 \;:\; 400 \cdot 4 - 400 \cdot 2 - \frac{2}{\sqrt{5}} F_{FG} \cdot 1 - \frac{1}{\sqrt{5}} F_{FG} \cdot 2 = 0$$

$$\therefore\; F_{FG} = 200\sqrt{5}\,\text{N(C)}$$

(2) 선 b를 따라 절단하여 점 G에 대한 힘의 평형을 고려한다.

$\sum F_x = 0$에서 $F_{GH} = F_{FG} = 200\sqrt{5}\,\text{N(C)}$

$$\sum F_y = 0 \;:\; \frac{1}{\sqrt{5}} F_{FG} + \frac{1}{\sqrt{5}} F_{GH} - 100 - F_{CG} = 0 \quad \therefore\; F_{CG} = 300\text{N(T)}$$

6.26 반력 : $\sum M_A = 0$에서 $G_y = 28\,\text{kN}(\uparrow)$

$A_x = 0,\ A_y = 44\,\text{kN}(\uparrow)$

(1) 선 a를 따라 절단된 트러스의 왼쪽 부분을 고려한다.

$\sum M_K = 0\ :\ F_{CD} \cdot 2 + 24 \cdot 2 - 44 \cdot 4 = 0\ \ \therefore\ F_{CD} = 64\,\text{kN}(\text{T})$

$\sum M_D = 0\ :$

$$\frac{1}{\sqrt{5}}F_{JK} \cdot 2 + \frac{2}{\sqrt{5}}F_{JK} \cdot 2 + 24 \cdot 2 + 24 \cdot 4 - 44 \cdot 6 = 0$$

$\therefore\ F_{JK} = 20\sqrt{5}\,\text{kN}(\text{C})$

$$\sum F_x = 0\ :\ -\frac{2}{\sqrt{5}}F_{JK} - \frac{1}{\sqrt{2}}F_{DK} + F_{CD} = 0\ \ \therefore\ F_{DK} = 24\sqrt{2}\,\text{kN}(\text{C})$$

(2) 선 b를 따라 절단한 후 점 J에서의 힘의 평형을 고려한다.

$F_{JK} = 20\sqrt{5}\,\text{kN}(\text{C})$이므로 $F_{IJ} = 20\sqrt{5}\,\text{kN}(\text{C})$이다.

따라서 y방향 힘의 평형을 고려하면

$$F_{DJ} = \frac{1}{\sqrt{5}}F_{JK} + \frac{1}{\sqrt{5}}F_{IJ} = 40\,\text{kN}(\text{T})$$

6.27 $R_A = 10\,\text{kN},\ R_B = 10\,\text{kN}$, CF 부재력$= -\dfrac{15}{2}\,\text{kN}$, CE 부재력$= -\dfrac{5}{2}\,\text{kN}$

전체 자유물체도에서 반력을 구하고 부재 CF, CE, AE를 자르는 단면을 설정하여 부재력을 구한다. E점과 A점에 대한 모멘트 평형 조건으로부터 CF와 CE의 부재력을 곧바로 계산할 수 있다.

6.28 (CE 부재력 : -5kN), (DF 부재력 : $+12$kN)

6.29 전체 자유물체도에서 A점의 반력을 구한다.

$\sum M_C = 0\ :\ R_A \cdot 16 - 30 \cdot 12 - 30 \cdot 4 = 0\ \ \therefore\ R_A = 30\,(\text{kN})$

(절점 A) y 방향 힘 평형 : $\dfrac{3}{5}F_{AE} = 30\quad \therefore\ F_{AE} = 50\,(\text{kN})\,(\text{C})$

$$\therefore\ A = \frac{F_{AE}}{\sigma} = \frac{50 \times 10^3\text{N}}{500\text{N/cm}^2} = 100\,\text{cm}^2$$

6.30 $F_{AB} = 40\,\text{kN}$(인장), $F_{AL} = 50\,\text{kN}$(압축)

6.31 [정답 : ①]

ㄴ. AB 부재는 25N의 압축력을 받는다.

ㄹ. BD 부재는 힘을 받지 않는다(무력부재이다).

6.32 [정답 : ①] 좌우 대칭이므로 $R_A = \frac{1}{2}(6+6+6) = 9$[kN]. 그림에서

$\sum M_C = 0$: $U(4) + R_A(6) - 6(3) = 0$ ∴ $U = -9$[kN](압축)

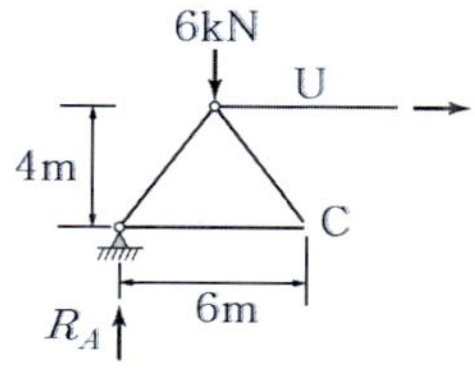

6.33 [정답 : ④] 중앙에 대해 좌우 대칭이므로 반력 $R_A = R_E = 3P/2$ 이다. BC, BG, HG를 자르고 왼쪽 부분을 고려한다. 점 G에 대한 모멘트 평형조건을 적용하면

$F_{BC}\left(L + \frac{L}{2}\right) - P(L) + R_A(2L) = 0$ ∴ $F_{BC} = -\frac{4P}{3}$(압축)

6.34 [정답 : ③] 전체 트러스에서 B점에 대한 모멘트 평형조건을 적용하면

$R_A(8) - 12(8) - 12(4) = 0$ ∴ $R_A = 18$[kN]

CD, CB, AB를 자르고 왼쪽 부분을 고려한다. 점 A에 대한 모멘트 평형조건을 적용하면

$12(4) + \frac{4}{5}F_{CB}(3) + \frac{3}{5}F_{CB}(4) = 0$ ∴ $F_{CB} = -10$(압축)

6.35 [정답 : ①] 좌우 대칭이므로 $R_A = \frac{1}{2}(8+8+8) = 12$[kN]. 그림의 절단된 트러스에서

$\sum M_C = 0$: $U(8) + R_A(12) - 8(6) = 0$ ∴ $U = -12$[kN(압축)

$\sum M_B = 0$: $L(8) - R_A(6) = 0$ ∴ $L = 9$[kN](인장)

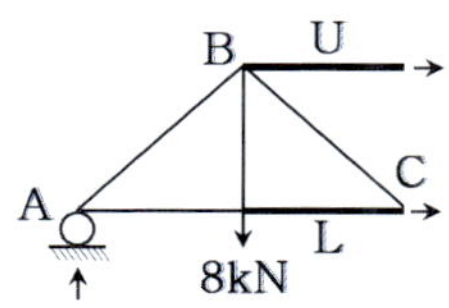

6.36 [정답 : ④] 보 중앙에 대해 대칭이므로 $R_A = \frac{1}{2}(5P_1 + 5P_2) = 100$[kN]

절점 A에서 y방향 힘의 평형조건을 적용하면

$R_A + \frac{4}{5}F_{AH} = 0$ ∴ $F_{AH} = -\frac{5}{4}R_A = -\frac{5}{4}(100) = -125$[kN](압축)

6.37 [정답 : ①] 전체 트러스에서 A점에 대한 모멘트 평형조건을 적용하면

$$R_B(9) - P(4) - 2P(6) = 0 \quad \therefore \quad R_B = \frac{16}{9}P$$

절점 B에서 y방향 힘의 평형조건을 적용하면

$$\frac{4}{5}F_{BC} + B_y = 0 \quad \therefore \quad F_{BC} = -\frac{5}{4}B_y = -\frac{5}{4}\times\frac{16}{9}P = -\frac{20}{9}P(\text{압축})$$

6.38 [정답 : ②] 절점 B, D, F, H, I를 고려하면 BG, DF, AF, GH, IJ는 무력 부재이다.

6.39 [정답 : ①] 절점 B를 고려하면 BD는 무력부재이다. 절점 C에서

$$\sum F_y = 0 \ : \ \frac{1}{\sqrt{2}}F_{BC} + P = 0 \quad \therefore \quad F_{BC} = -\sqrt{2}\,P$$

$$\sum F_x = 0 \ : \ F_{CD} + \frac{1}{\sqrt{2}}F_{BC} = 0 \quad \therefore \quad F_{CD} = -\frac{F_{BC}}{\sqrt{2}} = P = 500[\text{N}](\text{인장})$$

6.40 [정답 : ①] 절점 B에서 힘의 평형 방정식을 적용한다.

$$\sum F_x = 0 \ : \ F_{AB}\sin60° + F_{BC}\sin30° = 0 \quad \therefore \quad F_{AB} = -\frac{\sqrt{3}}{3}F_{BC} \quad \cdots①$$

$$\sum F_y = 0 \ : \ F_{AB}\cos60° + F_{BC}\cos30° + P = 0 \quad \cdots②$$

①을 ②에 대입하면 $F_{BC} = -\sqrt{3}\,P = -10\sqrt{3}\,\text{kN}$(압축)

$F_{AB} = P = 10\text{kN}$(인장)

6.41 [정답 : ③]

$$\sum M_E = 0: \ R_A(10) - 3\times8 - 3\times4 - 4\times6 = 0 \quad \therefore \quad R_A = 6[\text{kN}](\uparrow)$$

BD, BC, AC 부재를 자르고 절단된 트러스의 왼쪽 부분에서

$$\sum M_C = 0: \ R_A\times4 - 3\times2 + F_{BD}\times3 = 0 \quad \therefore \quad F_{BD} = -6[\text{kN}](\text{압축})$$

6.42 [정답 : ②] $A_x = 10\text{kN}(\longleftarrow)$, $A_y = 10\text{kN}(\uparrow)$; 절점 A: $F_{BE} = 10\sqrt{2}\,\text{kN}$(압축)

6.43 [정답 : ③] 절점 C에서 힘의 삼각형을 고려하면 $F_{BC} = 40\text{kN}$(인장).

$F_{CE} = 40\sqrt{2}\,\text{kN}$(압축)

6.44 [정답 : ③] 반력 $R_A = R_B = P/2$. AE, BE, BC를 자르고 절단된 트러스의 왼쪽 부분에서 E점에 대한 모멘트 평형조건을 적용한다.

$$\sum M_E = 0 \ : \ F_{BC}h - R_A\times\frac{L}{2} = 0 \quad \therefore \quad F_{BC} = \frac{PL}{4h}(\text{인장})$$

6.45 [정답 : ③] 전체 트러스의 자유물체도에서 x방향 힘의 평형조건과 G점에 대한 모멘트 평형조건을 적용하면 $J_x = \frac{6}{5}P(\leftarrow)$, $J_y = \frac{4}{5}P(\downarrow)$. 부재 FH, GH, GI를 자르고 절단된 트러스의 오른쪽 부분에서 G점에 대한 모멘트 평형조건을 적용하면

$-200\times 6 + J_x \times 6 - J_y \times 4 = 0$

$-200\times 6 + \frac{6P}{5}\times 6 - \frac{4P}{5}\times 4 = 0 \quad \therefore\ P = 300[\mathrm{N}]$

7장

7.1 분포하중을 B 에서 2m 위치에 작용하는 집중하중

$$F_R = (7\mathrm{kN/m})\times 4\mathrm{m} = 28\mathrm{kN}$$

으로 대체한다.

$\sum M_B = 0$: $R_A \cdot (3+4)\mathrm{m} - 28\mathrm{kN}\cdot 2\mathrm{m} = 0 \ \therefore\ R_A = 8\mathrm{kN}$

$\sum F_y = 0$: $R_A + R_B - 28\mathrm{kN} = 0 \ \therefore\ R_B = 28\mathrm{kN} - 8\mathrm{kN} = 20\mathrm{kN}$

7.2 분포하중을 B 에서 $\frac{h}{3} = \frac{3\mathrm{m}}{3} = 1\mathrm{m}$ 떨어진 곳에 작용하는 집중하중

$$F_R = \frac{1}{2}\times 2\frac{\mathrm{kN}}{\mathrm{m}}\times 3\mathrm{m} = 3\mathrm{kN}$$

으로 대체한다.

$\sum M_B = 0$: $R_A \cdot 3\mathrm{m} - 3\mathrm{kN}\cdot 1\mathrm{m} = 0 \quad \therefore\ R_A = 1\mathrm{kN}$

$\sum F_y = 0$: $R_A + R_B - 3\mathrm{kN} = 0 \quad \therefore\ R_B = 3\mathrm{kN} - 1\mathrm{kN} = 2\mathrm{kN}$

7.3 분포하중을 B 에서 $\frac{2h}{3} = \frac{2\times 3\mathrm{m}}{3} = 2\mathrm{m}$ 위치에 작용하는 집중하중

$$F_R = \frac{1}{2}\times 800\frac{\mathrm{N}}{\mathrm{m}}\times 3\mathrm{m} = 1200\mathrm{N}$$

으로 대체한다.

$\sum M_B = 0$: $R_A \cdot (2+3)\mathrm{m} - 1200\mathrm{N}\cdot 2\mathrm{m} = 0 \ \therefore\ R_A = 480\mathrm{N}$

$\sum F_y = 0$: $R_A + R_B - 1200\mathrm{N} = 0 \ \therefore\ R_B = 1200\mathrm{N} - 480\mathrm{N} = 720\mathrm{N}$

7.4 분포하중을 A에서 $\frac{2h}{3}=\frac{2\times 3\text{m}}{3}=2\text{m}$ 위치에 작용하는 집중하중

$$F_R=\frac{1}{2}\times 2\frac{\text{kN}}{\text{m}}\times 3\text{m}=3\text{kN}$$

으로 대체한다.

$\sum M_A=0$: $R_B\cdot(3+2+2)\text{m}-3\text{kN}\cdot 2\text{m}-1.6\text{kN}\cdot(3+2)\text{m}=0$

$\therefore\ R_B=2\text{kN}$

$\sum F_y=0$: $R_A+R_B-3\text{kN}-1.6\text{kN}=0$

$\therefore\ R_A=3\text{kN}+1.6\text{kN}-2\text{kN}=2.6\text{kN}$

7.5 분포하중을 사각형(1)과 삼각형(2)으로 분리한다.

$F_1=4\text{kN/m}\cdot 10\text{m}=40\text{kN}$

$F_2=\frac{1}{2}\cdot(7-4)\text{kN/m}\cdot 6\text{m}=9\text{kN}$

$\sum M_B=0$: $R_A\cdot 10\text{m}-9\text{kN}\cdot 2\text{m}-40\text{kN}\cdot 5\text{m}=0$

$\therefore\ R_A=21.8\text{kN}$

$\sum F_y=0$: $R_A+R_B-40\text{kN}-9\text{kN}=0$

$\therefore\ R_B=40\text{kN}+9\text{kN}-21.8\text{kN}=27.2\text{kN}$

7.6 분포하중을 두 개의 삼각형으로 분리한다.

$F_1=\frac{1}{2}\cdot 1200\text{N/m}\cdot 1.2\text{m}=720\text{N}$

$F_2=\frac{1}{2}\cdot 1200\text{N/m}\cdot 1.8\text{m}=1080\text{N}$

$\sum M_A=0$: $R_B\cdot 5\text{m}-720\text{N}\cdot(2.8\text{m})-1080\text{N}\cdot(3.8\text{m})=0$

$\therefore\ R_B=1224\text{N}$

$\sum F_y=0$: $R_A+R_B-720\text{N}-1080\text{N}=0$

$\therefore\ R_A=720\text{N}+1080\text{N}-1224\text{N}=576\text{N}$

7.7 분포하중을 두 개의 삼각형으로 분리한다.

$F_1=\frac{1}{2}\cdot 24\text{kN/m}\cdot 1.2\text{m}=14.4\text{kN}$ (←왼쪽 삼각형)

$F_2=\frac{1}{2}\cdot 24\text{kN/m}\cdot 1.8\text{m}=21.6\text{kN}$ (←오른쪽 삼각형)

$\sum M_A=0$:

$R_B\cdot(3.8\text{m})+14.4\text{kN}\cdot(0.4\text{m})-21.6\text{kN}\cdot(0.6\text{m})-10\text{kN}\cdot(2.8\text{m})=0$

$\therefore\ R_B=9.26\text{kN}$

$\sum F_y = 0$: $R_A + R_B - 14.4\text{kN} - 21.6\text{kN} - 10\text{kN} = 0$

$\therefore$ $R_A = 14.4\text{kN} + 21.6\text{kN} + 10\text{kN} - 9.26\text{kN} = 36.74\text{kN}$

7.8 분포하중을 사각형(1)과 삼각형(2)으로 분리한다.

$F_1 = 10\text{kN/m} \cdot 4\text{m} = 40\text{kN}$

$F_2 = \frac{1}{2} \cdot 10\text{kN/m} \cdot 3\text{m} = 15\text{kN}$

$\sum M_A = 0$: $R_B \cdot 8\text{m} + 15\text{kN} \cdot 1\text{m} - 40\text{kN} \cdot 2\text{m} - (12\text{kN}\sin 60°) \cdot 6\text{m} = 0$

$\therefore$ $R_B = 15.9\text{kN}$

$\sum F_y = 0$: $A_y + R_B - 15\text{kN} - 40\text{kN} - 12\text{kN}\sin 60° = 0$

$\therefore$ $A_y = 15\text{kN} + 40\text{kN} + 12\text{kN}\sin 60° - 15.9\text{kN} = 49.5\text{kN}$

$\sum F_x = 0$: $A_x - 12\text{kN}\cos 60° = 0$ $\quad \therefore$ $A_x = 6\text{kN}$

7.9 분포하중을 A에서 $\frac{2h}{3} = \frac{2 \times 6\text{m}}{3} = 4\text{m}$ 위치에 작용하는 집중하중

$F_R = \frac{1}{2} \times 400\frac{\text{N}}{\text{m}} \times 6\text{m} = 1200\text{N}$

으로 대체하여 자유물체도를 그린다. 점 A에 작용하는 반력의 x, y 성분을 각각 $A_x(\rightarrow)$, $A_y(\uparrow)$, 모멘트를 $M_A(\curvearrowleft)$라 하면,

$\sum F_x = 0$: $A_x = 0$

$\sum F_y = 0$: $A_y - F_R - 800\text{N} = 0$ $\therefore$ $A_y = 1200\text{N} + 800\text{N} = 2000\text{N}$

점 A에 대한 모멘트 합은 0에서

$M_A - F_R \cdot (4\text{m}) - 800\text{N} \cdot (8\text{m}) = 0$

$\therefore$ $M_A = 11200\text{N} \cdot \text{m} = 11.2\text{kN} \cdot \text{m}(\curvearrowleft)$

7.10 분포하중을 사각형(1)과 삼각형(2)으로 분리하여 자유물체도를 그린다.

$F_1 = 4\text{kN/m} \cdot 2\text{m} = 8\text{kN}$

$F_2 = \frac{1}{2} \cdot 4\text{kN/m} \cdot 3\text{m} = 6\text{kN}$

점 A에 작용하는 반력의 x, y 성분을 각각 $A_x(\rightarrow)$, $A_y(\uparrow)$, 모멘트를 $M_A(\curvearrowleft)$라 하면,

$\sum F_x = 0$: $A_x = 0$

$\sum F_y = 0$: $A_y - F_1 - F_2 = 0$ $\therefore$ $A_y = 8\text{kN} + 6\text{kN} = 14\text{kN}$

점 A에 대한 모멘트 합은 0에서

$M_A - F_1 \cdot (2+1)\text{m} - F_2 \cdot (2+2+1)\text{m} = 0$ $\therefore$ $M_A = 54\text{kN} \cdot \text{m}(\curvearrowleft)$

7.11 분포하중을 B에서 1m 위치에 작용하는 집중하중 $Q=4\frac{\text{kN}}{\text{m}}\times 2\text{m}=8\text{kN}$으로 대체하여 자유물체도를 그린다. 점 A에 작용하는 반력의 x, y 성분을 각각 $A_x(\leftarrow)$, $A_y(\uparrow)$, 모멘트를 $M_\text{A}(\curvearrowleft)$라 하면,

$\sum F_x=0$에서 $-A_x+5\text{kN}\sin 30°=0\quad\therefore\ A_x=2.5\,\text{kN}\,(\leftarrow)$

$\sum F_y=0$에서 $A_y-8\,\text{kN}-5\text{kN}\cos 30°=0\quad\therefore\ A_y=12.33\,\text{kN}\,(\uparrow)$

이므로 점 A에 작용하는 반력의 크기 $A=\sqrt{A_x^2+A_y^2}=12.58\,\text{kN}$이다.

점 A에 대한 모멘트 합은 0에서

$M_\text{A}-8\text{kN}\cdot(2+1)\text{m}-5\,\text{kN}\cos 30°\cdot(2+2)\text{m}=0$

$\therefore\ M_\text{A}=41.32\,\text{kN}\cdot\text{m}\,(\curvearrowleft)$

7.12 분포하중의 합력(F_R)을 구한다.

$$F_R=\int_L w(x)dx=\int_0^2 20x^4dx=4\left[x^5\right]_0^2=128\ (\text{N})$$

점 A에 대한 분포하중의 모멘트

$$\int_L xw(x)dx=\int_0^2 x\cdot(20x^4)dx=20\int_0^2 x^5dx=20\left[\frac{x^6}{6}\right]_0^2$$

$$=\frac{640}{3}\,(\text{N}\cdot\text{m})$$

이므로 합력의 작용점의 위치($\bar{x}$)는 다음과 같이 구해진다.

$$\bar{x}=\frac{\int_L x\,w(x)\,dx}{F_R}=\frac{\frac{640}{3}\text{N}\cdot\text{m}}{128\text{N}}=\frac{5}{3}\text{m}$$

점 A에 작용하는 반력의 x, y 성분을 각각 $A_x(\rightarrow)$, $A_y(\uparrow)$, 모멘트를 $M_\text{A}(\curvearrowleft)$라 하면,

$\sum F_x=0\ :\ A_x=0$

$\sum F_y=0\ :\ A_y-F_R=0\quad\therefore\ A_y=128\text{N}$

점 A에 대한 모멘트 합은 0에서

$M_\text{A}-F_R\cdot\bar{x}=0\quad\therefore\ M_\text{A}=\frac{640}{3}\text{N}\cdot\text{m}\,(\curvearrowleft)$

7.13 분포하중의 합력(F_R)을 구한다.

$$F_R=\int_L w(x)dx\ =\int_0^L w_0\sqrt{\frac{x}{L}}\,dx=\frac{w_0}{\sqrt{L}}\left[\frac{2}{3}x^{\frac{3}{2}}\right]_0^L=\frac{2w_0L}{3}$$

보의 왼쪽 끝점($x=0$)에 대한 분포하중의 모멘트

$$\int_L xw(x)dx=\int_0^L x\cdot\left(w_0\sqrt{\frac{x}{L}}\right)dx=\frac{w_0}{\sqrt{L}}\int_0^L x^{\frac{3}{2}}dx$$

$$=\frac{w_0}{\sqrt{L}}\left[\frac{2}{5}x^{\frac{5}{2}}\right]_0^L=\frac{2w_0L^2}{5}$$

이므로 합력의 작용점의 위치($\bar{x}$)는 다음과 같이 구해진다.

$$\bar{x} = \frac{\int_L x\,w(x)\,dx}{F_R} = \frac{\frac{2w_0L^2}{5}}{\frac{2w_0L}{3}} = \frac{3}{5}L$$

점 A에 작용하는 반력의 x, y 성분을 각각 $A_x(\rightarrow)$, $A_y(\uparrow)$, 모멘트를 $M_A(\curvearrowright)$라 하면,

$$\sum F_x = 0 \ : \ A_x = 0$$

$$\sum F_y = 0 \ : \ A_y - F_R = 0 \quad \therefore \ A_y = \frac{2w_0L}{3}$$

점 A에 대한 모멘트 합은 0에서

$$M_A - F_R \cdot (2L - \bar{x}) = 0 \quad \therefore \ M_A = \frac{14w_0L^2}{15}(\curvearrowright)$$

7.14 분포하중의 합력(F_R)

$$F_R = \int_L w(x)dx = \int_0^L w_0 \sin\left(\frac{\pi x}{L}\right)dx = \frac{w_0L}{\pi}\left[-\cos\left(\frac{\pi x}{L}\right)\right]_0^L = \frac{2w_0L}{\pi}$$

이고, $w(x)$는 보의 중앙에 대해 대칭이므로 합력의 작용선은 보의 중앙에 의치한다.
점 A에 작용하는 반력의 x, y 성분을 각각 $A_x(\rightarrow)$, $A_y(\uparrow)$, 모멘트를 $M_A(\curvearrowleft)$라 하면,

$$\sum F_x = 0 \ : \ A_x = 0$$

$$\sum F_y = 0 \ : \ A_y - F_R = 0 \quad \therefore \ A_y = \frac{2w_0L}{\pi}$$

점 A에 대한 모멘트 합은 0에서

$$M_A - F_R \cdot \bar{x} = 0 \quad \therefore \ M_A = \frac{2w_0L}{\pi} \cdot \frac{L}{2} = \frac{w_0L^2}{\pi}(\curvearrowleft)$$

7.15 분포하중을 하나의 집중하중 (100kgf/m) × 4m = 400kgf으로 대체하여 자유물체도를 그리면 다음과 같다.

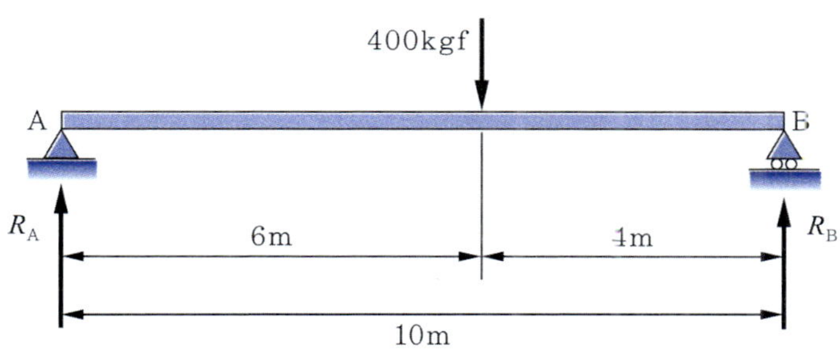

여기에서 두 지점 A, B 에 대해 모멘트 평형 조건을 적용하면 다음과 같이 반력이 구해진다.

$\sum M_B = 0$: $R_A \bullet 10\text{m} - 400\text{kgf} \bullet 4\text{m} = 0 \quad \therefore \; R_A = 160\,\text{kgf}$

$\sum M_A = 0$: $R_B \bullet 10\text{m} - 400\text{kgf} \bullet 6\text{m} = 0 \quad \therefore \; R_B = 240\,\text{kgf}$

7.16 (1) 전단력과 굽힘 모멘트 선도

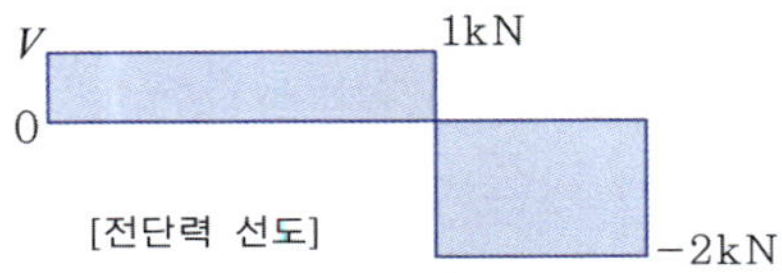

[전단력 선도]

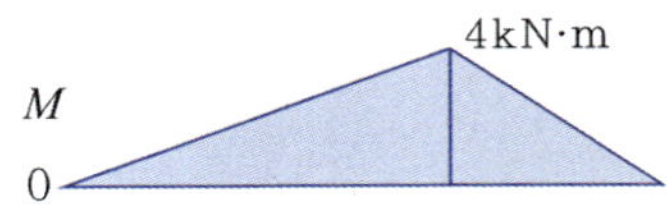

[굽힘 모멘트 선도]

(2) $V_{max} = 2\text{kN}$, $M_{max} = 4\,\text{kN} \bullet \text{m}$

7.17 (1) 전단력과 굽힘 모멘트 선도

[전단력 선도]

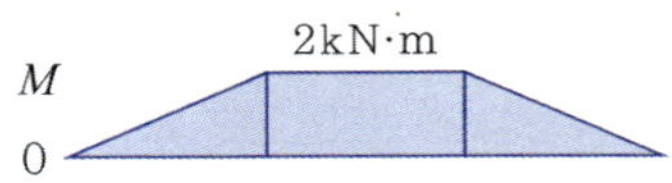

[굽힘 모멘트 선도]

(2) $V_{max} = 2\text{kN}$, $M_{max} = 2\,\text{kN} \bullet \text{m}$

7.18 (1) 전단력과 굽힘 모멘트 선도

[전단력 선도]

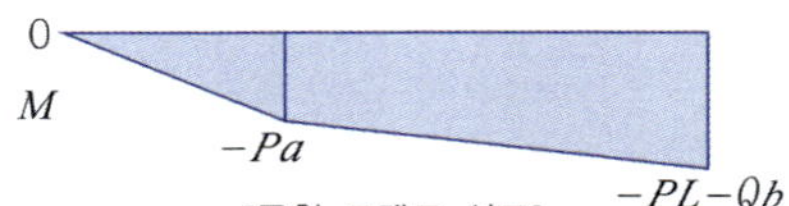

[굽힘 모멘트 선도]

(2) $V_{max} = P + Q$, $M_{max} = PL + Qb$

7.19 $\sum M_B = 0$: $-R_A(100) + (3)(80) + (4)(60) + (6)(30) = 0 \;\; \therefore \;\; R_A = 6.6\,\text{kN}$

30cm 와 60cm 지점에서 보를 절단하고 A 지점으로부터 절단면까지의 보에 대한 자유물체도를 각각 그려서 전단력과 굽힘 모멘트를 구한다.

- 30cm 지점 : $\sum F_y = 0$에서 $R_A - 3 - V = 0 \quad \therefore \;\; V = 3.6\,(\text{kN})$

  $\sum M_C = 0$에서 $M + (3)(0.1) - R_A(0.3) = 0 \;\; \therefore \;\; M = 1.68\,(\text{kN} \bullet \text{m})$
- 60cm 지점 : $\sum F_y = 0$에서 $6.6 - 3 - 4 - V = 0 \quad \therefore \;\; V = -0.4\,(\text{kN})$

$\sum M_C = 0$에서 $M + (3)(0.4) + (4)(0.2) - (6.6)(0.6) = 0$

$\therefore \ M = 1.96\,(\mathrm{kN \cdot m})$

7.20 (1) 전체 자유물체도에 $\sum M_B = 0$을 적용하면

$$R_A L - \left(\frac{q_0 L}{2}\right)\left(\frac{L}{3}\right) = 0 \quad \therefore \ R_A = \frac{q_0 L}{6}$$

$$\sum F_y = 0 \ \text{에서} \ R_A + R_B - \frac{q_0 L}{2} = 0 \quad \therefore \ R_B = \frac{q_0 L}{3}$$

(2) 아래의 자유물체도에서 평형방정식을 적용한다. $P = q_0 x^2/2L$이다.

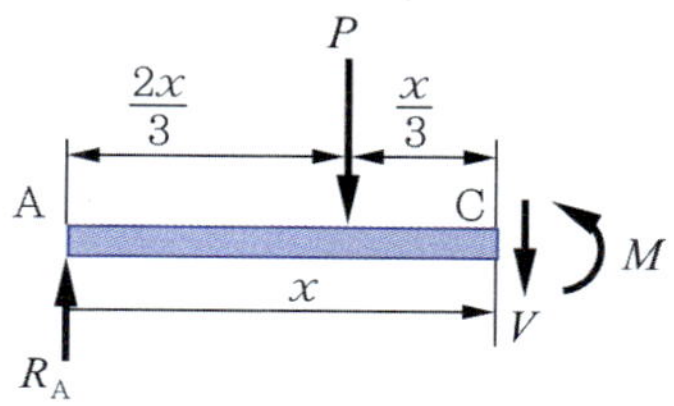

$$\sum F_y = 0 \ : \ R_A - \frac{q_0 x^2}{2L} - V = 0 \quad \therefore \ V = \frac{q_0 L}{6} - \frac{q_0 x^2}{2L}$$

$$\sum M_C = 0 \ : \ M + \frac{q_0 x^2}{2L}\left(\frac{x}{3}\right) - R_A(x) = 0 \quad \therefore \ M = \frac{q_0 L x}{6} - \frac{q_0 x^3}{6L}$$

(3) M은 x에 대한 3차 함수이고, $\dfrac{dM}{dx} = \dfrac{q_0 L}{6} - \dfrac{3 q_0 x^2}{6L} = 0$인 $x = \dfrac{L}{\sqrt{3}}$에서 최대 굽힘 모멘트가 발생한다. 이 값을 대입하면 $M_{\max} = \dfrac{q_0 L^2}{9\sqrt{3}}$이다.

※ 분포하중을 지점 B로부터 $L/3$만큼 떨어진 곳에 작용하는 하나의 집중하중 $W = q_0 L/2$으로 대체하여 전체 자유물체도를 그리고 반력을 구한다. 임의 지점 x에서의 분포하중 $q(x) = q_0 x/L$이고, 자유물체도에서 $P = q_0 x^2/2L$이다.

7.21 (1) 임의 지점 x에서 $q(x)=q_0x/L$이다. 거리 x에 걸쳐 작용하는 분포하중 $\frac{1}{2}\left(\frac{q_0x}{L}\right)\times x$을 집중하중 P로 대체하여 자유물체도를 그린 후 평형방정식을 적용한다.

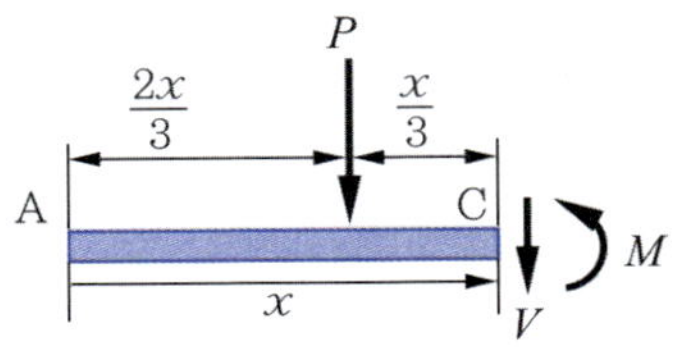

$$\sum F_y=0\ :\ V=-P=-\frac{q_0x^2}{2L}$$

$$\sum M_C=0\ :\ M=-P\left(\frac{x}{3}\right)=-\frac{q_0x^3}{6L}$$

(2) 최대 전단력과 최대 굽힘 모멘트는 고정단 B에서 발생하므로 $x=L$을 대입하면

$V_{\max}=\frac{q_0L}{2}$, $M_{\max}=\frac{q_0L^2}{6}$이다.

7.22 (1) 반력 : 분포하중을 보의 중앙에 작용하는 하나의 집중하중

$P=(100\text{kN/m})\times 6\text{m}=600\text{kN}$

으로 대체하여 전체 물체의 자유물체도를 그린다. 여기에서 B점에 대한 모멘트 평형조건을 적용하면

$R_A(4)-200(2)-600(1)=0\quad\therefore\ R_A=250\,(\text{kN})$

(2) 다음에 3m 길이의 보에 작용하는 분포하중을 3m 보의 중앙에 작용하는 집중하중 $(100\text{kN/m})\times 3\text{m}=300\text{kN}$으로 대체하여 그림과 같이 지점 A로부터 절단면까지의 물체에 대한 자유물체도를 그린다.

$$\sum F_y=0\ :\ R_A-300-200-V=0\quad\therefore\ V=-250(\text{kN})$$

$$\sum M_C=0\ :\ M+200(1)+300(1.5)-R_A(3)=0\quad\therefore\ M=100(\text{kN}\cdot\text{m})$$

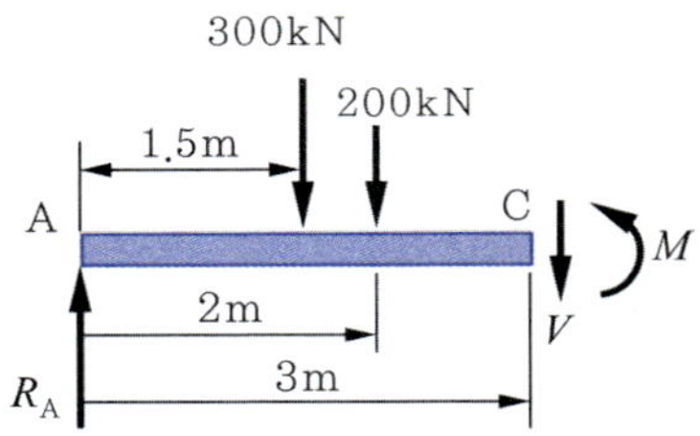

7.23 $\sum M_B = 0 \ : \ M_0 - A_y \cdot \dfrac{2L}{3} = 0 \ \therefore \ A_y = \dfrac{3M_0}{2L} \ (\uparrow)$

보의 중앙(C)을 절단하여 왼쪽 부분을 고려한다.

$$\sum F_y = 0 \ : \ A_y - V = 0 \ \therefore \ V = \frac{3M_0}{2L} \ (\downarrow)$$

$$\sum M_C = 0 \ : \ M - A_y \cdot \left(\frac{L}{2} - \frac{L}{3}\right) = 0 \ \therefore \ M = \frac{3M_0}{2L} \cdot \frac{L}{6} = \frac{M_0}{4} \ (\curvearrowleft)$$

7.24 최대 굽힘 모멘트는 보의 중앙에서 발생한다. 등변 분포하중을 집중하중으로 대체하여 반력을 구하고 보의 중앙 부분에서 보를 절단한 후 이에 대한 자유물체도를 그리면 그림과 같다. 여기에서 보의 중앙(C)에 대한 모멘트 평형식을 적용한다. 보의 중에서 전단력은 0이다.

$$M - \frac{w_0L}{4} \cdot \frac{L}{2} + \frac{w_0L}{4} \cdot \frac{L}{3} = 0$$

$$\therefore \ M_{max} = \frac{w_0L^2}{24}$$

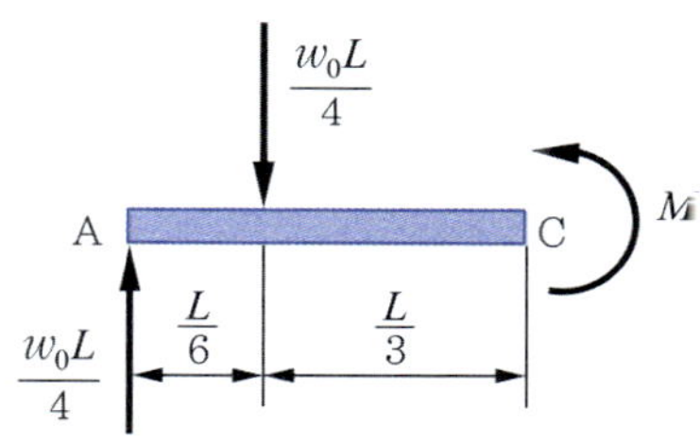

7.25 전단력 $V = \dfrac{w_0L}{4}$, 굽힘 모멘트 $M = \dfrac{w_0L^2}{24}$

7.26 (1) 분포하중을 하나의 집중하중 $F_1 = (400\text{N/m}) \cdot 3\text{m} = 1200\text{N}$으로 대체하여 전체 자유물체도를 그린다. 여기에서

$$\sum M_A = 0 \ : \ B_y \cdot 10\text{m} - 1200\text{N} \cdot (3.5\text{m}) - 500\text{N} \cdot 8\text{m} = 0$$

$$\therefore \ B_y = 820\text{N}$$

$$\sum F_y = 0 \ : \ A_y + B_y - 1200\text{N} - 500\text{N} = 0 \ \therefore \ A_y = 880\text{N}$$

(2) 보의 중앙($x = 5\text{m}$)을 절단하여 왼쪽 부분을 고려한다.

$$\sum F_y = 0 \ : \ A_y + V - 1200\text{N} = 0 \ \therefore \ V = 320\text{N} \ (\uparrow)$$

$$\sum M_C = 0 \ : \ M - A_y \cdot (5\text{m}) + 1200\text{N} \cdot (1.5\text{m}) = 0$$

$$\therefore \ M = 2600\,\text{N} \cdot \text{m} \ (\curvearrowleft)$$

(3) 보의 왼쪽 부분에서 전단력이 0이 되는 위치를 찾는다.

$880 - 400 \times \Delta x = 0$에서 $\Delta x = 2.2\,(\text{m})$

즉, 분포하중의 왼쪽에서 $\Delta x = 2.2\,(\mathrm{m})$ 위치에서 $V=0$이 되며 여기에서 최대 굽힘 모멘트(M_{max})가 발생한다. 이곳에서 보를 절단하여 왼쪽 부분을 고려한다.

$$\sum M_C = 0\ :\ M_{max} + 880\mathrm{N}\cdot\left(\frac{1}{2}\times 2.2\right)\mathrm{m} - 880\mathrm{N}\cdot(2+2.2)\mathrm{m} = 0$$

$$\therefore\ M_{max} = 2728\,\mathrm{N}\cdot\mathrm{m}\ (\curvearrowleft)$$

7.27 반력 $R_A = 40\mathrm{N}$, $R_B = 360\mathrm{N}$

- $x = 5\mathrm{m}$: $V = 260\mathrm{N}$, $M = 250\,\mathrm{N}\cdot\mathrm{m}$
- $M_{max} = 1280\,\mathrm{N}\cdot\mathrm{m}$: 우력의 모멘트가 작용하는 지점($x = 8\mathrm{m}$)을 절단하여 절단된 보의 오른쪽 부분을 고려한다. 자유물체도를 그려보면 $x = 8\mathrm{m}$ 의 바로 왼쪽 ($x = 8\mathrm{m}-$)과 오른쪽 단면($x = 8\mathrm{m}+$)에 각각 $-1280\,\mathrm{N}\cdot\mathrm{m}$ 과 $720\mathrm{N}\cdot\mathrm{m}$ 가 발생한다는 것을 알 수 있다.
- $2\mathrm{m} < x < 6\mathrm{m}$: $V=0$ 인 단면($x = 2.4\mathrm{m}$)에서 굽힘 모멘트 $M = 88\mathrm{N}\cdot\mathrm{m}$ 이다.

※ 우력의 모멘트가 작용하고 있을 때는 주의해야 한다.

7.28 (1) 최대 휨모멘트는 벽면 지점 A에서 발생한다. 문제의 기하학적 구조로부터 분포하중을 보의 중앙에 작용하는 하나의 집중하중

$$P = (10\mathrm{kN/m}) \times (4\mathrm{m}) = 40\mathrm{kN}$$

으로 대체할 수 있다. 이때 모멘트 평형 조건($\sum \vec{M} = 0$)으로부터 다음과 같이 최대 휨모멘트가 구해진다.

$$M_A - 40\mathrm{kN} \times (2+2)\mathrm{m} - 100\mathrm{kN} \times 8\mathrm{m} = 0$$

$$\therefore\ M_{max} = M_A = 960\,\mathrm{kN}\cdot\mathrm{m}$$

(2) 힘 평형 조건($\sum \vec{F} = 0$)을 연직 방향으로 적용하면 다음과 같이 반력이 구해진다.

$$R_A - 40\mathrm{kN} - 100\mathrm{kN} = 0$$

$$\therefore\ R_A = 140\,\mathrm{kN}$$

7.29 (a)의 전체 자유물체도에서 점 B에 대한 모멘트 평형 조건을 적용하여 반력을 구한다.

$$R_A \times 120 - 15 \times 80 - 30 \times 40 = 0\quad \therefore\ R_A = 20\ (\mathrm{N})$$

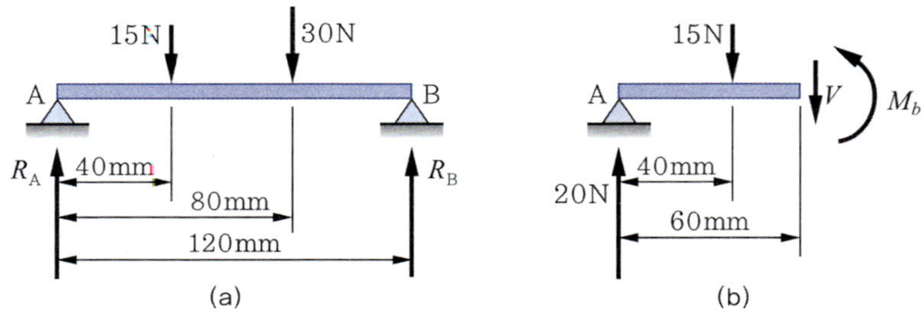

다음에 보의 중앙을 잘라서 (b)와 같이 자유물체도를 그린 후 모멘트 평형 조건을 적용하면 다음과 같이 굽힘 모멘트가 구해진다.

$M_b = 20 \times 60 - 15 \times 20 = 900(\mathrm{N \cdot mm})$

7.30 (1) • 전단력 : 왼쪽 단면 값 300kgf

중앙 단면 값 0

오른쪽 단면 값 −300kgf

• 굽힘 모멘트 : 왼쪽 단면 값 0

중앙 단면 값 15000kgf • cm

오른쪽 단면 값 0

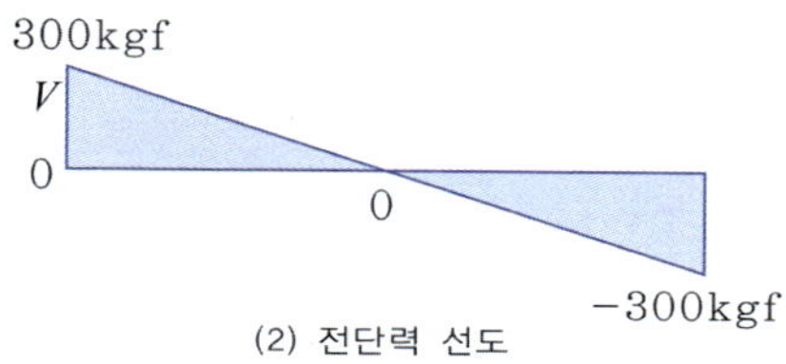

(2) 전단력 선도

(2) 전단력 선도

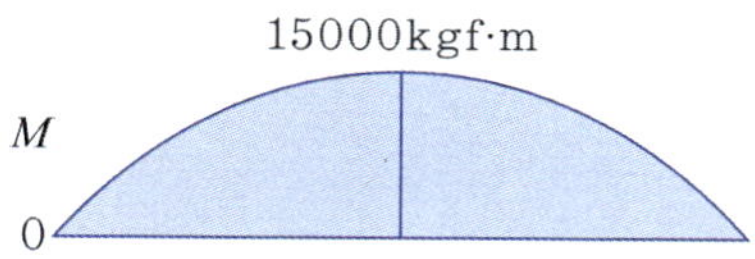

(3) 굽힘 모멘트 선도

(3) 굽힘 모멘트 선도

7.31 (1) $R_B = 50 \times 4 = 200\,(\mathrm{kgf})$

(2) $V_{\max} = 200\,(\mathrm{kgf})$

(3) $M_{\max} = 200 \times 200 = 40000\,(\mathrm{kgf \cdot cm})$

7.32 (1) $\dfrac{wL}{4}$ (2) $\dfrac{wL}{4}$ (3) $\dfrac{3wL^2}{32}$

7.33 $M_{\max} = 120\,\mathrm{N \cdot m}$

7.34 (1) $R_A = 60\,\mathrm{kN}$, $R_B = 180\,\mathrm{kN}$ (2) $M_C = 80\,\mathrm{kN \cdot m}$

7.35 $x=3\,\text{m}$

7.36 $V_C=-3\,\text{kN}$

7.37 힘 P를 그림과 같이 분해한다. $V=P\cos\theta$, $F=P\sin\theta$, $M=Pr\sin\theta$

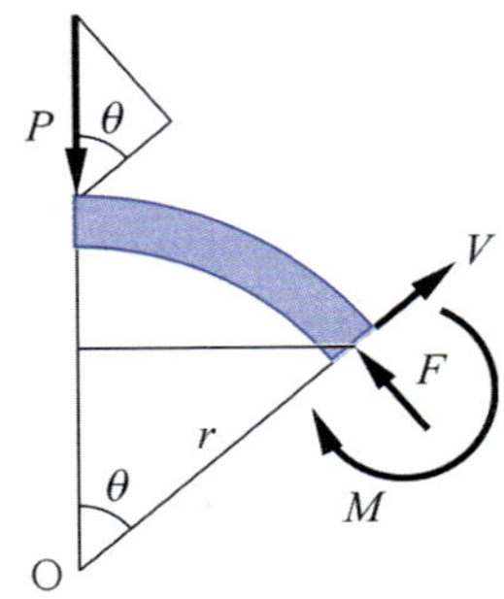

7.38 분포하중을 집중하중으로 대체한 후 자유물체도를 그린다. 좌우 대칭이므로 지지점 반력 $R=\dfrac{wL}{2}$ 이다.

- 지지점 x에서의 굽힘 모멘트 : $M_x=wx\cdot\dfrac{x}{2}=\dfrac{wx^2}{2}$
- 보 중앙에서의 굽힘 모멘트 :

$$M_C=\frac{wL}{2}\left(\frac{L}{2}-x\right)-\frac{wL}{2}\cdot\frac{L}{4}=\frac{wL}{2}\left(\frac{L}{4}-x\right)$$

$$\therefore\ \frac{wx^2}{2}=\frac{wL}{2}\left(\frac{L}{4}-x\right)$$

$$4x^2+4Lx-L^2=0$$

$$\therefore\ x=\left(\frac{\sqrt{2}-1}{2}\right)L$$

7.39 먼저 전체 자유물체도에서 점 A에 대한 모멘트 평형 조건을 적용하여 B점의 반력(B_y)을 구한다.

$$\sum M_A=0\ :\ 20\cdot 1-B_y\cdot(6+2)=0\ \therefore\ B_y=\frac{5}{2}\,(\text{kN})$$

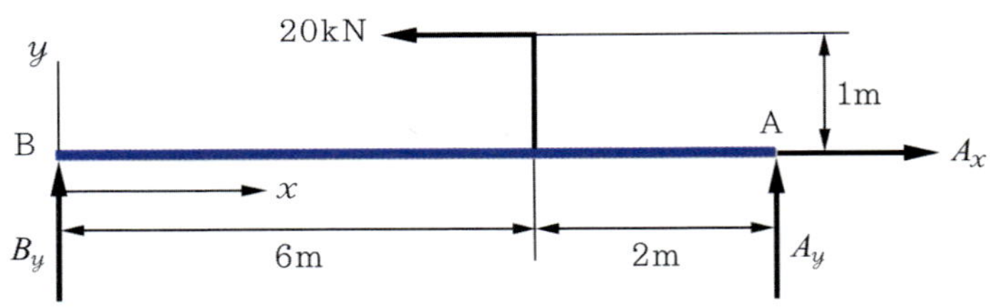

다음에 B점으로부터 거리 x에서 절단된 보의 왼쪽 부분을 고려한다.

• $0 \le x < 6$: $M = B_y \cdot x = \frac{5}{2}x$ (kN • m)

• $6 < x \le 8$: $M = B_y \cdot x - 20 \cdot 1 = \frac{5}{2}x - 20$ (kN • m)

따라서 굽힘 모멘트 선도는 다음 그림과 같다.

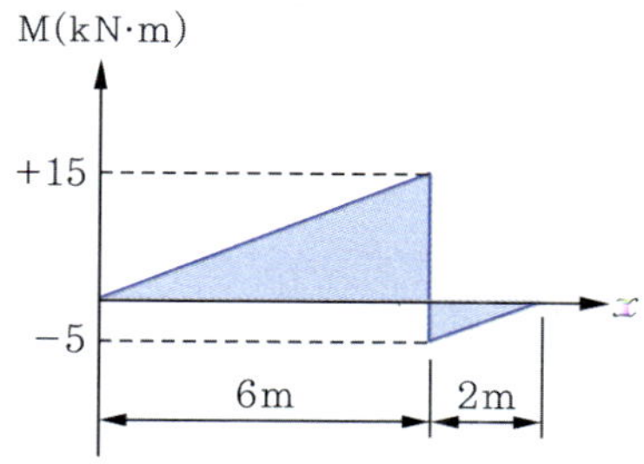

7.40 균일 분포하중을 받는 단순보의 전단력 선도와 굽힘 모멘트 선도는 다음과 같다[예제 7.9].

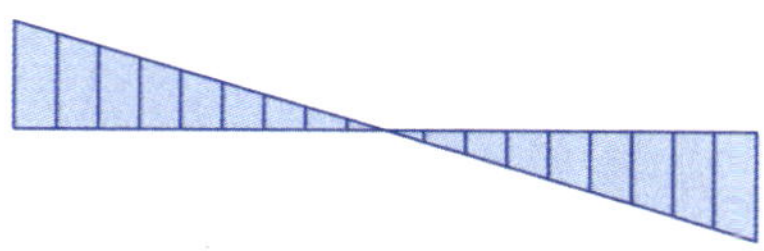

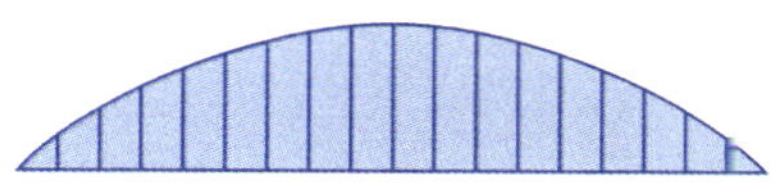

7.41 $\sum M_A = 0$: $B_y \cdot (6) - 6 \cdot (6+1+1) = 0$ ∴ $B_y = 8$ (kN) (↑)

$\sum F_y = 0$: $A_y + B_y - 6 = 0$ ∴ $A_y = -2$ (kN) $= 2$ (kN) (↓)

C점에서 절단된 보의 오른쪽 부분을 고려한다.

$M_C + 6\text{kN} \cdot 1\text{m} = 0$ ∴ $M_C = -6\text{kN} \cdot \text{m}$

7.42 균일 분포하중을 집중하중 50kN으로 대체하여 자유물체도를 그린다.

$\sum M_A = 0$: $\frac{3}{5}B \cdot (10) + \frac{4}{5}B \cdot (5) - 50 \cdot \frac{5}{2} - 95 = 0$

∴ $B = 22$ (kN) (↖)

D점에서 절단된 보의 오른쪽 부분을 고려한다.

$M_D + 95 - \frac{3}{5}B \cdot 8 = 0$ ∴ $M_D = \frac{53}{5} = 10.6$ (kN • m)

7.43 • R_A : 17.4 [kN]

• R_B : 1.6 [kN]

• x : $2\sqrt{7.4}$ [m] : $\frac{1}{2}\left(\frac{1}{2}x \cdot x\right) = 17.4 - 10$

• M_E : $\frac{64}{15} = 4.3$ [kN • m]

7.44 $R_A = 44\,\text{kN}$, $R_B = 20\,\text{kN}$, $V_D = 24\,\text{kN}$, $M_D = 4\,\text{kN} \cdot \text{m}$

7.45 $R_A = 37\,\text{kN}$, $V_D = 27\,\text{kN}$, $M_D = 64\,\text{kN} \cdot \text{m}$

7.46 (1) $R_A = 16\,\text{kN}$, $R_B = 6\,\text{kN}$, $R_C = 6\,\text{kN}$, $M_A = -86\,\text{kN} \cdot \text{m}$

(2) $V_n = 16\,\text{kN}$, $M_n = -38\,\text{kN} \cdot \text{m}$

7.47 $R_D = 26\,\text{kN}$, $V_{AE} = 12\,\text{kN}$, $M_B = 48\,\text{kN} \cdot \text{m}$, $N_{CD} = 26\,\text{kN}$

7.48 (1) $\sum M_A = 0$: $R_B \cdot 10 = 10 \cdot 2 + 8 \cdot 8 + 4$ $\therefore$ $R_B = 8.8(\text{t})$

$\sum F_y = 0$: $R_A + R_B - 10 - 8 = 0$ $\therefore$ $R_A = 9.2(\text{t})$

(2) 전단력도 : 단위는 (t)

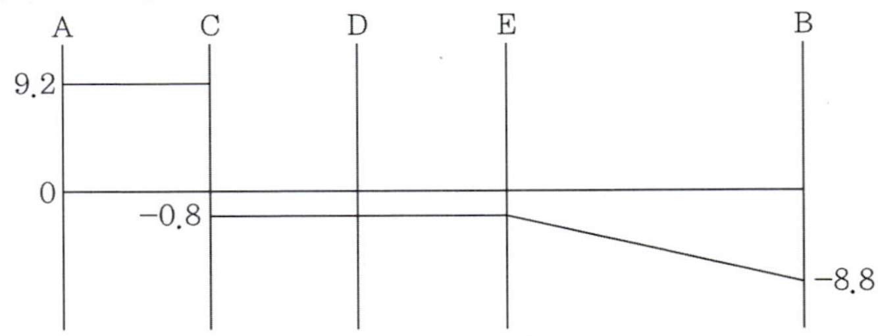

(3) 휨모멘트도 : 단위는 (t • m)

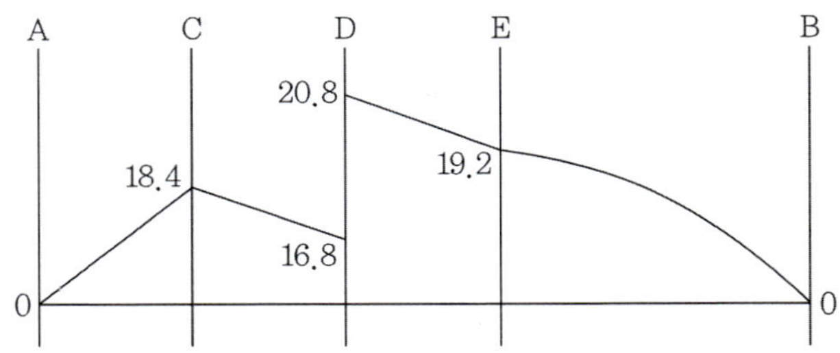

점 B로부터의 거리를 x라 하면 EB$(0 < x < 4)$에서

$$M_b = 8.8x - x^2 = -(x-4.4)^2 + 19.36$$

이다.

7.49 $R_A - (2000\text{kgf/m}) \cdot (5\text{m}) - 1000\text{kgf} = 0 \quad \therefore R_A = 11{,}000\text{kgf}$

$M_A - (10{,}000\text{kgf}) \cdot (2.5\text{m}) - (1{,}000\text{kgf}) \cdot (10\text{m}) = 0$

$\therefore M_A = 35{,}000\text{kgf} \cdot \text{m}$

$M_B - P \cdot (5\text{m}) = 0 \quad \therefore M_B = 5{,}000\text{kgf} \cdot \text{m}$

7.50 $R_A = 100\text{kN},\ R_B = 100\text{kN},\ M_{max} = 250\text{kN} \cdot \text{m}$

점 A로부터 5m 떨어진 지점에서 전단력 $V=0$가 되며 최대 휨모멘트가 발생한다. 점 B로부터의 거리를 x라 하면 $0 < x < 6$에서

$$M_b = 100x - 10x^2 = -10(x-5)^2 + 250$$

이다.

7.51 $M_B = 18\text{kN} \cdot \text{m}$

7.52 $V_C = 16\text{kN},\ M_C = 16\text{kN} \cdot \text{m}$

7.53 [정답 : $M_D = 128\text{kN} \cdot \text{m}$], $R_A = 60\text{kN},\ R_B = 68\text{kN}$

그림이 복잡해 보이지만 별다른 문제가 아니다. 트럭 모양은 무시한다. C 점에 16kN, E 점에 32kN의 집중하중이 연직 아래로 작용하고, 등분포하중 $w = 10\text{kN/m}$이 전 구간에 걸쳐 작용하는 문제이다.

7.54 주어진 분포하중을 삼각형과 사각형으로 나누어 집중하중으로 대체한 후 자유물체도를 그린다. 왼쪽 삼각형 분포하중의 전체 크기(F_{R1})는

$F_{R1} = \dfrac{1}{2} w \times L_1 = \dfrac{1}{2} \times 4 \times 3 = 6(\text{N})$

이고, 오른쪽 사각형 분포하중의 전체 크기(F_{R2})는

$F_{R2} = w \times L_2 = 4 \times 2 = 8(\text{N})$

이며, 작용점 위치는 [그림]의 자유물체도와 같다.

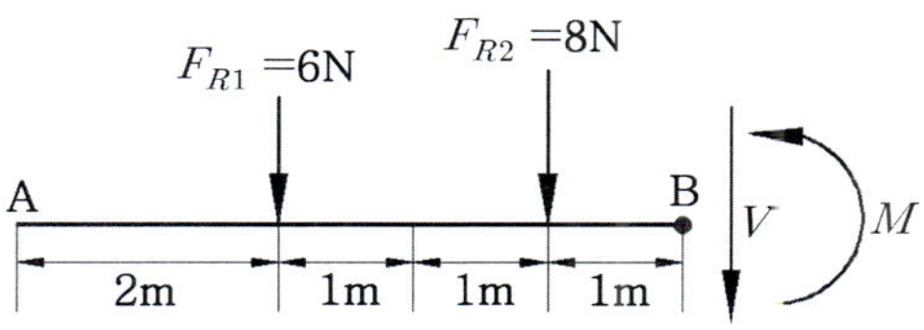

[그림] 자유물체도

$\sum F_y = 0 \ :\ V + F_{R1} + F_{R2} = 0$

$\therefore\ V = -F_{R1} - F_{R2} = -6 - 8 = -14(\text{N})$ …①

$\sum M_B = 0\ :\ M + F_{R1} \times 3 + F_{R2} \times 1 = 0$

$\therefore\ M = -3F_{R1} - F_{R2} = -3 \times 6 - 8 = -26(\text{N}\cdot\text{m})$ …②

7.55 $M_{(a)} = \dfrac{wL}{2} \times \dfrac{L}{3}$, $M_{(b)} = \dfrac{wL}{4} \times \left(\dfrac{2}{3} \times \dfrac{L}{2}\right) + \dfrac{wL}{4} \times \left(\dfrac{L}{2} + \dfrac{1}{3} \times \dfrac{L}{2}\right) = \dfrac{wL}{4}$

$M_{(c)} = \dfrac{wL}{2} \times \dfrac{2L}{3}$ $\quad\therefore\ M_{(a)} : M_{(b)} : M_{(c)} = \dfrac{1}{6} : \dfrac{1}{4} : \dfrac{1}{3} = 2:3:4$

7.56 $R_A = 3\text{kN},\ R_B = 7\text{kN}$

$\sum F_y = R_A - P - V_C = 0 \quad \therefore\ V_C = -3\text{kN}$

$\sum M = M_C + P \times 3 - R_A \times 6 = 0 \quad \therefore\ M_C = 12[\text{kN}\cdot\text{m}]$

7.57 $R_A = 9\text{kN},\ R_B = 3\text{kN},\quad R_A - wx = 0 \quad \therefore\ x = \dfrac{R_A}{w} = \dfrac{9}{6} = 1.5[\text{m}]$

7.58 $R_A = 12\text{kN},\ R_B = 12\text{kN},\ R_A - wx = 0 \quad \therefore\ x = \dfrac{R_A}{w} = \dfrac{12}{2} = 6[\text{m}]$

7.59 분포하중을 아래 직사각형과 위 직각삼각형으로 나누어 반력을 구한다.

$\sum M_A = 0\ :\ R_B \times 9 - 18 \times \dfrac{9}{2} - 9 \times 6 = 0 \quad \therefore\ R_B = 15[\text{kN}],\ R_A = 12[\text{kN}]$

위 직각삼각형 분포하중의 기울기는 $\dfrac{2}{9}$이므로 C에서 직각삼각형 분포하중의 크기는 $\dfrac{2}{9} \times 3 = \dfrac{2}{3}$이다.

$M_C = R_A \times 3 - (2 \times 3) \times \dfrac{3}{2} - \dfrac{1}{2} \times \left(\dfrac{2}{3} \times 3\right) \times \left(\dfrac{3}{3}\right) = 26[\text{kN}\cdot\text{m}]$

7.60 $R_A = 32(\text{kN}),\ R_B = 8(\text{kN}),\ 32 - 20x = 0 \quad \therefore\ x = \dfrac{8}{5}$

$M_{\max} = 32 \times \dfrac{8}{5} - 32 \times \left(\dfrac{8}{5} \times \dfrac{1}{2}\right) = \dfrac{128}{5} \quad \therefore\ \dfrac{x}{M_{\max}} = \dfrac{1}{16}$

7.61 [정답 : ③] $\sum M_B = 0\ :\ R_A \times 10 - 12 \times 4 + 4 \times 2 = 0 \quad \therefore\ R_A = 4[\text{kN}]$

전단력 $V = 0$가 되는 점을 찾는다. 분포하중의 왼쪽 끝으로부터 거리를 x로 하고 절단된 보의 왼쪽을 고려하면

$R_A - 2x = 0\ ;\ 4 - 2x = 0 \quad \therefore\ x = 2$

$\therefore\ M_{\max} = R_A(3+2) - 4 \times 1 = 4 \times 5 - 4 = 16[\text{kN}\cdot\text{m}]$

7.62 [정답 : ③] $\sum M_A = 0$: $P + 5R_B - 20 \times 3 = 0$ $\therefore$ $R_B = 12 - \dfrac{P}{5}$[kN]

전단력이 0이 되는 위치에서 보를 자르고 절단된 보의 오른쪽 부분을 고려하면

$R_B - 5 \times 2 = 0$; $12 - \dfrac{P}{5} - 5 \times 2 = 0$ $\therefore$ $P = 10$[kN]

7.63 [정답 : ④] $\sum M_B = 0$: $R_A(3) - 6 \times \dfrac{3}{2} - 3 \times 1 = 0$ $\therefore$ $R_A = 4$[kN]

x에서 보를 자르고 절단된 보의 왼쪽 부분을 고려하여 전단력 $V = 0$인 점을 찾는다.

$$V = R_A - 2x - \frac{2x}{3} \times x \times \frac{1}{2} = 0 \ ; \ 4 - 2x - \frac{x^2}{3} = 0$$

$x^2 + 6x - 12 = 0$ $\therefore$ $x = -3 + \sqrt{21}$ [m]

7.64 [정답 : ④] A점에 대한 모멘트 평형조건을 적용하여 B점 반력을 구한다.

$12R_B = 4x \times 2 + 16 \times (4 + 4)$ $\therefore$ $R_B = \dfrac{2x}{3} + \dfrac{32}{3}$

최대휨모멘트가 발생하는 위치에서 전단력 $V = 0$이므로 절단된 보의 오른쪽 부분을 고려하면 $R_B - 2 \times 7 = 0$; $\dfrac{2x}{3} + \dfrac{32}{3} - 14 = 0$ $\therefore$ $x = 5$

7.65 [정답 : ①] • 합력의 크기 : $600 - 50a = 200$ $\therefore$ $a = 8$[m]

• 작용점 : $200 \times 2 = 600 \times 4 - 50(8)(b + 4)$ $\therefore$ $b = 1$[m]

7.66 [정답 : ②]

$$V_B = \int_0^6 q_x dx = \int_0^6 \left(50 - 10x + \frac{x^2}{2}\right) dx = \left[50x - 5x^2 + \frac{x^3}{6}\right]_0^6 = 156[\text{N}]$$

7.67 [정답 : ②] A점에 대한 모멘트 평형조건을 적용한다.

$$10R_B = \int_0^{10} wx dx = \int_0^{10} \frac{1}{10}\left[-x(x-3)^2 + 89x\right] dx$$

$$= \frac{1}{10}\int_0^{10}\left[(-x^3 + 6x^2 - 9x) + 89x\right] dx$$

$$= \frac{1}{10}\int_0^{10}(-x^3 + 6x^2 + 80x) dx$$

$$= \frac{1}{10}\left[-\frac{x^4}{4} + 2x^3 + 40x^2\right]_0^{10} = 350$$

$\therefore$ $R_B = 35$[kN]

7.68 [정답 : ①] 합력 $R=\int_0^b f(x)dx=\int_0^b qx^n dx=\frac{q}{n+1}\left[x^{n+1}\right]_0^b=\frac{q}{n+1}b^{n+1}$

$$M_O=\int_0^b xf(x)dx=\int_0^b qx^{n+1}dx=\frac{q}{n+2}\left[x^{n+2}\right]_0^b=\frac{q}{n+2}b^{n+2}$$

$$R\bar{x}=M_O \quad \therefore \quad \bar{x}=\frac{M_0}{R}=\frac{q}{n+2}b^{n+2}\times\frac{n+1}{qb^{n+1}}=\frac{n+1}{n+2}b$$

8장

8.1 $\bar{x}=\frac{7}{5}=1.4(\text{m}),\ \bar{y}=\frac{4}{5}=0.9(\text{m})$

8.2 y축에 평행하게 높이가 $y\left[y=b\left(\frac{x}{a}\right)^{\frac{1}{3}}\right]$이고 폭이 dx인 미분요소 dA를 잡는다. 요소의 도심 $(x_c, y_c)=\left(x, \frac{y}{2}\right)$이고, 면적 $dA=ydx=b\left(\frac{x}{a}\right)^{\frac{1}{3}}dx$가 된다.

$$A=\int_0^a b\left(\frac{x}{a}\right)^{\frac{1}{3}}dx=\frac{3ab}{4},\ \int x_c dA=\int_0^a x\times b\left(\frac{x}{a}\right)^{\frac{1}{3}}dx=\frac{3a^2b}{7}$$

$$\therefore \quad \bar{x}=\frac{1}{A}\times\frac{3a^2b}{7}=\frac{4a}{7}$$

$$\int y_c dA=\int_0^a \frac{y}{2}\times ydx=\int_0^a\frac{y^2}{2}dx=\frac{1}{2}\int_0^a b^2\left(\frac{x}{a}\right)^{\frac{2}{3}}dx=\frac{3ab^2}{10}$$

$$\therefore \quad \bar{y}=\frac{1}{A}\times\frac{3ab^2}{10}=\frac{2b}{5}$$

8.3 $\bar{x}=\frac{3}{4}b,\ \bar{y}=\frac{3}{10}h$

8.4 $\bar{x}=\frac{2}{3}b,\ \bar{y}=\frac{k}{3}b$

8.5 높이가 y이고 폭이 dx인 수직 미분요소 dA를 잡는다. 요소의 도심 $(x_c, y_c) = \left(x, \frac{y}{2}\right)$ 이고, 면적 $dA = ydx$가 된다.

$$A = \frac{31}{16},\ \int x_c dA = \int_1^2 x \cdot \left(1 + \frac{x^3}{4}\right) dx = \frac{61}{20}$$

$$\int y_c dA = \int_1^2 \frac{y}{2} \cdot ydx = \frac{1}{2}\int_1^2 \left(1 + \frac{x^3}{4}\right)^2 dx = \frac{449}{224}$$

$$\therefore\ \bar{x} = \frac{244}{155} = 1.574,\ \bar{y} = \frac{449}{434} = 1.035$$

8.6 밑변이 $x(x = \sqrt{by})$이고 높이가 dy인 수평 미분요소를 잡는다. 미분요소의 도심 $(x_c, y_c) = \left(\frac{x}{2}, y\right)$이고, 면적 $dA = xdy = \sqrt{by}\,dy$가 된다.

$$A = \int_0^b \sqrt{by}\,dy = \frac{2b^2}{3},\quad \int y_c dA = \int_0^b y\sqrt{by}\,dy = \frac{2b^3}{5}$$

$$\therefore\ \bar{y} = \frac{1}{A} \times \frac{2b^3}{5} = \frac{3b}{5}$$

$$\int x_c dA = \int_0^b \frac{x}{2} \times xdy = \int_0^b \frac{by}{2} dy = \frac{b^3}{4}$$

$$\therefore\ \bar{x} = \frac{1}{A} \times \frac{b^3}{4} = \frac{3b}{8}$$

8.7 $\bar{x} = \frac{3}{10}b,\ \bar{y} = \frac{3}{4}a$

8.8 $\bar{y} = 2$

8.9 $\bar{x} = \frac{6}{5},\ \bar{y} = \frac{3}{4}$

8.10 $\bar{x} = 0,\ \bar{y} = \frac{12}{7}$

8.11 $\bar{x} = \frac{h(2a+b)}{3(a+b)},\ \bar{y} = \frac{a^2+ab+b^2}{3(a+b)}$

8.12 $y^2 = 4x$와 $x^2 = 4y$의 그래프는 $y = x$에 대해 대칭이다.

$\bar{x} = \frac{9}{5},\ \bar{y} = \frac{9}{5}$

8.13 길이 dx 인 미소요소의 질량 $dm = \rho dx = \rho_0\left(1-\frac{x}{2}\right)dx$ 이다.

$$m = \int dm = \int_0^1 \rho_0\left(1-\frac{x}{2}\right)dx = \frac{3}{4}\rho_0$$

$$\int x dm = \int_0^1 x \cdot \rho_0\left(1-\frac{x}{2}\right)dx = \frac{1}{3}\rho_0$$

$$\therefore \ \bar{x} = \frac{\int x dm}{m} = \frac{4}{9}\ (\mathrm{m})$$

8.14 그림과 같이 좌표계를 잡으면 위치 x 에서의 반지름 $R_x = \frac{R}{H}x$ 이므로 두께 dx 인 미소요소의 부피 $dV = (\pi R_x^2)dx = \frac{\pi R^2}{H^2}x^2 dx$ 이다.

$$V = \int dV = \frac{\pi R^2}{H^2}\int_{H/2}^{H} x^2 dx = \frac{7\pi R^2 H}{24}$$

$$\int x dV = \frac{\pi R^2}{H^2}\int_{H/2}^{H} x^3 dx = \frac{15\pi R^2 H^2}{64}$$

$$\therefore \ \bar{x} = \frac{\int x dV}{V} = \frac{45}{56}H$$

따라서 바닥에서 체적도심까지의 거리는 $H - \bar{x} = \frac{11}{56}H$ 이다.

8.15 $\bar{x}=0,\ \bar{y}=0,\ \bar{z}=\frac{5}{6}h$

8.16 $\bar{x}=0,\ \bar{y}=\frac{20}{3},\ \bar{z}=0$

8.17 $\bar{x}=0,\ \bar{y}=0,\ \bar{z}=2.5$

위치 z 에서 두께 dz 인 미소요소를 잡는다. 직선의 방정식에서

$$z = -\frac{10}{4}x + 10,\ z = -\frac{10}{3}y + 10$$

이므로 타원의 면적은

$$\pi xy = \frac{12}{100}\pi(10-z)^2 = k(10-z)^2$$

이다. 따라서 $dV = (\pi xy)dz = k(10-z)^2 dz$ 이다.

8.18 $\bar{x}=0,\ \bar{y}=0,\ \bar{z}=\frac{3k-2}{3(2k-1)}$

위치 z 에서 두께 dz 인 미소요소를 잡는다. 요소의 체적

$$dV = (\pi y^2)dz = \frac{\pi}{4}\left(1 - \frac{z}{k}\right)dz$$

이므로 $V = \int_0^1 dV = \frac{\pi}{4}\left(1 - \frac{1}{2k}\right)$, $\int_0^1 z\,dV = \frac{\pi}{4}\left(\frac{1}{2} - \frac{1}{3k}\right)$이다.

8.19 위치 x에서 두께 dx인 원판을 미소요소로 선정한다. 요소의 반지름은 $\frac{R}{H}x$이므로 $dV = \pi\left(\frac{R}{H}x\right)^2 dx$이다.

$$\therefore \ \bar{x} = \frac{\int_0^H x\,dV}{\int_0^H dV} = \frac{3}{4}H$$

(※ 높이 H인 원뿔의 체적도심은 밑면으로부터 $\frac{1}{4}H$에 있다.)

8.20 위치 x에서 두께 dx인 미소요소를 잡는다. 요소의 체적

$$dV = (\pi y^2)dx = \frac{\pi}{4}(x^4)dx$$

이므로 $V = \int_1^2 dV = \frac{\pi}{4}\int_1^2 x^4 dx$, $\int x\,dV = \frac{\pi}{4}\int_1^2 x^5 dz$이다.

$$\therefore \ \bar{x} = \frac{\frac{1}{6}(2^6 - 1)}{\frac{1}{5}(2^5 - 1)} = \frac{105}{62} = 1.694$$

8.21 요소의 면적(A)과 도심좌표($\bar{x}, \bar{y}$)를 $A(\bar{x}, \bar{y})$로 나타내면 사각형은 24(2,3)이고 삼각형은 9(5,4)이다.

$$\sum A_i = 24 + 9 = 33 \ (\mathrm{m}^2)$$

$$\bar{x} = \frac{\sum A_i \bar{x}_i}{\sum A_i} = \frac{24 \cdot 2 + 9 \cdot 5}{33} = \frac{31}{11} = 2.82 \ (\mathrm{m})$$

$$\bar{y} = \frac{\sum A_i \bar{y}_i}{\sum A_i} = \frac{24 \cdot 3 + 9 \cdot 4}{33} = \frac{36}{11} = 3.27 \ (\mathrm{m})$$

8.22 사각형은 32(4,2)이고 원은 −3.14(6,2)이다. (원의 면적은 πR^2)

$$\sum A_i = 32 - 3.14 = 28.86 \ (\mathrm{m}^2)$$

$$\bar{x} = \frac{\sum A_i \bar{x}_i}{\sum A_i} = \frac{32 \cdot 4 - 3.14 \cdot 6}{28.86} = 3.78 \ (\mathrm{m})$$

$$\bar{y}=\frac{\sum A_i\bar{y}_i}{\sum A_i}=\frac{32\cdot 2-3.14\cdot 2}{28.86}=2\ (\mathrm{m})$$

$y=2$에 대하여 대칭이므로 도심의 y좌표는 2(m)이다.

8.23 사각형은 24(0,1.5)이고 반원은 −6.28(0, 0.849)이다.

(반원의 도심은 $\frac{4R}{3\pi}$)

$$\sum A_i=24-6.28=17.72\ (\mathrm{m}^2)$$

$$\bar{y}=\frac{\sum A_i\bar{y}_i}{\sum A_i}=\frac{24\cdot(1.5)-(6.28)\cdot(0.849)}{17.72}=1.73\ (\mathrm{m})$$

8.24 반원은 25.13(0,1.7)이고 삼각형은 −9(0, 1)이다. (반원의 도심은 $\frac{4R}{3\pi}$)

$$\sum A_i=25.13-9=16.13\ (\mathrm{m}^2)$$

$$\bar{y}=\frac{\sum A_i\bar{y}_i}{\sum A_i}=\frac{(25.13)\cdot(1.7)-9\cdot 1}{16.13}=2.09\ (\mathrm{m})$$

8.25 삼각형은 96(5.33,4)이고 원은 −12.57(4,4)이다.

$$\sum A_i=96-12.57=83.43\ (\mathrm{m}^2)$$

$$\bar{x}=\frac{\sum A_i\bar{x}_i}{\sum A_i}=\frac{96\cdot(5.33)-(12.57)\cdot 4}{83.43}=5.53\ (\mathrm{m})$$

$$\bar{y}=\frac{\sum A_i\bar{y}_i}{\sum A_i}=\frac{96\cdot 4-(12.57)\cdot 4}{83.43}=4\ (\mathrm{m})$$

8.26 4분원은 6362(51.8, 38.2)이고 삼각형은 4050(120, 30)이다.

(4분원의 도심은 $\frac{4R}{3\pi}$)

$$\sum A_i=6362+4050=10412\ (\mathrm{mm}^2)$$

$$\bar{x}=\frac{\sum A_i\bar{x}_i}{\sum A_i}=\frac{6362\cdot(51.8)+4050\cdot 120}{10412}=78.3\ (\mathrm{mm})$$

$$\bar{y}=\frac{\sum A_i\bar{y}_i}{\sum A_i}=\frac{6362\cdot(38.2)+4050\cdot 30}{10412}=35.0\ (\mathrm{mm})$$

8.27 두 개의 사각형(1,2)과 하나의 삼각형(3) 및 원(4)으로 나눈다.

[연습문제 8.27]

구분	A	$\overline{x}$	$\overline{y}$	$A\overline{x}$	$A\overline{y}$
1	$24 \cdot 24 = 576$	12	12	6,912	6,912
2	$(12+18) \cdot 12 = 360$	39	6	14,040	2,160
3	$\frac{1}{2}(12 \cdot 12) = 72$	28	16	2,016	1,152
4	$-\pi \cdot 6^2 = -113$	12	15	−1,355	−1,695
합	$\sum A_i = 895$			$\sum A_i\overline{x_i} = 21{,}612$	$\sum A_i\overline{y_i} = 8{,}529$

$$\overline{X} = \frac{\sum A_i\overline{x_i}}{\sum A_i} = \frac{21{,}612}{895} = 24.15\ (\text{mm})$$

$$\overline{Y} = \frac{\sum A_i\overline{y_i}}{\sum A_i} = \frac{8{,}529}{895} = 9.53\ (\text{mm})$$

8.28 $$\overline{z} = \frac{\sum m_i\overline{z_i}}{\sum m_i} = \frac{4 \cdot 0 + 3 \cdot \left(\frac{200}{2}\right) + 2 \cdot 200}{4+3+2} = \frac{700}{9} = 77.8\ (\text{mm})$$

8.29 •큰 반구 : $V_1 = \frac{2}{3}\pi R^3,\quad \overline{y_1} = \frac{3}{8}R$

•비어있는 작은 반구 : $V_2 = -\frac{2}{3}\pi\left(\frac{R}{2}\right)^3 = -\frac{1}{12}\pi R^3,\quad \overline{y_2} = \frac{3\left(\frac{R}{2}\right)}{8} = \frac{3}{16}R$

$$\therefore\ \overline{y} = \frac{\sum V_i\overline{y_i}}{\sum V_i} = \frac{\left(\frac{2}{3}\pi R^3\right) \cdot \left(\frac{3}{8}R\right) - \left(\frac{1}{12}\pi R^3\right) \cdot \left(\frac{3}{16}R\right)}{\frac{2}{3}\pi R^3 - \frac{1}{12}\pi R^3} = \frac{45}{112}R$$

8.30 •원뿔 : $V_1 = \frac{1}{3}\pi R^2 h = \frac{1}{3}\pi(20^2)(40) = 16{,}755,\quad \overline{x_1} = \frac{3}{4}h = \frac{3}{4}(40) = 30$

•원통 : $V_2 = \pi R^2 H = \pi(20^2)(30) = 37{,}699,\quad \overline{x_2} = 40 + \frac{30}{2} = 55$

$$\therefore\ \overline{x} = \frac{\sum V_i\overline{x_i}}{\sum V_i} = \frac{(16{,}755) \cdot (30) + (37{,}699) \cdot (55)}{16{,}755 + 37{,}699} = 47.3\ (\text{mm})$$

8.31 •위 원뿔 : $V_1=\frac{1}{3}\pi R^2 h=\frac{1}{3}\pi(3^2)(4)=37.7$, $\overline{y_1}=\frac{1}{4}h=\frac{1}{4}(4)=1$

•아래 원뿔 : $V_2=\frac{1}{3}\pi R^2 H=\frac{1}{3}\pi(3^2)(8)=75.4$

$\overline{y_2}=-\frac{1}{4}H=-\frac{1}{4}(8)=-2$

$$\therefore \ \overline{y}=\frac{\sum V_i\overline{y_i}}{\sum V_i}=\frac{(37.7)\cdot(1)+(75.4)\cdot(-2)}{37.7+75.4}=-1.0\ (\text{m})$$

8.32 각 요소의 길이와 도심을 $L(\overline{x},\overline{y})$로 나타내면 다음과 같다.

•호 : $\frac{\pi}{2}\left(\frac{2}{\pi},\ -\frac{2}{\pi}\right)$ • 선분 : $2(-1,\ -1)$

$\therefore$ 전체 길이 $L=\frac{\pi}{2}+2$

$$\overline{X}=\frac{\sum L_i\overline{x_i}}{\sum L_i}=\frac{\frac{\pi}{2}\cdot\left(\frac{2}{\pi}\right)+2\cdot(-1)}{\frac{\pi}{2}+2}=\frac{-2}{\pi+4}=-0.28\ (\text{m})$$

$$\overline{Y}=\frac{\sum L_i\overline{y_i}}{\sum y_i}=\frac{\frac{\pi}{2}\cdot\left(-\frac{2}{\pi}\right)+2\cdot(-1)}{\frac{\pi}{2}+2}=\frac{-6}{\pi+4}=-0.84\ (\text{m})$$

8.33 $2\pi\left(0,\frac{4}{\pi}\right)$, $4(0,0)$ $\therefore$ 전체 길이 $L=4+2\pi$

$$\overline{Y}=\frac{\sum L_i\overline{y_i}}{\sum y_i}=\frac{2\pi\cdot\left(\frac{4}{\pi}\right)+4\cdot(0)}{4+2\pi}=\frac{8}{4+2\pi}=0.778\ (\text{m})$$

8.34 호와 두 직선의 길이와 도심을 $L(\overline{x},\overline{y})$로 나타내면 다음과 같다.

• 호 : $2\pi\left(-\frac{4}{\pi},0\right)$, 직선 : $3(1.5,2)$, $5(1.5,0)$

$\therefore$ 전체 길이 $L=3+5+2\pi=8+2\pi$

$$\overline{X}=\frac{\sum L_i\overline{x_i}}{\sum L_i}=\frac{2\pi\cdot\left(-\frac{4}{\pi}\right)+3\cdot(1.5)+5\cdot(1.5)}{8+2\pi}=\frac{4}{8+2\pi}=0.28\ (\text{m})$$

$$\overline{Y}=\frac{\sum L_i\overline{y_i}}{\sum y_i}=\frac{2\pi\cdot(0)+3\cdot(2)+5\cdot(0)}{8+2\pi}=\frac{6}{8+2\pi}=0.42\ (\text{m})$$

8.35 $\overline{X}=\dfrac{\sum L_i\overline{x_i}}{\sum L_i}=\dfrac{L\cdot\left(-\dfrac{L}{2}\right)+L\cdot\left(\dfrac{L}{2}\cos30°\right)+L\cdot\left(\dfrac{L}{2}\cos30°\right)}{3L}$

$$=\frac{(\sqrt{3}-1)}{6}L$$

8.36 $(\overline{x},\overline{y})=(50, 32.22)\text{ cm}\ :\ \overline{y}=\dfrac{290}{9}\text{ cm}$

8.37 $\overline{x}=\dfrac{80\cdot5-4\pi\cdot3}{80-4\pi}=\dfrac{91}{17}=5.35,\quad \overline{y}=\dfrac{80\cdot4-4\pi\cdot4}{80-4\pi}=4$

8.38 $\overline{x}=\dfrac{9\cdot\left(\dfrac{3}{2}\right)+\dfrac{9}{2}\cdot(3+1)+\dfrac{9}{2}\cdot(1)}{9+\dfrac{9}{2}+\dfrac{9}{2}}=2\,(\text{m})$

8.39 하나의 삼각형(1) 모양과 두 개의 사각형(2, 3) 모양으로 나누어 계산한다. 재질이 균일하므로 물체의 질량 중심은 체적 중심과 일치한다.

$V_1=\dfrac{1}{2}\cdot6\cdot(6-3)\cdot1=9(\text{m}^3),\quad \overline{x_1}=\dfrac{1}{3}\cdot6=2(\text{m})$

$V_2=6\cdot3\cdot1=18(\text{m}^3),\quad \overline{x_2}=\dfrac{1}{2}\cdot6=3(\text{m})$

$V_3=2\cdot3\cdot1=6(\text{m}^3),\quad \overline{x_3}=\dfrac{1}{2}\cdot2=1(\text{m})$

$\therefore\ \overline{x}=\dfrac{\sum V_i\overline{x_i}}{\sum V_i}=\dfrac{(9)\cdot(2)+(18)\cdot(3)+(6)\cdot(1)}{9+18+6}=\dfrac{26}{11}=2.36\ (\text{m})$

8.40 [정답 : ③] $\left[\dfrac{\pi}{4}D^2-\dfrac{\pi}{4}\left(\dfrac{D}{4}\right)^2\right]\overline{y}=\dfrac{\pi}{4}D^2\left(\dfrac{D}{2}\right)-\dfrac{\pi}{4}\left(\dfrac{D}{4}\right)^2\left(\dfrac{D}{8}\right)$

$\left(1-\dfrac{1}{16}\right)\overline{y}=\left(\dfrac{1}{2}-\dfrac{1}{16\times8}\right)D\quad\therefore\ \overline{y}=\dfrac{21}{40}D$

8.41 [정답 : ③] $\left[\dfrac{\pi}{4}D^2-\dfrac{\pi}{4}\left(\dfrac{D}{2}\right)^2\right]\overline{y}=\dfrac{\pi}{4}D^2\left(\dfrac{D}{2}\right)-\dfrac{\pi}{4}\left(\dfrac{D}{2}\right)^2\left(\dfrac{D}{4}\right)$

$\left(1-\dfrac{1}{4}\right)\overline{y}=\left(\dfrac{1}{2}-\dfrac{1}{4\times4}\right)D\quad\therefore\ \overline{y}=\dfrac{7}{12}D$

8.42 [정답 : ②] $\left[\dfrac{\pi}{2}R^2-\dfrac{\pi}{2}\left(\dfrac{R}{2}\right)^2\right]\overline{y}=\dfrac{\pi}{2}R^2\left(\dfrac{4R}{3\pi}\right)-\dfrac{\pi}{2}\left(\dfrac{R}{2}\right)^2\left(\dfrac{4}{3\pi}\times\dfrac{R}{2}\right)$

$$\left(1-\frac{1}{4}\right)\bar{y}=\left(\frac{4R}{3\pi}\right)\left(1-\frac{1}{8}\right) \quad \therefore\ \bar{y}=\frac{14R}{9\pi}$$

8.43 [정답 : ①] $\left(R^2-\frac{\pi}{4}R^2\right)\bar{y}=R^2\left(\frac{R}{2}\right)-\frac{\pi}{4}R^2\left(\frac{4R}{3\pi}\right)$

$$\left(1-\frac{\pi}{4}\right)\bar{y}=\frac{R}{2}-\frac{R}{3}=\frac{R}{6} \quad \therefore\ \bar{y}=\frac{2R}{3(4-\pi)}$$

8.44 [정답 : ③] $(4a^2-a^2)c=4a^2(a)-a^2\left(a+\frac{a}{2}\right)$

$$3c=\left(4-\frac{3}{2}\right)a=\frac{5}{2}a \quad \therefore\ c=\frac{5}{6}a$$

8.45 [정답 : ③]

$$(100^2-50\times 40)\bar{y}=100^2(50)-50\times 40\left(20+\frac{40}{2}\right) \quad \therefore\ \bar{y}=\frac{105}{2}=52.5$$

8.46 [정답 : ④] $\bar{x}=\dfrac{a+(a+b)}{3}=\dfrac{2a+b}{3}$

8.47 [정답 : ②] $(Bh+5bh)\times 4h=Bh\left(5h+\frac{h}{2}\right)+5bh\times\frac{5h}{2}$

$$4B+20b=\frac{11}{2}B+\frac{25}{2}b \quad \therefore\ B=5b$$

8.48 [정답 : ②] $4x=4x^2$에서 교점의 x좌표는 0, 1이다.

$$A=\int_0^1(4x-4x^2)dx=\left[2x^2-\frac{4}{3}x^3\right]_0^1=\frac{2}{3}$$

$$\int_0^1 x\,dA=\int_0^1 x(4x-4x^2)dx=\left[\frac{4}{3}x^3-x^4\right]_0^1=\frac{1}{3}$$

$$\therefore\ x_c=\frac{\int x\,dA}{A}=\frac{1/3}{2/3}=\frac{1}{2}$$

8.49 $I_x=\dfrac{b_1h_1^3}{12}-2\times\dfrac{b_2h_2^3}{12}=\dfrac{(12)(20)^3}{12}-2\times\dfrac{(4)(12)^3}{12}=6{,}848(\text{mm}^4)$

8.50 [정답 : ③] $I_{x1}=I_C+Ad^2$에서 $I_C=I_{x1}-Ad^2$

$$\therefore\ I_{x2}=I_C+A(2d)^2=(I_{x1}-Ad^2)+4Ad^2=I_{x1}+3Ad^2$$

8.51 [정답 : ④] $I_x = I_{X_C} + Ad^2 = 5{,}000 + 100 \times (5)^2 = 7{,}500[\text{cm}^4]$

8.52 [정답 : ③] $I_{X1} = I_C + A(10)^2$

$$\therefore\ I_C = I_{X1} - A(10)^2 = 25{,}000 - 200 \times 10^2 = 5{,}000[\text{cm}^4]$$

$$I_{X2} = I_C + A(20)^2 = 5{,}000 + 200 \times (20)^2 = 85{,}000[\text{cm}^4]$$

8.53 [정답 : ④] 도심의 정의는 $\int ydA = 0$이므로 도심축에 대한 단면 1차 모멘트는 0이다.

8.54 원의 반지름과 정사각형의 한 변의 길이를 각각 R, a라고 하면
$A = \pi R^2 = a^2$이므로 도심축에 대한 단면 2차모멘트(I_x)는 다음과 같다.

$$I_{원} = \frac{\pi R^4}{4} = \frac{1}{4} \times \frac{A^2}{\pi} = \frac{A^2}{4\pi}\ ;\ I_{정사각형} = \frac{a^4}{12} = \frac{A^2}{12}$$

따라서 정사각형의 단면 2차모멘트가 원보다 크다.

8.55 $I_x = I_X + Ay^2 = \frac{\pi d^4}{64} + \frac{\pi d^2}{4} y^2 = 2 \times \frac{\pi d^4}{64} \quad \therefore\ y = \frac{d}{4}$

8.56 $I_x = \left[\frac{3a(2a)^3}{12} + 6a^2 \times a^2\right] - \left[\frac{a^4}{12} + a^2 \times \left(\frac{a}{2}\right)^2\right] = \frac{23}{3} a^4$

8.57 [정답 : ③] $I_{x2} = I_C + A(40)^2$

$$\therefore\ I_C = I_{x2} - A(40)^2 = 162{,}000 - 100 \times (40)^2 = 2{,}000[\text{cm}^4]$$

$$I_{x1} = I_C + A(20)^2 = 2{,}000 + 100 \times (20)^2 = 42{,}000[\text{cm}^4]$$

8.58 [정답 : ②] $I_x = \left[\frac{12(2)^3}{12} + (12 \times 2)(2+1)^2\right] + \left[\frac{3(2)^3}{12} + (3 \times 2)(1)^2\right] = 232$

8.59 $I_x = 2 \times \frac{\sqrt{2}\, a(a/\sqrt{2})^3}{12} - \frac{b^4}{12} = \frac{1}{12}(a^4 - b^4)$

8.60 [정답 : ②]

$$I_x = I_C + Ad^2 = \frac{bh^3}{36} + Ad^2 = \frac{40(30)^3}{36} + \frac{1}{2}(40 \times 30)\left(50 + \frac{30}{3}\right)^2 = 219 \times 10^4$$

8.61 [정답 : ③] $A \times 10^2 + I_c = 600{,}000\ \cdots ①\ ;\ A \times 20^2 + I_c = 720{,}000\ \cdots ②$

$$② - ①\ :\ A(20^2 - 10^2) = 120{,}000 \quad \therefore\ A = 400[\text{cm}^2]$$

부록

정역학 기초수학과 평면 도형의 성질

A.1 삼각함수

1. 삼각함수와 피타고라스 정리

1. 삼각비의 정의 : $\angle C = 90^\circ$ 인 직각삼각형 ABC에서 세 변의 길이 사이의 비의 값을 다음과 같이 정의한다.

$$\sin A = \frac{a}{c},\ \cos A = \frac{b}{c},\ \tan A = \frac{a}{b}$$

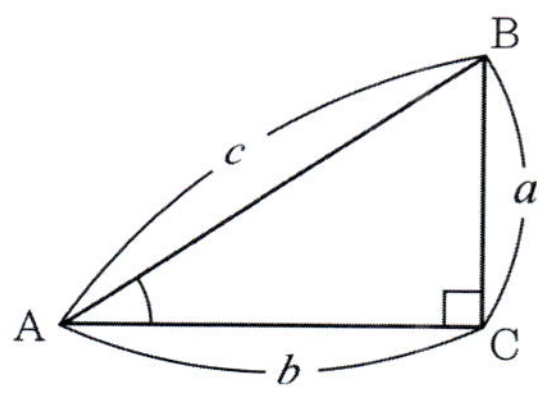

[그림 A-1]

sin, cos, tan는 각각 sine, cosine, tangent의 약자이고 A는 $\angle A$의 크기를 나타낸다.

2. 피타고라스 정리 : 빗변의 길이가 c이고 나머지 두 변의 길이가 a, b일 때 a, b, c사이에는 다음 관계식이 성립한다.

$$a^2 + b^2 = c^2$$

2. 코시컨트함수, 시컨트함수, 코탄젠트함수

1. 코시컨트함수($\csc\theta$), 시컨트함수($\sec\theta$), 코탄젠트함수($\cot\theta$)의 정의

$$\csc\theta = \frac{1}{\sin\theta},\ \sec\theta = \frac{1}{\cos\theta},\ \cot\theta = \frac{1}{\tan\theta}$$

2. 사인함수, 코사인함수와 탄젠트함수, 코탄젠트함수의 관계식

$$\tan\theta = \frac{\sin\theta}{\cos\theta},\ \cot\theta = \frac{\cos\theta}{\sin\theta}$$

3. 기본공식

1. $\sin^2\theta+\cos^2\theta=1$, $1+\tan^2\theta=\sec^2\theta$, $1+\cot^2\theta=\csc^2\theta$
2. $\sin(\alpha+\beta)=\sin\alpha\cos\beta+\cos\alpha\sin\beta$

   $\sin(\alpha-\beta)=\sin\alpha\cos\beta-\cos\alpha\sin\beta$
3. $\cos(\alpha+\beta)=\cos\alpha\cos\beta-\sin\alpha\sin\beta$

   $\cos(\alpha-\beta)=\cos\alpha\cos\beta+\sin\alpha\sin\beta$
4. $\tan(\alpha+\beta)=\dfrac{\tan\alpha+\tan\beta}{1-\tan\alpha\tan\beta}$, $\tan(\alpha-\beta)=\dfrac{\tan\alpha-\tan\beta}{1+\tan\alpha\tan\beta}$
5. $\sin 2\alpha=2\sin\alpha\cos\alpha$

   $\cos 2\alpha=\cos^2\alpha-\sin^2\alpha=1-2\sin^2\alpha=2\cos^2\alpha-1$
6. $\sin^2\dfrac{\alpha}{2}=\dfrac{1-\cos\alpha}{2}$, $\cos^2\dfrac{\alpha}{2}=\dfrac{1+\cos\alpha}{2}$, $\tan^2\dfrac{\alpha}{2}=\dfrac{1-\cos\alpha}{1+\cos\alpha}$

4. 역삼각함수

1. 역사인함수 : $y=\sin x$일 때 $x=\sin^{-1}y$ 또는 $x=\arcsin y$로 나타낸다.
2. 역코사인함수 : $y=\cos x$일 때 $x=\cos^{-1}y$ 또는 $x=\arccos y$로 나타낸다.
3. 역탄젠트함수 : $y=\tan x$일 때 $x=\tan^{-1}y$ 또는 $x=\arctan y$로 나타낸다.

예 (1) $\sin x=0.4$이면 $x=\sin^{-1}(0.4)=23.6°$

(2) $4\cos x=1.2$이면 $x=\cos^{-1}\left(\dfrac{1.2}{4}\right)=72.5°$

(3) $70\tan x=34$이면 $x=\tan^{-1}\left(\dfrac{34}{70}\right)=25.9°$

5. 사인법칙

세 각의 크기가 A, B, C인 $\triangle ABC$에서 세 각의 대변의 길이를 각각 a, b, c라 하고 $\triangle ABC$의 외접원의 반지름을 R이라고 하면 다음 관계가 성립한다.

$$\frac{a}{\sin A}=\frac{b}{\sin B}=\frac{c}{\sin C}=2R$$

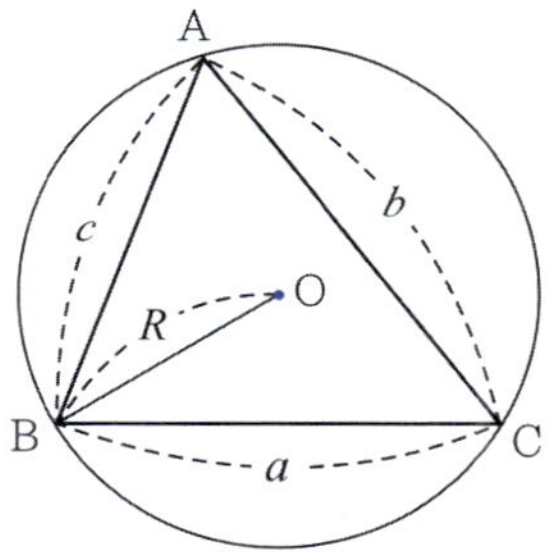

[그림 A-2]

6. 코사인법칙

$\triangle ABC$의 세 각의 크기 A, B, C와 세 각의 대변의 길이 a, b, c 사이에 다음 관계가 성립한다.

1. 제일코사인법칙

$$a = b\cos C + c\cos B$$
$$b = c\cos A + a\cos C$$
$$c = a\cos B + b\cos A$$

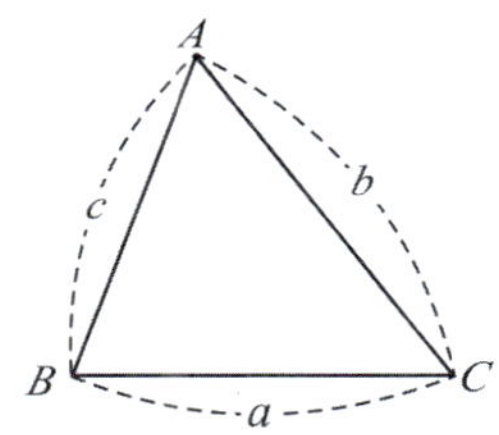

[그림 A-3]

2. 제이코사인법칙

$$a^2 = b^2 + c^2 - 2bc\cos A$$
$$b^2 = c^2 + a^2 - 2ca\cos B$$
$$c^2 = a^2 + b^2 - 2ab\cos C$$

예 $\angle A = 60°$, $\overline{AB} = 2$, $\overline{AC} = 3$ 인 $\triangle ABC$ 에서 $\overline{BC}$ 의 길이[그림 A-4].

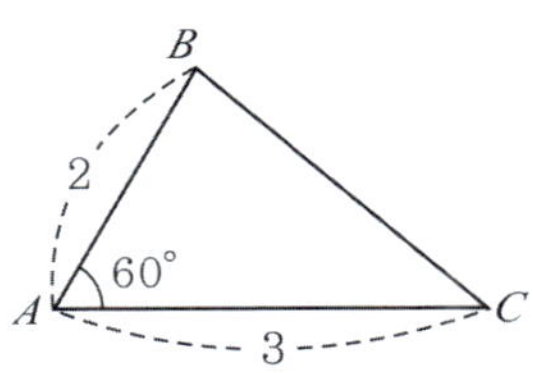

[그림 A-4]

$c = \overline{AB},\ b = \overline{AC}\ ,\ a = \overline{BC}$ 로 하면,

$a^2 = b^2 + c^2 - 2bc\cos A\ = 2^2 + 3^2 - 2 \times 2 \times 3\cos 60° = 7$

$\therefore\ \overline{BC} = a = \sqrt{7}$

7. 삼각함수 합성

1. $a\sin\theta + b\cos\theta = \sqrt{a^2+b^2}\sin(\theta+\alpha)$

$$\cos\alpha = \frac{a}{\sqrt{a^2+b^2}},\ \sin\alpha = \frac{b}{\sqrt{a^2+b^2}},\ \tan\alpha = \frac{b}{a}$$

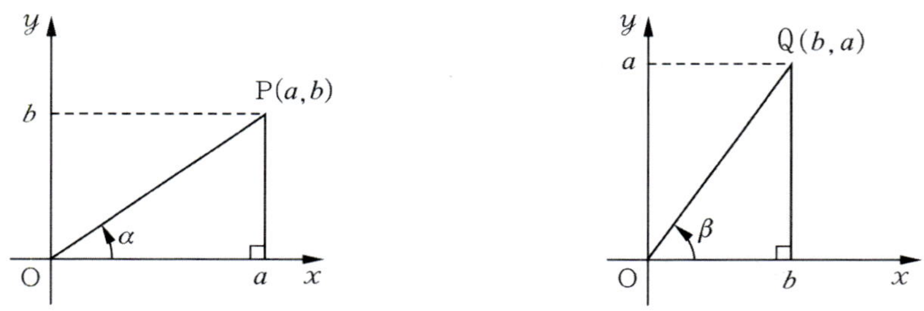

[그림 A-5]

2. $a\sin\theta + b\cos\theta = \sqrt{a^2+b^2}\cos(\theta-\beta)$

$$\cos\beta = \frac{b}{\sqrt{a^2+b^2}},\ \sin\beta = \frac{a}{\sqrt{a^2+b^2}},\ \tan\beta = \frac{a}{b}$$

예 (1) $y = \sin x + \sqrt{3}\cos x = \sqrt{1^2 + (\sqrt{3}\ )^2}\sin\left(x + \frac{\pi}{3}\right) = 2\sin\left(x + \frac{\pi}{3}\right)$

[← $\tan\alpha = \frac{b}{a} = \sqrt{3}$ 에서 $\alpha = \tan^{-1}(\sqrt{3}) = \frac{\pi}{3}$]

(2) $y = 2\sin x + 5\cos x = \sqrt{(2)^2 + (5)^2}\sin(x+\alpha)$

$= \sqrt{29}\sin(x + 68.2°)$

[← $\tan\alpha = \frac{b}{a} = \frac{5}{2}$ 에서 $\alpha = \tan^{-1}\left(\frac{5}{2}\right) = 68.2°$]

A.2 대수

1. 2차방정식

1. $ax^2+bx+c=0\ (a\neq 0)$의 근

   $b^2-4ac\geq 0$일 때 실근 $x=\dfrac{-b\pm\sqrt{b^2-4ac}}{2a}$

2. $Ax^2+2Bx+C=0\ (A\neq 0)$의 근

   $B^2-AC\geq 0$일 때 실근 $x=\dfrac{-B\pm\sqrt{B^2-AC}}{A}$

2. 로그(log)

1. 로그의 정의

   $a>0,\ a\neq 1$ 일 때, 임의의 양수 N에 대하여 $a^x=N$이 되는 실수 x를 a를 밑으로 하는 N의 로그라 하고, $x=\log_a N$으로 나타낸다.

2. 로그의 기본 성질

   $a>0,\ a\neq 1$ 이고 $x>0,\ y>0$ 일 때

   ① $\log_a a=1,\ \log_a 1=0$　　② $\log_a xy=\log_a x+\log_a y$

   ③ $\log_a \dfrac{x}{y}=\log_a x-\log_a y$　　④ $\log_a x^m=m\log_a x$ (m은 실수)

   밑 변환공식 : $a>0,\ a\neq 1,\ b>0,\ b\neq 1,\ x>0$ 일 때

   ① $\log_a x=\dfrac{\log_b x}{\log_b a}$　　② $\log_a b=\dfrac{1}{\log_b a}$

3. 자연로그

   밑이 e 인 $\log_e x$ 를 자연로그라 하고 $\ln x$ 으로 나타낸다. 즉, $\ln x=\log_e x$ 이다. 여기에서 $e=\lim_{h\to 0}(1+h)^{\frac{1}{h}}=2.718281\cdots$(무리수)이다.

3. 행렬식

1. 2차정사각행렬 $A=\begin{bmatrix} a & b \\ c & d \end{bmatrix}$의 행렬식(determinant)

$$\det(A)=|A|=\begin{vmatrix} a & b \\ c & d \end{vmatrix}=ad-bc$$

2. 3차정사각행렬 $A=\begin{bmatrix} a_1 & b_1 & c_1 \\ a_2 & b_2 & c_2 \\ a_3 & b_3 & c_3 \end{bmatrix}$의 행렬식

$$\begin{aligned}\det(A)=|A|&=a_1\begin{vmatrix} b_2 & c_2 \\ b_3 & c_3 \end{vmatrix}-b_1\begin{vmatrix} a_2 & c_2 \\ a_3 & c_3 \end{vmatrix}+c_1\begin{vmatrix} a_2 & b_2 \\ a_3 & b_3 \end{vmatrix}\\ &=a_1(b_2c_3-c_2b_3)-b_1(a_2c_3-c_2a_3)+c_1(a_2b_3-b_2a_3)\\ &=a_1b_2c_3+b_1c_2a_3+c_1a_2b_3-a_1c_2b_3-b_1a_2c_3-c_1b_2a_3\end{aligned}$$

A.3 벡터

1. 표기법

벡터(vector)는 크기와 방향을 갖는 물리량이다. 손으로 쓸 때는 일반적으로 $\overrightarrow{V}$, $\overrightarrow{AB}$ 등과 같이 위에 화살표가 표시된 문자로 나타낸다. 벡터 $\overrightarrow{V}$의 크기는 $|\overrightarrow{V}|$ 또는 간단히 V로 표시한다.

책에서는 벡터를 볼드체(굵은 고딕체)로 많이 나타낸다. 그러나 이 책에서는 벡터가 방향을 갖는 물리량이라는 것을 알기 쉽게 화살표가 표시된 문자로 나타낸다.

2. 벡터의 덧셈과 뺄셈

1. 덧셈 : 두 벡터 $\overrightarrow{P}$, $\overrightarrow{Q}$의 합 $\overrightarrow{P}+\overrightarrow{Q}=\overrightarrow{R}$은 [그림 A-6]과 같은 평행사변형법이나 삼각형법으로 정의된다.

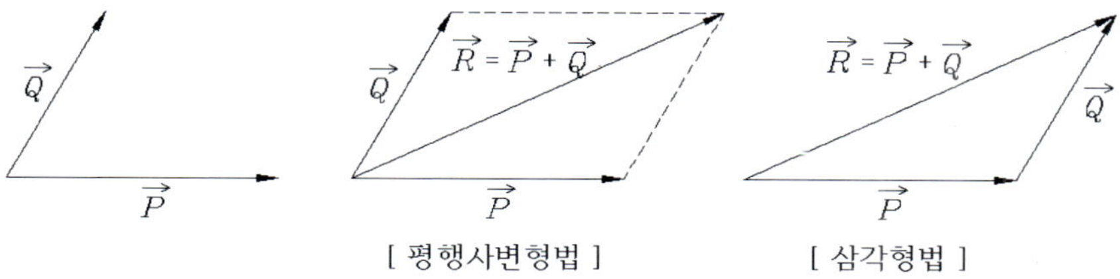

[그림 A-6]

덧셈에 대해서 다음과 같이 교환법칙과 결합법칙이 모두 성립한다.

- 교환법칙 : $\vec{P}+\vec{Q}=\vec{Q}+\vec{P}$
- 결합법칙 : $\vec{P}+(\vec{Q}+\vec{R})=(\vec{P}+\vec{Q})+\vec{R}$

2. 빼셈 : 벡터의 빼셈은 [그림 A-7]과 같이 음(−)의 벡터를 더한 것으로 정의한다.

$$\vec{P}-\vec{Q}=\vec{P}+(-\vec{Q})$$

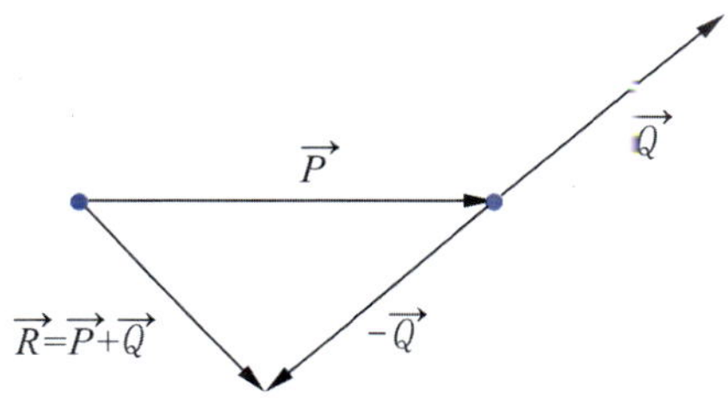

[그림 A-7]

3. 벡터의 성분과 벡터 표현법

직교좌표계에서 x, y, z 방향의 단위 벡터를 각각 $\vec{i}, \vec{j}, \vec{k}$라 하면 벡터 $\vec{V}$는 다음과 같이 표현된다. 단위 벡터는 크기가 1인 벡터이다.

$$\vec{V}=V_x\vec{i}+V_y\vec{j}+V_z\vec{k}$$

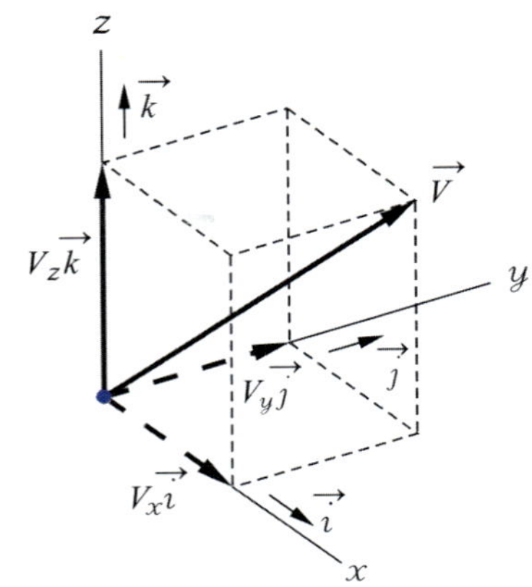

[그림 A-8]

[그림 A-8]과 같이 벡터 $\vec{V}$를 직교좌표계를 이용하여 분해한 벡터 $\vec{V_x}$, $\vec{V_y}$, $\vec{V_z}$를 각각 벡터 $\vec{V}$의 x, y, z 벡터성분이라 한다. x, y, z 방향의 단위 벡터를 각각 $\vec{i}$ $\vec{j}$, $\vec{k}$라 하면 $\vec{V_x}= V_x\vec{i}$, $\vec{V_y}= V_y\vec{j}$, $\vec{V_z}= V_z\vec{k}$로 쓸 수 있으므로 V_x, V_y, V_z를 각각 벡터 $\vec{V}$의 x, y, z 스칼라성분이라 한다.

4. 좌표계와 벡터

1. [그림 A-9]와 같은 2차원 $x-y$ 좌표계에서 두 점 A, B의 좌표가 각각 $A(x_1, y_1)$, $B(x_2, y_2)$일 때 점 A에서 점 B로 향하는 벡터는 다음과 같다.

$$\overrightarrow{AB}= (x_2 - x_1)\vec{i} + (y_2 - y_1)\vec{j}$$

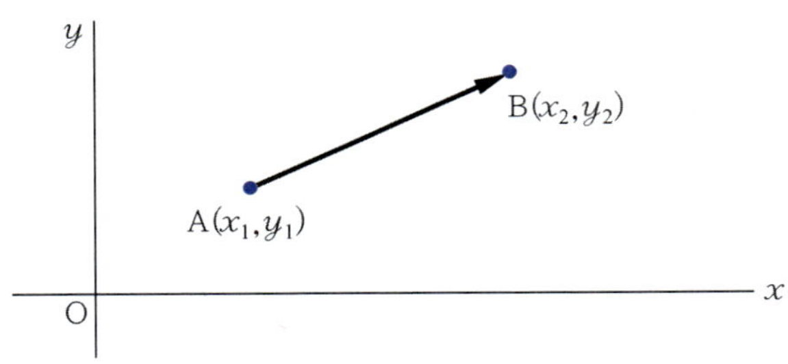

[그림 A-9]

마찬가지로 3차원 공간에서 두 점의 좌표가 $A(x_1, y_1, z_1)$, $B(x_2, y_2, z_2)$이면 벡터 $\overrightarrow{AB}$는 다음과 같이 표현된다.

$$\overrightarrow{AB} = (x_2 - x_1)\vec{i} + (y_2 - y_1)\vec{j} + (z_2 - z_1)\vec{k}$$

2. 벡터 $\vec{V} = a\vec{i} + b\vec{j} + c\vec{k}$와 같은 방향을 갖는 단위벡터

$$\vec{n} = \frac{a\vec{i} + b\vec{j} + c\vec{k}}{\sqrt{a^2 + b^2 + c^2}}$$

이고 크기가 F인 힘 $\vec{F}$의 방향이 $\vec{V}$의 방향과 같을 때 $\vec{F} = F\vec{n}$으로 표현된다.

5. 스칼라 곱(도트 또는 내적)

두 벡터의 스칼라 곱(도트 또는 내적)은 다음과 같이 정의된다.

$$\vec{P} \cdot \vec{Q} = PQ\cos\theta$$

여기에서 P, Q는 각각 두 벡터 $\vec{P}$, $\vec{Q}$의 크기이고, θ는 두 벡터가 이루는 각을 나타낸다[그림 A-10]. 벡터의 스칼라 곱은 벡터 $\vec{P}$의 크기에 벡터 $\vec{Q}$의 $\vec{P}$방향 성분 $Q\cos\theta$를 곱한 것, 또는 벡터 $\vec{Q}$의 크기에 벡터 $\vec{P}$의 $\vec{Q}$방향 성분 $P\cos\theta$를 곱한 것으로 볼 수 있다.

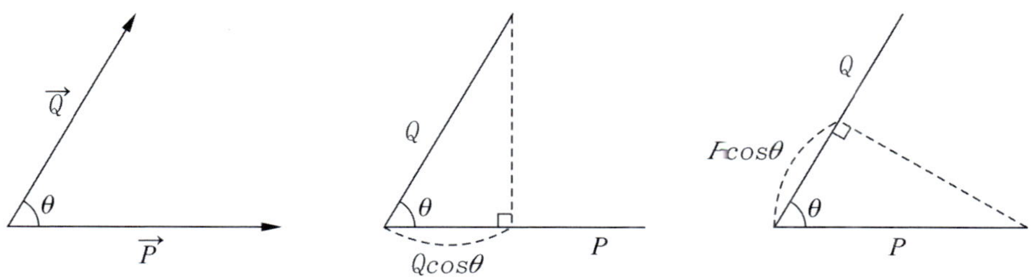

[그림 A-10]

스칼라 곱의 정의로부터 다음 관계식을 얻는다.

$$\vec{i} \cdot \vec{i} = 1, \quad \vec{j} \cdot \vec{j} = 1, \quad \vec{k} \cdot \vec{k} = 1$$

$$\vec{i} \cdot \vec{j} = \vec{j} \cdot \vec{i} = 0, \quad \vec{j} \cdot \vec{k} = \vec{k} \cdot \vec{j} = 0, \quad \vec{k} \cdot \vec{i} = \vec{i} \cdot \vec{k} = 0$$

$$\vec{P} \cdot \vec{Q} = (P_x\vec{i} + P_y\vec{j} + P_z\vec{k}) \cdot (Q_x\vec{i} + Q_y\vec{j} + Q_z\vec{k})$$
$$= P_xQ_x + P_yQ_y + P_zQ_z$$
$$\vec{P} \cdot \vec{P} = P_x^2 + P_y^2 + P_z^2$$

$\vec{P} \cdot \vec{Q} = 0$일 때 두 벡터 $\vec{P}$, $\vec{Q}$가 서로 직각을 이룬다.

6. 벡터 곱(크로스 또는 외적)

두 벡터 $\vec{P}$, $\vec{Q}$의 벡터 곱 $\vec{P} \times \vec{Q}$는 그 크기가

$$|\vec{P} \times \vec{Q}| = PQ\sin\alpha$$

이고, 방향이 [그림 A-11]과 같이 오른손 법칙에 의해 정해지는 벡터이다.

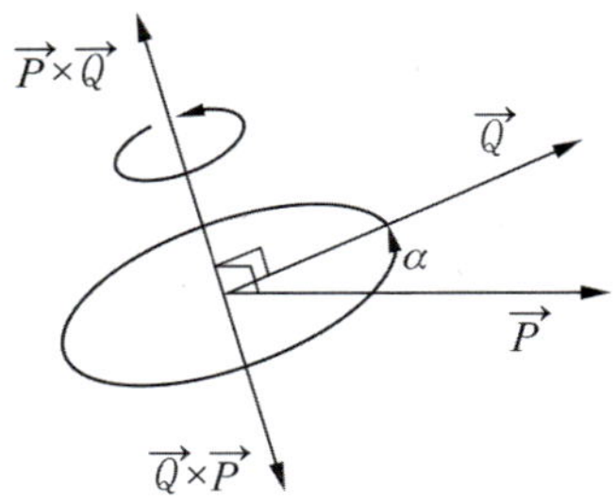

[그림 A-11]

오른손 좌표계를 이용하여 벡터 곱의 정의로부터

$$\vec{i}\times\vec{i} = 0,\quad \vec{j}\times\vec{j} = 0,\quad \vec{k}\times\vec{k} = 0$$
$$\vec{i}\times\vec{j} = \vec{k},\quad \vec{j}\times\vec{k} = \vec{i},\quad \vec{k}\times\vec{i} = \vec{j}$$
$$\vec{j}\times\vec{i} = -\vec{k},\quad \vec{k}\times\vec{j} = -\vec{i},\quad \vec{i}\times\vec{k} = -\vec{j}$$

의 관계식을 얻는다[그림 A-12].

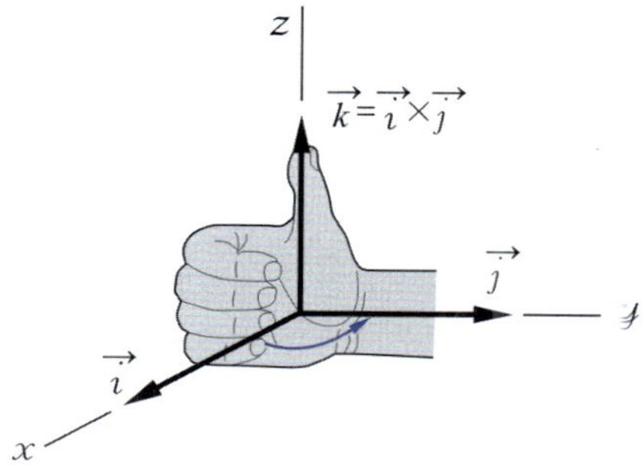

[그림 A-12]

오른손 법칙에 의해 일반적으로 반시계방향 모멘트 부호를 양(+), 시계방향 모멘트 부호를 음(−)으로 정한다. 벡터 곱의 순서를 바꾸고 오른손 법칙을 사용하면

$$\overrightarrow{Q}\times\overrightarrow{P}=-\overrightarrow{P}\times\overrightarrow{Q}$$

이다. 벡터 곱은 다음과 같이 행렬식으로 표현할 수 있다.

$$\overrightarrow{P}\times\overrightarrow{Q}=\begin{vmatrix}\vec{i} & \vec{j} & \vec{k}\\ P_x & P_y & P_z\\ Q_x & Q_y & Q_z\end{vmatrix}$$

$$=(P_yQ_z-P_zQ_y)\vec{i}-(P_xQ_z-P_zQ_x)\vec{j}+(P_xQ_y-P_yQ_x)\vec{k}$$

여기에서 $\overrightarrow{P}=P_x\vec{i}+P_y\vec{j}+P_z\vec{k}$, $\overrightarrow{Q}=Q_x\vec{i}+Q_y\vec{j}+Q_z\vec{k}$이다.

A.4 기하

1. 동위각과 엇각, 법선과 경사각

[그림 A-13]에서 두 개의 평행선과 이들을 가로지르는 선 사이의 각 θ는 같다. (동위각과 엇각은 같다.)

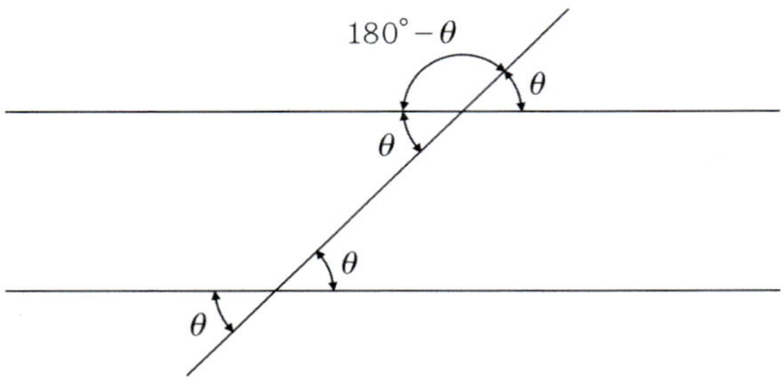

[그림 A-13]

경사각 θ와 법선이 이루는 각 사이의 관계는 [그림 A-14]와 같다.

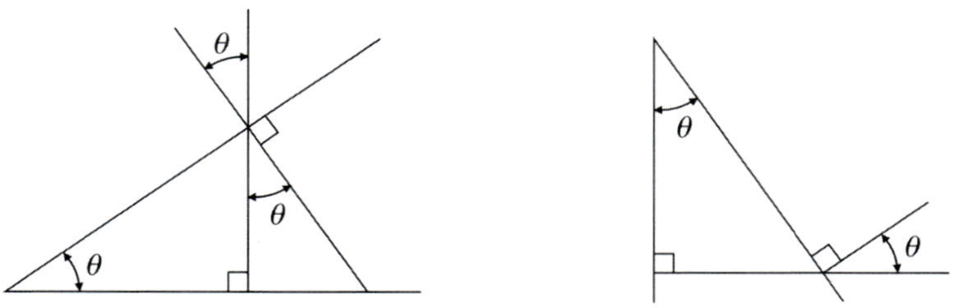

[그림 A-14]

2. 삼각형

1. 닮은 꼴 삼각형

(1) 그림과 같은 닮은 삼각형의 변 길이 사이에는 다음 관계가 성립한다.

$$\frac{a}{A}=\frac{b}{B}=\frac{c}{C}$$

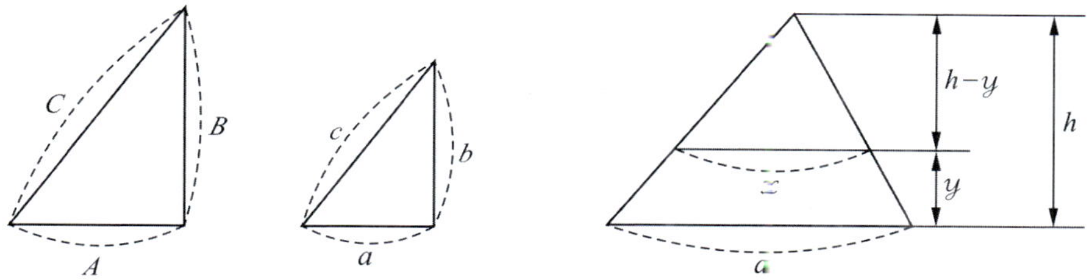

[그림 A-15]

(2) [그림 A−15]에서 $a:h=x:(h-y)$ 또는 $\dfrac{x}{a}=\dfrac{h-y}{h}$, $x=\dfrac{a}{h}(h-y)$ 이다.

2. 삼각형의 넓이

세 각의 크기가 A, B, C이고, 세 각의 대변의 길이가 a, b, c 인 $\triangle ABC$의 넓이 S는 다음과 같다. a는 삼각형의 밑변 길이, h는 높이이다.

$$S=\frac{1}{2}ah=\frac{1}{2}ab\sin C=\frac{1}{2}bc\sin A=\frac{1}{2}ca\sin B$$

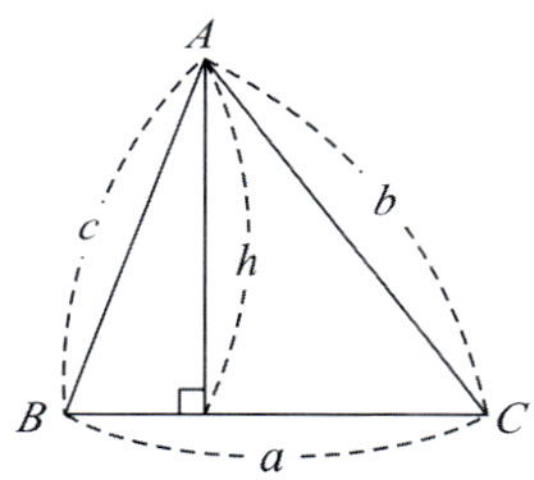

[그림 A-16]

3. 원, 부채꼴, 구, 직각 원추

1. 원

반지름 r인 원의 둘레 $l=2\pi r$, 넓이 $S=\pi r^2$

2. 부채꼴

반지름 r, 중심각 θ(rad)인 부채꼴의 호의 길이 $l=r\theta$, 넓이 $S=\dfrac{1}{2}r^2\theta$

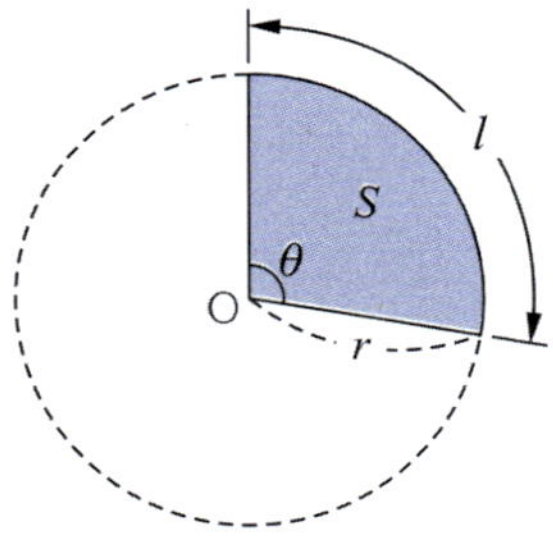

[그림 A-17]

3. 구

반지름 r인 구의 부피 $V=\dfrac{4}{3}\pi r^3$, 표면적 $S=4\pi r^2$

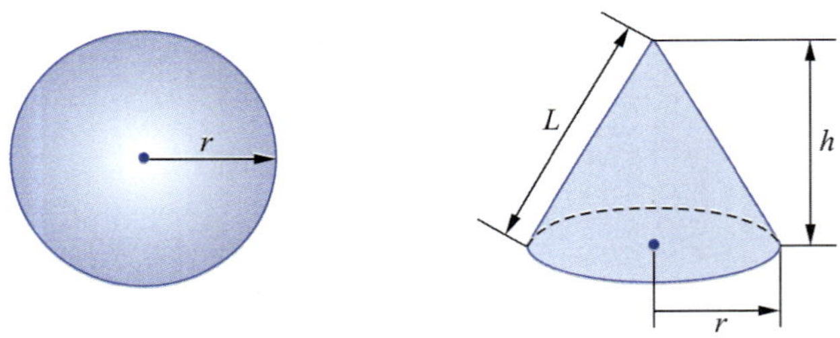

[그림 A-18]

4. 직각 원추

밑면 반지름 r, 높이 h인 직각 원추의 부피 $V=\dfrac{1}{3}\pi r^2 h$, 측면적 $S=\pi rL$,

측면선의 길이 $L=\sqrt{r^2+h^2}$ [그림 A-18].

A.5 적분

1. 넓이

함수 $f(x)$가 폐구간 $[a, b]$에서 연속일 때 곡선 $y=f(x)$와 x축 및 두 직선 $x=a$, $x=b$로 둘러싸인 도형의 넓이는 다음과 같다[그림 A-19].

$$S=\int_a^b |f(x)|dx$$

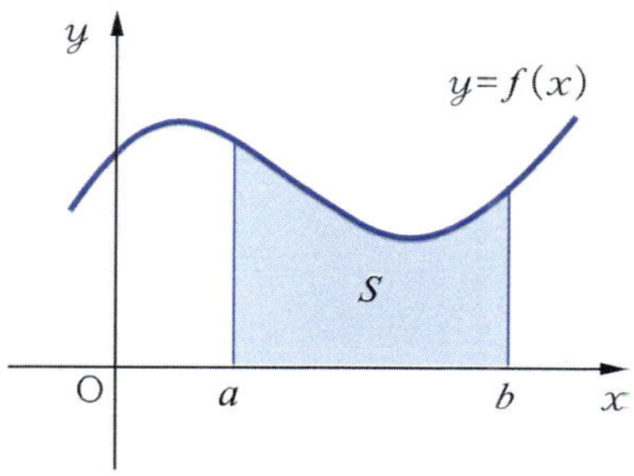

[그림 A-19]

$w(x) \geq 0$일 때 $y=w(x)$와 x축 및 두 직선 $x=a$, $x=b$와로 둘러싸인 도형의 넓이 $S=\int_a^b w(x)dx$이다.

2. 적분공식

1. 일반공식

(1) $\int (u \pm v)dx = \int udx \pm \int vdx$

(2) $\int kudx = k\int udx$ (k : 상수)

(3) $\int u'vdx = uv - \int uv'dx$ 또는 $\int vdu = uv - \int udv$

(4) $\int F[u(x)]dx = \int F(w)\frac{dw}{w'}$, $w = u(x)$, $w' = \frac{dw}{dx}$

2. 기본공식

(1) $\int k dx = kx + C$ (k, C는 상수)

(2) $\int x^n dx = \frac{1}{n+1}x^{n+1} + C$ $(n \neq -1)$

(3) $\int \frac{1}{x}dx = \ln|x| + C$

(4) $\int a^x dx = \frac{a^x}{\ln a} + C$ $(a > 0, a \neq 1)$

(5) $\int e^x dx = e^x + C$

(6) $\int \sin dx = -\cos x + C$

(7) $\int \cos x dx = \sin x + C$

(8) $\int \sec x\, dx = \ln|\sec x + \tan x| + C$

(9) $\int \tan x dx = -\ln|\cos x| + C$

(10) $\int \csc x\, dx = \ln|\csc x - \cot x| + C$

(11) $\int \cot x dx = \ln|\sin x| + C$

(12) $\int \sec^2 x dx = \tan x + C$

(13) $\int \csc^2 x dx = -\cot x + C$

(14) $\int \sec x \tan x dx = \sec x + C$

(15) $\int \csc x \cot x dx = -\csc x + C$

A.6 평면 도형의 성질

- A : 면적
- $\bar{x}, \bar{y}$: 도심(C)까지 거리
- I_x, I_y : x축과 y축에 대한 관성모멘트
- I_p : x축과 y축의 원점에 대한 극관성 모멘트, $I_p = I_x + I_y$
- I_{x1} : $x1$축에 대한 관성모멘트

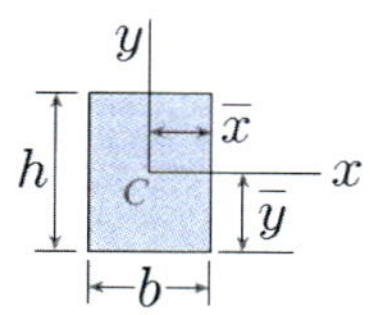

[직사각형]

$$A = bh \ ; \ \bar{x} = \frac{b}{2} \ ; \ \bar{y} = \frac{h}{2}$$

$$I_x = \frac{bh^3}{12} \ ; \ I_y = \frac{hb^3}{12}$$

$$I_p = \frac{bh}{12}(b^2 + h^2)$$

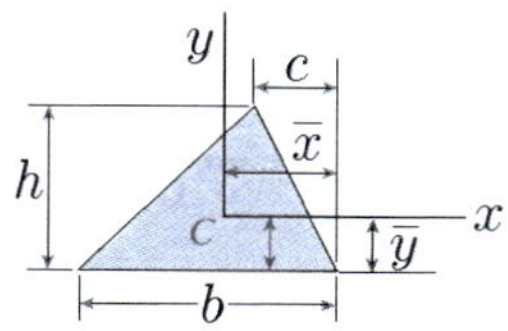

[삼각형]

$$A = \frac{bh}{2} \ ; \ \bar{x} = \frac{b+c}{3} \ ; \ \bar{y} = \frac{h}{3}$$

$$I_x = \frac{bh^3}{36} \ ; \ I_y = \frac{bh}{36}(b^2 - bc + c^2)$$

$$I_p = \frac{bh}{36}(b^2 + h^2 - bc + c^2)$$

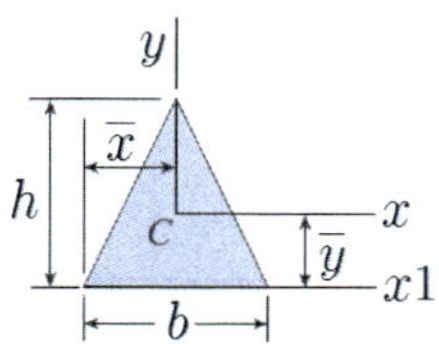

[이등변 삼각형]

$$A = \frac{bh}{2} \ ; \ \bar{x} = \frac{b}{2} \ ; \ \bar{y} = \frac{h}{3}$$

$$I_x = \frac{bh^3}{36} \ ; \ I_y = \frac{hb^3}{48}$$

$$I_p = \frac{bh}{144}(3b^2 + 4h^2) \ ; \ I_{x1} = \frac{bh^3}{12}$$

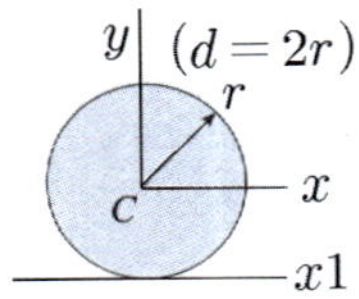 	[원] $A=\pi r^2=\dfrac{\pi d^2}{4}$ $I_x=I_y=\dfrac{\pi r^4}{4}=\dfrac{\pi d^4}{64}$ $I_p=\dfrac{\pi r^4}{2}=\dfrac{\pi d^4}{32}$; $I_{x1}=\dfrac{5\pi r^4}{4}=\dfrac{5\pi d^4}{64}$
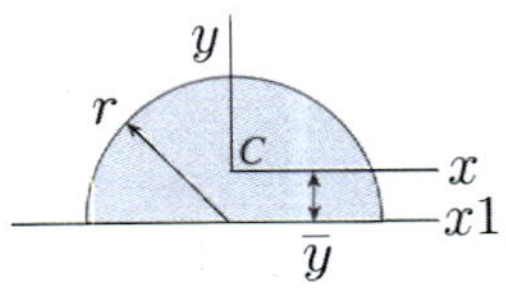 	[반원] $A=\dfrac{\pi r^2}{2}=\dfrac{\pi d^2}{8}$; $\bar{y}=\dfrac{4r}{3\pi}$ $I_x=\dfrac{(9\pi^2-64)r^4}{72\pi}$; $I_y=\dfrac{\pi r^4}{8}$ $I_{x1}=\dfrac{\pi r^4}{8}=\dfrac{\pi d^4}{128}$
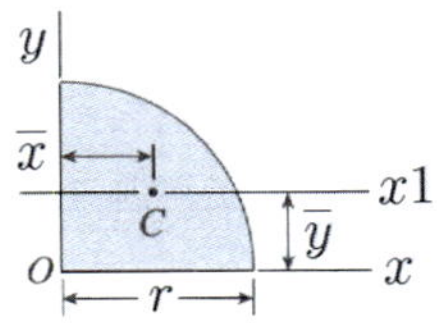 	[$\dfrac{1}{4}$ 원] $A=\dfrac{\pi r^2}{4}=\dfrac{\pi d^2}{16}$; $\bar{x}=\bar{y}=\dfrac{4r}{3\pi}$ $I_x=I_y=\dfrac{\pi r^4}{16}=\dfrac{\pi d^4}{256}$ $I_{x1}=\dfrac{(9\pi^2-64)r^4}{144\pi}$
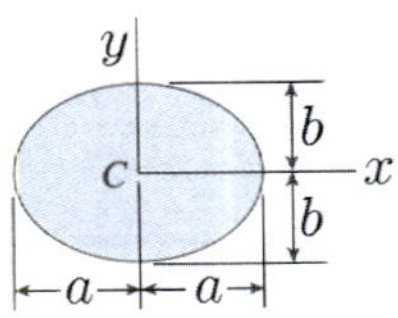 	[타원] $A=\pi ab$ $I_x=\dfrac{\pi ab^3}{4}$; $I_y=\dfrac{\pi ba^3}{4}$ $I_p=\dfrac{\pi ab}{4}(a^2+b^2)$

[참고문헌]

- 권진회 외 공역, J. L. Meriam & L. G. Kraige 저, 정역학, (주)범한서적, 2006.
- 김영탁 외 공역, W. F. Riley & L. D. Sturges 저, 정역학, (주)사이텍미디어, 1998.
- 김정렬 외 공역, A. P. Boresi & R. J. Schmidt 저, 정역학, (주)도서출판 북스힐, 2002.
- 박정선 외 공역, J. M. Gere & B. Goodno 저, 재료역학, 교보문고, 2011.
- 정현조 외 공역, R. C. Hibbeler 저, 정역학, (주)피어슨에듀케니션코리아, 2012.
- 유주식, 기계공학 기초이론, 경문사, 2011.
- 유주식, 쉽게 배우는 기계공학 개론, 교육과학사, 2013.
- 한병기 외 공역, F. P. Beer & E. R. Johnston, Jr. 저, 정역학, (주)사이텍미디어, 2000.
- D. Halliday, R. Resnick & J. Walker, Fundamentals of Physics, John Willey & Sons, Inc., 1993.
- 사이버국가고시센터(www.gosi.go.kr)
- 서울시 인터넷 원서접수센터(gosi.seoul.go.kr)
- 서울특별시 인재개발원(hrd.seoul.go.kr)
- 한국교육과정평가원(www.kice.re.kr)

[찾아보기]

[저자소개]

유주식

서울대학교 공과대학 기계공학과 졸업
한국과학기술원 기계공학과 석 · 박사
University of Michigan (USA) 연구교수
현재 안동대학교 기계교육과 교수

〈2판〉
쉽게 배우는 핵심 **정역학**

2014년 3월 15일 1판 1쇄 발행
2016년 8월 30일 1판 2쇄 발행
2021년 3월 20일 2판 1쇄 발행
2025년 3월 25일 2판 4쇄 발행

저자와의
협의하에
인지생략

저 자 : 유 주 식
발행자 : 한 정 주
발행처 : 교육과학사

경기도 파주시 광인사길 71
전화(031)955-6956~8/팩스(031)955-6037
Home-page : www.kyoyookbook.co.kr
E-mail : kyoyookbook@daum.net
등록 : 1970년 5월 18일 제2-73호

낙장 · 파본은 교환해 드립니다.
Printed in Korea.

정가 27,000원
ISBN 978-89-254-1423-2